通信专业实务
动力与环境

主　编｜杨贵恒
副主编｜阮　喻　景　刚　张友金　柳　杨　陈　未
参　编｜王建立　宋思洪　李海明　严龙灿　龙　胜
主　审｜张颖超

机械工业出版社
CHINA MACHINE PRESS

全书共 7 章，分别介绍了动力与环境基础、交流供电系统、不间断电源系统、机房空调系统、集中监控管理系统、环境与安全、节能减排与新技术。同时，在每一章内容的后面对全国通信专业技术人员职业水平考试（动力与环境）历年试题进行了详尽的分析与解答。本书既可作为全国通信专业技术人员职业水平考试（通信专业实务——动力与环境）的复习指南，也可作为各级信息通信网络动力机务员（通信电力机务员）职业技能鉴定的复习资料，还可作为高等院校和职业技术学院相关专业学生以及通信行业相关专业技术人员自学的参考用书。

图书在版编目（CIP）数据

通信专业实务. 动力与环境 / 杨贵恒主编. -- 北京：机械工业出版社, 2025. 7. -- ISBN 978-7-111-78506-4

Ⅰ. TN91

中国国家版本馆 CIP 数据核字第 2025VL8145 号

机械工业出版社（北京市百万庄大街 22 号　邮政编码 100037）

策划编辑：秦　菲　　　　　　　　　责任编辑：秦　菲
责任校对：赵　童　王　捷　杨　霞　景　飞　责任印制：刘　媛
三河市宏达印刷有限公司印刷

2025 年 8 月第 1 版第 1 次印刷
184mm×260mm · 33.5 印张 · 833 千字
标准书号：ISBN 978-7-111-78506-4
定价：129.00 元

电话服务　　　　　　　　　网络服务
客服电话：010-88361066　　机 工 官 网：www.cmpbook.com
　　　　　010-88379833　　机 工 官 博：weibo.com/cmp1952
　　　　　010-68326294　　金　书　网：www.golden-book.com
封底无防伪标均为盗版　　　机工教育服务网：www.cmpedu.com

前 言

全国通信专业技术人员（通信工程师）职业水平考试是由国家人力资源和社会保障部与工业和信息化部共同组织的国家级考试，其目的是科学、公正地对全国通信专业技术人员进行执业资格、专业技术资格认定和专业技术水平测试。

通信工程师分初级（不区分专业）、中级［分传输与接入（有线/无线）、设备与环境、终端与业务、交换技术与网络管控、互联网技术6个专业］和高级三个级别层次。初级、中级职业水平采用考试方式评价；高级职业水平实行考试与评审相结合的方式评价，具体办法各单位自行制定（国家暂时还没有统一的相关政策）。参加通信专业技术人员初级、中级职业水平考试并取得相应级别职业水平资格证书的技术人员，表明其已具备相应专业技术岗位工作的水平和能力，用人单位可根据《工程技术人员职务试行条例》有关规定和相应专业岗位工作需要，从获得相应级别类别职业水平证书的人员中择优聘任。取得初级水平证书的，可聘任技术员或助理工程师职务；取得中级水平证书的，可聘任工程师职务。

全国通信专业技术人员职业的水平考试既是执业资格考试，又是职称资格考试。自开考以来受到通信行业相关人员的广泛关注。本书严格按照《全国通信专业技术人员职业水平考试大纲（动力与环境，中级）》的要求编写，全书共7章，分别介绍了动力与环境基础、交流供电系统、不间断电源系统、机房空调系统、集中监控管理系统、环境与安全、节能减排与新技术，作为广大考生的复习备考指南。与此同时，历届考题也成为广大考生报考备考的重要参考资料，有必要进行全面的分析与总结。本书在每一章内容的后面对全国通信专业技术人员职业水平考试（动力与环境）历年试题进行了详尽的分析与解答，对考生全面了解动力与环境职业水平考试以及复习备考具有直接指导作用。

另外，信息通信网络动力机务员（通信电力机务员）职业技能鉴定的内容与全国通信专业技术人员职业水平考试（动力与环境）的内容基本相同，因此，本书对参加信息通信网络动力机务员（通信电力机务员）职业技能鉴定的考生同样具有较大的参考价值。

由此可见，本书既可作为全国通信专业技术人员职业水平考试（通信专业实务——动力与环境）考试的复习指南，也可作为各级信息通信网络动力机务员（通信电力机务员）职业技能鉴定的复习资料，还可作为高等院校和职业技术学院相关专业学生以及通信行业相关专业技术人员自学的参考用书。

本书由杨贵恒（信息支援部队工程大学）主编，阮喻（重庆机电职业技术大学）、景刚（信息支援部队工程大学）、张友金（重庆人文科技学院）、柳杨（信息支援部队工程大学）和陈未（信息支援部队工程大学）担任副主编，王建立（信息支援部队工程大学）、宋思洪（信息支援部队工程大学）、李海明（信息支援部队工程大学）、严龙灿（重庆电讯职业学院）和龙胜（信息支援部队工程大学）参编，张颖超（信息支援部队工程大学）主审。

由于动力与环境技术发展迅速，新理论与新技术不断涌现，加之编者水平有限，书中难免有疏漏和不妥之处，恳请广大读者批评指正。

编 者
2025 年春

目 录

前 言

第1章 动力与环境基础 / 1

1.1 通信机房的动力与环境概述 ·················· 1
    1.1.1 通信局（站）动力与环境的组成与特点*㊀ ············ 1
    1.1.2 动力与环境在整个通信网络中的地位与作用* ············· 3
    1.1.3 动力与环境面临的困境挑战及其发展前景 ············ 4
1.2 动力与环境的基本要求 ·················· 5
    1.2.1 通信局（站）类型与特点 ········ 6
    1.2.2 通信设备对动力与环境的要求* ········ 6
    1.2.3 动力与环境的可靠性指标与保障等级* ············· 9
1.3 通信电源系统的结构组成 ·············· 10
    1.3.1 系统组成及其主要功能* ········ 10
    1.3.2 系统主要设备类型、分级和特点* ··· 11
    1.3.3 通信电源系统的供电方式 ········ 13
    1.3.4 通信电源系统的质量要求* ········ 18
1.4 机房空调系统的结构组成 ·············· 19
    1.4.1 机房空调系统的组成及功能* ······· 19
    1.4.2 机房空调系统的主要设备分类及特点* ············· 20
    1.4.3 集中式系统和分散式系统的概念 ···· 21
1.5 辅助系统与设施 ·················· 21
    1.5.1 防雷接地系统 ·············· 21
    1.5.2 集中监控管理系统 ··········· 23
    1.5.3 能耗监测管理系统 ··········· 24
    1.5.4 电气综合继电保护系统 ········· 25
    1.5.5 中央空调群控系统 ··········· 25

历届考试真题 ······················ 26

真题参考答案 ······················ 29

第2章 交流供电系统 / 37

2.1 交流供电系统概述 ················ 37
    2.1.1 交流供电系统的种类及其组成 ······ 37
    2.1.2 市电的分类及市电供电方式 ······· 42
    2.1.3 交流供电的质量指标* ········· 43
2.2 高压交流供电系统 ················ 44
    2.2.1 高压交流供电系统的分类 ········ 44
    2.2.2 常用高压电器的特点及作用* ······· 44
    2.2.3 高压交流供电系统的一次接线 ······ 45
    2.2.4 高压供电系统配置参考 ········· 49
    2.2.5 高压交流供电系统的维护* ······· 50

㊀ 带*章节为需要重点掌握内容

- 2.3 电力变压器…………………………… 52
  - 2.3.1 变压器的分类及结构…………… 52
  - 2.3.2 电力变压器的联结方式和运行*… 55
  - 2.3.3 变压器的调压方式……………… 57
  - 2.3.4 变压器的技术性能指标………… 58
  - 2.3.5 变压器的配置及使用*…………… 59
  - 2.3.6 变压器的维护和巡检*…………… 59
- 2.4 低压交流供电系统……………………… 60
  - 2.4.1 低压交流供电系统的分类……… 60
  - 2.4.2 常用低压电器/设备的作用及特点*… 62
  - 2.4.3 低压电器的选择原则…………… 64
  - 2.4.4 低压配电设备的主要技术指标… 64
  - 2.4.5 低压交流供电系统的维护*……… 65
- 2.5 备用发电机组…………………………… 66
  - 2.5.1 柴油发电机组的组成及特点…… 66
  - 2.5.2 柴油机的结构及其工作原理*…… 67
  - 2.5.3 发电机的结构及其工作原理…… 79
  - 2.5.4 柴油发电机组的使用和维护*…… 84
  - 2.5.5 自动化柴油发电机组基础知识… 95
  - 2.5.6 自动化柴油发电机组使用维护… 96
  - 2.5.7 新型发电设备…………………… 116
- 2.6 供电系统电力线的选配……………… 123
  - 2.6.1 电力线常见种类………………… 123
  - 2.6.2 电力电缆的结构………………… 124
  - 2.6.3 电力电缆的命名………………… 124
  - 2.6.4 电力线常用型号………………… 125
  - 2.6.5 电力线的选择*…………………… 126
  - 2.6.6 电力线的敷设*…………………… 128
- 历届考试真题……………………………… 130
- 真题参考答案……………………………… 135

第3章 不间断电源系统 / 148

- 3.1 不间断电源系统概述………………… 148
  - 3.1.1 （低压）直流供电系统………… 148
  - 3.1.2 交流不间断供电系统…………… 149
  - 3.1.3 高压直流供电系统……………… 149
- 3.2 直流供电系统………………………… 149
  - 3.2.1 直流供电系统的组成及运行方式*… 149
  - 3.2.2 直流供电系统的工作电压及主要技术指标*…………………… 149
  - 3.2.3 直流供电系统的主要设备*……… 155
  - 3.2.4 高频开关整流器的分类及特点… 159
  - 3.2.5 高频开关整流器的工作过程及主要电路*……………………… 161
  - 3.2.6 高频开关整流器的技术指标…… 166
  - 3.2.7 高频开关电源系统的使用与维护*… 167
- 3.3 蓄电池组……………………………… 175
  - 3.3.1 蓄电池的应用*…………………… 176
  - 3.3.2 铅酸蓄电池的型号……………… 176
  - 3.3.3 阀控式铅酸蓄电池的结构*……… 179
  - 3.3.4 蓄电池的工作原理……………… 187
  - 3.3.5 阀控式铅酸蓄电池的密封原理… 188
  - 3.3.6 蓄电池的运行方式……………… 189
  - 3.3.7 阀控式铅酸蓄电池的电特性…… 194
  - 3.3.8 阀控式铅酸蓄电池的常见失效形式*…………………… 197
  - 3.3.9 阀控式铅酸蓄电池的使用和维护*… 207
  - 3.3.10 磷酸铁锂电池的工作原理及特性… 212
- 3.4 交流不间断电源（UPS）…………… 217
  - 3.4.1 UPS的功能……………………… 218
  - 3.4.2 UPS的分类及其工作原理……… 219
  - 3.4.3 UPS的串并联使用*……………… 224
  - 3.4.4 UPS的性能指标………………… 226
  - 3.4.5 UPS的使用与维护*……………… 234
- 3.5 高压直流供电系统…………………… 235
  - 3.5.1 UPS供电的缺点………………… 235
  - 3.5.2 高压直流供电系统的电路组成及其工作原理…………………… 236

3.5.3　高压直流供电系统的优缺点·········238

历届考试真题·················241

真题参考答案·················250

第4章　机房空调系统　/　282

4.1　空调系统的基础知识···············282
　　4.1.1　机房环境需求···············282
　　4.1.2　机房热负荷计算··············284
　　4.1.3　几个基本物理概念············285
　　4.1.4　机房空调的分类··············289

4.2　机房专用空调通用要求·············290
　　4.2.1　机房专用空调的特点*··········290
　　4.2.2　机房空调参数···············290
　　4.2.3　机房空调的技术要求*··········291

4.3　风冷式机房专用空调系统············292
　　4.3.1　压缩式空调制冷系统的工作原理···292
　　4.3.2　空调系统的主要组成部件*·······294
　　4.3.3　空调系统的辅助设备···········299
　　4.3.4　空调系统的制冷剂············301
　　4.3.5　风冷式风循环中央空调·········302
　　4.3.6　风冷式水循环中央空调·········307

4.4　水冷式机房专用空调系统············312
　　4.4.1　水冷式机房专用空调系统的组成···312
　　4.4.2　水冷式机房专用空调系统的
　　　　　　各大部件的结构及作用*·········313
　　4.4.3　水冷式空调系统的水处理········315

4.5　机房气流组织··················316
　　4.5.1　机房气流组织基本原则*········316
　　4.5.2　机房机柜功率密度分类·········317
　　4.5.3　机房气流组织的要求*··········317

4.6　工程安装注意事项················319

　　4.6.1　机房专用空调安装注意事项·······320
　　4.6.2　机房专用空调主机的操作········321
　　4.6.3　水冷式专用空调的操作与运行·····322

4.7　维护注意事项··················323
　　4.7.1　空调维护的基本要求*··········323
　　4.7.2　机房专用空调的维护···········324
　　4.7.3　水冷系统冷机的维护···········326

历届考试真题·················327

真题参考答案·················334

第5章　集中监控管理系统　/　349

5.1　集中监控管理系统概述·············349
　　5.1.1　集中监控管理系统的作用········349
　　5.1.2　集中监控管理系统的一般要求*····349
　　5.1.3　集中监控管理系统的通信协议·····351

5.2　集中监控对象及内容··············357
　　5.2.1　集中监控管理系统的监控对象*····357
　　5.2.2　集中监控管理系统的监控内容·····358

5.3　集中监控管理系统的结构与功能········361
　　5.3.1　集中监控管理系统的功能结构*····361
　　5.3.2　集中监控管理系统的主要功能*····363

5.4　集中监控管理系统的数据采集与传输·····366
　　5.4.1　传感器基础知识··············366
　　5.4.2　集中监控管理系统的数据采集*····369
　　5.4.3　集中监控管理系统的
　　　　　　数据传输方式*················370

5.5　集中监控管理系统的结构与组网········372
　　5.5.1　集中监控管理系统的组网模式*····372
　　5.5.2　集中监控管理系统的接口*·······374
　　5.5.3　集中监控管理系统的组网原则·····374

5.6 集中监控管理系统的使用和维护·············375
  5.6.1 集中监控管理系统的安装···········375
  5.6.2 集中监控管理系统的使用···········375
  5.6.3 集中监控管理系统的维护···········376
历届考试真题·······························377
真题参考答案·······························383

第6章 环境与安全 / 396

6.1 通信电源接地系统·······················396
  6.1.1 接地系统的概念·················396
  6.1.2 接地系统的组成*················396
  6.1.3 接地系统的作用及分类*············397
  6.1.4 供电系统的接地*················399
  6.1.5 等电位的连接方式*···············404
  6.1.6 通信局（站）接地系统的连接和工程设计······················406
  6.1.7 接地电阻的组成及影响因素*·········414
  6.1.8 接地电阻的测量*················418
  6.1.9 降低接地电阻的方法··············427
6.2 通信电源系统防雷保护···················430
  6.2.1 雷电的分类及危害···············430
  6.2.2 防雷的基本原则*················431
  6.2.3 防雷保护的基本措施*·············434
  6.2.4 防雷接地系统的维护··············443
6.3 用电安全······························444
  6.3.1 电气灾害的主要类型··············444
  6.3.2 触电方式及触电防护*·············446
  6.3.3 现场急救的方法*················452
  6.3.4 电气装置的防火、灭火与防爆········459
历届考试真题·······························463

真题参考答案·······························471

第7章 节能减排与新技术 / 489

7.1 节能减排概述··························489
  7.1.1 我国节能减排的形势和政策·········489
  7.1.2 通信行业节能减排的现状···········490
7.2 能耗评价指标与节能潜力分析·············491
  7.2.1 能源的种类和能耗的计算···········491
  7.2.2 能耗的评价指标*················491
  7.2.3 通信行业能耗结构及节能分析·······492
  7.2.4 节能减排的思路和方法*············493
7.3 通信电源节能技术······················495
  7.3.1 非晶合金变压器·················495
  7.3.2 谐波治理技术*·················495
  7.3.3 削峰填谷技术*·················497
  7.3.4 风光互补技术*·················499
7.4 机房空调节能技术······················503
  7.4.1 机房新风系统···················503
  7.4.2 热管空调系统···················504
  7.4.3 室外机辅助水冷技术··············506
  7.4.4 机房群控系统···················508
7.5 合同能源管理··························511
  7.5.1 合同能源管理概述···············511
  7.5.2 合同能源管理项目的操作流程*······514
  7.5.3 通信行业合同能源管理项目要点*····515
历届考试真题·······························517
真题参考答案·······························520

参考文献 528

第 1 章

动力与环境基础

通信系统正常运行离不开动力与环境的有力支撑。随着通信技术不断进步，动力与环境也发生了翻天覆地的变化，从单纯的能力性保障向持续、稳定、安全、高效的方向发展。本章结合我国通信行业的现状与实际，主要阐述通信机房的动力与环境、动力与环境的基本要求、通信电源系统的结构组成、机房空调系统的结构组成以及辅助系统与设施。第 1 章是全书的综述，是深入学习以后各章内容的基础。

1.1 通信机房的动力与环境概述

通信机房的动力与环境是为通信局（站）的各类网络通信设备及业务设备提供稳定的能源和空间条件，保障其可靠、经济、优质运行的设备、设施和技术的统称。其主要功能是通过一系列分配、变换等手段及冗余机制，把来自公共电网上的电能变换成各类专业设备所需的不同等级的电源，并提供相应等级的保障；通过使用空调、通风等技术手段为专业设备的正常运行提供适合的温度、湿度和洁净度；还需要通过接地、防雷等措施，预防和消除各种外界及内部的异常因素影响，提高设备运行的安全性；采用环境集中监控管理系统，提高电源系统的稳定性和可靠性。

1.1.1 通信局（站）动力与环境的组成与特点*

1. 动力与环境的组成

从功能上看，通信局（站）动力与环境主要由通信电源系统和机房空调系统组成；另外，为了能提供可靠、稳定、安全、高效的动力与环境保障，接地与防雷系统、动力环境集中监控管理系统以及能耗监测管理系统也是不可或缺的部分。

（1）通信电源系统

通信电源系统是指负责电力能源转换、输送和分配的设备和设施，主要包括高低压配电设备、变压器、后备（柴油）发电机组、高频开关电源、不间断电源（Uninterruptible Power

System，UPS）、蓄电池组、终端配电设备以及电缆、母线等。

(2) 机房空调系统

机房空调系统是指负责为网络通信设备运行提供适合的温度、湿度和洁净度的设备和设施。大型空气调节系统一般包括冷源/热源设备、冷热介质输配系统、末端装置以及其他辅助设备等。冷热介质输配系统主要包括水泵、风机和管路系统，末端装置则负责利用输配来的冷热量，具体处理空气，使目标环境的空气参数达到要求。

(3) 动力环境集中监控管理系统

动力环境集中监控管理系统（简称为集中监控管理系统）通过对监控范围内的各种电源设备、空调设备以及机房环境进行遥测、遥信和遥控，实时监测系统和设备的工作状态，记录和处理相关数据，及时侦测系统或设备故障类型、性质并适时通知维护管理人员处理，进行必要的遥控操作，改变或调整设备的工作状态，按照上级监控系统或网管中心的要求提供相应的数据和报表，从而实现通信局（站）的少人或无人值守，实现电源、空调及环境的集中监控与维护管理，从而提高动力与环境运行质量和管理效率。

(4) 接地系统与防雷系统

接地系统是为了工作和安全的需要，通过接地体、接地线等将通信电源系统内各设备设施，以及各类用电设备的部分外壳、导体、导线、部件等与大地做良好的电气连接，形成的电气互联系统。防雷系统是为了消除或抑制雷击对设备、线路、建筑造成的影响和破坏，通过避雷针、避雷器、接地网等设备和设施的协同配合，建立的多级防控系统。

接地系统和防雷系统不论是组成还是功能上都有很大的交叠，难以割裂，因此也通常被合称为"接地与防雷系统"。它们通过联合接地、等电位联结、金属屏蔽等多种措施，共同作用，为电源设备、空调设备以及各类网络通信设备的平稳、安全运行提供良好的、具备一定抗干扰能力的电磁环境。

(5) 能耗监测管理系统

能耗监测管理系统通过对各类机房、设备的运行能耗进行监测和记录，统计能源消耗情况，分析能源利用效率，协助管理人员寻找节能潜力，杜绝"跑""冒""滴""漏"，提升能源效益。

动力环境集中监控管理系统与能耗监测管理系统是动力与环境运行管理相关的主要支撑系统，可以分别设置，也可以相结合，共同起到辅助支撑、提升效率的作用。

2. 动力与环境的特点

相比信息通信网络其他各类专业，通信局（站）动力与环境通常具有以下特点。

(1) 多样性

一方面通信局（站）动力与环境设备的种类繁多，专业涉及面广：设备不仅包括通信电源设备、空调设备，还包括动环监控设备等；专业不仅涉及电气工程及其自动化、能源与动力工程，还涉及机械电子工程、电信工程及管理等多个领域。另一方面，其供电制式多：既有交流供电体系，又有直流供电体系；既有低压供电系统，又有高压供电系统。如，供配电电压既有低压交流 220V/380V，又有高压交流 10kV、35kV、110kV 等；不间断电源类型既有交流 UPS，也有直流高频开关电源；直流供电系统既有 −48V（低压），又有 240V、336V 等（高压）。这既给专业的体系化构建带来了一定难度，又对专业技术和管理人员的知识和技能学习带来了相当的挑战，对专业设备工程建设和运行维护管理提出了更高要求。

（2）空间性

一方面是各类动力与环境设备都具有一定的空间界限，不会对界限外的其他设备造成影响。例如，一个机房内的发电机组故障完全不会影响到另一个机房，这对设备运行状况分析和故障定位提供了有利的帮助。另一方面，不论是电源设备，还是空调设备，都具有一定的空间体型，需要占据一定的机房或机柜空间来进行安装。

（3）现场性

虽然通信局（站）动力与环境设备的很多运行参数都可通过远程监控来实现，但很多电源设备和空调设备仍离不开现场化的例行维护和巡检，如更换柴油机的空气滤清器、调整发动机风扇皮带的松紧度、加注燃油和润滑油等，对人力来说轻而易举，对监控系统而言却很难实现。随着技术的进步与发展，电源与空调设备的少维护、简维修必然是其发展方向；但至少在目前看来，现场性作为其显著的特点之一，在短期内还难以改变。

（4）联动性

联动性又称为系统性。通信局（站）的动力与环境是一个完整的系统，系统内的各设备相互关联，牵一发而动全身。例如，市电故障会直接导致高频开关电源系统内的蓄电池或UPS电源中的蓄电池放电，后备自动化柴油发电机组启动供电，机房空调停机，以及机房环境温度的上升。联动性是动力和环境系统内部规律的外在体现。只要熟悉其规律，可以利用其联动性的特点优化系统、更加高效地预防和排查故障。

（5）风险性

动力与环境设备的风险性首先体现在其故障模式上。联动性的特点使其具有局部故障扩大化的风险；空间性、现场性的特点又使其故障难以通过远程复位、远程调度来排除，修复时间长；而最大的风险还在于，动力与环境设备是网络通信设备最基础的保障，是"最后一道防线"，一旦故障，往往直接导致主设备宕机，继而造成通信中断事故。此外，由于动力与环境专业面对的往往是强电，因此对安全运行和安全操作的要求极高。稍不留神，除了可能造成通信事故外，还有可能造成设备损坏，甚至人身伤害。

1.1.2　动力与环境在整个通信网络中的地位与作用*

（1）动力与环境是通信网络最基础的资源

人们常常把电源比喻为通信网络的"心脏"，将动力和能量输送给各类网络通信设备。同样，空调系统也可以比作通信网络的"呼吸系统"，为网络通信设备提供良好的工作环境。虽然它们没有参与通信网络的信息处理和数据传递，但它们却是让整个通信网络得以运作的最基础的保障资源，在相当程度上影响着通信网络的规模和品质。

（2）动力与环境是通信网络安全保障的"工兵团"

通信网络的安全是通过网络设备的各种防护、备份、容错、调度等安全保障机制来实现的，但所有这些机制的实现必须基于相关设备还能工作，也就是还有动力。正是由于动力与环境的基础保障地位，使其成为通信网络安全保障的最基础也是最后一道防线。如果把通信网络的安全保障比作一场战役，则动力与环境在其中发挥着不可忽视的"工兵团"作用。

（3）动力与环境是通信网络服务的"总后勤部"

通信网络的意义在于为企事业单位和社会公众提供快捷便利、丰富多样的信息沟通和共享手段。也就是说，通信网络是为通信业务服务的。同理，动力与环境是为通信网络提供服务、配合通信网络开展业务的，是"后端的后端"，常称其为通信网络服务的"总后勤部"。人们常常将动力与环境专业归入"配套专业"，也正是从这个角度来讲的。

（4）动力与环境是通信网络节能降耗的"先锋队"

通信网络能耗主要包括四部分：通信网络设备能耗、通信电源系统能耗、通信网络基站能耗和通信网络系统机房空调能耗。

1）通信网络设备能耗。多为直流电源型的通信网络主设备在长期运行过程中，必须将持续的电量提供给设备使用，而在架设通信机房中主设备电源时，通常都是以独立的、不同路径为主。通信网络因独立路径架设的缘故，其在主设备能耗中，服务器设备能耗占据36%左右，交换设备能耗占据27%左右，而网络传输系统能耗则占据24%左右。

2）通信电源系统能耗。发电设备、电能变换设备、储能设备、电能控制设备与变配电设备在运行过程中本身都存在损耗，尤其是UPS在工作过程中会有大量高次谐波产生，影响电能质量的同时，也增加能量损耗。

3）通信网络基站能耗。移动通信网络不断朝着网络业务方向发展，基站建设也以宽带化建设为主。国内大部分移动通信基站质量都有所欠缺，以至于通信基站效率不佳、资源浪费情况较为严重。当前通信业务发展规模在不断扩大，基站耗电总量也在不断增加。

4）通信网络系统机房空调能耗。通信机房设备数量较多，再加上密度较大的缘故，会使热量呈持续上升。通信业务有着较高的机房环境方面的要求，机房空调状态通常都处于全天候机，以便机房环境能与标准相符合。

由于动力与环境设备、设施几乎承担了所有的通信网络能源供应任务，因此也就理所当然地扛起了通信网络节能降耗的第一面"大旗"。但是动力与环境是为通信网络主设备提供配套服务的，各种主设备才是通信网络能源消耗的真正"魁首"，其能耗水平直接影响着动力与环境设备的能源消耗量。要实现全面、有效的节能降耗，必须同时注重主设备"源头"的节能，真正发挥出能源的"价值"，而不能仅仅停留在动力环境的节能措施上。

1.1.3 动力与环境面临的困境挑战及其发展前景

动力与环境是通信系统的重要组成部分，为通信设备提供稳定的电力供应和适宜的环境保障。随着通信技术的不断发展，动力与环境技术也在不断进步。

1. 动力与环境面临的困境挑战

（1）技术创新慢

相对于通信技术的日新月异，动力与环境技术发展的驱动力不够强，虽说通信电源设备的相控电源被高频开关电源所取代，240V/336V直流电源正在三大运营商通信局（站）示范运行，但其技术实质没有发生根本性的变化。

（2）工作环境差

虽然动力与环境为通信机房提供了相对舒适的环境，但动力与环境机房的工作环境较差。尤其是发电机组和变配电房噪声大。

（3）专业边缘化

动力与环境专业涉及的知识面比较广，主要包括：电气工程、机械工程、动力工程、暖通工程、自动化、通信工程等诸多领域。而高等院校目前没有完全对应的专业，高等院校毕业的学生往往需要较长时间才能适应工作岗位。与此同时，动力与环境专业是为通信专业"服务"的，在平时的工作岗位上不能凸显其地位，往往只有在通信网络出现中断时，才想起动力与环境的重要性，处于所谓"边缘化"的境地。

（4）人才储备不足

如前所述，由于动力与环境专业边缘化，工作环境差等原因，很多从事该专业的人员知识面达不到专业要求。有的懂空调、不懂电源；有的懂柴油机，不懂电机；有的懂发电机组，不懂高频开关电源和UPS；有的懂化学电源（蓄电池），不懂集中监控；有的懂防雷接地，不懂空调。国家应在相关高等职业院校，开设相应专业，解决通信局（站）动力与环境专业人才储备不足的问题。

2. 动力与环境技术的发展前景

随着技术的不断进步和社会对能源、环保等方面的要求不断提高，未来动力与环境技术将朝着更高功率密度、更高效节能环保、更智能化和网络化的方向发展。

（1）高功率密度

随着通信设备的不断增加和规模的扩大，对动力与环境设备的功率密度要求越来越高。未来动力与环境设备将采用先进的材料和技术手段提高设备的功率密度，以满足不断增长的需求。

（2）高效节能环保

未来动力与环境设备将更加注重节能技术的应用和推广，以降低能源消耗和运营成本，需要更加注重环保材料的选用和环保技术的应用，以降低对环境的影响。例如，采用先进的功率转换技术提高转换效率，采用可再生能源作为电力来源等措施来实现高效节能；采用环保材料制造电源设备等措施来实现绿色环保的目标。

（3）智能化和网络化

随着物联网、云计算等技术的发展，未来动力与环境设备将实现远程监控、故障诊断、自动报警等功能，提高设备的可靠性和稳定性的同时还将与网络系统进行集成，实现智能化管理和控制。此外，未来动力与环境设备还将采用更加智能化的控制算法实现更加精细化的能源管理，以进一步提高能源利用效率，降低能耗和减少环境污染。

（4）定制化服务

随着个性化需求的增加和市场细分的深化，未来动力与环境需要提供更加定制化的服务，以满足不同客户的需求。例如，根据客户的特殊需求定制个性化的电源解决方案等措施，来满足客户的个性化需求并提升市场竞争力。

1.2 动力与环境的基本要求

本节主要讲述三个方面的内容：通信局（站）的类型与特点、通信设备对动力与环境的要求；动力与环境的可靠性指标与保障等级。通信局（站）根据其重要性与规模的大小可分为四类局站；通信设备对动力与环境的要求主要包括能力要求和质量要求两个方面；动力与环境的可靠性通常用"不可用度"指标来衡量。动力与环境的保障等级通常分为自用类通信局（站）（机房、负荷）和对外数据中心（机房、负荷）两大类。

1.2.1 通信局（站）类型与特点

根据《通信局（站）电源系统总技术要求》（YD/T 1051—2018），通信局（站）根据其重要性、规模大小分为以下几类。

一类局站：具有承载国际或省际等全网性业务的机房、集中为全省提供业务及支撑的机房、超大型和大型数据中心机房等的局站。

二类局站：具有承载本地网业务的机房、集中为全本地网提供业务及支撑的机房、中型数据中心机房等的局站。

三类局站：具有承载本地网内区域性业务及支撑的机房和小型数据中心机房等的局站。

四类局站：具有承载网络末梢接入业务的机房和基站、室内分布站等站点。

在建设各类通信局（站）过程中应把握以下几点总原则。

1）一、二类局站在建设初期应把外市电、变配电当作基础设施来建设。外市电的引入容量，以及变配电、发电机组、电力电池室的面积预留，应考虑远期负荷需求。变配电、发电机组的建设应考虑扩容方便。

2）新建局（站）根据国家环保要求应进行电磁兼容环境评估。

3）通信局（站）应优先采用安全、节能的供电方式和电源设备。节能设备的应用不应以牺牲通信设备的寿命和降低系统的安全为代价。

4）应建立通信局（站）电源系统的监控和集中维护管理系统，符合《通信局（站）电源、空调及环境集中监控管理系统》系列标准（YD/T 1363）的规定，逐步实现少人或无人值守。

5）通信局（站）应有可靠的过电压和雷击防护功能，符合《通信局（站）防雷与接地工程设计规范》（GB 50689—2011）的规定。改建和扩建的通信局（站），应根据规范的要求，对其接地与防雷设施加以完善，以确保通信的安全。

6）电源系统的配置应满足可靠性指标的要求。

1.2.2 通信设备对动力与环境的要求*

通信设备对动力与环境的要求涵盖多个方面，主要包括以下几个方面。

1. 能力要求

网络通信设备对动力与环境最根本的要求是能够提供充足的、适合类型的电力和适宜的环境空间，这也可称为"能力要求"。具体体现在：

（1）电力供应

1）类型匹配：电源类型需与通信设备要求相匹配，如直流电不能用于交流供电的设备。

2）容量充裕：电源系统应能够提供与负载功率（电流）相适应的供电容量，避免过载。

（2）环境空间

通信设备需要适宜的温度、湿度、洁净度和气流度条件，以确保其正常运行和延长使用寿命。

2. 质量要求

网络通信设备对动力与环境的质量要求，也称其为高级要求。可将其归纳为持续、稳定、安全和高效。

（1）持续

动力与环境设备的持续性，也称为可靠性，是指在任何情况下都不允许供电中断的情况发生。持续性要求是通信设备对动力与环境设备的最基本要求。现今通信设备的数据传输速率非常高，任何因通信电源供电中断而引起的数据传输中断，都会带来巨大损失，在任何情况下必须保证通信设备不发生供电中断。持续性反映的是设备综合技术水平，包括器件、材料、电路技术、热设计、电磁兼容（EMC）设计、制造工艺、质量控制等。持续性要求各种电源设备、开关和配电设备安全可靠，具有很高的平均无故障时间。

通信电源系统主要设备的可靠性采用"平均失效间隔时间（MTBF）"指标来衡量，这些指标在 YD/T 1051—2018 中做了具体规定。

1）高压变、配电设备的可靠性指标。

高压配电设备，在 20 年使用时间内，当主开关平均年动作次数不大于 12 次时，其平均失效间隔时间（MTBF）应不小于 1.4×10^5h；当主开关平均年动作次数大于 12 次时，其平均失效间隔时间（MTBF）应不小于 4.18×10^4h。变压器在 20 年使用时间内，其平均失效间隔时间（MTBF）应不小于 1.75×10^5h。

2）低压配电设备的可靠性指标。

交流低压配电设备，在 15 年使用时间内，关键部件平均年动作次数不大于 12 次的，平均失效间隔时间（MTBF）应不小于 5×10^5h；平均年动作次数大于 12 次的，平均失效间隔时间(MTBF)应不小于 10^5h。直流配电设备，在 15 年使用时间内，平均失效间隔时间（MTBF）应不小 10^6h。

3）发电设备。

柴油发电机组，在 10 年使用时间或累计运行时间不超过大修要求的运行时间，平均失效间隔时间（MTBF）应不小于 800h。在常温 5～35℃下，启动失败率应不大于 1%。

燃气轮机发电机组，在规定使用寿命期间内，在规定使用条件下，平均失效间隔时间（MTBF）应不小于 2500h。启动失败率应不大于 0.6%。

太阳能电池方阵的有用寿命应不小于 1.31×10^5h。太阳能电池控制器在 15 年使用时间内，平均失效间隔时间（MTBF）应不小于 5×10^4h。

4）交流不间断电源设备。

在 8 年使用寿命期间内，通信用交流不间断电源设备的平均失效间隔时间（MTBF）应不小于 2×10^4h。在 8 年使用寿命期间内，通信用交流不间断电源系统的平均失效间隔时间（MTBF）应不小于 10^5h。

5）整流设备和直流/直流变换器设备。

高频开关整流设备和直流/直流变换器设备，在 10 年使用时间内，平均失效间隔时间（MTBF）应不小于 5×10^4h。

6）蓄电池组。

防酸式蓄电池组，全浮充工作方式在 10 年使用时间内，平均失效间隔时间（MTBF）应

不小于 7×10^5h。阀控式密封铅酸蓄电池组，全浮充工作方式在 8 年使用时间内，平均失效间隔时间（MTBF）应不小于 3.5×10^5h。

（2）稳定

对电源系统来说，稳定要求供电电压、电流平稳，不能出现较大的波动。对空调环境来说，稳定要求设备工作环境温度、湿度的相对平稳，不能有较大起伏。

通信设备要求供电电源电压稳定，不允许超过限定范围，尤其是计算机控制的通信网络设备，数字电路工作速度高、频带宽，对电压波动、杂音电压、瞬变电压等非常敏感。供电电压过高会引起通信负载设备元器件损坏，供电电压过低会影响通信系统正常运行。直流供电系统的衡重杂音电压过高会影响电话通话质量。

通信设备用交流电供电时，在通信设备的电源输入端子处测量，电压允许波动范围为：额定电压值 $-10\%\sim+5\%$，即相电压 198～231V，线电压 343～400V。

通信电源设备及重要建筑用电设备采用交流供电时，在设备的电源输入端子处测量，电压允许变动范围为：额定电压值 $-15\%\sim+10\%$，即相电压 187～242V，线电压 324～419V。当市电供电电压不能满足上述规定时，应采用调压、稳压或 UPS 设备来满足电压允许变动范围的要求。交流频率允许变动范围为额定值 $\pm4\%$，即 48～52Hz。交流电压波形正弦畸变率应不大于 5%。电压波形正弦畸变率是电压的谐波分量有效值（各谐波分量的方均根值）与总有效值（基波和各谐波分量的方均根值）之比的百分数。三相电压不平衡度应不大于 4%。设置降电压电力变压器的通信局（站），应安装无功功率补偿装置，使功率因数保持在 0.9 以上。

当通信设备采用 $-48V$ 直流电源系统电供电时，在通信设备受电端子上，电压允许变动范围为：$-57\sim-40V$。通信用直流电源电压的波纹用杂音电压来衡量，在直流配电屏输出端子处测量，电话衡重杂音电压 $\leq$ 2mV；峰-峰值 $\leq$ 200mV（0～20MHz）；3.4～150kHz 宽频（有效值）< 100mV；0.15～30MHz 宽频（有效值）< 30mV。供电回路全程最大允许电压降为 3.2V。直流供电回路中每个接线端子（直流配电屏以外）的电压降应符合下列要求：1000A 以下，每百安接线端子电压降不大于 5mV；1000A 以上，每百安接线端子电压降不大于 3mV。

（3）安全

动力与环境作为通信网络的基础保障，其安全性至关重要。安全要求包括系统安全、设备安全和人身安全三个层面。系统安全：指整个电源系统或空调系统具有一定的抗故障、抗风险能力。设备安全：指各类电源、空调设备自身须具有良好的安全保护设计。人身安全：指各类电源和空调设备及系统应具有良好的人身防护设计。

安全供电十分重要，它涉及面比较宽。例如，电源机房应按有关规定满足防火、抗震等防灾害要求，工作人员应严格遵守操作规程，安全生产管理应常抓不懈。就通信电源系统本身而言，为保证人身、设备和供电安全，应满足以下要求。

第一，通信局（站）电源系统应有完善的接地与防雷设施，具备可靠的过电压和雷击防护功能，电源设备的金属壳体应可靠地保护接地；第二，通信电源设备及电源线应具有良好的电气绝缘，包括有足够大的绝缘电阻和绝缘强度；第三，通信电源设备应具有保护与告警性能。此外，电源设备还需满足外壳防护等级的要求。

（4）高效

高效的电源系统要求设备转换效率高、配电与线缆电压降损失小、系统无功电流与谐波电流小。高效的空调系统要求设备制冷能效比高、冷风（水）输配送能耗小、主设备热交换效率高。随着通信设备容量的日益增加，电源系统的负荷不断增大。为了节约电能，降低电源系统的运行维护费用，这就要求配置的电源设备应有较高的转换效率。效率高意味着设备本身的功耗小，机内温度低，元器件的使用寿命就会延长。这不仅节约了能源，而且也会使设备的热设计变得简单，对设备的小型化也十分有利。

需要说明的是，以上关于动力与环境设备持续、稳定、安全、高效的四项质量要求，既是对设备工艺质量、对系统设计的要求，也是对维护管理人员的要求。离开了良好的日常维护保养、精细的运行工况优化和娴熟的应急操作训练，要想充分发挥设备与系统的优越性能是不可能的。

1.2.3 动力与环境的可靠性指标与保障等级*

1. 动力与环境的可靠性指标

动力与环境的可靠性通常用"不可用度"指标来衡量。

动力与环境的不可用度是指动力与环境系统的故障时间同故障时间和正常供电时间之和的比（以下以电源系统为例），即

$$电源系统不可用度 = \frac{故障时间}{故障时间 + 正常供电时间}$$

我国通信行业标准《通信局（站）电源系统总技术要求》（YD/T 1051—2018）中规定：

一类局站电源系统的不可用度应不大于 5×10^{-7}。即平均 20 年时间内，每个电源系统故障的累计时间应不大于 5min。

二类局站电源系统的不可用度应不大于 1×10^{-6}。即 20 年时间内，每个电源系统故障的累计时间应不大于 10min。

三类局站电源系统的不可用度应不大于 5×10^{-4}。即 20 年时间内，每个电源系统故障的累计时间应不大于 50min。

四类局站电源系统的不可用度参考值为 1×10^{-4}。即 1 年时间内，每个电源系统故障的累计时间参考值为 53min。

2. 动力与环境可靠性保障层级

动力与环境的可靠性保障层级主要包括①局站级：以通信局（站）内最高等级设备的等级为该局站的整体保障等级。②机房级：以某通信机房内最高等级网元设备的等级为该机房保障等级。③区域级：以某个相对独立的区域（如机楼、楼层、若干机房，或机房内的若干列）为单位实施差异化保障，并以该区域内最高等级设备的等级为该区域的整体保障等级。④网元级（负荷级）：机房内某网元设备（负荷）的保障等级。

3. 动力与环境可靠性保障等级

（1）自用类通信局（站）（机房、负荷）

自用类通信局（站）（机房、负荷），通常按网元重要等级、故障风险及影响后果大小进行划分，划分方案以及划分原则如下。

一类（或 A 级）通信局（站）（机房、负荷）：指故障将可能造成全网性通信业务中断及用户感知度显著下降，或造成全省性通信业务中断，产生很大的经济损失和社会影响。二类

（或B级）通信局（站）（机房、负荷）：故障将可能造成全省性客户感知度显著下降，或造成区域性通信业务中断，产生较大的经济损失和社会影响。三类（或C级）通信局（站）（机房、负荷）：故障将可能造成区域性客户感知度显著下降；或造成小范围通信业务中断；产生一定的经济损失和社会影响。四类（或D级）通信局（站）（机房、负荷）：不属于上述三类通信局（站）（机房、负荷）。

（2）对外数据中心（机房、负荷）

对外数据中心机房（负荷），根据客户性质、业务特点、设备类型等因素，考察其故障可能造成的损失和影响，结合经济效益，综合确定保障等级，一般划分为三级。划分方案以及划分原则如下。

A级数据中心（机房、负荷）：负荷运行中断将造成重大的经济损失，或将造成公共场所秩序严重混乱。B级数据中心（机房、负荷）：负荷运行中断将造成较大的经济损失，或将造成公共场所秩序混乱。C级数据中心（机房、负荷）：不属于A级和B级的归为C级数据中心（机房、负荷）。

1.3 通信电源系统的结构组成

本节主要讲述通信电源系统的组成及其主要功能，主要设备的类型、分级和特点，供电方式和质量要求等。通信电源系统主要由交流供电系统、不间断供电系统和终端配电系统组成。通信电源系统主要功能可以归纳为五个方面："供""发""变""储""配"。主要设备的类型包括发电设备、电能变换设备、储能设备、变配电设备和电能控制设备。**通信电源系统的供电方式**主要包括：数据中心和枢纽楼供电系统、常用的多能源供电方式电源系统、移动通信基站供电系统、小型站常用的一体化组合电源系统和小型站常用的直流远供电源系统。通信电源系统的质量要求包括：定额要求、杂损要求和附加要求。

1.3.1 系统组成及其主要功能*

通信电源系统是基于通信局（站）而设置的电源供配系统，是通信设备的动力来源，它负责从市电电网及其他电源上获取电能，通过适当转换、输送和分配，最终为通信设备提供可靠、稳定的电力供应。从结构上看，通信电源系统主要由交流供电系统、不间断供电系统和终端配电系统组成。从广义上讲，通信电源系统还包括防雷接地系统、集中监控管理系统、能量监测管理系统、电气综合继电保护系统、中央空调群控系统等辅助系统。

通信电源系统主要功能可以归纳为五个方面："供""发""变""储""配"。其中，"供"是指从市电电网配接引入，作为通信局（站）主要电力供应来源；"发"是指通过备用发电机组等自发电设备来保证市电故障中断时的电力供应；"变"是指通过对电源电压等级、电流形式进行变换，为主设备提供相应规格和质量要求的电能；"储"是指通过蓄电池等设备的储能来保证主设备的不间断供电；"配"是指将电能按需分配和输送到各个机房乃至各台主设备，并实现一定的调度功能。常规的综合性通信局（站）电源系统结构组成如图1-1所示。

第1章 动力与环境基础

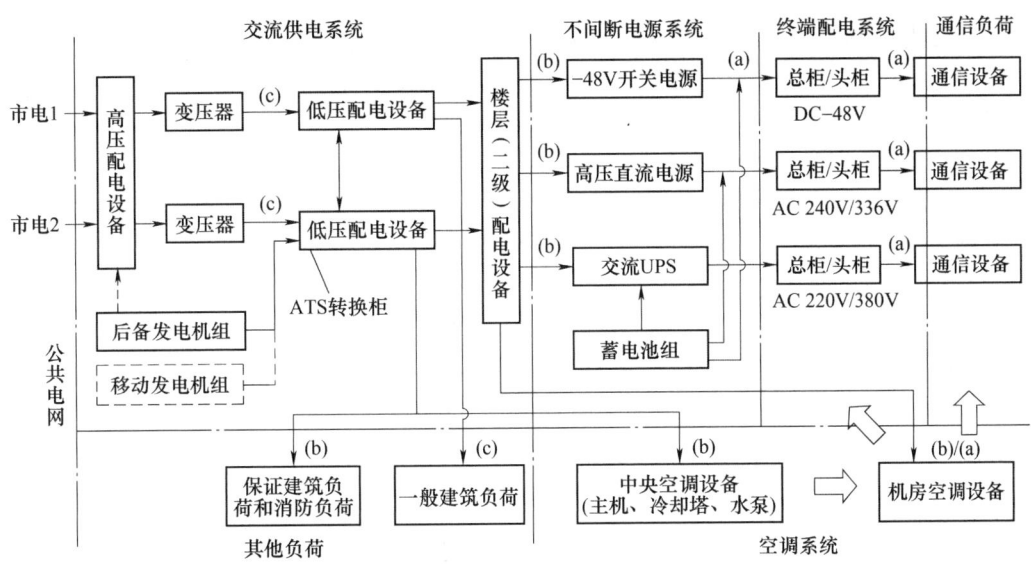

说明：(a)不间断；(b)可短时间中断；(c)允许中断。

图 1-1 通信局（站）电源系统的结构组成

1.3.2 系统主要设备类型、分级和特点*

以电源设备的功能划分，主要设备类型包括：发电设备、电能变换设备、储能设备、变配电设备和电能控制设备。发电设备（如柴油发电机组）的主要作用是将其他形式的能量转化为电能，给通信系统设备提供所需要的电能，通常发电设备提供的是交流电能；电能变换设备的主要作用是将一种形式的电能转换为另一种形式的电能，以满足不同设备的需求。具体来说，电能变换设备可以通过电压、电流或频率的变换，实现电能的转换和调节，为通信设备提供所需要等级的交流电或直流电；储能设备的主要作用是保障发电系统故障时的不间断供电：在系统故障时，储能装置可以为重要负荷提供不间断电源，为电网恢复争取时间，避免损失扩大；变配电设备的主要作用是完成电力的分配、保护、计量与监测；电能控制设备的作用是对通信电源系统进行监测、保护、智能化管理和控制，实现三遥（遥信、遥测和遥控）功能，达到无人值守。以上设备通过有机的组合，构成交流供电系统、不间断供电系统和终端配电系统，进而构成一个完整的通信电源系统。

1. 交流供电系统

交流供电系统包括变配电系统、备用电源系统（发电系统）以及相应的交流配电等。变配电系统包括高、低压配电设备、变压器、操作电源等；备用电源系统包括发电机组及附属设备等；交流供电系统可以有三种交流电源，即变电站供给的市电、柴油（汽油）发电机组供给的自备交流电。

通信局（站）建设时应充分考虑市电的可靠性和分类，一类局站原则上应考虑采用一类市电引入；二类通信局（站）原则上考虑二类市电引入，具备外电条件且投资增长不大时可考虑一类市电引入；三类局站具备条件时引入二类市电，不具备条件时引入三类市电；四类局站可就近引入可靠的 380V 或 220V 电源。外市电的引入要考虑将来可扩容性。引入外市电的电压等级，可根据当地供电条件、局（站）用电容量、供电部门要求确定，在 220kV、110kV、66kV、35kV、20kV、10kV、380V 或 220V 电源中选择，经技术经济比较后确定。

为了保证供电的连续性，通信局（站）内一般都配有自备发电机组（一般为柴油发电机组，小型台站也有配备汽油发电机组的）。当市电中断时，通信局（站）可由柴油发电机组提供自备交流电。如果配置的是自动化柴油发电机组，当市电中断后，机组能自行启动、调整并提供符合质量要求的交流应急电源。当然，由于市电比自备电站更为经济可靠，所以在有市电供给的情况下，通信电源系统一般都由市电电网供电。

市电和柴油发电机组的转换通常在低压侧通过市电/油机转换屏（又称为 ATS 转换柜：Automatic Transfer Switching Equipment）自动（或人工手动）完成，并通过低压交流配电屏将低压交流电分别送到整流设备（高频开关电源）、空调设备和建筑保证负荷。在这一过程中，市电/油机转换屏具有监测交流电压和电流变化的作用，当市电中断或电压发生较大波动时，能够自动发出声（光）告警信号。

经由市电或备用发电机组（含移动电站）提供的交流电，通常称之为通信局（站）用的交流基础电源。交流基础电源的标称电压为 220V/380V 或 10kV、频率 50Hz。使用低压交流电的通信设备和电源设备以及建筑用电设备，在其电源输入端子处测量的电压允许变动范围为：额定电压值的 +10%～−15%。使用 10kV 高压交流电的用电设备，在其电源输入端子处测量的电压允许变动范围为：额定电压值的 ±10%。交流基础电源的频率允许变动范围为额定值的 ±4%；电压波形正弦畸变率不应大于 5%。

2. 不间断电源系统

不间断电源系统主要包括高频开关电源、不间断电源（UPS）和蓄电池组等，**不间断电源系统**的电压等级有直流 −48V、240V、336V 和交流 220/380V 等。

向各种通信设备和二次变换电源设备或装置提供直流电压的电源，称之为直流基础电源。通信设备受电端子（通信设备的直流输入端子）处电压允许变动范围如下：−48V 系统为 −40～−57V；240V 系统为 192～288V；336V 系统为 260～400V。

−48V 直流电源（第一级）输出端子处测量的杂音电压指标满足《通信用高频开关电源系统》（YD/T 1058—2015）的要求：在系统直流输出端的电话衡重杂音电压应不大于 2mV；系统直流输出端在 0MHz～20MHz 频带内的峰-峰值杂音电压应不大于 200mV。

240V 直流电源（第一级）输出端子处测量的杂音电压指标满足《通信用 240V 直流供电系统》（YD/T 2378—2020）的要求，整流模块在直流输出端 0～20MHz 频带内的峰-峰值杂音电压应不大于输出电压标称值的 0.5%。

336V 直流电源（第一级）输出端子处测量的杂音电压指标满足《通信用 336V 直流供电系统》（YD/T 3089—2016）的要求，系统直流输出端在 0～20MHz 频带内的峰-峰值杂音电压应不大于输出电压标称值的 0.5%。

目前，大多数通信网局（站）仍采用直流 −48V 系统。整流器的交流电源由交流配电屏引入，整流器的输出端通过直流配电屏与蓄电池和负载连接。当通信设备需要多种不同数值的直流电压时，可以采用直流-直流变换器将基础电源的电压变换为所需的电压等级。对于小容量的交流通信负荷，也可以采用逆变器完成对直流基础电源的电能变换。因直流供电系统中配置了蓄电池组，故可保证通信供电不间断。

直流 −48V 系统广泛采用并联浮充供电方式。此供电方式是将整流器与蓄电池并联后对通信设备供电。在市电正常情况下，整流器一方面给通信设备供电，另一方面又给蓄电池浮充电，以补充蓄电池组因大电流瞬间放电而失去的电量。在并联浮充工作状态下，蓄电池还能起到一定的滤波作用。当市电中断时，蓄电池单独给通信设备供电。由于蓄电池通常都处于充足电的状态，所以当市电中断时，可以由蓄电池保证在一定时间内供电不间断。若市电中断时间长，应由备用机组提供交流电保证整流设备的电能供给。

并联浮充供电方式的优点是结构简单、工作可靠、供电效率高，但这种工作方式在浮充工作状态下系统输出电压较高，而当蓄电池单独供电时，系统输出电压较低，因此负载端的电压变化范围较大。随着电源技术的不断发展，许多通信设备直流电源输入电压的允许变化范围已经做得很宽（36~72V），不仅可以适应直流供电系统电压的大范围变化，也使传统的尾电池升压调压、硅二极管降压调压等系统电压调整方式成为历史。

直流基础电源选择的基本原则如下：通信网络接入侧站点采用 −48V 直流供电或交流供电。通信网络侧局（站）优先采用 240V、336V 直流基础电源。原有 −48V 直流基础电源逐步向 240V、336V 直流基础电源过渡。随着电源设备技术和通信设备技术的协调发展，通信网络侧 ICT（Information and Communication Technology，信息与通信技术）设备可以采用由低压交流基础电源与 240V、336V 直流基础电源组成的双路混合供电方式。

为了确保通信用电不中断、无瞬变，在通信电源系统中，不间断电源（Uninterruptible Power System/Uninterruptible Power Supply，UPS）被广泛采用。这种电源系统由整流器、蓄电池组、逆变器、静态开关以及检测控制电路等组成。市电正常时，市电经整流和逆变后，给交流通信设备供电，此时蓄电池处于并联浮充状态；当市电中断时，由蓄电池通过逆变器给通信设备供电，确保通信设备交流供电不中断。供电路径的转换由静态开关完成。

3. 终端配电系统

终端配电系统主要包括电源总柜、电源列柜、机柜配电单元（Power Distribution Unit，PDU）等直接服务于通信设备的末级配电设施，广义来讲，还应把通信设备自身所配置的电源模块也归入终端配电系统，因为它是完成电源供配转换全过程中不可缺少的最后环节。

（1）电源总柜、电源列柜

用来将来自开关电源、UPS 等不间断电源设备的供电合理分配到机房特定的区域、列，以及每一个机柜。其中电源列柜通常安装在列头，为该列或相邻列机柜供电，因此也常被称为列头柜、头柜。当来自某个不间断电源系统的供电总负荷较大、分路数太多时，可在机房内设置电源总柜，为各电源列柜配电，以优化配电结构，减少电缆布放。

（2）机柜配电单元 PDU

用来将来自列柜的供电分配到机柜内每一台设备，并提供分路保护、电源监测等辅助功能。

1.3.3　通信电源系统的供电方式

通信局（站）电源系统应保证稳定、可靠、安全地供电。不同局（站）的电源系统有不同的结构方式和系统类型。

1. 数据中心和枢纽楼供电系统

常见的数据中心和枢纽楼的供电系统类型根据备用电源的切换点不同，可以分为高压集中切换供电系统（见图1-2）、高压分散切换供电系统（见图1-3）、低压集中切换供电系统（见图1-4）以及低压分散切换供电系统（见图1-5），也可以根据具体局站的情况不同，实现为既有集中又有分散的供电系统，或者既有高压备用电源又有低压备用电源系统的供电系统。

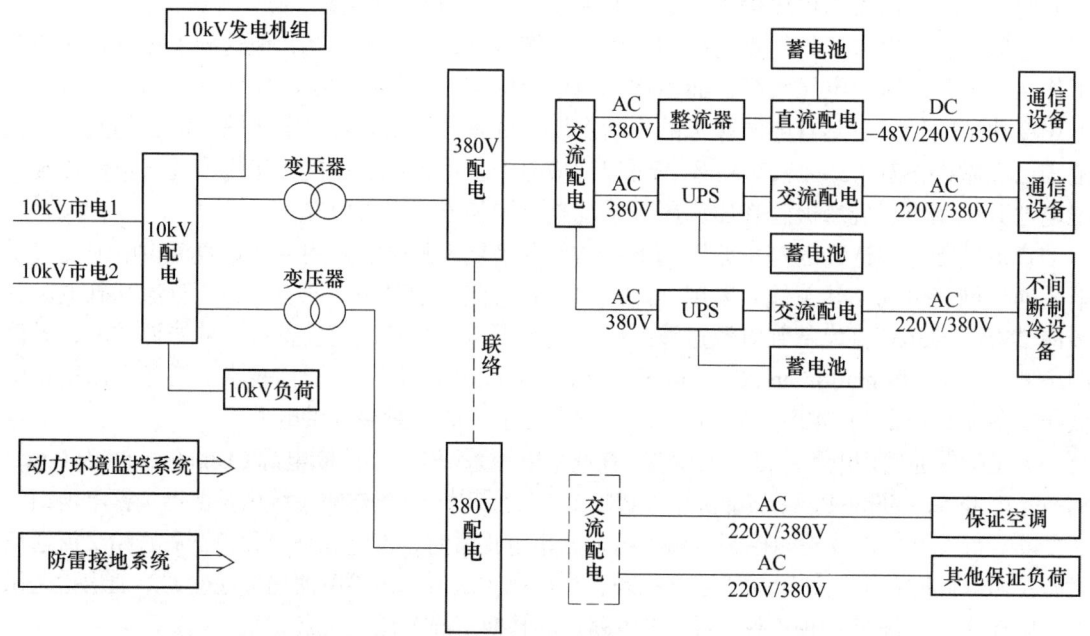

图1-2 高压集中切换供电系统

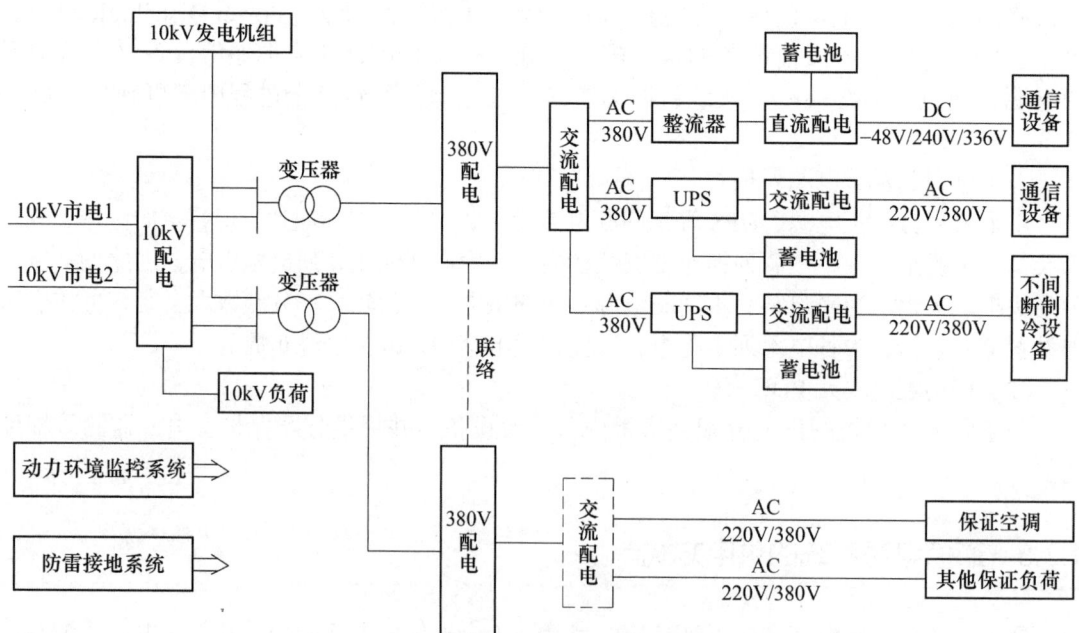

图1-3 高压分散切换供电系统

第1章 动力与环境基础

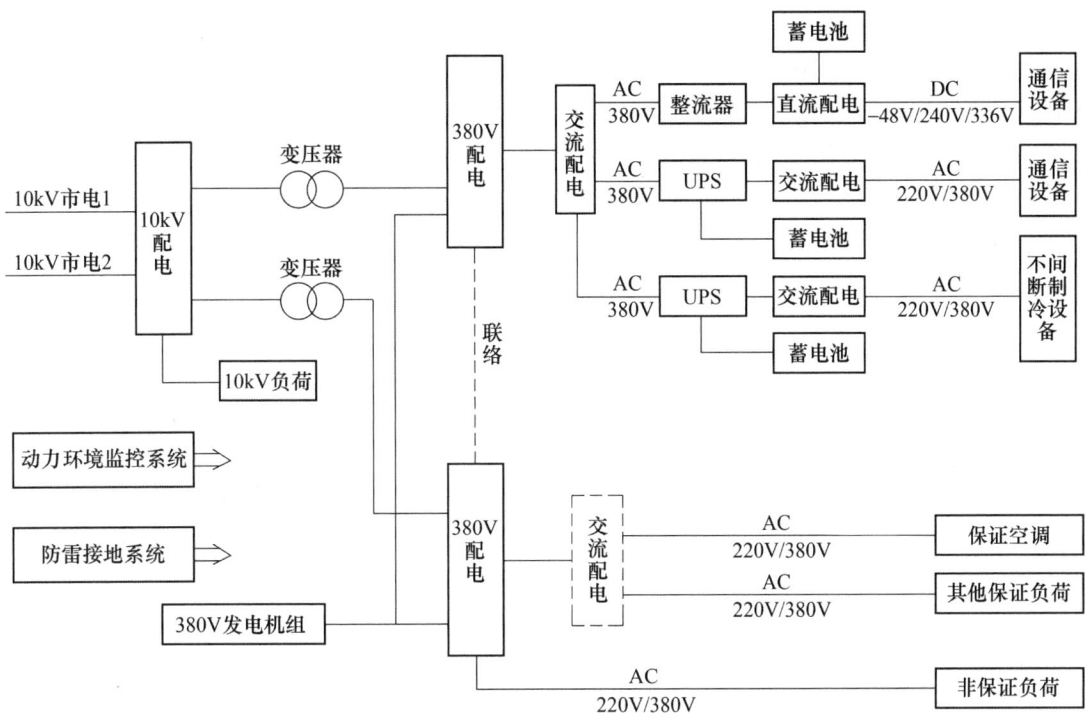

图1-4 低压集中切换供电系统

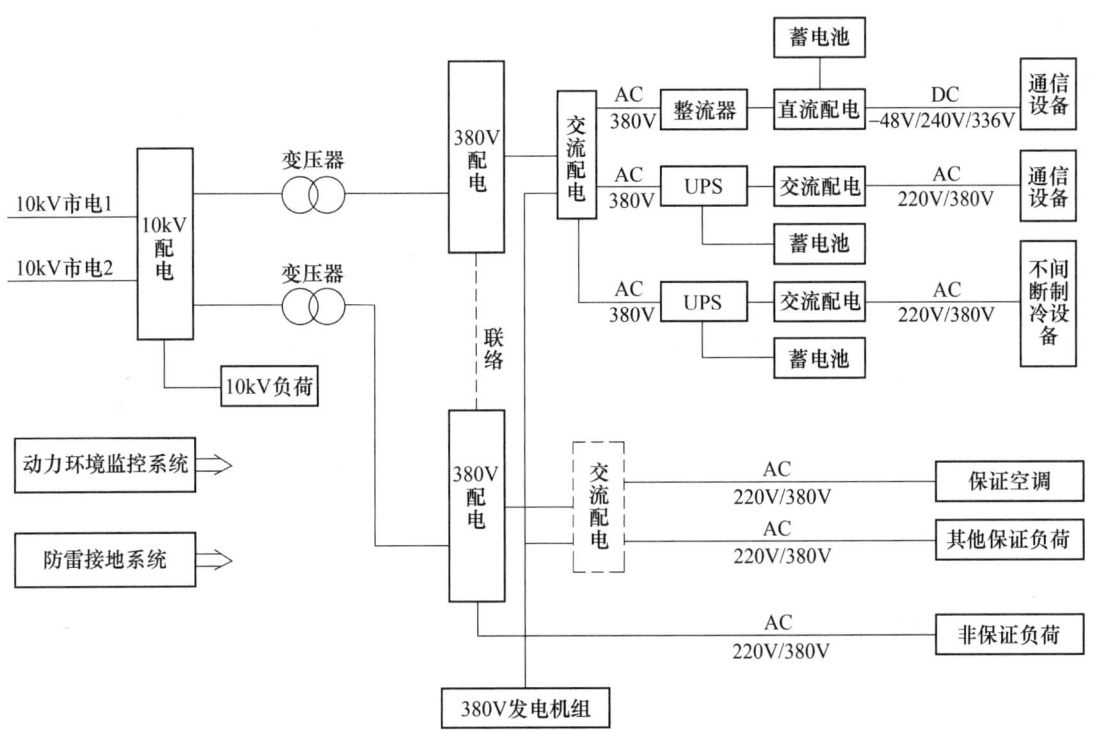

图1-5 低压分散切换供电系统

2. 常用的多能源供电方式电源系统

图 1-6 所示为多能源供电方式电源系统示意图。多能源供电系统采用交流电源和太阳能发电（或风力发电）相结合的供电方式。该系统由太阳能发电、风力发电、低压市电、蓄电池组、整流及配电设备以及移动电站组成。对微波无人值守中继站，若通信负荷较大，不宜采用太阳能供电时，可采用市电与固定的无人值守自动化柴油发电机组及可靠性高的交、直流电源设备组成电源系统。

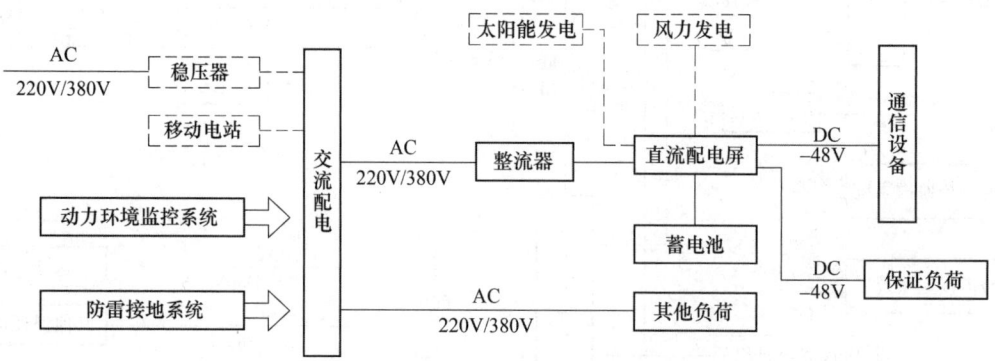

图 1-6　多能源供电方式电源系统示意图

3. 移动通信基站供电系统

图 1-7 所示为移动通信基站供电系统示意图，其中的开关电源系统具备低电压二次下电（二级切断）功能。此种供电方式适合移动通信的宏基站。宏基站是指通信运营商的无线信号发射基站，宏基站覆盖距离大，一般在 35km，适用于郊区话务量比较分散的地区，全向覆盖，功率较大。

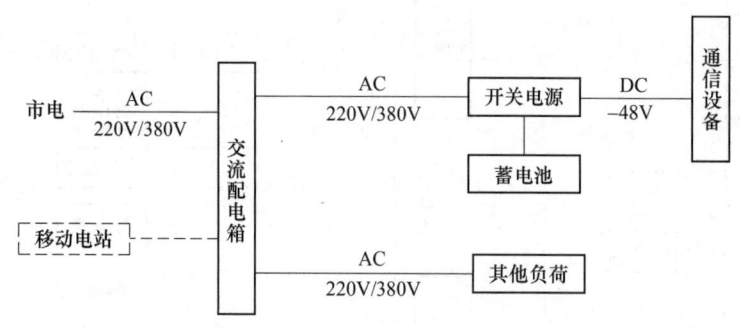

图 1-7　移动通信基站供电系统示意图

4. 小型站常用的一体化组合电源系统

一体化组合电源系统包括两种类型：一体化 UPS 交流电源系统和一体化直流电源系统。

1）一体化 UPS 电源系统是指交流配电箱、UPS、蓄电池组等组合在同一个机架内，如图 1-8 所示。

2）一体化直流电源系统是指交流配电箱、整流（开关电源）、蓄电池组、直流配电和监控单元组合在同一个机架内，如图 1-9 所示。

一体化组合电源系统适合小型通信站，如接入网站、室内分布站、室外小基站等。容量较小的室外站采用一体化电源系统时，可采用铅酸或锂离子电池作为备用电源。

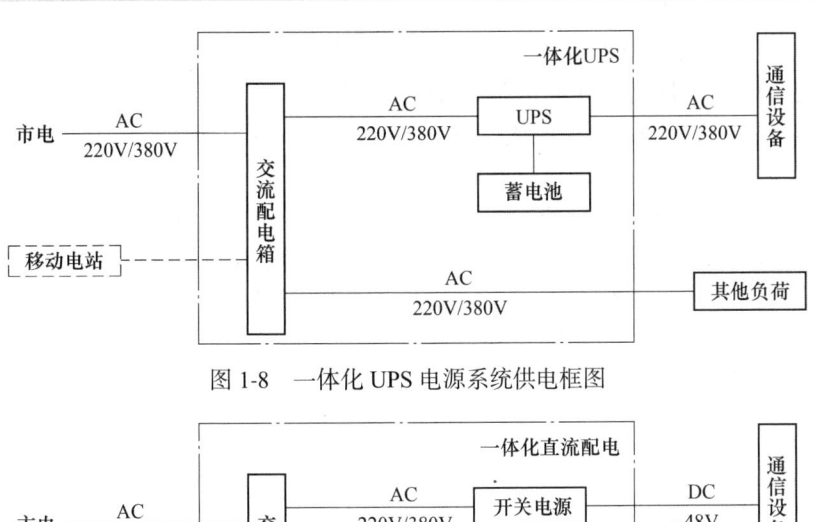

图 1-8　一体化 UPS 电源系统供电框图

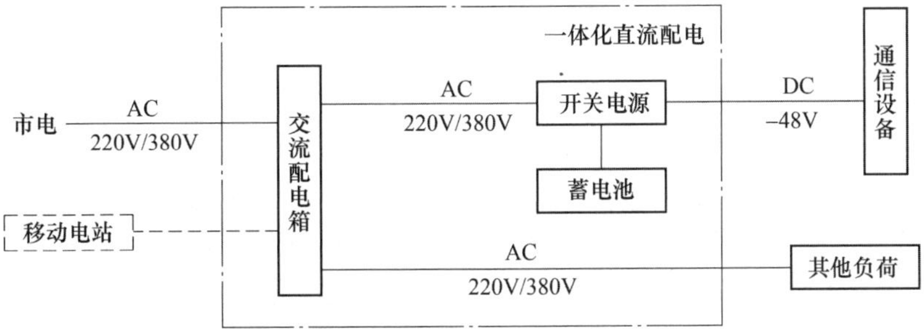

图 1-9　一体化直流电源系统供电框图

5. 小型站常用的直流远供电源系统

直流远供电源系统自移动通信宏基站组合开关电源取用 DC −48V，升压为 DC 380V 远距离传输，再变换为 DC −48V 输出为小型移动通信基站通信设备供电。直流远供电源系统由直流远供局端，远距离专用电缆和直流远供远端组成，如图 1-10 所示。远端设备输出电压满足 −48V 直流基础电源的要求。

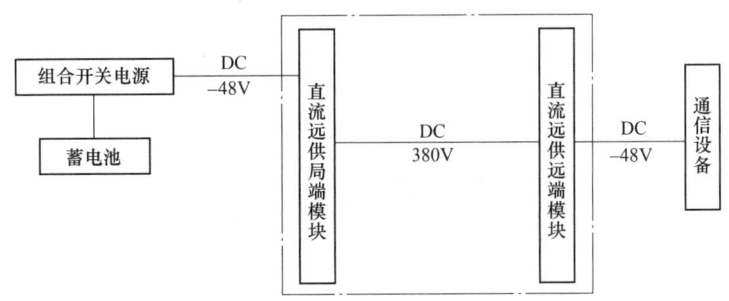

图 1-10　直流远供电源系统供电框图

通信电源供电系统应用原则主要包括以下几点。

1）一、二类局站宜采用变配电系统、备用电源系统相对集中，UPS 系统和直流供电系统相对分散的方式。三类局站若负荷较小，可采用 UPS、直流供电系统集中供电方式。同一局站需要安装多台变压器的，根据综合经济技术比较，推荐采用高压相对集中、变压器和低压配电分散供电，贴近负荷的方式进行布局。

2）通信局（站）在采用电容器进行无功功率补偿时，应根据负荷性质，串联一定比例的电抗器。通信局（站）的自然功率因数在 0.95 以上时，不宜采用电容器进行无功功率补偿。

通信局（站）可能出现容性无功功率时，宜采用有源无功功率补偿装置。通信局（站）的容性无功功率过大时，可使用并联电抗器进行功率补偿。

3）当变配电系统中的总谐波电流（Total Harmonic Distortion Rate of Current，THDI 亦称电流谐波总畸变率）大于 10% 时，应进行治理。

4）低压交流供电系统的接线应简洁可靠，从变压器输出端开始，至 UPS、直流系统等机房电源设备或机房空调的配电级数应不超过三级。各级配电开关的参数应根据负荷情况整定，上下级开关之间应具有选择性。随着通信负荷的不断扩容，开关的脱扣整定值应进行相应调整。

1.3.4 通信电源系统的质量要求*

为了满足通信设备安全、稳定、高效运行，通信电源系统必须能够提供符合相应指标要求的电源供应，同时电源设备自身的安全、可靠运行也需通过一定的运行指标加以保证。将各种通信设备及电源设备对供电的指标要求进行综合，即为通信电源系统的质量要求。具体地说，通信电源系统的质量要求包括三方面，即定额要求、杂损要求和附加要求。

1）定额要求：包括对供电电压、电流、频率等指标的要求，如电压波动范围、频率波动范围、电源设备运行负载率等。这是明确通信设备所能接受的电源类型、规格和偏差大小的最基本要求。

2）杂损要求：包括对供电中各种干扰、损耗等有害因素的忍受限度，如交流电压波形畸变率、交流电流谐波含量、直流杂音电压、配电全程电压降、允许瞬断时间等。这是确保通信设备及电源设备自身安全、稳定、高效运行的关键要素，是对电源"优良"程度的重要评价指标。

3）附加要求：除上述两方面外，还包括为保证电源设备安全，高效运行以及环境友好的其他相关指标，如设备散热（效率）、电气接头温升、运行噪声、振动等。

《通信电源设备安装工程设计规范》（GB 51194—2016）、《通信局（站）电源系统总技术要求》（YD/T 1051—2018）、《通信用 240V 直流供电系统》（YD/T 2378—2020）以及《信息通信用 240V/336V 直流供电系统技术要求和试验方法》（GB/T 38833—2020）中有关电源系统的部分质量指标见表 1-1 和表 1-2。

表 1-1 直流电源电压变动范围与供电回路全程最大允许压降

标称电压/V	通信设备受电端子处电压允许变动范围/V	供电回路全程最大允许电压/V
−48	−57～−40	3.2
240	192～288	12
336	260～400	—

表 1-2 交流电源供电质量要求

标称电压/V	通信设备受电端子处电压允许变动范围/V	标称频率/Hz	频率允许变动范围/Hz	电压波形正弦畸变率
220/380	额定值的 −10%～+5%	50	额定值的 ±4%	不大于 5%

通信电源设备机房的环境要求，包括温湿度要求、防尘要求、噪声要求、防火/防水要求、抗震要求等，具体简要的汇总于表 1-3 中。

表 1-3　通信电源设备机房的环境要求

项目名称	要求		
	电力室	蓄电池室	变配电、发电机组机房
温度/°C	10～30	5～35	5～40
相对湿度（室温≤30°C）	30%～85%	≤85%	≤85%
防尘	应无爆炸、导电、电磁的尘埃，无腐蚀金属破坏绝缘的气体		
噪声	发电机组产生的噪声在城市区域内的最大影响，应不超过《工业企业厂界环境噪声排放标准》（GB 12348—2008）的规定		
防火	应符合《建筑设计防火规范（2018 年版）》（GB 50016—2014）中的相关规定。重要通信局（站）和无人值守电源机房，应安装火灾自动检测和告警装置，并配备与通信机房相适应的灭火装置。机房电力电缆应采用防火电缆		
防水	机房应采取防水措施		
抗震	电源设备的安装应采用抗震加固措施，应符合《电信设备安装抗震设计规范》（YD 5059—2005）的规定		
其他	对变电站和其他电源机房，应采取防止小动物进入机房的措施		

1.4　机房空调系统的结构组成

本节主要讲述机房空调系统的组成及功能、主要设备分类及特点以及集中式系统和分散式系统的概念。中央空调系统一般包括冷源/热源设备、冷热介质输配系统、末端装置以及其他辅助设备等，其主要功能是解决"热""湿""尘""风"四个方面的问题；机房空调系统根据其应用场合的不同，主要设备可以分为三类：中央空调系统、精密空调系统和模块化空调系统并各具特点；机房空调系统可根据其设备设置形式、服务范围及安装位置的不同，分为集中式、半集中式和分散式。

1.4.1　机房空调系统的组成及功能*

要想通信电源系统处于理想的工作状态，就必须使机房环境（温度、湿度、洁净度、速度等）处于设备能正常工作的范围内。否则，通信电源设备的技术性能会严重下降，甚至损坏。例如：如果温度过高，柴油发电机组会出现功率下降、机温过高、甚至停机等现象；如果温度过低，柴油发电机组会出现启动困难、排气冒白烟等故障现象。因此，在条件许可的情况下，机房应安装空调系统。

空调即空气调节（Air Conditioning），是指利用人工手段对建筑/构筑物内环境空气的温度、湿度、洁净度、速度等参数进行调节和控制的过程。中央空调一般包括冷源/热源设备、冷热介质输配系统、末端装置以及其他辅助设备等。冷热介质输配系统主要包括水泵、风机和管路系统，末端装置则负责利用输配来的冷热量，具体处理空气，使目标环境的空气参数达到要求；我们日常使用的空调，就是一个小型的空气调节系统。

归纳起来,机房空调系统的主要功能是解决"热""湿""尘""风"四个方面的问题。其中"热"是指带走设备散发出的热量,将机房内过多的热量排到机房外,或引入外部热量以弥补机房内的热损失(如严寒地区的冬季),以维持机房内合理的温度与热平衡;"湿"是指通过加湿、除潮等操作,维持机房内合理的空气湿度,既要避免因过湿而结露,又要避免因过干而积累静电;"尘"是指通过过滤等措施,消除空气中由外界带入或机房施工过程中产生的空气污染物,避免设备表面及内部因灰尘堆积而影响散热或带来短路、腐蚀等隐患;"风"是指通过对机房内合理的气流组织和配送,使各类设备得到良好的冷却效果,提升空调系统的制冷效率,同时达到较好的加湿、除湿、过滤等效果。

1.4.2 机房空调系统的主要设备分类及特点*

机房空调系统根据其应用场合的不同,主要设备可以分为以下三类:中央空调系统、精密空调系统和模块化空调系统,并具有各自的特点。

(1)中央空调系统

中央空调系统可分为风冷式空调系统、水冷式空调系统、双冷源空调系统和冷冻水空调系统四种类型。

风冷式空调系统特点:空调系统通常用于机房,具有制冷、加热、去湿、加湿、空气过滤、提供机房气流循环以及自动调节和远程监控等功能。优点是配置自由、运行稳定,对机房保障性好。缺点是占地大,室外机布放困难,氟管路安装质量影响大,单机故障较多,多机互相影响造成散热困难,抗极限高温能力差。

水冷式空调系统特点:水冷式专用空调也用于机房,具有制冷、加热、去湿、加湿、空气过滤等功能。其优点是运行稳定,故障率和维护成本低。缺点是需要额外的冷却水系统和冷却塔,增加了系统的复杂性和维护难度。

双冷源空调系统:系统结合了风冷和水冷的优点,可以根据不同的环境条件和需求,灵活切换不同的制冷模式。它适用于对制冷效率和稳定性要求较高的场合。

冷冻水空调系统特点:通过冷冻水循环管路的精心设计和控制逻辑的优化,实现与机房内部空调气流组织的完美匹配。该系统可以根据室内热负荷以及室外环境的变化,对冷冻水流量进行灵活调节,实现高效运行和节能。其优点是制冷效率高、设备集中、运行稳定、故障率低。缺点是初始投资较高,但运行费用较低,且使用寿命长。

注意:在选择机房空调系统时,还需要考虑机房的具体情况,如面积、高度、发热量等因素,并结合自身的预算和技术要求进行综合考量。

(2)精密空调系统

精密空调系统是一种专门为小型机房设计的空调系统,主要适用于中小型企业和数据中心。其优点是轻便、稳定、效率高,所需配备的设备较少,比较节约空间。另外,其运作效果较为可靠,容易维护,可有效避免霉菌、异味、冷气底部的过热等问题。

(3)模块化空调系统

模块化空调系统可根据机房空间大小灵活调整,以达到最佳冷却效果,适用于大中型数据中心。此外,还具有高智能化的特点,可采用先进的控制技术,对温度和湿度进行精准调控,提高温度控制精度和能效比,满足不同使用需求。同时,维护也很方便。

1.4.3 集中式系统和分散式系统的概念

与通信电源系统类似，机房空调系统也可根据其设备设置形式、服务范围及安装位置的不同，分为集中式、半集中式和分散式。

集中式空调系统：所有的空气处理设备（如风机、过滤器、加热器、冷却器等）全部集中在空调机房内，经过处理的空气通过风管输送到各个空调房间。根据送风的特点，它又可分为单风道系统、双风道系统和变风量系统。集中式空调系统的冷热源通常为冷冻机组、锅炉或热泵等设备，根据季节和室内负荷需求进行调节。这种系统适用于建筑空间大、需要严格控制室内环境参数的场合。它具有高效、节能、易于维护和管理等优点。

半集中式空调系统：除了安置在集中的空调机房内的空气处理设备外，还有分散在空调房间内的空气处理末端设备。这些末端设备是对进入空调房间之前的送风再进行一次处理的设备，如风机盘管机组、再热器等。

分散式空调系统（局部式空调系统/空调机组）：这种空调系统的冷、热源，空气处理设备，风机和自动控制元件全部集中在一个箱体内。它可根据需要灵活安置在空调房间内，如机房专用空调、柜式空调机等。分散式空调系统可以根据实际需求进行灵活调节，避免能源浪费，适用于空调房间少或布局分散的场所。

1.5 辅助系统与设施

动力与环境辅助系统与设施主要包括：防雷接地系统、集中监控管理系统、能耗监测管理系统、电气综合继电保护系统和中央空调群控系统等。防雷接地系统的主要作用是通过将建筑物和电气设备与地下埋设的低电阻导体相连接，将雷击等大电流引入地下，分散和消散能量，确保建筑物和人员的安全。集中监控管理系统在保障安全、提高效率、辅助决策等方面发挥着重要作用；能耗监测管理系统（Energy Monitoring Management System，EMMS）集成了硬件和软件系统，旨在实现对能源的高效使用和管理；电气综合继电保护系统通过其多种功能和作用，确保电力系统的安全、稳定和高效运行，是电力系统不可或缺的重要组成部分；中央空调群控系统是一种先进的技术，用于集中管理和控制多个中央空调设备，以实现更高效的运行和管理。

1.5.1 防雷接地系统

为了提高通信质量、确保通信设备与人身的安全，通信局（站）的交流和直流供电系统都必须装设防雷接地系统（装置），构成多级防雷接地体系，如图 1-11 所示。

通常，防雷和接地密不可分。接地系统主要由接地体、接地引入线、汇集排、楼层接地排、工作及保护接地线等组成。防雷系统主要由接闪器、雷电引下线、接地体、等电位连接、各级防雷保护器件（防雷器、防雷隔离变压器等）等组成。接地的主要类型包括：交流工作接地、直流工作接地、保护接地和防雷接地等。

1）交流工作接地通信局（站）一般都由三相交流电源供电，为了避免因三相负载不平衡而使各相电压差别过大，三相电源的中性点（即三相变压器或三相交流发电机的中性点）都应当直接接地，这种接地方式称为交流工作接地。接地装置与大地间的电阻称为接地电阻，当变压器容量在 100kVA 以下时，接地电阻应不大于 10Ω；当变压器容量在 100kVA 及以上时，接地电阻应不大于 4Ω。

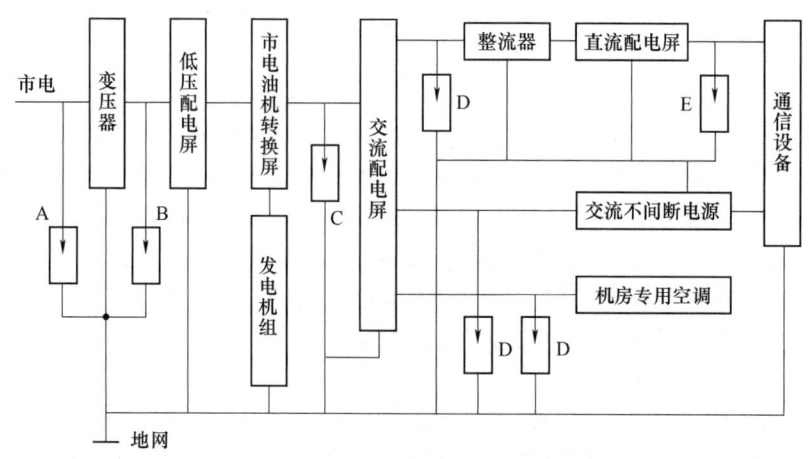

图 1-11　通信局（站）电源系统防雷接地示意图

2）直流工作接地　在直流供电系统中，由于通信设备的需要，蓄电池组的正极（或负极）必须接地，这种接地方式称为直流工作接地。

3）保护接地　为了避免电源设备的金属外壳因绝缘损坏而带电，与带电部分绝缘的金属外壳或框架通常也必须接地，这种接地称为保护接地。一般情况下，保护接地的接地电阻应不大于 10Ω。

4）防雷接地　在通信电源系统中，为了防止因雷电而产生的过电压损坏电源设备，还必须设置用于泄放雷电流突波能量的防雷接地装置，其接地电阻一般应小于 10Ω。当电源系统遭受雷击时，防雷地线中的瞬时电流很大，在接地线上将产生很高的电压降。

在通信系统中，通信设备受到雷击的机会较多，需要在受到雷击时使各种设备的外壳和管路形成一个等电位面，由于多数通信设备在结构上都把直流工作接地和防雷接地相连，无法分开，因此通信局（站）中往往采用共用一组接地体的接地方式，将各类通信设备的交流工作接地、直流工作接地、保护接地及防雷接地构成联合接地系统。实践证明，这种接地方式具有良好的防雷和抗干扰作用。通信机房典型接地系统连接如图 1-12 所示。显然，不管是哪一种接地都要求接地点与接地体可靠连接，否则不但不能起到相应的作用，还有可能适得其反，对人身安全和设备的正常工作造成威胁。

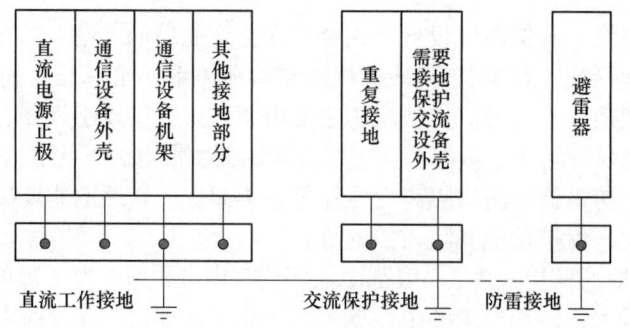

图 1-12　通信机房典型接地系统

1.5.2 集中监控管理系统

集中监控管理系统亦称动力环境监控系统，主要由各种采集设备、网络传输设备、监控终端等组成。通信局（站）典型集中监控管理系统结构组成如图 1-13 所示。

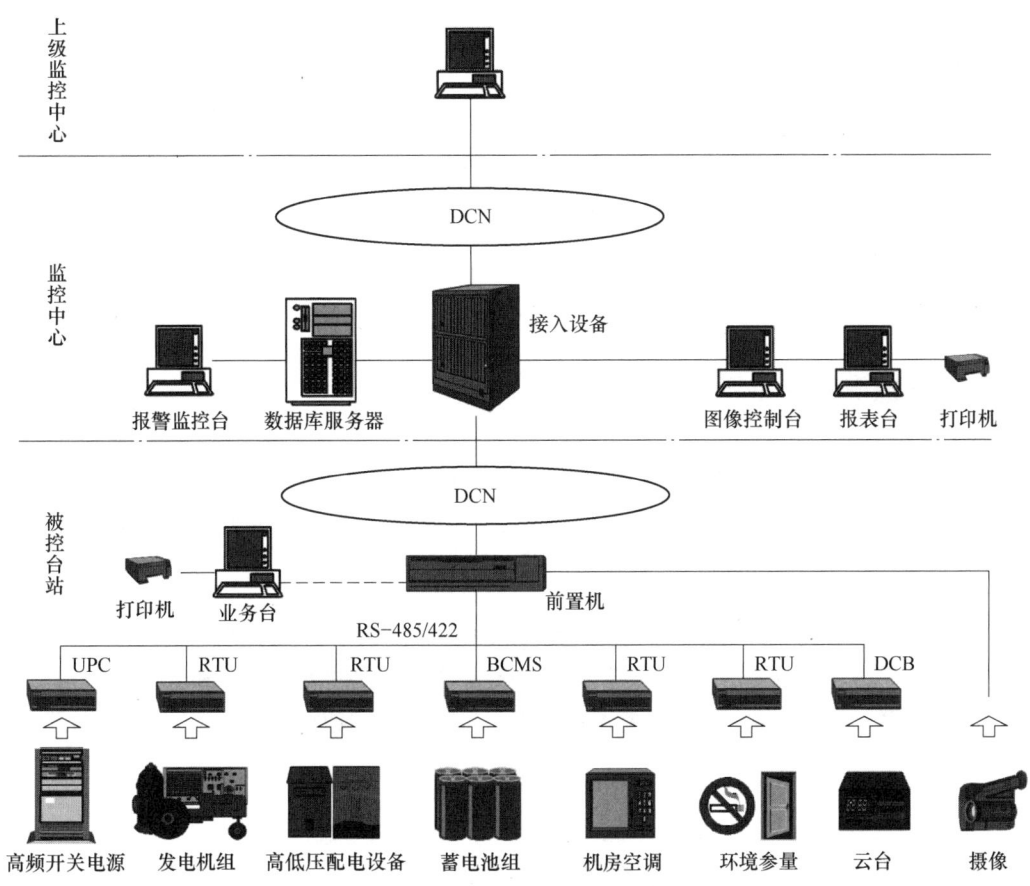

图 1-13　通信局（站）集中监控管理系统结构组成

注：DCN（Data Communication Network，数据通信网络）；UPC（Universal Protocol Converter，通用协议转换器）；RTU（Remote Terminal Unit，远程终端装置）；BCMS（Battery Cell Measurement System，电池组监测系统）；DCB（Device Control Block，设备控制器）。

根据机房内的信息通信设备在网络中所处的地位、设备的重要性，以及所服务用户不同服务等级，将通信机房分为 A 类、B 类、C 类、D 类和 E 类 5 个类型，具体详见表 1-4。

表 1-4　通信机房的类型

类型	释义
A 类	承载国际、省际等全网性业务的机房、集中为全省提供业务及支撑的机房、超大型和大型 IDC 机房等
B 类	承载本地网业务的机房、集中为全本地网提供业务及支撑的机房（原则上对应地市级枢纽机房）、中型 IDC 机房等
C 类	承载本地网内区域性业务及支撑的机房（原则上对应县级、本地网区域级机房）、小型 IDC 机房、动力机房等
D 类	承载网络末梢接入业务的机房和基站机房等

（续）

类型	释义
E类	无机房建筑的站点、户外柜等

注：数据中心的分类应遵循《通信局（站）动力和环境能效要求和评测方法》（YD/T 3032—2016）第 5 章的要求。

通信电源的集中监控管理系统是一个分布式计算机控制系统，是整个通信电源系统控制和管理的核心，它通过对监控范围内的各种电源设备、空调设备以及机房环境进行遥测、遥信和遥控，实时监测系统和设备的工作状态，记录和处理相关数据，及时侦测系统或设备故障类型、性质并适时通知维护人员处理，进行必要的遥控操作，改变或调整设备的工作状态，按照上级监控系统或网管中心的要求提供相应的数据和报表，从而实现通信局（站）的少人或无人值守，实现电源、空调及环境的集中监控与维护管理，从而提高电源系统的可靠性和通信设备的安全性。

1.5.3 能耗监测管理系统

能耗监测管理系统作为现代能源管理的重要组成部分，正逐渐成为企业、工厂乃至整个城市节能减排、优化能源使用效率的关键工具。该系统通过集成传感器技术、算法模型、远程通信等技术，对电能消耗的实时监测、精准分析和高效管理。

1. 工作原理

能耗监测管理系统基于物联网技术，通过部署在系统各节点的智能传感器，实时采集电压、电流、功率因数等关键参数。将数据通过有线或无线方式传输至管理云平台，对数据进行预处理、存储和分析。实时监控电能消耗情况，为决策提供数据支持。其工作原理如图 1-14 所示。

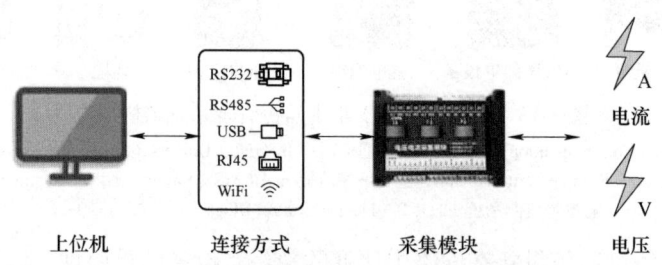

图 1-14 能耗监测管理系统工作原理框图

2. 功能特点

能耗监测管理系统通常具有如下特点。

1）实时监测：24 小时不间断监测电能消耗，包括总电量、峰谷电量、各时段电量等，电压、电流、有功功率、视在功率、功率因数等多种电参数可测，帮助用户随时掌握用电情况。

2）能耗分析：通过对历史数据的深度分析，自动生成日报、周报、月报、季报和年报等能耗报告，主要包括能耗趋势图、能耗构成分析、异常能耗检测等，便于用户发现能耗规律，挖掘节能潜力。

3）远程报警：当监测到电能消耗异常（如过载、漏电、能效低下、能耗过高等）时，自动触发报警机制,及时通知相关人员采取措施,防止能源浪费和安全事故的发生。

4)大数据分析:进一步深化能耗数据的挖掘和分析,为用户提供更加个性化的节能建议和优化方案,如调整生产计划以避开高峰电价时段、优化设备配置以提高能效等,推动能源管理向精细化方向发展。

5)远程管理:通过手机端 APP、计算机网页端软件的管理界面,远程访问查看能耗数据、接收报警信息、调整监控参数等,实现跨地域的能源管理。

6)智能化升级:能耗监测管理系统通常应具备自主学习功能,根据用户用电习惯,预测能耗需求,精准能耗管理。

7)集成化应用:支持与其他能源(如水、燃气、油等能源)管理系统集成,形成统一的能源管理平台,实现多能源的综合管理和优化。

8)物联网融合:支持与更多的智能设备(如智能控制器、电参数采集模块、温控器、感应器等设备)连接,形成智能能源生态系统,智能调度能源。

3. 应用优势

1)节能减排:通过精确监控和优化能源使用,有效降低电能消耗,减少碳排放,促使企业更加重视能源节约和环境保护。

2)成本控制:帮助企业精确计算电能成本,识别并消除不必要的能耗,降低能源使用成本,提升经济效益。

3)提升运营效率:实时能耗数据为生产管理提供了重要参考,有助于优化生产计划,提高设备利用率,减少停机时间,提升整体运营效率。

能耗监测管理系统作为现代能源管理的重要手段,在促进节能减排、提升运营效率、增强环保意识等方面发挥着越来越重要的作用,引领能源管理向更加智能化、集成化、精细化的方向发展。

1.5.4 电气综合继电保护系统

电气综合继电保护系统是现代电力系统中保障电力设备安全、稳定运行的重要组成部分。它基于继电保护的基本原理,利用各种电气量(如电流、电压、相位角、测量阻抗等)的变化来检测电力系统中的故障和异常运行状态,并采取相应的保护措施。电气综合继电保护系统是以继电保护装置为基础,以微机控制技术为核心,综合了网络技术和管理平台软件的现代化计算机测控管理系统,是为保证电力系统安全运行和快速反应而设置的,是实现电力系统自动化与智能化的重要支撑手段。

当通信局(站)和数据中心的规模达到一定程度,其配电系统数量和容量都会急剧增加,安装地点也会变得相对分散。传统的人工值守方式很难适应这样的规模化、大型化配电系统运行维护管理,因此通常需要借助综合继保系统来实现集中化、自动化的少人管理。目前一般针对 10kV 及以上的高压配电系统,基于局站(变电站)来配置综合继保系统。

1.5.5 中央空调群控系统

中央空调群控系统是一种通过对多个中央空调单元进行集中控制和管理的系统。它利用先进的计算机技术、传感器技术和网络通信技术，将分散的空调设备连接起来，实现集中监控、智能控制和优化调度。系统通过传感器实时采集各区域的环境数据，并根据预设的控制策略和优化算法，自动调整空调设备的运行状态，以达到最佳的舒适度和最小的能耗。

群控系统通常由控制器、服务器、网络系统和软件等组成，可以实现对中央空调的远程控制和监控，具有安全性高、操作简单、成本低等优点。群控系统可以实现节能管理，以及多空调的统一控制，降低空调的运行成本，减少能源消耗，实现节能减排。可以实现节能控制，对空调室内外温度进行实时监测，根据室内外温度变化调节空调的运行，减少不必要的能耗。可以实现节能报警，对空调故障进行实时监测，及时报警，降低空调维修成本，提高空调使用效率。

历届考试真题

一、填空题

填空题 01（2013 年/2016 年真题）：

1. 重要通信设备用交流电供电时，在设备的电源输入端子处测量的电压允许变动范围为额定电压值的（1）。

2. 通信设备或系统对电源系统的基本要求有：供电可靠性、（2）、供电经济性和供电灵活性。

3. 高压配电系统一般包括：发电、输电、变电、（3）和用电五个环节。

4. 对交流变配电室进行停电检修时，应先停（4）电、后停（5）电；先断（6）开关，后断（7）开关。送电顺序则（8）。切断电源后，三相线上均应接（9）。

5. 直流供电设备中的换流设备，是整流设备（AC/DC）、逆变设备（DC/AC）和（10）的总称。

填空题 02（2013 年/2017 年真题）：

1. （1）原则是电源系统设计的首要原则，也是电源设计的根本出发点。另外，电源系统设计还需要考虑到（2）性和（3）性。

2. 从电源设计内容上看，设计内容包括（4）系统、（5）系统、（6）系统和（7）系统四个主要组成部分。

3. 按照满足电压要求选取直流放电回路的导线时，要求全程电压降不应大于下列值：48V 电源系统为（8）V；24V 电源系统为（9）V（原有窄范围供电系统）或（10）V（新建宽范围供电系统）。

4. 对于小容量的局站，一般供电局不要求（11）补偿，若需补偿，变压器的视在功率应计算补偿后的功率。

5. 电磁场伤害事故是指人在强电磁场的长期作用下，（12）而受到的不同程度的伤害。

填空题 03（2018 年真题）：

1. 从功能上看，通信局（站）的动力与环境主要是由负责电力能源转换、输送和分配的（1）和负责为网络通信设备运行提供适合的温度、湿度和洁净度的机房空调系统组成。

2. 网络通信设备对动力与环境的基本要求，也是最根本要求，是能够提供充足的、适合类型的（2）和适宜的环境空间。

3. 通信电源系统主要功能可以归纳为"供""配""储""发""变"五方面。其中（3）是指将电能按需分配和输送到各个机房乃至各台主设备，并实现一定的调度功能。

4. 通信电源系统的质量要求包括以下三方面，即定额要求、杂损要求和附加要求（衍生要求）。其中（4）包括对供电中各种干扰、损耗等有害因素的忍受限度。

5. 空调系统的主要功能是解决"热""湿""尘""风"四方面问题，（5）是空调系统与通信设备之间的"桥梁"。

二、选择题

选择题 01（2016 年真题）：

1. 常用的交流电压表和万用表测量出的数值是（　　）。
   A. 平均值　　　　B. 有效值　　　　C. 峰-峰值　　　　D. 最大值
2. 引出通信局（站）的交流高压电力线应采取高、低压（　　）装置。
   A. 混合避雷　　　B. 一级避雷　　　C. 多级避雷　　　　D. 单级避雷
3. 下列方法中，不能用于直流电力线截面的选择方法是（　　）。
   A. 电流矩法　　　　　　　　　　　B. 固定电压降分配法
   C. 最小二乘法　　　　　　　　　　D. 最小金属用量法
4. 监控网络中的常见硬件，具有隔离作用的是（　　）。
   A. 温度传感器　　B. 入侵传感器　　C. 协议转换器　　　D. 变送器
5. 在制冷系统中，为了确保系统正常工作，需要用到控制器件。下述器件中不属于控制器件的是（　　）。
   A. 油分离器　　　B. 截止阀　　　　C. 电磁阀　　　　　D. 压力继电器

选择题 02（2018 年真题）：

1. （　　）从两个稳定可靠的独立电源引入两路供电线，不能同时检修停电的供电情况。
   A. 一类市电供电方式　　　　　　　B. 二类市电供电方式
   C. 三类市电供电方式　　　　　　　D. 四类市电供电方式
2. 油浸式变压器的油起（　　）作用。
   A. 绝缘和灭弧　　B. 绝缘和防锈　　C. 绝缘和散热　　　D. 润滑和散热
3. 常用高压电器中，（　　）是一种兼有控制和保护双重作用的电器。它具有灭弧装置，但没有明显的断开点。
   A. 高压熔断器　　B. 高压负荷开关　C. 高压隔离开关　　D. 高压断路器

4. 低压系统中的低压电器，能远距离频繁地自动控制电机的起停、运转和反向的是（   ）。
  A. 刀开关 　　　B. 熔断器 　　　C. 接触器 　　　D. 继电器
5. 低压电器中，实现两路低压交流电自动转换的设备是（   ）。
  A. 联络柜 　　　B. ATS 柜 　　　C. 补偿柜 　　　D. 馈电柜

选择题 03（2020 年真题）：

1. 通信局（站）的动力与环境中，负责为网络通信设备运行提供适合的温度、湿度和洁净度的设备和设施是（   ）。
  A. 通信电源系统　　　　　　　　B. 机房空调系统
  C. 能耗监测系统　　　　　　　　D. 集中监控管理系统
2. 下列评价电源系统可靠性的指标中，电源系统正常供电时间与总时间（故障时间和正常供电时间之和）的比值是（   ）。
  A. 可用度　　　　　　　　　　　B. 不可用度
  C. 平均故障间隔时间　　　　　　D. 平均故障修复时间
3. 电源系统的主要功能可以归纳为"供""配""储""发""变"。通信电源系统要能对不同的网络设备提供相应规格和要求的电力，这是通信电源系统功能中的（   ）。
  A. 供 　　　　B. 配 　　　　C. 发 　　　　D. 变
4. 交流供电系统由标称电压为 220V 市电供电时，受电端子上电压变动范围为额定值的 +5%～−10%，这是通信电源系统质量要求中的（   ）。
  A. 可靠要求　　　　　　　　　　B. 杂损要求
  C. 定额要求　　　　　　　　　　D. 附加要求
5. 下列设备中，属于机房空调设备的是（   ）。
  A. 风管　　　　　　　　　　　　B. 冷却塔
  C. 冷水机组　　　　　　　　　　D. 小型化精密空调

三、判断题

判断题 01（2015 年真题）：

1. 通信电源系统采用分散供电方式时，原则上无须考虑电磁兼容性。（   ）
2. 高压配电网采用放射式配电方式时，供电可靠性较差。（   ）
3. 直流高阻配电方式供电安全性高，回路电压降低。（   ）
4. 电源系统中的分流器可以用来测量交流电流。（   ）
5. 交流供电应采用三相五线制，零线可以安装熔断器。（   ）

判断题 02（2015 年真题）：

1. 直流供电系统应采用在线充电方式，以全浮充制运行。（   ）
2. 不同类别的机房对于 UPS 蓄电池后备时间的要求没有差别。（   ）

3. 高压配电线路的电压损失，一般不超过线路额定电压的 15%。（   ）
4. 接地导线应采用铜芯导线，机房内的交流导线应采用阻燃性电缆。（   ）
5. 通信电源系统设计在保证供电质量的前提下，需要考虑的要素主要包括：安全性、可靠性、经济性和可扩展性。（   ）

判断题 03（2021 年真题）：

1. 动力与环境的接地与防雷系统为各类通信设备的平稳、安全运行提供良好的、具备一定抗干扰能力的环境。（   ）
2. 网络通信设备对动力与环境的基本要求是电源供应不能中断，空调供应不能长时间中断。（   ）
3. 动力与环境的可靠性评价指标中，电源系统的年可用时长是指电源系统在一个完整年度内正常供电的小时数。（   ）
4. 交流供电系统中，配置后备发电机组是为了能够确保在市电出现长时间故障或中断的情况下继续为通信局（站）提供持续的电力。（   ）
5. 当交流电源供电的标称电压为 220V 时，通信设备受电端子处电压允许变动范围为 209V～231V。（   ）

四、问答题

1. 简述网络通信设备对动力与环境的基本要求和质量要求（**2020 年真题**）。
2. 列出机房空调系统的主要功能是解决哪几方面的问题，并做简要说明（**2021 年真题**）。
3. 请简述动力与环境系统中通信电源系统的主要功能（**2023 年真题**）。

真题参考答案

一、填空题

填空题 01（2013 年/2016 年真题）：

【答案】1.（1）−10%～5% 或 +5%～−10%。
2.（2）供电稳定性。
3.（3）配电。
4.（4）低压；（5）高压；（6）负载（负荷）；（7）隔离；（8）相反；（9）地线。
5.（10）直流/直流变换设备（DC/DC）。

试题分析：本问题考查对通信电源系统、交直流供电系统相关知识的识记。

【试题解析】
1. 本小题考查交流电源质量。通信设备直接由交流基础电源供电时，输入电压允许变动

范围为额定电压的 +5%～-10%；通信整流设备由交流基础电源供电时，输入交流电压允许变化范围为额定电压的 +10%～-15%；发电机组供电时，受电端子上电压允许变化范围为额定电压的 +5%～-5%。

2. 本小题考查通信设备或系统对电源系统的基本要求。通信设备或通信系统对电源系统的基本要求包括供电可靠性、供电稳定性、供电经济性和供电灵活性等。其中电源系统的可靠性包括不允许电源系统故障停电和瞬间断电这两方面要求。

3. 本小题考查高压配电系统的组成。一个高压配电系统一般由发电、输电、变电、配电和用电五个环节组成。

4. 本小题考查交流配电设备的基本维护要求。根据基本维护要求，变配电室停电检修时，应报主管部门同意并通知用户后再进行。高压验电器、高压拉杆应符合规定要求，并定期检测。停电检修时，应先停低压、后停高压；先断负荷开关，后断隔离开关，送电顺序则相反。切断电源后，三相线上均应接地线。

5. 本小题考查换流设备的概念。换流设备是整流设备（AC/DC）、逆变设备（DC/AC）和直流/直流变换设备（DC/DC）的总称。其中整流设备可将交流电变为直流电，逆变设备则是将直流电变为交流电，DC/DC 变换设备可将一种电压的直流电变换成另一种或几种电压的直流电。

填空题 02（2013 年/2017 年真题）：

【答案】1.（1）安全可靠性；（2）可扩展；（3）经济合理。

2.（4）交流供电；（5）直流供电；（6）防雷接地；（7）（动力与环境）集中监控。

3.（8）3.2；（9）1.8；（10）2.6。

4.（11）功率因数。

5.（12）吸收辐射能量。

试题分析：本问题考查对通信电源系统设计原则和内容、电力线选择原则、功率因数补偿以及电磁场伤害事故的识记。

【试题解析】

1. 本小题考查通信电源系统设计原则。安全可靠性原则是电源系统设计的首要原则，也是电源设计根本出发点。另外，还需考虑到可扩展性原则和经济合理性原则。

2. 本小题考查通信电源系统设计内容。从电源设计的内容上看，设计内容涉及交流供电系统、直流供电系统、防雷接地系统和（动力环境）集中监控管理系统四个主要组成部分。具体包括高低压配电设备、发电机组、UPS、变换器、整流器、蓄电池组、直流配电设备、防雷接地、（动力与环境）集中监控等设备组成的系统。

3. 本小题考查电力线选择的一般原则。①高压柜出线、低压配电设备的交流进线宜按远期负荷计算，并据此选择导线型号与规格；低压配电屏的出线应按被供负荷的容量计算，并据此选择导线型号与规格。②自备发电机组的输出导线，应按其输出功率（容量）选择导线型号与规格。③按满足电压要求选取直流放电回路的导线时，直流放电回路的全程压降不应大于下列值：48V 电源为 3.2V；24V 电源为 1.8V（原有窄范围供电系统）或 2.6V（新建宽范围供电系统）。④采用电源馈线的规格，应符合要求。

4. 对于小容量的局站，一般供电局不要求功率因数补偿，如需补偿时，变压器的视在功率应计算补偿后的功率。

5. 电磁场伤害事故是指人在强电磁场的长期作用下,吸收辐射能量而受到的不同程度的伤害。

填空题 03（2018 年真题）：

【答案】 1.（1）通信电源系统。2.（2）电力。3.（3）配。4.（4）杂损要求。5.（5）风。
试题分析：本试题考查对动力与环境、通信电源系统和空调基础知识的识记。

【试题解析】

1. 本小题是对动力与环境的主要组成部分及其各部分功能进行考查。从功能上看，通信局（站）的动力与环境主要是由通信电源系统和机房空调系统组成；另外，为了能提供安全、稳定、优质、高效的动力与环境保障，动力环境集中监控管理系统与能耗管理系统、接地与防雷系统也是不可或缺的部分。

通信电源系统：负责电力能源转换、输送和分配的设备和设施。机房空调系统：负责为网络通信设备运行提供合适的温度、湿度和洁净度的设备和设施。动力与环境集中监控管理系统对各种电源设备、空调设备以及温湿度等机房环境参数进行实时监控和记录，分析设备运行状况，及时侦测故障并通知处理，以实现通信局（站）的少人或无人值守，提高动力与环境运行质量和管理效率。

2. 本小题是考查网络通信设备对动力与环境的要求。网络通信设备对动力与环境的基本要求，也是最根本的要求，是能够提供充足的、适合类型的电力和适宜的环境空间，也可称其为"能力要求"；质量要求是网络通信设备对动力与环境的高级要求，可以将其归纳为：持续、稳定、安全和高效。

3. 本小题是考查通信电源系统的组成及其各部分的主要功能。通信电源系统的主要功能可以归纳为"供""配""储""发""变"五个方面。"供"是指从市电电网配接引入，作为通信局（站）的主要电力供应来源；"配"是指将电能按需分配和输送到各个机房乃至各台主设备，并实现一定的调度功能；"储"是指通过蓄电池等设备的储能来保证主设备的不间断供电。"发"是指通过备用发电机组等发电设备来保证市电故障中断时的电力供应；"变"是指通过对电压等级、电流形式的变换，为主设备提供相应规格和质量要求的电力。

4. 本小题是考查通信电源的质量要求。通信电源系统的质量要求包括：定额要求、杂损要求和附加要求（衍生要求）。定额要求：对供电的电压、电流、频率等指标的要求；杂损要求：对供电中各种干扰、损耗等有害因素的忍受限度；附加要求：除上述两方面外，还包括为保证电源设备安全、高效运行以及环境友好的其他相关指标。如设备的散热（效率）、电气接头温升、运行振动与噪声等。

5. 本小题是考查空调系统的主要设备及功能。机房空调系统的主要功能是解决"热""湿""尘""风"四方面的问题。风是空调系统与通信设备之间的桥梁。

二、选择题

选择题 01（2016 年真题）：

【答案】 1. B；2. C；3. C；4. D；5. A。
试题分析：本试题考查对常用仪表、导线截面的计算、防雷系统、集中监控管理系统常用硬件和空调设备相关知识的理解。

【试题解析】

1. 常用交流电压表测量正弦信号，测得值是有效值，万用表测交流信号，实际测得的是信号的整流平均值，然后根据正弦波有效值与整流平均值的系数关系，算出有效值并显示出来。由此可知，常用的交流电压表和万用表测量出的数值是有效值。选项 B 正确。

2. 为了更加有效防雷，引出通信局（站）的交流高压电力线应采取高、低压多级防雷装置。选项 C 正确。

3. 直流供电回路电力线的截面计算，根据允许电压降计算选择直流供电回路电力线的截面，一般有三种方法，即电流矩法、固定电压降分配法和最小金属用量法。选项 C 正确。

4. 由于传感器转换以后输出的电量各式各样，有交流也有直流，有电压也有电流，而且大小不一，而一般 D/A 转换器件的量程都在 5V 直流电压以下，所以有必要将不同传感器输出的电量变换成标准的直流信号，具有这样的功能的器件就是变送器。换句话说，变送器是能够将输入的被测电量（电压、电流等）按照一定的规律进行调制、变换，使之成为可以传送的标准输出信号（一般是电信号）的器件。

变送器除了可以变送信号外，还具有隔离作用，能够将被测参数上的干扰信号排除在数据采集端之外，同时也可以避免监控系统对被测系统的反向干扰。

此外还有一种传感变送器，实际上是传感器和变送器的结合，即先通过传感部分将非电量转换为电量，再通过变送部分将这个电量变换为标准电信号进行输出。

综上所述，选项 D 正确。

5. 制冷系统的控制部件包括膨胀阀、截止阀和电磁阀，不包括油分离器。从压缩机排出的高温高压制冷剂蒸气，总会夹带部分雾状润滑油，经排气管进入冷凝器和蒸发器中。如果在系统中不安装油分离器，就会在热交换器的传热表面形成油垢，增加其热阻，降低冷凝和蒸发的效果，导致产冷量下降。因此，在压缩机与冷凝器之间的管路上应安装油分离器，以便将油从制冷剂蒸气中分离出来。选项 A 正确。

选择题 02（2018 年真题）：

【答案】1. A；2. C；3. D；4. C；5. B。

试题分析：本试题考查对供电安全、高低压电器相关知识的理解。

【试题解析】

1. 本小题是对市电分类进行的考查。根据通信局（站）所在地区的市电供电条件、线路引入方式及运行状态，将市电分为四类。一类市电供电方式：从两个可靠的独立电源各自引入一路供电线。该两路电源不应同时出现检修停电。二类市电供电方式：从两个以上独立电源构成的稳定可靠的环形网上引入一路供电线；从一个稳定可靠的独立电源或稳定可靠的输电线上引入一路供电线。二类市电供电允许有检修停电。三类市电供电为从一个电源引入一路供电线。四类市电供电应符合下列条件之一：由一个电源引入一路供电线，经常昼夜停电，供电无保证；有季节性长时间停电或无市电可用。本小题选 A。

2. 本小题是对油浸式变压器的结构及作用进行的考查。变压器是用来隔离、变换交流电压并传输交流电能的一种静止电器设备。它是根据电磁感应的原理实现电能传递的。变压器油有两个作用：一是绝缘作用；二是散热作用。储油柜有两个作用：一方面可以减小油面与空气的接触面积，以防止变压器油受潮和变质，另一方面，当油箱中油面下降时，储油柜中的油可以补充到油箱里，不使绕组露出油面以外，而且储油柜还能调节因变压器油温度升高而引起的油面上升。本小题选 C。

3. 本小题是对常用高压电器的作用进行的考查。常用高压电器的作用见表 1-5。

表 1-5　常用高压电器的作用

电器名称	主要作用
断路器	在规定的使用条件下，可以自动接通或断开各种负荷电流；在继电器保护装置的作用下，可以自动切断短路电流；在自动装置的控制下，可以实现自动重合闸
隔离开关	具有明显的分断间隔，因此主要用来隔离高压电源，保证安全检修，并能接通一定的小电流。它没有专门的灭弧装置，因此不允许接通或切断正常负荷电路，更不能切断短路电流，禁止带负荷断开、闭合隔离开关。通常与断路器配合使用，并要求严格遵守操作顺序：切断电源时，先断开断路器，再拉断隔离开关；送电时，先闭合隔离开关，再闭合断路器
熔断器	当配电网络中发生过载或短路故障时，可以用熔断器自动切断电路
负荷开关	能通断正常的负荷电流和过负荷电流，隔离高压电源。它只有简单的灭弧装置，因此不能接通或切断短路电流。高压负荷开关通常与高压熔断器配合使用，利用熔断器来切断短路电流
互感器	互感器是一种特种变压器，用以分别向测量仪表、继电器的电压和电流线圈供电，正确反映电气设备的正常运行和故障情况
避雷器	防止雷电过电压侵入危害用电设备，在有雷电危害的地区，要按供电线圈的额定电压来配置避雷器

由此可知，本小题选 D。

4. 本小题是对常用的低压电器的作用进行的考查。低压电器：用于交流 50Hz（或 60Hz）、额定电压为 1000V 及以下，直流额定电压为 1500V 及以下的电路中起通断、保护、控制或调节作用的电器。自动空气断路器：在电路发生短路、过载等故障时能自动分断故障电路，是一种控制兼保护电器；接触器：是一种接通或切断电动机或其他负载主电路的自动切换电器。适用于频繁操作、远距离控制强电电路，并具有低压释放的保护性能。继电器：继电器的触头只能通过小电流，只能用于控制电路。刀开关：用来接通和分断容量不太大的低压供电线路以及作为低压电源隔离开关。熔断器：实现短路保护及过载保护。本小题选 C。

5. 本小题是对常用的低压电器作用进行的考查。自动转换开关（ATS）：主要用在紧急供电系统，将负载电路从一个电源自动转接至另一个（备用）电源的开关电器，以确保重要负载连续、可靠运行。本小题选 B。

选择题 03（2020 年真题）：

【答案】1. B；2. A；3. D；4. C；5. D。

【试题解析】

1. 本小题是对动力与环境系统的组成进行考查。动力与环境系统的组成、功能与作用见表 1-6。

表 1-6 动力与环境系统的组成、功能与作用

动力与环境系统的组成	功能与作用
通信电源系统	负责电力能源转换、输送和分配的设备和设施
机房空调系统	负责为网络通信设备运行提供适合的温度、湿度和洁净度的设备和设施
集中监控管理系统	通过对各种电源设备、空调设备以及机房环境进行实时监测、记录和处理相关数据，及时侦测系统或设备故障类型、性质并适时通知维护管理人员处理，从而实现通信局（站）的少人或无人值守，从而提高动力与环境运行质量和管理效率
接地与防雷系统	接地系统是为了工作和安全的需要，通过接地体、接地线等将通信电源系统内各设备设施，以及各类用电设备的部分外壳、导体、导线、部件等与大地做良好的电气连接，形成的电气互联系统。防雷系统是为了消除或抑制雷击对设备、线路、建筑造成的影响和破坏，通过避雷针、避雷器、接地网等设备和设施的协同配合，建立的多级防控系统
能耗监测管理系统	对各类机房、设备的运行能耗进行监测和记录，统计能源消耗情况，分析能源利用效率

2. 电源与空调设备及系统可靠性评价的主要指标时可用度或不可用度。可用度 = 正常供电时间/（故障时间 + 正常供电时间）；不可用度 = 故障时间/（故障时间 + 正常供电时间）。

3. 通信电源系统的主要功能可以归纳为"供""配""储""发""变"五方面："供"是指从市电电网配接引入，作为通信局（站）的主要电力供应来源；"配"是指将电能按需分配和输送到各个机房乃至各台主设备，并实现一定的调度功能；"储"是指通过蓄电池等设备的储能来保证主设备的不间断供电；"发"是指通过备用发电机组等自发电设备来保证市电故障中断时的电力供应；"变"是指通过对电压等级、电流形式的变换，为主设备提供相应规格和质量要求的电力。

4. 通信电源系统的质量要求包括：定额要求、杂损要求和附加要求。定额要求：对供电的电压、电流、频率等指标的要求。杂损要求：对供电中各种干扰、损耗等有害因素的忍受限度。附加要求：除上述两方面外，为保证电源设备安全、高效运行以及环境友好的其他相关指标。

5. 中央空调设备主要包括冷冻主机、冷却塔、板式换热器、水处理设备、膨胀水箱、蓄冷罐。机房空调设备包括机房空调机组、小型精密化空调、独立加湿器、智能新风设备、智能换热设备。

三、判断题

判断题 01（2015 年真题）：

【答案】1. ×；2. ×；3. ×；4. ×；5. ×。
试题分析：本试题考查对通信电源系统基础知识、交流供电系统以及直流供电系统相关知识的辨识和理解。

【试题解析】
1. 本小题考查对通信电源系统分散供电方式的理解。分散供电需要考虑通信电源设备是否会对通信设备或系统造成影响，特别是在电磁兼容性方面的考虑。

2. 本小题考查对三种基本交流高压配电方式的理解和辨识。高压配电网的基本接线方式

有三种：放射式、树干式及环状式。放射式配电方式的特点：线路敷设简单，维护方便，供电可靠，不受其他用户干扰。树干式配电方式的特点：高压配电装置数量少，投资相对较低，但供电可靠性差。环状式配电方式的特点：运行灵活，供电可靠性较高。

3. 本小题考查对直流供电系统配电方式的理解和辨识。根据直流配电屏与负载之间的配电线路阻值大小，直流供电系统的配电方式有低阻配电和高阻配电两种直流配电方式。低阻配电方式的优点是：供电回路压降很小，供电经济性高；缺点是：直流供电安全性较差。高阻配电方式具有较高的供电安全性和可靠性，但回路存在压降和电能消耗。

4. 本小题考查对电源系统中分流器作用的理解。直流配电屏的主回路、电池回路和200A以上的负载分路应分别安装分流器，可分别测量总电流、蓄电池的充放电电流和负载分路电流。采用A/D系统，可将上述模拟量变换成数字量供系统监控模块采集。

5. 本小题考查对交流变配电设备的基本维护要求的理解。根据交流变配电设备的基本维护要求，交流供电应采用三相五线制，零线禁止安装熔断器，在零线上除电力变压器近端接地外，用电设备和机房近端不许重复接地；若变压器在主楼外，则进局地线可以在楼内重复接地一次。交流用电设备采用三相四线制引入时，零线禁止安装熔断器，在零线上除电力变压器近端接地外，在大楼内部也可以与大楼总地排进行一次复接。对柴油发电机组和三进（三相三线制）四出（三相四线制）的UPS，其零线也必须进行一次工作接地。

判断题02（2015年真题）：

【答案】1. √；2. ×；3. ×；4. √；5. √。
试题分析：本试题考查对通信电源系统设计及配电工程相关知识的辨识和理解。
【试题解析】

1. 本小题考查直流供电系统设备的配置方面的知识。直流供电系统应采用在线充电方式，以全浮充制运行，即电池在不脱离负载的情况下运行充电的供电系统。

2. 本小题考查UPS交流供电系统设备的配置方面的知识。根据UPS系统容量对蓄电池后备时间的要求，对特别重要和负荷集中的机房，UPS单机后备时间应满足系统设计规定负荷工作45min以上；对采用一类市电供电的一般机房，UPS单机后备时间应满足系统设计规定负荷工作30min以上，二类市电供电的一般机房，UPS单机后备时间应满足系统设计规定负荷工作60min以上。

3. 本小题考查电力线的选择中交流电力线截面的选择与计算方面的知识。根据规定，高压配电线路的电压损失，一般不超过线路额定电压的5%；从变压器低压侧母线到用电设备端的低压线路电压损失，一般不超过用电设备额定电压的5%；对视觉要求较高的照明线路为2%~3%。在选择导线截面时，必须使其上的电压损失不要超过规定的要求值。

4. 本小题考查电力线选择的一般原则。根据电力线选择原则，采用电源馈线的规格，应符合下列要求：通信用交流中性线应采用与相线相等截面的导线。直流电源馈线应按远期负荷确定。当近期负荷与远期负荷相差悬殊时，可按分期敷设的方式确定，设计时应考虑将来扩装的条件。接地导线应采用铜芯导线；机房内的交流导线应采用阻燃性电缆。

5. 本小题考查通信电源系统的设计需要考虑的要素。安全可靠性原则是通信电源系统设计的首要原则，也是电源设计的根本出发点。安全性包括电源系统安全、机房物理和电磁环境安全。系统安全主要包括市电供电安全、交直流电源设备配置安全、布线系统的安全以及荷载安全等。另外，电源系统设计还需要考虑到可扩展性原则和经济合理性原则。设计的电源系统能适应设备技术、使用、维护发展的方向，能适应通信设备扩容而在线平滑扩容，在设备具备可扩展性和投资合理的前提下，选择高效节能的产品。

判断题03（2021年真题）：

【答案】1. √；2. ×；3. √；4. √；5. ×。

【试题解析】

1. 通信电源系统：负责电力能源转换、输送和分配的设备和设施。机房空调系统：负责为网络通信设备运行提供适合的温度、湿度和洁净度的设备。动环集中监控管理与能耗监测系统：集中监控管理系统对电源设备、空调设备以及温湿度等环境参数进行实时监控和记录。能耗监测管理系统通过对各类机房、设备的运行能耗进行监测和记录，统计能源消耗情况。接地系统与防雷系统：为各类通信设备的平稳、安全运行提供良好的、具备一定抗干扰能力的环境。

2. 动力与环境的质量要求（高级要求）：持续、稳定、安全、高效。其中的持续是指电源供应不能中断，空调供应不能长时间中断。

5. 供电通信设备：输入电压变化范围为额定电压+5%～-10%，即198～231V。

四、问答题

1. 简述网络通信设备对动力与环境的基本要求和质量要求（**2020年真题**）。

【答案】网络通信设备对动力与环境的基本要求：也其为最根本的要求，是指能够提供充足的、适合类型的电力和适宜的环境空间，有时也称其为"能力要求"。网络通信设备对动力与环境的质量要求：持续、稳定、安全、高效。

2. 列出机房空调系统的主要功能是解决哪几方面的问题，并做简要说明（**2021年真题**）。

【答案】机房空调系统的主要功能是解决"热""湿""尘""风"四个方面问题。其中，"热"是指带走设备散热，将机房内过多的热量排到外部，或引入外部热量来弥补机房内的热损失，维持机房内合理的温度与热平衡；"湿"是指通过加湿、除湿等操作，维持机房内合理的空气湿度，既要避免因过湿而结露，又要避免因过干而积累静电；"尘"是指通过过滤等措施，消除空气中的污染物，避免设备表面及内部因灰尘而影响散热或带来短路、腐蚀等隐患；"风"是指通过对机房内合理的气流组织和配送，使各类设备得到良好的冷却效果，提升空调系统制冷效率，同时达到较好的加湿、除湿、过滤等效果。

3. 请简述动力与环境系统中通信电源系统的主要功能（**2023年真题**）。

【答案】通信电源系统的主要功能可以归纳为"供""发""储""变""配"五个方面。其中，"供"是指从市电电网配接引入，作为通信局（站）主要电力的供应来源；"发"是指通过备用发电机组等自发电设备来保证市电故障中断时的电力供应；"变"是指通过对电源电压等级、电流形式进行变换，为主设备提供相应规格和质量要求的电能；"储"是指通过蓄电池等设备的储能来保证主设备的不间断供电；"配"是指将电能按需分配和输送到各个机房乃至各台主设备，并实现一定的调度功能。

第 2 章

交流供电系统

通信局（站）电源系统中，往往是使用市电交流电源为通信局（站）及通信设备提供初始能源，通信设备所使用的直流能源是用交流能源经整流后提供的。因此，交流电源系统，也称之为交流供电系统，是通信局（站）电源系统中极为重要的组成部分。本章主要介绍交流供电系统相关基础知识、高压交流供电系统、电力变压器、低压交流供电系统、备用发电机组以及供电系统电力线的选配。

2.1 交流供电系统概述

本节主要介绍交流供电系统相关基础知识：**交流供电系统的种类及其组成、市电的分类及市电供电方式、交流供电的质量指标。交流供电的质量指标要求重点掌握。**

2.1.1 交流供电系统的种类及其组成

通信局（站）电源系统主用交流电源是市电，备用交流电源通常是（柴油/汽油/燃气轮机）发电机组。通信局（站）交流供电系统一般由高压交流供电系统与低压交流供电系统两部分组成。各通信局（站）用电通常接入的是 10kV 市电电网，10kV 高压线路及其所连接的高压变电所组成高压交流供电系统；而 220V/380V 低压馈电线路与低压配电设备组成低压交流供电系统。

图 2-1 所示为某通信局（站）交流负荷的受电过程。由图 2-1 可知，两路 10kV 高压市电由电缆引进局（站）内高压变电所，经高压隔离开关、高压断路器、高压熔断器，分别送至电力变压器降压后，再将 220V/380V 的低压电馈送至低压配电室。低压市电与备用发电机组输出的交流电源经市电-油机转换分别馈送到交流配电屏，由其分配给整流器、交流通信设备以及通信保证交流负荷等。

通信局（站）电源系统接入的 10kV 市电电网属于高压电网。在电力系统中，各级电压的电力线路及其所联系的变电所称为电力网。通常用电压等级的高低来区分电网的种类，如电压在 220kV 以上的电网称为区域网，电压在 35～110kV 范围的电网称为地方电网，而包含配电线路和配电变电所、电压在 10kV 以下的电网称为配电网。

1. 电力系统中电能的传输过程

电力系统是指由发电厂、电力线路、变电所、电力用户所组成的供电系统。它肩负着发电、输电、变电、配电与用电的任务。图 2-2 所示为通信局（站）所需电能由发电厂经区域电网、两级降压变压器后，作为通信局（站）电源系统引入市电的全过程。

2. 电力系统的电压

电力系统中的所有电气设备，都是在一定的电压和频率条件下工作的。电力系统的电压和频率质量，直接影响电气设备的运行。可以说，电压和频率是衡量电力系统电能质量的两个基本参数。《全国供用电规则》规定，一般交流电力设备的额定频率为 50Hz，此频率一般称为"工频"，频率偏差一般不超过 ±0.5Hz。但频率的调整主要靠发电厂来完成，作为市电电网的一个用户节点，通信局（站）电源系统更关心的是市电电压的质量。

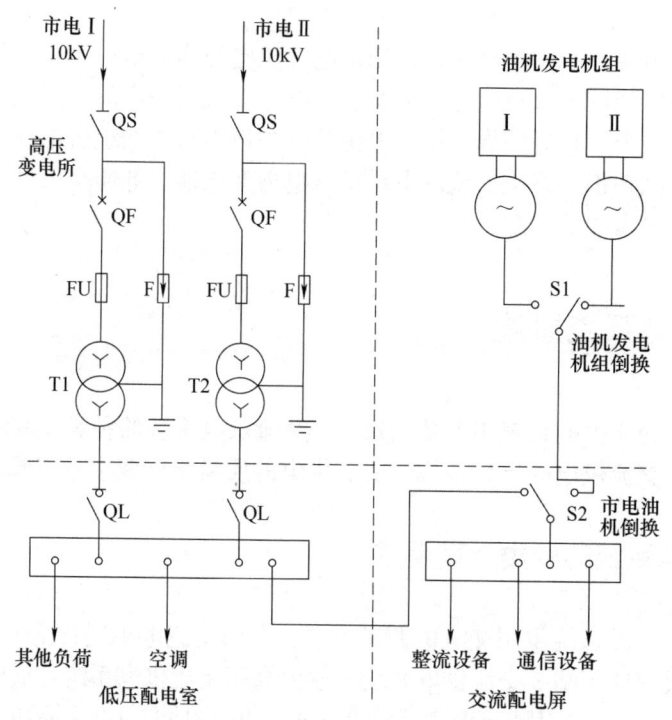

图 2-1 通信局（站）交流负荷受电过程示意图

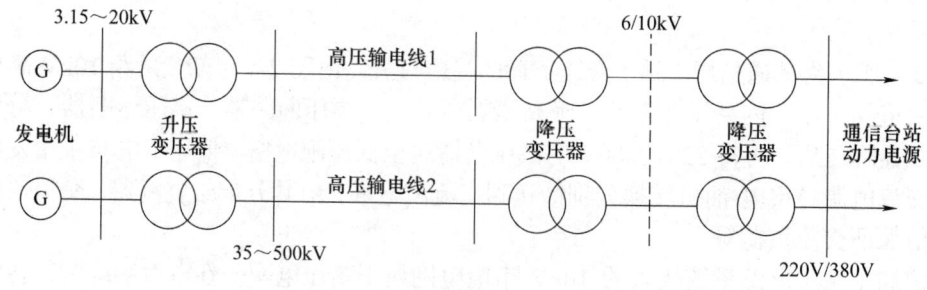

图 2-2 两路市电配电示意图

电气设备都是设计在额定电压下工作的。电气设备的额定电压就是设备正常运行且能获得最佳经济效果的电压,如果设备的端电压与其额定电压有偏差,则设备的工作性能和使用寿命将受到影响。《标准电压》(GB/T 156—2017)规定了三相交流电网和电力设备常用的额定电压,见表2-1。

表2-1 电力系统与设备的额定电压

用电设备	电网和用电设备额定电压/kV	发电机额定电压/kV	电力变压器额定电压/kV	
			一次线圈	二次线圈
低压	0.22	0.23	0.22	0.23
	0.38	0.40	0.38	0.40
	0.66	0.69	0.66	0.69
	3	3.15	3及3.15	3.15及3.3
	6	6.3	6及6.3	6.3及6.6
	10	10.5	10及10.5	10.5及11
	35	13.8,15.75,18,20	13.8,15.75,18,20	38.5
	63	—	63	69
高压	110	—	110	121
	220	—	220	242
	330	—	330	363
	500	—	500	550
	750	—	750	—

电网(电力线路)的额定电压是国家根据国民经济发展的需要及电力工业水平,经全面的技术经济分析研究后确定的。它是确定其他各类电力设备额定电压的基本依据。

对于用电设备来说,其额定电压应与电网电压一致。由于同一电压线路一般允许的电压偏移是±5%,所以考虑到补偿负荷电流在线路上产生的压降损失,发电机的额定电压比电网电压要高5%。对变压器的二次线圈来讲,除上述补偿外,还要考虑变压器带额定负荷电流工作时其绕组上的压降损失,一般也按5%考虑,因此,变压器二次线圈的额定电压比电网和用电设备的额定电压要高10%。至于变压器初级线圈,因其接线端与电网直接相连,相当于一用电设备,故其额定电压与电网相同。

3. 电网中性点运行方式

在三相交流电力系统中,电力系统的中性点(作为供电电源的发电机和变压器的中性点)有两种运行方式:一种是中性点非有效接地,或小电流接地;另一种是中性点有效接地,或直接接地,大电流接地。电源中性点不同的运行方式,对电力系统的运行,特别是在系统发生最常见的单相接地故障时有明显的影响,而且还关系到电力系统二次侧保护装置或监察测量系统的选择与运行,因此有必要进行讨论和关注。

(1)中性点不接地

通信局(站)电源系统接入的10kV市电电网多采取电源中性点非有效接地的运行方式。

图 2-3 是其在正常运行时的电路图和系统电压、漏电流的相量图。

系统正常运行时,三相线路的相电压 $\dot{U}_A$、$\dot{U}_B$、$\dot{U}_C$ 是对称的,三相线路的对地电容电流 $\dot{I}_{CO}$ 也是平衡的,因此三相的电容电流的相量和为零,没有电流在地中流动。每相对地的电压,就等于其相电压。

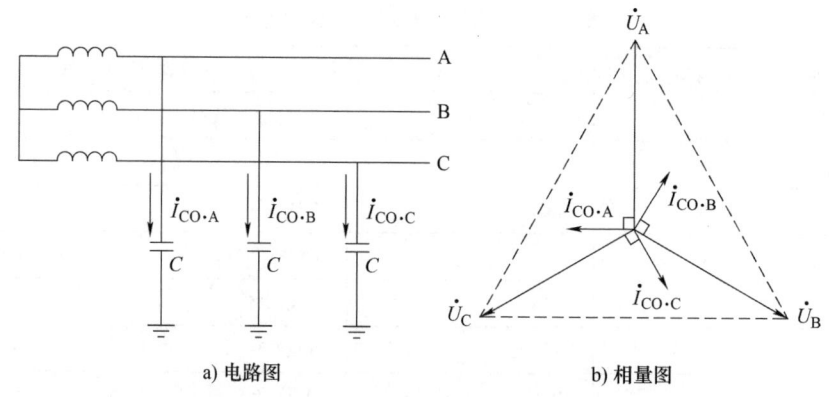

图 2-3 正常运行时的电源中性点不接地的电力系统

当系统发生某相接地故障时,例如 C 相完全接地,系统电压平衡将被破坏,如图 2-4 a 所示。这时 C 相对地电压降为零,而 A 相对地电压 $\dot{U}'_A = \dot{U}_A + (-\dot{U}_C) = \dot{U}_{AC}$,$B$ 相对地电压 $\dot{U}'_B = \dot{U}_B + (-\dot{U}_C) = \dot{U}_{BC}$,如图 2-4 b 所示。可见,在 C 相完全接地时,完好的 A 相和 B 相对地电压都由原来的相电压升高到线电压,即升高 $\sqrt{3}$ 倍。

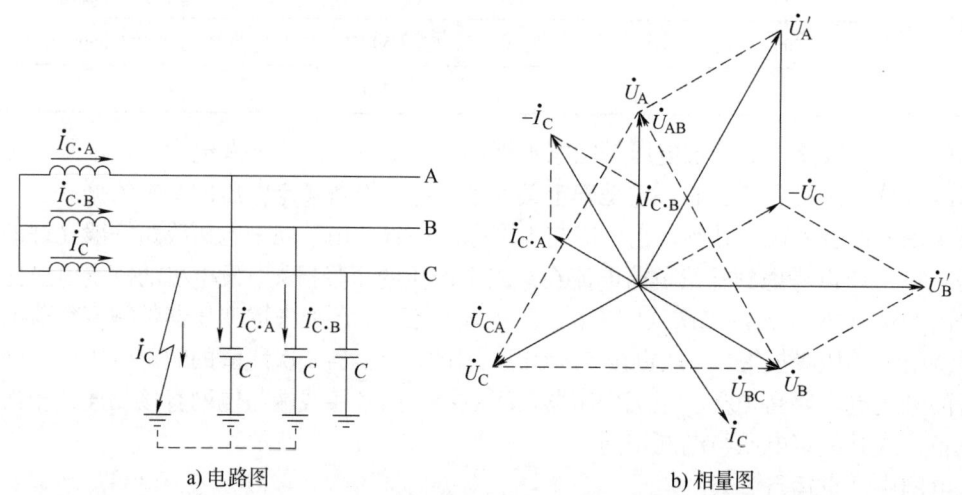

图 2-4 一相接地时的电源中性点不接地的电力系统

另一方面,当 C 相完全接地时,系统的接地电流(电容电流)$\dot{I}_C$ 应为 A、B 两相对地电容电流之和。按图 2-4 a 所示的电流方向,应有:

$$\dot{I}_C = -(\dot{I}_{C \cdot A} + \dot{I}_{C \cdot B})$$

从图 2-4 b 的相量图可以看出,$\dot{I}_C$ 在相位上正好超前 $\dot{U}_C$ 90°;而在量值上,由于 $I_C = \sqrt{3}I_{C \cdot A}$,又 $I_{C \cdot A} = U'_A/X_C = \sqrt{3}U_A/X_C = \sqrt{3}I_{CO}$,因此有:

$$I_C = 3I_{C0}$$

即一相接地的电容电流为正常运行时每相对地电容电流的 3 倍。

当然,在发生不完全接地(即经过一些接触电阻接地)故障时,故障相对地的电压将大于零而小于相电压。而其他完好的相,相对地的电压则大于相电压而小于线电压,接地电容电流也比计算值小。

应该指出,对上述电源中性点非有效接地的电力系统,即使发生单相接地故障,由于线路的线电压无论相位和量值均未发生变化,这可从图 2-4 的相量图中看出,因此三相用电设备仍能正常运行,这是电源中性点非有效接地运行方式电力系统最突出的优点。

当然,此系统也不允许在一相接地的故障情况下长期运行。因为如果在此期间另一相又发生接地故障,就形成了两相对地短路,导致系统回路间产生很大的短路电流,可能导致线路设备损坏。因此在电源中性点非有效接地的系统中,通常装设有专门的单相接地保护或绝缘监察装置,在发生一相接地故障时,给予报警信号,以提醒值班人员及时处理,以免引起更大的事故。

我国电力系统运行维护规程规定:电源中性点非有效接地的电力系统发生一相接地故障时,允许暂时继续运行 2h。运行维护人员应争取在 2h 内查出接地故障并给予及时修复;如有备用线路,应将负荷转移到备用线路上去。若经过 2h 抢修后接地故障仍没有消除,则应该切除此故障线路。

(2)中性点经消弧线圈接地

对于上述电源中性点非有效接地的电力系统,有一种情况是比较危险的,即在发生单相接地故障时,如果接地电流较大,在接地点出现了断续电弧,将可能引发线路的电压谐振现象,从而使线路上出现危险的过电压(可达相电压的 2.5~3 倍),这可能导致线路上绝缘较为薄弱地点的绝缘击穿。

为了防止单相接地时接地点出现断续电弧,引起过电压,在单相接地电容电流大于 30A 时,10kV 电网电源中性点必须采取经消弧线圈接地的运行方式。消弧线圈实际上就是一个铁芯线圈,其电阻很小,感抗很大。

图 2-5 所示是电源中性点经消弧线圈接地的电力系统在发生单相接地时的电路图和系统参数的相量图。

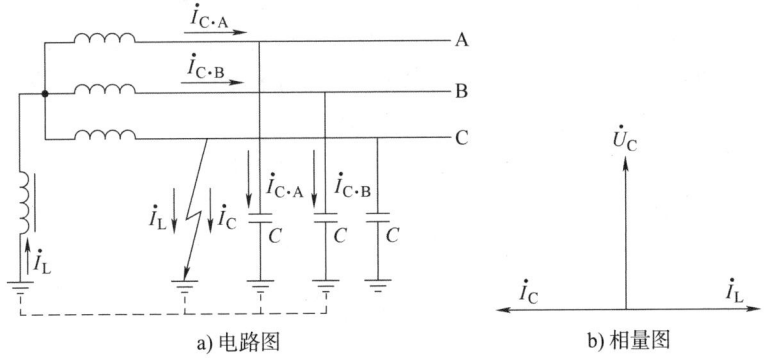

图 2-5 电源中性点经消弧线圈接地的电力系统

当系统发生一相接地故障时,流过接地点的电流是接地电容电流 $\dot{I}_C$ 与流过消弧线圈的电感电流 $\dot{I}_L$ 之和。由于 $\dot{I}_C$ 超前 $\dot{U}_C$ 90°,而 $\dot{I}_L$ 滞后 $\dot{U}_C$ 90°,所以 $\dot{I}_L$ 与 $\dot{I}_C$ 在接地点互相补偿。当 $\dot{I}_L$ 与 $\dot{I}_C$ 的量值差小于发生电弧的最小电流(一般称其为最小生弧电流)时,电弧就不会发生,系统也就不会出现谐振过电压现象。

（3）中性点直接接地

通信工程中，低压配电系统大多采用电源中性点直接有效接地的运行方式，如图2-6所示。这类电力系统在发生单相接地故障时，由于电源中性点直接接地，系统的单相接地故障实际上就造成了单相短路。单相短路电流$I_k^{(1)}$比线路的正常负荷电流大得多，通常会使线路熔断器熔断或断路器自动跳闸，从而将短路故障部分切除，保证系统其他部分正常运行。

对220V/380V低压配电系统来说，我国不仅广泛采用电源中性点直接接地的运行方式，而且从接地的中性点还引出有中性线（Neutral Wire，代号N）和保护线（Protective Wire，代号PE）。中性线（N线）功能非常重要，一是用来接用额定电压为相电压的单相设备；二是用来传导三相系统中的不平衡电流和单相

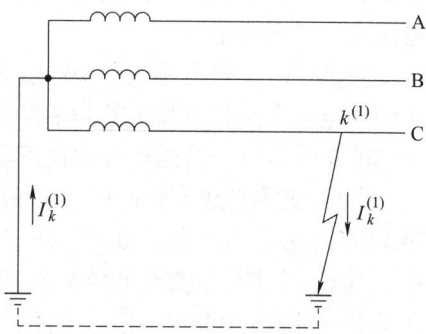

图2-6　电源中性点直接接地的电力系统

电流；三是减少负荷中性点电位偏移。保护线（PE线）的功能主要是为了防止发生触电事故，保障人身安全。通过公共PE线，将设备的外露可导电部分（指正常情况下不带电，但故障时可能带电又可被触及的导电部分，如金属外壳、金属构架等）连接到电源的接地点去，当系统中设备发生单相碰壳接地故障时，也会形成单相短路，使设备或系统的保护装置动作——熔断器熔断或断路器跳闸，切除故障设备，从而确保运行维护人员的人身安全。

2.1.2　市电的分类及市电供电方式

电信设备所需的交流电源宜利用市电作为主用电源。根据通信局（站）所在地区的市电供电条件、线路引入方式及运行状态，将市电分为四类。

（1）一类市电供电方式

一类市电供电方式为从两个稳定可靠的独立电源各引入一路供电线，两路供电线不应有同时检修停电的供电方式。两路供电线宜配置备用电源自动投入装置。从两个以上独立电源构成的稳定可靠的环形网，或从具有两段母线的稳定可靠电源，引入两回线的供电方式，当其不可用度满足指标要求时，也可认为是一类供电方式。

一类市电供电方式的不可用度指标包括平均年停电次数不大于0.74次、平均年停电时间不大于3.37h、市电的不可用度小于3.85×10^{-4}。

市电的不可用度是指统计期内市电停电的时间与统计期时间的比，即

$$市电不可用度 = \frac{市电停电时间}{统计期时间}$$

（2）二类市电供电方式

二类市电供电方式为满足以下两个条件之一者：①从两个以上独立电源构成的稳定可靠的环形网上引入一路供电线的供电方式；②从一个稳定可靠的电源或从稳定可靠的输电线路上引入一路供电线的供电方式。

二类市电供电方式的不可用度指标包括平均年停电次数不大于1.12次、平均年停电时间

不大于 4.29h、市电的不可用度小于 4.90×10^{-4}。

（3）三类市电供电方式

三类市电供电方式为从一个电源引入一路供电线的供电方式。

三类市电供电方式的不可用度指标包括平均年停电次数不大于 3.03 次、平均年停电时间不大于 12.7h、市电的不可用度小于 1.45×10^{-3}。

（4）四类市电供电方式

四类市电供电方式为满足以下两个条件之一者：①由一个电源引入一路供电线，经常昼夜停电，供电无保障，达不到第三类市电供电要求，市电的年不可用度大于 1.45×10^{-3}；②有季节性长时间停电或无市电可用。

2.1.3 交流供电的质量指标*

衡量电能质量的主要指标是电网频率和电压质量。频率质量指标为频率允许偏差；电压质量指标包括允许电压偏差、允许波形畸变率（谐波）、三相电压允许不平衡度以及允许电压波动和闪变等。

通信交流供电的标称电压为：220V/380V；标称频率为：50Hz。

（1）交流电源直接供电的通信设备和电源设备供电电压要求

1）通信设备由交流电源供电时，在通信设备的输入电源端子处测量的电压，允许变动范围为额定电压值的 +5%～-10%。

2）通信电源设备由交流电源供电时，在设备的输入电源端子处测量的电压允许变动范围为额定电压值的 +10%～-15%。

3）当市电电压不能满足上述规定电压或通信设备对电压有更高要求时，应采用调压或稳压设备以满足设备达到电压允许范围的要求。

4）交流电源的供电频率允许变化范围为额定值的 ±4%；电压波形畸变率应≤5%。

（2）通信局（站）建筑用电设备端子处电压允许偏差值

一般电机：额定的电压的 ±5%。

电梯电动机：额定电压的 ±7%。

照明：一般工作场合为 ±5%；视觉要求较高的屋内为额定电压的 -2.5%～+5%；其他难以满足的场合为 -10%～+5%。

其他用电设备：当无特殊要求时为 ±5%。

（3）计算机供电电源的电能指标

通信局（站）计算机供电电源的电能指标应满足国家标准 **GB 2887—2011**《计算机场地通用规范》的相关要求，其主要电气性能指标应满足表 2-2。

表 2-2 计算机供电电源的电性能指标

电性能参数	级别		
	一类	二类	三类
稳态电压偏移范围	-3%～+3%	-5%～+5%	-10%～+10%
稳态频率偏移范围/Hz	-0.5～+0.5	-0.5～+0.5	-1～+1

(续)

电性能参数	级别		
	一类	二类	三类
电压波形畸变率	3%	5%	10%
允许断电持续时间/ms	< 4	< 20	不要求

2.2 高压交流供电系统

高压交流供电系统部分主要讲述：高压交流供电系统的分类、常用高压电器的特点及作用、高压交流供电系统的一次接线、常见高压配电设备及高压供电系统的配置参考，以及高压交流供电系统的维护。

2.2.1 高压交流供电系统的分类

高压交流供电系统主要由高压供电线路、高压配电设备及变压器等组成。应根据通信局（站）的建设规模及用电负荷的特点建设不同类型的变电站。变电站作为通信局（站）的供电中枢，其设备的选用及系统的接线方式，直接影响通信电源系统的运行质量。基本要求是系统主接线应力求简单，能保证运行维护人员的操作安全；线路布局合理，便于在安全条件下进行维护，并适当考虑今后负荷容量的发展。

根据变压器的容量，可将高压交流供电系统划分为小容量高压供电系统和大容量高压供电系统两类。一般不含断路器的就是小容量高压供电系统；含有断路器的就是大容量高压供电系统。由于用电量不同，通信局（站）两类高压供电系统都有采用。

2.2.2 常用高压电器的特点及作用*

（交流）高压电器是指额定工作电压在 1000V 以上的电器，它在高压线路中用来实现开关、保护和测量等功能。常用的高压电器中有高压熔断器、高压断路器、高压隔离器、高压负荷开关、避雷器和互感器等，其中高压熔断器和避雷器是高压保护电器；高压断路器、高压隔离开关、高压负荷开关是高压开关电器；互感器是测量电器。

（1）高压隔离开关

高压隔离开关（文字符号 QS）具有明显的分断间隙，因此主要用来隔离高压电源，保证安全检修，并能通断一定的小电流。它没有专门的灭弧装置，因此不允许接通或切断正常负荷电流，更不能切断短路电流，禁止带负荷断开、闭合隔离开关。通常，它要与断路器配合使用，并要严格遵守操作顺序：切断电源时，先断开断路器，再拉断隔离开关；送电时，先闭合隔离开关，再闭合断路器。

（2）高压断路器

高压断路器（文字符号 QF）是高压输配电线路中最为重要的电气设备，具有可靠的灭弧装置，不仅能切断和接通正常的负荷电流，还可以承受一定时间的短路电流，并能在保护装置作用下自动跳闸，切断故障电路。

高压断路器的主要参数是额定电压（kV）和额定电流（A）。断路器的额定电压不应小于装置的工作电压，断路器的额定电流是指断路器在闭合状态下能长期通过的电流。此外，还有两个重要参数——额定短路开断电流及额定短路关合电流。

1）额定短路开断电流（kA）：在断路器额定电压下，断路器能可靠切断的最大短路电流，它应符合地方供电部门的要求。

2）额定短路关合电流（kA）：断路器在额定电压下所能闭合的最大短路电流峰值。采用自动重合闸装置时，断路器有可能处在短路状态下合闸，此时断路器的触头应完好无损。

常见的高压断路器有少油断路器、真空断路器和六氟化硫断路器，在通信局（站）中要求高压断路器采用真空断路器。

（3）高压负荷开关

高压负荷开关（文字符号 QL）能通断正常负荷电流和过负荷电流，隔离高压电源。它只有简单的灭弧装置，不能接通或切断短路电流。高压负荷开关通常与高压熔断器配合使用，利用熔断器来切断短路电流。工程中多用于环网柜、箱式变电站和对变压器进行直接操作。

（4）高压熔断器

高压熔断器（文字符号 FU）是一种结构简单、应用广泛的保护电器。在电路发生短路或过负荷时它能通过自身熔断而断开电路，起到保护作用。一般由熔管、熔体、灭弧填充物、静触座与绝缘支柱等构成。室内常采用 RN 型管式熔断器，室外则常采用 RW 型跌落式熔断器。

（5）电流/电压互感器

电流互感器（文字符号 TA）和电压互感器（文字符号 TV）统称为互感器，它们其实就是特殊的变压器。高压供电系统运行时，电压、电流等电气参数都需要测量和监视。电压互感器用于测量电压（通常二次绕组额定电压为 100V），电流互感器用于测量电流（通常二次绕组额定电流为 1A 或 5A）。与此同时，可采用互感器作为继电保护和信号装置的电源，使得控制和保护装置与高压电路隔离开。

必须注意，电流互感器二次绕组不能开路；电压互感器二次绕组不能短路；互感器二次绕组侧有一端必须接地，用以防止一、二次绕组间绝缘击穿时一次侧的高压窜入二次侧，危及人身和设备安全。

2.2.3　高压交流供电系统的一次接线

1. 小容量高压供电系统的接线

负荷较小（750kVA 以下），但有条件且有必要接引高压市电的通信局（站），一般应引接一路 10kV 高压市电；如无 10kV 市电，也可采用 35kV 的高压市电（选用 35kV 变 400V 的变压器）；有可能时再引一路 400V 低压市电。变电所设置一般为露天式，条件不允许时也可为室内式。高压设备一般为分散安装，露天式的也有密闭式组合设备可选用。这样的高压供电系统一般由高压熔断器、避雷器、电力变压器以及相关操作、计费装置组成。

一般小容量高压供电系统，无论是室外杆架安装、落地安装，还是室内安装，其供电系统主回路电气接线如图 2-7 所示。图中 10kV 三相交流电由高压电缆 1（或架空引入线）引入，接至隔离开关 2 或高压负荷开关、高压熔断器、真空断路器 3 上，高压负荷开关和高压熔断器用于系统过负荷和短路故障的保护。6 为跌开式（跌落式）熔断器，是一种熔断器和隔离开关组合的电器，它兼有上述二者的线路功能。电能由高压母线经电流互感器 4 馈送至电力变压器高压绕组，其低压绕组输出 0.4kV 低压电能经低压电缆 7、刀开关 11 或断路器 9、低压熔断器 10、低压电流互感器 12 送至低压母线 8 完成分配。低压电流互感器 12 用来测量低压母线电流，5 为避雷器，用于限制高压进线上的雷击过电压，保护变压器高压绕组的安全。

在室外有避雷器和跌开式高压熔断器时，室内变电所的高压熔断器和隔离开关可用负荷开关代替。

为了使小容量通信局（站）的高压供电系统结构简化，电流、电压和电能等电参数一般都放在低压侧进行测量和计量。

2. 大容量高压供电系统

大中型通信局（站）的交流供电都由大容量高压供电系统组成，一般引入一路 10kV 或 35kV 甚至是 110kV 的高压市电。对于负

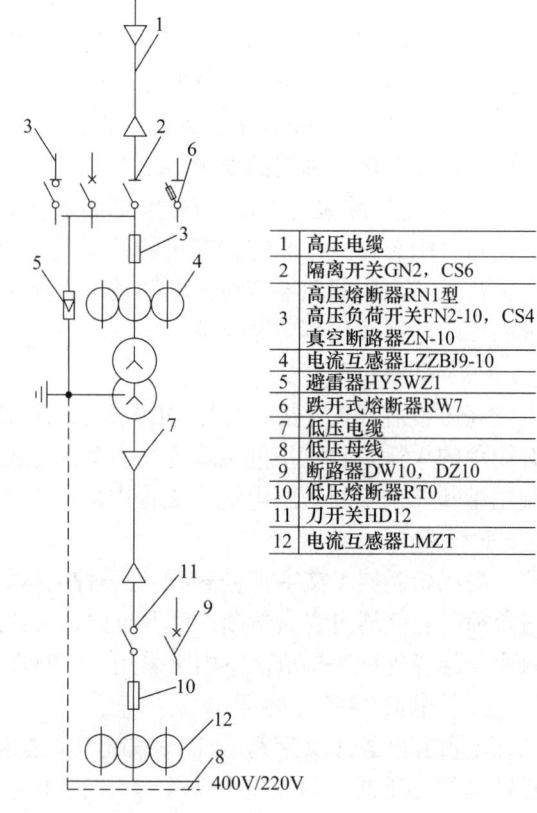

1	高压电缆
2	隔离开关GN2，CS6
3	高压熔断器RN1型 高压负荷开关FN2-10，CS4 真空断路器ZN-10
4	电流互感器LZZBJ9-10
5	避雷器HY5WZ1
6	跌开式熔断器RW7
7	低压电缆
8	低压母线
9	断路器DW10，DZ10
10	低压熔断器RT0
11	刀开关HD12
12	电流互感器LMZT

图 2-7 小容量高压供电系统主回路电气接线示意图

荷较大（容量在 800kVA 以上）、地位重要的通信局（站），必要时接引两路高压市电，一般从不同电源引进两路高压市电。变电所设置一般为室内（含进楼）安装。高压设备一般为成套设备，这样的高压交流供电系统一般由成套高压柜（含进线、计量、测量、出线及联络柜）和电力变压器组成。成套高压设备的断路器操作机构有电磁、弹簧、液压、气动、电动机等多种类型，其中应用较广泛的是电磁操作机构和弹簧操作机构。弹簧操作机构所需功率较小，其操作电源可由装在进线外侧的电压互感器或变电所用变压器提供交流电源；电磁操作机构所需功率较大，其操作电源应采用直流电源柜（含蓄电池柜）提供直流电源。

（1）一路市电供电的大容量高压供电系统

一路市电供电的大容量高压供电系统主回路（一次回路）的电气接线和一、二次电气元件如图 2-8 所示，此系统可以有多种运行方式。

1）仅有一路高压市电的大容量高压供电系统，该路市电就是主用电源；如无另引的低压市电，则以油机发电机组作为备用电源。主用高压市电电源故障或检修时，则启动备用油机发电机发电给通信局（站），以保证负载供电需求，直到市电恢复供电。

2）一路高压市电引入、又有另引的一路低压市电的大容量高压供电系统，该路高压市电就是主用电源，另引的低压市电作为高压市电备用电源。油机发电机组作为市电的备用电源。主用

高压市电故障或检修时,备用低压市电给通信局(站)的负载供电。当备用低压市电也停电时,则启动备用油机发电机发电给通信局(站),以保证负载供电,直到其中一路市电恢复供电。

	编号	A	B	C	D	E	F
	用途	避雷及测量	上进线	供电局计量	出线	出线	出线
	额定电压	10kV	10kV	10kV	10kV	10kV	10kV
	额定电流	1250A	1250A	1250A	1250A	1250A	1250A
	一次回路方案	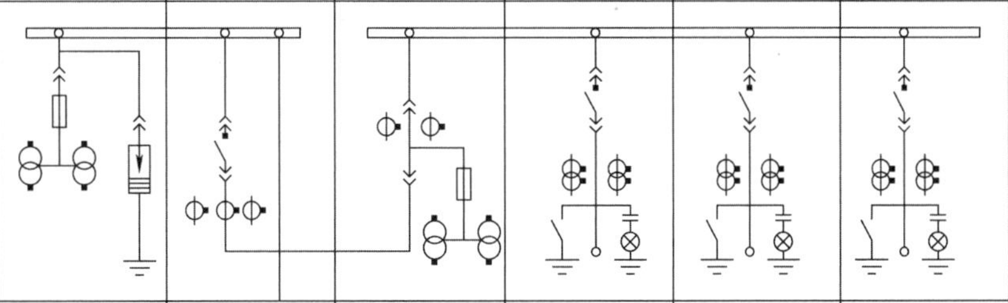					
一次元件	真空断路器		1		1	1	1
	高压熔断器	3		3			
	电压互感器	2		2			
	电流互感器		3	2	2	2	2
	接地开关				1	1	1
	避雷器	3					
	带电显示装置	1	1	1	1	1	1
二次元件	数字式多功能继电保护器		1		1	1	1
	电压表	1					
	电流表		3	3	3	3	3
	转换开关						
	有动电度表			1			
	无动电度表			1			

图 2-8 一路市电供电的大容量高压供电系统的电气接线及元件

(2)两路市电供电的大容量高压供电系统

两路市电供电系统高压一次接线如图 2-9 所示。

图中两路 10kV 高压进线分别引自两个变电站或两个供电区域,以保证在大多数情况下两路市电不会同时停电。每路进线都设有避雷器 F_1 及 F_2,用以吸收雷击过电压,并设有电压互感器 TV_1 及 TV_2,以便分别测量进线电压。

各路进线分别经油断路器 QF_1 及 QF_2 来操作切换,油断路器的前后级都设置有隔离开关 QS_1、QS_2 和 QS_3、QS_4,以保证维护油断路器时工作人员的安全。各路进线都设有两个或三个电流互感器,以便测量各路进线的电流的大小和消耗的电能。

两路进线分别通过各自的油断路器,接至各自的高压母线分段(1#及 2#)上。分段母线之间设有联络开关 QS_5,各分段高压母线接至相应的电力变压器 T_1、T_2 及 T_3、T_4。各变压器的高压侧也装设有电流互感器 1TA~4TA 等,用以测量初级电流。其二次侧低压(0.4kV)电能经大容量空气断路器 1QA、2QA、5QA 和 1QA、4QA、6QA 及闸刀开关 1QK～6QK 接至分段低压母线 3#及 4#上。分段低压母线之间用空气断路器 7QA 实现联络，其两侧装设有闸刀开关 $7QK_1$、$7QK_2$ 作为隔离开关用。

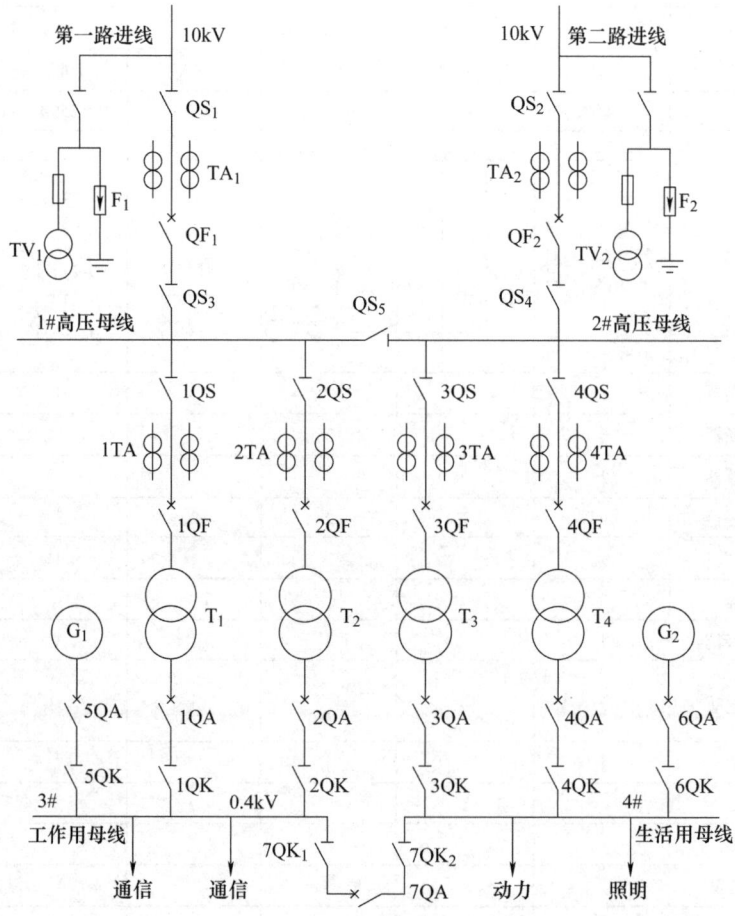

图 2-9　大容量通信局（站）双路进线时交流一次主接线图

两台油机发电机组 G_1 及 G_2 分别由低压断路器 5QA、6QA 和闸刀开关 5QK、6QK 接至各自的低压母线 3#和 4#上。

这种大容量通信局（站）双路市电高压进线系统可以有多种运行方式。

（1）主备用工作方式

1）一主一备：平时通信局（站）的全部负荷都由某一路市电供电。例如将 QS_1、QS_3、QS_5 及 QF_1 闭合，而 QF_2 分断时，全部负荷由第一路进线供电。该路市电称之为主用市电，而另一路进线平时只是处于备用状态。当主用的市电进线停电时，立即断开 QF_1 并合上 QF_2，此时通信局（站）全部负荷转由第二路进线供电。

这种运行方式有两大特点：一是两路市电各自先后独立供电，即使它们电压相位不等也不会互相影响；二是在操作切换过程中会出现短时间停电。此外，操作切换时还须注意操作顺序：应先断开 QF_1 再合上 QF_2，否则 QF_1 及 QF_2 将有很短的时间处于同时合闸的状态，并通过联络开关 QS_5 使两路进线并联起来，会在进线回路间形成较大环流。

2）互为备用：即两路电源互为主、备用方式。当主用电源停电后，备用电源采用自动或手动合闸方式投入运行；主用电源恢复正常时，系统供电方式不转换，此时主用线路充当备用电源功能。主备用的系统运行方式有两大特点：一是两路市电各自先后独立供电，即使它们电压相位不同也不会互相影响；二是在操作切换过程中会出现短时间的停电现象。

（2）两路进线同时使用，各带部分负荷的工作方式

高压母线联络开关 QS_5 及低压母线联络开关 7QA 处于断开状态，高压油断路器 QF_1 及 QF_2 均合闸引入两路市电同时供电，第一路进线向台站内通信负荷及通信保证负荷供电，第二路进线向台站内生活用电负荷供电。这种供电方式的优点是两路进线都担负局（站）的一定比例负荷，平时都在使用，互为热备用，因故需要切换供电回路时转移的负荷较小，系统负荷变化比较平稳。

（3）在低压母线上并联的工作方式

两路进线同时使用，高压母线的联络开关 QS_5 断开，而低压母线的联络开关 7QA、$7QK_1$ 和 $7QK_2$ 闭合，使两路进线在低压母线上并联在一起工作。

当某一路进线（例如第一路）停电时，系统立即断开该路的油断路器 QF_1（当然这里需要有专门的保护电路），于是局（站）的全部用电由第二路进线保证，这一切换过程中间没有瞬间停电的现象，供电可靠性较高。

必须注意，在低压侧并联的供电方式中，当两路进线的相位和电压数值不同时，变压器中将流过附加的均衡电流。例如当第一路进线电压较第二路高时，均衡电流的路由：自第一路进线流经变压器 T_1、T_2，经联络开关 7QA，再经变压器 T_3、T_4，流至第二路进线。这种均衡电流加大了变压器的绕组电流，使变压器的损耗有所增大，从而削弱了其承载负荷的能力。因此必须限制这种接线运行方式，限制两路电压间的矢量差。只有两路电压相差不大，均衡电流也在系统允许范围内时，才允许使用这种接线运行方式。

（4）在高压母线上并联的工作方式

两路进线同时使用，并合上高压母线上的联络开关 QS_5，这时两路高压进线直接并联工作，把两路进线变成闭合电力网的组成部分，提高了通信电力网的可靠性。

但必须意识到通信局（站）的容量相对于供电电网而言是很小的。当两路进线电压和相位差别比较大时，产生的均衡电流可能早已超出保护设备动作的数值，从而使油断路器 QF_1 及 QF_2 跳闸断开，因此采用这种工作方式的高压系统对其保护电路有特殊的要求，在实际工作中较少运用这种工作方式。

2.2.4　高压供电系统配置参考

1. 高压开关柜的选择

通信局（站）高压开关柜的选择要求设备技术先进、质量可靠、运行安全、便于维护且体积小。要求高压开关柜具有五防功能：①防止误分、误合断路器；②防止带负荷拉、合隔离开关；③防止带电关合接地开关；④防止带电挂接地线（停电检修时，相线上均应接地线，闭合开关前应将挂接的地线去掉）；⑤防止人员误入开关柜的带电间隔。柜体的防护等级标准应满足目前高压开关柜柜体的防护等级分为 IP3X 或 IP4X 两种（IP3X：防止直径大于 2.5mm 的固体异物进入柜内。IP4X：防止直径大于 1mm 的固体异物进入柜内）。

2. 高压电器的选择

高压电器选择的基本要求是：保证电气设备不论在正常运行或故障情况下，能够保证设备的运行安全，电器的额定电压和额定电流必须满足供电的要求。

（1）高压隔离开关的选择

高压隔离开关的选择应按额定电压、额定电流、装置的种类和短路时额定动稳定和热稳定电流来选择。

（2）高压断路器的选择

高压断路器的选择一般按照工作电压和工作电流选择，按照三相对地短路最严重情况进行动稳定和热稳定校验。高压断路器的主要参数是额定电压和额定电流，要求断路器的额定电压应不小于装置的工作电压，而最重要的参数是额定短路开断电流及额定短路关合电流。

（3）高压负荷开关的选择

高压负荷开关因带有灭弧装置，故可以带负荷操作。选择的基本要求除同高压隔离开关外，对于不配置熔断器的高压负荷开关应对其切断能力进行校验。国内目前生产的高压负荷开关种类较多（真空式、产气式、压气式），对于后两种需定期进行充气（SF_6）。额定电流等级为125A、200A、630A。

（4）互感器的选择

互感器是高压电气计量、继电保护不可缺少的电器设备。互感器的准确度等级分为0.2、0.5、1.0、2.0、3.0、10级。对于互感器准确度等级的选择需根据负荷的要求来选用。电度计量仪表一般选用0.2或0.5级（需根据地方供电部门的要求）。

1）电流互感器选择：其额定电压必须和供电系统电压相符，一次额定电流的选择应使运行电流经常在20%～100%I_N的范围内。10kV继电保护用的电流互感器一次额定电流的选用一般不大于设备额定电流的1.5倍。

2）电压互感器选择：10kV及以下的电压互感器按结构分为干式和油浸两大类。油浸电压互感器有体积大、重量重且互感器的绝缘油在事故情况下易燃易爆的缺点；干式电压互感器依靠空气自然冷却，具有体积小、重量轻、利于减小高压柜的体积、防火阻燃及防爆等优点。环氧树脂浇注绝缘的干式电压互感器目前已在广泛采用。

选择电压互感器时应按额定电压、装置类型、结构、准确度等级及二次侧负荷确定。在供电系统容量较大的情况下，接于电压互感器二次侧的各相负载并不相同，应按其三相中最大的一相负荷来选取相应准确度等级的电压互感器额定容量。选取的电压互感器额定容量应大于二次侧负荷。

2.2.5 高压交流供电系统的维护*

1. 高压变配电设备维护项目及周期

高压变配电设备维护项目及周期见表2-3。

表2-3 高压变配电设备维护项目及周期

周期	代号	项目
月	1—1	检测干式变压器的温升
季	2—1	清洁机架

（续）

周期	代号	项目
季	2—2	堵塞进水和小动物的孔洞
	2—3	检查干式变压器的风机
年	3—1	检查熔断器接触是否良好，温升是否符合要求
	3—2	检查接触器、闸刀、负荷开关是否正常
	3—3	测试布线和机盘的绝缘
	3—4	检查各接头处有无氧化、螺钉有无松动
	3—5	清洁电缆沟和瓷瓶
	3—6	调整继电保护装置
	3—7	检测避雷器及接地引线
	3—8	检验高压防护用具
	3—9	检查变压器和电力电缆的绝缘
	3—10	校正仪表
	3—11	检测安装在室外的电力变压器、调压器绝缘油
	3—12	检测安装在室内的电力变压器、调压器绝缘油（可2年一次）
	3—13	检查主要元器件的耐压（可2年一次）

2. 高压变配电设备维护要求

1）配电屏维护通道净宽应符合规定，并铺设相应等级的绝缘胶垫。

2）危险地段应设防护栏，并设置标志明显的警示牌。

3）做好防雷、防水和防鼠害工作。

4）每年检测一次接地引线和接地电阻，其电阻值应不大于规定值。

5）值班巡视时，要距高压端1m以外，以免发生危险。

6）正常供电时通常不得带电作业。必须带电作业时，应使用绝缘良好的工具，处于绝缘体上，人体或工具不得同时接触两相。

7）高压维护人员必须持有高压操作证，无证者不准进行高压操作。

8）作业时应两人以上配合，其中一人作业，另一人监护，实行操作口令重复制度，绝不允许单人进行高压操作。

9）检修高压设备或在距离10kV导电部位1m以内工作时，应按操作规程断开高、低压电源，将变压器高低压两侧断开，并进行放电处理。

10）停电检修时，应在隔离开关处设置"有人工作，禁止送电！"的警示标牌后方可作业。

11）在切断电源、检查有无电压、安装移动地线装置、更换熔断器等工作时，均应使用防护工具。

12）检修完成后应按停电检修作业相反顺序送电。

13）人工倒换备用电源设备时，必须遵守有关技术规定，严防人为差错。

14）检查通电部位时，应用符合相应等级的试电笔或验电器。

15）高压验电器、高压拉杆应符合规定要求。高压防护用具（绝缘鞋、手套等）必须专用，定期检查高压工具及防护用具，保持其绝缘性能良好。

2.3 电力变压器

变压器是一种静止的电器，用以将一种电压和电流等级的交流电能转换成同频率的另一种电压和电流等级的交流电能。变压器最主要的部件是铁心和绕组。输入电能的绕组叫一次侧绕组，输出电能的绕组叫二次侧绕组。一、二次侧绕组具有不同的匝数，但放置在同一个铁心上，通过电磁感应关系，一次侧绕组吸收的电能可传递到二次侧绕组，并输送到负载，使一、二次侧绕组具有不同的电压和电流等级。

在电力系统中，将发电厂发出的电能以高压输送到用电区，需用升压变压器；而将电能以低压分配到各用户，需用降压变压器。通常输电高压为110kV、220kV、330kV和500kV等，用户电压则为220V、380V和660V等。故从发电、输电、配电到用户，需经3～5次变压，用以提高输配电效率。由此可见，对应发电厂的装机容量，变压器的生产容量将为4～6倍。因此在电力系统中变压器对电能的经济传输、灵活分配和安全使用具重要意义。

2.3.1 变压器的分类及结构

1. 主要类型

电力变压器分类的方式很多，常见的分类方式有：

按绕组冷却介质分，有油浸式、干式和充气式三种。油浸式变压器又分油浸自冷式、油浸风冷式、油浸水冷式和油强制循环冷却式四大类。

按绕组导电材质分，有铜绕组变压器、铝绕组变压器、半铜半铝绕组变压器以及超导变压器等；过去多为铝绕组变压器，但目前低损耗铜绕组变压器应用广泛。

按调压方式分，有无载调压（无激磁调压）和有载调压两类。

按功能分，有升压变压器和降压变压器两种。

按相数分，有单相和三相两大类。

按绕组类型分，有双绕组、三绕组和自耦变压器三种。

2. 基本结构

（1）油浸式电力变压器

油浸式电力变压器的结构如图2-10所示，其主要组成部分及其功能分述如下。

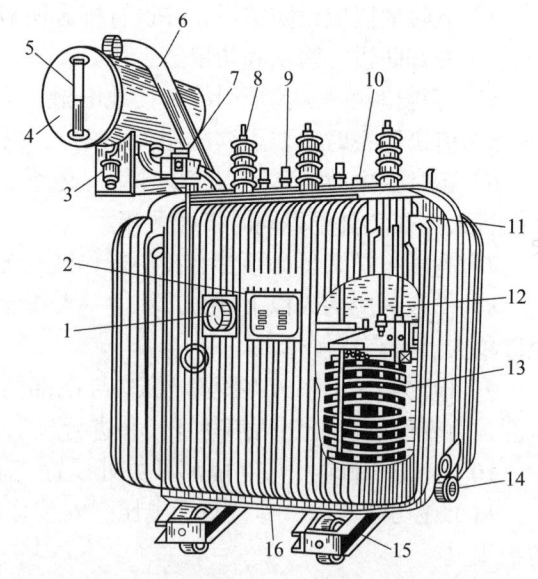

图2-10 油浸式电力变压器结构图
1—信号温度计 2—铭牌 3—吸湿器 4—储油柜 5—油标
6—防爆管 7—气体继电器 8—高压套管 9—低压套管
10—分接开关 11—油箱 12—铁心 13—绕组及绝缘
14—放油阀 15—简易移动装置 16—接地端子

① 铁心

变压器铁心由多层涂有绝缘漆、导磁性能好、轻薄的冷轧硅钢片（一般厚度为 0.35～0.5m）叠加而成，主要功能是导磁与套在铁心上的绕组一起构成变压器的磁路部分。当有电流通过时，磁通的变化产生感应电动势。

三相变压器的铁心，一般做成三柱式，直立部分称为铁柱，铁柱上套着高低压绕组，水平部分称为铁轭，用来构成闭合的磁路。

② 绕组

变压器的绕组又称为线圈，通常是用包有高强度绝缘物的铜线或铝线绕制的，有高压绕组和低压绕组之分。高压绕组匝数较多，导线较细；低压绕组匝数较少，导线较粗。

通常把低压绕组套在里面，高压绕组套在外面，目的是使绕组与铁心绝缘。低压绕组与铁心之间、以及高压绕组与铁心之间，都用由绝缘材料做成的套筒分开，它们之间再用绝缘纸板隔离开来，并留有油道，使变压器中的油能在两绕组之间自由流通。

③ 油箱

油箱是用钢板做成的变压器的外壳，内部装铁心和绕组，并充满变压器油。20kV 及以上的变压器在油箱外还装有散热片或散热管。

变压器油有两个作用：一是绝缘，其绝缘能力比空气强，绕组浸在油里可加强绝缘，并且避免与空气接触，防止绕组受潮；二是散热，变压器运行时，变压器内部各处的温度不一样，利用油面在温度高时上升，温度低时下降的对流作用，把铁心和绕组产生的热量通过散热片或散热管散到外面去。

变压器油是一种绝缘性能良好的矿物油，按其凝固点不同可分为 10 号、25 号、45 号三种规格，凝固点分别为 $-10°C$、$-25°C$、$-45°C$，应根据变压器装设点的气候条件选用。

④ 储油柜

变压器油箱的箱盖上装有储油柜，储油柜的体积一般为油箱体积的 8%～10%，油箱与储油柜之间有管子连通。

储油柜有两个作用，一是可以减小油面与空气的接触面积，防止变压器油受潮和变质；二是当油箱中油面下降时，储油柜中的油可以补充到油箱里，不至于使绕组露出油面。此外储油柜还能调节因变压器油温度升高而引起的油面上升，即当温度升高油的体积膨胀时，油流入储油柜；当温度降低油的体积缩小时，油流回油箱。

储油柜侧面装有油标，标有最高、最低位置。在储油柜上还装有呼吸孔，使上部空间与大气相通。变压器油热胀冷缩时，储油柜上部空气可通过呼吸孔出入。

⑤ 套管

变压器套管有高、低压之分，套管中有导电杆，其下端用螺栓和绕组末端相连，上端用螺栓和绕组首端相连，并用螺栓连接外电路。套管的作用是使从绕组引出的连线和箱盖之间保持适当绝缘。

⑥ 电压分接开关

电压分接开关又叫无载调压开关，是调整变压器变压比的装置。

电压分接开关的几个触头分别连接在高压线圈的几个触头上，当电压发生变化时，可通过改变电压分接开关位置的方式来改变高压线圈的匝数。由于高、低压电压的比值直接与绕组的匝数有关，这样就可使低压侧尽可能得到规定的电压。

注意，调整电压分接开关位置必须在变压器与电网断开、处于停用状态时进行。

（2）干式电力变压器

干式电力变压器与油浸式电力变压器相比，其最大特点是没有油箱和比较繁杂的外部装置，不用冷却液，其铁心和线圈不浸在任何绝缘液中，直接敞开以空气为冷却介质。其外形如图2-11所示，主要由铁心、线圈、风冷系统、温控系统和保护外壳等构成。

① 线圈

干式电力变压器的线圈大部分采用层式结构，其导线上的绕包绝缘根据变压器产品的绝缘等级不同而分别采用普通电缆纸、玻璃纤维、绝缘漆等材料。环氧浇注/绕包干式变压器则在此基础上，以玻璃纤维带加固后，浇注/绕包环氧树脂，并固化成形。有的新型干式电力变压器采用的是箔式线圈，这种线圈由铜/铝箔与F级绝缘材料卷绕而成之后加热固化成形。箔式线圈具有机械性能好、匝间电容大、抗突发短路能力强、散热性能好等特点，在中小型变压器中得到比较广泛地应用。

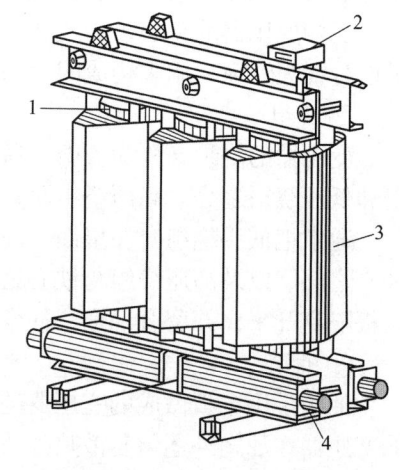

图2-11　干式电力变压器外形图
1—铁心　2—温控器　3—线圈　4—冷却风机

② 铁心

干式电力变压器的铁心与油浸式变压器的铁心相同。

③ 金属防护外壳

干式电力变压器在使用时一般配有相应的保护外壳，可防止人和物的意外碰撞，给变压器的运行提供安全屏障。根据防护等级的要求不同，分为IP20和IP23两种外壳。IP23外壳由于防护等级要求高、密封性强，因而对变压器的散热有一定影响。

④ 温控系统

干式电力变压器的温控系统可以分别对三相线圈的温度进行监控，并具有开启风机、关闭风机、超温报警、过载跳闸等自动功能。

⑤ 风冷系统

当干式电力变压器的工作温度达到一定数值（该数值可以由用户自行设定）时，风机在温控系统的控制下自动开启，对线圈等主要部件通风冷却，使变压器在规定温升下运行，并能承受一定的过负荷。

干式电力变压器的绝缘类型主要有三类：

◆ 空气绝缘与油浸式变压器相比，空气绝缘干式变压器绝缘性和散热性较差，其绝缘材料一般采用E级或B级绝缘。

◆ 环氧树脂浇注绝缘采用F级绝缘环氧树脂浇注绝缘，将高压线圈、低压线圈分别浇注成一个整体，具有机械性能好、电气性能佳、散热性能优良等特点。

◆ 环氧树脂绕包绝缘绕组用F级绝缘环氧树脂及玻璃纤维，对变压器线圈分别绕包后固化制成。

干式电力变压器的温升限值见表2-4。

表 2-4　干式电力变压器的温升限值

绝缘等级	变压器不同部位温升限值/°C	
	绕组	铁心和结构零件表面
Y 级绝缘	—	90
A 级绝缘	60	105
E 级绝缘	75	120
B 级绝缘	80	130
F 级绝缘	100	155
H 级绝缘	125	180
C 级绝缘	150	>180
测量方法	电阻法	热偶计法

2.3.2　电力变压器的联结方式和运行*

1. 电力变压器的联结方式

三相电力变压器的一、二次侧绕组可以有多种联结形式。

（1）星形联结（Y）

变压器一次侧绕组接成 Y 形联结时，一般是将三个绕组的末端接在一起，构成公共的中性点，而三个首端则接三相电源；二次侧绕组接成星形时，末端接成中性点，首端获得对称的三相感应电动势。首端与首端之间的电压（流）称为线电压（流），首端与中性点之间的电压（流）叫作相电压（流）。在对称的三相交流电系统中，绕组接成 Y 形时，线电压等于 $\sqrt{3}$ 倍的相电压，线电流等于相电流。

我国变压器传统的联接方式通常是 Y,yn0 联结，其联结方法与电压矢量如图 2-12 所示。由图可见，采用 Y,yn0 联结时，一次侧线电压 U_{AB}，U_{BC}，U_{CA} 相位差为 120°，其相电压 U_a，U_b，U_c 幅值是比线电压的 $1/\sqrt{3}$，各相对应电压（如 U_a 对应 U_{AB}）超前相电压 60°，而相电压彼此间相位差也为 120°。由于一次侧引线端 A、B、C 分别与二次侧引线端 a、b、c 为同名端，因此二次侧线电压 U_{ab}，U_{bc}，U_{ca} 分别与一次侧线压 U_{AB}，U_{BC}，U_{CA} 同相位，而二次侧相压 U_a，U_b，U_c 也分别与一次侧相电压 U_A，U_B，U_C 同相位，即一次侧与二次侧对应线电压或相电压均无相角差。

这种联结方式的优点是对高压绕组绝缘强度要求不高，制造成本较低。主要缺点是在接用单相大容量不平衡负荷时，中性线电流较大。正因为如此，《电力变压器第 1 部分：总则》（GB 1094.1—2013）规定，容量在 1800kVA 以上的变压器，不允许采用 Y,yn0 联接。

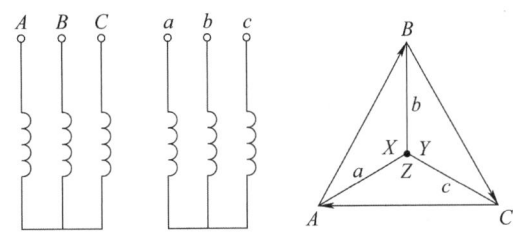

图 2-12　三相变压器 Y,yn0 联结组别电压向量图

（2）三角形联结（△）

三角形联结是将三相绕组的首端和末端相互连接成闭合回路，再从三个连接点引出三根

线，接电源（一次侧绕组）或负载（二次侧绕组）。

目前世界上大多数国家都采用△/Y（D, yn11）联结组别的变压器，如图2-13所示。由图可见，其一次侧绕组与二次侧绕组对应的线电压相位差为30°。如图2-13c所示是正相序接法，即 *Ay-Bz-Cx*；还有一种是反相序接法，即 *Az-Cy-Bx*。

二次侧绕组按△形法接线时，三根引出线接负载，三个相电势对称，输出电压相等。三个绕组中电势之和等于零。如果有一相接反，则三个电势之和就等于相电势的两倍，会烧毁负载。使用三角形联结，要求三相的负荷应相等，以保证三相绕组的电压、电流平衡。

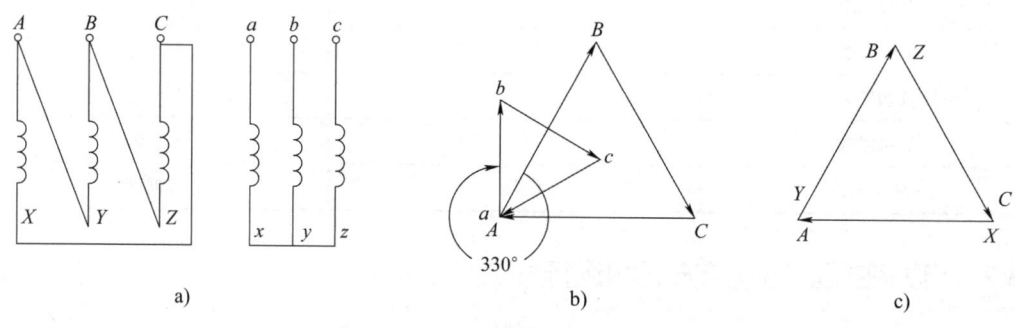

图2-13 三相变压器三角形联结

（3）联结组别的时钟表示法

变压器的联结组别可以用时钟来表示。把变压器原边（高压侧）的线电压矢量作为时钟上的长针，并且总是指着"12"，而以低压边对应线电压矢量作为短针，它所指的数字就是变压器联结组别的序号，它表征变压器高、低压边线电压矢量差。

利用时钟法表示 Y, yn0 联结组别时，一次侧线压矢量即为时钟长针12的方向，而二次侧线压矢量即为时钟短针所指数字也在"12"的位置，所以这种变压器联结组别的时钟表示法即为：Y/Y_0-12，一、二次侧线电压是同相位的。

同样的道理，D, yn11 联结组别表示二次侧线电压超前一次侧线电压30°，这时短针指示在"11"的位置，如图2-14所示。所有角度都按短针顺时针方向来计算，则12点与11点之间相差角度应为 $30° \times 11 = 330°$。

三相电力变压器一、二次侧绕组采用不同的联结方式，形成了一、二次侧绕组与所对应的线电压、线电流之间不同的相位关系。

（4）D, yn11 联结与 Y, yn0 联结的性能比较

Y, yn0（Y/Y_0-12）是以前降压变压器（配电变压器）常用的联结组别，过去，我国大多采用这种联结形式，但近年来有被 D, yn11（$△/Y_0$-11）联结取代的趋势。究其原因，是由于变压器采用 D, yn11 联结相较于采用 Y, yn0 联结有以下优点。

图2-14 三相变压器联结组别的时钟表示法

1）对 D, yn11 联结的变压器来说，其 $3n$ 次谐波激磁电流在△接线的一次绕组内形成环流，不会注入公共高压电网中，这比一次绕组接成星形接线的 Y, yn0 联结组别更有利于抑制高次谐波。

2）D, yn11 联结变压器的零序阻抗比 Y, yn0 联结变压器的小得多，从而更有利于低压

单相接地短路故障时的保护与切除。

3）D，yn11联结变压器中性线电流允许达到相电流的75%以上，其承受单相不平衡负荷能力比Y，yn0联结变压器要大。

2. 电力变压器的运行

变压器的运行方式有允许、过载（在允许条件下）、并联运行等方式。

（1）变压器的允许运行

变压器允许运行方式即额定运行方式，是指变压器在额定条件下连续输出铭牌容量的运行方式。额定条件包括规定的环境温度、允许温升、额定电压、使用寿命。变压器额定容量（铭牌容量）就是指它在规定的环境温度条件下，室外安装时，在额定的使用年限（一般规定为20年）内所能连续输出的最大视在功率。

（2）变压器的过载运行

1）变压器的正常过负载是指在不影响变压器绕组的绝缘和不减少变压器正常使用寿命的条件下，变压器的高峰时间和冬季时间的过负载使用。变压器在正常运行时，负荷一般不应超过其额定容量。但在满足要求的情况下，变压器也允许在数值不大或时间不长的情况下做过载运行。

2）所谓变压器的事故过负载，并非指变压器发生事故情况下的过负载运行，而是指当两台变压器并列运行时，其中有一台变压器发生故障，而又不能停电时，由未发生故障的一台变压器承担两台变压器所供的负载，这种过负载称为变压器的事故过负载。当电力系统或用户变电站发生事故时，为保证对重要设备的连续供电，变压器允许短时间过负载的能力，称为变压器的事故过负载能力。

（3）变压器的并联运行

将两台或多台变压器的一次绕组并列到同一电网母线上，二次绕组也都并接到公共的二次母线上，这种运行方式叫变压器的并列运行。

2.3.3 变压器的调压方式

变压器的调压方式分有无载和有载两种。

（1）无载调压（无励磁调压）

该种调压方式是在变压器不带电的条件下进行操作。必须先停电，切断负载后，改变分接头调压（手动操作）。

油浸式变压器调压范围：额定电压的±5%，无载调压分接开关每相线圈均有三个分接位置。干式变压器调压范围：额定电压的±5%（80kV·A以下）和±2×2.5%两种。干式变压器的调压方式是通过改变变压器高压线圈抽头端子（在器身外面）间的接线来实现（在每台变压器产品上均有详细的接线方式示意图）的。

（2）有载调压（有励磁调压）

该种调压方式是带负载进行操作，通过驱动有载调压开关（自动并兼有手动操作）的接点位置实现，调压精度较高、速度快，且范围较宽。

油浸式及干式变压器调压范围均为额定电压的±4×2.5%两种。对于有特殊要求需增大高限或低限调压范围，可由生产厂商进行定制。目前，国内应用的10kV有载调压分接开关仅有9档位置，调压范围为额定电压的 ±4×2.5%，有载调压范围设定可通过改变绕组接头的位置实现。

2.3.4 变压器的技术性能指标

（1）额定容量

电力变压器的额定（铭牌）容量是指变压器在规定的环境温度条件下，室外安装时，在规定的使用年限（20 年）内所能连续输出的最大视在功率（kVA）。《电力变压器 第 1 部分总则》（GB 1094.1—2013）规定，我国电力变压器产品容量采用国际通用的 R10 标准，按 R10 = $\sqrt[10]{10}$ = 1.26 的倍数增加，即系列产品容量应为 100kVA、125kVA、160kVA、200kVA、315kVA、400kVA、500kVA、630kVA、800kVA 和 1000kVA 等。

（2）效率

变压器输出功率与输入功率的比值即为变压器效率（η），而变压器输入与输出功率的差值则为变压器功耗。

变压器的功耗包括主要铜损 P_{Cu} 和铁损 P_{Fe} 两大部分。

1）铜损 P_{Cu}：由于一、二次侧绕组具有电阻 r_1，r_2，当电流通过时部分电能转为热能，即 $P_{Cu} = I_1^2 r_1 + I_2^2 r_2$。铜损大小可通过变压器二次侧短路试验测出。

2）铁损 P_{Fe}：铁损是铁心中涡流与磁滞所产生的损耗。由于电网频率和电压基本保持不变，故磁通 φ_m 基本不变，因此铁损可通过变压器二次侧开路试验测出。

通常情况下，变压器的铜损和铁损都比较小，所以变压器的效率较高，大容量变压器效率可达 99% 以上。

（3）阻抗电压

阻抗电压表征变压器二次侧绕组在额定运行情况下一次侧电压的降落，可用一次侧额定电压 U_N 的百分比表示，约为 4%～7%。

测试方法是将二次侧绕组短路，并使二次侧通过电流达到额定值 I_{2N}，则此时一次侧所施加的电压值即为阻抗压降，或称短路电压。

（4）短路阻抗（Z_K）标幺值

以某电气参量的额定值作为基准值，各电气参量对额定值的比值定义为其标幺值，用符号"*"表示。

变压器额定阻抗是额定电压 U_N 与额定电流 I_N 的比值，即：

$$Z_N = U_N / I_N$$

故变压器的短路阻抗标幺值

$$Z_K^* = Z_K / Z_N = Z_K I_N / U_N = U_K / U_N = U_K^*$$

由此可见，变压器短路阻抗的标幺值与二次侧额定电流下短路电压的标幺值 U_K^*（即阻抗压降）是相等的。

用标幺值表示短路阻抗时，一次侧绕组或二次侧绕组都相等，因此在变压器铭牌上只须标示出 Z_K^* 值，而无须标示出一次侧绕组或二次侧绕组的短路阻抗值。

（5）空载电流标幺值

变压器在空载时，其一次侧绕组类似带铁心的电感绕组，空载电流 I_0 用于产生空载时主磁通 φ_m，则空载电流标幺值 I_0^* 为

$$I_0^* = I_0/I_{1N}$$

依据变压器等值折算，一次侧和二次侧空载电流标幺值相等，所以在变压器铭牌上仅示出统一的 I_0^* 即可。

2.3.5 变压器的配置和使用*

1. 变压器台数的配置

一般负荷较小的端局、干线光缆郊外站等一般配置一台变压器。对于负荷较大的端局、省会级通信枢纽楼可配置两台或多台变压器。

2. 变压器容量的配置

选择变压器的容量首先应满足用电设备正常运行时的需要，同时考虑其过负荷能力，力求达到经济合理的运行方式。当配置两台或多台变压器时，若有一台出现故障，则其余的变压器应保证全局负荷供电。

2.3.6 变压器的维护和巡检*

1. 变压器的维护

1）对于油浸式电力变压器、调压器，安装在室外的应每年检测一次绝缘油耐压，安装在室内的应每两年检测一次绝缘油耐压。

2）定期检测干式变压器的温升（以说明书规定为准）。

3）周期维护项目，见表 2-5。

表 2-5 变压器周期维护项目

序号	周期	项目
1	季	检查干式变压器的风机
2		检查油浸式变压器储油柜油位合格，干燥剂颜色合格，二次保险温升合格
3	年	检查变压器和电力电缆的绝缘
4		清洁变压器油污及高、低压瓷瓶
5		检查变压器一次保险规格、二次保险规格
6		检查变压器接地电阻值、连接线路

2. 变压器的巡检

1）温度检查。油浸式电力变压器允许温升应按上层油温来检查，用温度计测量，油温升的最高允许值为 55℃，为了防止变压器油劣化变质，上层油温升不宜长时间超过 45℃。对于采用强迫油循环风冷的变压器，正常运行时，上层油温升不宜超过 35℃。另外，巡视时应注意温度计是否完好；由温度计查看变压器上层油温是否正常或是否接近或超过最高允许限额；当玻璃温度计与压力温度计间有显著异常时，应查明是否仪表不准或油温确有异常。

2）油位检查。变压器储油柜上的油位是否正常；是否假油位；有无渗油现象；充油的高压套管油位、油色是否正常；套管有无渗油现象。油位指示不正常时必须查明原因。必须注意油位表出入口处有无沉淀物堆积而阻碍油的通路。

3）注意变压器的声响。变压器的电磁声与以往比较有无异常。异常噪声发生的原因通常有以下几种。

① 因电源频率波动大，造成外壳及散热器振动。

② 铁心夹紧不良，紧固部分发生松动。

③ 绕组或引线对铁心或外壳有放电现象。

④ 由于接地不良或某些金属部分未接地，产生静电放电。

4）检查漏油。漏油会使变压器油面降低，还会使外壳散热器等产生油污。应特别注意检查各阀门各部分的垫圈。

5）检查绝缘件，如出线套管、引出导电排的支持绝缘子等表面是否清洁，有无裂纹、破损及闪络放电痕迹。

6）检查引出导电排的螺栓接头有无过热现象，可查看示温蜡片及变色漆的变化情况。

7）检查阀门，查看各种阀门是否正常，通向气体继电器的阀门和散热器的阀门是否处于打开状态。

8）检查防爆管，防爆管有无破裂、损伤及喷油痕迹，防爆膜是否完好。

9）检查冷却系统，冷却系统运转是否正常，如风冷油浸式电力变压器，风扇有无个别停转，风扇电动机有无过热现象，振动是否增大；强迫油循环冷却的变压器，油泵运转是否正常，油压和油流是否正常等。

10）检查吸潮器，吸潮器的吸附剂是否达到饱和状态。

11）检查外壳接地线是否完好。

12）检查周围场地和设施，室外变压器重点检查基础是否良好，有无基础下沉，变台杆检查电杆是否牢固，木杆、杆根有无腐蚀现象；室内变压器重点检查门窗是否完好，检查百叶窗铁丝纱是否完整；照明是否合适和完好，消防用具是否齐全。

2.4 低压交流供电系统

低压交流供电系统是由低压市电交流供电系统、备用（柴油或汽油）发电机组交流供电系统、电力机房的交流供电系统以及变配电设备的工作及保护接地系统等组成，其中市电为主用交流电源，发电机组作为通信供电的备用电源。

根据通信局（站）的容量大小、重要程度及所建局（站）地理位置的不同，通信局（站）的市电供电类别及市电的引入电压等级（高压或低压）也有所不同。

通信局（站）所需的交流电源宜利用市电作为主用电源，且一般要求引入二类以上市电。低压交流供电系统电源大多采用中性点直接接地，系统中电力设备及接地均采用 TN-S 三相五线制的配线形式。

2.4.1 低压交流供电系统的分类

通信局（站）通信设备对供电的基本要求是可靠、优质和不间断。通信供电的交流供电种类一般包括如下几种：交流市电供电（主用电源，必备）；备用油机发电机组供电（必备）；不间断电源（UPS）设备供电；风能、太阳能等自然能发电。

其中，交流市电及备用油机发电机组，作为所有通信局（站）交流用电负荷的必备电源。只有极特殊的通信局（站），由于市电引入困难，且用电负荷小，适宜于风能、太阳能或其他自然能发电的地区则可考虑用风力或太阳能发电作为主用交流电源。

交流不间断电源（UPS）设备主要用于对通信系统的计算机网络管理、集中监控管理系统等重要交流通信负荷供电。

从形式上看，低压交流供电系统有如下两种类型：简易交流供电系统和装有成套低压配电设备的交流供电系统。

（1）简易交流供电系统

简易交流供电系统由一台交流配电屏（箱）组成；或由交流配电箱和组合开关电源的交流配电单元组成交流供电系统。一台交流配电屏（箱）作为变压器的受电及配电，该种形式的供电系统适用于小型站。如：微波站、光缆郊外站、干线有人站及移动通信基站等。交流配电屏（箱）电源的输入端通常是有二路电源引入（市电、油机电源）。

（2）装有成套低压配电设备的交流供电系统

对于规模较大、地位重要的通信局（站）一般安装的有由成套低压配电设备组成的交流供电系统。成套配电设备的数量根据通信局（站）的建设规模、所配置的变压器数量、用电设备的供电要求以及预期的负荷发展规模等因素而确定。

低压交流供电系统按自动切换方式的不同，通常分为以下三种类型：两路市电电源在低压供电系统上的切换、市电供电电源与备用发电机组供电系统的切换及电力室交流供电系统供电电源的切换。

（1）两路市电电源在低压供电系统上的切换

两路市电电源在低压供电系统上的切换是根据通信局（站）的建设规模大小而采用不同的切换方式。但无论采用何种切换方式，两路电源切换的开关间应具有机械和电气的联锁功能，以确保设备、供电及人身的安全。

两路市电电源在低压供电系统上的切换是针对通信局（站）有一路或两路市电引入，配置两台或以上变压器而言。

对于用电负荷较大的通信局（站），一般配置两台以上变压器。每两台变压器的低压配电系统间设有母线联络断路器。在低压交流供电系统中两路市电电源的切换通常有如下两种类型。

1）两路市电在高压侧采用分段运行方式时（在高压供电线路及变电站容量受限的情况下），高压系统不允许设母联开关。在低压侧两路市电配电母线间设有母联开关，当其中一路市电电源检修或故障停电时，则两路市电在低压侧通过低压母联开关进行联络以确保通信负荷的用电（此时的保证供电负荷应不允许超过每路市电电源的供电容量）。

2）变压器故障时的低压系统供电电源的切换：配置多台变压器的低压供电系统，每两台变压器的低压配电系统间设有母线联络断路器，当其中任一台变压器发生故障时，通过母联开关来保证故障变压器所带保证负载的供电。

（2）市电供电电源与备用发电机组供电系统的切换

1）规模较小的通信局（站）：市电与备用发电机组电源的切换，一般在油机室或电力机房的交流配电屏上进行切换。如微波站、干线有人站、移动基站等，因两路交流电（通常是一路市电和一路油机电）均引至一台交流屏（或交流配电箱）内，其交流电源的切换采用手动或自动方式。早期产品大多采用手动切换方式，仅在无人值守站采用自动切换方式。目前由于通信局（站）电源正在逐步实施计算机集中监控管理，电力机房正逐步向无人或少人值守方向发展。为此，两路电源的切换设备应尽量实现自动切换并兼有手动功能。

2）大中型的通信局（站）：市电与备用发电机组电源的切换，一般在低压配电室或电力机房的总交流配电屏上进行切换。

在通信枢纽楼的实际工程设计中，无论是建筑负载还是通信负载的保证供电电源，其市电供电电源与备用电源的切换均在低压配电室相关配电屏上进行人工或自动切换。采用该种切换方式后，通信楼各相关楼层的电力室的交流供电电源尚有如下两种配电方式。

从低压配电房的两段不同母线上各引一路电源至各电力室交流配电屏的两路引入电源的进线端。正常供电的电源切换在低压配电室进行，交流配电屏两路电源的其中一路作为低压配电室某配电设备检修时的应急备用电源，这种配线方式可确保通信供电的可靠性。

通信负载的保证供电电源，其市电供电电源与备用电源在各相关楼层的电力室交流配电屏上进行人工或自动切换；而建筑负载的保证供电电源，其市电供电电源与备用电源在低压配电室或油机配电屏上进行人工或自动切换。目前对于大面积的高层通信枢纽楼电源工程的设计中均设多层电力机房及分散供电方式，同时建筑需油机保证供电的设备负荷较大，这样势必使油机供电电源的馈电分路增加许多，需增加多台油机配电电源的配电设备，同时也要相应地增加电力机房的面积。为此通信用电的市电供电电源与备用电源在各相关楼层的电力室交流配电屏上进行人工或自动切换对于大面积的高层通信枢纽楼不太合适。从供电的可靠性、经济性、高层大面积通信枢纽楼供电的适用性及便于维护方面考虑，通信枢纽楼市电供电电源与备用电源的切换应在低压配电室进行切换。

（3）电力室交流供电系统供电电源的切换

电力室交流供电系统是由总交流配电设备和各套直流设备、UPS供电系统的交流配电设备组成。

为保证电力机房交流供电的可靠性，尽量减少低配馈电分路、有利于楼内电源通道的规划、及时掌握电力机房的通信交流用电情况，建议电力机房配置总交流配电设备，该设备应有两路电源供电，可互为备用。

这种配电方式对于高层大面积通信枢纽楼的多层及分散小容量供电的电力机房比较适宜。采用这种配线方式后，分散电力机房交流配电屏的供电电源从相邻的电力室的总交流配电屏上引入。

2.4.2 常用低压电器/设备的作用及特点*

1. 常用低压电器

低压电器是指用于交流50Hz（60Hz），额定电压为1000V及以下；直流额定电压1500V及以下的电路中起通断、保护、控制或调节作用的电器（详见GB/T 2900.18—2008《电工术语 低压电器》）。

（1）刀开关

刀开关是一种手动电器，是低压电器中结构最简单的一种，广泛应用于各种配电设备和供电线路中，用来接通和分断容量不太大的低压供电线路以及作为低压电源隔离开关使用。刀开关是一种带有刀刃楔形触头的、结构比较简单而使用广泛的开关电器。

（2）熔断器

熔断器是串接在低压电路中的一种保护电器。当线路过载或短路时，熔断器以其自身产生的热量使熔体熔断切断电流，自动切断电路，实现短路保护及过载保护。熔断器与其他电器配合，可在一定的短路电流范围内进行有选择的保护。熔断器具有结构简单、体积小、重量轻、使用维护方便、价格低廉、分断能力较强、限流能力良好等优点。

（3）接触器

接触器是一种用来自动接通或断开大电流电路并可实现远距离控制的电器。它不仅具有欠/失电压保护功能，而且还具有控制容量大、过载能力强、寿命长、设备简单经济等特点。

（4）自动空气断路器

自动空气断路器又称自动空气开关或自动开关。用于低压配电电路中不频繁的通断控制。在电路发生短路、过载等故障时能自动分断故障电路，是一种控制兼保护电器。它相当于刀开关、熔断器的组合，是一种自动切断电路故障用的保护电器。它与接触器所不同的是允许切断流，但允许操作次数较低。自动空气断路器主要由触点系统、操作机构和保护元件三部分组成。

（5）继电器

继电器是一种利用电流、电压、时间、温度等信号的变化来接通或断开所控制电路的低压电器，以实现自动控制或完成保护任务的控制电器。继电器和接触器的工作原理一样。主要区别在于，接触器的主触头可以通过大电流，而继电器的触头只能通过小电流。所以，继电器只能用于控制电路中。

（6）自动转换开关

自动转换开关（Automatic Transfer Switching，ATS）主要用在紧急供电系统中，将负载电路从一个电源自动换接至另一个（备用）电源的开关电器，以确保重要负荷连续、可靠运行。ATS常常应用在重要用电场所，其产品可靠性尤为重要。

2. 低压配电设备

一般的局（站）均设置低压配电设备用来接收与分配低压市电与备用发电机组电源。成套低压配电设备通常由进线柜、馈电柜、转换柜、联络柜、补偿柜等组成。低压配电设备的结构形式通常有固定式和抽屉式两种。两种结构形式各有利弊，应根据使用要求而选择。一般来讲，抽屉式低压配电设备维护方便，便于更换开关，但抽屉式低压配电设备由于采用封闭式结构，内部散热效果较差。

（1）低压进线柜

低压进线柜是变压器的输出控制柜。其内部装有自动开关（即低压断路器）。当负荷发生短路时，自动开关有开断回路最大短路电流的能力。当采用低压计量时，低压进线柜内安装有计量用电流互感器和计量仪表。

在大型低压配电系统中，为了保证不出现来自不同电源的两个开关同时合闸的短路情况，就需要加装互锁装置。它实现的手段主要有两种：一是电气互锁，二是机械互锁。电气互锁就是将一方断路器的触点接入另一方断路器的合闸回路中。机械互锁就是通过机械部件实现互锁，例如，两个开关不能同时合上，可以通过机械联杆，使得一个开关合上时，另一个开关被机械卡住无法合上。

（2）低压馈电柜

低压馈电柜（也叫出线柜）是用电设备的控制柜，内装低压断路器，当负荷过大时，低压断路器能自动跳闸，也能断开短路电流。低压馈电柜的数量由低压进线柜开关最大容量和负荷种类、数量来决定。一般负荷与保证负荷要分开。

（3）转换柜

转换柜的作用是实现对两路低压交流电源的转换。转换柜根据配置不同有手动转换和自动转换（ATS 柜）两种。目前 ATS 柜在通信电源系统中的应用广泛。

（4）联络柜

联络柜又称母联柜，在配置两台变压器同时供电的低压供电系统中，两台变压器的母线间设有联络柜。两台变压器正常工作时，联络柜中的开关断开，两台变压器分别给不同负载供电；当其中任一台变压器发生故障时，联络柜开关闭合，来保证故障变压器所带负载的供电。联络柜中开关的分合应与变压器进线柜的断路器分合具有电气连锁功能，以确保设备供电及人身的安全。

（5）电容补偿柜

电容补偿柜又称无功功率补偿柜或功率因数补偿柜。低压供电系统中的用电设备在使用时会产生无功功率，且通常是感性的，可通过并联电容的方法来提高系统的功率因数。按电力部门的要求，通信局（站）用电的平均功率因数要达到 0.9 以上，当功率因数较低时，应采用提高用电设备自然功率因数的方法提高总功率因数。因此在供电系统中会配备电容补偿柜来提高系统的功率因数。

1）功率因数降低的影响：①使供电系统内的电源设备容量不能充分利用；②增加了电力网中输电线路上的有功功率的损耗；③使线路压降增大，造成负荷端电压下降。

2）无功功率补偿把具有容性功率负荷的装置与感性功率负荷并联接在同一电路，当容性负荷释放能量时，感性负荷吸收能量；而感性负荷释放能量时，容性负荷吸收能量，能量在两种负荷之间互相交换。这样，感性负荷所吸收的无功功率可从容性负荷输出的无功功率中得到补偿，这就是无功功率补偿的基本原理。

2.4.3 低压电器的选择原则

1）电器的额定电压和频率应与所在的回路相符，并考虑正常工作时可能出现的最低或最高电压。

2）电器的额定电流应等于或大于所控制回路的负荷电流，并应承载异常情况下可能流过的电流，保护装置应在允许的持续时间内切断电路。

3）电器应按所在场所的环境条件选择。

4）电器应满足短路条件下的动稳定和热稳定性，断开短路电流的电器，应满足短路条件下的通断能力。

2.4.4 低压配电设备的主要技术指标

（1）额定电压

配电设备的额定电压参数包括额定工作电压和额定绝缘电压两项，均按各个具体电路分别规定。配电设备一个电路的额定工作电压和额定电流共同决定该电路的使用条件，并按主电路和控制电路分别给出。多相电路的额定工作电压用相间电压（线电压）表示。配电设备一个电路的额定绝缘电压是确定该电路介电试验、电气间隙和爬电距离的依据。除有特殊规定者外，配电设备任何一个电路的额定工作电压均不应超过其额定绝缘电压，实际工作电压的波动上限不得超过额定绝缘电压的110%。

（2）额定电流

配电设备一个电路的额定电流由制造厂根据所用电器元件的额定数据、装配情况和具体用途规定。由于影响一个电路额定工作电流的因素很多，一般标准中对额定电流的标准值不做规定。但在额定电流条件下，应能经受温升试验，不可出现超过允许数值的温升。

（3）额定短时耐受电流

配电设备一个电路的额定短时耐受电流是指该电路在规定的试验条件下短时间内所能承受的电流有效值。试验时间一般规定为1s，当不为1s时，应当说明。额定短时耐受电流是验证配电设备产品耐受短路强度的一个重要参数。

（4）额定峰值耐受电流

配电设备一个电路的额定峰值耐受电流是指该电路在规定试验条件下能够承受的峰值电流。这是确定该电路耐受短路电流电动力效应的重要数据。

（5）额定限制短路电流和额定熔断短路电流

配电设备一个电路的额定限制短路电流是指当该电路有限流开关电器保护时，在保护电器动作时间内和规定试验条件下电路能承受的预期电流值。当为交流时，此电流用周期分量有效值给出。当限流开关电器为熔断器时，额定限制短路电流称作额定熔断短路电流。

（6）额定分散系数

当配电设备包括多个主电路时，用额定分散系数表示各主电路可能同时流过的总电流和各主电路额定电流之和的比例关系。

（7）额定频率

配电设备的额定频率是确定产品工作条件的依据之一。配电设备各电路可能按不同额定频率设计，须分别给出额定频率。

2.4.5 低压交流供电系统的维护*

1）低压配电设备类型包括：交流配电设备和直流配电设备；机房温度应保持在 −10～45℃。

2）断电保护和告警信号应保持正常，严禁切断警铃和信号灯。

3）自动断路器跳闸或熔断器烧断时，应先查明原因再恢复使用，必要时允许试送电一次。

4）交流用电设备采用三相四线制引入时，零线不准安装熔断器，在零线上除电力变压器近端接地外，用电设备和机房近端应重复接地。

5）交流供电应采用三相五线制，零线禁止安装熔断器，在零线上电力变压器近端接地，用电设备和机房近端不许接地。

低压配电设备的维护项目及周期见表2-6。

表2-6 低压配电设备日常维护项目及周期

周期	代号	项目
日	1—1	继电器开关的动作是否正常，接触是否良好
	1—2	熔断器的温升应低于80℃

（续）

周期	代号	项目
日	1—3	电表指示是否正常
月	2—1	检查接触器、开关接触是否良好，螺钉有无松动
	2—2	检查信号指示、告警是否正常
	2—3	测量熔断器的压降
	2—4	检查功率补偿屏的工作是否正常
	2—5	检查充放电电路是否正常
	2—6	清洁设备
年	3—1	测量直流供电系统的脉动电压
	3—2	检查避雷器是否良好
	3—3	测量接地电阻（干季）
	3—4	检查各接头处有无氧化、螺钉有无松动
	3—5	校正仪表

2.5 备用发电机组

备用发电机组用作通信局（站）的备用交流电源，是通信电源系统的重要组成部分。在通信局（站）中主要采用（低压）柴油发电机组。机组的动力来自将柴油在气缸中燃烧的热能转变为机械能的柴油机，它带动交流同步发电机旋转将机械能转变为电能。在小型通信局（站）中，也有采用汽油发电机组作为备用电源的。随着科学技术发展和实际需要，燃气轮机发电机组和高压柴油发电机组在通信局（站）也有部分应用。

2.5.1 柴油发电机组的组成及特点

1. 柴油发电机组的组成

柴油发电机组是内燃发电机组的一种，主要由柴油机、（交流同步）发电机、控制系统三大部分组成（见图2-15）。另外还包括联轴器、公共底座和消声器等。

一般生产的成套机组，都是用一公共底座将柴油机、交流同步发电机和控制系统等主要部件安装在一起，成为一个整体，即一体化柴油发电机组。而大功率机组除柴油机和发电机装置在型钢焊接而成的公共底座上外，控制系统的控制箱（屏）、燃油箱和水箱等设备均须单独设计，以便于移动和安装。

图2-15 柴油发电机组及其主要组成

柴油机的飞轮壳与发电机前端盖轴向采用凸肩定位直接连接构成一体，并采用圆柱形的弹性联轴器由飞轮直接驱动发电机旋转。这种连接方式由螺钉固定在一起，使两者连接成一体，保证了柴油机的曲轴与发电机转子的同心度在规定范围内。

为了减小噪声，机组一般需安装专用消声器，特殊情况下需要对机组进行全屏蔽。为了减小机组的振动，在柴油机、发电机、控制箱和水箱等主要组件与公共底座的连接处，通常装有减振器或橡皮减振垫。有的控制箱还采用二级减振措施。

2. 柴油发电机组的特点

1）单机功率等级多，可选择功率范围大，适用于通信行业各种通信局（站）的容量。

2）配套设备结构紧凑、安装地点灵活、建设成本低。

3）柴油机压缩比是汽油机的 3 倍左右，热效率较汽油机要高，燃油消耗低。有效热效率在 30%～40%，非增压进气柴油发电机组的标称燃油消耗一般在 0.22～0.32kg/(kW·h)。

4）柴油的燃点较汽油高，且不易挥发，对于燃油的储存及机组运行安全性高。

5）柴油发动机没有点火系统，结构简单，维护操作和保养方便。

2.5.2 柴油机的结构及其工作原理*

2.5.2.1 柴油机工作原理

单缸往复活塞式柴油机结构示意图如图 2-16 所示，其主要由进气门 1、排气门 2、气缸盖 3、气缸 4、活塞 5、活塞销 6、连杆 7 和曲轴 8 等组成。气缸 4 内装有活塞 5，活塞通过活塞销 6、连杆 7 与曲轴 8 相连接。活塞在气缸内做上下往复运动，通过连杆推动曲轴转动。为了吸入新鲜空气和排出废气，在气缸盖上设有进气门 1 和排气门 2。

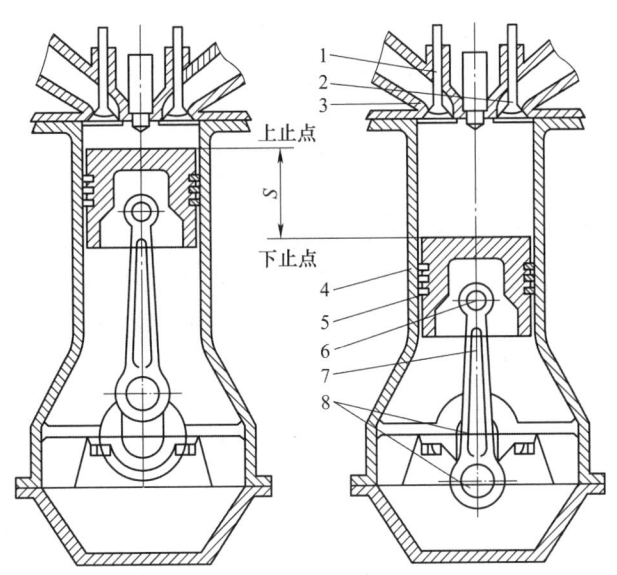

图 2-16 单缸往复活塞式柴油机结构简图

1—进气门 2—排气门 3—气缸盖 4—气缸 5—活塞 6—活塞销 7—连杆 8—曲轴

1. 基本名词术语

1）上止点：活塞离曲轴中心最大距离的位置。

2）下止点：活塞离曲轴中心最小距离的位置。

3）活塞冲程（冲程）：上止点与下止点间的距离，用符号S表示，单位为mm。

4）曲柄半径：曲轴旋转中心到曲柄销中心的距离，用符号r表示，单位为mm。由图2-16可见，活塞冲程S等于曲柄半径r的两倍，即

$$S = 2r$$

5）气缸工作容积：在一个气缸中，活塞从上止点到下止点所扫过的气缸容积。用符号V_h表示，单位为L，则

$$V_h = \frac{\pi}{4}D^2 S \times 10^{-6} \text{（L）}$$

式中，D为气缸直径，单位为mm；S为活塞冲程，单位为mm。

6）柴油机排量：柴油机所有气缸工作容积的总和称为柴油机排量，用V_H表示，如果柴油机有i个气缸，则柴油机排量

$$V_H = V_h \cdot i = \frac{\pi}{4}iD^2 S \times 10^{-6} \text{（L）}$$

柴油机排量表示柴油机的做功能力，在其他参数相同的前提下，柴油机排量越大，则其所发出的功率就越大。

7）燃烧室容积：当活塞在上止点时，活塞上方的气缸容积。用符号V_c表示。

8）气缸总容积：当活塞在下止点时，活塞上方的气缸容积。用符号V_a表示。它等于燃烧室容积V_c与气缸工作容积V_h之和。即

$$V_a = V_c + V_h$$

9）压缩比：气缸总容积与燃烧室容积之比。用符号ε表示。即

$$\varepsilon = V_a/V_c = (V_c + V_h)/V_c = 1 + V_h/V_c$$

压缩比ε表示气缸中的气体被压缩后体积缩小的倍数，也表明气体被压缩的程度，通常柴油机的压缩比ε = 12～22，汽油机的压缩比ε = 6～12。压缩比越大，活塞运动时气体被压缩得越厉害，气体的温度和压力就越高，发动机的效率也越高。

10）工作循环：柴油机中热能与机械能的转化，是通过活塞在气缸内工作，连续进气、压缩、做功、排气四个过程来完成的。每进行这样一个过程称为一个工作循环。如柴油机活塞走完四个冲程（曲轴旋转两周）完成一个工作循环，称该机为四冲程柴油机；如活塞走完两个冲程（曲轴旋转一周）完成一个工作循环，称该机为二冲程柴油机。除少数小功率柴油机（通常1kW以下）采用二冲程发动机外，绝大多数柴油机采用四冲程发动机。

2. 四冲程柴油机工作原理

（1）进气冲程（见图2-17 a）

活塞从上止点向下止点移动，这时在配气机构的作用下进气门打开，排气门关闭。由于活塞下移，气缸内容积增大，压力降低，新鲜空气经空气滤清器、进气管不断吸入气缸。由于进气系统存在阻力，使进气终了气缸内的气体压力低于大气压力P_0（此时约70～90kPa），温度为320～340K。

（2）压缩冲程（见图2-17 b）

活塞由下止点向上止点运动，此时进、排气门关闭。气缸内容积不断减少，气体被压缩，其温度和压力不断提高。压缩终了时气体压力可达3～5MPa，温度高达750～1000K，为喷入气缸内的柴油蒸发、混合和燃烧创造条件。

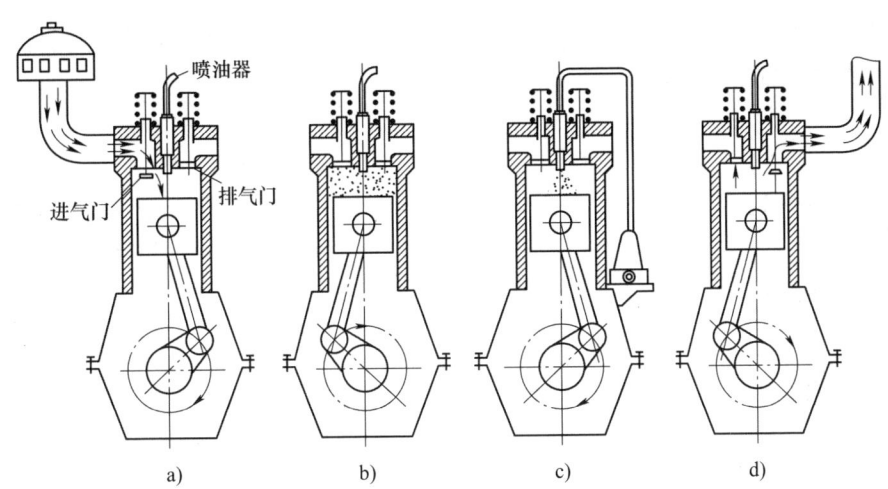

图 2-17 单缸四冲程柴油机工作过程示意图

（3）做功冲程（见图 2-17 c）

在压缩过程即将终了时，喷油器将柴油以细小的油雾喷入气缸，在高温、高压和高速气流作用下很快蒸发，与空气混合形成混合气。并在高温下自动着火燃烧，放出大量的热量，使气缸中气体温度和压力急剧上升。燃烧气体最大压力可达 6～9MPa，最高温度可达 1800～2000K。高压气体膨胀推动活塞由上止点向下止点移动，从而使曲轴旋转对外做功。由于喷油和燃烧要持续一段时间，所以虽然活塞开始下移，但此时还有喷入的燃料继续燃烧放热，气缸内的压力并没有明显下降，随着活塞下移，气缸内的温度和压力才逐渐下降。做功冲程结束时，压力约为 0.2～0.5MPa，温度约为 1000～1200K。

（4）排气冲程（见图 2-17 d）

做功过程结束后，排气门打开，进气门关闭。活塞在曲轴的带动下由下止点向上止点运动，燃烧过的废气便依靠压力差和活塞上行的排挤，迅速从排气门排出。由于排气系统有阻力，因此，排气终了时，气缸内废气压力略高于大气压力。气缸内残余废气的压力约为 0.105～0.12MPa，温度约为 700～900K。

活塞经过上述四个连续冲程后，便完成了一个工作循环。当排气冲程结束后，柴油机曲轴依靠飞轮转动的惯性作用仍继续旋转，上述四个冲程又重复进行。如此周而复始地进行一个又一个工作循环，使柴油机连续不断地运转起来，并带动工作机械做功。

3. 二冲程柴油机工作原理

图 2-18 所示为带有扫气泵的气门气孔式二冲程柴油机工作过程示意图。这种类型的二冲程柴油机无进气门。气缸（气缸套）壁上有一组进气孔 3，由活塞的上下运动控制进气孔的开、闭，气缸盖上设有排气门 5。空气由扫气泵 1 提高压力以后，经气缸外部的空气室 2 和气缸壁上的进气孔 3 进入气缸，完成进气和扫气过程。燃烧后的废气由气缸盖上的排气门排出。其工作过程如下：

（1）第一行程

第一行程也称换气-压缩过程。曲轴带动活塞由下止点向上运动，这时进气孔和排气门均打开（见图 2-18 a），新鲜空气由扫气泵以高于大气压力送入气缸中，并把气缸中的残余废气从排气门扫除。这种进、排气同时进行的过程称为"扫气过程"。活塞继续向上运动，当活塞越过进气孔后,进气孔被活塞关闭的同时配气机构也使排气门关闭。于是气缸内的新鲜空气被压缩(见图2-18 b),一直进行到上止点。

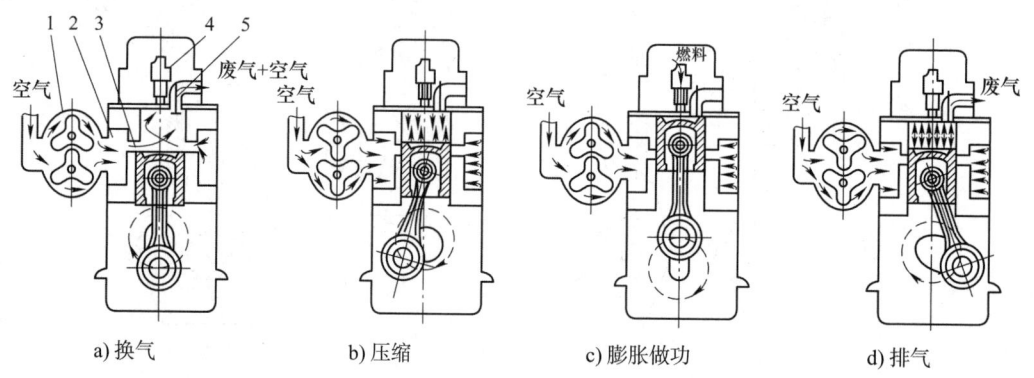

图2-18　二冲程柴油机工作过程示意图
1—扫气泵　2—空气室　3—进气孔　4—喷油器　5—排气门

（2）第二行程

第二行程也称膨胀-换气过程。活塞接近上止点时,喷油器开始喷油(见图2-18 c),被喷油器喷成的雾状柴油与高温压缩空气相遇,便迅速燃烧。由于燃气压力的作用,推动活塞向下止点运动,经连杆带动曲轴旋转而输出动力。当活塞下行至某一时刻时排气门打开(见图2-18 d),做功后的废气由排气门排出。活塞继续向下运动,随后进气孔打开,新鲜空气被扫气泵再次压入气缸,开始"扫气过程"。活塞一直运动到下止点,完成第二个工作行程。

4. 二冲程与四冲程柴油机的比较

与四冲程柴油机比较,二冲程柴油机有以下主要特点:

1) 曲轴每转一周就有一个做功过程,因此,当二冲程柴油机工作容积和转速与四冲程柴油机相同时,在理论上其功率应为四冲程柴油机功率的两倍。但由于结构上的关系,二冲程柴油机废气排除不彻底,并且换气过程减小了有效工作行程。因而在同样的工作容积和曲轴转速下,二冲程柴油机的功率约为四冲程柴油机的1.5～1.7倍。

2) 二冲程柴油机因其曲轴每转一周就有一个做功行程,在相同转速下工作循环次数多,故输出转矩均匀,运转平稳。

3) 大多数二冲程柴油机部分或全部采用气孔换气,配气机构简单。所以,二冲程柴油机结构简单,质量轻,使用维修方便。

4) 换气时间短,并需要借助新鲜空气来清扫废气,换气效果相对较差。

2.5.2.2　柴油机基本构造

柴油机在工作过程中能输出动力,必须具有相应的机构和系统予以保证,并且这些机构和系统要协调工作。不同类型和用途的柴油机,其机构和系统的形式不同,但其功用基本一致。柴油机主要由机体组件与曲柄连杆机构、配气机构与进排气系统、燃油供给系统、润滑系统、冷却系统、启动系统（装置）等机构和系统组成——简称其为两大机构、四大系统。

1. 机体组件与曲柄连杆机构

（1）机体组件

机体组件是柴油机的骨架，主要由气缸体、气缸与气缸套、气缸盖、气缸垫和油底壳等固定件组成。它是柴油机各机构系统的装配基体，柴油机的所有运动机件和辅助系统都安装在它上面，而且其本身的许多部位又分别是曲柄连杆机构、配气机构与进排气系统、燃油供给与调速系统、润滑系统和冷却系统的组成部分。

① 气缸体

多缸柴油机的各气缸通常铸成一个整体，称为气缸体。气缸体是柴油机的主体，是安装其他零部件和附件的支承骨架。气缸体应保证柴油机在运行中所需的强度，结构要紧凑。同时应尽可能提高其刚性，使柴油机各部分变形小，并保证主要运动件安装位置正确，运转正常。为了使气缸体在重量最轻的条件下具有最大的刚度和强度，通常在气缸体受力较大的地方设有加强筋。气缸体的材料一般采用优质灰铸铁。

② 气缸与气缸套

气缸是用来引导活塞做往复运动的圆筒形空间。气缸内壁与活塞顶、气缸盖底面共同构成燃烧室，其表面在工作时与高温、高压燃气及温度较低的新鲜空气交替接触。由于燃气压力和温度的影响，加之活塞相对于气缸内壁的高速运动和侧压力的作用，气缸表面产生磨损。当气缸壁磨损到一定程度后，活塞环与气缸壁之间就会失去密封性，大量燃气漏入曲轴箱，使柴油机性能恶化，而且机油也较易变质。因此对气缸的材料、加工精度和表面粗糙度都有较高要求。通常柴油机的大修期限是根据气缸壁面的磨损情况来决定的。为了提高气缸的强度和耐磨性，便于维修和降低制造成本，通常采用较好的合金材料将气缸制成单独的气缸套镶入气缸体中。一般气缸套采用耐磨合金铸铁制造，如高磷铸铁、含硼铸铁、球墨铸铁或奥氏体铸铁等。为了使气缸套的耐磨性更好，有的气缸套还进行了表面淬火、多孔镀铬、氮化处理或喷钼等。常用的气缸套可分为干式和湿式两种。

③ 气缸盖

气缸盖装于气缸体上部，用缸盖螺栓紧固在气缸体上。其功用是封闭气缸上平面，并与气缸和活塞顶构成燃烧室。如图 2-19 所示为某型号柴油机气缸盖结构。气缸盖的结构主要有单缸式、双缸式和整体式（多缸式）三种。

④ 气缸垫

气缸垫装于气缸体和气缸盖接合面之间，其功用为补偿接合面的不平处，保证气缸体和气缸盖间的密封。它对防止三漏（漏水、漏气和漏油）关系甚大，

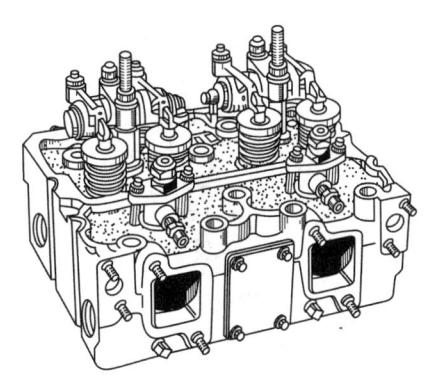

图 2-19　某型号柴油机气缸盖结构

其厚薄程度还会影响柴油机的压缩比和工作性能，因此，在使用和维修柴油机时应注意保证气缸垫良好，必要时更换。气缸垫要求耐高温、耐腐蚀，并具有一定的弹性。同时还要求拆装方便，能多次重复使用。常用的气缸垫为金属-石棉缸垫。这种气缸垫的外廓尺寸与缸盖底面相同，在自由状态时，厚约 3mm，压紧后约为 1.5～2mm。缸垫的内部是石棉纤维（夹有碎铜丝或钢屑），外面包以铜皮或钢皮。有的气缸垫在气缸孔的周围用镍皮镶

边，以防止燃气将其烧损。在过水孔和过油孔的周围用铜皮镶边。这种气缸垫的弹性好，可重复使用。在强化或增压发动机上，常用塑性金属(如硬铝板)制成的金属衬垫作气缸垫。金属衬垫强度好、耐烧蚀能力强。

⑤油底壳

油底壳（又称下曲轴箱）主要用于收集和储存润滑油，同时密封曲轴箱。油底壳一般用 1～2mm 厚的薄钢板冲压或焊接而成，也有用铸铁或铝合金铸成的。油底壳的结构形状主要是根据机油的容量、柴油机的安装位置以及在使用中的纵横倾斜角度来决定。图 2-20 所示为某型号柴油机的油底壳，为了保证机油泵能经常吸油，其后部的深度较大，整个底部呈斜面以保证供油充足。对于热负荷较大的柴油机，油底壳带有散热片以降低机油温度。油底壳底部装有磁性放油塞，以吸附润滑油中的铁屑和必要时放出润滑油。

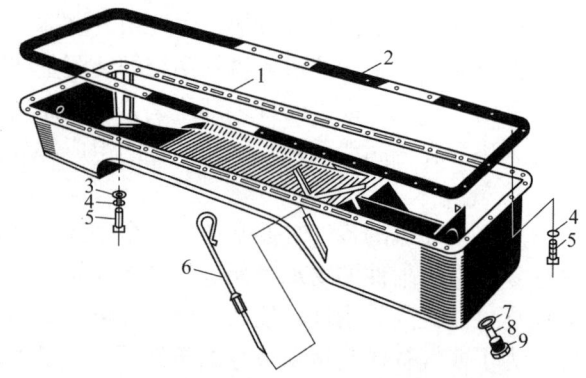

图 2-20　某型号柴油机的油底壳
1—油底壳　2—衬垫　3—垫圈　4—弹簧垫圈　5—螺栓
6—机油尺　7—紫铜垫圈　8—磁铁　9—放油螺塞

（2）曲柄连杆机构

热能转变为机械能，需要通过曲柄连杆机构来完成。曲柄连杆机构是柴油机的主要运动件，由活塞连杆组和曲轴飞轮组等零部件组成。在柴油燃烧时，活塞承受气体膨胀压力，并通过连杆使曲轴旋转，将活塞的往复直线运动转变为曲轴的旋转运动，并对外输出动力。

①活塞连杆组

活塞连杆组由活塞、活塞环、活塞销、连杆及连杆轴瓦（连杆轴承）等组成。图 2-21 所示为柴油机活塞连杆组结构示意图。

②曲轴飞轮组

曲轴飞轮组的功用是将活塞连杆组传来的力转变成扭矩，从轴上输出机械功，同时驱动柴油机各机构及辅助系统，克服非做功冲程的阻力，还可储存和释放能量，使柴油机运转平稳。它主要由曲轴、飞轮等组成（见图 2-22）。

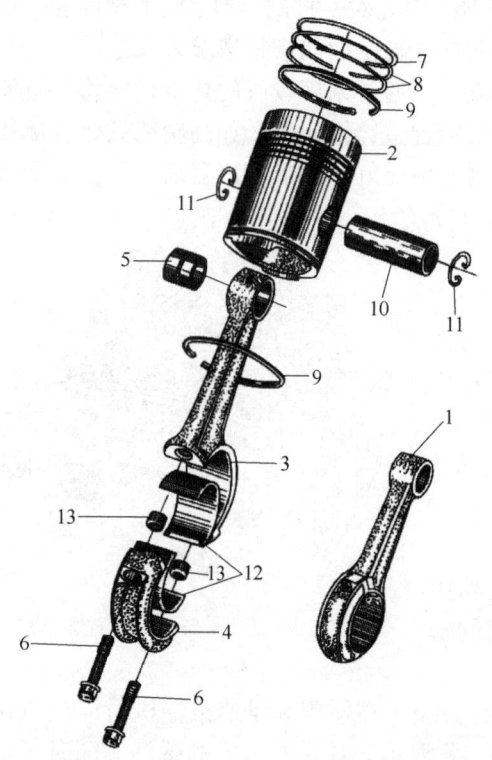

图 2-21　柴油机活塞连杆组结构示意图
1—连杆总成　2—活塞　3—连杆　4—连杆盖　5—连杆衬套
6—连杆螺钉　7、8—气环　9—油环　10—活塞销
11—活塞销卡环　12—连杆轴瓦　13—定位套筒

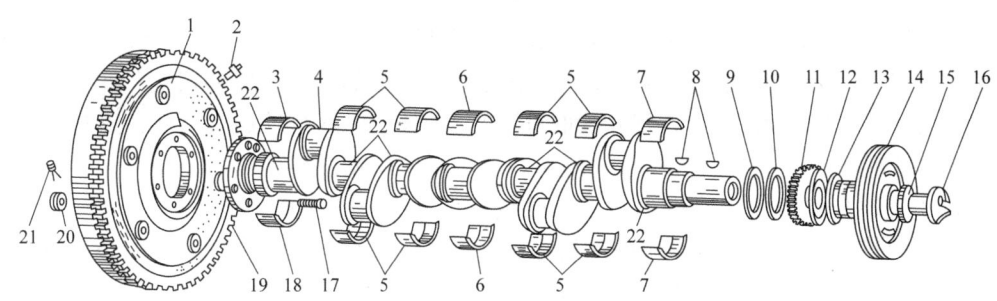

图 2-22 整体式曲轴飞轮组的构造

1—飞轮 2—润滑脂嘴 3、5、6、7、18—主轴承 4—连杆轴颈 8—半圆键 9—后止推垫圈 10—前止推垫圈
11—正时齿轮 12—挡油圈 13—曲轴油封 14—皮带盘 15—启动爪锁紧垫圈 16—启动爪
17—曲轴螺钉 19—飞轮齿圈 20—螺母 21—开口销 22—主轴颈

2. 配气机构与进排气系统

配气机构与进排气系统的作用是按柴油机工作循环和着火顺序,适时地开启和关闭各缸进、排气门,排出气缸内的废气和吸入新鲜空气,保证柴油机换气过程顺利进行。

配气机构由气门组（进气门、排气门、气门导管、气门座和气门弹簧等）及传动组（挺柱、挺杆、摇臂、摇臂轴、凸轮轴和正时齿轮等）组成,进排气系统是由空气滤清器、进气管、排气管与消声器等组成。

柴油机对配气机构及进排气系统的要求是:进入气缸的新鲜空气要尽可能多,排气要尽可能充分;进、排气门的开闭时刻要准确,开闭时的振动和噪声要尽量小;另外,要工作可靠、使用寿命长和便于调整。

（1）配气机构

发动机配气机构的类型有:气门式、气孔式和气孔—气门式三种类型。四冲程柴油机普遍采用气门式配气机构。气门式配气机构由气门组（气门、气门导管、气门座及气门弹簧等）和气门传动组（推杆、摇臂、凸轮轴和正时齿轮等）组成。

气门式配气机构的结构型式较多,按照气门相对于气缸的位置不同可分为两种型式:气门布置在气缸侧面的称为侧置式气门配气机构;气门布置在气缸顶部的称为顶置式气门配气机构。采用侧置式气门配气机构布置的燃烧室横向面积大,结构不紧凑,而高度又受气流和气门运动的限制不能太小,所以当压缩比大于 7.5 时,燃烧室就很难布置。由于柴油机的压缩比不能太低,所以广泛采用顶置式气门配气机构。按凸轮轴的布置位置可分为上置凸轮轴式、中置凸轮轴式和下置凸轮轴式;按曲轴与凸轮轴之间的传动方式可分为齿轮传动式和链条传动式;按每缸的气门数目可分为二气门、三气门、四气门和五气门机构。本节主要介绍柴油发电机组常用的顶置式气门、下置凸轮轴、齿轮传动式、二气门的配气机构。

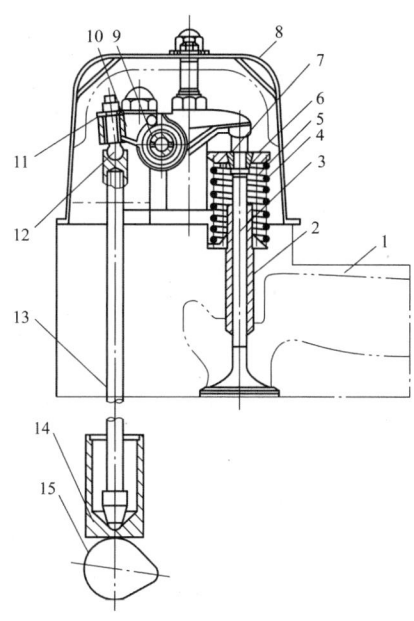

图 2-23 顶置式气门配气结构

1—气缸盖 2—气门导管 3—气门 4—气门主弹簧
5—气门副弹簧 6—气门弹簧座 7—气门锁片
8—气门室罩 9—摇臂轴 10—气门摇臂
11—锁紧螺母 12—调整螺钉 13—推杆
14—挺柱 15—凸轮轴

顶置式气门配气结构如图 2-23 所示，由凸轮轴 15、挺柱 14、推杆 13、气门摇臂 10 和气门 3 等零件组成。进、排气门都布置在气缸盖上，气门头部朝下，尾部朝上。如凸轮轴为了传动方便而靠近曲轴，则凸轮与气门之间的距离就较长。中间必须通过挺柱、推杆、摇臂等一系列零件才能驱动气门，使机构较为复杂，整个系统的刚性较差。

顶置式气门配气机构工作过程如下：凸轮轴由曲轴通过齿轮驱动。当柴油机工作时，凸轮轴即随曲轴转动，对于四冲程柴油机而言，凸轮轴的转速为曲轴转速的 1/2，即曲轴转两转完成一个工作循环，而凸轮轴转一转，使进、排气门各开启一次。当凸轮轴转到凸起部分与挺柱相接触时，挺柱开始升起。通过推杆 13 和调整螺钉 12 使摇臂绕摇臂轴转动，摇臂的另一端即压下气门，使气门开启。在压下气门的同时，内、外两个气门弹簧也受到压缩。当凸轮轴凸起部分的最高点转过挺柱平面以后，挺柱及推杆随凸轮的转动而下落，被压紧的气门弹簧通过气门弹簧座 6 和气门锁片 7，将气门向上抬起，最后压紧在气门座上，使气门关闭。气门弹簧在安装时就有一定的预紧力，以保证气门与气门座贴合紧密而不致漏气。

（2）进排气系统

柴油机的进排气系统主要由空气滤清器，进排气管和消声器等组成。

① 空气滤清器

空气滤清器的功用是滤除空气中的灰尘及杂质，将清洁的空气送入气缸内，以减少活塞连杆组、配气机构和气缸磨损。对空气滤清器的要求是：滤清效率高、阻力小、使用周期长且保养方便。空气滤清器的滤清方式有以下三种。

惯性式（离心式）：利用灰尘和杂质在空气成分中密度大的特点，通过引导气流急剧旋转或拐弯，从而在离心力的作用下，将灰尘和杂质从空气中分离出来。

油浴式（湿式）：使空气通过油液，空气杂质便沉积于油中而被滤清。

过滤式（干式）：引导气流通过滤芯，使灰尘和杂质被黏附在滤芯上。为获得较好的滤清效果，也可采用上述两种或三种方式的综合滤清。

② 进排气管

进排气管的功用是引导新鲜工质进入气缸和使废气从气缸排出。进排气管应具有较小的气流阻力，以减小进气和排气阻力。现代柴油机还要求进排气管的结构形状有利于气流的惯性与压力脉动效应，以提高充量和排气能量的利用率。

进排气管一般用铸铁制成。进气管也有用铝合金铸造或钢板冲压焊接而成的。进排气管均用螺栓固定在气缸上（顶置式配气机构），其结合处装有密封衬垫，以防漏气。柴油机进气管内的气流是新鲜空气，为避免受排气管加热而减小充气量，现代柴油机的进排气管均布置在机体的两侧，图 2-24 所示为某型号柴油机的进排气管结构示意图。三个缸共用一个进气歧管，各装一个空气滤清器。其排气歧管是由两段套接而成，在套接处填有石棉绳，以保证密封；有的柴油机排气歧管对应每一支管开有检视螺孔，以便测量各缸的排气温度和检查排气情况，平时用埋头螺塞封闭。

③ 消声器

柴油机排出的废气在排气管中流动时，由于排气门的开闭与活塞往复运动的影响，气流呈脉动形式，并具有较大能量。如果让废气直接排入大气中，会产生强烈的排气噪声。消声器的功用是减小排气噪声和消除废气中的火星。消声器一般用薄钢板冲压焊接而成。其工作原理是降低排气的压力波动和消耗废气流的能量。一般采用以下几种方法：多次改变气流方向；使气流多次通过收缩和扩大相结合的流通断面；将气流分割为很多小的支流并沿不平滑的表面流动；降低气流温度。

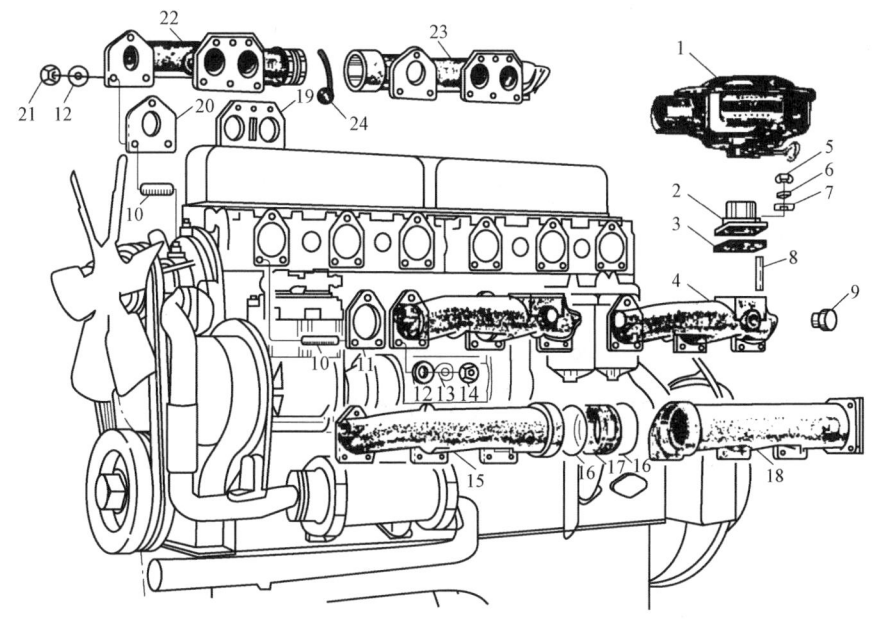

图 2-24　柴油机的进排气系统

1—空气滤清器　2—进气管接头　3、11—进气管衬垫　4—进气管　5、14—螺母　6、7、12、13—垫圈
8、9、10—螺栓　15—前进气歧管　16—橡胶气密圈　17—进气歧管中间套管　18—后进气歧管
19、20—排气歧管衬垫　21—铜螺母　22—前排气歧管　23—后排气歧管　24—石棉绳

3. 燃油供给与调速系统

柴油机燃油供给与调速系统的功用是根据柴油机的工作要求，在一定的转速范围内，将一定数量的柴油，在一定的时间内，以一定的压力将雾化质量良好的柴油按一定的喷油规律喷入气缸，并使其与压缩空气迅速而良好地混合和燃烧。柴油机燃油供给与调速系统主要由柴油箱、输油泵、柴油滤清器、喷油泵（高压油泵）、喷油器、调速器等组成。其工作情况对柴油机的功率和经济性有重要影响。

目前，应用较为广泛的直列柱塞式喷油泵柴油机燃油供给与调速系统的组成如图 2-25 所示。直列柱塞式喷油泵 3 一般由柴油机曲轴的正时齿轮驱动，固定在喷油泵体上的活塞式输油泵 5 由喷油泵的凸轮轴驱动。当柴油机工作时，输油泵 5 从柴油箱 8 吸出柴油，经油水分离器 7 除去柴油中的水分，再经柴油滤清器 2 滤除柴油中的杂质，然后送入喷油泵 3，在喷油泵内柴油经过增压和计量之后，经高压油管 9 输往喷油器 1，最后通过喷油器 1 将柴油喷入燃烧室。喷油泵 3 的前端装有喷油提前器 4，后端与调速器 6 组成一体。输油泵 5 供给的多余柴油及喷油器顶部的回油均经回油管 11 返回柴油箱 8。在有些小型柴油机上，往往不装输油泵，而依靠重力供油（此时，要求柴油箱的位置比喷油泵的位置高）。

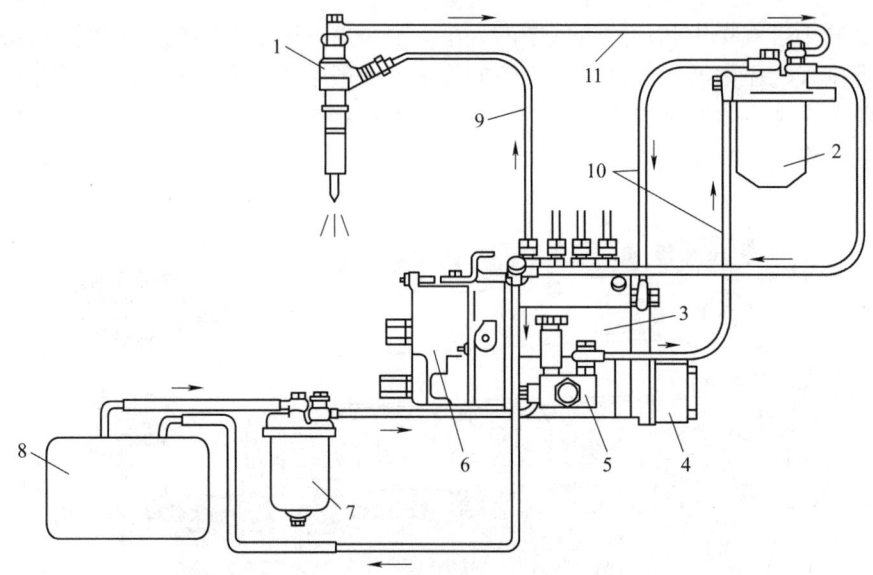

图 2-25 柱塞式喷油泵柴油机燃油供给与调速系统
1—喷油器 2—柴油滤清器 3—直列柱塞式喷油泵 4—喷油提前器 5—输油泵 6—调速器
7—油水分离器 8—柴油箱 9—高压油管 10—低压油管 11—回油管

4. 润滑系统

润滑系统的任务是将洁净的、温度适当的润滑油（机油）以一定的压力送至各摩擦表面进行润滑，使两个摩擦表面之间形成一定的油膜层以避免干摩擦，减小摩擦阻力，减轻机械磨损，降低功率消耗，从而提高柴油机工作的可靠性和耐久性。柴油机按机油输送到运动零件摩擦表面的方式不同，主要有三种润滑方式：激溅式润滑、压力式润滑和油雾润滑。

只有小缸径单缸柴油机，采用激溅式润滑而不用机油泵（压力式润滑）。现代多缸柴油机大多采用以压力循环润滑为主、飞溅润滑和油雾润滑为辅的复合润滑方式。柴油机的某些辅助装置（如风扇、水泵、启动机和充电机等），只需定期地向相关部位加注润滑脂即可。

现以某型号柴油机的润滑系统（见图 2-26）为例具体说明润滑系统的组成。该机采用湿式油底壳（油底壳中存储润滑油）复合润滑方式。主要运动零部件摩擦副如主轴承、连杆轴承、凸轮轴轴承及正时齿轮等处用强制的压力油润滑；另一部分零部件如活塞、活塞环与气缸壁之间，齿轮、喷油泵凸轮及调速器等靠飞溅润滑。喷油泵与调速器需要单独加润滑油。另外，水泵、风扇及前支承等处用润滑脂润滑。其润滑系统主要包括：油底壳、机油泵、粗滤器、精滤器、冷却器、主油道、喷油阀、安全阀和调压阀等。

机油由机体侧面（或气缸罩上）的加油口加入到柴油机油底壳内。机油经滤油网吸入机油泵，泵的出油口与机体的进油管路相通。机油经进油管路首先到粗滤器底座，由此分成两路，一部分机油到精滤器，再次过滤以提高其清洁度，然后流回油底壳内。而大部分机油经机油冷却器冷却后进入主油道，然后分成几路：①经喷油阀向各缸活塞顶内腔喷油，冷却活塞并润滑活塞销、活塞销座孔及连杆小头衬套，同时润滑活塞、活塞环与气缸套等处；②机油进入主轴承、连杆轴承和凸轮轴轴承，润滑各轴颈后回到油底壳内；③由主油道经机体垂直油道到气缸盖，润滑气门摇臂机构后经气缸盖上推杆孔流回到发动机油底壳内；④机油从机体上凸轮轴轴承处的油孔用软管引出到空气压缩机，润滑空压机曲轴等处；⑤经齿轮室喷油阀喷向齿轮系，然后流回油底壳。

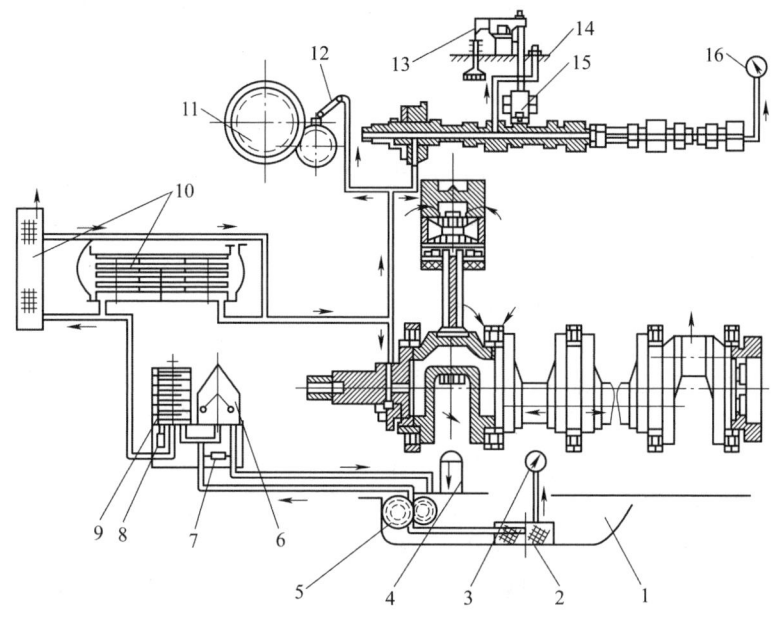

图 2-26　135 系列柴油机润滑系统示意图

1—油底壳　2—机油滤清器　3—油温表　4—加油口　5—机油泵　6—离心式机油细滤器
7—调压阀　8—旁通阀　9—机油粗滤器　10—机油散热器　11—齿轮系　12—喷嘴
13—气门摇臂　14—气缸盖　15—气门挺柱　16—油压表

机油泵上装有限压阀，用来控制机油泵的出口压力。机体前端的发电机支架上装有安全阀，以便柴油机启动时及时向主油道供给机油，当冷却器堵塞时可确保主油道供油。机体右侧主油道上装有一个调压阀，以控制主油道的油压，使柴油机能正常工作。机油冷却器上还装有机油压力及机油温度传感器。

整个柴油机润滑系统中，油底壳作为机油储存和收集的容器。用两只机油泵来实现机油的循环。油底壳侧面装有油尺，尺上刻有"（静）满（max）"和"加油（min）"标记，启动柴油机前应将机油油面保持在"（静）满"和"加油"线之间。

5. 冷却系统

柴油机工作时，高温燃气及摩擦生成的热会使气缸（盖）、活塞和气门等零部件的温度升高。如果不采取适当的冷却措施，将会使这些零部件的温度过高。受热零部件的机械强度和刚度会显著降低，相互间的正常配合间隙会被破坏。润滑油也会因温度升高而变稀，失去应有的润滑作用，加剧零件的磨损和变形，严重时配合件可能会卡死或损坏。柴油机过热，会导致充气系数降低，燃烧不正常，功率下降，耗油量增加等。如柴油机温度过低，则混合气形成不良，造成工作粗暴、散热损失大、功率下降、油耗增加、机油黏度大、零件磨损加剧等，导致柴油机使用寿命缩短。实践表明，柴油机经常在冷却水温为 40～50℃ 条件下使用时，其零件磨损要比正常温度下运转时大好几倍。因此柴油机也不应冷却过度。柴油机冷却系统的作用是保证发动机在最适宜的温度范围内工作。根据冷却介质的不同，柴油机冷却系可分为水冷式和风冷式两种。对于水冷式柴油机，缸壁水套中适宜的温度为 65～85℃，对于风冷式柴油机，缸壁适宜温度为 160～200℃。

目前，柴油机大多采用水冷式冷却系统。水冷却方式是用水作为冷却介质，将柴油机受热零件的热量传递出去。这种冷却方式具有冷却比较均匀、可使柴油机稳定在最有利的水温下工作、运转时噪声小等优点，所以目前绝大多数柴油机采用的是水冷式冷却系统。根据冷却水在柴油机中进行循环的方法不同，可分为自然循环冷却（只用于小型柴油机上）和强制循环冷却两类。强制循环冷却是利用水泵使水在柴油机中循环流动，强制循环冷却系统可分为开式和闭式两种。在开式强制循环冷却系统中，冷却介质直接与大气相通，冷却系统内的蒸汽压力总保持为外界大气压，其消耗水量比较多。而在闭式强制循环冷却系统中，水箱盖上安装了一个空气-蒸汽阀，冷却介质与外界大气不直接相通，水在密闭系统内循环，冷却系统的蒸汽压力稍高于大气压力，水的沸点可以提高到 100℃以上。其优点是可提高柴油机的进、出水口水温，使冷却水温差小，能稳定柴油机工作温度和提高其经济性；与此同时，还能提高散热器的平均温度，从而缩小散热面积，减少水的消耗量，并可缩短机油预热时间。其缺点是冷却系统零部件的耐压要求较高。这种冷却方式目前应用最为广泛。

如图 2-27 所示为某型号柴油机闭式强制循环水冷却系统示意图。柴油机的气缸体和气缸盖中都铸造有水套。冷却液经水泵 5 加压后，经分水管 10 进入机体水套 9 内，冷却液在流动的同时吸收气缸壁的热量并使自身的温度升高，然后流入气缸盖水套 7，在此吸热升温后经节温器 6 及散热器进水管进入散热器 2 中。与此同时，由于风扇 4 的旋转抽吸，空气从散热器芯吹过，流经散热器芯的冷却液热量不断地散发到大气中去，使水温降低。冷却后的水流到散热器 2 底部后，又经水泵 5 加压后再一次流入缸体水套中，如此不断地循环，柴油机就不断地得到冷却。当水温高于节温器的开启温度时，回水进入散热水箱进行冷却，完成水循环，这种循环通常称为大循环；当水温低于节温器开启温度时，回水便直接流入水泵进行循环，这种循环通常称为小循环。

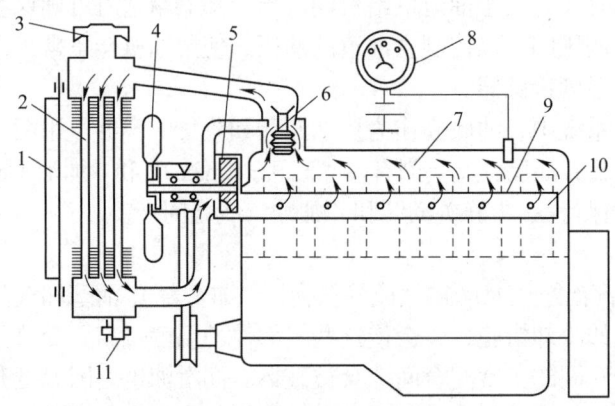

图 2-27 柴油机闭式强制循环水冷却系统示意图
1—百叶窗 2—散热器 3—散热器盖（水箱盖） 4—风扇 5—水泵 6—节温器
7—气缸盖水套 8—水温表 9—机体水套 10—分水管 11—放水阀

柴油机的转速升高，水泵和风扇的转速也随之升高，则冷却液的循环加快，扇风量也加大，散热能力就增强。为了使多缸机前后各缸冷却均匀，一般柴油机在缸体水套中设置有分水管或铸出配水室。分水管是一根金属管，沿纵向开有若干个出水孔，离水泵越远处，出水孔越大，这样就可以使前后各缸的冷却强度相近，整机冷却均匀。

水冷系统还设置有水温传感器和水温表 8。水温传感器一般安装在气缸盖出水管处，将出水管处的水温传给水温表。操作人员可借助水温表随时了解冷却系统的工作情况。

6. 启动系统（装置）

柴油机借助于外力由静止状态转入工作状态的全过程称为柴油机的启动过程。完成启动过程所需要的一系列装置称为启动系统。启动系统的作用是提供启动能量，驱使曲轴旋转，可靠地实现柴油机启动。机组的启动方法通常有四种：人力启动、电动机启动、压缩空气启动和用小型汽油机启动。小功率柴油机广泛采用人力启动，这是最简单的启动方法。而在机组中应用最为普遍的是电动机启动系统。柴油机的启动系统主要由启动电动机、蓄电池组、充电发电机、调节器、照明设备、各种仪表和信号装置等组成。如图 2-28 所示为柴油机启动系统工作原理示意图。

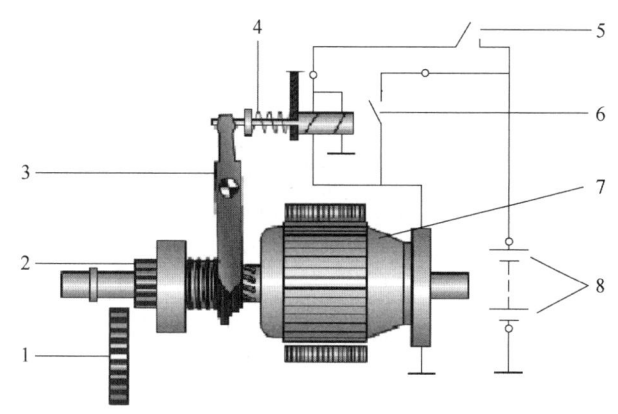

图 2-28　柴油机启动系统工作原理示意图
1—柴油机飞轮　2—启动电动机齿轮　3—拨叉　4—电磁线圈　5—启动开关
6—电磁开关　7—启动电动机　8—蓄电池组

柴油机的启动蓄电池组通常采用（阀控式密封）铅酸蓄电池组（12V 或 24V）。当要启动柴油机时，闭合启动开关 5，启动电动机 7 的电磁线圈 4 接通电源，拨叉 3 向左移动，使启动电动机齿轮 2 与柴油机飞轮 1 的外齿圈相啮合，从而带动柴油机曲轴旋转；与此同时，启动电机的电磁开关 6 闭合。当柴油机达到启动转速后，断开启动开关 5，启动电动机 7 的电磁线圈 4 失电，拨叉 3 向右移动，使启动电动机齿轮 2 与柴油机飞轮 1 的外齿圈离合，从而使柴油机自行运转；与此同时，启动电动机的电磁开关 6 断开，启动电动机也停止工作。当柴油机正常工作后，带动充电交流发电机运转，通过硅整流器将发电机的交流电变换为直流电给蓄电池组充电，以保证柴油机下次能顺利启动。

2.5.3　发电机的结构及其工作原理

2.5.3.1　同步发电机的基本结构

同步发电机根据容量和转速不同，其结构形式有较大的差别，我们以常见无刷旋转磁极式（凸极）同步发电机为例说明同步发电机的基本结构。无刷同步发电机的基本结构如图 2-29 所示。其结构分静止和转动两大部分。静止部分主要包括定子、交流励磁机定子和端盖等；转动部分主要包括转子铁心、磁极绕组、电动机轴（转轴）、轴承、交流励磁机的电枢、旋转整流器和风扇等。

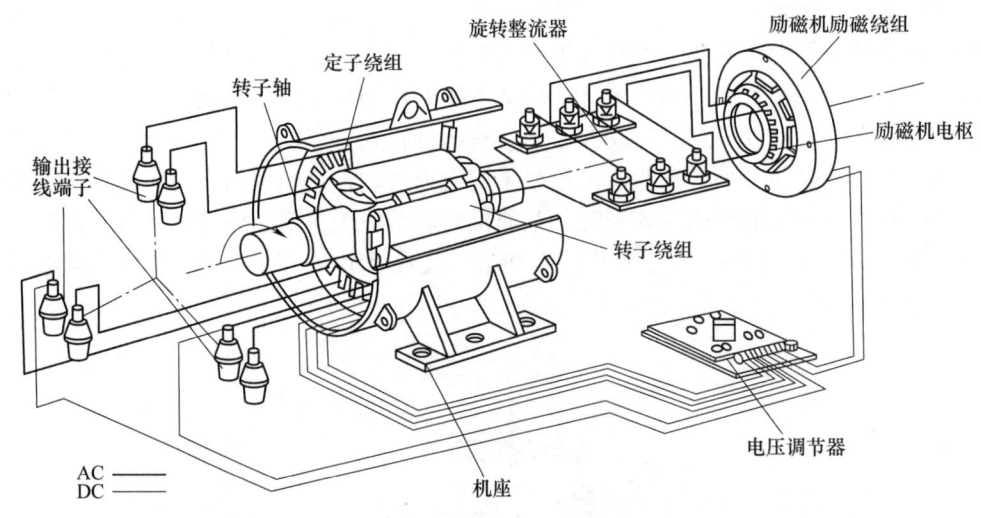

图 2-29　无刷同步交流发电机的基本结构

1. 静止部分

（1）定子

定子由机座、定子铁心和定子绕组等组成。定子铁心和定子绕组是产生感应电势和感应电流的部分，故亦称其为电枢。

机座是交流同步发电机的整体支架，用来固定电枢并和前后两端盖一道支承转子。机座通常有铸铁铸造和钢板焊接两种。铸铁铸造的机座内壁一般分布有筋条用以固定电枢，两端面加工有止口及螺孔与端盖配合固定，机座下部铸有底脚，以便将发电机固定。机座上一般有电源出线盒，其位置通常在机座的右侧面（从轴伸端看）或者位于机座上部，出线盒内装有接线板，以便引出交流电源。位于机座上部的出线盒一般均装有励磁调节器，用于调节励磁电压。钢板焊接结构的机座是由几块罩式钢板、端环和底脚焊接而成的，具有省工省料、质量轻和造型新颖等特点。

定子铁心是交流同步发电机磁路的一部分。为了减小旋转磁场在定子铁心中所引起的涡流损耗和磁滞损耗，定子铁心通常采用导磁性能较好的 0.5mm 厚、两面涂有绝缘漆的硅钢片叠压而成。铁心开有均匀分布的槽，以嵌放电枢绕组。为了提高铁心材料的利用率，定子铁心常采用扇形硅钢片拼叠成一个整圆形铁心，拼接时把每层硅钢片的接缝互相错开。较大容量发电机的铁心，为了增加散热面积，通常沿轴向长度上留有数道通风沟。有些发电机的定子和转子均采用硅钢片冲制，其定子铁心是用整圆硅钢片叠压，再与压圈一道用 CO_2 气体保护焊接成一体。这种结构具有材料利用率高，容易加工等特点。

定子绕组是交流同步发电机定子部分的电路。定子绕组由线圈组成，线圈采用高强度聚酯漆包圆铜线绕制，并按一定方式连接，嵌入铁心槽中。线圈采用导线的规格、线圈匝数和并联路数等由设计确定。线绕形式有双层叠绕、单层链式及单双层式等。三相绕组应对称嵌放，彼此相互差 120°电气角度。定子绕组嵌放在铁心槽中，必须要有对地绝缘、层间绝缘和相间绝缘，以免发电机在运行过程中对铁心出现击穿或短路故障。主绝缘材料主要采用聚酯薄膜无纺布复合箔，槽绝缘通常采用云母带。由于定子线圈在铁心槽内受到交变电磁力及平行导线之间的电动力作用，造成线圈移动或振动，因此，线圈必须坚固。一般用玻璃布板做槽楔在槽内压紧线圈，并且在两端部用玻璃纤维带扎紧，然后把整个电枢进行绝缘处理，使电枢成为一个坚固的整体。

（2）交流励磁机定子

交流励磁机产生的交流电，经旋转整流器整流转换为直流后，供同步发电机励磁使用。为了避免励磁机与旋转磁极式发电机用电刷、集电环（滑环）提供励磁电流，交流励磁机的定子大多为磁极，而转子为电枢。

发电机励磁机的定子铁心通常有两种做法。一种是用 1mm 厚的低碳钢板叠压制成，它有若干对磁极，每个磁极均套有集中式的励磁线圈，并用槽楔固定，然后进行浸漆烘干绝缘处理。另一种是用硅钢片叠压而成，其励磁线圈先在玻璃布板预制的框架上绕制，经浸漆绝缘处理后套在励磁定子铁心上，并用销钉固定。

发电机励磁机的定子绕组也有多种做法。有的发电机励磁机的定子绕组有两套励磁绕组，即电压绕组和电流绕组，具有电流复励作用，以改善发电机性能和增大过载能力。为了便于启动，有的励磁机励磁的定子铁心里埋设有三块永久磁钢。为防止漏磁，磁钢与定子铁心之间用厚绝缘纸板进行磁隔离。励磁机的定子均用紧固螺钉或环键固定在两端间的铸造筋条上或焊接在支承件上。

（3）端盖

端盖用于与机座配合并支承转子，因此在端盖的中心处应开有轴承室圆孔，以供安装轴承。端盖的端面有止口与机座配合，与柴油机专配发电机在轴伸出端的端盖两端面均有端面止口，以保证转子装配后同轴度的要求。一般来说，小功率发电机的端盖用铸铁铸造，而大功率发电机的端盖则采用钢板焊接而成。

2. 转动部分

（1）转子铁心

旋转磁极式发电机的转子铁心可分为两种形式：凸极式和隐极式。

凸极式转子铁心又可分为分离凸极式和整体凸极式两种。分离凸极式转子铁心的磁极冲片叠压紧后用铆钉和压板铆合在一起制成磁极铁心。磁极铁心套在磁极线圈上后，用磁极螺钉固定在磁轭上或者用特定的钢制螺钉固定。整体凸极式转子铁心采用整体凸极式冲片，这种磁极结构，是磁极和磁轭为一体，用 0.5mm 厚硅钢片整片冲出极身，然后直接与端板、铆钉、阻尼条及阻尼环焊接成一个整体形成转子铁心。此结构的特点有三：第一，励磁绕组直接绕在磁极上，散热效果好，机械强度高；第二，没有第二气隙，可减小励磁的安匝数；第三，制造时安放阻尼绕组方便。

隐极式转子是将整圆的转子冲片直接装在转轴上，其两端有端板和支架来支撑转子线圈，并用环键固定。为了削弱发电机输出电压波形中出现的谐波分量，隐极式转子铁心通常做成斜槽，并且在铁心齿部冲有阻尼孔，供埋设阻尼绕组，以提高并联运行性能和承受不平衡负载运行及消除振荡的能力。

（2）磁极绕组

同步发电机转子的磁极绕组用绝缘的铜线绕成，与极身之间有绝缘。各磁极上励磁绕组间的连接通过励磁电流后，相邻磁极的极性必然呈 N 与 S 交替排列。根据转子铁心的结构形式可分为隐极式磁极绕组和凸极式磁极绕组两种。

隐极式磁极一般采用单层同心式绕组，用漆包圆铜线绕制。制造时先在转子铁心槽中放好绝缘材料，然后将磁极绕组嵌入槽内，并在后端部用玻璃纤维管与支架扎牢，再用无纺玻璃纤维带沿圆周捆扎，最后整体浸漆烘干成为一个坚固的整体。

凸极式磁极绕组一般采用矩形截面的高强度聚酯漆包扁铜线或者用聚酯漆包圆铜线绕制，但空间填充系数较差。由于凸极式磁极绕组是集中式绕组，因此可在预先制好的铁板框架四周包好云母片、玻璃漆布等绝缘材料，上下放上玻璃布板衬垫，然后绕制线圈，再浸烘绝缘漆，最后将成形磁极绕组套在磁极铁心上，再用螺钉固定在磁轭上。对于整体凸极式转子是在预先铆焊好的转子上将极靴四周包好绝缘，而后整体用机械方法绕制线圈，最后经 F 级绝缘浸烘处理，形成坚固的磁极整体，用热套方法套入转轴。这种线圈结构具有散热好、绝缘性能、机械强度和可靠性高等特点。

（3）转轴

同步发电机的转轴一般用特定规格的钢制作加工而成。在发电机的轴伸端，通过轴上的联轴器与发动机对接。由此可知，它是将机械能变为电能的关键零件，因而，它必须具有很高的机械强度和刚度。有些发电机往往在轴上还热套有磁轭，用以装配磁极铁心和绕组；有些发电机转轴焊有驱动盘和风扇安装板以便安装柔性联接盘和冷却风扇。

（4）轴承

发电机常采用两支承式，即在转轴两端装有轴承。根据受力情况，其传动端采用滚柱轴承，非传动端采用滚珠轴承。轴承与转轴之间的配合为过盈配合，用热套法套入轴承。轴承外圈与端盖（或轴承套）采用过渡配合，并固定在两端盖的轴承室或轴承套内。轴承通常采用 3 号锂基脂进行润滑，并在轴承两边用轴承盖密封，平时维护检修时应注意清洁，以减小其振动和噪声。

（5）交流励磁机的电枢

无刷同步发电机是利用交流励磁机产生的交流电，经旋转整流器整流变为直流电，供交流发电机励磁用。交流励磁机电枢铁心用硅钢片叠压而成，然后嵌以三相交流绕组，并经绝缘处理形成电枢。有些发电机的交流励磁机装在后端盖外部，靠电枢支架固定在转轴上，这种结构使发电机轴向长度加长；有些发电机的交流励磁机电枢则装在后端盖内部，直接套在转轴上，可使整机轴向长度缩短。

（6）旋转整流器

旋转整流器是与交流励磁机同轴旋转的装置。其主要作用是将交流励磁机电枢输出的三相交流励磁电流，通过整流器上的二极管转换成直流电流，供给转子绕组作为提供励磁电流的电源。正是由于旋转整流器的应用，才使得交流同步发电机摆脱了电刷的束缚，不再有频繁维修更换零件的麻烦，也使得交流同步发电机的应用更加广泛。有些交流同步发电机的旋转整流器安装在交流励磁机的外侧，用螺钉固定在转轴上，以便安装与维修。有些发电机的旋转整流器则安装在后端盖的内侧，直接固定于励磁机电枢铁心伸出的螺栓上，使结构更为紧凑。

（7）风扇

发电机运行时将产生各种损耗并以热量形式散发。如果没有足够的冷却通风量，将引起线圈和内部器件过渡发热，轻则将损坏内部元器件，重则将破坏绕组绝缘，对机组甚至人身造成危险。因此发电机转轴上通常装有风扇。为了提高通风效率，通常采用装在前端盖内的后倾式离心风扇。对专配的柴油发电机组也有装在前端盖外的,风扇装在轴伸的半联轴器上。在发电机运行过程中,冷空气由后端盖和机座两侧进入发电机内部,吸收电枢绕组、磁极绕组、定子与转子铁心等部件的热量,然后通过前端盖盖板上的窗孔将热风排出机外,以保证其温升控制在允许范围内。

2.5.3.2 同步发电机的工作原理

转磁式三相交流同步发电机的基本工作原理如图 2-30 所示。直流励磁机供给的直流电流通过电刷和滑环输入励磁绕组(也叫转子组),以产生磁场。在定子槽里放着三个结构相同的绕组 AX、BY、CZ (A、B、C 为绕组始端,X、Y、Z 为绕组的末端)。三个绕组的空间位置互差 120°电角度。

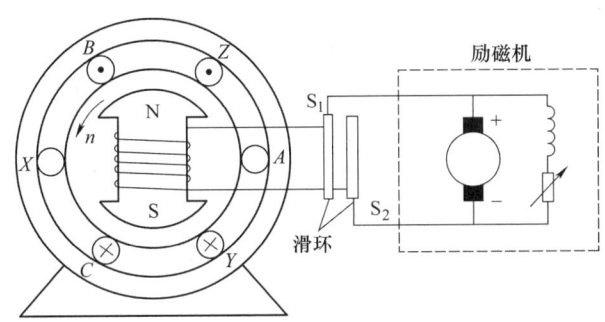

图 2-30 转磁式三相交流同步发电机

当原动机拖动电动机转子和励磁机旋转时,励磁机输出的直流电流流入转子绕组,产生旋转磁场,磁场切割三相绕组,产生三个频率相同、幅值相等、相位差为 120°的电动势。设磁极磁场的磁通密度沿定子圆周按正弦规律分布,相电势的最大值为 E_m,A 相电势的初相角为零,则三个绕组感应电势的瞬时值为:

$$\begin{cases} e_A = E_m \sin \omega t \\ e_B = E_m \sin(\omega t - 120°) \\ e_C = E_m \sin(\omega t - 240°) \end{cases}$$

三相电势的波形和向量图如图 2-31 所示。

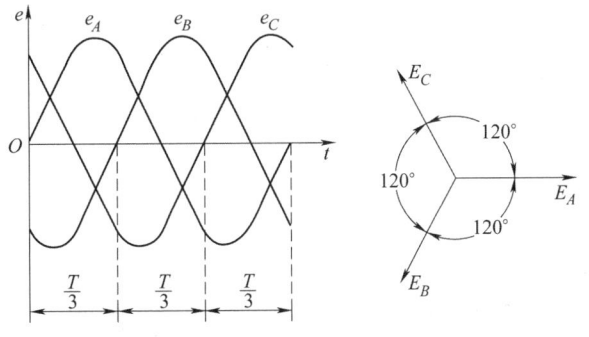

图 2-31 三相电势的波形和向量图

当转子磁极为一对时,转子旋转一周,绕组中感应电势正好变化一次。电动机具有 p 对磁极时，转子旋转一周，感应电势变化p次。设转子每分钟转数为n，则转子每秒钟旋转$n/60$转。因此感应电势每秒钟变化$pn/60$次，即电势的频率为：$f = pn/60$（Hz）。

国标规定，工业交流电的频率为50Hz，因此，同步发电机的转速n与电网频率f之间具有严格的关系。当电网频率一定时，同步发电机的转速（$n = 60f/p$）为一恒定值。为了保证发电机发出恒定频率的交流电，在原动机上都装有机械或电子调速器，实现转速稳定。这是同步电动机与异步电动机的根本差别。

2.5.4 柴油发电机组的使用和维护*

柴油发电机组性能的好坏、寿命的长短及其工作可靠性程度，除了与机组设计、制造等因素有关外，在很大程度上还取决于使用者的使用方法正确与否，日常维护是否按规章制度落实，出现了故障是否及时处理等。可以说，正确的使用方法与维护保养措施是保证机组性能、寿命及其可靠性的最关键环节。

2.5.4.1 操作使用

1. 使用前检查

机组使用前的检查可以用一句话概括：两油（柴油和机油）、一水（冷却水）、一电（启动用蓄电池组）和零部件。

（1）柴油的性能与选用

柴油发电机组的主要燃料是柴油，使用前应加满规定牌号的柴油。柴油是石油经过提炼加工而成的，其主要特点是自燃点低、密度大、稳定性强、使用安全、成本较低，但其挥发性差，在环境温度较低时，柴油机启动困难。柴油的性质对柴油机的功率、经济性和可靠性都有很大影响。

1）柴油的主要性能。

柴油不经外界引火而自燃的最低温度称为柴油的自燃温度。柴油的自燃性能是以十六烷值来表示的。十六烷值越高，表示自燃温度越低，着火越容易。但十六烷值过高或过低都不好。十六烷值过高，虽然着火容易，工作柔和，但其稳定性能差，燃油消耗率大；十六烷值过低，柴油机工作粗暴。一般柴油机使用的柴油十六烷值为40~60。

柴油黏度是影响其雾化性的主要指标。它表示柴油的稀稠程度和流动难易程度。黏度大，喷射时喷成的油滴大，喷射的距离长，但分散性差，与空气混合不均匀，柴油机工作时容易冒黑烟，耗油量增加。温度越低，黏度越大。反之则相反。

柴油的流动性能主要用凝点（凝固点）来表示。所谓凝点，是指柴油失去流动性时的温度。若柴油温度低于凝点，柴油就不能流动，供油会中断，柴油机就不能工作。因此，凝点的高低是选用柴油的主要依据之一。

2）柴油的规格与选用。

《车用柴油》（GB 19147—2016/XG1—2018）将车用柴油按凝点分为六个牌号：5号车用柴油适用于风险率为10%的最低气温在8°C以上的地区；0号车用柴油适用于风险率为10%的最低气温在4°C以上的地区；-10号车用柴油适用于风险率为10%的最低气温在-5°C以上的地区；-20号车用柴油适用于风险率为10%的最低气温在-14°C以上的地区；-35号车用

柴油适用于风险率为 10% 的最低气温在 −29℃ 以上的地区；−50 号车用柴油适用于风险率为 10% 的最低气温在 −44℃ 以上的地区。车用柴油（Ⅵ）技术要求和试验方法见表 2-7。

表 2-7　车用柴油（Ⅵ）技术要求和试验方法（摘自 GB 19147—2016/XG1—2018）

项目	5 号	0 号	−10 号	−20 号	−35 号	−50 号	试验方法
氧化安定性（以总不溶物计）/(mg/100mL) 不大于	2.5						SH/T 0175
碘含量 [a]（mg/kg）不大于	10						SH/T 0689
酸度（以 KOH 计）/(mg/100mL) 不大于	7						GB/T 258
10% 蒸余物残炭 [b]（质量分数）/% 不大于	0.3						GB/T 17144
灰分（质量分数）/%　　不大于	0.01						GB/T 508
铜片腐蚀（50℃、3h）/级 不大于	1						GB/T 5096
水分 [c]（体积分数）不大于	痕迹						GB/T 260
润滑性 校正磨痕直径（60℃）/μm　　不大于	460						SH/T 0765
多环芳烃含量 [d]（质量分数）/%　　不大于	7						SH/T 0806
总污染物含量（mg/kg）不大于	24						GB/T 33400
运动黏度 [e]（20℃）/(mm²/s)	3.0～8.0	3.0～8.0	2.5～8.0	2.5～8.0	1.8～7.0	1.8～7.0	GB/T 265
凝点/℃不高于	5	0	−10	−20	−35	−50	GB/T 510
冷滤点 [f]/℃不高于	8	4	−5	−14	−29	−44	SH/T 0248
闪点（闭口）/℃不低于	60	60	60	50	45	45	GB/T 261
十六烷值不小于	51	51	51	49	47	47	GB/T 386
十六烷值指数 [g] 不小于	46	46	46	46	43	43	SH/T 0694
馏程 50% 回收温度/℃不高于　90% 回收温度/℃不高于　95% 回收温度/℃不高于	300　355　365						GB/T 6536
密度（20℃）[h]/(kg/m³)	810～845	810～845	810～845	790～840	790～840	790～840	GB/T 1884　GB/T 1885
脂肪酸甲酯含量 [i]（体积分数）/% 不大于	1.0						NB/SH/T 0916

铁路内燃机车用柴油要求十六烷值不小于 45，十六烷指数不小于 43，密度和多环芳烃含量项目指标为"报告"

注 a. 也可采用 GB/T 11140 和 ASTM D7039 方法测定，结果有争议时，以 SH/T 0689 的方法为准。
　 b. 也可采用 GB/T 268，结果有争议时，以 GB/T 17144 的方法为准。若车用柴油中含有硝酸酯型十六烷值改进剂，10% 蒸余物残炭的测定应用不加硝酸酯的基础燃料进行（10% 蒸余物残炭简称残炭。残炭是在规定的条件下，燃料在球形物中蒸发和热裂解后生成炭沉积倾向的量度。它可在一定程度上大致反映柴油在喷油嘴和气缸零件上形成积炭的倾向）。
　 c. 可用目测法，即将试样注入 100mL 玻璃量筒中，在室温（20℃±5℃）下观察，应当透明，没有悬浮和沉降的水分。也可采用 GB 11133 和 SH/T 0246 测定，结果有争议时，以 GB/T 260 方法为准。
　 d. 也可采用 SH/T 0606 进行测定，结果有争议时，以 SH/T 0806 方法为准。
　 e. 也可采用 GB/T 30515 进行测定，结果有争议时，以 GB/T 265 方法为准。
　 f. 冷滤点是指在规定条件下，当试油通过过滤器每分钟不足 20mL 时的最高温度。
　 g. 十六烷指数的计算也可采用 GB/T 11139。结果有争议时，以 GB/T 386 方法为准。
　 h. 也可采用 SH/T 0604 进行测定，结果有争议时，以 GB/T 1884 和 GB/T 1885 的方法为准。
　 i. 脂肪酸甲酯应满足 GB/T 20828 要求。也可采用 GB/T 23801 进行测定，结果有争议时，以 NB/SH/T 0916 方法为准。

（2）机油的性能与选用

内燃机上所用的机油（亦称润滑油）按用途可分为柴油机油、汽油机油等。机组在启动前应检查机油的质量，若量太少（如图 2-32 所示，应在 max～min 之间，中偏上的位置）或质量太差应添加或更换规定牌号的机油。

目前，柴油机机油根据 API 质量分类法（API-美国石油学会，American Petroleum Institute）包括 CC、CD、CF、CF-2、CF-4、CG-4、CH-4、CI-4、CJ-4（其中，C-指柴油机油，第一个字母与第二个字母相结合代表质量等级，其后的数字 2 或 4 分别代表二冲程或四冲程柴油发动机）和农用柴油机油等 10 个品种。各品种柴油机油的主要性能和使用场合见表 2-8。

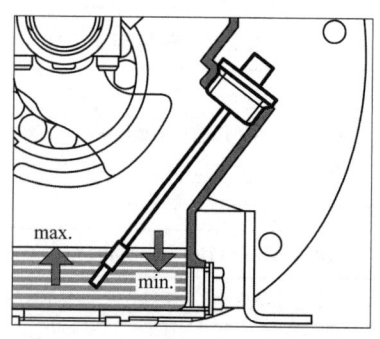

图 2-32　检查并加注机油示意图

表 2-8　柴油机油的分类（摘自 GB/T 28772—2012《内燃机油分类》）

品种代号	特性和使用场合
CC	用于中负荷及重负荷下运行的自然吸气、涡轮增压和机械增压式柴油机以及一些重负荷汽油机。对于柴油机具有控制高温沉积物和轴瓦腐蚀的性能，对于汽油机具有控制锈蚀、腐蚀和高温沉积物的性能
CD	用于需要高效控制磨损及沉积物或使用包括高燃料自然吸气，涡轮增压和机械增压式柴油机以及要求使用 API CD 级油的柴油机。具有控制轴瓦腐蚀和高温沉积物的性能，并可代替 CC
CF	用于非道路间接喷射式柴油发动机和其他柴油发动机，也可用于需要有效控制活塞沉积物、磨损和含铜轴瓦腐蚀的自然吸气、涡轮增压和机械增压式柴油机。能够使用硫的质量分数大于 0.5%的高硫柴油燃料，并可代替 CD
CF-2	用于需高效控制气缸、环表面胶合和沉积物的二冲程柴油发动机
CF-4	用于高速、四冲程柴油发动机以及要求使用 API CF-4 级油的柴油机，特别适用于高速公路行驶的重负荷卡车，并可代替 CD 和 CC
CG-4	用于可在高速公路和非道路使用的高速、四冲程柴油发动机。能够使用硫的质量分数小于 0.05%～0.5%的柴油燃料。此种油品可有效控制高温活塞沉积物、磨损、腐蚀、泡沫、氧化和烟炱的累积，并可代替 CF-4、CD 和 CC
CH-4	用于高速、四冲程柴油发动机。能够使用硫的质量分数不大于 0.5%的柴油燃料。即使在不利的应用场合，此种油品可凭借其在磨损控制、高温稳定性和烟炱控制方面的特性有效地保持发动机的耐久性；对于非铁金属的腐蚀、氧化和不溶物的增稠、泡沫性以及由于剪切所造成的黏度损失可提供最佳的保护。其性能优于 CG4，并可代替 CG4、CF-4、CD 和 CC
CI-4	用于高速、四冲程柴油发动机。能够使用硫的质量分数不大于 0.5%的柴油燃料。此种油品在装有废气再循环装置的系统里使用可保持发动机的耐久性。对于腐蚀性和与烟炱有关的磨损倾向、活塞沉积物，以及由于烟炱累积所引起的粘温性变差、氧化增稠、机油消耗、泡沫性、密封材料的适应性降低和黏度损失可提供最佳的保护。其性能优于 CH-4，并可代替 CH-4、CG4、CF-4、CD 和 CC
CJ-4	用于高速、四冲程柴油发动机。能够使用硫的质量分数不大于 0.05%的柴油燃料。对于使用废气后处理系统的发动机，如使用硫的质量分数大于 0.0015%的燃料，可能会影响废气后处理系统的耐久性和/或机油的换油期。此种油品在装有微粒过滤器和其他后处理系统里使用可特别有效地保持排放控制系统的耐久性。对于催化剂中毒的控制、微粒过滤器的堵塞、发动机磨损、活塞沉积物、高低温稳定性、烟炱处理特性、氧化增稠、泡沫性和由于剪切所造成的黏度损失可提供最佳的保护。其性能优于 CI-4，并可代替 CI-4、CH-4、CG4、CF-4、CD 和 CC
农用柴油机油	用于以单缸柴油机为动力的三轮汽车（原三轮农用运输车）、手扶变型运输机、小型拖拉机，还可用于其他以单缸柴油机为动力的小型农机具，如抽水机、发电机（组）等。具有一定的抗氧、抗磨性能和清净分散性能

根据 SAE 黏度分类法（SAE-美国汽车工程师学会，Society of Automotive Engineers），《柴油机油》（GB 11122—2006）将柴油机油分为：

1）5 种低温（冬季，W-winter）黏度级号：0W、5W、10W、15W 和 20W。W 前的数字

越小，则其黏度越小，低温流动性越好，适用的最低温度越低。

2）四种夏季用油：30、40、50 和 60，数字越大，黏度越大，适用的气温越高。

3）16 种冬夏通用油：0W/20、0W/30 和 0W/40；5W/20、5W/30、5W/40 和 5W/50；10W/30、10W/40 和 10W/50；15W/30、15W/40 和 15W/50；20W/40、20W/50 和 20W/60。代表冬用部分的数字越小、夏用的数字越大，则黏度特性越好，适用的气温范围越大。

柴（汽）油机油产品标记为：质量等级 + 黏度等级 + 柴（汽）油机油。如 CD 10W-30 柴油机油、CC 30 柴油机油以及 CF15W-40 柴油机油等。

通用内燃机油产品标记为：柴油机油质量等级/汽油机油质量等级 + 黏度等级 + 通用内燃机油或汽油机油质量等级/柴油机油质量等级 + 黏度等级 + 通用内燃机油。例如，CF-4/SJ 5W-30 通用内燃机油或 SJ/CF-4 5W-30 通用内燃机油，前者表示其配方首先满足 CF-4 柴油机油要求，后者表示其配方首先满足 SJ 汽油机油要求，两者均同时符合 GB 11122—2006《柴油机油》中 CF-4 柴油机油和 GB 11121—2006《汽油机油》中 SJ 汽油机油的全部质量指标。

（3）冷却液

柴油机冷却水箱应加入专用的冷却液（在环境温度为 0°C 以上时，可直接用蒸馏水）。条件受限时可用清洁的淡水，如雨水、自来水或经澄清的河水为宜；如果直接采用井水或其他地下水（硬水），因它们含有较多的矿物质，容易在柴油机冷却水腔内形成水垢，影响冷却效果而造成故障。如果条件所限只有硬水，则必须经软化处理后方可使用。软化的简便方法有：①煮沸法——将水煮沸沉淀；②在每升水中加入 0.67g 苛性钠（烧碱），搅拌沉淀后用上层的清水。

注意：绝对不允许采用海水直接冷却柴油机；柴油机在低于 0°C 环境条件使用时，应严防冷却液冻结，致使有关零件冻裂。因此，当环境温度为 0°C 以下使用普通蒸馏水作冷却液时，柴油机结束运行待其冷却至 40°C 左右时，应将各部分的冷却液放尽。对采用闭式循环冷却系统的柴油机，可根据当地的最低环境温度选用合适的防冻冷却液；在条件许可时，也可自己配制防冻冷却液，常用防冻冷却液的配方见表 2-9（供大家需要使用时参考）。

表 2-9 防冻冷却液的配方

名称	成分（%）					凝点/°C ≤
	乙二醇	酒精	甘油	水	成分比的单位	
乙二醇防冻液	60	—	—	40	体积之比	−55
	55			45		−40
	50			50		−32
	40			60		−22
酒精甘油防冻液	—	30	10	60	质量之比	−18
		40	15	45		−26
		42	15	43		−32

在配用易燃的防冻冷却液时，因乙二醇、酒精（乙醇）和甘油等都是易燃品，应注意防火安全。柴油机在使用防冻冷却液以前，应对其冷却系统内的污物进行清洗，防止产生新的化学沉淀物，以免影响冷却效果。凡使用防冻冷却液的柴油机，就不必每次停车后放出冷却液，但须定期补充和更换。注意：千万不能使用 100% 的防冻液作为冷却液。

若柴油机冷却系统内的水垢和污物过多,可以用清洗液进行清洗。清洗液可由水、苏打(Na_2CO_3)和水玻璃(Na_2SiO_3)配制而成,即在每升水中加入40g的苏打和10g的水玻璃。清洗时,把清洗液灌入柴油机冷却水腔,开机运转到出水温度大于60℃,继续运转两小时左右停机,然后放出清洗液。待柴油机冷却后,用清洁的淡水冲洗两次,排尽后再灌入冷却水开机运转,使出水温度达到75℃以上,停机放掉污水,最后灌入新的冷却液。

原则上是不建议不同品牌的冷却液产品相互勾兑使用,因为不同的厂家会使用不同的冷却液配方,添加剂的添加比例也会不同,如果把这些不同的冷却液相互混用,则有可能出现一些不可预知的化学反应,进而腐蚀管路接口处的密封橡胶圈造成密封不严,导致漏水现象的发生。

(4)启动用蓄电池组

机组使用电启动时,先用电缆线将蓄电池组的正极与机组电启动接线柱正极连接起来,负极与机组电启动接线柱的负极连接起来。注意:蓄电池组与机组启动电动机的接线顺序是:先接正极、再接负极;先拆负极、再拆正极。连接电缆线应用专用电缆线,并且电缆线应符合要求,做到粗而短。蓄电池组的电压等级和容量应符合机组说明书规定要求。

(5)检查机组各零部件是否齐全,连接是否可靠。

2. 机组的启动

在做好机组启动前的各项准备工作后,还必须注意以下事项:不要在密封或通风条件不好的环境内启动机组,有中毒危险!在启动之前,要确认所有的保护装置完好无损;启动前因加油和检查所拆卸下的所有零件必须恢复原位。在确保以上工作做好后,便可以采用适当的方式启动机组。

(1)人力启动

人力启动方式有四种:拉绳手拉启动、手摇启动、手压启动和脚踏启动,但最常见的是拉绳手拉启动和手摇启动。

1)拉绳手拉启动。

拉绳手拉启动方法适用于功率等级小于6kW的机组,其方法步骤如下:①打开机组油箱开关;②两只脚尽量站开一点,抓住回弹手柄拉出缆绳直到感觉有阻力时,松开手柄让缆绳弹回,如图2-33 a所示;③双手或单手握紧把柄,如图2-33 b所示;④使劲以最快的速度和加速度拉出回弹缆绳,启动机组,如图2-33 c所示,即可成功启动机组。当一次没有启动成功时,不能一直不停地手拉拉绳,这样是不能成功启动机组的。遇到这种情况,如果机组没有其他故障,可适当休息一会,然后重复上述步骤,直至启动成功为止。

a)　　　　　　　　　b)　　　　　　　　　c)

图2-33　手拉启动机组的方法与步骤

2）手摇启动。

手摇启动方法适用于功率等级 6～12kW 的机组，功率等级大于 12kW 的机组通常采用电启动方法才能启动。与手拉启动机组相比，手摇启动机组多了一个装置——减压机构，减压机构的作用是在启动时减少气缸内的压缩阻力，使得启动更加容易。它通过改变气门的位置，使得气缸内的压力不会因压缩而升高，从而降低了启动时的阻力，便于人力启动。

手摇启动的方法步骤如下：①打开机组油箱开关；②打开减压阀手柄，如图 2-34 a 所示；③两只脚站于机组适当位置，将手摇把插入摇把孔，双手或单手握紧把柄，逆时针（有的机组是顺时针，视机组型号而定）使劲以最快的速度摇动机组，直至成功启动机组或没有力气为止，如图 2-34 b 所示。当一次没有启动成功时，不能一直不停地手摇机组，这样是不能成功启动机组的。遇到这种情况，如果机组没有其他故障，可适当休息一会，然后重复上述步骤，直至启动成功为止。

（2）电启动

首先将油箱开关手柄置于"开"的位置，打开油箱开关；插入启动钥匙，将启动钥匙转至"电启动"位置，启动电动机通电工作并拖动机组转动，当机组具有足够的初始转速后，雾化良好的柴油便在高温与高压下的气缸内着火燃烧，机组将顺利启动。当启动成功后，立即松手，启动钥匙自动停留在"运转"位置。

（3）预热启动

当环境温度低于 −5℃或机组启动困难时，可采用预热启动：先将启动钥匙开关转到预热位置，此时预热指示灯亮，预热进气约 10s，然后进行电启动，使机组顺利启动。

a) 打开减压手柄　　　　　　　　b) 逆时针摇动机组

图 2-34　手摇启动机组的方法与步骤

注意：①当供油管中有空气时，不利于启动，此时应"放气"，清除油路中的空气；②电启动每次连续启动时间不得超过 15s，并且两次启动时间间隔至少 2min，当连续 3 次启动不成功时，应查明原因后再启动机组；③每次连续预热时间不得超过 15s；④注意观察机油压力表（如果有的话）的读数，机组启动后 15s 内显示读数，其读数应大于 0.05MPa（0.5kgf/cm^2），然后让柴油机空载运转 3～5min，并检查柴油机各部分运转是否正常。例如可用手指感触配气机构运动件的工作情况，或掀开柴油机气缸盖罩壳，观察摇臂等润滑情况，以上均正常才允许加速及带负荷运转。⑤低温启动成功后，柴油机转速的增加应尽可能缓慢，以确保各轴承得到足够的润滑,并使油压稳定,以延长发动机的使用寿命。

3. 机组的加载

通常情况下,机组在启动前,应将负载通过电缆线连接到机组输出的断路器上或接在机组输出接线柱上。当机组加载后,应注意观察机组的排气颜色、响声,并观察电压、电流、频率的显示值,若出现异常应立即卸载并停机检查。

注意:

1)机组运行中要经常观察排气颜色,出现冒黑烟、蓝烟或白烟时应停机检查;

2)机组运行中要经常倾听机组有无异常声音,观察振动是否正常,有无漏油、漏气等不正常现象,出现问题应立即检查;

3)机组在运行中负载最好缓慢加减,要经常注意观察配电箱仪表显示是否正常;

4)三相输出机组,要保证三相负荷基本均衡;

5)避免长期空载和小负载(<20%额定负载)或怠速运转机组。

4. 机组的卸载

当市电恢复,或用户不需发电机组供电时,应将负载从发电机组上卸掉,即机组的卸载。卸载时,小型机组只需将输出开关断开便将负载卸下,然后将负载线从输出接线柱或输出插座上取下即可。对于中大型三相机组而言,除总断路器外,可能还有多个分断路器,此时应逐步断开每个断路器,以免造成突减负荷对机组的振荡与冲击。

5. 机组的停机

停机前,应使机组空载运行3~5min,然后再停机。

1)正常停机:将启动钥匙置于"停机"位置即可正常停机。

2)手动停机(紧急停机,一般机组均有此装置):在紧急情况下或不能正常停机时,将紧急停机手柄旋转至"停机"位置,并按住直到机组停止运行。

注意:

①正常情况下不要带载停机;②机组在停机状态时,钥匙开关一定要置于"停机"位置;③机组在停机状态时,输出开关应置于"关"的位置。

2.5.4.2 参数调整

柴油发电机组参数调整主要是指柴油机的参数调整,柴油机平时的调试内容主要包括喷油提前角、气门间隙、机油压力以及三角橡胶带张力的检查与调整等。不同型号的柴油机,其检查与调整的方法大同小异,下面以135系列柴油机为例讲述。

1. 喷油提前角的检查与调整

为了使柴油机获得良好的燃烧和正常地工作,并获得最经济的燃油耗率,每当柴油机工作500h或每次拆装后,都必须进行喷油提前角的检查与调整。柴油机的喷油提前角通常在20°~30°之间(上止点前以曲轴转角计),各机型的喷油提前角大小参见柴油机使用说明书。

喷油提前角的调整有以下两种方法。

第一种方法:拆下第1缸高压油管,转动曲轴使第1缸活塞处于膨胀冲程始点,此时飞轮壳上的指针对准飞轮上的"0"刻度线(见图2-35)。然后反转柴油机曲轴,使检视窗上的指针对准飞轮上相当于喷油提前角规定的角度,然后松开喷油泵传动轴接合盘上的两个固紧螺钉,按喷油泵的转动方向,缓慢而均匀地转动喷油泵凸轮轴至第1缸出油口油面刚刚发生波动的瞬时为止,并拧紧接合盘上的两个螺钉(见图 2-36)。

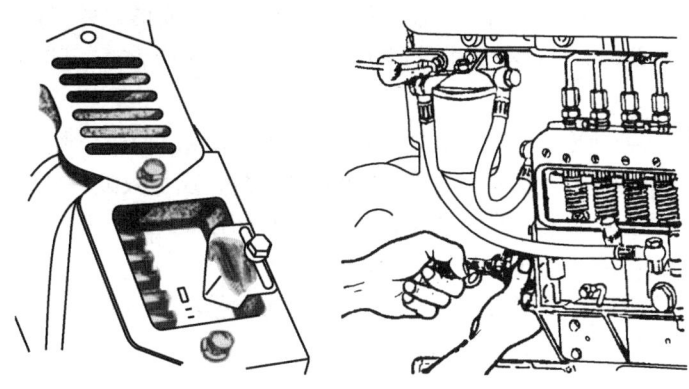

图 2-35　飞轮上刻度线和指针　　图 2-36　喷油提前角的调整

第二种方法:拆下第 1 缸高压油管,转动曲轴使第 1 缸活塞处于压缩终点位置前 40°左右,然后按柴油机旋转方向缓慢而均匀地转动曲轴,同时密切注意喷油泵第 1 缸出油口的油面情况。当油面刚刚发生波动的瞬时,即表示第 1 缸喷油开始,此时检视窗指针所对准的飞轮上的刻度值就是喷油提前角度数。如这个角度与说明书规定范围不符,可松开接合盘上的两个固定螺钉,将喷油泵凸轮轴转过所需调整的角度(传动轴接合盘上的刻度,每个刻度相当于曲轴转角 3°),提前角过小,凸轮轴按运转方向转动;提前角过大,则按运转的反方向转动,然后拧紧接合盘上的两个螺钉,最后重新复核对一次,直至符合规定要求为止。

一般情况下,第 1 缸喷油提前角调整正确后,其他各缸的喷油提前角取决于油泵凸轮轴各凸轮的相位角,也就是说与柴油机的发火次序有关。通常情况下,多缸柴油机的发火次序见表 2-10。如有必要,可在喷油泵试验台上检查与调整其他各缸的喷油提前角。

表 2-10　135 系列柴油机的发火次序

名称	发火次序
4 缸直列型柴油机	1-3-4-2
6 缸直列型柴油机	1-5-3-6-2-4
12 缸V型左转柴油机	1-12-5-8-3-10-6-7-2-11-4-9
12 缸V型右转柴油机	1-8-5-10-3-7-6-11-2-9-4-12

2. 气门间隙的检查与调整

配气相位是指控制柴油机进排气过程的气门开闭的时间。配气相位必须正确无误,否则对柴油机的性能影响很大,甚至可造成气门与活塞的撞击、挺杆弯曲和摇臂断裂等事故。因此,每当重装气缸盖或紧过气缸盖螺母后,都必须对气门间隙重新进行调整。不同型号的柴油机,其气门间隙的大小以及同一发动机其进、排气门的间隙均有差异(例如 135 系列柴油机,进气门间隙为 0.25~0.35mm,排气门间隙为 0.30~0.40mm)。通常,排气门的间隙稍大于进气门的间隙;增压型发动机的气门间隙稍大于非增压型(自然吸气型)发动机的气门间隙;发动机的功率等级越大,其气门间隙也越大。检查与调整气门间隙,通常在发动机冷机状态下进行。

气门间隙调整前，先卸下气缸盖罩壳，然后转动曲轴使飞轮壳检视窗口的指针对准飞轮上的定时"0"度线，如图 2-35 所示。操作时，应防止指针变形，并保持指针位于飞轮壳上的两条限位线之间。此时，4 缸柴油机的第 1、4 缸；6 缸和 12 缸 V 型柴油机的第 1、6 缸均处于上止点。

然后确定在上止点的气缸中哪一缸处在膨胀冲程的始点。可拆下喷油泵的侧盖板，观察喷油泵柱塞弹簧是否处于压缩状态（喷油泵安装正确时），或者微微转动曲轴，观察进、排气门是否均处于静止状态来确定。当喷油泵柱塞弹簧处于压缩状态，并且曲轴转动时，进、排气门均不动的那一缸就是处于膨胀冲程始点的位置。

在确定膨胀冲程始点后，即可按表 2-11 用"两次调整法"进行气门间隙的调整。当然，也可用"逐缸调整法"，只是麻烦一些而已。

表 2-11 气门间隙的调整

名称		第 1 缸活塞在膨胀冲程始点可调整气门的气缸序号	4 缸机的第 4 缸、6 缸机和 12 缸机的第 6 缸活塞在膨胀冲程始点可调整气门的气缸序号
4 缸机	进气门	1-2	3-4
	排气门	1-3	2-4
6 缸机	进气门	1-2-4	3-5-6
	排气门	1-3-5	2-4-6
12 缸左转机	进气门	1-2-4-9-11-12	3-5-6-7-8-10
	排气门	1-3-5-8-9-12	2-4-6-7-10-11
12 缸右转机	进气门	1-2-4-8-9-12	3-5-6-7-10-11
	排气门	1-3-5-8-10-12	2-4-6-7-9-11

调整气门间隙时，先用梅花扳手（或开口扳手，不能用活动扳手，更不能用钳子）和起子（视情况用一字起和十字起），松开摇臂上的锁紧螺母和调节螺钉，按规定间隙值选用厚薄规（又名千分片）插入摇臂与气门之间，然后拧动调节螺钉进行调整（见图 2-37）。当摇臂和气门与厚薄规接触，拉动厚薄规时有一定阻力但尚能移动时为止，并拧紧螺母，最后重复移动厚薄规检查一次。

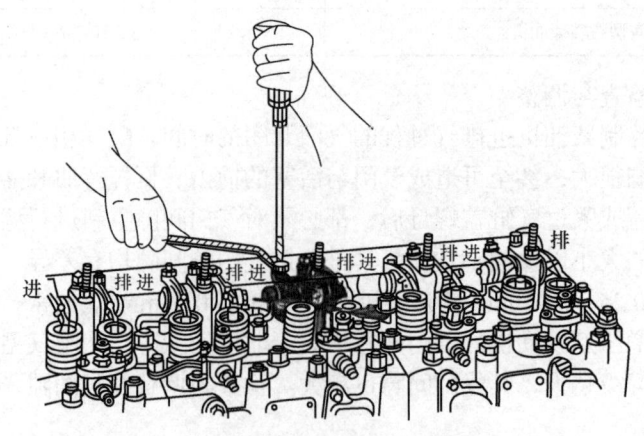

图 2-37 气门间隙的调整

3. 机油压力的调整

不同型号的柴油机，其机油压力数值的大小也各不相同，但大多数柴油机与 135 系列柴油机的大致相同。135 基本型柴油机在标定转速时，其正常机油压力应为 0.25～0.35MPa（2.5～3.5kgf/cm^2）。当柴油机正常运行时，如与上述规定的压力范围不符时，应及时进行调整。调整时，先拧下调压阀上的封油螺帽，松开锁紧螺母，再用起子转动调节螺栓（见图 2-38）。旋进调节螺栓，机油压力升高；旋出则降低，直至调整到规定范围为止。调整后，将锁紧螺母拧紧，并装上封油螺帽。

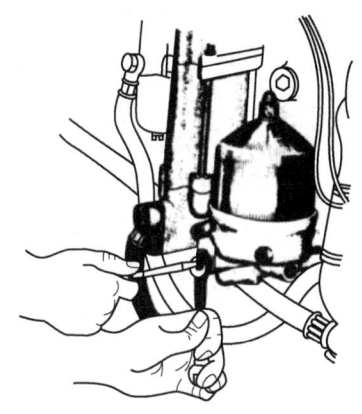

图 2-38 机油压力的调整

4. 三角橡胶带张力的检查与调整

柴油机工作时，三角橡胶带应保持一定的张紧程度。正常情况下，在三角橡胶带中段施加 29～49N（3～5kgf）的压力，胶带应能按下 10～20mm 距离。过紧将引起充电发电机、风扇和水泵上的轴承磨损加剧；太松则会使所驱动的附件达不到需要的转速，导致充电发电机电压下降，风扇风量和水泵流量降低，从而影响柴油机的正常运转，故应定期对三角橡胶带张紧力进行检查和调整。135 系列 4、6 缸直列基本型柴油机三角橡胶带的张紧力，可凭借改变充电发电机的支架位置进行调整（见图 2-39）。当三角橡胶带松紧程度合适后，将撑条固定。

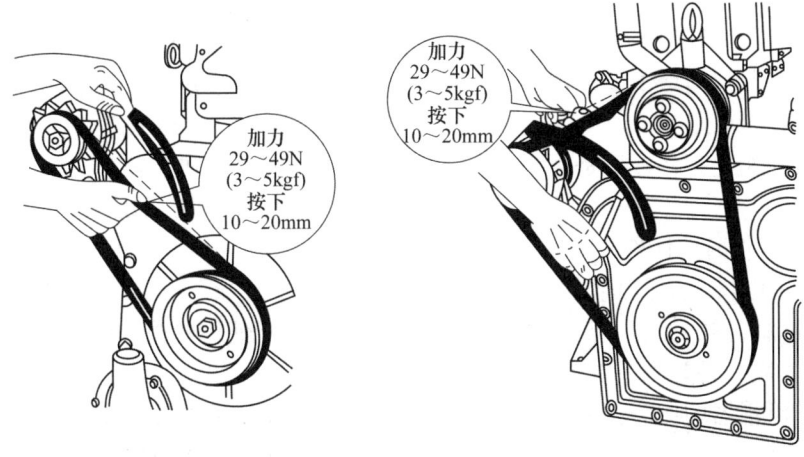

a) 开式循环冷却的三角橡胶带张力的调整　　b) 闭式循环冷却的三角橡胶带张力的调整

图 2-39 直列型柴油机三角橡胶带张力的调整

2.5.4.3 维护保养

1. 日常维护（8～15 个工作时的保养）

当机组每工作 8～15 个工作时或每次启动前应做好以下保养工作。

1）检查机油油面。取出机油标尺，除去其油污后放回原处再取出，检查机油量，机油液面应在 "min/max" 之间，若液面比较接近 "min" 处，应加机油至 "max" 处。

2）检查燃油箱燃油量。观察燃油箱存油量，根据需要添足。

3）检查三漏（水、油、气）情况。消除油、水管路接头等密封面的漏油、漏水现象；消除进排气管、气缸盖垫片处及涡轮增压器等的漏气现象。

4）检查柴油机各附件的安装情况。包括各附件的安装稳固程度，地脚螺钉及与工作机械相连接的牢靠性。

5）检查各仪表。观察读数是否正常，否则应及时修理或更换。

6）清洁柴油机及附属设备外表。用干布或浸柴油的干抹布揩去机身、涡轮增压器、气缸盖罩壳、空气滤清器等表面上的油渍、水和尘埃；擦净或用压缩空气吹净充电发电机、散热器、风扇等表面上的尘埃。

2. 250个工作时的保养

除日常维护项目外，尚须进行如下工作。

1）更换机油：当柴油发电机组每工作250小时后应更换机油，最好在机组温热的情况下逆时针拧开放油塞，放掉柴油机曲轴箱内的旧机油，然后拔出机油标尺，加注合适规格的机油，检查机油液面应在"min/max"之间，重新插回机油标尺。注意：①机油热时更换，要谨防烫伤！②机组不使用时，每12个月应更换一次机油。

2）检查调整气门间隙。

3）检查与调整喷油器喷油压力，观察喷雾情况，进行必要的清洗和调整。

4）检查与调整喷油泵喷油提前角。

5）检查三角橡胶带的张紧程度。

6）检查启动电池的电压、电解液密度（对普通铅酸蓄电池而言，常温下用密度计测量电解液密度，此值应为1.28～1.30。同时液面应高于极板10～15mm，不足时应加注蒸馏水）。

7）清洁冷却风道取下风道组件，清除进气口、飞轮、风扇、缸头和缸体导风道上的灰尘和油污。

8）检查机组上部件连接是否牢固可靠。注意：机组被漆封处的零部件，非专业人员不允许拆卸或调节。

3. 500个工作时的保养

除250个工作时的保养项目外，尚须进行如下工作。

1）柴油滤清器的保养：柴油滤清器的保养间隔取决于使用的柴油纯度，一般每500个工作时应清洗一次，必要时予以更换。

2）空气滤清器的保养：发动机运行500小时后，或发动机以最大速度运行时出现空滤器维护指示灯亮时，应保养或更换空滤器滤芯。惯性油浴式空气滤清器应清洗钢丝绒滤芯，更换机油；盆（旋风）式滤清器，应清除集尘盘上的灰尘。对纸质滤芯的保养，通常使用气压低于5bar的压缩空气，从内向外吹过滤芯直到没有更多灰尘出现为止（使用压缩空气的人员必须佩戴护目镜）；当滤芯污染清除不净或其上有潮气或油污时应更换滤芯。

3）清洗冷却水散热器：用清洁的水通入散热器中，清除其沉淀物质至干净为止。

4. 1000个工作时的保养

除500个工作时的保养项目外，尚须进行如下工作。

1）清洁机油过滤器滤芯，必要时予以更换。清洁机油过滤器时，应先放掉机油，因为机油过滤器卸下来时机油会漏出；发动机应关闭并水平放置；当机油温度较高时，小心烫伤！

2）清洗机油泵吸油粗滤网，必要时予以更换。

3）清洗涡轮增压器的机油滤清器及进油管。

5. 储存保养

当发电机组不使用而需储存 30 天以上时，应注意下列事项。

1）机组热态时，放出油底壳内的旧机油，再重新加满新机油，并快速摇动（或启动）发动机，使其运转数圈。

2）清除机组外表面灰尘和杂物。

3）电启动机组需卸下蓄电池，对其充电后储存，并每月定期对蓄电池进行充电。

4）机组每储存 6 个月应加额定负载运行一次，并检查机组运行是否正常，各仪表指示是否正常。

6. 安全注意事项

1）对发动机进行维护、清洁或修理工作前应先关闭发动机。

2）机组排气有毒，必须在空气流通处运行，以免造成人员中毒窒息；启动机组前，确保无人处于机组或设备附近的危险区域，而且所有防护罩已装好。

3）往油箱里添加燃料前，先关闭发动机。切勿在明火或火花附近加油，以免引起火灾。添加燃料时，使用纯净燃油和干净的注油设备。请勿吸烟，并注意不要让燃油溢出。

4）机组运行时，柴油机和消声器均会发热，在机器停机并冷却前请勿触摸，避免烫伤。机组运行时排气很热，请远离易爆和易燃物质。

5）机组周围最少应留有 1m 的空间，以有利于机组的散热，不得用物体覆盖机组，以免影响其散热效果。

6）不允许在雨雪中使用机组，手湿时不要触及机组，以免发生触电事故。

7）机组运行时禁止触摸转动部件。

8）维护工作结束后，检查所有工具是否从机组上取下，并重新装好各防护罩。

2.5.5　自动化柴油发电机组基础知识

2.5.5.1　自动化柴油发电机组的组成

自动化发电机组的组成与普通机组基本相同，主要由柴油机、（交流同步）发电机、控制系统三大部分组成。所不同的是，其控制系统比普通柴油发电机组要复杂得多。

自动化发电机组系统由自动控制屏、发电机组控制屏、机组（油机）/市电转换屏及各种辅助装置组成。自动控制屏根据市电与发电机组的运行状态，对发电机组、配电装置及各种辅助装置进行控制，自动完成相关操作和供电，控制屏还具有 RS-232 等串行接口，可方便地纳入集中监控管理系统。发电机组控制屏主要负责机组自身电压、电流、功率、转速、油压等运行参数的检测和控制，并将机组运行状况上报至自动控制屏和执行自动控制屏的指令，机组（油机）/市电转换屏接收自动控制屏的指令完成机组（油机）/市电的自动切换。在多机组并机供电系统中，由自动控制屏完成机组的并机和卸载。

自动控制屏基本功能如下：①当市电发生停电、断相、欠电压或发生电压、频率严重不正常时能立即启动自动机组供电；②当市电恢复正常时，能自动转换到市电供电，发电机组按程序停机，做好下一次自启动准备；③自动完成多台机组的并机和低负载时解列卸载多余机组；④能设定多机组中任意机组的运行顺序选择；⑤故障机组的退出和停机；⑥机组运行状态的远程监控；⑦各种辅助装置的控制。

2.5.5.2 自动化发电机组的性能要求（分级）

《自动化内燃机电站通用技术条件》（GB/T 12786—2021）将电站的自动化等级分为Ⅰ级、Ⅱ级和Ⅲ级，其自动化等级特征应符合下述的规定。

各自动化等级特征内容如下：

1. Ⅰ级自动化

1）按自动控制指令或遥控指令实现自动启动。

2）按带载指令自动接受负载。

3）按自动控制指令或遥控指令实现自动停机。

4）自动调整频率和电压，保证调频和调压的精度满足产品技术条件的要求。

5）实现蓄电池的自动补充充电和（或）储气瓶（压缩空气启动）自动补充充气。

6）有过载、短路、过速度（过频率）、冷却介质温度高、机油压力低等保护装置。根据需要选设过电压、欠电压、欠速度（或欠频率）、机油温度高、储气瓶压力低、燃油箱油面低、发电机绕组和轴承温度高等方面的保护。

7）有表明正常运行或非正常运行的声、光信号警示装置。

8）必要时，应能自动维持应急机组的准备运行状态，以及柴油机应急启动和快速加载时的机油压力、机油温度和冷却介质温度均达到产品规范的规定值。

9）当市电或一台机组故障时，程序启动系统能自动地将启动指令传递给另一台备用发电机组，机组自动启动。

2. Ⅱ级自动化

1）具备Ⅰ级自动化的功能。

2）燃油、（和有要求时）机油和冷却介质的自动补充。

3）按自动控制指令或遥控指令完成机组与机组或机组与市电电网之间的自动并联与解列、自动平稳转移负载的有功功率和无功功率。

3. Ⅲ级自动化

1）具有Ⅱ级自动化的功能。

2）具有远程自动化功能。

3）集中自动控制，即可由控制中心对多台自动化机组的工作状态实现自动控制。

4）具备一定的主控件故障诊断能力。即可由一定的自动装置确定调速装置和调压装置的技术状态。

2.5.5.3 自动化发电机组的基本要求

①多机备份；②自动启动；③自动并机；④自动切换；⑤燃油的自动补给；⑥故障时自动保护；⑦远程监控。

2.5.6 自动化柴油发电机组使用维护

本节以KC120GFBZ型自动化柴油发电机组为例，讲述发电机组的使用与维护。该机组是由康明斯 6CTA8.3-G2 型柴油机、斯坦福 UC274F 型发电机、HGM6320 型控制器等主要部件组合而成的自动化程度较高的交流发电机组。该机组额定功率 120kW，额定电流 216A，额定电压 400V/230V。

KC120GFBZ 型柴油发电机组特别适用在一机组一市电的使用场合。机组具有手动和自动两种操作模式。在手动模式下，可实现市电/发电机组的手动切换，在自动模式下，可实现对市电电量监测和市电/发电机组的自动切换。

机组具有多种自动预警、自动保护功能，并具有市电自动对蓄电池充电、自动对冷却液和机油进行预热功能。机组备有 RS-485 通信接口，可实现遥测、遥信、遥控。发电机组的控制器采用大屏幕液晶（LCD）显示，中英文可选界面操作，操作简单，运行可靠。

2.5.6.1 基本组成

1. 东风康明斯柴油机

机组的原动机为东风康明斯 6CTA8.3-G2 型柴油机，该柴油机采用中美合资公司所引进的美国 CUMMINS 技术生产，性能优良，广泛应用于发电机组行业。东风康明斯柴油机有 4B、6B、6C 三大系列，各柴油机的技术规格及参数见表 2-12。

表 2-12 柴油机的技术规格及参数表

参数	型号				
	4BTA3.9-G2	6BTA5.9-G2	6BTAA5.9-G2	6CTA8.3-G2	6CTAA8.3-G2
缸数	4	6	6	6	6
吸气方式	增压	增压	增压空空中冷	增压	增压空空中冷
冷却方式	强制水冷	强制水冷	强制水冷	强制水冷	强制水冷
压缩比	16.5∶1	17.5∶1	17.5∶1	17.3∶1	18∶1
排量	3.9L	5.9L	5.9L	8.3L	8.3L
额定转速	1500r/min	1500r/min	1500r/min	1500r/min	1500r/min
额定功率	50kW	110kW	120kW	163kW	183kW
备用功率	55kW	120kW	132kW	180kW	204kW
高压燃油泵	A 泵	A 泵	PN 泵	PB 泵	P7100 泵
稳态调整率	≤1%	≤1%	≤1%	≤1%	≤1%
润滑油容量	11L	12.1L	16L	16.4L	16L
冷却系容量	8L（发动机）	11L（发动机）	10.4L（发动机）	13L（发动机）	12.3L（发动机）
外形尺寸/mm	765×582×908	1035×711×992	1035×711×992	1140×698×1059	1149×770×1055
干重	320kg	443kg	407kg	702kg	702kg
湿重	340kg	471kg	431kg	731kg	731kg

2. 斯坦福发电机

机组的发电机选用由无锡新时代电机有限公司引进的英国斯坦福电机技术生产的 UC274F 型发电机。该型发电机为带永磁发电机（PMG）励磁——AVR 控制的发电机。其额定功率 128kW，备用功率 140kW。

（1）发电机的特征

1）可选的辅助绕组励磁系统能提供承受短路电流的能力；
2）先进的自动调压系统能够保证在恶劣条件下进行可靠的运行作业；
3）很容易与电网或其他发电机并联。标准的 2/3 节距绕组抑制了过多的中线电流；
4）经动平衡的转子，具有密封的滚珠轴承，具有单支点和双支点结构；
5）安装简单，维护保养方便，具有极易操作的接线柱、旋转二极管和联轴器螺栓；
6）符合所有主导的陆用标准。

（2）励磁系统结构

斯坦福无刷三相交流同步发电机的励磁系统有以下两种结构形式。

1）自励 AVR 控制的发电机。

主机定子通过 SX460（SX440 或 SX421）AVR 为励磁机磁场提供电力，AVR 是调节励磁机励磁电流的控制装置。AVR 向来自主机定子绕组的电压感应信号做出反馈，通过控制低功率的励磁机磁场调节励磁机电枢的整流输出功率，从而达到控制主机磁场电流的要求。

SX460 或 SX440AVR 通过感应两相平均电压，确保了电压调整率。此外，它还监测发电机的转速，如低于预选转速设定，则相应降低输出电压，以防止发电机低速时的过励，缓减加载时的冲击，以减轻发电机的负担。

SX421 除了 SX440 的特点外，还有三相方均根感应的特点，在与外部断路器（装在开关板上）一起使用时它还提供过电压保护。

2）永磁发电机（PMG）励磁——AVR 控制的发电机。

永磁发电机通过 AVR（MX341 或 MX321）为励磁机提供励磁电力，AVR 是调节励磁机励磁电流的控制装置。如果是 MX321AVR，则通过一个变压器向来自主机定子绕组的电压感应信号做出反馈，通过控制低功率的励磁机磁场，调节励磁机电枢的整流输出功率，从而达到控制主机磁场电流的要求。

PMG 系统提供一个与定子负载无关的恒定的励磁电力源，提供较高的电动机启动承受能力，并对由非线性负载（例如：晶闸管直流发电机）产生的主机定子输出电压的波形畸变具有抗干扰性。

MX341AVR 通过检测二相平均电压来确保电压调整率。另外，它还具有监测发动机的转速，如低于预选转速设定，则相应降低输出电压，以防止发电机低速时的过励，缓减加载时的冲击，以减轻发动机的负担。与此同时，它还提供延时的过励保护，在励磁机磁场电压过高的情况下对发电机减励。

MX321 除提供 MX341 具有的保护发动机的减荷特性外，还具有三相方均根检测和过电压保护功能。

3. HGM6320 控制器

控制器是机组的大脑，对机组的工作进行调控与保护。下面就对 HGM6320 型控制器的技术规格、面板操作、保护及报警功能做比较详细的介绍。

（1）控制器技术规格（见表 2-13）

表 2-13 控制器技术规格

工作电压	DC8.0V 至 35.0V 连续供电
整机功耗	＜3W（待机方式：≤2W）
交流发电机电压输入 三相四线 三相三线 单相二线 二相三线	15V AC-360V AC（ph-N）3phase 4wire 30V AC-600V AC（ph-ph）3phase 3wire 15V AC-360V AC（ph-N） 15V AC-360V AC（ph-N）
交流发电机频率	50/60Hz
转速传感器电压 V_{pp}	1～70V（峰峰值）
转速传感器频率	最大 10000Hz
启动继电器输出	16Amp DC 28V 直流供电输出
燃油继电器输出	16Amp DC 28V 直流供电输出
可编程继电器输出口 1	16Amp DC 28V 直流供电输出
可编程继电器输出口 2	16Amp DC 28V 直流供电输出
可编程继电器输出口 3	16Amp DC 28V 直流供电输出
可编程继电器输出口 4	16Amp 250V AC 无源输出
发电合闸继电器 可编程继电器输出口 5	16Amp 250V AC 无源输出
市电合闸继电器 可编程继电器输出口 6	16Amp 250V AC 无源输出
外形尺寸	240mm×172mm×57mm
开孔尺寸	220mm×160mm
电流互感器二次侧电流	额定 5A
工作条件	温度：（−20～50）℃ 湿度：（20～90）%
储藏条件	温度：（−30～+70）℃
绝缘强度	对象：在输入/输出电源之间 引用标准：IEC 60688：2024 试验方法：AC1.5KV/1min 漏电流 2mA
重量	0.90kg

（2）控制器操作面板说明（见图 2-40）

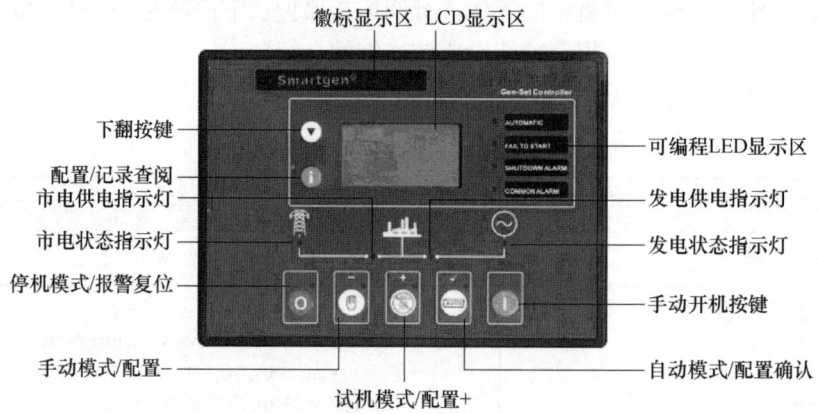

图 2-40　HGM6320 控制器操作面板

（3）LED 显示（见表 2-14）

表 2-14　LED 显示

系统在停机模式 市电正常 发电机组待机 负载在市电侧	此屏幕显示：发电工作于运行状态、市电状态、开关状态、发电机组报警信息等。 当前屏幕显示发电机组在停机待机模式，市电正常，市电带载。
市电 U_{L-L}　381　381　381V U_{L-N}　220　220　220V $f = 50Hz$	按 ▼ 键（注：按 ▼ 键可循环翻动屏幕。） 此屏幕显示市电的线电压（L1-L2、L2-L3、L3-L1）、相电压（L1、L2、L3）、频率。HGM6310 此屏不显示
发电 U_{L-L}　381　381　381V U_{L-N}　220　220　220V $f = 50Hz$　1500rpm	按 ▼ 键 此屏幕显示发电机组的线电压（L1-L2、L2-L3、L3-L1）、相电压（L1、L2、L3）、频率、转速
燃油位　　　80% 水/缸温度　80℃176℉ 机油压力　110kPa	按 ▼ 键 此屏幕显示发电机组的燃油位、水/缸温度、机油压力输入量。 显示 XXXX：表示为未使用，显示 HHHH、LLLL：表示数字量输入，显示＋＋＋＋：表示传感器开路
电池电压　　24.1V 充电机电压　18.1V 发动机转速　1500rpm 15-01-18（5）18：18：18	按 ▼ 键 此屏幕显示发电机组的电池电压、充电机电压、发动机转速、控制器当前的时间（其中括号内位星期）
发电机 累计开机　168 次 累计运行　001818：18：18 累计电能　0001818.8kW·h	按 ▼ 键 此屏幕显示发电机组的累计开机次数、累计的运行时间（小时：分：秒）、累计输出的发电能
负载 电流　0000 0000 0118A 功率　120kW　120kVA $\cos\varphi = 1.00$	按 ▼ 键 此屏幕显示发电负载的电流、有功总功率、视在总功率及功率因数

(4)按键功能描述(见表2-15)

表2-15 按键功能描述

键	名称	功能描述
ⓞ	停机/复位键	在发电机组运行状态下,按ⓞ键可以使运转中的发电机组停止,在发电机组报警状态下,按ⓞ键可以使报警复位,在停机模式下按ⓞ键3s以上,可以测试面板指示灯是否正常(试灯)
Ⓘ	开机键	在手动模式或手动试机模式下,按Ⓘ键可以使静止的发电机组开始启动
🖐	手动键/配置-	按🖐键,可以将发电机组置为手动开机模式。在参数配置模式下按此键可将参数数值递减
🗼	试机键/配置+	按🗼键,可以将发电机组置为手动试机模式。在参数配置模式下按此键可将参数值递增
AUTO	自动键/配置确认	按AUTO键,可以将发电机组置为自动模式。在参数配置模式下按此键可将参数值位右移或确认(第四位)
ⓘ	记录查询键	按ⓘ键,可显示发电机组的异常停机记录,再按ⓘ键,则退出
▼	翻屏键	在参数显示与记录查询显示屏下,按▼键,可进行翻屏操作

(5)自动开机/停机操作

按AUTO键,该键旁指示灯亮起,表示发电机组处于自动开机模式。

自动开机顺序如下。

1)HGM6320:当市电异常(过电压、欠电压、过频、欠频)时,进入"市电异常延时",LCD屏幕显示倒计时,市电异常延时结束后,进入"开机延时"。

2)LCD屏幕显示"开机延时"倒计时。

3)开机延时结束后,预热继电器输出(如果被配置),LCD屏幕显示"开机预热延时XX s"。

4)预热延时结束后,燃油继电器输出1s,然后启动继电器输出;如果在"启动时间"内发电机组没有启动成功,燃油继电器和启动继电器停止输出,进入"启动间隔时间",等待下一次启动。

5)在设定启动次数内,如果发电机组没有启动成功,LCD显示窗第一屏第一行闪烁,同时LCD显示窗第一屏第一行显示启动失败报警。

6)在任意一次启动时,若启动成功,则进入"安全运行时间",在此时间内油压低、水温高、欠速、充电失败以及辅助输入(已配置)报警量等均无效,安全运行延时结束后则进入"开机怠速延时"(如果开机怠速延时被配置)。

7)在开机怠速延时过程中,欠速、欠频、欠电压报警均无效,开机怠速延时过完,进入"高速暖机时间延时"(如果告诉暖机延时被配置)。

8)当高速暖机延时结束时,若发电正常则发电状态指示灯亮,如发电机电压、频率发到带载要求,则发电合闸继电器输出,发电机组带载,发电供电指示灯亮,发电机组进入正常运行状态;如果发电机组电压或频率过高或过低,则控制器报警并停机(LCD屏幕显示发电报警量,提示操作者机组报警的原因)。

自动停机顺序如下。

1）HGM6320：发电机组正常运行中或市电恢复正常，则进入"市电电压正常延时"，确认市电正常后，市电状态指示灯亮起，"停机延时"开始。

2）停机延时结束后，开始"高速散热延时"，且发电合闸继电器断开，经过"开关转换延时"后，市电合闸继电器输出，市电带载，发电供电指示灯熄火，市电供电指示灯点亮。

3）当进入"停机怠速延时"（如果被配置）时，怠速继电器加电输出。

4）当进入"得电停机延时"时，得电停机继电器加电输出，燃油继电器输出断开。

5）当进入"发电机组停稳时间"时，自动判断是否停稳。

6）当机组停稳后，进入发电待机状态；若机组不能停机则控制器报警（LCD 屏幕显示停机失败警告）。

（6）手动开机/停机操作

1）HGM6320：按⑩键，控制器进入"手动模式"，手动模式指示灯亮。按⑳键，控制器进入"手动试机模式"，手动试机模式指示灯亮。在这两种模式下，按❶键，则启动发电机组，自动判断启动成功，自动升速至高速运行。机组运行过程中出现水温高、油压低、超速、电压异常等情况时，能够有效快速保护停机。（过程见自动开机操作步骤 4～8）。在"手动模式⑩"下，发电机组带载是以市电是否正常来判断，市电正常，负载开关不转换，市电异常，负载开关转换到发电侧。在"手动试机模式⑳"下，发电机组高速运行正常后，不管市电是否正常，负载开关都转换到发电侧。

2）手动停机：按⓿键，可以使正在运行的发电机组停机（过程见自动停机过程 3～6）。

（7）控制器开关切换及运行时序图（见图 2-41、图 2-42 和图 2-43）

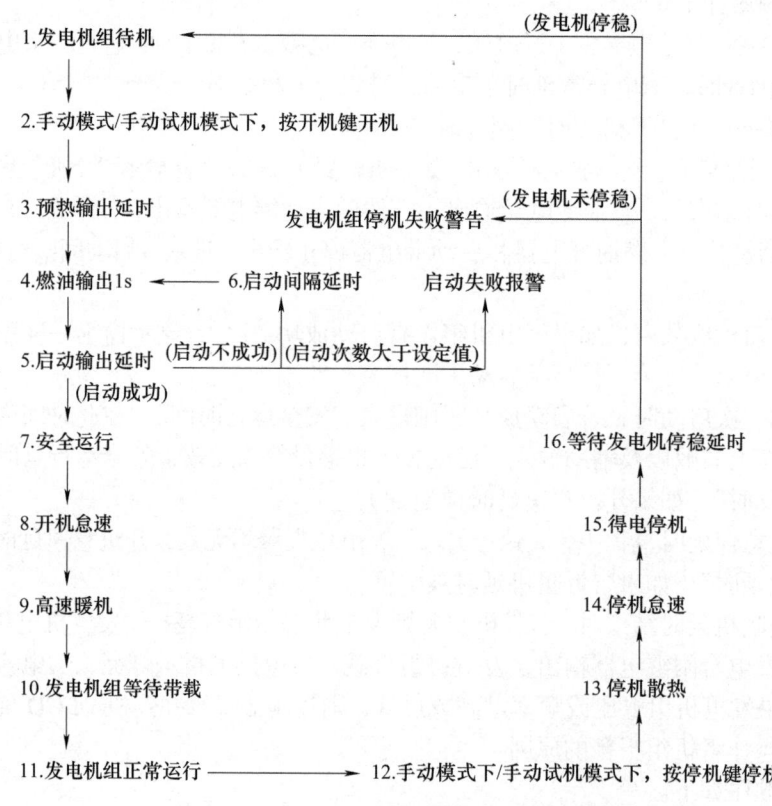

图 2-41　HGM6320 控制器手动开机停机时序图

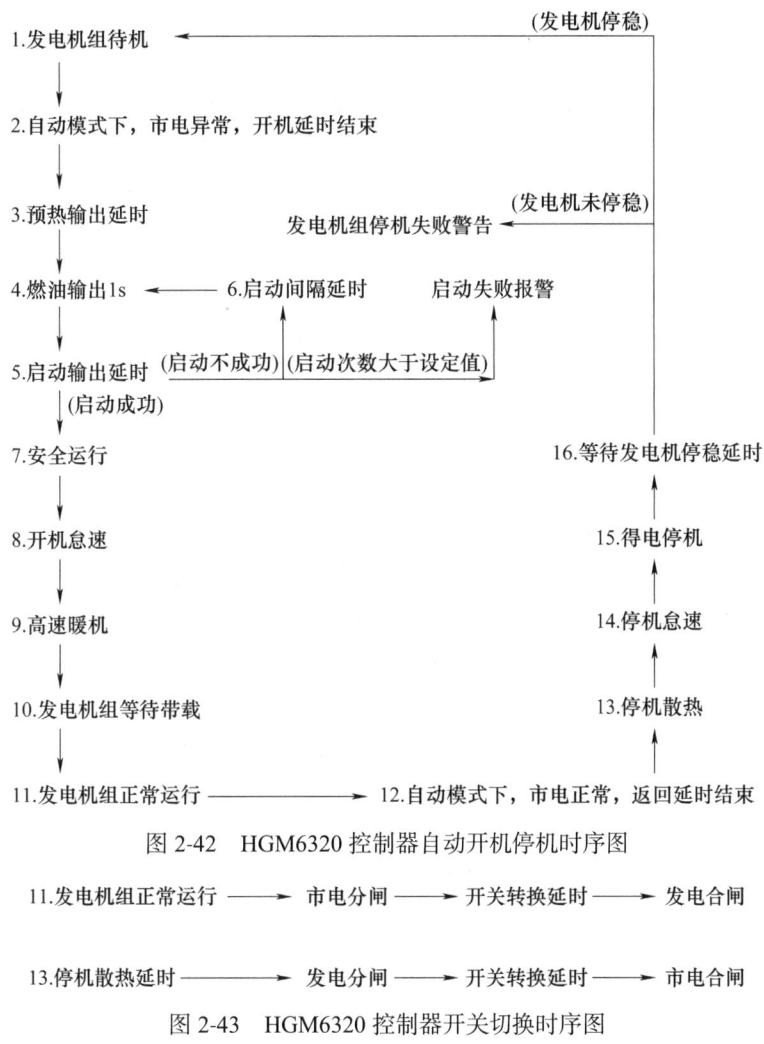

图 2-42 HGM6320 控制器自动开机停机时序图

11.发电机组正常运行 ⟶ 市电分闸 ⟶ 开关转换延时 ⟶ 发电合闸

13.停机散热延时 ⟶ 发电分闸 ⟶ 开关转换延时 ⟶ 市电合闸

图 2-43 HGM6320 控制器开关切换时序图

（8）控制器保护功能

1）警告/预警。

当控制器检测到警告/预警信号时，控制器仅仅警告并不停机，且 LCD 显示窗第一屏第一行反黑显示，并显示报警类型。警告量见表 2-16。

表 2-16 警告量类型、检测范围及其描述

序号	警告量类型	检测范围	描述
1	高水温警告	8.开机怠速 →14.停机怠速	当控制器检测的水温数值大于设定的水温警告数值时，控制器发出警告报警信号，同时 LCD 屏幕上显示高水温警告字样
2	低油压警告	8.开机怠速 →14.停机怠速	当控制器检测的油压数值小于设定的油压警告数值时，控制器发出警告报警信号，同时 LCD 屏幕上显示低油压警告字样
3	发电超速警告	一直有效	当控制器检测到发电机组的转速超过设定的超市价格阀值时，控制器发出警告报警信号，同时 LCD 屏幕上显示发电超速警告字样

（续）

序号	警告量类型	检测范围	描述
4	发电欠速警告	10.发电机组等待带载→13.停机散热	当控制器检测到发电机组的转速小于设定的欠速警告阀值时，控制器发出警告报警信号，同时LCD屏幕上显示发电欠速警告字样
5	速度信号丢失警告	8.开机怠速→14.停机怠速	当控制器检测到发电机组的转速等于零，控制器发出警告报警信号，同时LCD屏幕上显示速度信号丢失警告字样
6	发电过频警告	一直有效	当控制器检测到发电机组的电压频率大于设定的过频警告阀值时，控制器发出警告报警信号，同时LCD屏幕上显示发电过频警告字样
7	发电欠频警告	10.发电机组等待带载→13.停机散热	当控制器检测到发电机组的电压频率小于设定的欠频警告阀值时，控制器发出警告报警信号，同时LCD屏幕上显示发电欠频警告字样
8	发电过电压警告	10.发电机组等待带载→13.停机散热	当控制器检测到发电机组的电压大于设定的过电压警告阀值时，控制器发出警告报警信号，同时LCD屏幕上显示发电过电压警告字样
9	发电欠电压警告	10.发电机组等待带载→13.停机散热	当控制器检测到发电机组的电压小于设定的欠电压警告阀值时，控制器发出警告报警信号，同时LCD屏幕上显示发电欠电压警告字样
10	发电过电流警告	一直有效	当控制器检测到发电机组的电流大于设定的过电流警告阀值时，控制器发出警告报警信号，同时LCD屏幕上显示发电过电流警告字样
11	停机失败警告	得电停机延时/发电机组停稳延时结束后	当得电停机延时/等待发电机组停稳延时结束后，若发电机组输出有电，则控制器发出警告报警信号，同时LCD屏幕上显示停机失败警告字样
12	燃油位低警告	一直有效	当控制器检测到发电机组的燃油液位值小于设定的阀值时，控制器发出警告报警信号，同时LCD屏幕上显示燃油液位低警告字样
13	充电失败警告	8.开机怠速→14.停机怠速	当控制器检测到发电机组的充电机电压值小于设定的阀值时，控制器发出警告报警信号，同时LCD屏幕上显示充电失败警告字样
14	电池欠电压警告	一直有效	当控制器检测到发电机组的电池电压值小于设定的阀值时，控制器发出警告报警信号，同时LCD屏幕上显示电池欠电压警告字样
15	电池过电压警告	一直有效	当控制器检测到发电机组的电池电压值大于设定的阀值时，控制器发出警告报警信号，同时LCD屏幕上显示电池过电压警告字样
16	辅助输入口1-6警告	用户设定的有效范围	当控制器检测到辅助输入口1-6警告输入时，控制器发出警告报警信号，同时LCD屏幕上显示辅助输入口1-6警告字样

2）停机报警。

当控制器检测到停机报警信号时，控制器立即停机并断开发电合闸继电器信号，使负载脱离，并且 LCD 显示窗第一屏第一行闪烁（闪烁频率 1Hz），并显示报警类型。

停机报警量见表 2-17。

表 2-17 停机报警量类型、检测范围及其描述

序号	报警量类型	检测范围	描述
1	紧急停机报警	一直有效	当控制器检测到紧急停机报警信号时，控制器发出停机报警信号，同时 LCD 屏幕上显示紧急停机报警字样，并闪烁
2	高水/缸温报警停机	8.开机怠速→14.停机怠速	当控制器检测的水/缸温数值大于设定的水/缸温停机数值时，控制器发出停机报警信号，同时 LCD 屏幕上显示高水/缸温报警停机字样，并闪烁
3	低油压报警停机	8.开机怠速→14.停机怠速	当控制器检测的油压数值小于设定的油压警告数值时，控制器发出警告报警信号，同时 LCD 屏幕上显示低油压警告字样
4	发电超速报警停机	一直有效	当控制器检测到发电机组的转速超过设定的超速停机阀值时，控制器发出停机报警信号，同时 LCD 屏幕上显示发电超速报警停机字样，并闪烁
5	发电欠速报警停机	10.发电机组等待带载→13.停机散热	当控制器检测到发电机组的转速小于设定的停机阀值时，控制器发出停机报警信号，同时 LCD 屏幕上显示发电欠速报警停机字样，并闪烁
6	速度信号丢失报警	8.开机怠速→14.停机怠速	当控制器检测到发电机组的转速等于零，控制器发出停机报警信号，同时 LCD 屏幕上显示速度信号丢失报警字样，并闪烁
7	发电过频报警停机	一直有效	当控制器检测到发电机组的电压频率大于设定的过频停机阀值时，控制器发出停机报警信号，同时 LCD 屏幕上显示发电过频报警停机字样，并闪烁
8	发电欠频报警停机	10.发电机组等待带载→13.停机散热	当控制器检测到发电机组的电压频率小于设定的欠频停机阀值时，控制器发出停机报警信号，同时 LCD 屏幕上显示发电欠频报警停机字样，并闪烁
9	发电过电压报警停机	10.发电机组等待带载→13.停机散热	当控制器检测到发电机组的电压大于设定的过电压停机阀值时，控制器发出停机报警信号，同时 LCD 屏幕上显示发电过电压报警停机字样，并闪烁
10	发电欠电压报警停机	10.发电机组等待带载→13.停机散热	当控制器检测到发电机组的电压小于设定的欠电压停机阀值时，控制器发出停机报警信号，同时 LCD 屏幕上显示发电欠电压报警停机字样，并闪烁
11	发电过电流报警停机	一直有效	当控制器检测到发电机组的电流大于设定的过电流停机阀值时，控制器发出停机报警信号，同时 LCD 屏幕上显示发电过电流报警停机字样
12	启动失败报警停机	在设定的启动次数内启动完毕后	在设定的启动次数内，如果发电机组没有启动成功，控制器发出停机报警信号，同时 LCD 屏幕上显示启动失败报警停机字样，并闪烁
13	油压传感器开路报警	一直有效	当控制器检测到油压传感器开路时，控制器发出停机报警信号，同时 LCD 屏幕上显示油压传感器开路报警字样，并闪烁

（续）

序号	报警量类型	检测范围	描述
14	输入口 1-6 报警停机	用户设定的范围	当控制器检测到辅助输入口 1-6 报警停机输入时，控制器发出停机报警信号，同时 LCD 屏幕上显示辅助输入口 1-6 报警停机字样，并闪烁

3）跳闸停机报警。

当控制器检测到电气跳闸信号时，控制器立即断开合闸继电器信号，使负载脱离，发电机经过高速、散热后再停机，LCD 显示窗第一屏第一行闪烁（闪烁频率 1Hz），并显示报警类型。跳闸停机报警的类型、检测范围及其描述见表 2-18。

表 2-18 跳闸停机报警的类型、检测范围及其描述

序号	报警量类型	检测范围	描述
1	发电过电流跳闸报警	一直有效	当控制器检测到发电机组的电流大于设定的过电流电气跳闸阀值时，控制器发出跳闸报警信号，同时 LCD 屏幕上显示发电过电流跳闸报警字样，并闪烁
2	输入口 1-6 跳闸报警	用户设定的范围	当控制器检测到辅助输入口 1-6 报警跳闸输入时，控制器发出停机跳闸报警信号，同时 LCD 屏幕上显示辅助输入口 1-6 跳闸报警字样，并闪烁

注：跳闸报警量类型必须被用户配置，才能有效。

2.5.6.2 技术指标

1. 主要技术规格

机组类型：自动化机组

电源种类：交流

相数：三相四线

额定电压：线电压 400V，相电压 230V

功率因数：0.8（滞后）

额定功率：120kW

额定电流：216A

额定转速：1500rpm

额定频率：50Hz

励磁方式：无刷励磁

冷却方式：强制水冷，闭式循环

启动方式：电启动

2. 主要电气性能指标

空载电压整定范围：95%～105%额定电压

稳态电压调整率：≤±1%

瞬态电压调整率：-15%～+20%

电压稳定时间：1.0s

电压波动率：±0.5%
稳态频率调整率：±5%
瞬态频率调整率：−7%，+10%
频率稳定时间：≤7s
频率波动率：≤0.5%
冷热态电压变化：±1%
空载线电压波形正弦性畸变率：≤5%

3. 主要经济性能指标

燃油消耗率：240g/kW·h
机油消耗率：4g/kW·h

2.5.6.3 操作使用

1. 使用前的准备工作

柴油发电机组使用前应做好下列工作。

1）在使用前，操作人员必须详细阅读机组、柴油机、发电机、控制器的说明书。

2）正确安装接地线。接地线截面积不得小于电机输出线的截面积，接地电阻不得大于 50Ω。

3）检查启动系统是否正常（包括蓄电池的容量是否能满足机组的正常启动）。

4）检查水箱冷却水的液量，添加剂的牌号及添加量是否正确。

5）检查柴油机底壳内的机油量及机油牌号和燃油箱内的燃油量及燃油牌号。

6）检查机组各部分的机械连接是否牢靠。

7）若机组长期停放未用并严重受潮，须检查发电机和其连接的电气回路绝缘电阻，用 500 兆欧表时，绝缘电阻不低于 0.5 MΩ，否则应采取烘干措施。

8）定时定期按规定检查、清洗或更换滑油、燃油及空气的滤清器。

9）检查电气仪表是否完好，指针是否指在正确位置。

10）检查电路接线是否正确，是否连接可靠，并将所有开关处于断路状态。

11）检查各运动件是否灵活，有无相擦卡死等现象。

12）接好柴油机进油管和回油管，并用手动输油泵排除燃油系统内的空气。

13）机组表面各处保持清洁。

2. 操作注意事项

1）发动机每次启动时间不要超过 30s，如果一次启动不成功，需要 2min 后再进行下一次启动。不允许在启动机尚未停转时再次启动。如果 3 次启动不成功，应查明原因并排除后再启动。在冬季启动机组时，连续启动的时间不要过长，以免损坏蓄电池和启动机。

2）正常情况下，机组启动后不要立即加载，应先让其空载运行 5~10min，等机组热平衡建立后（冷却水温达到 82~85℃）再加载，这样有利于延长机组使用寿命。另外，分段加载比一次加满载对机组更为有利。不允许机组在输出备用功率的情况下长时间运行，否则，机组会很快出现故障并大大降低机组的使用寿命。

3）机组进入正常工作状态后，各指示仪表应工作正常、指示正确。运行过程中应注意机组运行情况，如发现异常，应立即停机检查，查明原因并排除故障后再启动运行。

4）机组完成任务后应先卸掉负载，让机组在空载、怠速下运行约 5min，然后再停机，这有利机组的正常冷却及延长机组使用寿命。

5）紧急情况下，可不必卸掉负载，利用手动停机开关，立即停机即可。

3. 仪表控制箱面板功能简介

发电机组仪表控制箱面板示意图如图 2-44 所示。仪表控制箱面板上各仪表、开关和旋（按）钮的功能如下。

1）交流电压表——发电机输出电压指示。

2）交流频率表——发电机输出频率指示。

3）交流电流表——发电机输出负载电流指示。

4）水温表——发电机组水温指示。

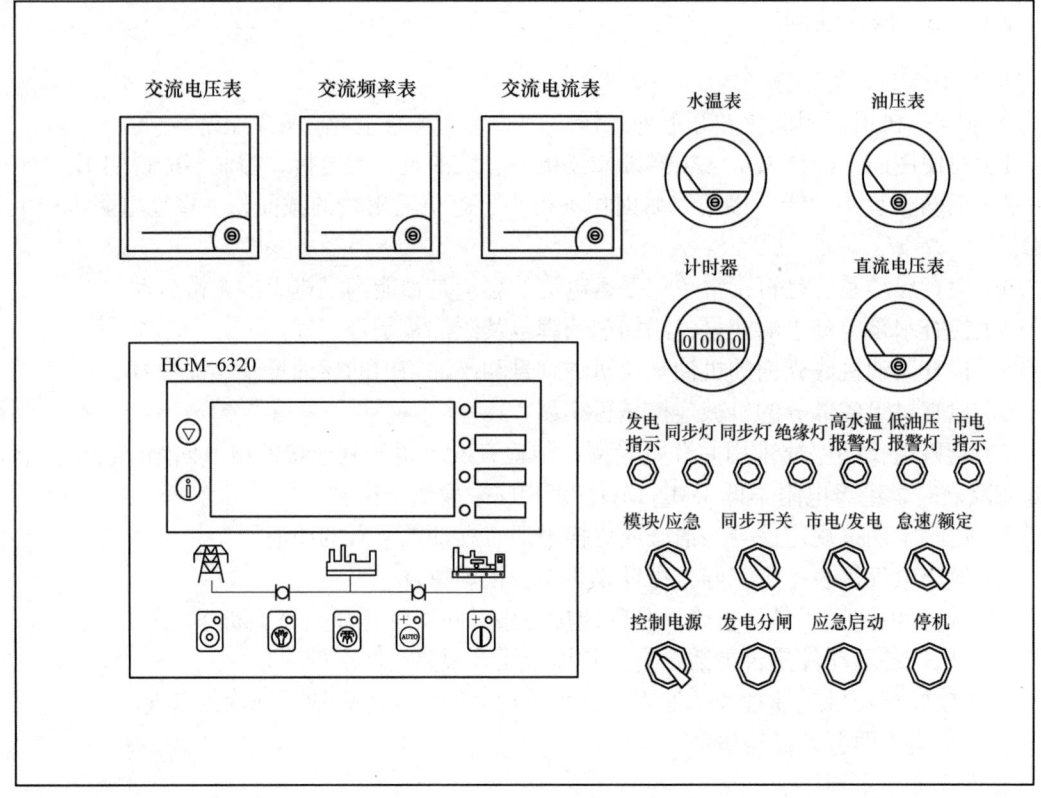

图 2-44 发电机组仪表控制箱面板

5）油压表——发动机机油压力指示。

6）计时器——发电机组工作计时（小时）指示。

7）直流电压表——发电机组蓄电池组/电压指示。

8）发电指示灯——发电机运行电压指示，灯亮发电运行正常。

9）同步灯——（两只同步灯）并车时用。

10）绝缘灯——发电机漏电时灯亮告警。

11）高水温报警灯——灯亮，机组冷却液温度过高报警。

12）低油压报警灯——发动机机油压力低于规定值时灯亮报警。

13）市电指示——市电指示灯亮，表示有市电输入。

14）模块/应急（模式旋钮开关）——旋至[模块]位置表示机组进入正常模块控制模式；旋至[应急]位置表示其进入应急控制模式。这种模式在模块控制失灵的紧急情况下使用。

15）同步旋钮开关——并车时用。

16）市电/发电（送电旋钮开关）——在应急模式下：开关旋至市电位置，ATS双电源开关自动切换到市电向负载送电。在应急模式下：旋至发电位置，ATS双电源开关自动切换到发电机组向负载送电。

17）怠速/额定（旋钮开关）——在应急模式下：怠速/额定开关旋至怠速位置，发动机启动后怠速运行，暖机1~3min后，将怠速/额定开关旋至额定位置，发电机组以额定转速运行。发电机组带载运行后需要停机，先卸负载，关掉负载开关，将怠速/额定旋钮开关从额定位置旋至怠速位置，运行3~5min，按停机按钮，发电机组停机。平时停机后，将怠速/额定开关旋至怠速位置。

18）控制电源（旋钮开关）——旋至接通位置，电池开始对机组供电。旋至断开位置，切断电池对机组供电。

19）发电分闸（按钮开关）——按一下发电分闸按钮开关，负载断路器分闸，发电机组输出电源切断，停止对外供电。如需对外供电，必须先负载断路器合上复位，再进行送电操作。

20）应急启动（按钮开关）——在应急模式下启动机组用。

21）停机按钮——按下停机按钮，机组立即停机。

4. 机组的使用操作

（1）试运行

在发电机组正式运行之前，建议做下列检查。

1）检查所有接线均正确无误，并且线径合适。

2）控制器直流工作电源装有保险，连接到启动电池的正负极没有接错。

3）紧急停机输入通过急停按钮的常闭点及保险连接到启动电池的正极。

4）采取适当的措施防止发动机启动成功（如拆除燃油阀的接线），检查确认无误，连接启动电池电源，选择手动模式，控制器将执行程序。

5）按下启动按钮，机组将开始启动，在设定的启动次数后，控制器发出启动失败信号；按复位键使控制器复位。

6）恢复阻止发动机启动成功的措施（恢复燃油阀接线），再次按下启动按钮，发电机组将会开始启动，如果一切正常，发电机组将会经过怠速运转（如果设定有怠速）至正常运行。在此期间，观察发动机运转情况及交流发电机电压及频率。如果有异常，停止发电机组运转，参照本书检查各部分接线。

7）从前面板上选择自动状态，然后接通市电信号，控制器经过市电正常延时后切换ATS（如果有）至市电带载，经冷却时间，然后关机进入待命状态直到市电再次发生异常。

8）市电再次异常后，发电机组将自动启动进入正常运转状态，然后发出发电合闸指令，控制ATS切换到机组带载。如果不是这样，参照本手册检查ATS控制部分接线。

9）如有其他问题，请及时联系技术人员。

（2）在控制器控制模式下——手动开机/停机操作

1）手动开机操作。

按下模块操作面板上的手动键，控制器将进入"手动模式"，手动模式指示灯亮。按下试机键，控制器进入"手动试机模式"，手动试机模式指示灯亮。在这两种模式下，按开机键，发动机开始启动，自动判断启动成功，自动升速到额定转速运行。柴油发电机组运行过程中出现水温高、油压低、超速、电压异常情况时，能够有效快速地保护停机。

在"手动模式"下，发电机组带载是以市电是否正常来判断，市电正常，负载开关不转换；市电异常，负载开关转换到发电侧。

在"手动试机模式"下，发电机组高速运行正常后，不管市电是否正常，负载开关都转换到发电侧。

2）手动停机操作。

按停机键，机组进入正常停机模式。如遇到紧急情况，按停机键两下，机组可立即停机。也可按下电控箱操作面板上的停机按钮，使机组立即停机。

（3）在控制器模式下——自动开机/停机操作

按下模块操作面板上的自动键，控制器进入"自动模式"，自动模式指示灯亮，表示发电机组处于自动模式。

1）自动开机程序。

① 当市电异常（过电压、欠电压、过频、欠频）时，进入"市电异常延时"LCD 屏幕显示倒计时，市电异常延时结束后，进入开机延时。

② LCD 屏幕显示"开机延时"倒计时。

③ 开机延时结束后，燃油继电器输出 1s，然后启动继电器输出，如果在"启动时间"内，发电机组没有启动成功，燃油继电器和启动继电器停止输出，进入"启动间隔时间"，等待下一次启动。

④ 在设定的启动次数之内，如果发电机组没有启动成功，LCD 显示窗第一屏第一行反黑，同时 LCD 显示窗第一屏第一行显示启动失败报警。

⑤ 在任意一次启动时，若启动成功，则进入"安全运行延时"，在此时间内，油压低、水温高、欠速、充电失败以及辅助输入（若已配置）报警量均无效，安全运行延时结束后则进入"开机怠速延时"。

⑥ 在开机怠速延时过程中，欠速、欠频、欠电压报警均无效，开机怠速延时结束，进入"高速暖机时间延时"。

⑦ 当高速暖机延时结束时，若发电正常则发电状态指示灯亮，如发动机电压、频率达到带载要求，则发电合闸继电器输出，发电机组带载，发电供电指示灯亮，发电机组进入正常运行状态。如果发电机组电压、频率不正常，则控制器控制机组报警停机（LCD 屏幕显示发电报警量）。

2）自动停机程序。

① 机组正常运行中市电恢复正常，则进入"市电电压正常延时"，确认市电正常后，市电状态指示灯亮起，"停机延时"开始。

② 停机延时结束后，开始"高速散热延时"，且发电合闸继电器断开，经过"开关转换延时"后，市电合闸继电器输出，市电带载，发电供电指示灯熄灭，市电供电指示灯亮。

③当进入"停机怠速延时"时，怠速继电器加电输出。

④当进入"得电停机延时"时，得电停机继电器加电输出，燃油继电器输出断开。

⑤当进入"发电机组停稳时间"时，自动判断是否停稳。

⑥当机组停稳后，进入发电待机状态，若机组不能停机则控制器报警（LCD屏幕显示停机失败警告）。

（4）应急模式下——开机/停机操作程序

1）开机操作。

HGM6320自动化控制器显示发电机组当前工作状态，在控制器损坏或控制失灵的紧急情况下，请将电控箱操作面板上模块/应急控制旋钮开关旋至"应急"位置，此时，切换继电器K2、K3吸合，切断输入HGM6320控制器市电/发电交流电源，并切断输入HGM6320控制器24V直流电源，HGM6320控制器停机工作。

将电控箱操作面板上模块/应急控制旋钮开关旋至"应急"位置后，电控箱各个仪表显示静态发电机组当前状况。将怠速/额定旋转开关旋至怠速位置，按下应急启动按钮开关（每次启动时间不要超过30s），发动机启动继电器线包JK2得电，启动电动机带动柴油机启动。

当柴油机启动成功后，发动机以怠速运行，暖机5~10min后，将怠速/额定旋转开关旋至额定位置，发电机组以1500r/min额定转速运行。此时，应观察发电机组工作是否正常，控制箱操作面板上各个仪表显示是否正常。

机组工作正常后，合上机组负载电源开关，将市电/发电开关旋至发电位置，ATS双电源开关自动切换到发电机向负载送电。

如需要市电向负载送电，关掉机组负载电源开关或按下发电分闸按钮开关，机组负载电源开关断开，再将市电/发电开关旋至市电位置，ATS双电源开关自动从发电切换到市电向负载送电。

2）正常停机操作。

先使机组卸掉负载，将怠速/额定开关旋至怠速位置，运行3~5min，按停机按钮。机组停机后，切断总电源开关，电控箱操作面板上控制电源旋钮开关旋至"关闭"位置，直流供电断开。

3）紧急停机操作。

遇到紧急情况，按下电控箱操作面板上的停机按钮，停机电路立即切断柴油机油路，机组迅速停车。

（5）机组运行监视及运行情况检查

1）从电控箱面板上的HGM6320控制器以及仪表监视发电机电压、频率、电流、功率等电力参数，注意三线电压、三相电流是否平衡。

2）观察转速、油压、水温、油温等柴油机的运行参数。

3）机组运行期间注意听：有无金属敲击声或异常摩擦声及其他不正常的声音。

4）注意闻：有无异常烧焦的气味。

5）注意观察：有无"三漏"情况（漏油、漏水、漏气）。

6）机组已设定各项保护值，当运行参数越限时，系统按规定的程序进行处理，进行自动保护停机或不停机报警，应密切观察报警情况。

（6）紧急处理

发动机启动后有以下异常情况时应紧急处理。

1）听到尖啸声或敲击声。

2）飞车。

3）发现发动机排气口冒浓黑烟或浓青烟。

4）机油压力过低或水温过高。

5）漏水漏油。

当出现上述第1）2）中的情况时，应立即按下红色停机按钮，并采取一切可能的停机措施。当出现上述3）4）5）第三种情况，应先卸载后转怠速、关机。

（7）机组在低温环境下的使用

1）机组在低温环境下使用应根据当时的环境条件，按照发动机的使用保养手册要求，选用适当的防冻液和防冻机油。

2）采用比常温电池容量大1倍的低温电池，并检查电池电量是否充足。

3）可选用柴油机进气预热器以提高低温启动性能。

4）也可选用低温启动液帮助启动，但进气预热器不能和低温启动液同时使用。

5）在极低温条件下使用预热器启动发动机时，通常不要额定转速启动，以防止转速迅速升高造成油路系统供油跟不上而停车。

2.5.6.4 维护保养

为了确保发电机组工作的可靠性，延长机组的使用寿命，必须定期对发电机组进行维护和保养。柴油机、发电机、控制屏是机组维护保养的主要对象。

1. 柴油机的保养

柴油机是发电机组的动力源，是机组的心脏，因此必须严格定期进行维护和保养。柴油机的正确保养，特别是预防性的保养，是最容易、最经济的保养，是延长机组使用寿命和降低使用成本的关键。

柴油机的维护与保养应按其使用维护说明书的规定进行。当柴油机使用维护说明书无规定时按表2-19规定的周期进行。如机组的工作条件较恶劣，还应适当缩短保养周期。

表2-19 发动机维护保养周期表

A级保养	B级保养	C级保养	D级保养	E级保养
每日或加油后检查	每250h	每500h	每1000h	每2000h
润滑机油液面	更换发动机机油	更换燃油滤清器	检查、调整气门间隙	更换防冻液
冷却液液面	更换机油滤清器	检查防冻液浓度	检查驱动皮带张力	更换冷却液
燃油、机油、冷却液是否渗漏	检查进气系统管系有无裂纹、漏气	检查冷却液添加剂浓度	检查张紧轮轴承	更换冷却液、滤清器
皮带松弛和磨损	检查清理水箱散热片	更换冷却液滤清器	检查风扇轴壳及轴承	清洗冷却系
风扇有无损坏	检查空滤器阻力，不得大于635mm水柱	高压供油管通气	清洗冷却系统	检查减震器
声音有无异常		低压供油管通气		
烟色有无异常		燃油系统放气		
燃油：使用0#轻柴油；机油：使用15W40/CD或CF4				

另外，每日的 A 级保养还应做到以下几点。
◆ 经常检查蓄电池电压和电解液比重。
◆ 经常检查有无漏气情况。
◆ 经常检查各附件的安装情况，清洁柴油机及附属设备外表等。
◆ 经常检查各接头的链接是否牢靠以及紧固件的紧固情况。
注：C 级保养，必须同时完成 B 级保养项目，以此类推 D、E 级保养。

（1）柴油机日常保养

柴油机日常保养项目按表 2-19 的 A 级保养项目进行，并且应该做到：常规记录所有仪表的读数，功率使用情况；发生故障的前后情况及处理意见。检查机油油面，检查冷却液面，油水分离器放水；检查排烟起色是否正常；检查发动机工作时是否有异常声音。

1）每日检查机油液位必须在上、下线之间。

2）每日检查冷却液面，不足时添加。注意不要在水温高时打开水箱盖，以免烫伤。如果首次加冷却液，添加时不要太急，以便排出水套内的空气。加完后运转发动机再检查一次液面，对水冷式增压中冷发动机须打开中冷器放气阀。

3）每日给油水分立器放水。

（2）柴油机的定期维护与保养

发动机的定期维护保养是保证发动机优良的性能和延长使用寿命的关键，用户必须按照下列程序进行保养，切不可延长保养周期及减少保养项目，那样会因小失大。在使用条件比较恶劣的地区还应适当缩短保养期。

（3）润滑系统的维护保养

润滑油的稀释能引起发动机损坏，检查使用过的润滑油是否存在下述情况：燃油 + 润滑油；水 + 润滑油。如果润滑油被稀释了，应彻底查明原因，否则会引起发动机严重损坏。

1）更换机油。

① 更换机油前要预热发动机。

② 拧下放油塞，将废油放入大于 20L 的容器内。废油要集中处理，以免污染。

③ 观察机油有无稀释和乳化，容器底部有无金属物。

④ 拧紧放油螺塞。（螺塞力矩 75 ± 7N·m）

⑤ 加入清洁的符合规定的机油。机油容量 16.4L。

⑥ 运转发动机几分钟，停机 5min 后用机油标尺检查油面。

2）更换机油滤清器。

① 用专用拆卸滤清器扳手拆下滤清器。

② 清洁滤清器座的结合面。

③ 检查要更换的滤清器滤芯是否完好，如有破损则不许用。

④ 加满清洁的机油。要特别注意加入清洁的机油，因为部分机油要不通过滤芯直接进入主油道，不清洁的机油对发动机危害极大。

⑤ 六缸机与四缸机的滤清器不同，四缸机的短一点，不要装错。

⑥ 润滑密封胶圈表面。

⑦ 用手旋安装滤清器，当密封圈接触后再旋 3/4 圈。（注意不要用扳手拧得过紧，过紧会损坏密封圈）。

⑧运转发动机,检查是否漏油。

(4)燃油系统的维护保养

1)更换燃油滤清器。

①更换程序与更换机油滤清器相同。更换滤清器时要特别注意不要忘记安装中间的密封橡胶垫,那会使燃油不经滤清直通油道,危险很大。

②更换后给低压油路放气。

2)燃油系统放气。

在下列情况需要人工放气:

①在安装前,燃油滤清器未注油。

②更换燃油喷射泵。

③高压供油管接口松动或更换供油管。

④初次启动发动机或发动机长期停止作业后的启动。

⑤油箱已用空。

方法:在喷射泵上通过回油歧管提供有控制的通气。如果按照规定更换燃油滤清器,在更换燃油滤清器或燃油喷射泵供油管时进入的少量空气将会自动排出。

3)高压供油管和燃油滤清器。

使用工具:10mm扳手。

方法:打开放气螺钉,运行输油泵活塞直至从装置流出的燃油不含空气为止。旋紧放气螺钉。

扭力值:9N·m(80in-lb)

4)高压供油管通气。

旋松喷射器的接头,转动发动机让管线中留存的空气排除。旋紧接头。

启动发动机和一次通气一条管线直至发动机平稳运行为止。

注意:当使用启动器给系统通气时,每次接合启动器的时间切勿超过 30s,每次间隔 2min。

警告:

◆ 在管线中的燃油压力足以刺破皮肤和造成严重的人身伤害。

◆ 将发动机置于"运行"(RUN)的位置是必要的。因为发动机可能启动,应确实遵守全部安全操作规定。使用常规的发动机启动程序。

(5)冷却系统的维护保养

柴油机冷却系统的水散热器需要经常维护保养,以保证冷却液和空气的热交换。一般情况下,柴油机每工作 250h 左右,应对散热器的外表进行清理。每工作 1000h 左右,应对散热器的内部进行清理。对其内部水垢及沉淀杂质的清理,可先将散热器内的水放尽,然后用一定压力的清水(如自来水)通入散热器芯子,直至流出的水清洁为止。如散热器水垢过多,则要用清洗液清洗散热系统。

(6)空气滤清器的维护保养

清洁或更换空气滤清器滤芯的步骤如下。

1)拆除端盖,清除盘内灰尘。

2)去下外滤芯,检查是否有破损,橡胶密封垫黏结是否牢固,金属端盖与纸芯黏结是否牢固，金属端盖是否有裂纹。

3）检查滤清器壳体底部密封圈是否完好。

4）在平板上轻轻拍打滤芯端面后，用不超过 689kPa 的压缩空气从内向外吹。

5）将清洁过的外滤芯或新滤芯重新装好。

6）固定滤芯的螺母，拧紧要适度，不要过紧，以免端盖变形脱胶。

7）装配时不要忘记安装旋片罩。

8）清除滤芯的灰尘，切不可用水或油刷洗。

9）内滤芯一般不必清洁，直至更换。

（7）驱动皮带的维护保养

当发动机工作时，传动皮带应保持一定的张紧程度。正常情况下，在橡胶传动带中段加 29～49N（3～5kg·f）压力，胶带应能按下 10～20mm 的距离。若传动带过紧，将引起充电发电机、风扇和水泵上的轴承磨损加剧；若传动带太松，则会使所驱动附件达不到需要的转速，导致充电发电机电压下降，风扇风量和水泵流量降低，从而影响柴油机的正常运转，所以应定期对传动带张紧力进行检查和调整。调整发动机橡胶带的张紧力，可借改变充电发电机的支架位置进行调整。当橡胶带松紧程度合适后，将支架撑条固定。正确使用张紧橡胶带，可延长使用寿命。当橡胶带出现剥离分层和因伸长量过大无法达到规定的张紧程度时应立即更换。新带的型号和长度与原用的橡胶带一样。

（8）调整气门间隙

1）拆下气阀罩盖。

2）一边按住发动机上的正时销（正时销在齿轮室后面靠近喷油泵处），一边使用盘车齿轮和 1/2in（1in = 0.0254m）棘轮缓缓转动发动机，当正时销落入凸轮轴齿轮上销孔内的瞬间，第一缸即处于压缩上止点。

3）调整以下气门间隙，由前端开始，依次序为

四缸机：1-2-3-6

六缸机：1-2-3-6-7-10

（注：由前向后排列，单数为进气门，双数为排气门。）

4）进气气门间隙为 0.25mm，排气气门间隙为 0.51mm。

5）将合适的厚薄规插入阀杆和摇臂之间，手感有阻力的滑动即为合适。

6）检查、调整进气气门间隙要在冷机状态下进行（发动机温度低于 40℃）。

7）锁紧螺帽力矩 24 ± 3N·m。

8）螺帽锁紧后再复查一次。

9）转动发动机 360°按以上方法调整其余气门间隙。

2. 发电机的保养

发电机的维护与保养必须由经过培训的专业人员按发电机使用说明书的规定进行。并应做到以下几点。

1）发电机切忌受潮，工作或存放场所必须干燥、通风。

2）应避免尘垢、水滴、金属铁屑等杂物的浸入。

3）电压调节器应保持清洁，注意晶闸管的发热情况。

4）经常检查硅元件上是否有尘埃，并拧紧螺栓等紧固件。

5）经常检查励磁装置的各元件有无脱焊、断头、松动现象。
6）经常检查输出线有无破损情况。
7）经常检查发电机的接地是否可靠。
8）经常用手触摸电动机外壳和轴承盖等处，了解各部位温度变化情况，正常不应烫手。
9）在运行时注意绕组的端部有无闪光和火花以及焦臭味或烟雾发生，如果发现，说明有绝缘破损和击穿故障，应停机检查。
10）电动机轴承每工作 3000~4000h（或每年），应用煤油清洗轴承，重新更换新油脂。油脂应清洁，不同类型的润滑油脂切勿掺和使用。
11）必须经常对发电机进行检查、维护保养，主要内容是：清理灰尘，检查导线，检查绝缘电阻不低于 0.5 MΩ，检查各电气部分接触是否良好。

3. 控制屏的保养

控制屏的维护与保养应由经过专业培训的电气技术人员进行。保养的主要项目有：
1）经常清除灰尘。
2）经常检查导线有无破损情况。
3）经常检查插接件有无松脱。
4）经常检查各导线紧固件是否紧固牢靠。
5）经常检查各指示器及仪表是否正常。
6）长期闲置不用的机组应定期给控制屏通电，每次 0.5h。

2.5.7 新型发电设备

近年来，燃气轮机发电机组和高压柴油发电机组在通信局（站）已经有部分应用，本节对燃气轮机发电机组和高压柴油发电机组相关知识做一简要介绍。

2.5.7.1 燃气轮机发电机组

燃气轮机的问世，是航空史上的一次革命，作为飞机的动力源已得到了迅速发展。以燃气轮机作为原动机的发电装置首先在美国得到应用。由于燃气轮发电机组具有输出功率范围广（小到几十千瓦，大到几万千瓦）、启动和运行可靠性高、发电质量好、重量轻、体积小、维护简单和低频噪声小等优点，燃气轮机发电机组作为交流备用电源已逐步在航海、军事和电信等领域得到应用。一般它们具有以下几个优点。

1）发电质量好。由于机组工作时只有旋转运动，电调反应速度快，工作平稳，发电机输出电压和频率的精度高，波动小，在突加突减 50% 和 75% 负载时，机组运行非常稳定。优于柴油发电机组的电气性能指标。

2）启动性能好，启动成功率高。从冷态启动成功后到满负载的时间仅为 30s，而国际规定柴油发电机启动成功后 3min 带负载。燃气轮发电机组可以在任何环境温度和气候下保证启动的成功率，这是它的一个突出特点。

3）噪声低，振动小。由于燃汽轮机处于高速旋转状态，它的振动非常小，而且低频噪声优于柴油发电机组。

本节以 QD10B 车载式燃气轮发电机组为例介绍有关燃气轮机发电机组的情况。

1. 性能介绍

（1）主要技术指标

在标准大气条件下（大气压为 $P_0 = 101.325\text{kPa}$，环境温度为 $T_0 = 15℃$）发电机组的主要技术指标见表 2-20。

表 2-20　QD10B 车载式燃气轮发电机组主要技术指标

名称	单位	技术指标
燃机型号		MAKILA 1F2B
最大输出电功率	kW	1100
额定输出电功率	kW（kVA）	1000（1250）
发电机转速	r/min	1500
发电机额定电压	V	AC400（三相四线制）
稳态电压调整率		≤±1.5%
瞬态电压调整率		−15%～+20%
电压稳定时间	s	≤1.5
稳态电压波动率		≤1%
线电压波形正弦性畸变率		≤3%
发电机额定频率	Hz	50
稳态频率调整率		≤±1%
瞬态频率调整率		≤±4%（25%负载）
频率稳定时间	s	≤2（25%负载）
频率波动率		≤1%
功率因数		0.8（滞后）
机组电功率输出形式		独立发电
燃烧类型		航空煤油或轻柴油
油箱容积	L	800
满载时，油箱能工作的时间	h	2
机组工作状态自耗电	kW	≤10
机组启动电压	V	DC24
机组控制电压	V	DC24
机组启动成功率		≥99.5%
机组噪声水平	dB（A）	≤85（箱体 1m 处）；≤90（燃机排气口）
机组质量	t	≤13（不含汽车）
整车质量	t	≤22
整车外部轮廓尺寸	mm	9415×2480×3500

当受到大气温度等因素影响时，机组输出电功率按图 2-45 所示的环境温度与输出电功率关系曲线进行。

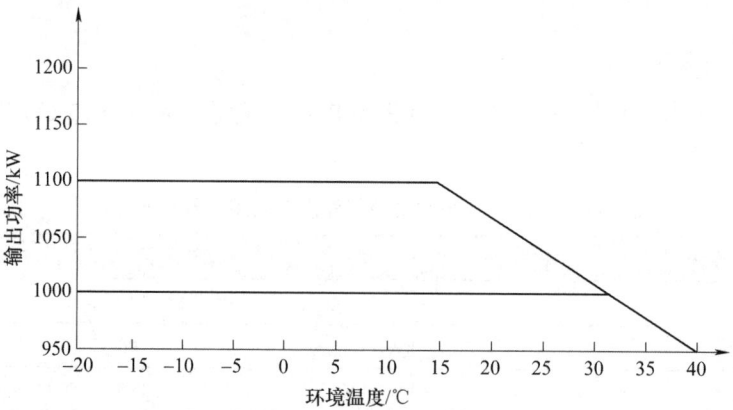

图 2-45 环境温度与输出电功率的关系曲线（考虑燃机进、排气损失和发电机效率）

（2）总体结构说明

QD10B 型燃机发电机组主要由 ND1260（2629）G 型货车、MAKILA 1F2B 型燃气轮机、EC43 LB/4 型发电机、叠片挠性联轴器、燃油系统、滑油系统、进气系统、排气系统、机舱通风系统、发电系统、测量系统、控制保护系统、隔声箱体和机组底盘等组成。

（3）工作过程

1）启动过程。

在机组处于"允许启动"状态，接到外电网断电信号或人工按机侧箱或遥控箱上的启动按钮后，机组控制器（PLC）接到启动指令，启动"供油泵"，打开"防火阀"，发出"启动"指示信号。延时 10s（可调），PLC 向燃机控制器（DECU）发出启动指令。DECU 接到来自 PLC 的启动信号，A 程序启动，启动机供电，启动阀、截止阀、放空阀、点火线圈供电，由启动机带动燃气发生器转子旋转，点火器点火。第 5s 时 A 程序结束，B 程序启动，燃机按照调节器设定的规律加速，燃机主喷油环供油点燃，DECU 控制燃气发生器转速 NG 和动力涡轮排气温度 T_4。第 10s 时 B 程序结束，C 程序启动（DECU 检查 10s 时 T_4 应大于 300℃），燃机按照同样的规律加速。当燃机加速到 $NG=45\%$ 时，C 程序结束，启动阀、点火器、启动机断开。当动力涡轮转速 $NPT=100\%$ 时，启动程序结束，DECU 允许加载。当 $NPT=100\%±5\%$ 持续 10s，PLC 控制励磁开关接通。在燃气轮机输出轴转速上升至 $n=1500rpm$ 并稳定运行时启动过程结束。

2）发电运行。

当燃机输出轴转速稳定后，燃机动力涡轮输出轴和发电机转子的转速保持恒定。PLC 如前所述发出发电机投励信号，使发电机输出电压达到设定值，并开始向机组内部用电设备供电，控制主机舱通风机工作。在启动和运行期间由显示用微机按设定的时间间隔自动记录机组的全部运行参数。机组工作时，环境空气经过进气系统的进气消声器、弯头和进气集气箱进入燃气轮机的进气道。空气在燃机压气机旋转叶片的作用下由进气道流入轴流式压气机进行第一次压缩，被压缩的空气再经过离心式压缩机进行第二次压缩，压缩后的空气流入环形燃烧室，在燃烧室内与经喷油系统雾化的燃油混合燃烧，燃烧后的高温、高压燃气首先流入燃气发生器，涡轮第一次膨胀做功产生轴功率，带动燃机的压气机和安装在进气机匣上的附件工作，然后燃气在动力涡轮内第二次膨胀做功，将剩余能量转换成轴功率并通过燃机减速器传递到输出轴，再经过弹性联轴器传递给发电机转子，通过发电机内将燃机的机械能转变为电能，由发电机定子线圈向外输出电功率。

3）停机过程。

机组在运行过程中，如接到市电恢复信号和停机信号时，机组控制器（PLC）发出停机信号，先分断励磁开关，然后燃油调节阀回零位（DECU控制）；当NG≤80.42%时打开燃机放气活门（DECU控制）；关闭燃油供油泵和防火阀；显示用微机以一定的时间间隔（可调）记录不少于停机前最后3min内的所有运行参数；10min后停机舱通风机。

2. MAKILA 1F2B 燃气轮机

（1）概述

QD10B发电机组采用法国TURBOMECA公司生产的MAKILA 1F2B涡轮轴发动机。该种工业用改型燃机改自于"超级美洲豹"直升机的动力源—MAKILA发动机。MAKILA 1F1B涡轴发动机是一种标准的双轴涡轴发动机，主要包含以下六大标准模块（见图2-46）。

1）进气机匣的附件传动机匣。
2）三级轴流式压气机。
3）离心式压气机、燃烧室和两级涡轮。
4）动力涡轮导向器组件。
5）两级动力涡轮、排气管和I减速器。
6）II级减速器。

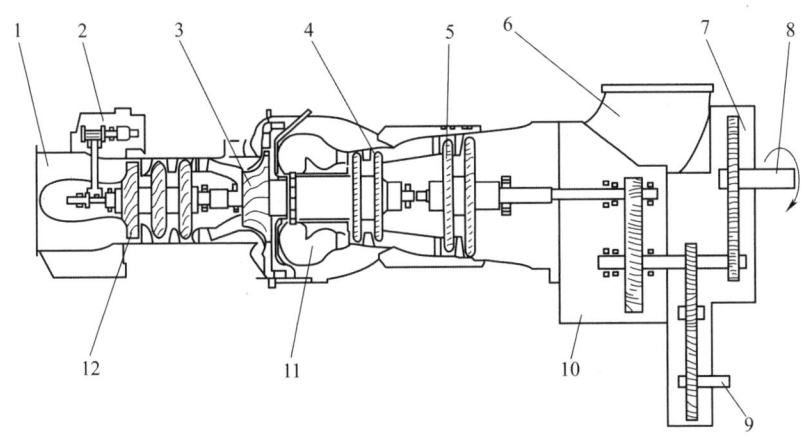

图2-46　MAKILA 1F2B 燃气轮机结构简图

1—进气道　2—附件传动机匣　3—离心式压气机　4—燃气发生器涡轮　5—自由涡轮　6—排气段　7—II级减速器　8—输出轴　9—II级减速器滑油泵驱动轴　10—I级减速器　11—燃烧室　12—轴流式压气机

另外，燃机还包含有燃油系统、点火系统、空气系统、滑油系统、启动系统和数字电子控制单元等。燃机通过固定在机组底座上的燃机支承与位于燃机前部进气机匣和后部II级减速器上的安装节来连接固定。

燃机的燃油系统能够保证在燃机所需的各种工作状态下，向燃机供给燃油。它通过数字电子控制单元（DECU）进行调节和控制。燃机工作过程中燃油量的调节是由DECU控制电液调节系统中的燃油调节阀的开度来实现的，并通过调节供油量自动地输送适量的燃油以便控制燃机的平衡转速和限制涡轮后燃气的最高温度。

燃机点火系统确保在开始启动阶段点燃喷入燃烧室的燃料。点火系统主要包括两个高能点火器、两个火花塞和两根启动点火电缆。

燃机空气系统包括内部空气系统和外部空气系统。内部空气系统用来提供**篦齿封严压力**、零件冷却和平衡作用在转动零部件上的力。外部空气系统用来给压力传感器提供压力信号并保证压气机放气活门的正常工作。

燃机滑油系统用于燃机零部件的冷却和润滑，为开式循环。燃机所有高负荷的摩擦面（轴承、齿轮等）均用加压的混合滑油润滑和冷却。它可分为两个独立的系统：和I级减速器滑油系统和II级减速器滑油系统。

燃机右侧顶部的启动电动机在启动时带动燃气发生器转子。燃机的控制保护系统保障燃机正常工作以及检查燃机工作参数。

（2）工作过程

如图 2-47 所示，发动机将周围的空气（G）及燃料（Q）中的能量转化为机械功提供给输出轴。

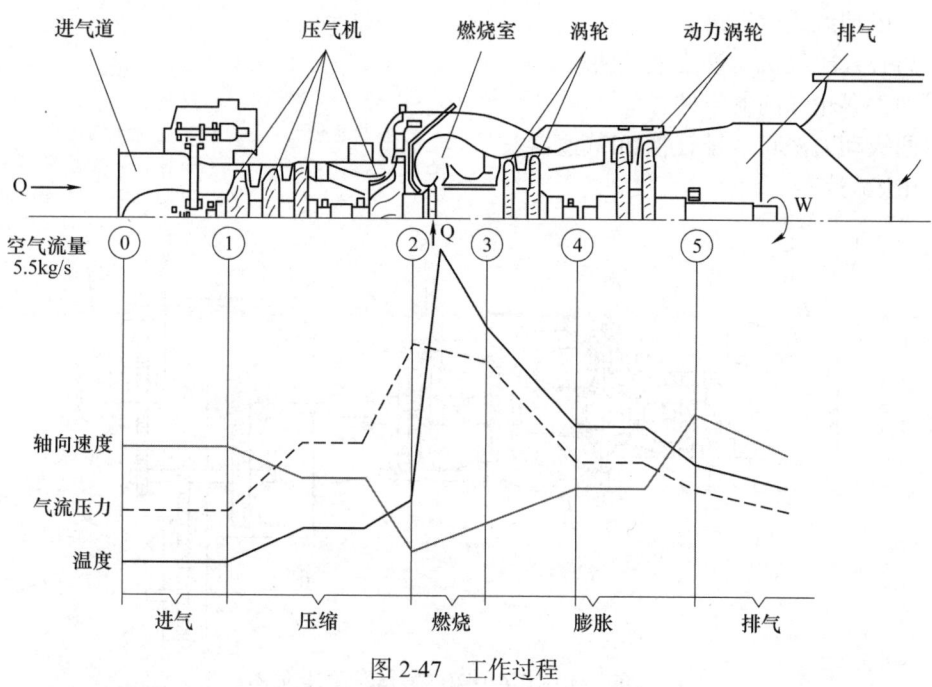

图 2-47 工作过程

功率（W）通过包括以下三个阶段的热循环产生：压缩；燃烧；膨胀和排气。发动机工作过程如下。

外界的大气经过进气道进入发动机，在轴流式压气机内进行第一次压缩。转子对空气做功，动能在叶栅通道内转变成压力能，气流压力和温度上升，轴向速度下降。经过第一次压缩后的空气进入离心式压气机。

空气在离心式压气机内被第二次压缩。转子对空气做功，气流以高速离开转子的叶片叶尖，流过放射状叶片和扩压器，在扩压器内动能被转化为压力能。经过两次压缩后的高压空气进入燃烧室。

高压气流进入环形燃烧室后被分成两股：第一股气流（流经前后涡流片）与经喷油系统

雾化的燃油混合，燃油在合适的油气混合比条件下充分燃烧，使燃烧区内保持不间断的火焰和很高的温度；第二股气流（流经掺混器）与第一股燃气流相混合对其进行稀释并使其降温。

从燃烧室出来的燃气在燃气发生器涡轮内发生第一次膨胀，燃气在涡轮导向叶片通道内被加速，并被引向涡轮叶片，作用在涡轮叶片上的气流所产生的气动力引起涡轮旋转，从而提供驱动压气机所必需的能量。燃气在动力涡轮内发生第二次膨胀，由动力涡轮将剩余能量转换成由输出轴输出的机械功。最后燃气经排气管排出。

（3）主要数据

1) 燃气轮机型号 MAKILA lF2B
2) 燃气轮机类别 涡轴
3) 燃气轮机转子的旋转方向（从输出轴方向看） 逆时针
4) 输出轴转速 1500rpm
5) 燃气发生器最大转速 32000rpm
6) 自由涡轮名义转速（100%） 22850rpm
7) 自由涡轮低速（80%） 18280rpm
8) 自由涡轮超速（120%） 27420rpm
9) 燃机进口空气流量 5.45kg/s
10) 外形尺寸 2332×850×1110（mm）
11) 重量（包含两级减速器） 950kg
12) 启动过程中放气活门关闭转速，% 87.95
13) 停车过程中放气活门打开转速，% 80.4
14) 滑油系统主要参数 （见表2-21）

表2-21 滑油系统主要参数

参数	发动机和第I级减速器滑油系统	第II级减速器滑油系统
名义滑油压力（kPa）	350	350
名义工作温度（℃）	65	65
最高温度	85	85
名义滑油流量（dm^3/h）	2000	1800

15) 燃机排气及排气出口参数：

排气流量 5.7kg/s
排气温度 525℃（最高温度580℃）

16) 燃机工作环境空气参数：

温度 最低−15℃，最高+43℃
最大相对湿度 90%

（4）发动机性能

燃机作为备用机组动力使用时性能如图2-48、图2-49所示（最低海拔0m；不计安装损失；燃料热值——42800kJ/kg）。

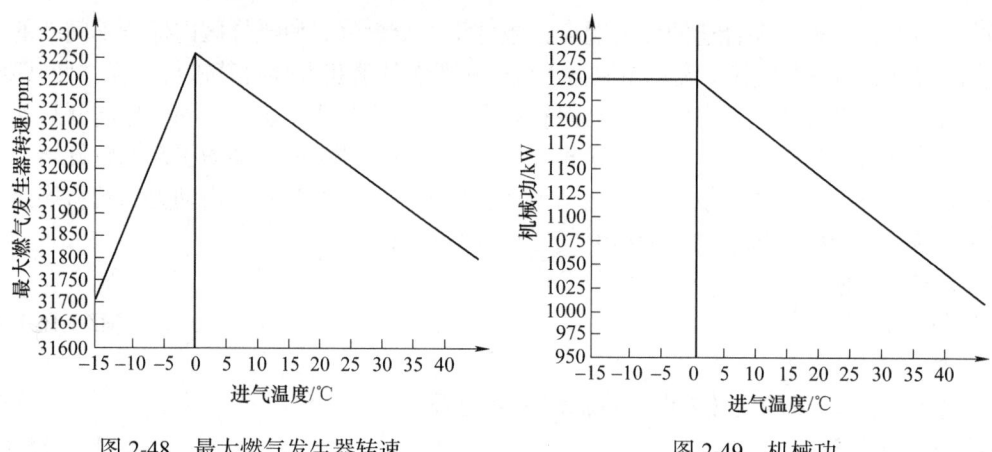

图 2-48　最大燃气发生器转速　　　　图 2-49　机械功

2.5.7.2　高压柴油发电机组

伴随着中国工业的飞速发展，国内用电设备容量不断扩大，作为备用电源的柴油发电机组的容量也随之不断增大，有时甚至需要多台大功率柴油发电机组并联才能满足使用要求。电压也由常用的 400V 增至 6300V 或者 10500V。此时高压柴油发电机组应运而生，及时解决了国内外高压用电设备的需求。

高压型柴油发电机组是以国内外优质名牌柴油机为动力，按照国家标准 GB 2820《往复式内燃机驱动的交流发电机组》、JB/T 10303—2020《工频柴油发电机组技术条件》和 YD/T 2888—2015《通信用 10kV 高压发电机组》的规定，并参照《IEC34-I》国际电工委员会旋转电动机标准，选配国内外优质发电机所生产的高压系列发电机组（6300V、10500V）。

1) 高压柴油发电机组产品特点：高压发电机组分为柴油、重油两用，具有调压精度高、动态性能好、电压波形畸变小、效率高、结构紧凑、维修方便、工作可靠、使用寿命长、经济性能好等特点。

2) 高压柴油发电机组产品优点：高压发电机组凭借输出距离远、损耗小的优势，在金融、保险、通信、教育等领域的大型数据中心发挥着举足轻重的作用。通过高压发电机组，可为数据中心提供后备电源，避免中心完全断电，保护数据传输不会中断。

3) 高压柴油发电机组电压等级：50Hz 高压柴油发电机组主要电压等级有 6kV、6.3kV、6.6kV、10kV、10.5kV、11kV 等，单台机组功率一般在 1000kW 以上，多台机组并联使用。在通信领域，通常采用 10kV（10.5kV）的高压柴油发电机组。

4) 高压发电机组的应用，引出发电机组与市电的转换点问题。在 400V 低压系统中，发电机组与市电的转换点自然在低压侧。而对于高压发电机组而言，若仍然在低压侧与市电进行倒换，不仅需要机组先降压，而且会因低压负载比较分散而产生多处倒换点，使得系统复杂性增加。因此，在使用高压发电机组的场合，通常采用在高压侧与市电进行倒换的方案。

5) 高压型柴油发电机组并联运行：发电机组投入并列运行的整个过程叫并列，将一台发电机组先运行起来，把电压送至母线上，而另一台发电机组启动后，与前一台发电机组并列，在合闸瞬间，发电机组不应出现有害的冲击电流，转轴不受到突然的冲击。合闸后，转子应能很快被拉入同步，因此发电机组并列必须具备以下条件。

① 发电机组电压的有效值与波形必须相同。

② 两台发电机电压的相位相同。
③ 两台发电机组的频率必须相同。
④ 两台发电机组的相序一致。

高压柴油发电机组典型方案：如机组是 6.3kV 或 10.5kV 柴油发电机组，则其组成为 N 台发电机组进线柜、发电机组出线柜、N 台发电机组中性点柜、1 台母线 PT 柜、1 套自动并车控制屏（触摸屏，自动并车，手动同期）、1 套直流屏、1 套低压电源箱等。

自动并车系统，可编程控制器是指挥核心，并机仪是并机和负载分配的执行者；高压配电是配电分配单元，并车仪采集发动机三相电压（经高压 PT 取样），母排三相电压（经高压 PT 取样），发电机三相电流（经 CT 取样）。本方案提供的自动并车控制器通常是全数字式控制器，可实现自动启动，自动投入，自动并机，自动调频调载，自动备用冗余控制，自动撤出，自动停机，自动保护等控制功能，通过 RS485 接口或 RS232 可实现微机监控。

为增加可靠性，设有手动准同期并车功能，实现 N 台发电机组手动同步并列发电。手动准同期并车设有同步表（带同步脉冲），当并车相位角，电压幅值差度，频率幅值差满足并联条件时，输出合闸同步脉冲信号，当自动调整装置起作用时，手动准确调整将闭锁。

高压柴油发电机组与低压柴油发电机组特点异同对比见表 2-22。

表 2-22 高压与低压柴油发电机组特点异同对比表

特点	低压机组	高压机组
容量	可多台机组并联运行	可多台机组并联运行，机房可集中建设
输送距离	可短距离输电	可长距离输电
损耗	在输配电中线路损耗较大	在输配电中线路损耗较小，不存在输送发热问题
成本	设备初期投资较少，维护成本较低，低容量、短距离具有较大优势，大容量与长距离使用时成本将远远高于高压机组	设备初期投资较大，维护成本较低，对于大容量、长距离输配电具有明显优势，配套投资费用较低
操作维护	操作使用较简单，对操作人员要求较低	操作使用较为复杂，操作人员要求较高，必须具有相应高压操作证才能操作
配置	配置较为简单	配置较为复杂，尤其在发电机及输出配电柜方面
安全	安全性能较高，技术较为成熟，技术门槛较低	安全性能较高，技术较为成熟，技术门槛较高
发展趋势	小功率段保持传统市场，大功率段有被高压系统替代的趋势	采用高压系统为现时世界趋势，需求逐渐增大

2.6 供电系统电力线的选配

本节着重讲述通信局（站）供电系统电力线常见的种类、电力电缆的基本结构、电力电缆的命名规则、电力线的选择以及电力线的敷设，电力线的选择与敷设是重点。

2.6.1 电力线常见种类

供电系统中常用的电力线种类有三种①电力电缆：具有（电缆）线芯/铜导体、绝缘层和护（套）层的电力线。②绝缘导线：有简单绝缘层和保护层的低压电力线。绝缘导线按线芯材料可分铜芯和铝芯两种。绝缘导线按其外皮的绝缘材料可分为橡皮绝缘和塑料绝缘两种。③母线：一般指封闭式母线，用于楼层配电干线或配电设备间的连接。

2.6.2 电力电缆的结构

电力电缆是一种特殊的导线，主要由（电缆）线芯/铜导体、绝缘层和护（套）层 3 部分组成，如图 2-50 所示。

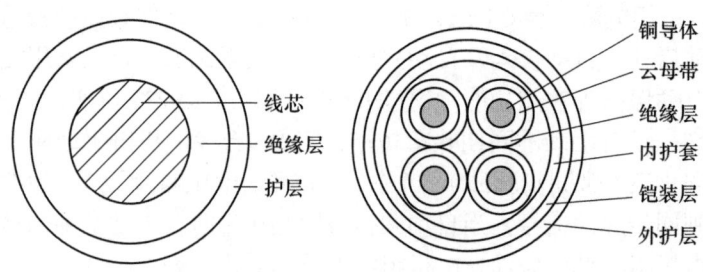

图 2-50 电力电缆的结构

（1）（电缆）线芯/铜导体

（电缆）线芯/铜导体由单根或几根绞绕的导线构成，每根缆芯线由多根导线构成，而电缆又由数量不等的缆芯线组成。缆芯线数量常见的有单芯、双芯、三芯和四芯等多种。缆芯线的截面积有圆形、半圆形和扇形 3 种。

（2）绝缘层

绝缘层分匀质和纤维质两类。两类材料的差异在于吸收水分的程度不同。

（3）护（套）层

电力电缆按护（套）层材料不同区分，主要有以下几种类型。

1）铅护套电缆：密封性能可靠，耐腐蚀性较铝好，接续容易，但价格昂贵，资源较少而战备用途多，因而使用受到限制，以铝代铅是发展的方向之一。铅护套磁屏蔽性能较差，在外力较大和腐蚀较强的环境中还需加设不同结构形式的外护层。

2）铝护套电缆：重量轻，机械强度高，虫蚁不易啮蚀，直埋时一般可以铠装，电阻小，屏蔽性能好，但加工成型的接续较难，弯曲性差。

3）橡皮护套电缆：用天然橡胶或合成橡胶做护套的电缆称橡皮护套电缆，一般采用天然橡胶、氯丁橡胶等做护套。这种电缆一般也采用橡皮绝缘。

4）塑料护套电缆：仅采用塑料做护套的电缆称为塑料护套电缆，包括聚氯乙烯塑料护套电缆、聚乙烯护套电缆等。这种电缆的绝缘通常也是塑料绝缘。

2.6.3 电力电缆的命名

电力电缆的型号组成与顺序如下：
类别–导体–绝缘–内护层–结构特征–铠装和外护层数字标记–使用特征。

其中，1～5项和第7项用拼音字母表示，高分子材料用英文名的第1位字母表示，每项可以是1～2个字母；第6项是1～3个数字。

（1）类别

BC（低烟低卤）、E（低烟无卤）、K（控制电缆类）、DJ（电子计算机）、N（农用直埋）、JK（架空电缆类）、B（布电线）等。

（2）导体

T（铜导体）、L（铝导体）、G（钢芯）、R（铜软线）。

（3）绝缘

V（聚氯乙烯）、YJ（交联聚乙烯）、Y（聚乙烯）、X（天然丁苯胶混合物绝缘）、G（硅橡胶混合物绝缘）、YY（乙烯—乙酸乙烯酯橡皮混合物绝缘）。

（4）内护层

V（聚氯乙烯护套）、Y（聚乙烯护套）、F（氯丁胶混合物护套）。

（5）结构特征

B（扁平型）、R（柔软型）、C（重型）、Q（轻型）。

（6）铠装和外护层数字标记

0（无）、1（联锁铠装纤维外被）、2（双层钢带聚氯乙烯外套）、3（细圆钢丝聚乙烯外套）、4（粗圆钢丝）、5（皱纹、轧纹钢带）、6（双铝或铝合金）带、7（铜丝编织）。

（7）使用特征

第7项是各种特殊使用场合或附加特殊使用要求的标记，在"-"后以拼音字母标记。有时为了突出该项，将此项写在最前面，如ZR（阻燃）、NH（耐火）。

型号中的省略原则：电线电缆产品中铜是主要使用的导体材料，故铜芯代号T省写，但裸电线及裸导体制品除外。裸电线及裸导体制品类、电力电缆类、电磁线类产品不表明大类代号，电气装备用电线电缆类和通信电缆类也不列明，但列明小类或系列代号等。

2.6.4 电力线常用型号

常用电线电缆和母线的型号见表2-23。

表2-23 常用电线电缆和母线的型号

序号	型号		名称	备注
	铝芯	铜芯		
1	LJ	TJ	铝（铜）绞线	
2	LGJ		铜芯铝绞线	
3	BLX	BX	铝（铜）芯橡皮线	
4	BLXF	BXF	铝（铜）芯氯丁橡皮线	
5	BLV	BV	铝（铜）芯聚氯乙烯绝缘线	

（续）

序号	型号		名称	备注
	铝芯	铜芯		
6	BLVV	BVV	铝（铜）芯聚氯乙烯绝缘聚氯乙烯护套电线	
7	ZLQ	ZQ	铝（铜）芯油浸纸绝缘裸铅包电力电缆	
8	ZLQ××	ZQ××		×× 表示电力电缆外护层代号 1. 麻被护层 2. 钢带铠装麻被护层 20. 裸钢带铠层 3. 细钢丝铠装麻被护层 30. 裸细钢丝护层 5. 粗钢丝铠装 11. 防腐护层 12. 钢带铠装有防腐层 120. 裸钢带铠装有防腐层
9	ZLL	ZL	铝（铜）芯油浸纸绝缘裸铝包电力电缆	
10	ZLL××	ZL××		
11	ZLQP	ZQP	铝（铜）芯油浸纸滴干绝缘铅包电力电缆	
12	YJLV	YJV	铝（铜）芯交联电力聚乙烯绝缘、聚氯乙烯护套电缆	
13	VLV	VV	铝（铜）芯聚乙烯绝缘、聚氯乙烯护套电力电缆	
14	XLV	XV	铝（铜）芯橡皮绝缘、聚氯乙烯护套电力电缆	
15	LMY	TMY	硬铝（铜）母线	
16	LMR	TMR	软铝（铜）母	
17		RVV	铜芯聚氯乙烯绝缘软电缆	
18	WDZ	WDN	无卤低烟阻燃（耐火）型电缆	

2.6.5 电力线的选择*

通信局（站）使用的电力线，按照使用电压种类可分为交流和直流两类。交流电力线除用于高频开关电源外，用于通信负荷的较少。直流电力线除用于直流应急照明外，用于非通信负荷的较少。而电力线选择包括型号选择和截面选择两个方面。

1. 电力线选择的一般原则

1）高压柜出线、低压配电设备的交流进线宜按远期负荷计算，并据此选择导线型号与规格；低压配电屏的出线应按被供负荷的容量计算，并据此选择导线型号与规格。

2）自备发电机组的输出导线，应按其输出容量选择导线型号与规格。

3）按满足电压要求选取直流放电回路的导线时，直流放电回路的全程压降不应大于下列值：48V 电源为 3.2V；240V 电源为 12V。

4）采用电源馈线的规格，应符合下列要求：①通信用交流中性线应采用与相线相等截面的导线；②直流电源馈线应按远期负荷确定，当近期负荷与远期负荷相差悬殊时，可按分期敷设的方式确定，设计时应考虑将来扩装的条件；③接地导线应采用铜芯导线；机房内的导线应采用阻燃型电缆。

2. 直流电力线截面的选择与计算

直流供电回路电力线，如电池组至直流配电设备，直流配电设备至整流器、通信设备电源架，安装在交流柜上的事故照明供电、电力系统控制回路线等。直流供电回路可按允压降法确定电力线截面积，常用的两种方法如下。

（1）电流矩法

电流矩法以欧姆定律为依据计算，公式如下：

$$\Delta U = IR = I\rho \frac{L}{S} = \frac{IL}{rS}$$

式中，ΔU为允许电压降（V）；I为电流（A）；R为导线电阻（Ω）；ρ为导体电阻率（Ω·mm²/m）；r为导体电导率（S/m）；S为导体截面积（mm²）；L为导线长度（m）。

其中，铜导体$r = 57$S/m，铝导体$r = 34$S/m。以上计算中用到了参数I和L的乘积，即所谓的电流矩，故称电流矩法。

（2）固定压降分配法

固定压降分配法在直流供电系统中最为常用，把要计算的直流供电系统全程允许压降的数值，根据经验适当分配到各压降段上，从而计算各段导线截面积，如先后计算的两段所得的线截面积显然不合理时，应适当调整压降分配后再重新计算。每段的计算采用电流矩法。

3．交流电力线截面的选择与计算

交流电力线指的是配电工程中的低压电力线，其导线截面积的选择与计算问题一般有以下3种。

（1）按机械强度允许的导线最小截面选择

导线在安装和使用过程中要受到外力的影响，另外导线本身也有自重，这样就要受到多种张力的作用。如果导线不能承受这些张力的作用，就容易折断。因此，选择导线时必须考虑导线的机械强度，不过由此而决定的导线截面对通信局（站）供配电系统而言，一般无须计算，只需按最小允许截面进行校验即可。

（2）按允许温升来选择

由于导线存在自身阻抗，通过电流就要发热，截面相同的导线，通过电流越大，导线发热越大。如果导线的发热超过一定限度，其绝缘就会迅速老化和损坏，严重时会引发电气火灾，因此必须对导线、电缆的温升程度做限制，也就是对导线、电缆的载流量做限制。导线和电缆（包括母线）在通过正常最大负荷电流时达到的发热温度，不应超过其正常运行时的最高允许温度。

按发热条件选择三相电路中的相线截面时，应使其允许载流量不小于通过相线的计算电流。所谓导线的允许载流量，就是在规定的环境温度条件下，导线能够连续承受而不致使其稳定温度超过规定值的最大电流。如果导线敷设点的温度与导线允许载流量所采用的环境温度不同，则导线的允许载流量应乘以温度校正系数。按规定，选择导线（包括母线和绝缘导线）所用的环境温度：室外，采用当地最热月平均最高气温；室内，取当地最热月平均最高气温加 5℃。而选择电缆所采用的环境温度：室外电缆沟，取当地最热月平均最高气温；室内电缆沟，取当地最热月平均最高气温；采用电缆隧道或土中直埋方式的，取当地最热日平均最高气温。

对于铜线，其允许载流量约为相同截面铝线允许载流量的1.29倍，因此可利用铝导线的载流量表经过换算得到其值。

必须注意，按发热条件选择的导线和电缆截面，还必须校验它与保护装置（熔断器或低压断路器的过电流脱扣器）配合是否得当，而不允许发生导线或电缆已经过热或起燃而保护装置不动作的情况，否则应改进保护装置，或者适当加大导线或电缆的芯线截面。

（3）按允许电压损失选择

由于线路存在着阻抗，故在负荷电流通过线路时要产生电压损耗，即电压损失。线路越长，负荷电流越大，导线越细，电压损失就越大。电压损失的大小直接决定了用电设备能否正常工作，因此对各种线路都规定了允许的电压损失范围。按规定：高压配电线路的电压损失，一般不超过线路额定电压的 5%；从变压器低压侧母线到用电设备端的低压线路电压损失，一般不超过用电设备额定电压的 5%；对视觉要求较高的照明线路为 2%~3%。在选择导线截面时，必须使其上的电压损失不要超过规定的要求值。

在实际设计计算中，低压动力线因其负荷电流较大，一般应按发热条件来选择截面，再校验其电压损失和机械强度。低压照明因其对电压水平要求较高，一般先按允许电压损失条件来选择截面，然后校验其发热条件和机械强度。

2.6.6 电力线的敷设*

电力线的敷设方式选择与设计直接关系到通信局（站）的供电质量和供电可靠性。

1. 电缆敷设的一般要求

在电缆头附近应有足够的余量，以防止电缆受机械力时造成机械损伤，一般要预留总长度 1.5%~2%的余量。直埋式采用波浪式埋设，留检修口备用。当多根电缆敷设在同通道且位于同侧的分层支架上时，应按电力电缆、强电至弱电的控制和信号电缆、通信电缆的顺序排列。当支架层数受通道空间限制时，35kV 及以下相邻电压的电力电缆，可排列于同一层支架上，1kV 以下的电力电缆也可与强电控制和信号电缆配置在同一支架上。

2. 电力电缆的敷设方式

通信局（站）电力电缆常采用的敷设方式有：直接埋地、利用电缆沟和沿墙敷设等。

（1）电缆直埋地敷设

将电缆放在开挖的沟底，上面覆以 100mm 厚的素土或沙，然后用砖或水泥板盖在上面最后回土填平。一般用于电缆根数不多、地面与地下情况不甚复杂的高、低压配电线路。电缆直埋地敷设，其埋设深度最好在 1m 左右，一般不应小于 0.7m，挖沟宽度应视电缆的根数而定。同沟电缆间的距离要求见表 2-24。

表 2-24 各种同沟敷设的电缆间距

同沟电缆种类及敷设情况	电缆间距（mm）
10kV 及以下电力电缆	>100
35kV 电力电缆之间及与 35kV 及以下电力、控制电缆	>250
穿管的 35kV 电力电缆之间及与 35kV 及以下电力、控制电缆	>200（中心间）
电力电缆与不同部门电缆	>500
穿管的电力电缆与不同部门电缆	>200（中心间）

电缆直接埋地敷设时，电缆与各种设施平行或交叉的净距，不应小于表 2-25 所列数值。

（2）电缆沿沟道敷设

将电缆敷设在允许进入的地沟侧壁的支架上，沟顶盖水泥盖板，盖板上面无覆盖层或有 300mm 厚土壤覆盖层。电缆支架可以采用角钢支架或装配式组合支架，通信部门采用装配式组合支架较多，这种方式适用于电缆较多的地段。

表 2-25 直接埋地敷设的电缆与各种设施的最小净距（m）

设施名称	平行时	交叉时
基础	0.5	—
电杆	0.6	—
<10kV 电力电缆间以及与控制电缆之间	0.1	—
<10kV 电力电缆或控制电缆与>10kV 电力电缆之间	0.25	0.5
通信电缆	0.5	0.5
热力管沟	2.0	0.5
水管、压缩空气管	1.0	0.5
可燃气体及易燃、可燃液体管道	1.0	0.5
道路（平行时与路边、交叉时与路面）	1.5	1.0
铁路（平行时与轨边、交叉时与轨底，电气化铁路除外）	3.0	1.0
电缆引入建筑物时穿保护管应超出建筑物散水坡距离	—	0.1
排水沟（平行时与沟边，交叉时与沟底）	1.0	0.5

注：①电缆应埋设在建筑物的散水坡外；②当电缆与热力管沟之间装有隔热层时，平行距离可减为 0.5m；③电缆与热力管沟交叉时，如电缆穿石棉水泥管保护，其长度应伸出热力管沟两侧各 2m，隔热层应伸出热力管和电缆两侧各 1m；④当电缆与各种设施交叉点前后各 1m 范围内穿管或用隔板隔开后，交叉净距可减为 0.25m；⑤电缆与水管、压缩空气管平行，电缆与管道标高差不大于 0.5m 时，平行净距可减为 0.5m。

3. 电缆敷设路径的选择

选择电缆敷设路径时，应考虑以下原则：①使电缆路径最短，尽量少拐弯。②使电缆尽量少受外界的因素（如机械的、化学的或地中电流等作用）的损坏。③散热条件好。④尽量避免与其他管道交叉。⑤应避开规划中要挖土的地方。

4. 电力线敷设的补充说明

（1）电源导线的敷设要求

①按电源额定容量选择一定规格、型号的导线，根据布线路由、导线长度和根数进行敷设。②沿地槽、壁槽、走线架敷设的电源线要卡紧绑牢，布放间隔要均匀、平直、整齐，不得有急剧性转变或凹凸不平现象。③沿地槽敷设的橡皮绝缘导线（或铅包电缆）不应直接和地面接触、槽盖应平整、密封并油漆，以防潮湿、霉烂或其他杂物落入。④当线槽和走线架同时采用时，一般是交流导线放入线槽、直流导线敷设在走线架上。如果只有线槽或者走线架，交、直流导线亦应分两边敷设，以防交流对通信的干扰。⑤电源线布放好后，两端均应

悬空，在相对湿度不大于 75%时，以 500V 兆欧表测量其绝缘电阻是否符合要求（2MΩ 以上）。⑥禁止单芯导线穿钢管，可按三相成束布置。

（2）直流供电回路电力线补充说明

直流配电设备至高压控制及信号设备的电力线，应按允许电流选择，并在必要时按允许电压降校验；直流屏内浮充用整流器至尾电池的导线（在直流屏内部部分），应按允许电流选择，并按机械强度校验；整流器至直流配电屏的导线，一般应按允许电流选择，但在该段导线使用母线时，可按机械强度选择，而按允许电流校验。其余部分导线，均应按蓄电池至用电设备的允许电压降选择；或在使用变换器时，按变换器至通信设备的允许电压降选择。按导线的长期允许电流选择导线时，要根据导线可能承担的最大电流，对照导线允许载流量的敷设条件下的修正值来确定导线截面。按允许电压降计算选择直流电力线时，也要根据导线可能承担的最大电流计算。

历届考试真题

一、填空题

填空题 01（2012 年/2016 年真题）：

1.常用的高压电器有五种，分别是 (1) 、(2) 、(3) 、高压负荷开关和互感器；低压电器中熔断器在配电系统中主要起到 (4) 保护作用。直流熔断器的额定电流值应该不大于最大负载电流的 (5) 倍，各专业机房（设备）熔断器的额定电流值应不大于最大负载电流的 (6) 倍。在单相三线或三相四线回路中，熔断器严禁安装在 (7) 线上。

2.直流配电常用的形式有两种，其中 (8) 的安全性较高，而 (9) 的供电回路压降较小。直流杂音的电压过大会影响通信质量以及通信设备运行的稳定可靠，直流杂音可以分为 (10) 、(11) 、(12) 峰-峰值杂音电压和瞬态杂音。

3.高压停电检修有六个步骤，按照顺序分别为：停电、放电、(13) 、(14) 、挂牌、检修。

4.我国规定的安全电压额定值为 42V、36V、24V、12V 和 6V。其中一般采用的安全电压为 (15) V 和 (16) V，在发现有人触电导致呼吸和心脏均停止时，应立刻采用心肺复苏来进行就地抢救，主要的心肺复苏措施有通畅气道、(17) 和 (18) 。

填空题 02（2012 年真题）：

1.柴油机和汽油机的区别在于进气过程中汽油机吸收的是 (1) ，而柴油机吸收的是 (2) 。汽油机的点火需要借助火花塞点燃，而柴油机是依靠气缸内 (3) 自行燃烧。

2.同步发电机的输入转速、发电频率及发电机本身的磁极对数之间保持着严格的恒定关系，当输入转速为 1500r/min，发电频率为 50Hz 时，则磁极对数为 (4) 。励磁系统是同步发电机必不可少的一个组成部分，目前常用的励磁方式分为（5）和（6）。励磁系统的一个主要作用就是根据发电机负载的变化调节励磁电流从而保证发电机（7）基本不变。

3. 柴油发电机组维护的基本要求中要做到无四漏现象，即要求无漏油、无漏水、（8）、（9）。

4. 发电机组的绝缘电阻要求达到一定数值以上才能保证机组的安全正常运行，通常要求其绝缘电阻大于等于（10）。

填空题 03（2019 年真题）：

1. 当主用电源停电后，备用电源采用自动或手动合闸方式投入运行；当备用电源停电后，主用电源自动或手动投入运行。这种供电方式是（1）。

2. 常用高压电器中，在规定的使用条件下，（2）可以接通或断开各种负载电路，但不能切断短路电流。

3. 四冲程柴油机通过四个冲程来完成能量的转换，其工作过程中气缸内温度最高的是（3）冲程。

4. 在柴油机运行的过程中，当油机出现（4）、（5）、转速高、电压异常等故障时，应能立即停机。

5. 按满足电压要求选择直流放电回路的导线时，48V 电源直流放电回路的全程压降不应大于（6）；240V 电源直流放电回路的全程压降不应大于（7）；24V 电源直流放电回路的全程压降不应大于（8）。

填空题 04（2021 年真题）：

1. 通信局（站）由主用、备用两路市电供电时，当主用电源停电，备用电源自动运行，当主用电源恢复正常时，则自动切除备用电源转由主用电源供电，这种主用备用电源的切换方式为（1）。

2. 电力变压器在实现电能传递的过程中会有功率的损耗，其功率损耗包括（2）和铁损。

3. 在通信局（站）的低压配电设备中，（3）是用于实现对两路低压交流电源转换的设备。

4. 四冲程柴油机通过四个冲程来完成能量的转换，其工作过程中气缸内温度最低的冲程是（4）。

5. 柴油发电机组在运行的过程中，要注意观察柴油机的排气颜色，正常情况下柴油机的排气颜色应为（5）。

填空题 05（2023 年真题）：

1. 在进行高压停电检修时，切断电源后三相线上均应（1）。

2. 油浸式电力变压器的变压器油有两个作用，除了起到绝缘作用之外，还可以起到（2）。

3. 若电力变压器采用的是 Dyn11 的连接组别，绕组与绕组的线电压矢量之间的相位差为（3）度。

4. 低压交流供电系统中，当线路过载或短路时，能自动切断电路、实现短路及过载保护的低压电器是（4）。

5. 柴油机的组成结构中，将燃料燃烧时产生的热能转化为机械能的机构是（5）。

二、选择题

选择题 01（2019 年真题）：

1. 在市电交流供电系统中，当电网容量较小（一般在 300 万千瓦以下）时，频率允许偏差为（　　）。
   A. ±0.1Hz　　　　B. ±0.2Hz　　　　C. ±0.4Hz　　　　D. ±0.5Hz

2. 在负荷较大（容量在 8000hVA 以上）的重要的国际电信局，省会及以上长途通信，须引（　　）。
   A. 一路高压市电，分散安装　　　　B. 一路高压市电，室内安装
   C. 两路高压市电　　　　D. 两路高压市电，加一路低压市电

3. 某通信局（站）的电力变压器采用的是 Y/Y-12 的连接组别，则原绕组和副绕组的线电压矢量之间的相位差为（　　）。
   A. 0º　　　　B. 30º　　　　C. 60º　　　　D. 120º

4. 柴油机供油系统中，（　　）的作用是提高柴油的压力，并根据柴油机工作过程定时、定量、定向地向燃烧室内输送柴油。
   A. 输油泵　　　　B. 喷油泵　　　　C. 喷油器　　　　D. 调速器

5. 在选择交流电力线时，需要考虑电流流过该线路时的电压损失。按规定，高压配电线路的电压损失一般不超过线路额定电压的（　　）。
   A. 2%　　　　B. 3%　　　　C. 5%　　　　D. 10%

选择题 02（2021 年真题）：

1. 在市电的分类中，市电供电是从一个电源引入一路供电线；平均每月停电次数不应大于 4.5 次，平均每次故障时间不应大于 8h，则该市电的供电方式为（　　）。
   A. 一类市电　　　　B. 二类市电　　　　C. 三类市电　　　　D. 四类市电

2. 常用的高压电器中，没有专门的灭弧装置，通常与高压断路器串联起来配合使用的是（　　）。
   A. 高压熔断器　　　　B. 高压隔离开关　　　　C. 高压负荷开关　　　　D. 刀开关

3. 高压交流供电系统的基本维护要求中规定，专用高压输电线和电力变压器（　　）。
   A. 不得让外单位搭接负荷
   B. 经主管部门批准可以让外单位搭接负荷
   C. 可以让外单位搭接负荷
   D. 经主管部门批准可以允许相关单位搭接负荷

4. 变压器的高峰时间和冬季时间的过负载运行是变压器运行方式中的（　　）。
   A. 允许运行　　　　B. 额定运行
   C. 正常过负载运行　　　　D. 事故过负载运行

5. 在低压交流供电系统中，用来接通和分断容量不太大的低压供电线路的低压电器是（　　）。
   A. 自动空气断路器　　　　B. 接触器
   C. 继电器　　　　D. 刀开关

选择题 03（2022 年真题）：

1. 交流供电系统由市电供电时，若标称电压为 380V，通信设备受电端子处电压允许变动的范围是（　　）。

　　A. 361～399V　　　B. 342～399V　　　C. 342～418V　　　D. 361～418V

2. 在成套的高压开关柜的组成部分中，能实现两路高压线路相互切换的是（　　）。

　　A. 高压进线柜　　B. 高压计量柜　　C. 高压联络柜　　D. 高压出线柜

3. 某通信局（站）的电力变压器铭牌上标示的连接组标号为 D，yn11，则该变压器一、二次侧绕组的连接方式为（　　）。

　　A. 一次侧绕组为三角形接法，二次侧绕组也是三角形接法

　　B. 一次侧绕组为三角形接法，二次侧绕组是星形接法

　　C. 一次侧绕组为星形接法，二次侧绕组也是星形接法

　　D. 一次侧绕组为星形接法，二次侧绕组是三角形接法

4. 在交流供电系统中用低压计量时，其计量用电流互感器和计量仪表应安装在（　　）内。

　　A. 低压进线柜　　B. 低压馈电柜　　C. 联络柜　　　　D. ATS 柜

5. 某通信局（站）的备用柴油机的燃烧室的容积为 100m^2，气缸的工作容积为 800m^2，则该柴油机的压缩比为（　　）

　　A. 1∶8　　　　　B. 1∶9　　　　　C. 8∶1　　　　　D. 9∶1

三、判断题

判断题 01（2012 年真题）：

1. 柴油发电机组不能长期运行在低速状态。（　　）

2. 电站用的柴油机功率标定为 24 小时功率，即柴油机在标准工况下，连续运行 24 小时的最大有效功率。（　　）

3. 输油泵的作用是供给高压泵足够的机油并保持一定的压力。（　　）

4. 当发电机所带负载比其输出功率小时，发电机可以带载启动。（　　）

5. 单相异步电动机的体积虽然较同容量的三相异步电动机大，但功率因数、效率和带载能力都比同容量的三相异步电动机低。（　　）

判断题 02（2018 年真题）：

1. 电流互感线圈是根据升压变压器的原理制成的，它通过线圈的匝数比来进行交流小电流到大电流的转换。（　　）

2. 高压操作应是两人操作制度，一人操作、一人监护，不准单人进行高压操作。（　　）

3. 电力变压器在实际运行过程中，任何情况都严禁过载运行。（　　）

4. 低压交流供电系统的自动断路器跳闸或断路器烧断时，应查明原因，必要时允许试送电一次。（　　）

5. 备用发电机组工作时，其中的柴油机将燃料的热能转化为机械能，该能量转化是通过柴油机的曲轴连杆机构实现的。（　　）

判断题 03（2022 年真题）：

1. 在进行高压配电设备维护和检修工作时，应先核实被检修回路已可靠断开，设备不带电，再挂接地线，悬挂"有人工作，切勿合闸"警告牌后才可工作。（　　）

2. 常用低压电器中的继电器和接触器的主要区别在于，继电器的主触头可以通过大电流，而接触器的触头只能通过小电流。（　　）

3. 柴油机的润滑系统除了起到减小摩擦的作用，还可以起到冷却、清洁的作用。（　　）

4. 同步发电机在工作的过程中，产生感应电动势和感应电流的部分是发电机的转子。（　　）

5. 通信局（站）的接地导线应采用铜芯导线，机房内的交流导线应采用阻燃性电缆。（　　）

判断题 04（2023 年真题）：

1. 高压供电系统的一次接线取决于用电负荷的大小、进出线回路的多少、运行方式的选择以及当地供电部门对用户的要求。（　　）

2. 将变压器的三个原绕组的末端接在一起，构成公共中性点，三个首端接通三相电源，即该变压器绕组的连接方式是三角形连接。（　　）

3. 合理配置电力变压器容量可提高变压器的利用率，变压器的负荷率越高，效率越高。（　　）

4. 在大型低压配电系统中，为了保证不出现来自不同电源的两个开关同时合闸的短路情况，需要加装互锁装置。（　　）

5. 柴油发电机组启动成功后，应先低速运转一段时间，然后再逐步调整到额定转速；决不允许刚启动后就猛加油门，使转速突然升高。（　　）

四、问答题

1. 柴油发电机组的停机操作主要包括正常停机、故障停机和紧急停机。请列出须柴油发电机组紧急停机的情况（**2012 年真题**）。

2. 简述选择电缆敷设路径时应遵循的原则（**2013 年/2021 年真题**）。

3. 在交流供电系统中，常用的高压电器有：高压熔断器、高压断路器、高压隔离开关、高压负荷开关和互感器等。请简述上述电器在高压电路中的作用（**2014 年真题**）。

4. 简述电源设计的基本内容和设计的主要步骤（**2014 年真题**）。

5. 变电站高压供电系统的设计要考虑以下因素，即市电引入方式、变压器保护形式和变压器操作方式等。试简述市电引入方式的分类及适用场景（**2015 年真题**）。

6. 简述通信电源设计的原则（**2016 年真题**）。

7. 简述四冲程汽油机和四冲程柴油机工作过程的异同点（**2017 年真题**）。

8. 柴油发电机组运行时需要注意哪些问题？（至少写出 5 条注意事项：可从机组的启动、加载、运行等方面来介绍）（**2018 年真题**）。

9. 简述高压交流供电系统维护的基本要求（**2020 年真题**）。

10. 简述柴油机燃油供给系统的作用及组成（**2021 年真题**）。

11. 由于高压隔离开关与高压断路器的功能不同，高压断路器有完善的灭弧装置，允许带负载操作，但没有明显的断开点；而高压隔离开关没有灭弧装置，不允许带负载分闸或者合闸，但具有明显的断开点。因此在高压配电装置中经常将高压隔离开关与高压断路器串联起来配合使用。那么实际使用时该如何操作？为了防止误操作可采取什么措施（**2022年真题**）？

12. 通信局（站）为了防止市电故障停电，往往会配备柴油发电机组，当市电停电时，可转换到备用柴油发电机组供电，保证通信设备用电。某通信局（站）在某次市电故障时，启动了备用柴油发电机组供电，市电恢复后转为市电供电，备用柴油发电机组停机，请简述备用柴油发电机组停机时需要注意哪些问题（**2022年真题**）？

13. 在常用的高压电器中，高压断路器是最重要、最复杂的一种电器，请简述高压断路器的特点及功能（**2023年真题**）。

14. 通信局（站）的高压开关柜要求具有五防功能，请简述五防功能的具体内容（**2023年真题**）。

真题参考答案

一、填空题

填空题01（2012年/2016年真题）：

【答案】1.（1）高压熔断器；（2）高压断路器；（3）高压隔离开关；（4）短路；（5）2；（6）1.5；（7）中性（或零）。

2.（8）高阻配电；（9）低阻配电；（10）电话衡重杂音；（11）离散杂音；（12）宽频杂音。

3.（13）验电；（14）接地。

4.（15）36；（16）12；（17）人工呼吸；（18）胸外按压。

试题分析：本试题考查对交直流供电系统和安全用电方面相关知识的识记。

【试题解析】

1. 本小题考查常用的高压电器，低压熔断器的作用与基本维护要求。常用的高压电器包括高压熔断器、高压断路器、高压隔离开关、高压负荷开关和互感器等。熔断器是低压配电和电控设备中的重要保护元件，起短路保护作用。熔断器串联在电路中，在电路发生短路或严重过载时，熔体自行熔断，从而切断故障电路，起到保护电路作用。熔断器的上下级配合或与其他电器配合使用，可在一定的短路电流范围内满足选择性保护要求。熔断器应有备用，不应使用额定电流不明或不合规定的熔断器。直流熔断器的额定电流值应不大于最大负载电流的2倍。各专业机房熔断器的额定电流值应不大于最大负载电流的1.5倍。交流熔断器的额定电流值：照明回路按实际负荷配置，其他回路不大于最大负荷电流的2倍。交流供电应采用三相五线制，零线禁止安装熔断器，在零线上除电力变压器近端接地外，用电设备和机房近端不许重复接地；若变压器在主楼外，则进局地线可以在楼内重复接地一次。交流用电设备采用三相四线制引入时，零线禁止安装熔断器，在零线上除电力变压器近端接地外，在大楼内部也可以与大楼总地排进行一次复接。对柴油发电机组和三进（三相三线制）四出（三相四线制）的交流不间断电源系统，其零线也必须进行一次工作接地。

2. 本小题考查两种直流供电系统的配电方式及其优缺点以及直流供电系统的各种杂音指标。根据直流配电屏与负载之间的配电线路阻值大小，直流供电系统的配电方式有低阻配电和高阻配电两种直流配电方式。低阻配电方式的优点是直流供电回路压降很少，供电经济性高；缺点是安全性较差。高阻配电方式具有较高的供电安全性和可靠性，缺点则是回路存在压降和电能消耗。直流供电系统的各种杂音指标可以分为电话衡重杂音、离散杂音、宽频杂音、峰-峰值杂音和瞬态杂音。

3. 本小题考查安全用电中停电作业的安全技术措施。在全部停电或部分停电的电气设备上工作，必须完成下列工作：停电、放电、验电、装设接地线、（装设遮栏）和悬挂标示牌。上述措施由值班员执行。对于无经常值班人员的电气设备，由断开电源人执行，操作时应有监护人在场。

4. 本小题考查安全用电中安全电压的等级和选用以及现场触电急救常识。安全电压的等级：我国规定安全电压额定值的等级分别为 42V、36V、24V、12V 和 6V。当电气设备采用了超过 24V 的安全电压等级时，必须有防止直接接触带电体的保护措施。通常采用的安全电压为 36V 和 12V。触电伤员呼吸和心跳均停止时，应立即采取心肺复苏法正确进行就地抢救。心肺复苏措施主要有以下三种：通畅气道、人工呼吸和胸外按压。

填空题 02（2012 年真题）：

【答案】1.（1）汽油与空气的混合气；（2）纯净的空气；（3）高温高压气体。

2.（4）2；（5）自励；（6）他励；（7）输出端电压。

3.（8）无漏电；（9）无漏气。

4.（10）2MΩ。

试题分析：本试题主要考查对内燃发电机组相关知识的识记。

【试题解析】

1. 本小题考查柴油机和汽油机工作过程的区别。四冲程汽油机的工作循环与四冲程柴油机一样，也是通过四个冲程完成进气、压缩、做功和排气四个过程的，只是由于所用燃油性质的不同，其工作方式与柴油机有所不同。①汽油机进气过程中，被吸进的是汽油和空气的混合气；在柴油机中，进入气缸的是新鲜空气，接近压缩终了时，柴油才由高压油泵经喷油嘴喷入气缸。②汽油机的压缩比低，压缩终了时可燃混合气的压力和温度都比较低；柴油机的压缩比比汽油机高得多。③汽油机气缸内的可燃混合气，是由火花塞发出的电火花点燃的；而柴油机的混合气体是靠气缸内的高温高压自行着火燃烧，因而不需要点火系统。

2. 本小题一方面考查同步发电机的输入转速、发电频率及发电机本身磁极对数之间的关系，另一方面考查对同步发电机的励磁系统的主要作用和励磁方式。

同步发电机的输入转速（n）、发电频率（f）及发电机本身的磁极对数（p）之间保持严格的恒定关系，即：$f = pn/60$，同步发电机由此得名。根据题意可知，输入转速 $n = 1500 \text{r/min}$，发电频率 $f = 50\text{Hz}$，则磁极对数 $p = 60f/n = 2$。

励磁系统是同步发电机必不可少的重要组成部分，其主要作用包括：①在正常运行条件下为同步发电机提供励磁电流,并能根据发电机负载的变化做相应调整,以维持发电机输出端电压基本不变。②当外部线路发生短路故障、发电机端电压严重下降时,对发电机进行强制励磁,以提高运行的稳定性。③当发电机突然甩负荷时,实现强行减磁以限制发电机端电压过度增高。获得直流励磁电流的方法称为同步发电机的励磁方式。励磁方式可分为自励方式和他励方式两大类。

3. 本小题考查柴油发电机组的基本维护要求

1)柴油机组应保持清洁,无"四漏"(无漏油、无漏水、无漏气、无漏电)现象。机组上的部件应完好无损,操作部件动作灵活,接线牢靠、无明显氧化现象,仪表齐全、指示准确、无螺钉松动。

2)根据各地区气候及季节情况的变化,选用适当牌号的燃油和润滑油,其润滑油质量应符合要求。

3)保持润滑油、燃油、冷却液及其容器的清洁,按期清洗或更换润滑油、燃油和空气滤清器,定期清洁油箱和水箱的沉底杂质,按期更换润滑油和冷却液,经常检查并保持电气系统的清洁。

4)启动电池应长期处于并联浮充状态,每月至少检查一次充电电压及电解液液位。有条件的情况下,结合例行维护空载试机的同时,检查启动电池启动瞬间电压是否应符合产品技术说明书所提供的性能指标。

5)有人值守或配备自动化机组的局站在市电停电后应能在规定时间(通常为15min)内正常启动并供电。

6)定期检查市电/机组自动转换设备(ATS),并结合例行带载试机的同时检查其性能与功能是否符合要求。

4. 本小题考查发电机组的绝缘电阻要求。为了保证发电机组的安全正常运行,通常要求绝缘电阻大于等于2MΩ。要切记:一般电气设备的绝缘电阻均为大于等于2MΩ。

填空题03(2019年真题):

【答案】1.(1)两路电源互为主备用。2.(2)高压负荷开关。

3.(3)做功。4.(4)机油压力低;(5)水温高。

5.(6)3.2V;(7)12V;(8)原有窄范围供电系统≤1.8V;新建宽范围供电系统≤2.6V。

试题分析:本试题考查对市电供电方式、常用的高压电器、柴油机工作过程、电力线选择的一般原则基础知识的识记。

【试题解析】

1. 本小题是对市电供电方式的选择进行考查。市电供电方式的选择主要是为通信局(站)提供可靠、稳定的市电。市电供电方式主要有主备用供电方式、(两路市电)同时供电的运行方式和三路市电供电。而主备用供电方式又分为以下三种切换方式:备用电源自投、主用电源自复方式;两路电源互为主备用方式;备用电源自投、主用电源手动恢复方式。题干中所描述的为两路电源互为主备用。

2. 本小题考查的是常用高压电器的主要作用。常用的高压电器有:断路器、隔离开关、熔断器、负荷开关、互感器和避雷器等。常用高压电器的作用见表2-26。

表 2-26 常用高压电器的作用

常用高压电器	作用
高压隔离开关	具有明显的分断间隙，因此主要用来隔离高压电源，保证安全检修，并能通断一定的小电流。它没有专门的灭弧装置，因此不允许接通或切断正常负荷电流，更不能切断短路电流，禁止带负荷断开、闭合隔离开关。通常，它要与断路器配合使用，并要严格遵守操作顺序：切断电源时，先断开断路器，再拉断隔离开关；送电时，先闭合隔离开关，再闭合断路器
高压断路器	能切断和接通正常的负荷电流，还可以承受一定时间的短路电流，并能在保护装置作用下自动跳闸，切断故障电路
高压负荷开关	能通断正常负荷电流和过负荷电流，隔离高压电源。它只有简单的灭弧装置，不能接通或切断短路电流。高压负荷开关通常与高压熔断器配合使用，利用熔断器来切断短路电流
高压熔断器	在电路发生短路或过负荷时它能自身熔断而断开电路，起到保护作用
电流/电压互感器	电流/电压互感器其实就是特殊的变压器。电压互感器用于测量电压（通常二次绕组额定电压为 100V），电流互感器用于测量电流（通常二次绕组额定电流为 1A 或 5A）。与此同时，可采用互感器作为继电保护和信号装置的电源，使得控制和保护装置与高压电路隔离
避雷器	用于保护电气设备免受雷击时高瞬态过电压危害，并限制续流时间，也常限制续流幅值

3. 本小题是对柴油机工作过程的考查。柴油机是以柴油为燃料的内燃机。要持续地输出动力，将热能转化为机械能，柴油机必须完成进气、压缩、做功、排气四个过程。其中气缸内温度最高的是做功过程。

4. 本小题是对柴油发电机组停机操作的考查。当出现机油压力低、水温高、转速高、电压异常等故障时，应自动或手动停机。

5. 本小题是对电力线选择的一般原则进行考查。电力线选择的一般原则见表 2-27。

表 2-27 电力线选择的一般原则

电力线种类	选配原则		
高压柜出线	按远期负荷计算		
低压配电设备的交流进线	按远期负荷计算		
低压配电屏的出线	按被供负荷的容量计算		
自备发电机组的输出导线	按其输出功率选择导线		
直流放电回路的导线	全程压降	48V 电源	≤3.2V
		24V 电源	原有窄范围供电系统≤1.8V；新建宽范围供电系统≤2.6V
		240V 电源	12V
电源馈线规格的要求	通信用交流中性线应采用与相线相等截面的导线		
	直流电源馈线应按远期负荷确定		
	接地导线应采用铜芯导线		
	机房内的交流导线应采用阻燃型电缆		

填空题 04（2021 年真题）：

【答案】1.（1）备用电源自投，主用电源自复方式；2.（2）铜损；3.（3）转换柜；4.（4）进气冲程；5.（5）浅灰色。

【试题解析】

1. 主、备用电源的切换方式①备用电源自投，主用电源自复方式：当主用电源停电时，备用电源自动投入运行，当主用电源恢复正常时，则自动切除备用电源转由主用电源供电。②两路电源互为主备用：当主用电源停电后，备用电源采用自动或手动合闸方式投入运行；当备用电源停电后，主用电源自动或手动投入运行。③备用电源自投，主用电源手动恢复的方式：当主用电源停电后，备用电源自动投入运行。当主用电源恢复正常时，手动切除备用电源，主用电源再投入运行。

2. 电力变压器的损耗①短路损耗：一个线圈通过额定电流，另一个线圈短路时所产生的损耗，短路损耗是电流通过电阻产生的损耗，即铜损。②空载损耗：变压器在空载状态下的损耗（因空载电流很小，铜损可忽略，基本等于铁损）。

3. 成套低压配电设备的组成如下。

低压进线柜：为保证不出现来自不同电源的两个开关同时合闸的短路情况出现，就需要加装互锁装置，一是电气互锁，二是机械互锁。

补偿柜：提高系统的功率因数。

转换柜（ATS）：实现对两路低压交流电源的转换。

馈电柜（出线柜）：用电设备的控制柜，内装断路器。

联络柜（母联柜）：用于变压器的切换。

4. 四冲程柴油机的工作过程。

1）进气冲程：曲轴转动带动活塞由上止点移向下止点，在活塞顶部形成负压；这时进气门打开，排气门关闭，空气通过开启的通道涌入气缸，空气充满活塞上部空间。

2）压缩冲程：活塞由下止点移向上止点运动，进、排气门均关闭，气缸里的空气被压缩，温度达到 600~700℃。

3）做功冲程（燃烧-膨胀冲程）：压缩冲程结束后，进、排气门仍然关闭，活塞上升接近上止点之前燃油喷入高温的压缩空气中，被高温气体点燃，气缸内的温度和压力迅速上升，高温高压的气体在气缸内膨胀，推动活塞移向下止点运动，通过连杆转动曲轴，产生动能。

4）排气冲程：做功冲程完毕，活塞由下止点向上止点运动，进气门关闭，排气门打开，把工作产生的废气从气缸中排出。

5. 正常情况下柴油机的排气颜色是浅灰色，不正常时，排气颜色变成蓝色、深灰色甚至黑色。

填空题 05（2023年真题）：

【答案】1.（1）接地线；2.（2）散热；3.（3）30；4.（4）熔断器；5.（5）曲轴连杆机构（曲柄连杆结构）。

二、选择题

选择题 01（2019年真题）：

【答案】1. D；2. C；3. A；4. B；5. C。

试题分析：本试题考查对市电供电质量、变压器和柴油机供油相关知识的理解。

【试题解析】

1. 本小题是对市电交流供电质量指标的考查。交流电源的电压和频率是标志交流电能质量的两个重要指标，涉及三个国家标准：GB/T 156—2017《标准电压》、GB/T 1980—2005《标准频率》、GB/T 12325—2008《电能质量供电电压偏差》、GB/T 15945—2008《电能质量电力系统频率偏差》具体指标见表2-28。在供电过程中，若电网电压或发电机的电压变化范围超出通信设备或整流设备的允许变化范围时，应当采用交流调压器或交流稳压器，以便保证输入交流电压在允许变化范围以内。选项D正确。

表2-28 市电交流供电的质量指标

质量指标	具体指标
供电电压及频率	低压供电：220V/380V；380V/660V 等
	高压供电：10kV、20kV、35kV、110kV、220kV、500kV、1000kV 等
	供电频率：50Hz/100Hz/150Hz/200Hz/250Hz/300Hz/400Hz 等
供电电压及频率允许偏差	35kV及以上供电电压正、负偏差绝对值之和不超过标称电压的10%，如供电电压上、下偏差值同号（均为正或负）时，按较大偏差的绝对值作为衡量依据
	20kV 及以下三相供电电压偏差为标称电压的±7%
	220V 单相供电电压为标称电压的 +7%，−10%
	电力系统正常运行条件下频率偏差限值为±0.2Hz。当系统容量较小时，偏差限值可以放宽到±0.5Hz

2. 本小题是对高压交流供电系统一次接线要求的考查。在负荷较大（容量在800kVA以上）的重要国际电信局、省会及以上长途通信枢纽，通常要求引用两路10kV高压市电。选项C正确。

3. 本小题是对电力变压器连接方式的考查。电力变压器绕组接成星形、三角形，在高压侧分别用Y、D表示，在低压侧分别用y、d表示；有中性点引出时高压侧用YN表示，低压侧用yn表示。变压器原（一次）、副（二次）绕组采用不同的连接方式，形成了原、副绕组对应的线电压之间的不同的相位关系，其相位差总是30的倍数。国际是规定用时钟法表示：原绕组线电压相量用分针表示，方向恒指12；副绕组线电压相量用时针表示，时针指向哪个数字，这个数字就是三相变压器的接线组标号，例如时针指向11点，则变压器的接线组标号为11，表示副绕组的线电压超前原绕组对应线电压30°。同理，Y/Y-12的连接组别，表示副绕组的线电压与原绕组对应的线电压同相位。选项A正确。

4. 本小题是对柴油机供油系统的功能和作用进行考查。燃油供给系统的作用是将清洁的柴油以高压雾状方式，适时喷入气缸，与气缸中的高温空气混合后，着火点燃，同时根据负载的轻重自动调节供油量和喷油时间。柴油机工作时，输油泵从油箱内吸取柴油，经燃油滤清器滤清后进入喷油泵，喷油泵将燃油加压送入喷油器，喷油器将高压柴油呈雾状喷入燃烧室，多余的柴油经回油管返回到油箱中。喷油泵的作用是提高柴油的压力，并根据柴油机工作过程定时、定量、定压地向燃烧室内输送柴油。选项B正确。

5. 本小题是对交流电力线截面的选择与计算的考查。在选择交流电力线时，需要考虑电流流过该线路时的电压损失。按规定，高压配电线路的电压损失，一般不超过线路额定电压的5%。选项C正确。

选择题02（2021年真题）：

【答案】 1. C；2. B；3. A；4. C；5. D。

【试题解析】

1. ①一类市电：在市电的分类中，市电供电是从一个电源引入一路供电线；平均每月停电次数不应大于1次，平均每次故障时间不应大于0.5h。②二类市电：在市电的分类中，市电供电是从一个电源引入一路供电线；平均每月停电次数不应大于3.5次，平均每次故障时间不应大于6h。③三类市电：在市电的分类中，市电供电是从一个电源引入一路供电线；平均每月停电次数不应大于4.5次，平均每次故障时间不应大于8h。④四类市电：有季节性长时间停电或无市电可用。

2. 高压隔离开关：具有明显的分断间隔，因此主要用来隔离高压电源，保证安全检修，并能接通一定的小电流。它没有专门的灭弧装置，因此不允许接通或切断正常负荷电路，更不能切断短路电流，禁止带负荷断开、闭合隔离开关。通常它与断路器配合使用，并要严格遵守操作顺序，即切断电源时，先断开断路器，再拉断隔离开关；送电时，先闭合隔离开关，再闭合断路器。

3. 高压交流供电系统基本维护要求：①维护走道净宽应保持规定距离，各走道均应铺设相应等级的绝缘垫。②高压室各门窗、地槽、线管、孔洞应做到无孔隙，严防水及小动物进入。③高压室禁止无关人员进入，在危险处应设防护栏，并设明显的告警牌"高压危险，不得靠近"的字样。④为了保证安全供电，专用高压输电线和电力变压器不得让外单位搭接负荷。⑤高压维护人员必须持有高压操作证，无证者不准进行操作。⑥高压防护用具（绝缘鞋、手套等）必须专用，高压验电器、高压拉杆应符合规定要求，并定期检测。⑦变配电室停电检修时，应报主管部门同意并通知用户后再进行。⑧停电检修时，应先停低压、后停高压；先断负荷开关，后断隔离开关。送电顺序则相反。切断电源后，三相线上均应接地线。⑨引入通信局（站）的交流高压电力线应安装高、低压多级避雷装置。

4. 电力变压器的运行

1）允许运行方式：变压器允许运行方式即额定运行方式，是指变压器在额定条件下连续输出铭牌容量的运行方式。额定条件包括规定的环境温度、允许温升、额定电压、使用寿命。

2）变压器的过载运行①变压器的正常过负载是指在不影响变压器绕组的绝缘和不减少变压器正常使用寿命的条件下，变压器的高峰时间和冬季时间的过负载使用。②变压器的事故过负载并非指变压器发生事故情况下的过负载运行，而是指当两台变压器并联运行时，其中有一台变压器发生故障，而又不能停电时，由未发生故障的一台变压器承担两台变压器所供的负载，这种过负载称为事故过负载。

5. 主要考查常用低压电器的作用。断路器是一种控制兼保护电器。接触器（大电流）：接通或切断电动机或其他负载主电路的自动切换电器。适用于频繁操作、远距离控制强电电路，并具有低压释放的保护性能。继电器（小电流）：继电器和接触器的工作原理一样，但继电器的触头只能通过小电流。刀开关：用来接通和分断容量不太大的低压供电线路以及作为低压电源隔离开关使用。熔断器：串接在低压电路中的一种保护电器，当线路过载或短路时，熔断器以其自身热量熔断电路切断电流。转换开关：用在紧急供电系统，将负载电路从一个电源自动换接至另一个（备用）电源的开关电器。

选择题 03（2022 年真题）：

【答案】1. B；2. C；3. B；4. A；5. D。
【试题解析】
1. 交流供电系统由市电供电时，若标称电压为 380V，通信设备受电端子处电压允许变动的范围是额定电压的 −10%～+5%。
2. 高压进线柜：引入高压线接向受电设备的第一道控制设备。高压计量柜：提供高压互感器和计量仪表安装的高压柜。避雷器柜：防止雷电波沿线路侵入。高压联络柜：实现两路高压线路之间的联络。高压出线柜：变压器供电的一级保护设备。
3. 星形连接：将三相绕组的三个末端 X、Y、Z（低压 x、y、z）分别连接在一起，三个首端 A、B、C（低压 a、b、c）分别引出，便构成星形连接，用 Y 表示（新：高压 Y，低压 y）。三角形连接：将高、低压绕组的一相末端与另一相的首端分别依次连接在一起，构成一个回路，便构成三角形连接，用 △ 表示（新：高压 D，低压 d）。
4. 低压进线柜：为保证不出现来自不同电源的两个开关同时合闸的短路情况出现，就需要加装互锁装置，一是电气互锁，二是机械互锁。安装有计量用电流互感器和计量仪表。
5. 工作容积与燃烧室容积之和叫总容积，总容积与燃烧室容积的比值为压缩比。

三、判断题

判断题 01（2012 年真题）：

【答案】1. √；2. ×；3. ×；4. ×；5. √。
试题分析：本试题考查柴油发电机组相关知识的辨识和理解。
【试题解析】
1. 本小题考查柴油发电机组的运行要求。
1）柴油发电机组启动成功后，应先低速运转一段时间（2～3min），然后再逐步调整到额定转速。决不允许刚启动后就猛加油门，使转速突然升高。
2）柴油机不宜在低速情况下长期运转。
3）柴油机在运行中，用户应密切注意各仪表指示数值。
4）注意观察发动机各缸是否正常工作：正常情况下，柴油机的排气颜色为浅灰色；烧机油时，排气颜色为蓝色；超负载时，排气颜色为黑色。
5）注意倾听机器在运行时内部有无不正常敲击声，以及机组或相关部件有无剧烈的振动。注意油箱内的油量不要尽，以免空气进入燃油系统，造成运转中断；禁止在机组运行过程中手工补充燃油。
2. 本小题考查柴油机的功率标定。根据规定，电站用柴油机的功率标定为 12h 功率，即柴油机在标准工况下，连续运行 12h 的最大有效功率。
3. 要求本小题考查输油泵的作用。柴油机工作时，输油泵从油箱内吸取柴油，经燃油滤清器滤清后进入喷油泵，喷油泵将燃油以高压从高压油管送入喷油嘴，最后经喷油孔形成雾状喷入燃烧室内，多余的燃油经回油管返回到油箱中。因此，输油泵的作用是供给高压泵足够的柴油并保持一定的压力。
4. 本小题考查发电机组运行的启动要求。一般要求柴油机水温在 50℃以上，机油温度在

45℃以上，机油压力在（1.5～4.0）kg/cm²，待一切正常后，才接上负载。在带负载时，也要逐步、均匀地增加，除特殊情况外，应尽量避免突然增加负载或突然卸去负载。因此，发电机要空载启动。

5. 本小题考查单相和三相异步电动机的区别。单相异步电动机的体积虽然较同容量的三相异步电动机大，但功率因数、效率和过载能力都比同容量的三相异步电动机低。

判断题02（2018年真题）：

【答案】1. ×；2. √；3. ×；4. √；5. √。
试题分析：本试题考查对UPS、防雷接地系统和电气安全相关知识的辨识和理解。
【试题解析】
1. 本小题是对互感器的基本概念进行考查。电压互感器是将电力系统的高电压变换成一定标准的低电压的电器设备。电流互感器是将高压系统中的大电流变成一定量标准的小电流的电器设备。

2. 本小题是对高压电工操作规程进行考查。高压电工操作规程主要有以下几点：①工作时按规定穿戴好防护用品，检查工具的绝缘性。②值班人员必须持国家统一颁发的有效电工操作证。严守岗位，不得擅自离开，非值班人员不得进入高压电房。③值班人员要严格执行巡视、交换班制度，做好每天运行记录，严禁越时停、送电。④高压断电时应按如下步骤进行：断开低压分路开关→断开低压总开关→断开高压油开关（多油断路器和少油断路器）或高压分荷开关→断开高压隔离开关。高压送电与高压断电操作顺序相反。⑤操作断开或闭合高压开关及进行检修工作时，先填写操作票，必须两人同行：一人操作，一人监护；严禁两人同时操作。操作时应使用绝缘棒，戴绝缘手套，穿绝缘靴，站在绝缘台上。⑥合闸操作时，首先确认用电楼层无人操作或检修电箱。⑦分闸操作时需先确认已通知用电单位做好停电前的准备后再操作，避免造成损失。⑧任何高压开关跳闸后，只准（跳闸一分钟后）试送一次，若试送不成，不许再送，不论试送是否成功，都要查明跳闸原因，并做好记录。⑨值班人员在发生事故时不应惊慌失措，手忙脚乱，应镇定分析，迅速查明事故原因，采取必要措施，并向上级报告，单人值班时，发生事故不许单独处理。⑩修电器时，必须在电源开关上挂"有人检修，禁止合闸"警示牌，严格履行"谁挂谁取"制度。⑪合隔离开关（刀闸）后，不论是否造成短路事故，不准再拉开，只有把油开关（或断路器）断开后，方可再断开隔离开关。⑫配电室不准存放易燃物品，如遇火灾，不能用泡沫和水灭火，可使用二氧化碳、四氯化碳、1211灭火器或干粉灭火器等扑救。⑬严禁本单位发电机与电网并车运行，禁止自发电返送变压器、高压柜及高压电网。⑭高压油开关的油位，应保持在中线以上。⑮避雷器和接地网的接地电阻，每年至少进行两次测量，电阻值应为10Ω以下。⑯配电室全体人员都应熟悉所管设备的位置，及时掌握设备及网路运行参数和运行情况，遇有异常现象，及时处理报告。

3. 本小题是对变压器运行方式进行考查。变压器的运行方式有：正常周期性负载情况下的运行方式；事故过负载情况下的运行方式；主变并列运行及中性点接地运行方式；变压器冷却器运行方式；变压器保护的运行方式。

4. 本小题是对低压电工操作规程进行考查。低压配电设备的维护应包括基本要求、日常巡视及故障处理。

1）基本要求配电设备停电检修时，应报主管部门同意并通知用户后方可进行；熔断器应有备用，不应使用额定电流不明或不合规定的熔断器；每年检测一次接地引线及接地电阻，接地电阻不应大于规定值。

2）日常巡视各种电器开关的动作是否正常，接线端接触是否良好；熔断器的温升应低于80°C。母线排温度是否正常，接触是否良好；绝缘子是否有裂痕；无功补偿控制器工作是否正常，电容器瓷瓶是否出现裂痕；设备运行声音是否正常。

3）故障处理自动断路器跳闸或熔断器烧断时，应查明原因再恢复使用，必要时允许试送电一次；对固定安装的电器开关、器件一旦出现故障或损坏，为保证设备和人身的安全，应停电进行检修或更换；若必须在带电情况下维护，维护人员应佩戴安全工具及手套，避免相间及相对地短路，并在有人监护下进行；抽屉式配电屏内的电器开关、器件一旦出现故障或损坏，应利用同容量的备用设备更换。

5. 本小题是对发电机组基本构造及各部分的主要作用进行考查。内燃发电机组是以内燃机（内燃机包括柴油机、汽油机和气体燃料发动机，但在没有特殊说明的情况下，内燃机通常指柴油机或汽油机）作动力，驱动交流同步发电机而发电的电源设备。曲柄（曲轴）连杆机构是内燃机实现热能与机械能相互转换的主要机构，它承受燃料燃烧时产生气体力，并将此力传给曲轴对外输出做功，同时将活塞的往复运动转变为曲轴的旋转运动。其组成部件主要包括：机体组件、活塞连杆组和曲轴飞轮组。

判断题 03（2022 年真题）：

【答案】1. √；2. ×；3. ×；4. ×；5. √。

【试题解析】

2. 接触器（大电流）：接通或切断电动机或其他负载主电路的自动切换电器。适用于频繁操作、远距离控制强电电路，并具有低压释放的保护性能。继电器（小电流）：继电器和接触器的工作原理一样，但继电器的触头只能通过小电流。

3. 润滑系统作用。润滑：减小摩擦阻力和零件的磨损。冷却：将摩擦产生的热量带走。清洁和除锈：带走金属碎屑；减少表面腐蚀和氧化。增加密封性：减少漏气。

4. 同步发电机在工作的过程中，产生感应电动势和感应电流的部分是发电机的定子。

判断题 04（2023 年真题）：

【答案】1. √；2. ×；3. ×；4. √；5. √。

四、问答题

1. 柴油发电机组的停机操作主要包括正常停机、故障停机和紧急停机。请列出须柴油发电机组紧急停机的情况（**2012 年真题**）。

【答案】柴油发电机组紧急停机的情况：①机油压力表指针突然下降或无压力；②冷却水中断或出水温度超过 100°C；③当机组内部出现异常敲击声、飞轮松动或传动机构出现异常等；④有零件损坏或活塞、调速器等运动部件卡住；⑤有"飞车"现象或其他人身事故或设备危险情况发生时。

2. 简述选择电缆敷设路径时应遵循的原则（**2013 年/2021 年真题**）。

【答案】选择电缆敷设路径时，应考虑以下原则：①电缆路径最短，尽量少拐弯；②使电缆尽量少受外部因素（如机械、化学或地中电流等作用）的损坏；③散热条件好；④尽量避免与其他管道交叉；⑤应避开规划中要开挖土的地方。

3. 在交流供电系统中，常用的高压电器有：高压熔断器、高压断路器、高压隔离开关、高压负荷开关和互感器等。请简述上述电器在高压电路中的作用（**2014年真题**）。

【答案】高压熔断器在高压电路中是一种最简单的保护电器，在配电网络中常用来保护配电线路和配电设备。即当网络中发生过载或短路故障时，熔断器可以自动地切断电路，从而达到保护电气设备的目的。

高压断路器在高压电路中是一种很重要的开关设备，在规定的条件下，他可以分合正常的负载电流；在继电保护装置的作用下，可以切断故障电流；在自动装置的控制下，还可以实现自动重合闸。高压断路器是具有控制与保护双重作用的高压电器，具有可靠完善的灭弧装置，满足安全可靠、断流容量高和动作迅速等基本要求。

高压隔离开关，在高压电路中常和高压断路器串联使用，是一种应用极为广泛的高压电器，其主要用途有：隔离电源，将被检修的设备或线路与带电的设备或线路隔离开，形成明显的断点，以保证工作人员的安全；倒换母线，可以利用隔离开关分合负载电路，进行工作母线与备用母线的切换操作，分合一定长度的空载线路和一定容量的空载变压器。

高压负荷开关能在额定电压和额定电流下分合电路，但它不能切断短路电流。

互感器包括电流互感器和电压互感器。利用电流互感器的二次线圈可以测量高压电网中电流、功率或安装过电流继电保护装置。另外，利用电流互感器二次侧不同的接线方式取得保护装置所必需的相电流和各种电流的组合。利用电压互感器一次线圈与高压线路并联，二次线圈与测量仪表电压线圈或继电器电压线圈相连，可以测量高压线路电压或安装过电压继电保护装置。电压互感器的作用与电流互感器的作用相似，可以把系统的一次电压按比例地变换为数值较低的二次电压，以供给仪表、保护等二次回路，同时，也将系统的一次高压与二次设备隔离开来，保证人员和设备的安全。

4. 简述电源设计的基本内容和设计的主要步骤（**2014年真题**）。

【答案】①电源设计的基本内容包括：交流供电系统、直流供电系统、防雷接地系统以及动力与环境集中监控管理系统等。具体包括：高低压配电、发电机组、UPS、逆变器、整流器（高频开关电源）、蓄电池组、直流配电、防雷接地、动力与环境集中监控等设备。

②电源设计的全过程一般应包括前期工作、设计工作和设计回访三个过程。前期工作主要完成方案报告以及围绕方案而进行的相关查勘、方案论证、工程实施可行性等工作，也即项目建议书、可行性研究报告阶段。设计工作一般分为初步设计和施工图设计两个阶段。设计回访的主要工作就是完成设计回访报告，总结设计中的经验教训，为后续改进和扩建提供依据，努力改进设计质量。

5. 变电站高压供电系统的设计要考虑以下因素，即市电引入方式、变压器保护形式和变压器操作方式等。试简述市电引入方式的分类及适用场景（**2015年真题**）。

【答案】市电引入方式是变电站高压供电系统设计要考虑的因素之一，其他因素包括变压器保护形式和变压器的操作方式等。

市电引入方式主要有两种：架空引入和电缆引入。

一般微波站、干线郊外站和增音站等局站和部分县中心以下的综合楼、市话局的市电引入采用架空引入，这样变压器的高压侧就需装设避雷器。

因为城市建设的需要和特殊情况（如防地震）等，城市配电网采用电缆，或其主要街道采用电缆引入，此时变压器高压侧就不装设避雷器。

6. 简述通信电源设计的原则（2016年真题）。

【答案】电源设计的原则如下。

1）通信电源系统设计必须严格遵守国家相关技术政策与法规，切实执行国家防空、防震、消防等有关标准规定。对通信局（站）的各种通信设备，必须满足交流、直流电源的相关规范要求。

2）通信电源系统设计必须在保证供电质量的前提下，严格考虑设计的四个基本要素：安全性、可靠性、经济性和可扩展性。

3）通信电源系统设计的总体方案、设备选型等近期建设规模应与远期发展规划有机结合，切实考虑经济效益、设备寿命、扩建和改建的可能性等因素，进行多方案的技术经济性比较，提高可靠性。

7. 简述四冲程汽油机和四冲程柴油机工作过程的异同点（2017年真题）。

【答案】四冲程汽油机的工作循环与四冲程柴油机一样，也是通过四个冲程完成进气、压缩、工作和排气四个过程，只是由于所使用燃油的性质不同，其工作方式与柴油机也有所不同。主要体现在以下几个方面：

1）汽油机在进气过程中，被吸进气缸的是汽油和空气的混合气；而在柴油机中，进入气缸的是新鲜空气，接近压缩终了时，柴油才由喷油泵经喷油器喷入气缸。

2）汽油机的压缩比低，压缩终了时可燃混合气的压力和温度都比较低；柴油机的压缩比比汽油机高得多。

3）汽油机气缸内的可燃混合气，是由火花塞产生的电火花点燃的；而柴油机的混合气体是靠气缸内的高温高压自行着火燃烧，因而不需要点火系统。

8. 柴油发电机组运行时需要注意哪些问题？（至少写出5条注意事项：可从机组的启动、加载、运行等方面来介绍）（2018年真题）。

【答案】机组启动成功后，应先低速运转一段时间，然后再逐步调整到额定转速；决不允许刚启动后就猛加油门，使转速突然升高；柴油机不宜在低速情况下长期运转；柴油机在运行中，应密切注意各仪表指示数值；正常情况下柴油机的排气颜色是浅灰色，超负载时排气颜色为黑色，烧机油时排气颜色为蓝色；注意倾听机器在运行时内部有无不正常敲击声，以及机组或相关部件有无剧烈的振动；禁止在机组运行中手工补充燃油。

9. 简述高压交流供电系统维护的基本要求（2020年真题）。

【答案】高压交流供电系统维护的基本要求：①配电屏四周的维护走道净宽应保持规定的距离，各走道均应铺设相应等级的绝缘垫。②高压室各门窗、地槽、线管、孔洞应做到无孔隙，严防水及小动物进入。③高压室禁止无关人员进入，在危险处应设防护栏，并设明显的告警牌"高压危险，不得靠近"字样。④为安全供电，专用高压输电线和电力变压器不得让外单位搭接负荷。⑤高压维护人员必须持有高压操作证，无证者不准进行操作。⑥高压防护用具（绝缘鞋、手套等）必须专用，高压验电器、高压拉杆应符合规定要求，并定期检测。⑦变配电室停电检修时，应报主管部门同意并通知用户后再进行。⑧停电检修时，应先停低压、后停高压；先断负荷开关，后断隔离开关。送电顺序则相反。切断电源后，三相线上均应接地线。⑨引入通信局（站）的交流高压电力线应安装高、低压多级避雷装置。

10. 简述柴油机燃油供给系统的作用及组成（**2021 年真题**）。

【答案】柴油机燃油供给系统的作用是根据柴油机的工作要求，定时、定量、定压地将雾化质量良好的柴油按一定的喷油规律喷入气缸内，并使其与空气迅速而良好地混合和燃烧。常规柴油机的燃油供给系统由油箱、输油泵、柴油滤清器、喷油泵、喷油器及高、低压输油管等组成。

11. 由于高压隔离开关与高压断路器的功能不同，高压断路器有完善的灭弧装置，允许带负载操作，但没有明显的断开点；而高压隔离开关没有灭弧装置，不允许带负载分闸或者合闸，但具有明显的断开点。因此在高压配电装置中经常将高压隔离开关与高压断路器串联起来配合使用。那么实际使用时该如何操作？为了防止误操作可采取什么措施（**2022 年真题**）？

【答案】在操作使用时，应当严格遵守操作顺序：切断电源时，先断开断路器，再拉断隔离开关；送电时，先闭合隔离开关，再闭合断路器。为防止误操作可采取如下措施：在高压隔离开关和高压断路器之间加装联锁装置，常用的有电气联锁和机械联锁，以保证隔离开关只有在断路器切断电流之后方能合闸。

12. 通信局（站）为了防止市电故障停电，往往会配备柴油发电机组，当市电停电时，可转换到备用柴油发电机组供电，保证通信设备用电。某通信局（站）在某次市电故障时，启动了备用柴油发电机组供电，市电恢复后转为市电供电，备用柴油发电机组停机，请简述备用柴油发电机组停机时需要注意哪些问题（**2022 年真题**）？

【答案】备用柴油发电机组停机时需要注意以下问题：正常停机应首先全面检查机组，去负载、降转速、空转（3～5min）、停机，然后检查蓄电池（是否需要充电）；如果冬季使用水冷式机组，最好使用相应规格的防冻液；如果没有使用防冻液，而是使用普通的冷却水，应等待机组冷却至常温，将冷却水箱的水全部放掉，以防止冷却液结冰，冻裂缸体。

13. 在常用的高压电器中，高压断路器是最重要、最复杂的一种电器，请简述高压断路器的特点及功能（**2023 年真题**）。

【答案】高压断路器是一种兼有控制和保护双重作用的电器，具有完善的灭弧功能，但没有明显的断开点等特点。其主要功能有：①在规定使用条件下，可接通或断开各种负载电流；②在继电保护装置作用下，可自动切断短路电流；③在自动装置控制下，可实现自动重合闸。

14. 通信局（站）的高压开关柜要求具有五防功能，请简述五防功能的具体内容（**2023 年真题**）。

【答案】通信局（站）的高压开关柜要求具有五防功能：防止误分、误合断路器；防止带负荷拉、合隔离开关；防止带电关合接地开关；防止带电挂接地线；防止人员误入开关柜的带电间隔。

第 3 章

不间断电源系统

在正常情况下，通信系统由市电供电；当市电中断时，由备用电源供电（通常是柴油发电机组）。但当由市电供电转为柴油发电机组供电时，无论技术再先进的柴油发电机组，中间均会有一定的时间间隔。而多种重要的通信设备如通信数据机房、集中监控管理系统等，在运行过程中不仅不允许瞬间断电，并且对供电质量的要求也很高；这些设备需要采用不间断电源系统进行供电，达到供电不中断的目的。

3.1 不间断电源系统概述

来自低压配电系统的 220V/380V 低压交流电源可以直接为一般建筑负荷（如空调和照明设备等）供电。而通信设备需要不间断直流电源或不间断交流电源供电，因此，220V/380V 低压交流电源必须经过电力变换设备加以适当的变换和调节，才能由配电设备供给通信设备。不间断电源系统主要包括（低压/−48V）直流供电系统、交流不间断供电系统、高压直流供电系统（240V 或 336V）。在这些系统中都有蓄电池组作为后备电源，当市电正常时，蓄电池组可以起到平滑滤波、抑制噪声的作用，提高供电的质量。当市电故障时，可转为蓄电池组供电，保证供电不间断。

3.1.1 （低压）直流供电系统

向各种通信设备和二次变换电源设备或装置提供直流电压的电源为直流基础电源。−48V 为首选基础电源，在实际应用中如必须使用其他直流电压的电源，一般通过 DC/DC 变换器将−48V 基础电源变换成其他直流电压种类的电源。这种负型基础电压是指电源正馈电线接地，作为参考电压零位，负馈电线装接熔断器后与机架电源连接。采用正馈电线接地的原因主要是大规模集成电路所组成的通信设备的元器件的要求，同时也为了减小由于电缆金属外壳或继电器线圈等绝缘不良对电缆芯线、继电器和其他电器造成的电蚀作用。

3.1.2 交流不间断供电系统

交流不间断供电系统（Uninterruptible Power System，UPS）是一种电力变换系统，它以市电（或备用发电机组）为交流输入电源，将交流输入电源进行适当的变换和调节，为关键负载提供稳定可靠的交流电源。在正常情况下，UPS将市电电源进行变换和调节，产生稳定可靠的高质量电源，使市电电源所带的各种干扰与关键负载隔离；与此同时，通过相应的充电电路给蓄电池组充电。当市电停电时，由储能装置（如蓄电池）作为输入能源，仍可以继续为关键负载供电一定时间。当UPS设备本身故障时，由转换装置将负载临时接到市电电源。因此UPS能够保证在任何情况下均不间断地为负载供电。

3.1.3 高压直流供电系统

随着通信产业的迅猛发展，高压直流供电系统逐步得到了应用。高压直流供电系统有着生产技术成熟、可靠性高、维护操作简易、转换效率高、在线扩容简单等优点，在IDC机房供电领域、通信业界一直在探讨使用高压直流供电系统代替UPS。目前在国内，通信行业已经开始使用336V和240V两种高压直流供电系统，并已制定了相应的行业标准。

3.2 直流供电系统

在通信局（站）中，一般把交流市电或发电机组产生的电能作为输入能源，经整流后向各种通信设备以及二次变换电源设备或装置提供直流电能的电源称为直流电源。直流电能也可由太阳能电池、化学电池（电源）和热电装置等设备产生。

3.2.1 直流供电系统的组成及运行方式*

通信局（站）直流供电系统主要由交流配电屏、整流设备、直流配电柜（屏）和蓄电池组等按要求组合而成，为通信设备提供直流电能。

通信局（站）的直流供电系统运行方式采用 −48V 全浮充供电方式。当市电正常时，交流市电输入交流配电屏，然后通过断路器将交流电送入整流器，整流器将输入的交流电变为 −48V 直流电输入直流配电屏，然后供给负载用电。同时蓄电池组接入直流配电屏，市电同时向蓄电池组浮充充电。在市电（故障）停电而柴油机组未启动供电前，由蓄电池组放电向通信设备提供直流不间断供电，当机组或市电恢复供电时，直流供电系统又转入浮充方式供电。

3.2.2 直流供电系统的工作电压及主要技术指标*

3.2.2.1 直流供电系统的工作电压

直流电源的电压等级很多，如有 3V、5V、12V、…、440V 等。一般 3V、5V 和 12V 电压用于集成电路的供电；24V、48V、60V、240V 和 336V 等用于通信设备供电；110V 和 220V

用于变电室高压开关合闸电源；270V 和 440V 用于为 UPS 逆变器供电。

按照传统的使用方式，通信设备供电电压大都采用 24V、48V 和 60V 三种。通常将直接向通信设备供电，同时又可对直流换流设备供电的直流电源称为直流基础电源。–48V、–24V 和 –60V 是三种常用的直流基础电源电压等级。其中 –24V 和 –60V 制式已趋于淘汰。

《通信局（站）电源系统总技术要求》（YD/T 1051—2018）规定，通信局（站）用直流基础电源的首选电源电压为 –48V。如有其他直流电压要求的，应设置直流-直流变换器。过渡期暂时保留的电源电压为 –24V，该电压等级的电源一般不再扩容，直至这些设备停止使用。对于新建的通信局（站），原则上只提供 –48V 的直流基础电源，进入通信网的交换设备必须采用 –48V 的电源电压。对于传输设备，若没有特殊情况，也应采用 –48V 的电源。这种"–"号的基础电压，是指电源正馈线接地，作为 0V 参考电位，负馈线接熔断器后，与机架电源或负载连接。为了提高供电系统的可靠性，240V 和 336V 高压直流供电系统正在中国电信、中国移动和中国联通等部分通信局（站）试运行。

3.2.2.2 直流供电系统的主要技术指标

通信用直流供电系统应能够满足通信网络安全供电保障的需求，确保通信系统设备用电不中断。参考《通信用 48V 整流器》（YD/T 731—2018）、《通信用高频开关电源系统》（YD/T 1058—2015）、《通信用阀控式铅酸蓄电池》（YD/T 799—2024）和《通信电源设备电磁兼容性要求及测量方法》（YD/T 983—2018）的相关内容，直流供电系统应符合以下的要求。

1. 环境条件

（1）温度范围

工作温度范围：–10～40℃。

储运温度范围：–40～70℃。

（2）相对湿度范围

工作相对湿度范围：≤90%RH（40℃±2℃）。

储运相对湿度范围：≤95%RH（40℃±2℃）。

（3）大气压力

大气压力范围：70～106kPa。

（4）振动

系统应能承受频率为 10～55Hz、振幅为 0.35mm 的正弦波振动。

2. 交流配电部分

（1）交流输入电压变动范围

三相五线制或三相四线制 380V：允许变动范围为 323～418V。单相三线制 220V：允许变动范围为 187～242V。

当供电条件恶劣时，用户提出要求，交流输入电压变动范围应不窄于输入额定电压的 ±20%；交流输入电压超出上述范围但不超过额定值的 ±25%时，系统可降额使用。

（2）输入频率变动范围

输入频率变动范围(50±2.5)Hz。

（3）输入电压波形畸变率

输入电压波形畸变率≤5%。

（4）输入功率因数

当输入额定电压、输出满载时，系统的输入功率因数应满足表3-1的要求。

表 3-1 输入功率因数

负载	1级输入功率因数	2级输入功率因数	3级输入功率因数
100%额定负载	≥ 0.99	≥ 0.96	≥ 0.92
50%额定负载	≥ 0.98	≥ 0.95	≥ 0.90
30%额定负载	≥ 0.97	≥ 0.90	≥ 0.85

（5）输入电流谐波成分

当输入额定电压、输出满载时，系统的输入电流谐波成分应满足表3-2的要求。

表 3-2 输入电流谐波成分（3～39次 THDI）

负载	1级输入电流谐波成分	2级输入电流谐波成分	3级输入电流谐波成分
100%额定负载	≤ 5%	≤ 10%	≤ 28%
50%额定负载	≤ 8%	≤ 15%	≤ 30%
30%额定负载	≤ 15%	≤ 20%	≤ 35%

（6）交流输入电源转换

当有两路交流输入电源时，系统应具有手动或自动转换装置。手动转换时，应具有机械联锁装置；自动转换时，应具有电气和机械联锁装置。

（7）事故照明功能（可选）

必要时，交流配电部分应具有事故照明功能。事故照明电路在停电时自动闭合，恢复供电时自动断开。

3. 整流模块

系统的整流模块应符合《通信用48V整流器》（YD/T 731—2018）的要求。

4. 直流配电部分

（1）直流输出电压可调节范围

1）系统在稳压工作的基础上，应能与蓄电池并联以浮充工作方式和均充工作方式向通信设备供电。

2）系统输出电压可调节范围：−57.6～−43.2V 或 21.6～28.8V。

3）系统的直流输出电压值在其可调范围内应能手动或自动连续可调。

（2）系统稳压精度

系统稳压精度应优于 ±1%。

（3）系统电话衡重杂音电压

系统直流输出端的电话衡重杂音电压应不大于 2mV。

（4）系统峰-峰值杂音电压

系统直流输出端在 0～20MHz 频带内的峰-峰值杂音电压应不大于 200mV。

（5）直流配电部分电压降

环境温度为 20°C 条件下，直流配电部分蓄电池端子与负载端子之间放电回路满载时的电压降不超过 500mV。

（6）蓄电池管理功能

1）系统应具有蓄电池接口，3kW 以下的系统应至少接入 1 组蓄电池，其他系统应能接入 2 组蓄电池。

2）系统应具备对蓄电池均充充电及浮充充电状态进行手动或自动转换功能。

3）系统在对蓄电池进行充电时，应具有限流充电功能，并且限流值应能根据需要进行调整。

4）系统应能根据蓄电池环境温度，对系统的输出电压进行温度补偿或保护。

5）在蓄电池放电及均充时，系统应具备对蓄电池容量进行估算的功能。

6）系统宜具备蓄电池单体电压管理功能（可选）。

（7）并联工作性能

系统中整流模块应能并联工作，并且能按比例均分负载：负载为 50%～100%额定输出电流时，整流模块输出功率不小于 1500W 的系统，其负载不平衡度应优于 ±5%，其他系统的负载不平衡度应优于 ±10%。

负载为 50%～100%额定输出电流时，监控单元出现异常，各整流模块应仍能输出设定电压，且输出电流的不平衡度应优于 ±10%。

当某个整流模块出现异常时，应不影响系统的正常工作，应能显示其故障并告警，必要时该整流模块应能退出系统。

5. 监控性能

（1）系统功能

1）实时监视系统工作状态。

2）采集和存储系统运行参数。

3）设置参数的掉电存储功能。

4）按照局（站）监控中心的命令对被控设备进行控制。

5）系统应具备 RS232 或 RS485/422、IP、USB 等标准通信接口，并提供与通信接口配套使用的通信线缆和各种告警信号输出端子，符合《通信局（站）电源、空调及环境集中监控管理系统 第 1 部分：系统技术要求》（YD/T 1363.1—2023）的要求。

6）通信协议应符合《通信局（站）电源、空调及环境集中监控管理系统 第 3 部分：前端智能设备协议》（YD/T 1363.3—2023）的要求。

（2）交流配电部分

1）遥测：输入电压，输入电流（可选），输入频率（可选）。

2）遥信：输入过电压/欠电压，断相，输入过电流（可选），频率过高/过低（可选），断路器/开关状态（可选）。

（3）整流模块

1）遥测：整流模块输出电压，每个整流模块输出电流。

2）遥信：每个整流模块工作状态（开机/关机/休眠，限流/不限流），故障/正常。

3）遥控：开/关机，均/浮充/测试，休眠节能工作模式/普通工作模式。

（4）直流配电部分

1）遥测：输出电压，总负载电流，主要分路电流（可选），蓄电池充、放电电流。

2）遥信：输出电压过电压/欠电压，蓄电池的熔丝状态，均充/浮充/测试，主要分路熔丝/开关的状态（可选），蓄电池的二次下电（可选）。

6. 其他性能要求

（1）系统外观

系统面板平整，镀层牢固，漆面匀称，所有标记、标牌清晰可辨，无剥落、锈蚀、裂痕、明显变形等不良现象。

（2）系统效率

系统效率应满足表 3-3 的要求。

表 3-3　系统效率

单个整流模块输出功率/W		≥ 1500			< 1500		
		1级	2级	3级	1级	2级	3级
效率	50%～100%额定负载	≥ 94%	≥ 90%	≥ 88%	≥ 90%	≥ 87%	≥ 85%
	30%额定负载	≥ 90%	≥ 86%	≥ 82%	≥ 86%	≥ 82%	≥ 78%

（3）系统噪声

分立式系统噪声应不大于 65dB（A），其他系统噪声应不大于 60dB（A）。

（4）保护功能

1）交流输入过、欠电压保护。

系统应能监视输入电压的变化，当交流输入电压值过高或过低，可能会影响系统安全工作时，系统可以自动关机保护；当输入电压正常后，系统应能自动恢复工作。

过电压保护时的电压应不低于本标准中所规定的交流输入电压变动范围上限值的 105%，欠电压保护时的电压应不高于交流输入电压变动范围下限值的 95%。

2）三相交流输入断相保护。

整流模块交流输入为三相时，系统应具有断相保护功能。

3）直流输出过、欠电压保护。

系统直流输出过、欠电压值可由制造厂商根据用户要求设定，当系统的直流输出电压值达到其设定值时，应能自动告警。过电压时，系统应能自动关机保护；故障排除后，分立式系统必须手动才能恢复工作，其他系统可自动或手动恢复。欠电压时，系统应能自动保护；故障排除后，系统可自动或手动恢复。

4）直流输出电流限制或输出功率限制功能。

系统直流输出限流保护功能分两种形式：

① 直流输出电流限制功能：当输出电流达到限流值时，系统以限流值输出，限流值应能根据需要进行调整，限流范围应不窄于其额定值的 40%～100%。

② 直流输出功率限制功能：当系统直流输出功率达到功率限制值时，输出电流增大时系统应能自动降低输出电压以使输出功率不超过限制值，系统最大输出功率限制值应不小于系统直流输出电压标称值与额定电流乘积的 120%。

5）直流输出过电流及短路保护。

系统应有过电流与短路的自动保护功能，过电流或短路故障排除后，应能自动或人工恢复正常工作状态。

6）蓄电池欠电压保护（可选）。

直流配电部分可以在蓄电池电压低于系统设定值时，自动一次或分次切断蓄电池输出，防止蓄电池深度放电，当系统输出电压升高后应自动接入蓄电池。

7)熔断器（或断路器）保护。

系统的交流输入分路应具有断路器保护装置；系统直流输出分路应具有熔断器（或断路器）保护装置；容量大于 630A 的直流输出分路可不设保护装置。

8)温度过高保护。

当系统所处的环境温度超过系统保护点时，系统应自动降额输出或停机；当环境温度下降到保护点后，系统应能自动恢复正常输出。

（5）告警性能

电源系统在各种保护功能动作的同时，应能自动发出相应的可闻（可选）、可见告警信号，如警铃（或蜂鸣器）响、灯亮（灯闪烁）等。同时，应能通过通信接口将告警信号传送到近端、远端监控设备上，部分告警可通过干接点将告警信号送至机外告警设备，所送的告警信号应能区分故障的类别。

系统应具有告警记录和查询功能，告警记录可随时刷新；告警信息应能在系统断电后继续保存，且不依赖于系统内部或外部的储能装置。

（6）防雷性能

除嵌入式系统外，其他系统交流输入端应装有浪涌保护装置，至少能承受电流脉冲（8/20μs、20kA）的冲击。

（7）接地性能

系统应具有工作地和保护地，且应有明显的标志，接地点应用铜质导体，除嵌入式系统外，紧固螺栓的直径 ≥ 8mm，嵌入式系统的接地线截面积不宜小于 4mm^2，其他系统的接地线截面积应不小于 10mm^2。

配电部分外壳、所有可触及的金属零部件与接地螺母间的电阻应不大于 0.1Ω。

（8）安全要求

1)绝缘电阻。

在环境温度为 15～35℃，相对湿度不大于 90%，实验电压为直流 500V 时，交流电路和直流电路对地、交流电路对直流电路的绝缘电阻均不低于 2MΩ。

2)抗电强度。

①交流输入对地应能承受 50Hz、有效值为 1500V 的正弦交流电压或等效其峰值的 2121V 直流电压 1min，且无击穿或飞弧现象。

②交流输入对直流输出应能承受 50Hz、有效值为 3000V 的正弦交流电压或等效其峰值的 4242V 直流电压 1min，且无击穿或飞弧现象。

③直流输出对地应能承受 50Hz、有效值为 500V 的正弦交流电压或等效其峰值的 707V 直流电压 1min，且无击穿或飞弧现象。

3)系统接触电流。

系统接触电流应不大于 3.5mA。当接触电流大于 3.5mA 时，接触电流不应超过每相输入电流的 5%，如负载不平衡，则应采用三个相电流的最大值来进行计算。在大接触电流通路上，内部保护接地导线的截面积不应小于 1.0mm^2。在靠近设备一次电源连接端处，应设置标有警告语或类似词语的标牌，即"大接触电流，在接通电源前必须先接地"。

4)材料阻燃性能。

系统所用 PCB 的阻燃等级应达到《音视频、信息技术和通信技术设备 第 1 部分：安全要求》（GB 4943.1—2022）中规定的 V-0 要求，绝缘电线的阻燃等级应达到《电缆和光缆在火焰条件下的燃烧试验 第 12 部分：单根绝缘电线电缆火焰垂直蔓延试验 1kW 预混合型火焰试验方法》(GB/T 18380.12—2022) 中规定的要求，其他绝缘材料的阻燃等级应达到《音视频、信息技术和通信技术设备 第 1 部分：安全要求》(GB 4943.1—2022) 中规定的 V-1 要求。

（9）系统休眠功能（可选）

系统宜具有整流模块休眠节能工作模式，并能手动或自动开启/关闭该模式，出厂设置为关闭。

1）系统应能根据实际负载的变化自动调整工作模块数量；当负载减小到休眠设定值后，系统自动控制部分整流模块处于休眠状态，使其他整流模块工作在较高效率区间；当负载增大到唤醒设定值后，系统自动开启部分整流模块以免蓄电池放电。

2）系统至少应有 1 个或 2 个整流模块工作。

3）负载出现振荡时，系统应能正常工作。

4）系统应使整流模块自动周期性轮换工作，且周期可设置。

5）当整流模块自动轮换工作时，应该按照先开后关的原则，先开启连续休眠时间最长的模块，再关断连续工作时间最长的模块；当系统中不同效率模块混用时，高效率模块应优先工作。

6）监控模块或通信出现故障时，所有处于休眠状态的整流模块应能在 3min 内自动恢复工作。

7）蓄电池欠电压、输入电压超出允许范围等告警时，系统不能处于休眠节能工作模式。

8）系统整流模块的休眠功耗应满足表 3-4 的要求。

表 3-4　休眠功耗

模块类型	1 级	2 级
单相模块	≤5W	≤10W
三相模块	≤10W	≤20W

（10）系统温升

系统额定工作状态时，常温条件下，母线排、连接导线、接线端子的温升不应超过 50℃。

（11）系统电磁兼容性

1）传导骚扰限值与辐射骚扰限值。

传导骚扰限值与辐射骚扰限值应符合《信息技术设备、多媒体设备和接收机 电磁兼容 第 2 部分：抗扰度要求》(GB/T 9254.2—2021) 的相关要求。

2）静电放电抗扰度。

电源系统的机柜应能保护产品抵御静电破坏，应能承受《电磁兼容 试验和测量技术 静电放电抗扰度试验》(GB/T 17626.2—2018) 中的相关要求。

（12）系统可靠性

MTBF $\geq 5 \times 10^4$h。可通过整流模块并联冗余方式来提高系统可靠性，即 $n+k$ 方式。n 为能满足通信局（站）供电的整流模块数，k 为增加的整流模块冗余数且不小于 1。

3.2.3　直流供电系统的主要设备*

小型局（站）直流供电系统通常采用单机架直流电源形式。单机架直流供电系统的特点是功能齐全，与多机架大容量直流电源相比，其主要功能并没有多大的差异。由于交、直流配电及整流器模块均在一个电源机架上组合而成，因而占地面积小、摆放灵活，交流输入线可采取上进线或下进线方式。整流器模块的并联可带电热插拔，为电源系统的增容及减容使用带来很大的方便。

不过由于这种电源由单机架组合而成,所以输出电流受到了一定限制,一般设计在1000A以下。这种单机架组合的直流电源系统在通信电源行业中习惯称为组合电源或开关电源系统,多用于中小型通信局(站)。

1. 系统结构

单机架直流电源通常由交流配电部分、若干个整流器模块、直流输出配电部分和集中监控单元(监控模块)按照一定的要求在单个电源机架上配置而成,有的 –48V 蓄电池组也同机柜配置,其整机结构外形如图3-1所示,各部分功能如下。

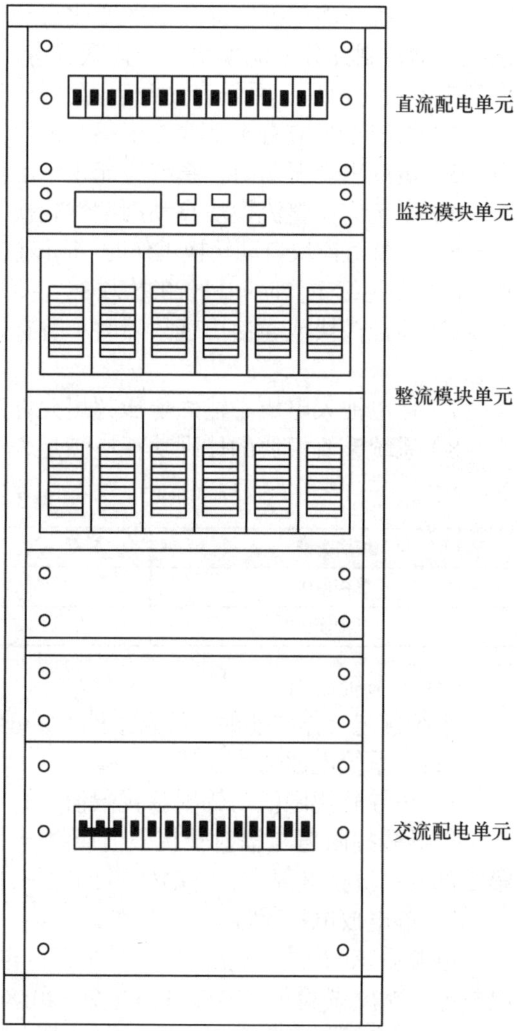

(1)交流配电部分

交流配电部分将来自市电或(柴油)发电机组的三相四线交流电分为整流器模块供电和其他交流分路输出。

这种单机架电源的整流器模块一般为单相 220V 输入,考虑到三相交流电的平衡应尽可能将机架内所有整流器模块平均地分配到每一相上。交流分路输出为机房内其他交流用电设备提供电源,如空调、UPS、计算机等。交流分路输出的路数和每路的电流容量可根据用户实际需要而定。

交流配电部分的另一种重要功能是将两路输入的交流电实现通、断互锁,即其中一路交流电源发生故障时可手动或自动切换到另一路交流电源上。但任何时间都不允许出现两路交流电源同时接通或断开的现象。两路交流电互锁的方式一般采用机械或电气互锁。

如果电源设备安装在雷电多发地区,通常还应在交流市电输入端安装具有一定通流量的防雷击过电压保护装置(防雷组件)。

图3-1 单机架直流组合电源

(2)整流器模块

整流器模块是直流电源系统的重要组成部分,电源系统供电质量主要取决于整流器模块的电气指标。整流器模块完成 AC/DC 变换并且以并联均流方式为通信设备供电,同时对蓄电池组进行限流恒压充电和为集中监控单元供电。

(3)直流配电部分

直流配电部分的功能与交流配电部分的功能相似。直流配电部分通常将整流器并联输出的 –48V 直流电分配为三路。

第一路为通信设备供电。

第二路为蓄电池组充电。当输入交流电源出现故障时整流器模块停机,这时与整流器模块并联的蓄电池组,通过直流配电柜内的欠电压保护继电器和熔断器继续为通信设备供电。

第三路为机房内其他直流设备供电。

直流分路输出的路数及各路的电流容量视具体情况而定。

直流配电部分还设有应急电源。当交流停电需要应急照明时,可启动直流应急电源进行照明,能方便进行故障处理。应急电源启动电路多用直流接触器控制,应急电源输出的最大容量一般设计为100A。

(4) 监控模块

直流电源系统的监控模块对于独立的通信电源系统来说相当于智能控制中心,但对于通信局(站)的集中监控或区域乃至更大的本地网监控中心来讲,监控模块则是一个最基本的监控单元。监控模块应具备以下几方面的功能。

1) 监测功能。

监控模块的监测对象包含交流配电、整流器模块和直流配电部分(包括蓄电池组)。

交流配电所监测的内容有交流输入线(相)电压、电流。

整流器模块的监测内容有模块并联输出电压值以及每个模块的输出电流值。

直流配电部分的监测内容有系统直流输出电压、负载电流、蓄电池充放电电流及放电时电压的实时测量值,各分路输出电流及总电流。

2) 控制及告警功能。

控制功能主要包括电源系统的开机、关机;各个整流器模块的开机、关机;直流输出电压、交流输入电压范围及直流输出电流极限值的设定;另外还有一套完整的蓄电池管理功能,如蓄电池浮充、均充电压和电流极限值的设定;浮充、均充时间的设定及两种充电状态的相互转换;环境温度的测量、充电时环境温度系数的补偿、电池放电时的容量记录和电池欠电压保护点的设定等。

电源系统在运行期间如有某些参数达到或超过告警的设定值,监控模块将采集到的模拟量或开关量信号经过处理后发出声光告警信号,在监控模块的显示屏上显示出故障部位和故障原因。更完善的告警系统还可以将最近一次或几次的故障时间及故障原因存储记录,为查询故障和分析故障提供历史依据。

3) 与上位机数据通信功能。

此功能是实现通信局(站)内多套电源系统的集中监控及区域监控,或更大的监控中心对更多的通信局(站)电源系统实现集中监控的必需功能。

2. 原理框图

典型单机架直流电源系统原理如图3-2所示,系统由两路交流电源供电,一路为市电三相动力电输入,另一路由(柴油)发电机组供电。经过主、备切换后一路供给整流器模块输入分配装置,经分配装置输出给各个整流器模块供电;另一路分配到交流配电输出供机房其他交流设备使用。交流配电单元输入按要求装有防雷过电压保护器。

经整流器模块AC/DC变换后其直流输出汇接到直流母排,并送至直流配电柜,经过一个总输出分流器后分到直流输出分路供直流负载分配使用。

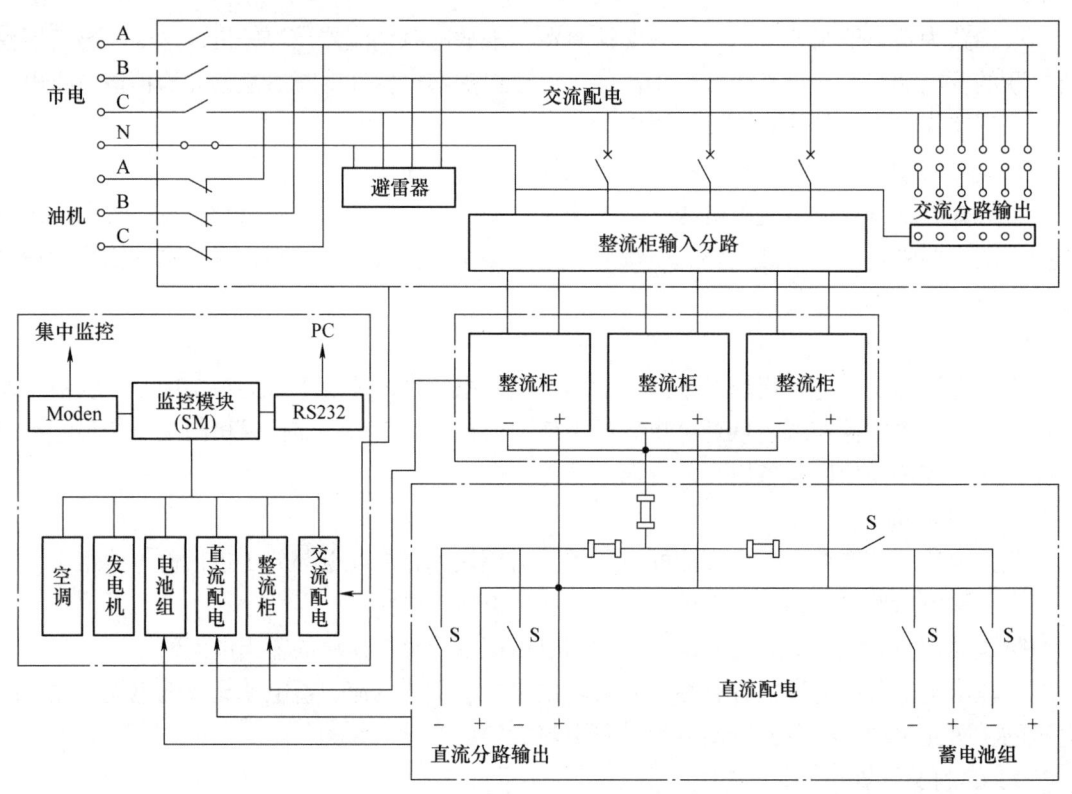

图 3-2 单机架直流电源系统原理图

两组蓄电池通过充放电分流器、总电池开关和分路电池开关与整流器模块输出汇流排并联，两组蓄电池分别串联有欠电压切断保护继电器。当电池放电电压达到欠电压告警设定值时发出声光告警，如继续放电到欠电压关断设定值时，电池分路开关将自动断开，以保护蓄电池不致因深度放电而损坏。应根据通信局（站）的地位和性质来决定是否启用这项功能。

整流器模块的工作方式一般分为两种：内控式和外控式。内控式整流器模块内部设有独立的监控单元，可对整流器模块的参数进行检测、设定和显示，这种整流器模块与系统的监控模块一般通过 RS485 总线连接。外控式整流器模块内部不设独立的监控单元，其输出电压、输出电流极限受系统监控模块的控制。如果监控模块发生故障，整流器模块转为自主工作状态，其输出电压、限流点服从初始设定值，保证系统不间断供电。这种外控式整流器模块向系统监控模块传输的信号可以是模拟量和开关量，在监控模块内完成 A/D 转换。

监控模块：所谓监控即可用本机键盘操作对电源系统运行的参数进行检测、设定和显示，也可以通过 RS232 通信接口与上位机连接实现局（站）内电源系统的集中监控，还可以通过调制解调器与远程上位机相连实现远程监控功能。

3. 二次下电

为了更好地保护电池及保证在市电中断时尽可能地确保通信机房主要设备的供电，作为单机架直流供电系统核心的组合电源通常应具有二次下电功能，即将机房内的设备根据其重要程度的不同分为重要负载和一般负载。当市电中断后，由蓄电池进行放电，当蓄电池端电压降低到一定数值 U_1 时，在监控单元的控制下，直流配电单元切断对一般负载的供电，只保证重要负载的供电不间断。当蓄电池电压持续下降至数值U_2时，为保证蓄电池不致因过放电而损坏，此时直流配电单元将完全切断电池供电电路，机房设备供电随之中断。此处U_1即所谓的一次下电电压，U_2即二次下电电压。这种根据负载重要程度的不同，分两次切断电池对设备的供电，以最大限度地保护电池，并尽可能地延长重要设备供电时间的电池管理功能，被称作二次下电功能。具体功能实现如图3-3所示。

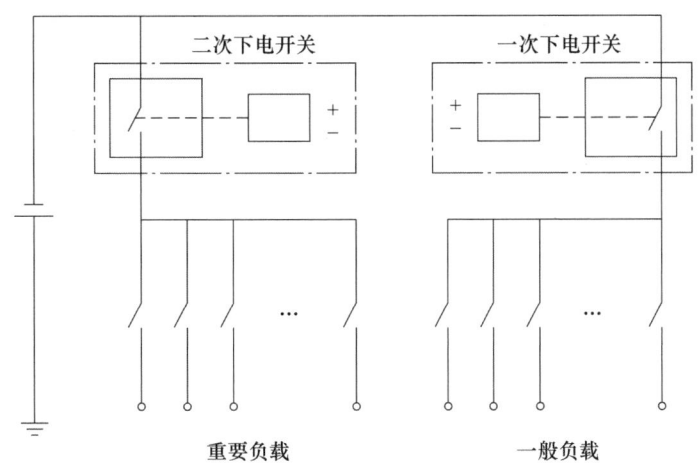

图 3-3 二次下电功能电气原理图

一次下电电压U_1和二次下电电压U_2的值可根据电池特性及电池容量大小确定，U_1一般在45～47V之间，U_2一般在42～43V之间。表3-5为双登电池在不同负载条件下的一、二次下电电压值的选择示例。

表 3-5 双登电池一、二次下电电压值与负载电流的关系表

负载电流与I_{10}比值	停止程控交换机工作（48V系统）蓄电池终止电压，一次下电	停止信号传输工作（48V系统）蓄电池终止电压，二次下电
6/6	1.90V/45.6V	1.88V/45.0V
5/6	1.95V/46.8V	1.93V/46.3V
2/3	1.96V/47.0V	1.94V/46.5V
1/2	1.97V/47.3V	1.95V/46.8V
1/3	1.98V/47.5V	1.96V/47.0V
1/6	1.98V/47.5V	1.96V/47.0V

注：表中I_{10}表示10小时率放电电流，其数值为电池标称容量C_{10}的1/10。若电池为多路并联，则电池的标称容量为多路并联电池的标称容量之和。

3.2.4 高频开关整流器的分类及特点

1. 高频开关整流器的分类

按照控制方式来分，高频开关整流器可分为脉冲宽度调制（Pulse Width Modulation，PWM）整流器、脉频调制（Pulse Frequency Modulation，PFM）整流器与混合调制整流器。

按采用的开关技术分,高频开关整流器有硬开关和软开关整流器。按主电路结构分,高频开关整流器有谐振型和非谐振型整流器。根据变换电路的结构不同,高频开关整流器又可分为单端反激变换器、单端正激变换器、推挽式变换器、半桥式变换器和全桥变换器。

2. 高频开关整流器的特点

高频开关整流器的主要优点就在于"高频"二字,从电工学中可知,铁心电路与无铁心电路的主要区别在于表 3-6。

表 3-6 铁心电路与无铁心电路的主要区别

铁心电路	无铁心电路
μ_r 大,不是常量	$\mu_r \approx 1$ 常量
L 大,不是常量	L 小,是常量
Φ 与 i 不成正比	Φ 与 i 成正比
除铜损外还有铁损	只有铜损无铁损

由表 3-6 可见,铁心电路不能用视 L 为常数的有关公式,如:$e = -Ldi/dt$ 等,只能用基本公式:$e = -Wd\Phi/dt$ 等。设铁心中磁通按正弦规律变化,即:$\Phi = \Phi_m \sin\omega t$,由此可知:$e_L = -Wd\Phi/dt = -\omega W\Phi_m \cos\omega t = -E_m \cos\omega t$,$E_m = \omega W\Phi_m = 2\pi f W\Phi_m$。在正弦情况下,$E_m = \sqrt{2}E$,因此:

$$E = 2\pi f W\Phi_m/\sqrt{2} = 4.44 f W B_m S$$

式中,f 为通过铁心电路的电源频率;W 为铁心电路线圈匝数;B_m 为铁心的磁感应强度;S 为铁心线圈的截面积。

以上公式是计算变压器和一切铁心电路匝数与所需铁心截面积的基本公式,从式中不难看出:频率越高,铁心的截面积可以设计得越小,如果能把频率从工频 50Hz 提高到高频 50kHz,即提高 1000 倍,则变压器所需截面积可以缩为原来的 1/1000。由此可知,高频开关整流器与传统的相控电源相比,具有以下优点。

(1)重量轻,体积小

采用高频技术,去掉了工频变压器,与相控整流器相比,在输出同等功率的情况下,开关整流器的体积只是相控整流器的 1/10,重量也接近 1/10。适用于分散供电,与阀控式密封铅酸蓄电池配套,可放在通信机房。

(2)效率高

高频开关整流器采用的功率器件一般功耗小,带功率因数补偿的高频开关整流器的整机效率可大于 90%,而相控电源的整机效率为 60%~80%。

(3)功率因数高

相控整流器的功率因数随晶闸管导通角的变化而变化,一般在全导通时,可接近 0.7 左右,而小负载时,仅为 0.3 左右。配有功率因数校正电路的高频开关整流器的功率因数一般在 0.93 以上,并且基本不受负载变化的影响(对 20%以上负载)。

(4)稳压精度高

高频开关整流器的稳压精度可高达 0.2%(相控电源在 1%左右)。

(5)维护方便,可靠性高

因为高频开关整流器是模块式的,可以在运行中更换模块,不影响通信,维护方便,而相控电源必须停机处理。另外,开关电源采用$N+1$冗余式配置,可靠性高。

(6)扩容、调试方便

在初建时可预计终期容量机架,整流模块可根据扩容计划逐步增加。另外,高频开关整流器内设模拟测试电路,无须另配假负载,调试方便。

(7)自动化程度高

配有微机控制、远端接口,组成智能化电源设备便于集中监控,无人值守。一般相控电源难于做到的,高频开关整流器均能做到。

(8)可闻噪声低

在相控整流设备中,由于有工频变压器及滤波电感,工作时产生的可闻噪声较大,一般大于60dB。而开关频率在40kHz以上的高频开关整流器,可闻噪声仅为45dB左右。

(9)对交流输入要求低

在三相严重不平衡时,甚至断了一相,整流器及系统仍能输出供给负载稳定的直流电(唯容量相应减小)。

由于高频开关整流器具有以上这些优点,所以高频开关整流器的应用越来越广泛。在通信电源领域,高频开关整流器已经完全取代了相控电源,这是通信电源的一次革命。

3.2.5 高频开关整流器的工作过程及主要电路*

高频开关整流器具体完成交流电到直流电的变换,并实现输入输出之间的电气隔离;此外高频开关整流器还具有功率因数校正、自动均流等作用,是开关电源系统的核心,其变换技术也是开关电源系统的核心技术,而且其性能指标决定了开关电源系统的大多数关键指标。整流器的原理如图3-4所示。整流器主要由主电路和控制电路组成,控制电路控制主电路完成电能的变换,同时完成保护、显示等功能。

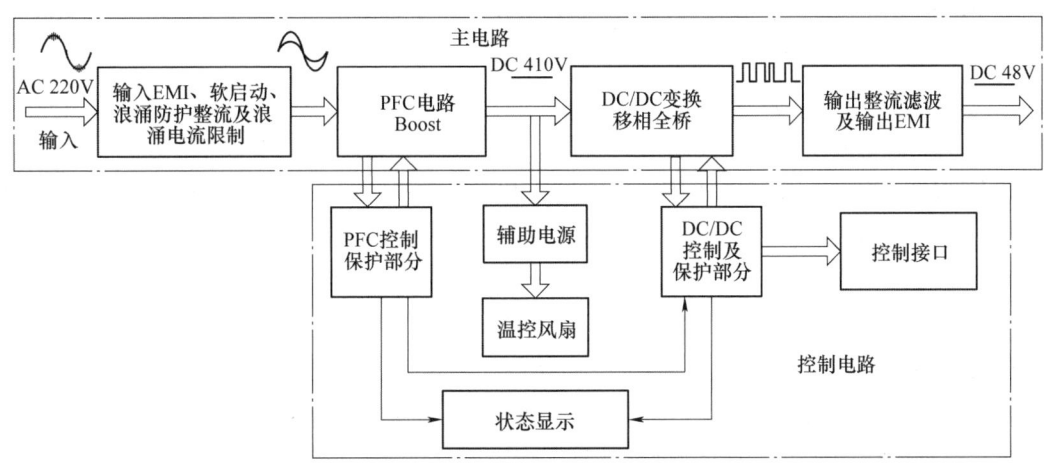

图3-4 某型号高频开关整流器原理

(1)主电路

主电路主要由交流输入滤波电路、PFC电路、DC/DC变换移相全桥电路和输出整流滤波及输出 EMI 电路组成。其工作过程为：具有谐波的 220V 交流电经输入 EMI 滤波、软启动、浪涌防护整流及输入浪涌电流限制电路等环节，使系统具有较小的开机浪涌电流和较好的电磁兼容性。输入交流电经整流后直接进入前级功率因数校正（PFC）环节。前级功率因数校正电路为 Boost 电路，该电路采用平均电流控制方式，以保证其输入功率因数接近 1，谐波电流小于 10%。前级功率因数校正电路的另一个功能是对输入电压进行预调整，输出一个稳定的 410V 直流电压给后级 DC/DC 变换电路，后级 DC/DC 变换电路通过移相全桥控制策略变换为直流脉冲，经输出滤波后输出平滑 48V 直流电。DC/DC 移相全桥变换电路实现了功率器件的软开关，有效提高了开关电源系统的变换效率。

1）交流输入整流滤波电路。

交流输入整流滤波电路如图 3-5 所示，一方面控制交流电网中的谐波成分侵扰整流器内部单元，同时也防止整流器产生的干扰反串回电网。

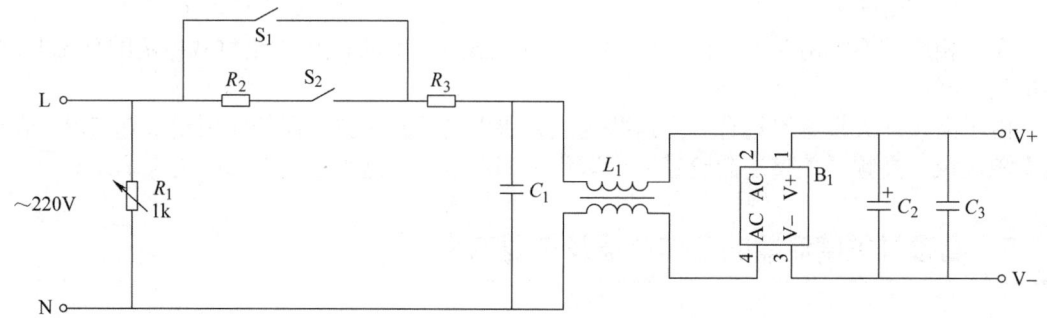

图 3-5　交流输入整流滤波电路

由继电器 S_1 和 S_2 及其外围电路构成交流输入软启动电路，电容 C_1、共模滤波电感 L_1 一起构成交流输入滤波电路。防止电网中的干扰影响整流模块的运行，同时也防止浪涌冲击电流和尖峰电压对整流模块的损害。整流桥 B_1 和电容 C_2、C_3 一起构成输入整流滤波电路，该电路将 220V 交流电经过桥式整流滤波以后变成 310V 左右平滑的直流电，供给后续的 Boost 型 PFC 电路。

2）Boost 型 PFC 电路。

在现代开关电源中，为了提高开关电源效率、减少电网污染，PFC 电路得到了广泛的应用。在 ZXDU68 型开关电源系统中，为了保证开关电源系统具有低污染、高效率、低输出纹波等优点，除了采用前述的 EMI 及浪涌吸收滤波电路外，也采用了 Boost 型有源功率因数校正电路。其电路结构如图 3-6 所示。

Boost 型有源功率因数校正电路主要由 C_4、L_2、功率 MOSFET VT1 和 VT2、VD3 和 VD4、C_5 和 R_6、VD1 和 R_4、C_6 和 R_5 等元器件组成，Boost 型拓扑结构的功率因数校正电路工作在连续电流模式时，利用输入电容 C_4 可减少切换时所造成的杂信号回流至交流电源，此外，在 Boost 电路中，电感 L_2 只储存一小部分能量，保证交流电源在电感去磁期间，功率 MOSFET 仍旧能够有能量提供。在该整流模块中，利用 Boost 型电路作为主电路，并且采用两个功率 MOSFET 并联，作为主开关管，用 UC3854 功率因数校正集成电路控制 VT1、VT2 的工作，使交流输入电流正弦化，提高输入侧的功率因数，同时还起着升压和稳压作用，将整流后的直流电压变换成稳定的高压直流,有利于后级变换电路的优化设计。

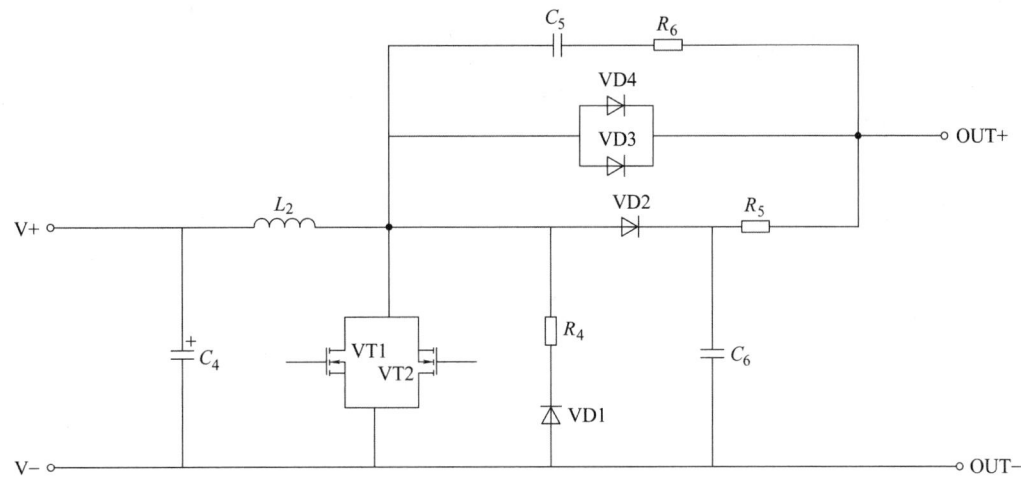

图 3-6　Boost 型 PFC 电路

3)DC-DC 变换移相全桥电路。

ZXDU68 系列开关电源的整流模块,功率变换电路采用的是移相控制零电压开关 PWM 变换(Phase-Shifted Zero-Voltage-Switching PWM Converter,即 PS-ZVS-PWM 变换)电路。该变换电路主要是利用变压器的漏感或一次侧串联电感和功率晶体管的寄生电容或外接电容来实现零电压开关,其电路结构如图 3-7 所示。

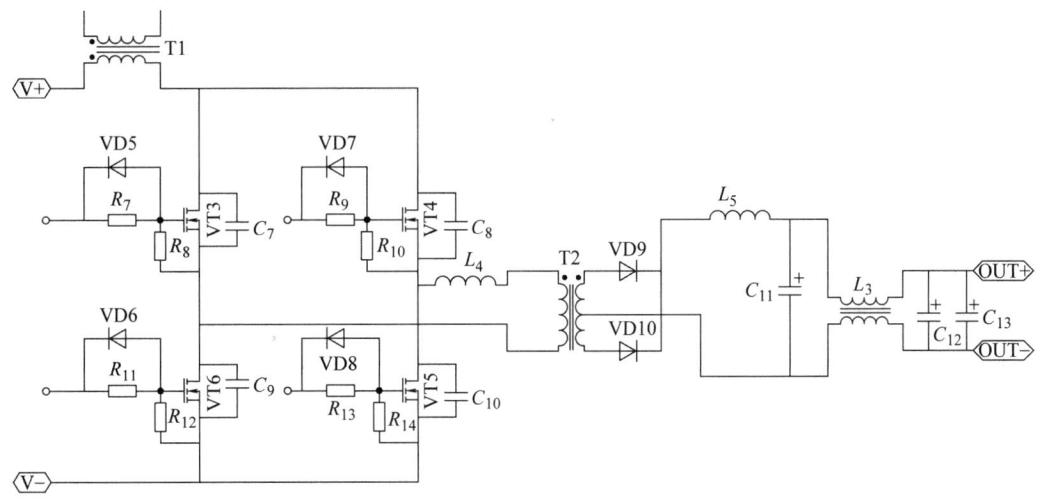

图 3-7　DC-DC 变换移相全桥电路以及输出整流滤波与 EMI 电路

在该电路中,VT3~VT6 是四个功率 MOSFET 管,作为主电路的开关管,C_7~C_{10} 分别是四个外接电容,L_4 是谐振电感。工作时,C_7~C_{10} 和开关管 VT3~VT6 内部的寄生电容一起构成谐振电容,L_4 和变压器的漏感一起作用。其中,VT3、VT5 和 VT4、VT6 呈 180°互补导通,两个桥臂的导通角相差一个移相角,通过调节移相角的大小来调节输出电压。其 PWM 脉冲控制电路主要由 UC3895 及其外围电路来完成。

4）输出整流滤波及 EMI 电路

整流模块输出整流滤波及 EMI 电路如图 3-7 所示，由输出高频变压器 T2，全波整流二极管 VD9、VD10 构成整流滤波电路，将逆变电路输出的高频交流整流成合乎要求的直流电，同时，利用 L_5、C_{11}、L_3、C_{12}、C_{13} 等构成 EMI 滤波电路，滤除干扰，以便输出高质量的直流电供给通信设备使用。

（2）控制电路

控制电路主要由 Boost 型 PFC 电路及 DC/DC 变换移相全桥电路、系统保护功能的实现电路，以及辅助电源、状态显示和与监控单元连接的控制接口等。保护电路一方面是对前级 PFC 电路提供 PFC 控制与保护，另一方面还对后级 DC/DC 变换电路提供 DC/DC 控制与保护。控制接口把 ZXD2400 整流器的工作状态和告警信息上报给监控系统。监控系统可通过控制接口调整 ZXD2400 整流器的输出电压，完成对整流器的开、关机控制，实现"三遥"功能。

1）PFC 控制检测。

PFC 控制检测电路如图 3-8 所示，主要由单相有源 PFC 控制电路、PFC 输出检测电路、交流输入检测电路、软启动控制电路和辅助电源控制电路等构成。其中，单相有源 PFC 控制电路主要由 UC3854 集成控制电路及外围电路完成，交流输入检测电路由四个比较器加上外围电路构成，主要完成交流输入过、欠电压的比较和判断。软启动控制电路主要是防止整流器上电后产生很大的给 PFC 输出电容充电的冲击电流，通过串接一个缓冲电阻来完成。

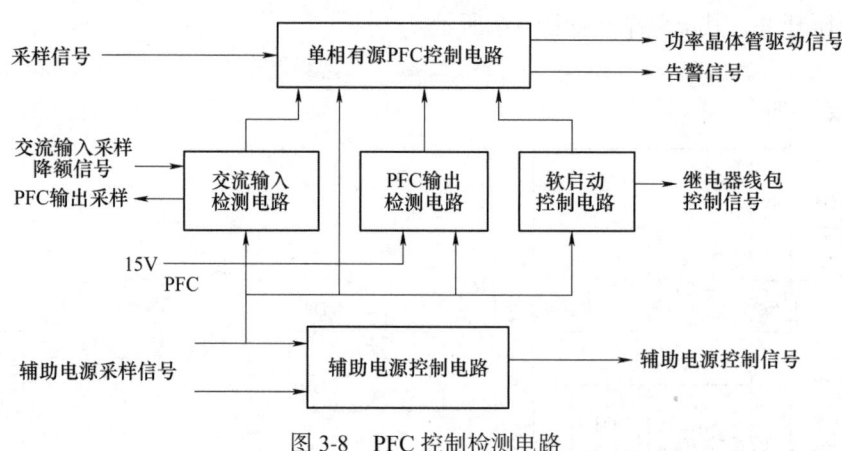

图 3-8　PFC 控制检测电路

2）直流控制检测。

直流控制检测电路原理如图 3-9 所示，主要由 DC/DC 控制和故障处理电路、PWM 调压电路、限流电路、均流电路和过电压过电流保护电路等构成。在正常情况下，PWM 调压电路通过监控发出频率恒定为 1kHz、脉宽可调的 PWM 波来调节整流器的输出电压，来达到均/浮充转换、电池温度补偿、电池充电限流、整机自测等功能。它本身具备保护的功能，是利用与非门构成的单稳态触发器来完成，当没有监控或监控失效的情况下，整流器最大电流限制在一定数值，单稳电路不工作，使得直流变换控制电路中的继电器不吸合，此电路不起作用，不影响整流器的正常工作。

第 3 章 不间断电源系统

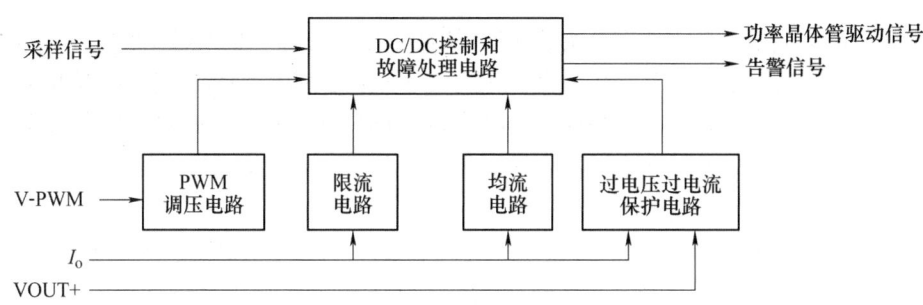

图 3-9 直流控制检测电路原理

电路实现整流器输出电流采样信号的放大和输出电流均流的功能，放大后的输出电流信号用于均流、限流和过电流保护，均流采用的是平均电流均流法，通过对外围继电器的控制来实现在 DC/DC 软启动结束后闭合均流总线。

（3）辅助电源电路

辅助电源电路如图 3-10 所示，该电路采用了电路结构简单、适宜多路输出的他激式反激电路，功率开关管 VT7 采用电流型控制芯片 UC3844 及其外围电路控制。辅助电源提供 4 路电源输出供控制电路及风扇使用。

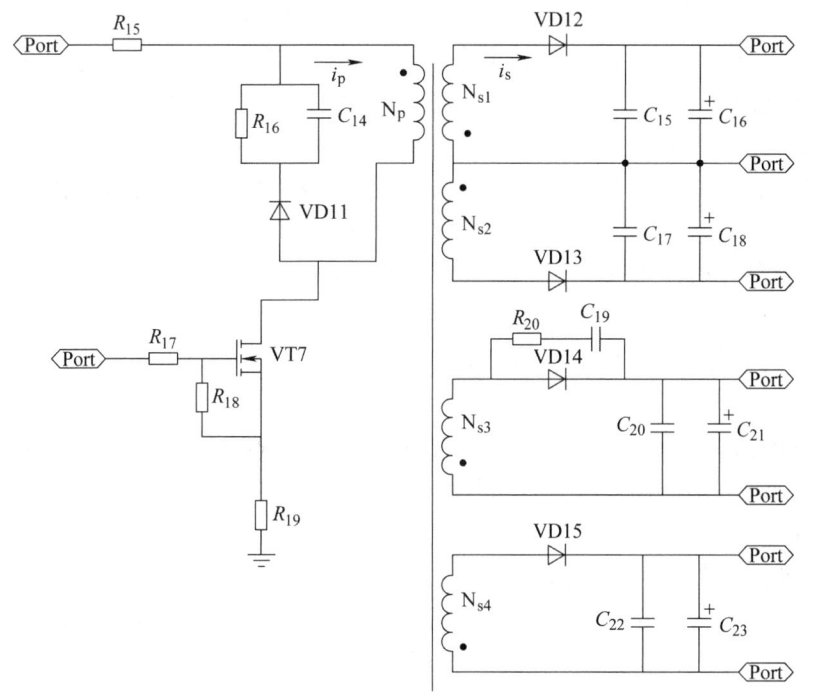

图 3-10 辅助电源电路

图 3-10 中功率开关管 VT7 在占空比为 $\delta = T_{on}/T_s$ 的脉冲驱动下或导通或关断，由于功率开关管的驱动脉冲是由其他电路供给，故称之为他激式。输出电容器（C_{15} 和 C_{16} 等）和负载是在功率开关管截止时从变压器二次侧获得能量，因而称之为反激电源。其工作原理可简述如下（共 4 路电源输出，以第 1 路为例，其他 3 路电源同理）。

当驱动脉冲为高电平时，功率开关管 VT7 从截止变为导通，变压器一次线圈 N_p 流过的电流 i_p 线性增加，在一次线圈 N_p 上产生一极性为上正下负的感应电动势，使二次线圈 N_{s1} 产生一极性为上负下正的感应电动势，二极管 VD12 承受反向偏压而截止，此时变压器二次线圈 N_{s1} 上流过的电流 i_s 为零，变压器不能将输入端能量传送到输出端，负载电流由电容（C_{15} 和 C_{16}）放电提供，变压器一次线圈电感储存能量。

当驱动脉冲为低电平时，功率开关管 VT7 从导通变为截止，变压器一次线圈 N_p 流过的电流 i_p 趋近于零，其磁通量变小，使二次线圈 N_s 产生一个极性为上正下负的感应电动势，二极管 VD12 导通，给输出电容（C_{15} 和 C_{16}）充电，同时也向负载供电。同普通开关电源一样，其输出电压大小的调整可通过调整驱动脉冲的占空比 $\delta = T_{on}/T_s$ 来实现。

3.2.6　高频开关整流器的技术指标

1）额定输入电压与波动范围：单相 220V 时变动范围为 187～242V；三相 380V 时变动范围为 323～418V。

2）额定频率与范围：(50 ± 2)Hz。

3）直流输出电压可调节范围为 −57.6～−43.2V，整流器的直流输出电压值在可调节范围内应能够手动或由监控电路（系统监控单元）控制连续可调。

4）直流输出电压工作方式：整流器在稳压工作的基础上，应能与蓄电池并联以浮充、均充及蓄电池放电测试工作方式向通信设备供电（或应具有该方面的接口）。

5）遥测、遥信、遥控性能：整流器应具有 RS-232/485 接口与监控电路连接。

6）均分负载（并机工作）性能：整流器应能采用多台同型号整流器并机工作。并机工作时整流器自主工作或受控于系统监控单元时应做到均分负载，在单机 50%～100% 额定输出电流范围内其均分负载的不平衡值应不超过直流输出电流额定值的 ±5%。

7）交流输入过、欠电压及断相保护。整流器应能监视电网电压的变化，当交流输入电压值过高或过低时，为了保证整流器的安全工作，整流器应具备以下交流输入过、欠电压及断相保护功能。

① 当电网电压过高时，整流器应具有过电压关机保护的功能，电网电压恢复正常后，应能自动恢复工作；过电压保护电压的设定不应低于额定电压值的 115%（单相应不低于 253V，三相应不低于 437V）。

② 当电网电压过低时，整流器应具有欠电压保护的功能，电网电压恢复正常后，能自动恢复工作；欠电压保护电压的设定不应高于额定电压值的 80%（单相应不高于 176V，三相应不高于 304V）。

③ 三相电压输入时，电网出现断相时整流器应具有断相保护功能，电网恢复正常后，能自动恢复工作。

8）直流输出过、欠电压保护。当整流器的直流输出电压值达到过电压设定值时，应能自动告警与关机保护，故障排除后，应能人工恢复工作。当整流器的直流输出电压值达到欠电压设定值时，应能自动告警，故障排除后，应能自动恢复工作。

9）直流输出电流的限制性能。整流器应具有直流输出电流的限制性能，限制电流范围应在其额定值的 105%～110%。当整流器直流输出电流达到限流值时，整流器应进入限流工作状态。整流器的直流输出电流除限流性能外，还应有短路的自动保护性能。当故障排除后，整流器应能自动恢复工作。

3.2.7 高频开关电源系统的使用与维护*

3.2.7.1 操作使用

高频开关电源系统的操作使用包括系统的开机、加载、连线、蓄电池安装和关机等过程。系统的开机一般按照先空载开机，检测开关电源系统空载运行是否正常，确认正常后再投入负载的顺序进行。关机时则按照开机的相反顺序操作。下面以 ZXDU68 高频开关电源系统为例具体讲解。

1. 交流进线的连接

在开始进行高频开关电源系统交流进线连接之前，首先要确定负载的功率，再根据负载的功率确定输入交流功率的大小，然后确定交流输入的电流，根据交流输入电流的大小来确定线径。通常在选择相线和零线时，尽量考虑负载扩容的需要，能满足开关电源系统要求。在选定线缆以后，则再需要确定交流输入的线序，即确定相线和零线的位置。按照电工操作使用规范，三相电一般采用黄、绿、红三种颜色，而零线一般采用黑色，地线即 PE 线一般采用黄绿相间颜色的线。选好线缆，确认了相线、零线、PE 线的位置以后，就可以进行线缆的连接了。在进行线缆连接时，确认电源输入方向的断路器处于断开状态，然后按照黄、绿、红的顺序分别连接 A、B、C 三根相线，再连接零线和 PE 线，紧固时用劲要适度，不要损伤紧固螺母和线缆保护绝缘层。

2. 负载安装

（1）区分负载重要级别

即按照通信负载的重要性，首先确定重要负载和次要负载。

（2）确定一次下电负载和二次下电负载位置

一次下电负载和二次下电负载开关电源上都有明确的标志。连接好以后，根据图 3-11 的电流流向顺序，检查线缆连接是否正确。

3. 电池组安装

在进行电池组安装时，考虑到楼层承重的要求，一般应将电池组安装在底楼，然后应将电池组先在指定位置或者电池架上串联连接好以后，再将电池组的正、负极接线连接到开关电源系统上。在连接时，按照以下步骤进行：①断开电池；②确认电池正负极；③连线。

连接电池线缆时，要注意扳手的使用，不要造成短路事故，同时要注意螺母紧固的程度，不要使用蛮力，损坏接线柱。连接完成以后按照充电回路（图 3-12）和放电回路（图 3-13）的顺序检查一遍线缆连接是否正确。

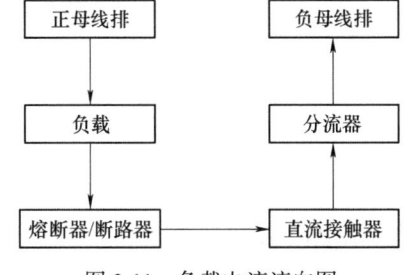

图 3-11 负载电流流向图

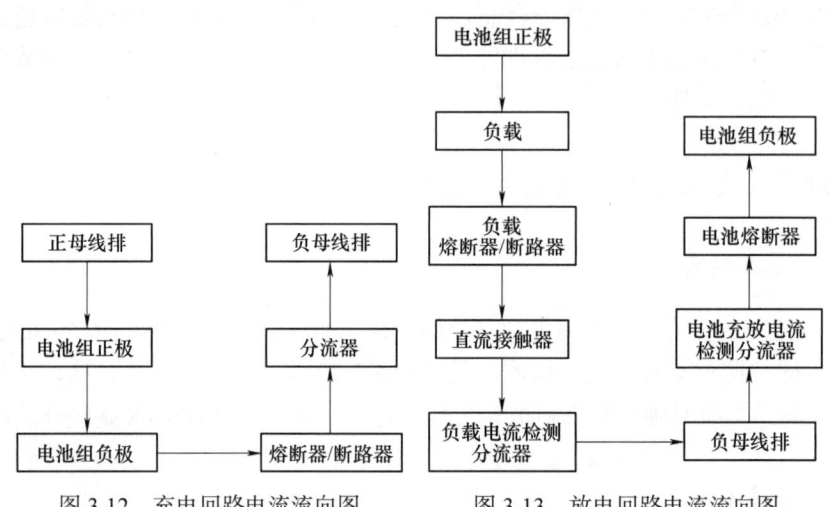

图 3-12 充电回路电流流向图　　图 3-13 放电回路电流流向图

4. 系统开/关机、加/减负载操作步骤

（1）开机操作

以 ZXDU68 开关电源系统为例，介绍系统开/关机、加/减负载操作步骤。ZXDU68 开关电源系统机柜内的电源开关分布如图 3-14 所示。其中，一个整流器断路器对应控制一个整流器。

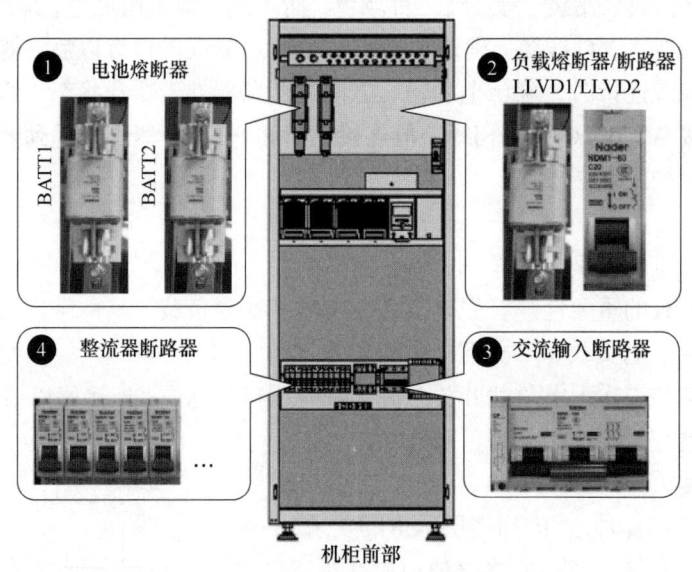

图 3-14 电源开关分布图

为了确保系统顺利地启动和运行，应按照如下步骤进行开机操作：①用起拔器取出电池熔断器和负载熔断器，并将负载断路器置于"OFF"状态，以使得 ZXDU68 开关电源系统在空载的情况下启动；②闭合（ON）系统外部的交流保护断路器（设在机房的配电箱内），以接通系统外部的交流电源；③闭合交流输入断路器；④闭合整流器断路器，整流器启动后，监控模块的指示灯开始闪烁，进入自检状态。完成自检后，监控模块开始正常工作；⑤确认电池接线正确后，用起拔器安装电池熔断器，以接通电池分路；⑥用起拔器安装负载熔断器或闭合负载断路器，以连通直流输出分路为负载供电。

（2）系统关机操作

关闭 ZXDU68 开关电源系统会导致负载断电。因此，在关闭系统前请关闭负载或者切换至其他合适的电源为负载供电。

1）用起拔器取出电池熔断器，以切断电池分路。

2）用起拔器取出负载熔断器，并断开（OFF）负载断路器，使得系统空载运行。

3）断开各路整流器断路器，以关闭整流器。

4）断开交流输入断路器，以切断交流电源。

5）断开系统外部的交流保护断路器。

关机后，整流器和监控单元上的所有指示灯都不亮。

（3）加/减负载操作

1）加载：先大后小。

2）减载：先小后大。

3.2.7.2 日常维护

为了保证电源系统的稳定和可靠，延长电源设备的使用时间，用户应定期对电源设备进行检查和维护。

1. 防雷器维护

（1）检查标准

C 级防雷器（D 级防雷器）的压敏电阻片的外观无异常，显示窗口呈绿色；C 级防雷器断路器合上；D 级防雷盒上三个状态指示灯（HL1、HL2、HL3）同时亮，内部熔断器正常。

（2）检查方法

1）观察 C 级防雷器压敏电阻片的显示窗口是否变红，如果变红，将其更换。

2）观察 C 级防雷断路器是否合上，如果已断开，将其合上。

3）若配置了 D 级防雷盒，观察 D 级防雷盒上三个状态指示灯是否都亮。若不是都亮，切断交流输入，打开防雷盒面板，测量指示灯不亮的那一路的熔丝是否断开、放电管是否短路。如果不正常，更换整个防雷盒。

4）若配置 D 级防雷器时，观察 D 级防雷器压敏电阻片的显示窗口是否变红，如果变红，将其更换。

（3）检查要求

每月或雷雨过后应检查防雷器是否损坏，若有损坏应及时更换。

2. 风道与积尘

（1）检查标准

整流器风扇风道无遮挡物、无灰尘累积。设备其他地方无灰尘累积。

（2）检查工具

毛刷、皮掸子、抹布、专用吸尘器等。

（3）检查方法

对风道挡板、风扇等进行拆卸清扫、清洗，晾干后装回原位。

（4）检查要求

定期做好电源的清洁工作，防止出现积尘等现象。

3. 线缆连接

（1）检查标准

插座连接良好；电缆布线与固定良好；无电缆被金属挤压变形；连接电缆无局部过热和老化现象。

（2）检查方法

重点检查防雷器和接地线缆、电池电缆、交流输入电缆的连接是否可靠。

（3）检查要求

每月检查一次输入、输出电缆。检查电缆的连接端是否有松动、接触不良的现象。检查电缆是否完好无损，如有破损应及时更换。

4. 参数检查

（1）检查标准

根据上次设定参数的记录，进行对照检查。

（2）检查方法

对于不符合要求的参数需要重新设定。

（3）检查要求

每周检查一次电源系统的各项参数是否正常。

5. 通信功能

检查标准：系统各单元与监控单元通信正常，历史告警记录中没有某一单元多次通信中断告警的记录。

6. 告警功能

（1）检查标准

发生故障必须告警。

（2）检查方法

对现场可试验项抽样检查，可试验项包括：交流停电（存在其他供电电源，保证直流供电不中断）、防雷器损坏、直流熔丝断（在无负载熔丝上试验）等。

7. 保护功能

（1）检查标准

根据监控单元设置的参数或设备出厂时整定的参数，进行对照检查。

（2）检查方法

运行中的设备一般不易检测此项，只有在设备经常发生交流或直流保护，判断为电源保护功能异常时才做此项检测。检测方法是：通过外接调压器，试验交流过/欠电压保护功能；通过强制放电，检测欠电压保护功能。

8. 管理功能

（1）检查标准

监控单元提供查询、存储和电池自动管理功能。可查询项有历史告警记录，可试验项有电池自动管理功能。

（2）检查方法

存储功能：模拟告警，监控单元将会记录告警信息。

电池管理功能：监控单元可根据用户设定的数据调整电池的充电方式、充电电流，并实施各种保护措施。

9. 系统均流

（1）检查标准

各整流器超过半载时，整流器之间的输出电流不平衡度低于 ±5%。

（2）检查方法

当所有整流器输出电流段码显示器的亮灯个数相等或相差 1 个时，说明整流器均流正常。

（3）处理方法

如果亮灯个数之差大于 1 个，则系统的均流不理想，需要做均流处理。按以下步骤进行均流处理：

1）测量各整流器输出电压是否相等，若不相等，需要调节其输出电压。

2）若某整流器内部电路故障引起系统的均流不理想，需要对该整流器进行维修。

3）若某整流器接触不良引起系统的均流不理想，需要对该整流器重新插拔。

10. 直流断路器配置

（1）检查标准

直流断路器的额定电流值应不大于最大负载电流的 2 倍。各种专业机房断路器的额定电流应不大于最大负载电流的 1.5 倍。

（2）检查方法

根据各负载最大电流记录，检查断路器的匹配性。

11. 基本要求

1）电源应安装在干燥、通风良好、无腐蚀性气体的房间，室内温度应不超过 30℃。

2）输入交流电压的变化范围应在额定值的 −15%～10% 内，电压波动大的应安装自动稳压装置或调压装置。

3）工作电流不应超过额定值，也不宜长期工作在小于额定值 10% 的状态下，各种自动、告警和保护功能均应正常。

4）宜在稳压并机均分负载的方式下运行。

5）保持布线整齐，各种开关、熔丝、插接件、接线端子等部位应接触良好，无电蚀。

6）电源设备机壳应接地良好。

12. 整流器的热插拔

（1）整流器的带电拆卸

1）断开该整流器所对应的整流器断路器。

2）抓住前面板的扣手将该整流器往上提，直至限位销被松开。

3）将该整流器缓慢拉出机柜。

（2）整流器的带电安装

1）断开该整流器所对应的整流器断路器。

2）一手抓住该整流器的扣手，另一手托起该整流器，将该整流器缓慢推入机柜内，均匀用力推到底。

3）当限位销被卡住时该整流器即被推到位。

4）合上该整流器所对应的整流器断路器。待该整流器启动至稳定状态后（3～8s），观察监控单元 LCD 显示的输出电压、电流和温度是否正常，是否有告警信息。若不正常，则针对故障现象进行处理。

13. 增加负载

在电源设备的安装运行初期，负载一般并没有全部投入运行。负载运行后一般不允许断电，因此在新增负载设备接入时必须带电操作。

增加负载的步骤如下：

1）做好施工设计，选定准备使用的负载熔丝（或断路器）。

2）拔下熔丝或断开断路器，加工并布放好负载连接电缆。电缆要做好编号和极性标志。

3）从负载端开始连接电缆，连接顺序为：接地线→接 –48V 输出熔丝（或断路器）电缆。

4）确认负载设备的电源开关处于断开状态。

5）在 ZXDU68S601/T601 系统中，合上该负载熔丝（或断路器）。

6）检查负载设备的电源电压和极性是否正确。

7）合上负载设备的电源开关，可向负载设备供电。

3.2.7.3 告警及常见故障处理

1. 告警说明和消音

系统的整流器、监控单元均采用可靠的内部保护设计技术。当整流器出现故障时，故障的整流器将自动退出工作；在单个整流器发生故障时不影响系统的运行。监控单元发生故障时，电池一直维持在浮充状态，系统仍能正常工作。

（1）告警说明

1）系统发生故障时，监控单元将视故障情况给出告警信息，并有告警文字提示。

2）可通过电源后台监控软件设置某故障类型的告警级别，可设置的告警级别有严重告警、次要告警和告警屏蔽。

3）在采用 Modem 方式进行远端集中监控的情况下，如发生的故障属于严重故障，监控单元将通过预先设定的电话号码或 BP 机号码，向远端监控中心或者维护人员发出告警信息。

（2）告警消音

1）系统有告警时，监控单元上的红色故障灯（ALM）亮。在次要告警发生时，蜂鸣器不发出报警声；在严重告警发生时，蜂鸣器将发出报警声。

2）当蜂鸣器发出报警声时，按监控单元上的任一按键可消音。若在半个小时内告警未恢复正常，蜂鸣器将再次发出报警声。

2. 交流配电单元告警（见表 3-7）

表 3-7 交流配电单元告警分析与处理

故障类型	说明	告警级别	处理方法
交流停电	市电停电且无备用交流输入	严重告警	在停电时间不长时，由电池给负载供电。如果停电原因不明或时间过长，就需要启动备用油机发电。备用油机启动后，最好经过 5min 以上的时延再切换到电源系统供电，以减小油机在启动过程中可能对电源设备造成的影响
交流辅助输出断路器断	交流辅助输出断路器（备用输出断路器）被断开（OFF）	次要告警	①在交流停电时，提示用户系统无交流备用输出 ②若由于手动切断备用输出断路器造成，只需手动合上该断路器即可 ③若由于交流用电设备过载或短路造成，需要查明交流用电设备过载或短路的原因 ④测量备用输出断路器两端的电压，若电压值接近 0V，说明告警回路有故障，需要查明此故障的原因
交流主断路器断	交流输入断路器被断开（OFF）	严重告警	①在交流停电时，提示用户系统无交流输入 ②若由于手动切断交流输入断路器造成，只需手动合上该断路器即可 ③若由于电源系统过载或短路造成，需查明电源系统过载或短路的原因 ④测量交流输入断路器两端的电压，若电压值接近 0V，说明告警回路有故障，需要查明此故障的原因
C 级避雷回路异常	C 级防雷回路有故障	次要告警	①当防雷器发生损坏时，监控单元将发出告警，以提示维护人员及时更换 ②正常状态时，防雷器的窗口显示为绿色；当防雷器因为雷击损坏或接触不良时，窗口显示为红色。更换防雷器件时无须停电，可直接插拔
D 级避雷回路异常	D 级防雷回路有故障	次要告警	①当防雷器发生损坏时，监控单元将发出告警，以提示维护人员及时更换 ②正常状态时，防雷器的窗口显示为绿色；当防雷器因为雷击损坏或接触不良时，窗口显示为红色。更换防雷器件时无须停电，可直接插拔 ③在拆装防雷盒时，需要先切断交流输入电源。在正常工作时，HL1、HL2、HL3 三个绿色指示灯同时亮。在交流输入正常的情况下，有一个、两个或三个指示灯灭时，表示对应有一相、两相、三相的防雷器损坏
交流电压低	交流输入电压低于交流欠电压设置值	次要告警	①当［交流欠电压值］设置为 154V 时，一旦配电单元的交流输入电压小于 154V，监控单元告警。当交流输入电压小于 80V 时，整流器关机，此时系统无直流输出。待系统供电恢复正常后，无须对整流器进行人工开机，系统自动恢复正常工作 ②采用电池供电时，需要密切跟踪交流输入的变化情况，有条件的地方应及时启动备用油机，以防电池回路保护切断后造成通信中断 ③对于长期处于欠电压状态的供电网络，需要与电力网络维护人员协商，改善电网质量

（续）

故障类型	说明	告警级别	处理方法
交流电压高	交流输入的电压高于交流过电压设置值	次要告警	①当［交流过电压值］设置为286V时，一旦配电单元的交流输入电压大于286V，监控单元告警。当交流输入电压大于300V时，整流器关机，此时系统无直流输出。待系统供电恢复正常后，无须对整流器进行人工开机，系统自动恢复正常工作 ②采用电池供电时，需要密切跟踪交流输入的变化情况，有条件的地方应及时启动备用油机，以防电池回路保护切断后造成通信中断 ③对于长期处于过电压状态的供电网络，需要与电力网络维护人员协商，改善电网质量
交流断相	交流输入断相	次要告警	①检查交流输入线是否可靠连接 ②检查市电电网工作是否正常 ③若交流输入没有断相，需要检查交流变送器是否有故障
输入电流高	输入电流高于过电流设置值	次要告警	①检查负载是否过载 ②检查零线是否可靠连接和三相电是否平衡 ③检查整流器是否有故障，若整流器故障则更换故障的整流器

3. 直流配电单元告警（见表3-8）

表3-8　直流配电单元告警分析与处理

故障类型	说明	告警级别	处理方法
直流输出电压低	直流输出电压低于直流欠电压设置值	次要告警	①若由于市电停电导致电池放电过度造成，检查是否可以断开某些次要负载来延长重要负载的工作时间 ②若由于整流器容量不足导致电池放电造成，需要增加整流器数量，使整流器的总电流为负载总电流的120%，且保证至少有1个冗余备份的整流器 ③若由于整流器故障造成，需更换故障整流器
直流输出电压高	直流输出的电压高于直流过电压设置值	次要告警	①检查电源系统直流输出电压和监控单元直流过电压的设置值，若设置值不合理，需要将其改正 ②找出引起直流输出电压高的整流模块，在确保蓄电池能正常供电的情况下，断开所有整流器断路器，然后逐一合上单个整流器断路器，当合上某一整流器断路器时，电源系统再次出现直流输出电压高告警，表明该整流器有故障，需要更换该整流器
负载熔丝断	直流分路熔丝(或断路器)被断开	次要告警	①若因手动切断熔丝（断路器）造成，只需手动合上该熔丝（或断路器）即可 ②若由于负载分路过载或短路造成，需要查明负载分路过载或短路的原因 ③测量告警熔丝（或断路器）两端的电压，若电压值接近0V，说明告警回路有故障，需要查明此故障的原因
直流避雷器异常	直流避雷器有故障	次要告警	当防雷器发生损坏时，监控单元将发出告警，以提示维护人员及时更换

（续）

故障类型	说明	告警级别	处理方法
负载断路器异常	直流分路直流接触器有故障	次要告警	①检查一次或二次下电分路是否没有接任何负载 ②更换故障的直流接触器
整流器故障	整流器有故障	次要/严重告警	①换下故障整流器进行检修，换上备用整流器 ②一个整流器发生故障时，默认为次要告警；两个或两个以上的整流器同时发生告警时，默认为严重告警

4. 电池告警（见表 3-9）

表 3-9 电池告警分析与处理

故障类型	说明	告警级别	处理方法
电池熔丝断	电池熔丝（或断路器）被断开	次要告警	①若由于手动切断熔丝（断路器）造成，只需手动合上该熔丝（或断路器）即可 ②若由于电池分路过载或短路造成，需要查明电池分路过载或短路的原因 ③测量告警熔丝（或断路器）两端的电压，若电压值接近 0V，说明告警回路有故障，需要查明此故障的原因
电池电压低	电池的电压低于电池欠电压设置值	严重告警	①需用户准备好其他后备供电电源，以防交流停电时通信设备断电 ②检查电池是否有故障
电池温度高	电池的工作温度超过电池过温设置值	次要告警	①若电池内部故障造成电池温度过高，需要更换该电池 ②若电池房间的温度过高造成电池温度过高，需要检查电池房间的温度调节设备（如空调）的工作是否正常
一次下电	电池电压低于一次下电设置电压，次要负载被切断	严重告警	①提示用户次要负载已被断开，以保证重要负载有较长的工作时间 ②若由于交流停电造成，需要启动备用油机发电
二次下电	电池电压低于二次下电设置电压，次要负载被切断	严重告警	①提示用户所有负载已被断开，以免电池过度放电而损坏 ②若由于交流停电造成，需要启动备用油机发电

5. 环境告警（见表 3-10）

表 3-10 环境告警分析与处理

故障类型	说明	告警级别	处理方法
环境温度低	环境温度低于温度告警下限设置值	次要告警	①检查机房的温度调节设备（如空调）的工作是否正常 ②检查环境温度传感器是否有故障
环境温度高	环境温度高于温度告警下限设置值	次要告警	
环境湿度低	环境湿度低于湿度告警下限设置值	次要告警	①检查机房的湿度调节设备（如空调）的工作是否正常 ②检查环境湿度传感器是否有故障
环境湿度高	环境湿度高于湿度告警上限设置值	次要告警	

3.3 蓄电池组

蓄电池是把化学能或机械能等其他形式储存的能量转变为电能的设备，也是保障通信电源系统不间断供电的核心设备。常用蓄电池的构造基本相同，由正极、负极、电解质、隔离物和容器组成，其中正负两极的活性物质和电解质引起的电化学反应，对电池产生电流起着主要作用。蓄电池按电解质分为酸性蓄电池和碱性蓄电池，酸性蓄电池即电解质为酸性水溶液的蓄电池。酸性蓄电池的电极一般都是以铅及其氧化物为材料，故又称铅酸蓄电池，其在通信系统中的应用最普遍。碱性蓄电池即电解质为碱性水溶液的蓄电池。碱性蓄电池的优点是使用寿命长，温度范围大，电流放电性能好；其缺点是活性物质利用率低，定期更换电解液，价格偏高。20世纪90年代后，通信部门大量使用阀控式密封铅酸（Value-Regulated Lead Acid，VRLA）蓄电池为后备电源。经过多年的发展，阀控式密封铅酸蓄电池已经被众多行业广泛采用，但是这种蓄电池大量采用铅，在其开采和加工过程中容易对环境造成污染。后来磷酸铁锂电池问世，它具有寿命长、体积小、质量小、能大电流充放电、可耐受较高温度等优点，已逐步在电动汽车、移动通信等领域应用。

3.3.1 蓄电池的应用*

蓄电池在通信电源系统中的应用主要有以下四种。

（1）应用在高频开关电源中

在通信局（站）的直流供电系统中，蓄电池组与整流器并联，组成浮充供电系统：整流器正常输出时，蓄电池组补充充电待用，并起平滑滤波作用，降低整流器的输出杂音，提高供电质量；当整流器故障停机或交流电源中断时，蓄电池组对负载供电，确保供电不中断。蓄电池是直流供电系统中不可缺少的后备电源。

（2）应用在交流不间断电源UPS中

蓄电池在交流UPS中也是不可缺少的后备电源。当市电正常时，由整流器与蓄电池并联作为UPS逆变器的输入电源，极大地提高了不间断电源系统交流输出的稳定性和供电质量；当市电中断时，逆变器将蓄电池的直流储能通过逆变电路转变为交流电输出，以保证交流电源的不间断供给。一般应用于中小容量UPS的蓄电池后备供电时间较短，通常为15～30min。

（3）应用在柴油发电机组等系统中

蓄电池还可应用在柴油发电机、交流配电控制等系统中，用作相应系统的启动电源或驱动电源。在中、小型柴油发电机组系统中，均采用蓄电池作为启动电源。由于柴油发电机组启动时间很短，因此要求使用具有高速率、大电流放电的蓄电池，电压有12V和24V等。

3.3.2 铅酸蓄电池的型号

根据《铅酸蓄电池名称、型号编制与命名办法》（JB/T 2599—2012），铅酸蓄电池的名称、型号编制与命名的基本原则如下。

1. 蓄电池名称

（1）蓄电池名称用字（词）

蓄电池名称用字（词）应符合如下要求：

1)蓄电池名称命名用"汉字(词)"表示,字(词)应符合国家或行业有关标准规定,科学、明确、易懂。

2)蓄电池名称通常由汉字组成,可反映主要用途、结构特征。

3)蓄电池名称用字(词)不得使用夸大或易引起误解的,更不得使用欺骗性描述的字(词)误导消费者。

(2)蓄电池名称的命名

蓄电池名称的命名应符合如下要求:

1)蓄电池名称的命名根据其主要用途、结构特征确定。

例如,启动型铅酸蓄电池、固定型铅酸蓄电池、煤矿防爆特殊型电源装置用铅酸蓄电池等。

2)蓄电池名称必须符合相对应国家标准或行业标准中所规定内容。

3)蓄电池名称根据用途和结构特征同时命名时,在型号中必须加以区别,当蓄电池同时具有几种特征时,应以能清楚表达该主要特征的名称来表示。

2. 蓄电池的型号

(1)蓄电池型号字母及数字

蓄电池型号字母及数字应符合如下要求:

1)型号采用汉语拼音或英语字头的大写字母及与阿拉伯数字表示。

2)蓄电池型号优先采用汉语拼音,当汉语拼音无法表述时方可用英语字头,英语字头为国际电工委员会(IEC)所提及的英文铅酸蓄电池词组。

(2)蓄电池的型号组成

铅酸蓄电池型号由三部分组成(见图 3-15)。

图 3-15 铅酸蓄电池的型号

(3)蓄电池型号组成各部分的编制规则

蓄电池型号组成各部分应按如下规则编制:

1)串联的单体蓄电池数,是指在一只整体蓄电池槽或一个组装箱内所包括的串联蓄电池数(单体蓄电池数为 1 时,可省略)。

2)蓄电池用途、结构特征代号应符合表 3-11 和表 3-12 的规定。

表 3-11 蓄电池用途特征代号

序号	蓄电池类型 (主要用途)	型号	汉字及拼音或英语字头		
			汉字	拼音	英语
1	启动型	Q	起	qi	
2	固定型	G	固	gu	
3	牵引(电力机车)用	D	电	dian	
4	内燃机车用	N	内	nei	

（续）

序号	蓄电池类型（主要用途）	型号	汉字及拼音或英语字头		
			汉字	拼音	英语
5	铁路客车用	T	铁	tie	
6	摩托车用	M	摩	mo	
7	船舶用	C	船	chuan	
8	储能用	CN	储能	chu neng	
9	电动道路车用	EV	电动车辆		electric vchicles
10	电动助力车用	DZ	电助	dian zhu	
11	煤矿特殊	MT	煤特	mei te	

表 3-12 蓄电池结构特征代号

序号	蓄电池特征	型号	汉字及拼音或英语字头		
1	密封式	M	密		mi
2	免维护	W	维		wei
3	干式荷电	A	干		gan
4	湿式荷电	H	湿		shi
5	微型阀控式	WF	微阀		wei fa
6	排气式	P	排		pai
7	胶体式	J	胶		jiao
8	卷绕式	JR	卷绕		juan rao
9	阀控式	F	阀		fa

3）额定容量以阿拉伯数字表示，其单位为安·时（Ah），在型号中单位可省略。

4）当需要标志蓄电池所需适应的特殊使用环境时，应按照有关标准及规程的要求，在蓄电池型号末尾和有关技术文件上做明显标志。

5）蓄电池型号末尾允许标志临时型号。

6）标准中未提及的新型蓄电池允许制造商按上述规则自行编制。

7）对出口的蓄电池或来样加工的蓄电池型号，可按有关协议或合同进行编制。

3. 型号举例（见图 3-16）

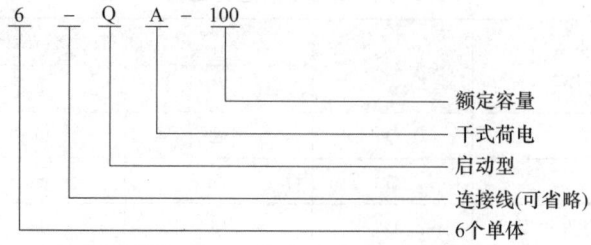

图 3-16 铅酸蓄电池型号举例

6-QA-100 表示 6 个单体电池串联（12V），额定容量为 100Ah 的干式荷电启动型铅酸蓄电池（组）。

3.3.3 阀控式铅酸蓄电池的结构*

铅酸蓄电池的主要部件有正负极板、电解液、隔板、电池槽和其他一些零件，如端子、连接条及排气栓等。普通铅酸蓄电池的构造如图 3-17 所示。所谓普通铅酸蓄电池是指排气式的铅酸蓄电池，这类电池在充电后期要发生分解水的反应，表现为电解液中有激烈的冒气现象，并因此产生水的损失，因此要定期向电池内补加纯水（蒸馏水）。

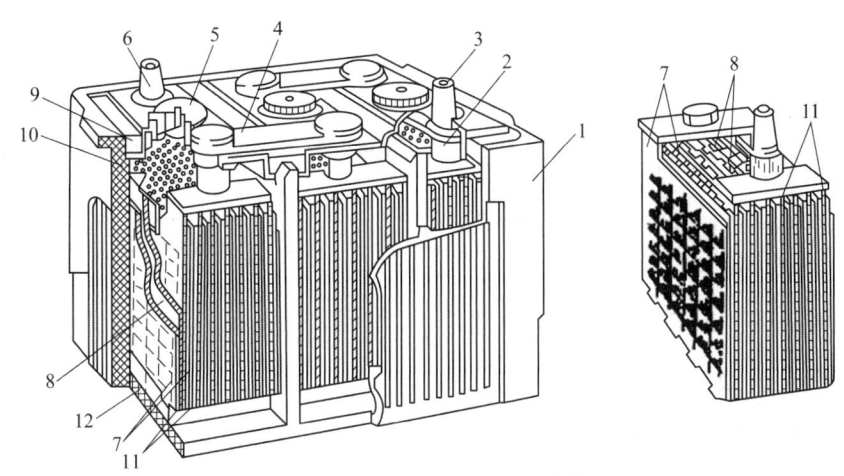

图 3-17 普通铅蓄电池的结构（外部连接方式）
1—电池盖 2—电极衬套 3—正极柱 4—连接条 5—注液孔螺塞 6—负极柱
7—负极板电池槽 8—隔板 9—封料 10—护板 11—正极板 12—肋条

阀控式密封铅酸蓄电池（Valve Regulated Lead Acid Battery，VRLA）与普通铅酸蓄电池的构造基本相同，但它是密封结构。为了实现密封，就必须解决电池内部气体的析出问题，解决的途径之一就是采取特殊的电池结构。

3.3.3.1 电极

电极又称极板，有正、负极板之分，它们是由活性物质和板栅两部分构成。正、负极的活性物质分别是棕褐色的二氧化铅（PbO_2）和灰色的海绵状铅（Pb）。极板依其结构可分为涂膏式、管式和化成式。

极板在蓄电池中的作用有两个：一是发生电化学反应，实现化学能与电能间的转换；二是传导电流。

板栅在极板中的作用也有两个：一是作为活性物质的载体，因为活性物质呈粉末状，必须有板栅作载体才能成形；二是实现极板传导电流的作用，即依靠其栅格将电极上产生的电流传送到外电路，或将外加电源传入的电流传递给极板上的活性物质。为了有效保持住活性物质，常将板栅制成具有截面大小不同的横、竖筋条的栅栏状，使活性物质固定在栅栏中，并具有较大的接触面积，如图 3-18 所示。

铅酸蓄电池的板栅分为铅锑合金、低锑合金和无锑合金三类。普通铅酸蓄电池采用铅锑系列合金（如铅锑合金、铅锑砷合金、铅锑砷锡合金等）作板栅，电池的自放电较严重；VRLA蓄电池采用低锑或无锑合金（如铅钙合金、铅钙锡合金、铅锶合金、铅锑砷铜锡硫（硒）合金和镀铅铜等）作板栅，其目的是减少电池的自放电，以减少电池内水分的损失。

可将若干片正极板或负极板在极耳部焊接成正极板组或负极板组，以增大电池容量，极板的片数越多，蓄电池的容量就越大。通常负极板组的极板片数比正极板组的要多一片。组装时，正、负极板交错排列，使每片正极板都夹在两片负极板之间，目的是使正极板两面都能均匀地起电化学反应，使其产生相同的膨胀和收缩，减少极板弯曲的机会，以延长电池的使用寿命，如图3-19所示。

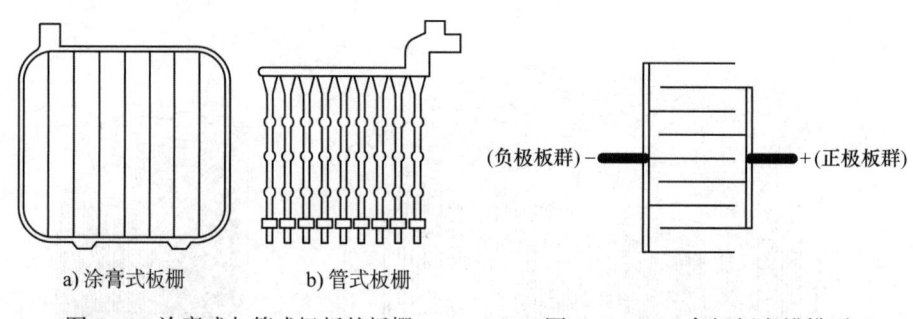

a) 涂膏式板栅　　b) 管式板栅

图3-18　涂膏式与管式极板的板栅　　　图3-19　正、负极板交错排列

3.3.3.2　电解液

电解液在电池中的作用有三：一是与电极活性物质表面形成界面双电层，建立起相应的电极电位；二是参与电极上的电化学反应；三是起离子导电的作用。

铅酸蓄电池的电解液是用纯度在化学纯以上的浓硫酸和纯水配制而成，其浓度用15℃时的密度表示。铅酸蓄电池电解液密度范围的选择，不仅与电池结构和用途有关，而且与硫酸溶液的凝固点、电阻率等性质有关。

1. 硫酸溶液的特性

纯的浓硫酸是一种无色透明的油状液体，15℃时的密度是1.8384g/cm³（kg/L），它能以任意比例溶于水中，与水混合时释放出大量的热，具有极强的吸水性和脱水性。铅酸蓄电池的电解液就是用纯的浓硫酸与纯水配制成的稀硫酸溶液。

（1）硫酸溶液的凝固点

硫酸溶液的凝固点随浓度的不同而不同，如果将15℃时密度各不相同的硫酸溶液冷却，可测得它们的凝固温度，绘制成凝固点曲线如图3-20所示。

由图3-20可见，密度为1.290g/cm³（15℃）的稀硫酸具有最低的凝固点，约为-72℃。启动用铅酸蓄电池在充足电时的电解液密度为

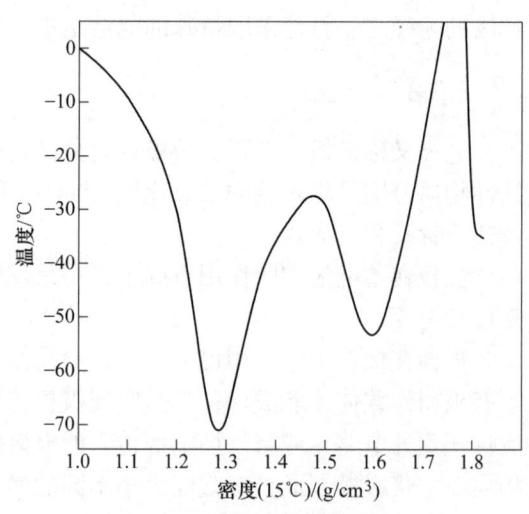

图3-20　硫酸溶液的凝固特性

1.28~1.30g/cm³（15℃），可以保证电解液即使在野外严寒气候下使用也不凝固。但是，电池放完电后，电解液密度可低于 1.15g/cm³（15℃），所以放完电的电池应避免在 −10℃以下的低温中放置，并应立即对电池充电，以免电池中的电解液被冻结。

（2）硫酸溶液的电阻率

作为铅酸蓄电池的电解液，应具有好的导电性，使电池的内阻减小。硫酸溶液的导电特性可用电阻率来衡量，而电阻率的大小随其温度和密度的不同而不同。由表 3-13 可见，硫酸的密度在 1.15~1.30g/cm³（15℃）之间时，电阻率较小，其导电性能良好，所以铅酸蓄电池通常采用此密度范围内的电解液。

表 3-13 各种密度的硫酸溶液的电阻率

密度（15℃）/(g/cm^3)	电阻率/($\Omega \cdot cm$)	温度系数/($\Omega \cdot cm/℃$)	密度（15℃）/(g/cm^3)	电阻率/($\Omega \cdot cm$)	温度系数/($\Omega \cdot cm/℃$)
1.10	1.90	0.0136	1.50	2.64	0.021
1.15	1.50	0.0146	1.55	3.30	0.023
1.20	1.36	0.0158	1.60	4.24	0.025
1.25	1.38	0.0168	1.65	5.58	0.027
1.30	1.46	0.0177	1.70	7.64	0.030
1.35	1.61	0.0186	1.75	9.78	0.036
1.40	1.85	0.0194	1.80	9.96	0.065
1.45	2.18	0.0202			

（3）硫酸溶液的黏度

硫酸溶液的黏度与温度和浓度有关，温度越低和浓度越高，其黏度越大。浓度较高的硫酸溶液，虽然可以提供较多的离子，但由于黏度的增加，反而影响离子的扩散，所以铅酸蓄电池电解液浓度并非越高越好，过高反而会降低电池的容量。同样，温度太低，电解液的黏度太大，将影响电解液向活性物质微孔内扩散，使其放电容量降低。硫酸溶液在各种温度和浓度下的黏度如表 3-14 所示。

表 3-14 硫酸溶液的黏度随温度和浓度的变化情况

温度/℃	百分比浓度 黏度/($\times 10^{-3} Pa \cdot S$)				
	10%	20%	30%	40%	50%
30	0.976	1.225	1.596	2.16	3.07
25	1.091	1.371	1.784	2.41	3.40
20	1.228	1.545	2.006	2.70	3.79
10	1.595	2.010	2.600	3.48	4.86
0	2.160	2.710	3.520	4.70	6.52
−10	—	3.820	4.950	6.60	9.15
−20	—	—	7.490	9.89	13.60

（续）

温度/°C	百分比浓度				
	黏度/（×10⁻³Pa·S）				
	10%	20%	30%	40%	50%
−30	—	—	12.20	16.00	21.70
−40	—	—	—	28.80	—
−50	—	—	—	59.50	—

2. 电解液的纯度与浓度

（1）电解液的纯度

铅酸蓄电池用的硫酸电解液，须使用规定纯度的浓硫酸和纯水来配制。因为使用含有杂质的电解液，不但引起自放电，而且引起极板腐蚀，使电池的放电容量下降和寿命缩短。化学试剂的纯度按其中所含杂质量的多少，分为工业纯、化学纯、分析纯和光谱纯等。工业纯的硫酸，杂质含量较高，色泽较深，不能用于铅酸蓄电池。用于配制铅酸蓄电池电解液的浓硫酸的纯度至少应达到化学纯。分析纯的浓硫酸的纯度更高，但其价格也相应更高。配制电解液用的水必须用蒸馏水或纯水。在实际工作中常用水的电阻率来表示水的纯度，铅酸蓄电池用水的电阻率要求大于 $100\text{k}\Omega \cdot \text{cm}^{-3}$（即体积为 1cm^3 的水的电阻值应大于 $100\text{k}\Omega$）。

（2）电解液的浓度

铅酸蓄电池电解液的浓度通常用15℃时的密度来表示。对于不同用途的蓄电池，电解液的密度也各不相同。对于防酸隔爆式蓄电池来说，其体积和重量无严格限制，可以容纳较多的电解液，使放电时密度变化较小，因此可以采用较稀且电阻率最低的电解液。对于启动用蓄电池来说，体积和重量都有限制，必须采用较浓的电解液，以防低温时电解液发生凝固。对于阀控式密封铅酸蓄电池来说，由于采用贫液式结构，必须采用较高浓度的电解液。不同用途的铅酸蓄电池电解液的密度（充足电时）范围列于表3-15中。

VRLA 蓄电池之所以采用贫液式结构，是为了密封的需要。所谓贫液式结构是指电解液全部被极板上的活性物质和隔膜所吸附，电解液处于不流动的状态，且电解液在极板和隔膜中的饱和度小于100%，目的是使隔膜中未被电解液充满的孔成为气体（氧气）扩散通道。通常电解液的饱和度为60%～90%；低于60%的饱和度，说明电池失水严重，极板上的活性物质不能与电解液充分接触；高于90%的饱和度，则正极氧气的扩散通道被电解液堵塞，不利于氧气向负极扩散。

表 3-15 各种铅酸蓄电池电解液密度

铅酸蓄电池用途		电解液密度（15℃）/（g/cm³）	铅酸蓄电池用途	电解液密度（15℃）/（g/cm³）
固定用	防酸隔爆式	1.200～1.220	蓄电池车用	1.230～1.280
	阀控密封式	1.290～1.300		
启动用（寒带）		1.280～1.300	航空用	1.275～1.285
启动用（热带）		1.220～1.240	携带用	1.235～1.245

3.3.3.3 隔板（膜）

普通铅酸蓄电池采用隔板，而 VRLA 蓄电池采用隔膜。隔板（膜）的作用是防止正、负极因直接接触而短路，同时要允许电解液中的离子顺利通过。组装时将隔板（膜）置于交错排列的正负极板之间。用作隔板（膜）的材料必须满足以下要求。

1) 化学性能稳定。隔板（膜）材料必须有良好的耐酸性和抗氧化性，因为隔板（膜）始终浸泡在具有相当浓度的硫酸溶液中，与正极相接触的一侧还要受到正极活性物质以及充电时产生的氧气氧化。

2) 具有一定的机械强度。极板活性物质因电化学反应会在铅、二氧化铅与硫酸铅之间发生变化，而硫酸铅的体积大于铅和二氧化铅，所以在充放电过程中极板的体积有所变化，如果维护不好，极板会产生变形。由于隔板（膜）处于正、负极板之间，而且与极板紧密接触，所以隔板（膜）必须有一定的机械强度才不会因为破损而导致电池短路。

3) 不含有对极板和电解液有害的杂质。隔板（膜）中有害的杂质可能会引起电池的自放电，提高隔板（膜）的质量是减少电池自放电的重要环节之一。

4) 微孔多而均匀。隔板（膜）的微孔主要是保证硫酸电离出的 H^+ 和 SO_4^{2-} 能顺利地通过隔板（膜），并到达正负极与极板上的活性物质起电化学反应。隔板（膜）的微孔大小应能阻止脱落的活性物质通过，以免引起电池短路。

5) 电阻小。隔板（膜）的电阻是构成电池内阻的一部分，为了减小电池的内阻，隔板（膜）的电阻必须要小。

具有以上性能的材料就可以用于制作隔板（膜）。早期采用的木隔板具有多孔性和成本低的优点，但其机械强度低且耐酸性差，现已被淘汰；20 世纪 70 年代至 90 年代初期主要采用微孔橡胶隔板；之后相继出现了 PP（聚丙烯）隔板、PE（聚乙烯）隔板和超细玻璃纤维隔膜及其构成的复合隔膜。

VRLA 蓄电池的隔膜除了满足上述作为隔膜材料的一般要求外，还必须有很强的储液能力才能使电解液处于不流动状态。目前采用的超细玻璃纤维隔膜具有储液能力强和孔隙率高（>90%）的优点。它一方面能储存大量的电解液，另一方面有利于透过氧气。这种隔膜中存在着两种结构的孔，一种是平行于隔膜平面的小孔，能吸储电解液；另一种是垂直于隔膜平面的大孔，在贫电解液状态下是氧气对流的通道。

3.3.3.4 电池槽

电池槽的作用是用来盛装电解液、极板、隔板（膜）和附件等。

用于电池槽的材料必须具有耐腐蚀、耐振动和耐高低温等性能。用作电池槽的材料有多种，根据材料的不同可分为玻璃槽、衬铅木槽、硬橡胶槽和塑料槽等。现在的铅酸蓄电池基本采用各种塑料作为电池槽的材料。

电池槽的结构也根据电池的用途和特性而有所不同，有只装一只电池的单一槽和装多只电池的复合槽两种，前者用于单体电池，后者用于串联电池组。

对于 VRLA 蓄电池来说，电池槽的材料还必须具有强度高和不易变形的特点，并采用特殊的结构。这是因为电池的贫电解液结构要求用紧装配方式来组装电池，以利于极板和电解液的充分接触，而紧装配方式会给电池槽带来较大的压力，所以电池的容量越大，电池槽承受的压力也就越大。此外，密封结构和电池内产生的气体使电池内部有一定的内压力，而该内压力在使用过程中会发生较大变化，使电池处于加压或减压状态。因为在内压力未达到阀压力前，电池处于加压状态；当安全阀开启排气时，电池处于减压状态。

VRLA 蓄电池的电池槽材料采用的是强度大而不易发生变形的合成树脂材料，以前曾用 SAN，目前主要采用 ABS、PP 和 PVC 等材料。

SAN：由聚苯乙烯-丙烯腈聚合而成的树脂。这种材料的缺点是水保持和氧气保持性能都较差，即电池的水蒸气泄漏和氧气渗漏都较严重。

ABS：丙烯腈、丁乙烯、苯乙烯的共聚物。优点是硬度大、热变形温度高和电阻率大。但水蒸气泄漏严重，仅稍好于 SAN 材料，且氧气渗漏比 SAN 还严重。

PP：聚丙烯。它是耐温较高的塑料之一，温度高达 150℃ 也不变形，低温脆化温度为 −25～−10℃。其熔点为 164～170℃、击穿电压高，介电常数高达 $2.6 \times 10^6 F/m$，水蒸气的保持性能优于 SAN、ABS 及 PVC 材料。但氧气保持能力最差、硬度小。

PVC：聚氯乙烯烧结物。优点是绝缘性能好、硬度大于 PP 材料、吸水性比较小、氧气保持能力优于上述三种材料及水保持能力较好（仅次于 PP 材料）等。但硬度较差、热变形温度较低。

VRLA 蓄电池的电池槽采用加厚的槽壁，并在短侧面上安装加强筋，以此来对抗极板面上的压力。此外电池内壁安装的筋条还可形成氧气在极群外部的绕行通道，提高氧气扩散到负极的能力，起到改善电池内部氧循环性能的作用。

VRLA 蓄电池的电池槽有单一槽和复合槽两种结构。一般而言，小容量电池采用单一槽结构，而大容量电池则通常采用复合槽结构（见图 3-21），如容量为 1000Ah 的电池可分成两格（图 3-21a），容量为 2000～3000Ah 的电池分为四格（图 3-21b）。因为大容量电池的电池槽壁必须加厚才能承受紧装配和内压力所带来的压力，但槽壁太厚不利于电池散热，所以必须采用多格的复合槽结构。大容量电池有高型和矮型之分，但由于矮型结构的电解液分层现象不明显，且具有优良的氧复合性能，所以 VRLA 蓄电池通常采用等宽等深的矮型槽。若单体电池采用复合槽结构，则其串联组合方式如图 3-22 所示。

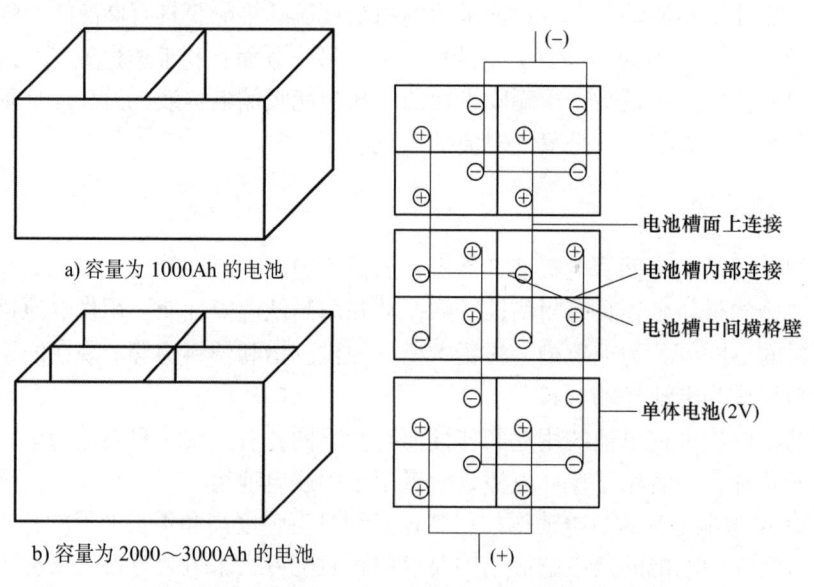

a) 容量为 1000Ah 的电池

b) 容量为 2000～3000Ah 的电池

图 3-21　复合电池槽示意图　　图 3-22　复合槽电池的串联组合方式

3.3.3.5 排气栓

排气栓的作用是排出电池在充电过程中产生的气体，或在放置过程中因自放电或水蒸发等产生的气体。启动用铅酸蓄电池的排气装置就是注液孔盖上的小孔；防酸隔爆式铅酸蓄电池的排气栓为防酸隔爆帽；阀控式密封铅酸蓄电池的排气装置是一单向排气阀。

VRLA 蓄电池的排气栓又称安全阀或节流阀，其作用有二：一是当电池中积聚的气体压力达到安全阀的开启压力时，阀门打开以排出多余气体，减小电池内压；二是单向排气，即不允许空气中的气体进入电池内部，以免引起电池的自放电。

安全阀主要有三种结构形式：帽式、柱式和伞式，如图 3-23 所示。安全阀帽罩的材料采用的是耐酸、耐臭氧的橡胶，如丁苯橡胶、异乙烯乙二烯共聚物、氯丁橡胶等。这三种安全阀的可靠性是：柱式大于伞式和帽式，而伞式大于帽式。

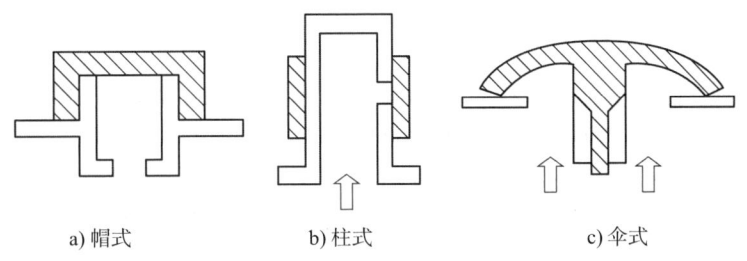

a) 帽式　　b) 柱式　　c) 伞式

图 3-23　几种安全阀的结构示意图

安全阀开闭动作是在规定的压力条件下进行的，安全阀开启和关闭的压力分别称为开阀压和闭阀压。开阀压的大小必须适中，开阀压太高易使电池内部积聚的气体压力过大，而过高的内压力会导致电池外壳膨胀或破裂，影响电池的安全运行；若开阀压太低，安全阀开启频繁，则电池内部水分损失严重，并因失水而失效。

闭阀压的作用是让安全阀及时关闭，其值大小以接近于开阀压值为好。及时关闭安全阀是为了防止空气中的氧气进入电池，以免引起电池负极的自放电。

3.3.3.6 附件

1）极柱：从正负极板群的汇流排上引出，并穿过电池盖的正负极端子，通过极柱可以实现电池与外电路连接。为了使用户正确区分正负极柱，制造厂商通常在蓄电池组的正极柱上涂上红色油漆，在负极柱上涂上黑色油漆。

2）支撑物：普通铅酸蓄电池内的铅弹簧或塑料弹簧等支撑物，起着防止极板在使用过程中发生弯曲变形的作用。

3）连接物：又称连接条，用来将同一电池内的同极性极板连接成极板组，或者将同型号电池连接成电池组的金属铅条，起连接和导电的作用。单体电池间的连接条可以在电池盖上面（见图 3-17），也可以采用穿壁内连接方式连接电池（见图 3-24），后者可使电池外观更整洁、美观。

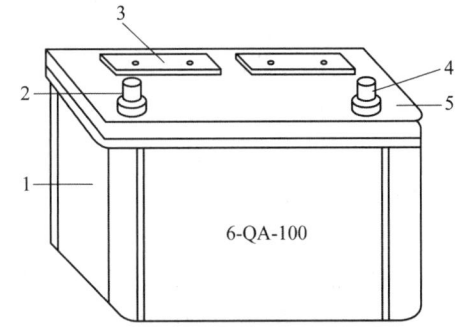

图 3-24　铅蓄电池结构（穿壁内连接方式）

1—电池槽　2—负极柱　3—防酸片　4—正极柱　5—电池盖

4）绝缘物：在安装固定用铅酸蓄电池组时，为了防止蓄电池漏电，在电池和木架之间，以及木架和地面之间要放置绝缘物，一般为玻璃或瓷质（表面上釉）的绝缘垫脚。为了使电池安装平稳，减少其工作过程中的振动，还需加软橡胶垫圈。这些绝缘物应经常清洗，保持清洁，不让酸液及灰尘附着，以免引起电池漏电。

3.3.3.7 装配方式

所谓装配就是指将隔板（膜）置于如图 3-19 所示的已交错排列的正负极板群的每两片极板之间后，放入电池槽内并注入电解液，然后加盖封装。蓄电池的装配方式有两种，一是非紧装配方式，如普通铅酸蓄电池；二是紧装配方式，如 VRLA 蓄电池。

VRLA 蓄电池之所以采用紧装配方式，是因为其电解液处于贫液状态。如果极板和隔膜不能紧密接触，会使极板不能接触到电解液，也就不能保证极板上的活性物质与电解液发生反应，电池也就不能正常工作。为了使 VRLA 蓄电池的电化学反应能正常进行，只有采取紧装配的组装方式，才能做到极板和电解液的充分接触。紧装配可以达到以下三个目的：一是使隔膜与极板紧密接触，有利于活性物质与电解液的充分接触；二是保持住极板上的活性物质，特别是减少正极活性物质的脱落；三是防止正极在充电后期析出的氧气沿着极板表面上窜到电池顶部，使氧气充分地扩散到负极被吸收，以减少水分的损失。

综上所述，VRLA 蓄电池为了达到密封的目的，在电极、电解液、隔膜、容器、排气栓和装配方式等方面均与普通铅酸蓄电池有不同之处，见表 3-16。

表 3-16 VRLA 蓄电池与普通铅酸蓄电池的结构比较

组成部分	富液式铅酸蓄电池	VRLA 蓄电池
电极	铅锑合金板栅	无锑或低锑合金板栅
电解液	富液式	贫液式或胶体式
隔膜	微孔橡胶、PP、PE	超细玻璃纤维隔膜
容器	无机或有机玻璃、塑料、硬橡胶等	SAN、ABS、PP 和 PVC
排气栓	排气式或防酸隔爆帽	安全阀
装配方式	非紧装配	紧装配

此外，同样是阀控密封结构的胶体密封铅酸蓄电池（利用胶体电解液作为电解质的密封铅酸蓄电池，简称胶体电池）与 VRLA 蓄电池在结构上也有所不同，其区别在于：

1）胶体密封铅酸蓄电池为富液式电池，电解液的量比 VRLA 蓄电池要多 20%；而 VRLA 蓄电池为了给正极析出的氧提供向负极的通道，必须使隔膜保持有 10%的孔隙不被电解液占据，即为贫液式电池。

2）胶体密封铅酸蓄电池的装配方式与普通铅酸蓄电池相同，为非紧装配结构；而 VRLA 蓄电池为了使电解液与极板充分接触而采用了紧装配方式。

3）胶体密封铅酸蓄电池的电解质是硅胶凝胶，为多孔道的高分子聚合物，内部呈相互交错的细线状结构，铅酸蓄电池所需的硫酸溶液就固定在它的孔道中，其密度低于 VRLA 蓄电池的电解液密度，为 $1.26\sim1.28g/cm^3$；而 VRLA 蓄电池的硫酸溶液密度为 $1.29\sim1.30g/cm^3$，固定在极板和超细玻璃纤维隔膜中。

4）胶体密封铅酸蓄电池的隔板与普通铅酸蓄电池相同，但在隔板的不起伏面有一层很薄的超细玻璃纤维隔膜（约0.4mm厚），目的是让电解液能与极板活性物质充分接触，而VRLA蓄电池的隔膜是超细玻璃纤维隔膜。

5）胶体密封铅酸蓄电池的正极板栅材料可采用低锑合金，也可采用管状电池正极板，同时，为了提高电池容量而又不降低电池寿命，极板可以做得薄一些，电池槽内部空间也可以扩大一些；而VRLA蓄电池为了保证电池有足够的寿命，极板应设计得较厚，正板栅合金采用Pb-Ca-Sn-Al四元合金。

胶体密封铅酸蓄电池的上述结构特点，使其具有以下优点：

1）电解液不流动、不易渗漏，电池可在任意方向上使用。
2）与VRLA蓄电池相比，在正常充电条件下，电池内部水的损耗非常小。
3）富电解液结构使胶体铅酸蓄电池的散热能力较好，使其对温度的敏感程度远小于阀控式密封铅酸蓄电池，不易发生热失控，因而可在较高温度下使用。
4）采用无锑或低锑铅合金（如铅-钙-锡合金）板栅，电池的自放电小。
5）电解液无分层现象，可减少电池因电液分层而引起的自放电。
6）胶体电解质可防止活性物质脱落。

3.3.4 蓄电池的工作原理

经长期的实践证明，双极硫酸盐化理论是最能说明铅酸蓄电池工作原理的学说。该理论可以描述为：铅酸蓄电池在放电时，正负极的活性物质均变成硫酸铅（$PbSO_4$），充电后又恢复到初始状态，即正极转变成二氧化铅（PbO_2），负极转变成海绵状的铅（Pb）。

3.3.4.1 放电过程

当铅酸蓄电池接上负载时，外电路便有电流通过。如图3-25所示表明了放电过程中两极发生的电化学反应。有关的电化学反应为：

1）负极反应 $Pb - 2e + SO_4^{2-} \longrightarrow PbSO_4$
2）正极反应 $PbO_2 + 2e + 4H^+ + SO_4^{2-} \longrightarrow PbSO_4 + 2H_2O$
3）电池反应 $Pb + 4H^+ + 2SO_4^{2-} + PbO_2 \longrightarrow 2PbSO_4 + 2H_2O$
    或 $Pb + 2H_2SO_4 + PbO_2 \longrightarrow PbSO_4 + 2H_2O + PbSO_4$
    负极　电解液　正极　　　负极　电解液　正极

从上述电池反应可以看出，铅酸蓄电池在放电过程中两极都生成了硫酸铅，随着放电的不断进行，硫酸逐渐被消耗，同时生成水，使电解液的浓度（密度）逐渐降低。因此，电解液密度的高低反映了铅酸蓄电池的放电程度。对富液式铅酸蓄电池来说，密度可以作为其放电终了标志之一。通常，当电解液密度下降到1.15～1.17g/cm³左右时，应停止放电，否则电池会因为过量放电而损坏。

3.3.4.2 充电过程

当铅酸蓄电池接上充电器时，外电路便有充电电流通过。如图3-26所示表明了充电过程中两极发生的电化学反应。有关的电极反应为：

1）负极反应　　$PbSO_4 + 2e \longrightarrow Pb + SO_4^{2-}$

2）正极反应　　$PbSO_4 - 2e + 2H_2O \longrightarrow PbO_2 + 4H^+ + SO_4^{2-}$

3）电池反应　　$2PbSO_4 + 2H_2O \longrightarrow Pb + 4H^+ + 2SO_4^{2-} + PbO_2$

　　　　　　或　$\underset{负极}{PbSO_4} + \underset{电解液}{2H_2O} + \underset{正极}{PbSO_4} \longrightarrow \underset{负极}{Pb} + \underset{电解液}{2H_2SO_4} + \underset{正极}{PbO_2}$

从以上电极反应可以看出，铅酸蓄电池的充电反应恰好是其放电反应的逆反应，即充电后极板上的活性物质和电解液的密度都恢复到原来的状态。所以，在充电过程中，电解液的密度会逐渐升高。对富液式铅酸蓄电池来说，可以通过电解液密度的大小来判断电池的荷电程度，也可用密度值作为充电终了标志，如启动用铅酸蓄电池的充电终了密度为 $d_{15} = 1.28 \sim 1.30 g/cm^3$，固定用防酸隔爆式铅酸蓄电池的充电终了密度是 $d_{15} = 1.20 \sim 1.22 g/cm^3$。

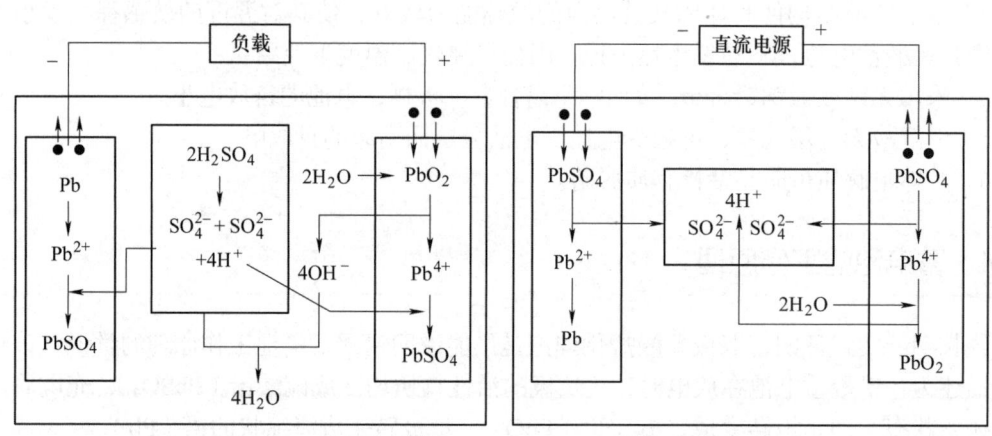

图 3-25　放电过程中的电化学反应示意图　　图 3-26　充电过程中的电化学反应示意图

4）充电后期分解水的反应。

铅酸蓄电池在充电过程中还伴随有电解水反应。电解水的反应在充电初期是很微弱的，但当单体电池的端电压达到 2.3V/只时，水的电解开始逐渐成为主要反应。这是因为端电压达 2.3V/只时，正负极板上的活性物质已大部分恢复，硫酸铅的量逐渐减少，使充电电流用于活性物质恢复的部分越来越少，而用于电解水的部分越来越多。

负极　　$4H^+ + 4e = 2H_2$

正极　　$2H_2O - 4e = 4H^+ + O_2$

总反应　　$2H_2O = 2H_2 + O_2$

对于普通铅酸蓄电池来说，电解液为富液式，此时可观察到有大量的气泡逸出，并且冒气越来越激烈，因此可用充电末期电池冒气的程度作为充电终了标志之一。但对于阀控式密封铅酸蓄电池来说，因为是密封结构，其充电后期为恒压充电（恒定的电压在 2.3V/只左右），充电电流很小，而且正极析出的氧气能在负极被吸收，所以不能观察到冒气现象。

3.3.5　阀控式铅酸蓄电池的密封原理

利用负极析氢比正极析氧晚，并采用特殊结构，使铅酸蓄电池在充电后期负极不能析出氢气，同时能吸收正极产生的氧气，从而实现电池的密封，通常称其为负极吸收原理。VRLA 蓄电池和胶体密封铅酸蓄电池就是利用负极吸收原理实现氧复合循环，达到密封的目的。

研究发现，铅酸蓄电池在充电达 70% 时，正极就开始析出氧气，而负极的充电态要达到 90% 时才开始析出氢气。

当充电态达 70% 时，正极析氧的反应为：

$$2H_2O \longrightarrow 4H^+ + O_2 + 4e$$

由于 VRLA 蓄电池和胶体密封铅酸蓄电池有氧气扩散通道，使氧气能顺利扩散到负极，并被负极吸收。氧气在负极被吸收的途径有两个：

一是与负极活性物质铅发生化学反应，$2Pb + O_2 + 2H_2SO_4 \longrightarrow 2PbSO_4 + 2H_2O$；

二是在负极获得电子后发生电化学反应，$O_2 + 4H^+ + 4e \longrightarrow 2H_2O$。

上述反应称为氧复合循环反应，如图 3-27 所示。

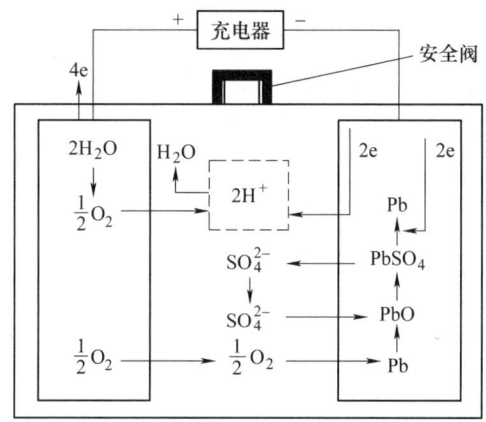

图 3-27　VRLA 蓄电池的密封原理示意图

3.3.6　蓄电池的运行方式

为了保证通信不间断，通常为通信设备配备固定用铅酸蓄电池。根据通信设备所需的电压和电流的大小，选择适当容量的铅酸蓄电池，经串联、并联或串并联组成电池组。电池组的运行方式可根据当地市电供电的可靠程度分为三类：充放电运行方式（循环制）、全浮充运行方式（连续浮充制）和半浮充运行方式（定期浮充制）。

3.3.6.1　充放电运行方式

1. 运行方式

由两组蓄电池轮流以充、放电循环方式给相关负载供电的运行方式，称为充放电运行方式，又叫循环制。即当一组蓄电池给负载供电时，另一组蓄电池则处于充电或备用状态，两组蓄电池在充电和放电的循环中轮换着给负载供电。

这种运行方式适用于市电不可靠、市电不稳定、无市电而用自备发电机组供给交流电、负载容量小的通信局（站）等情况下。为了保证通信不间断，应选择容量较大的蓄电池，通常应能满足负载一昼夜以上所需要的电量。

2. 特点

1）优点：充、放电设备简单；提供的电流无脉动交流成分。

2）缺点：水的消耗量比较大，使维护工作量增多；由于电池组要进行频繁的充、放电循环，活性物质的体积不断收缩和膨胀，使正极活性物质易发生软化、脱落，致使蓄电池的使用寿命较短；蓄电池的容量较大，充电设备的容量也要相应增大；输出的电能是由交流电经过高频开关电源（整流器）和蓄电池的再次转换后得到的，使得整个电源设备的效率较低，约为30%～40%；不适合用于阀控式密封铅酸蓄电池。

3.3.6.2 全浮充运行方式

1. 运行方式

在昼夜时间内都由整流设备和蓄电池组并联起来给负载供电的运行方式，叫全浮充运行方式或连续浮充制。

在正常情况下，全浮充运行的蓄电池组不对负载放电，整流设备除供给通信设备所需要的全部电流外，还要对蓄电池进行浮充充电（见图3-28），以补偿蓄电池自放电所损失的电量及瞬间大负载时放电消耗的电量。只有当市电偶然停电或整流设备有故障，或瞬间有大脉冲负载电流时，才由蓄电池放电，以保证通信设备的电源供电不中断。这种运行方式只能在市电供电可靠和电压稳定的条件下使用。

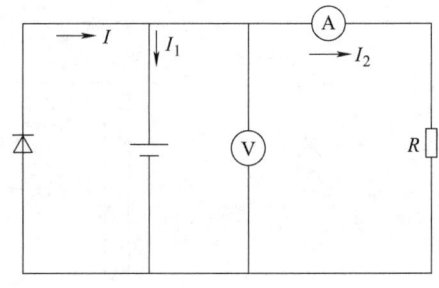

图3-28 浮充电路

2. 浮充电流

（1）浮充电流的作用

浮充电流的作用三个：一是补偿蓄电池自放电所损失的容量；二是补偿蓄电池瞬间大电流放电所损失的容量；三是用于VRLA蓄电池的氧复合循环。

在防酸隔爆式铅酸蓄电池中，浮充电流只起前两个作用，而在阀控式密封铅酸蓄电池中，浮充电流要起到三个方面的作用。因此，阀控式密封铅蓄电池因氧复合循环的需要，其浮充电流的值要比防酸隔爆式铅蓄电池的值要大。

（2）影响浮充电流的因素

影响蓄电池浮充电流的因素有温度、浮充电压和电池的新旧程度等。

1）温度：温度对VRLA蓄电池的浮充电流影响很大，温度每升高10°C，其浮充电流会成倍地增大。VRLA蓄电池的浮充电流对温度的变化特别敏感，一是因为它的内部氧循环反应是放热反应；二是因为其密封、贫电解液、紧装配和超细玻璃纤维隔膜等结构特点，使电池的散热性能差，极易造成电池内部热量的积累，使电池温升显著；三是因为当电池温度升高时，电池内电化学反应速度加快，使参加氧复合循环的氧气的量和电池的自放电速度都增加，所以浮充电流也相应增大。反之，当温度降低时，其浮充电流相应减小。所以，VRLA蓄电池的浮充电流必须随温度的变化进行调节。

2）浮充电压：浮充电流随浮充电压的增加而增大。浮充电流值虽可通过电流表进行监测，但在实际运行中，浮充电流很难控制，其值的调节是通过控制浮充电压来实现的。

3）电池的新旧程度：电池越旧，浮充电流越大。这种影响对于防酸隔爆式铅酸蓄电池来说十分明显，这是因为它采用了铅锑合金板栅，在使用过程中，电池越旧其自放电越严重，必然需要更大的浮充电流来补偿自放电损失的容量。

3. 浮充电压

浮充电压是指浮充时各单体蓄电池两端的电压（V/只），它对 VRLA 蓄电池来说，是一个十分重要的技术参数。

（1）浮充电压随温度的调节

在实际工作中，对 VRLA 蓄电池的浮充电流的调节最终是通过对浮充电压的调节来实现的，所以根据温度调节浮充电流实际上就是根据温度调节浮充电压。依据 YD/T 799—2024《通信用阀控式铅酸蓄电池》的要求，在环境温度为 25℃时，阀控式密封铅酸蓄电池的浮充电压应设置在 2.25V/只，允许变化范围为 2.20~2.27V/只。

这是因为 VRLA 蓄电池是贫电解液结构，其浮充电流受温度影响很大。如果电池温度发生变化后，不能及时对浮充电压进行调整，就会使电池因浮充电流过大或过小而造成电池的损坏。

如果浮充电压过高，使电池处于过充电状态，可能对电池造成的危害有：使水的分解反应加剧，析气量增大，氧复合效率降低，造成电池失水，容量下降；使正极板栅的腐蚀加剧，电池寿命缩短；使浮充电流增大，电池温度升高，造成电池的热失控。即温度升高→浮充电流增大→电池处于过充电状态→失水、正极板栅腐蚀、热失控。

如果浮充电压过低，虽然可降低失水速度，但使电池处于充电不足状态，容易造成极板的硫化，最终缩短电池的寿命。即温度降低→浮充电流减小→电池处于欠充电状态→电池硫化。

如图 3-29 所示是 VRLA 蓄电池使用寿命与温度之间的关系。由图可见，VRLA 蓄电池在高温环境下，其寿命会受到显著的影响，所以，为了提高 VRLA 蓄电池的使用寿命，必须将其置于室温（20~25℃）下工作，即电池的工作环境应该有空调设备。一旦温度发生变化，应及时对浮充电压进行温度补偿。浮充电压的温度补偿公式为：

$$U_T = U_{25} - \alpha(T - 25℃)$$

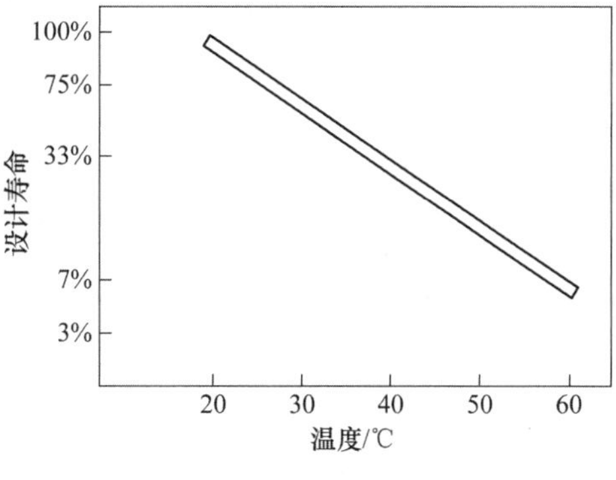

图 3-29 温度与电池寿命的关系

式中，U_{25} 为温度为 25℃时的浮充电压，其值为 2.25V/只；U_T 为温度为 T℃时的浮充电压；α 为温度补偿系数，其值为 3~7mV/℃。当取 $\alpha = 4$mV/℃时，按上式可计算出不同温度下电池的浮充电压见表 3-17。

表 3-17 不同温度下 VRLA 蓄电池的浮充电压

温度/℃	0	5	10	15	20	25	30	35
浮充电压/（V/只）	2.35	2.33	2.31	2.29	2.27	2.25	2.23	2.21

温度的采样方法很重要，它直接关系着补偿的效果。温度采样有三种方式：一是蓄电池附近的空气温度，这种方法最容易，但很不准确，因为蓄电池温度的升高很难引起蓄电池附近空气温度的升高；二是蓄电池内部电解液温度，虽然最能反映蓄电池的实际情况，但较难实现；三是蓄电池外壳的表面温度，也是最实际和较容易实现的方法，目前许多设备就是根据第三种方式来采样和设计温度补偿单元。

值得注意的是，虽然在温度发生变化时可对浮充电压进行温度补偿，但并不是说电池就可在任意环境温度下使用。因为当温度过低时，升高浮充电压同样会引起浮充电流过大，造成板栅腐蚀加速；而温度过高时，降低浮充电压，会因浮充电流太小而引起电池欠充电，导致电池发生硫化。

（2）浮充电压的不均衡

蓄电池组中各单体电池的浮充电压是不相同的，这种现象被称为浮充电压的不均衡或浮充电压的波动。一般来说，当 VRLA 蓄电池是新电池和电池寿命接近终止时，电压波动较大，或当浮充电压设置不合理或未及时对电池进行均衡充电时，电压的波动也会增大。当然电池本身的质量不好，也是电压出现不均衡的重要原因之一。

YD/T 799—2024《通信用阀控式铅酸蓄电池》规定蓄电池进入浮充状态 24h 后，各电池间的端电压差应符合以下要求：

1）蓄电池组由不多于 24 只 2V 蓄电池组成时，各电池间的端电压差不大于 90mV。

2）蓄电池组由多于 24 只 2V 蓄电池组成时，各电池间的端电压差不大于 200mV。

3）标称电压为 6V 的蓄电池，各电池间的端电压差不大于 240mV。

4）标称电压为 12V 的蓄电池，各电池间的端电压差不大于 480mV。

新的阀控式密封铅酸蓄电池在使用的初期，会发生各单体电池的浮充电压高于或低于平均电压的现象，但随着时间的延长（大致需半年时间），浮充电压会逐渐趋向一致。如图 3-30 所示。新电池出现浮充电压波动的原因有两个：

1）隔膜的电解液保持率不一致。保持率高的电池中，隔膜中氧气的扩散通道少于保持率低的电池，这会造成前者的电压偏高和氧复合效率下降，但随着时间的延长，保持率高的电池由于受氧复合效率的影响而失去部分水，使其保持率下降并接近于保持率低的电池。

2）极板化成程度不一致。极板化成程度低的电池，其浮充电压较低，但在浮充过程中，极板会逐渐完成化成过程，电压随之上升，并接近于化成程度高的电池。

由图 3-30 可见，新电池经过约两个月的时间后，浮充电压的最高与最低值之间的差值基本上能满足 YD/T 799—2024 的规定。

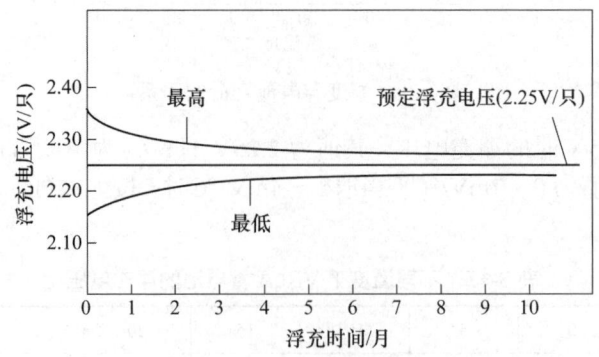

图 3-30　新电池浮充电压的波动

表 3-18 中列出了某通信部门使用的 48 只电池的浮充电压值，可以看出，其中超过一半电池的浮充电压都高于标准中规定的电压值（2.20~2.27V/只），其最大值与最小值之间相差达 230mV。之所以出现这种情况，有可能是电池生产质量未能控制一致，或者未定期进行均衡充电，或者浮充电压设置不合理所致。

表 3-18　某蓄电池组各单体电池的浮充电压　　　　（单位：V/只）

2.28	2.28	2.36	2.33	2.23	2.25	2.25	2.21
2.27	2.25	2.28	2.31	2.29	2.23	2.19	2.15
2.28	2.38	2.25	2.28	2.31	2.30	2.31	2.27
2.28	2.31	2.28	2.35	2.29	2.27	2.30	2.24
2.22	2.33	2.27	2.19	2.21	2.25	2.33	2.30
2.25	2.36	2.19	2.26	2.29	2.28	2.24	2.30

4. 特点

（1）优点

1）铅酸蓄电池的容量小。由于市电可靠，只需电池的容量能保证市电中断后，在自备机组供电前的一段时间内对负载供电即可。一般维持对负载供电 1~3h 即可。

2）耗水量少，维护工作量小。浮充电压低于水的分解电压，所以在浮充过程中水的分解量很少，对于防酸隔爆式铅酸蓄电池来说，补加水的工作量大大减少。

3）使用寿命较长。蓄电池在整个寿命期间，很少进行全充全放的循环，极板不易受到损坏，电池寿命是三种运行方式中最长的。

4）整个电源系统的效率较高。因为浮充供电时，直流电能直接由整流设备供给，不需要经过电能的转换，使电源设备的效率可达 60%~80%。

5）全浮充运行电池的情况比较稳定，易于实现智能化的监控和管理。

（2）缺点

全浮充运行方式提供的电流中有一定的脉动成分，其供电电路中必须装配滤波设备和稳压装置，以保持供电电压的稳定和减少负载变化时的影响，使整个电源设备较为复杂。此外，它只能在市电供电可靠的地方使用。

3.3.6.3　半浮充运行方式

1. 运行方式

定期用整流设备和蓄电池并联起来给负载供电的运行方式，叫半浮充运行方式或定期浮充制。即部分时间由整流设备和蓄电池浮充供电，此时整流设备给负载提供电流的同时，也对蓄电池进行浮充，使蓄电池已放出的容量和自放电损失的容量得以补足，而在另一部分时间里由蓄电池单独供电。

这种运行方式适用于市电电网不太可靠（市电只在一定时间内供电）或负载变化较大的

情况。通常用两组蓄电池进行工作，需要两台整流设备分别进行浮充供电和单独对已放电的铅酸蓄电池进行充电，如图 3-31 所示。

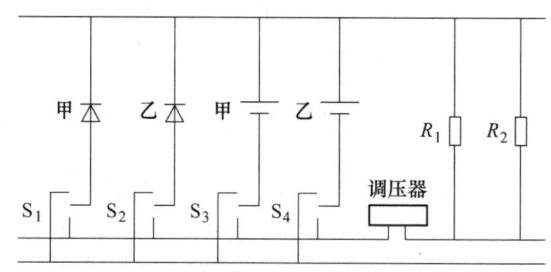

图 3-31　两组蓄电池轮流半浮充供电

当市电正常时，整流设备甲对甲组蓄电池浮充供电，而整流设备乙对乙组蓄电池进行充电。当市电中断后，由甲组蓄电池单独对负载供电，而充好电的乙组蓄电池由充电状态转为备用状态。一旦市电恢复供电，甲组蓄电池若放出的容量不多，则可继续进行浮充供电，放出的容量可通过浮充来恢复；如果甲组蓄电池已放出大部分容量，则由乙组蓄电池进行浮充供电，而甲组蓄电池由整流设备甲单独对其充电，充足电后又转入备用状态。如此由两组蓄电池轮流进行"浮充供电→单独供电→充电及备用"的循环。

半浮充的另一种情况就是，当负载大时为浮充供电，负载小时由蓄电池组单独供电。通常是白天负载电流大，夜间负载电流小。

2. 特点

半浮充运行方式与全浮充运行方式和充放电运行方式相比，具有以下特点：

1）蓄电池的容量较充放电运行方式小，只要能满足停电或单独供电期间应提供的容量即可，但大于全浮充运行方式所需的容量。

2）水的消耗量及维护工作量小于充放电运行方式，但大于全浮充运行方式。

3）蓄电池的寿命比全浮充运行方式的寿命短，但比充放电运行方式的电池寿命长。

4）由于在浮充供电期间直接由整流设备提供负载电流，减少了电池充放电转换的功率损耗，因此设备效率较充放电运行方式高（约为 50%～60%），但小于全浮充运行方式。

3.3.7　阀控式铅酸蓄电池的电特性

3.3.7.1　充电控制技术

在通信电源系统中，为了确保直流电源不间断，通常都采用开关整流器（充电器）与蓄电池组并联的浮充供电方式。在浮充状态下，充电电流主要用于补偿蓄电池因自放电而损失的电量。只有在市电中断时，才由蓄电池单独向负载供电。

（1）浮充电压的设置

阀控式密封铅酸蓄电池组长年工作于浮充状态，为了不影响其使用寿命，必须保证电池内不产生气体，因此，当环境温度为 25℃ 时，标准型单体阀控铅酸蓄电池的浮充电压通常设置在 2.25V，允许变化范围为 2.23～2.27V；低压型单体阀控铅酸蓄电池的浮充电压通常设置在 2.20V，允许变化范围为 2.19～2.21V。标准型阀控式铅酸蓄电池的充电特性曲线如图 3-32

所示。电池放完电后，应先用恒定电流充电，当电池电压达到设定的浮充电压时，自动转入恒压充电。此后，充电电流逐渐减小，电池逐渐恢复额定容量。

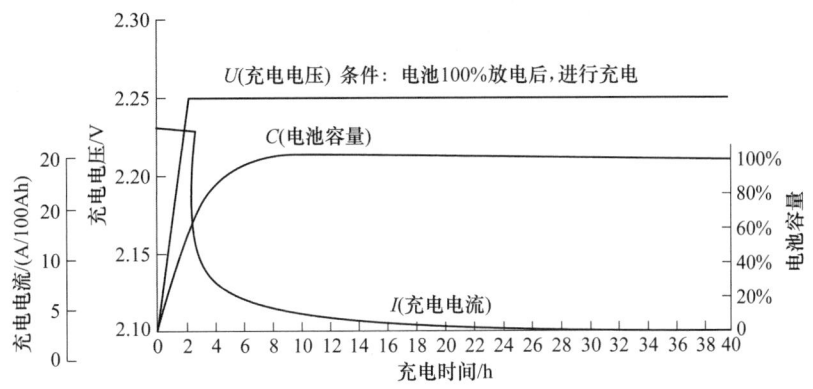

图 3-32　标准型阀控式铅酸蓄电池充电特性曲线

浮充电压设置过低时，阀控式铅酸蓄电池长期处于欠充电状态，极板深处的活性物质不能参与化学反应，因而在活性物质与板栅之间形成高电阻层，使电池的内阻增大，容量下降。

浮充电压设置过高时，电池将长期处于过充电状态，电池内产生的气体量增加，安全阀经常处于开阀状态，电解液中的水分大量损失。在通常情况下，水分损失 15%，电池的容量就减小 15%。此时，电池的寿命就终止。此外，浮充电压设置过高时，其浮充电流将增大。电池内产生的热量不能及时散发，电池中将出现热量积累，从而使电池的温度升高。这样又促使浮充电流增大，最终造成电池温度和电流不断增加的恶性循环，这种现象通常称为热失控。实验表明：浮充电压设置在 2.30V（25℃）时，6～8 个月后，电池的容量会严重下降并可导致热失控；浮充电压设置在 2.35V（25℃）时，4 个月后就可能出现热失控。

值得注意的是：开关整流设备的纹波电压过高时，虽然浮充电压平均值不高，但是浮充电压的峰值过高。该峰值电压使单体电池的浮充电压超过 2.40V 时，也可使电解液中的水分解，产生较多的气体，从而减小电池的容量。

在通信电源系统中，阀控式铅酸蓄电池组通常由 24 只单体电池串联组成。开关整流器的浮充电压应当设置在 54V（2.25V×24）～54.5V（2.27V×24）之间。但是，有一些开关整流器为了不进行均衡充电，浮充电压设置得过高，这样将严重影响电池寿命。

（2）浮充电压与温度的关系

在浮充状态下，为了保证阀控式铅酸蓄电池既不过充电，也不欠充电，除了设置合适的浮充电压外，还必须随着环境温度的变化适时调整浮充电压。浮充电压的温度系数约为 $-3mV/℃$，也就是说，温度每升高 1℃，单体电池的浮充电压应当下降 3mV。实验表明，在浮充电压不变的条件下，环境温度升高 10℃，阀控式铅酸蓄电池的浮充电流将增加 10 倍，这样就有可能产生热失控，严重影响电池寿命。

（3）浮充寿命与环境温度的关系

在浮充状态下，阀控式铅酸蓄电池能够正常供电的时间，称为浮充寿命。实验结果表明，当环境温度为 25℃ 时，质量较好的国外阀控式铅酸蓄电池的浮充寿命可达 20 年，国产 2V 阀控式铅酸蓄电池的浮充寿命也可达到 10 年以上。浮充寿命与环境温度的关系如图 3-33 所示。

环境温度升高后，电池的浮充电流增大，板栅腐蚀加速，电池内将发生电解水反应。同时，环境温度越高，电解液中水分蒸发得越快。环境温度每升高 10℃，电池内水分蒸发损失约增加一倍，水分减少后，电池的容量下降，寿命也随之缩短。

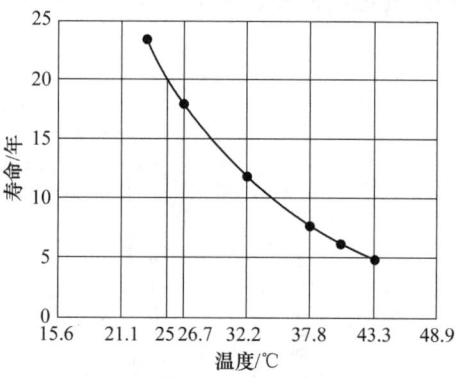

从阀控式密封铅酸蓄电池浮充寿命与温度的关系曲线可以看出，当环境温度从 25℃ 上升到 43℃ 时，其浮充寿命将从 20 年下降到 5 年。在某些无人值守的通信站，最高温度可能达到 50℃。在这样的条件下，即使电池的浮充电压设置准确，其寿命也会缩短。因此，为了延长电池的寿命，阀控式铅酸蓄电池应当安装在有空调的房间内。此外，为了减小温度对电池寿命的影响，安装时，各单体

图 3-33　浮充寿命与环境温度的关系

电池之间应当留有一定的空隙，并避免太阳照射。与此同时，还应当远离开关整流器等热源。当采用多层安装时，安装层数不要太多，最好不要安装在密闭的电池柜内，以免影响散热。

3.3.7.2　放电控制技术

在通信电源系统中，市电中断后，阀控式铅酸蓄电池应立即由浮充状态转入放电状态，以保证通信设备的直流电源不间断。

（1）放电特性

采用各种不同放电速率时，阀控式铅酸蓄电池的放电特性曲线如图 3-34 所示。在通信电源系统中，阀控铅蓄电池的放电速率通常为 $0.02C_{10}$、$0.1C_{10}$、$0.2C_{10}$ 或 $0.3C_{10}$（C_{10} 为蓄电池 10 小时率放电容量）。阀控铅蓄电池应用过程中，应当尽可能避免放电速率过小。

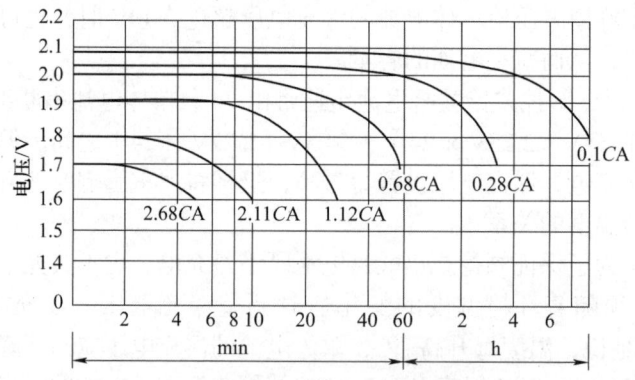

图 3-34　阀控式铅酸蓄电池放电特性曲线

环境温度对阀控铅蓄电池放电特性的影响很大。当采用 $0.1C_{10}$ 放电速率时，在不同环境温度下的放电特性曲线如图 3-35 所示。从图中可以看出，随着环境温度的降低，蓄电池能放出的电量将逐步减小。当环境温度为 −20℃ 时，电池仍可放出 60% 左右的电量。应当说明，当阀控式铅酸蓄电池充足电时，电解液的冰点为 −70℃，放完电时，电解液的冰点为 −5℃。为了保证化学反应充分进行，阀控式铅酸蓄电池的最低温度最好在 −20℃ 以上。

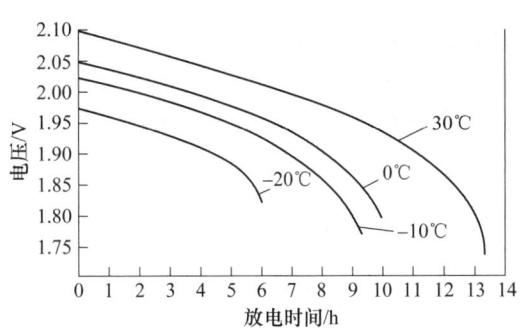

图 3-35 温度对电池放电特性的影响

（2）放电终止电压的设定

阀控式铅酸蓄电池组过放电后，各单体电池的电压和容量将出现不平衡，这样，电池组中将出现落后电池。通常，过放电越严重，下次充电时，落后电池越不容易恢复，这样将严重影响电池组的寿命。为了避免过放电，必须精确设定电池的放电终止电压。从放电特性曲线可以看出，放电电流越大，放电终止电压越低。采用不同放电速率时，单体阀控式铅酸蓄电池放电终止电压的设定见表 3-19。

表 3-19 单体阀控式铅酸蓄电池放电终止电压的设定

放电速率/C_{10}	0.01~0.025	0.05~0.25	0.30~0.55	0.65~2
终止电压/V	2.00	1.80	1.75	1.60

在通信电源系统中，开关整流器通常将阀控式铅酸蓄电池组的放电终止电压设置在 43V，单体电池的终止电压约为 1.80V。采用 0.05~0.25C_{10} 速率放电时，该终止电压是合适的。但在部分通信电源系统中，为了防止市电较长时间中断，蓄电池的容量都选得偏大。这样市电中断时，电池的放电电流很小。比如通信设备实际所需电流只有 3A，选用的蓄电池容量可达 300Ah。这样，放电速率就为 0.01C_{10}。此时，放电终止电压应设定为 2.00V。因此，当终止电压设定为 43V 时，阀控式铅酸蓄电池将发生严重过放电。

3.3.8 阀控式铅酸蓄电池的常见失效形式*

VRLA 蓄电池的设计寿命长达 15~20 年，但其实际的使用寿命往往远低于其设计寿命，有的只能使用 2~3 年甚至更短。VRLA 蓄电池的使用寿命也比不上传统的防酸隔爆式铅酸蓄电池，后者通常能使用 10 年以上。导致 VRLA 蓄电池的寿命如此之短的原因有以下几个方面：一是产品的质量问题；二是电池的特殊结构所决定；三是使用维护方法不当。特别是阀控式铅酸蓄电池的特殊结构，导致它的失效模式比普通铅酸蓄电池的失效模式要多，除了硫化、短路等失效模式外，还有失水、热失控、早期容量损失和负极汇流排腐蚀等。

3.3.8.1 极板硫化

1. 极板硫化的原因

铅酸蓄电池的正负极板上部分活性物质逐渐变成颗粒粗大的硫酸铅结晶，在充电时不能转变成二氧化铅和海绵状铅的现象，叫作极板的硫酸盐化，简称（极板）硫化。

铅酸蓄电池在正常使用的情况下，极板上的活性物质在放电后，大部分都变成松软细小的硫酸铅结晶，这些小晶体均匀地分布在多孔性的活性物质中，在充电时很容易与电解液接触起反应，并恢复成原来的活性物质二氧化铅和海绵状的铅。

如果使铅酸蓄电池长期处于放电状态，极板上松软细小的硫酸铅晶体便逐渐变成坚硬粗大的硫酸铅晶体，这样的晶体体积大且导电性差，因而会堵塞极板活性物质的微孔，使电解液的渗透与扩散作用受阻，并使电池的内阻增加。在充电时，这种粗而硬的硫酸铅不易转变成二氧化铅和海绵状铅，结果使极板上的活性物质减少，容量降低，严重时使极板失去可逆作用而损坏，使电池的使用寿命缩短。

通常认为是硫酸铅的重结晶造成了晶体颗粒的长大。因为小晶体的溶解度大于大晶体的溶解度，所以，当硫酸浓度和温度发生波动时，小晶体发生溶解，溶解的 $PbSO_4$ 又在大晶体的表面生长，引起较大的晶体进一步长大。

引起蓄电池极板硫化的原因很多，但都直接或间接地与电池长期处于放电或欠充电状态有关，归纳起来有以下几种。

1）长期处于放电状态。这是直接导致电池硫化的原因。其他许多原因间接引起电池硫化，也是通过使电池放电，并使其得不到及时充电而长期处于放电状态。

2）长期充电不足。如浮充电压过低、未充电至终止标志即停止充电等，都会造成电池长期充电不足，未得到充电的那部分活性物质，因长期处于放电状态而硫化。

3）经常过量放电或小电流深放电。这会使极板深处的活性物质转变成硫酸铅，它们必须经过过量充电才能得到恢复，否则会因得不到及时恢复而发生硫化。

4）放电后未及时充电。铅酸蓄电池要求在放电后 24h 内及时进行充电，否则会发生硫化而不能在规定的时间内充足电。

5）未及时进行均衡充电。铅酸蓄电池组在使用过程中会出现不均衡的现象，其原因就是电池已出现了轻微的硫化，必须进行均衡充电以消除硫化，否则硫化会越来越严重。

6）储存期间未定期进行充电维护。铅酸蓄电池在储存期间会因自放电而失去容量，要求定期进行充电维护，否则会使电池长时间处于亏电状态。

7）电解液量减少。电解液液面降低，使极板上部暴露在空气中，不能有效地与电解液接触，活性物质因不能参与反应而发生硫化。

8）内部短路。短路部分的活性物质因不能发生充电反应而长期处于放电状态。

9）自放电严重。自放电会使恢复的铅或二氧化铅很快又变成放电态的硫酸铅，如果自放电严重，就容易使电池处于放电状态。

10）电解液密度过高。密度过高使电池自放电速度加快，且容易在极板内层形成颗粒粗大的晶体。另外，密度过高还会造成放电时误以为电量充足而过量放电，而充电时误以为电池已到了充电终期而实际充电不足，最终引起硫化。

11）温度过高。高温会使蓄电池自放电的速度加快，且容易在其极板内层形成颗粒粗大的晶体。

对于 VRLA 蓄电池来说，贫液式结构和内部的氧复合循环也是造成其发生硫化的主要原因。这是因为：一方面贫液式结构使部分活性物质不能与电解液有效接触，而且随使用时间的延长，电解液饱和度逐渐下降，暴露在空气（氧气）中的活性物质也随之增多，这部分活性物质也因得不到充电而发生硫化；另一方面氧复合循环使充电后期正极产生的氧气在负极发生复合反应，使负极处于未充足电状态，以防止氢气的析出，但同时使负极容易因充电不足而发生硫化现象。

2. 极板硫化的现象

（1）放电时的现象

1）容量下降：硫化电池的活性物质已变成颗粒粗大的晶体，不能恢复成充电态的二氧化铅和海绵状的铅，因此容量比正常时的容量要低，放电时其容量比正常电池先放完。

2）端电压低：硫化电池的内阻较大，特别是极化内阻大，使放电电压偏低。

3）电解液密度低：硫化电池的硫酸铅在充电时无法恢复，因此会使电解液的密度低于正常值，这种现象只能在普通铅酸蓄电池中观察到，而 VRLA 蓄电池则无法观测到电解液密度的变化情况。

（2）充电时的现象

1）端电压上升快：因硫化电池的内阻较大，所以恒流充电时电池的端电压上升速度比正常电池要快，普通铅酸蓄电池用恒流充电法充电时，其端电压可高达 2.9V 以上；如果用限流恒压法充电，则充电的限流阶段会很快结束，进入恒压阶段后，充电电流也会快速下降至充电结束状态，结果使电池无法充电。

2）过早分解水：因充电时端电压上升很快，很快就会达到水的分解电压 2.3V，使电池过早出现冒气现象，且电压过高使冒气现象十分激烈。

3）电解液密度上升慢：因硫化电池不能发生正常的充电反应，充电电流大多用于分解水，因此电解液密度也就上升缓慢甚至不上升。

（3）内阻的变化

硫化电池的内阻比较大，主要是粗大的 $PbSO_4$ 颗粒堵塞微孔引起较大的浓差极化，使极化内阻增大。当电池的硫化比较严重，造成电池容量损失达 50% 以上时，就会引起电池蓄电池内阻的快速增加。

（4）极板的颜色和状态

硫化生成的硫酸铅呈白色坚硬的沙粒状，其体积较铅大，所以使负极板表面粗糙，严重时极板表面呈现凹凸不平的现象。硫化主要发生在负极板上，在普通铅酸蓄电池中，可通过观察负极板的颜色来发现，即负极板呈灰白色，严重时表面有白色斑点。

3. 极板硫化的处理

（1）过量充电法

当电池的硫化程度轻微时，可用过量充电法。普通铅酸蓄电池可先向电池内补加纯水至规定高度，再用 10 小时率电流充电，当电压达 2.5V 时，再用 20 小时率电流充电，当电压又达 2.5V，并有激烈气泡冒出时，改用 40 小时率电流充电数昼夜，一直到电压和密度等稳定不变时为止。对于 VRLA 蓄电池，则可采用均衡充电法进行过量充电。

（2）反复充、放电法

当电池的硫化程度较为严重，容量已损失近一半时，可采用反复充、放电法。

对于普通铅酸蓄电池可用如下方法处理：

1）首先用纯水调整液面高度，然后用 20 小时率电流进行充电，当电压达 2.5V 时，停充半小时，再用 20 小时率充电，当电压达 2.5V 时，再停充半小时，如此反复，直到电压和密度不再变化为止。

2）用 10 小时率电流放电，放电到终止电压为 1.8V 为止，计算放电容量。

3）静置 1～2h 后，再用 20 小时率充电，充到电压和密度稳定不变时为止。

4）重复步骤 2）和 3），直到放电容量接近额定容量时，即可充电投入使用。

VRLA 蓄电池的反复充放电法，就是在前述过量充电之后，进行 10 小时率的放电容量检测，并反复循环，直到容量恢复为止。值得注意的是，VRLA 蓄电池在硫化比较重时，往往伴有失水现象，所以容量恢复的效果不好，必须设法打开电池，补加适量的纯水，再处理硫化故障（用上述处理普通铅酸蓄电池硫化的方法或见"失水的处理方法"）。

（3）水疗法

当普通铅酸蓄电池在硫化十分严重时可用此法。具体方法是：将电池用 20 小时率放电电流放到电池终止电压 1.75V，然后将电解液倒出，重新注入密度为 1.050g/cm^3 的电解液（或纯水），进行小电流充电。若密度有上升趋势，则表明处理有效。当密度不再上升时，则以 20 小时率放电电流的 1/2 放电 1～2h，然后再充电，如此反复进行数次充放电，直至硫化消除。处理完毕后，调整电解液密度及液面高度即可。

（4）脉冲充电法

用脉冲充电法处理硫化是近年来兴起的容量恢复技术，这种方法必须用专门的脉冲充电仪器来进行。利用这种仪器进行修复的方法分为在线和离线两种。

在线修复：把能产生脉冲源的保护器并联在电池的正负极柱上，接上电源就会有脉冲输出到电池。这种修复方式的特点是所需要的能源很少，可常年并联在电池的两端，但修复速度比较慢。这种方法不仅可对硫化电池进行修复处理，而且对于正常电池可以起到抑制硫化的作用。

离线修复：修复仪可以产生快速的脉冲，脉冲电流相对比较大，产生脉冲的频率比较高，主要是用来修复已经硫化的电池。

3.3.8.2 内部短路

1. 内部短路的原因

内部短路指电池内部的微短路，即正负极之间局部发生短接的现象。普通铅酸蓄电池内部短路的原因主要有：

1）隔离物损坏或极板弯曲导致隔离物损坏，使正负极板相连而短路。

2）活性物质脱落太多，使底部沉积物堆积过高，与正负极板的下缘相连而短路。

3）导电体掉入正负极板之间，使正负极板相连而短路。

VRLA 蓄电池内部短路的原因主要是铅枝晶生长，而与活性物质的脱落无关，因为紧装配方式可防止活性物质的脱落。铅枝晶生长与以下因素有关。

1）超细玻璃纤维隔膜：隔膜中存在的氧气扩散通道，为铅枝晶的生长提供了条件，即铅枝晶沿隔膜中的大孔生长，造成短路。

2）过量充电：过量充电时，负极容易生成铅枝晶。

2. 内部短路的现象

（1）放电时的现象

铅酸蓄电池发生内部短路后，放电现象与硫化时的放电现象相同，即放电容量低、电压偏低、电解液密度低（普通铅酸蓄电池能观察到）。

（2）充电时的现象

普通铅酸蓄电池采用恒流法或限流恒压法进行充电时，短路的现象如下。

1）温度高：短路使充电反应无法完成，即电能不能转变成化学能，只能转变成热能，造成电池温度升高。

2）端电压上升慢：由于电池内部微短路，电池电动势下降，这导致恒流充电时充电电压偏低。如果用限流恒压法充电，则恒流充电阶段因电压上升慢而充电时间延长，甚至不能进入恒压充电阶段。

3）冒气迟缓：因充电时端电压上升缓慢，甚至不上升，很难达到水的分解电压2.3V，所以冒气迟缓，甚至不冒气。

4）电解液密度上升慢：短路发生后，充电电流经过短路点流回外电路，使充电反应无法完成，因此电解液密度上升缓慢甚至不上升。即使有部分充电反应发生，也会因短路而发生自放电，导致电解液密度下降。

对于VRLA蓄电池来说，只能用限流恒压法进行充电，当发生短路时，能观察到的现象只有上述的1）、2），而观察不到3）、4）。

普通铅酸蓄电池和VRLA蓄电池硫化与短路的比较见表3-20和表3-21。

表3-20　普通铅酸蓄电池硫化与短路的比较

现象		失效模式	
		硫化	短路
放电现象		①电压低且下降快 ②放电容量低 ③电解液密度偏低	①电压低且下降快 ②放电容量低 ③电解液密度偏低
充电现象	限流恒压充电	①限流（或恒流）充电阶段电压上升快，使本阶段充电很快结束 ②恒压充电阶段电流下降快，并很快到达充电结束阶段 ③电解液密度上升慢	①限流（或恒流）充电阶段电压上升慢，使本阶段充电时间延长，甚至不能进入恒压充电阶段 ②电解液密度上升慢 ③温度高 ④冒气迟缓
	恒流充电	①电压上升快，甚至高达2.9V以上 ②冒气早，而且剧烈 ③电解液密度上升慢	①电压上升慢 ②冒气迟缓 ③电解液密度上升慢 ④温度高

表3-21　VRLA蓄电池硫化与短路的比较

现象	失效模式	
	硫化	短路
放电现象	①电压低且下降快 ②放电容量低	①电压低且下降快 ②放电容量低
充电现象 （限流恒压充电）	①限流（或恒流）充电阶段电压上升快，使本阶段充电很快结束 ②恒压充电阶段电流下降快，并很快到达充电结束阶段	①限流（或恒流）充电阶段电压上升慢，使本阶段充电时间延长，甚至不能进入恒压充电阶段 ②温度高

由表可见，短路电池和硫化电池的放电现象相同，但充电现象不同，因此，可以根据充

电时的现象来区分这两种失效模式。

3. 内部短路的处理

VRLA 蓄电池短路后无法修理，只能更换新的电池。而处理普通铅酸蓄电池短路故障的方法应该针对具体原因而有所不同，具体的方法如下。

1）隔离物损坏者，更换新的隔离物。

2）由于极板弯曲导致内部短路者，可视弯曲的程度进行处理：极板弯曲轻者，更换新隔板；极板弯曲重者，更换极板或电池。

3）活性物质脱落太多使底部沉积物堆积过高者，清除脱落的活性物质。

4）其他导电体落入正负极板之间时，如果是透明的容器，可用塑料棍从注液孔插入正负极板之间，排除短路物体；如果是不透明的容器，可以先用 10 小时率电流值放电到 1.8V 为止，再除去封口胶，将极板取出后排除短路物体，必要时换上新隔板。

值得注意的是，短路电池都伴随有硫化故障，排除短路故障后，必须处理硫化。

3.3.8.3 极板反极

电池的反极是指蓄电池组中个别落后电池在放电后期最先放完电，而后被其他正常电池反充，发生正负极性颠倒的现象。

（1）极板反极的原因

落后电池往往有硫化或短路故障，其表现为密度偏低，容量较小，因此在放电过程中会很快放完容量，端电压也下降很快，此时它非但不能放电，还会造成其他电池对其进行充电。由于蓄电池组是串联放电，所以其他正常电池对它进行的是反充电，结果造成正负极性反转，成为反极电池。

此外，用容量不同的电池或新旧程度不同的电池串联放电，也会使小容量的电池或旧电池在放电后期被大容量的电池或新电池反充，成为反极电池。所以，型号规格不同的电池或新旧程度不同的电池不能串联起来进行充电。

另一种引起反极的原因是充电时将正负极性接错，这种反充常常因为不易察觉而造成电池的严重反极，甚至损坏电池，因此每次充电前应仔细检查接线是否正确。

（2）极板反极的现象

电池组在放电过程中，由于反极电池原有的放电电压急剧下降，而后被反充时又被加上 2V 以上的反向电压，所以每出现一只反极电池，铅酸电池组的总电压就要降低 4V 以上。如果在不断开负载的情况下，测量各单体蓄电池的电压，就可发现反极电池的电压为负值，且电解液密度也偏低。

（3）极板反极的处理

发现反极电池应立即将其从蓄电池组中拆下来，单独进行处理。由于反极电池通常是由于电池的硫化引起的，所以按处理硫化的方法，单独对其进行小电流过量充电或反复充放电，直到其容量恢复正常后，才能投入使用。

若电池反极时间短，又能及时从电池组中取出并进行处理，一般能使其恢复正常。但若反极时间长，特别是充电时极性接反而造成的反极，由于负极已生成二氧化铅，正极已生成铅，电池极性完全反转，则很难恢复，必须进行多次长时间小电流过量充电和放电的循环处理，才能恢复正常，而且该电池的寿命也会明显低于其他未被反充的电池。

3.3.8.4 板栅腐蚀

板栅腐蚀主要是指正极板栅腐蚀。指在电池过充电时，因发生阳极氧化反应而造成正极板栅变细甚至断裂，使活性物质与板栅电接触变差，进而影响其充放电性能的现象。

（1）正极板栅腐蚀的原因

正极板栅腐蚀的原因主要是板栅上的铅在充电或过充电时发生了如下的阳极氧化反应：

$$Pb + H_2O \longrightarrow PbO + 2H^+ + 2e$$

$$PbO + H_2O \longrightarrow PbO_2 + 2H^+ + 2e$$

$$Pb + 2H_2O \longrightarrow PbO_2 + 4H^+ + 4e$$

当板栅中含有锑时，会同时发生如下反应：

$$Sb + H_2O - 3e \longrightarrow SbO^+ + 2H^+$$

$$Sb + 2H_2O - 3e \longrightarrow SbO_2^+ + 4H^+$$

上述反应在浮充电压和温度过高时会加速发生，引起正极板栅的腐蚀速度加快，并因为腐蚀反应消耗水而引起电池失水。

（2）正极板栅腐蚀的现象

正极板栅腐蚀不太严重，还未影响到活性物质与板栅之间的电接触时，电池的各种特性如电压、容量和内阻均无明显异常。但当正极板栅腐蚀很严重使板栅发生部分断裂时，电池在放电时会出现电压下降、容量急剧降低以及内阻增大等现象。如果腐蚀还发生在极柱部位并使之断裂，则放电时正极极柱有发热现象。

（3）正极板栅腐蚀的预防

要减缓正极板栅腐蚀的速度，使用时应做到：①不要经常过量充电；②不要在温度过高的环境中使用电池；③根据环境温度的变化调整浮充电压。值得注意的是，在温度过低的情况下，为了保证电池处于充电状态，要提高浮充电压到比较高的值，这同样有引起板栅腐蚀的危险，所以蓄电池也不宜在温度过低的环境中使用。

3.3.8.5 内部失水

内部失水指蓄电池内电解液由于氧复合效率低于100%、水的蒸发等导致水的逸出而引起量的减少，并进而造成电池放电性能大幅下降的现象。研究表明，当水损失达到3.5mL/Ah时，放电容量将低于额定容量的75%；当水损失达到25%时，电池就会失效。

研究发现，大部分阀控式密封铅酸蓄电池容量下降的原因，都是由电池失水造成的。一旦电池失水，就会引起电池正负极板跟隔膜脱离接触或供酸量不足，造成电池因活性物质无法参与电化学反应而放不出电来。

1. 失水的原因

1）气体复合不完全：在正常状态下，阀控式密封铅酸蓄电池的气体复合效率也不可能达到100%，通常只有97%～98%，即在正极产生的氧气大约有2%～3%不能被其负极吸收，并从电池内部逸出。氧气是充电时分解水形成的，氧气的逸出就相当于电解液中水的逸出。2%～3%的氧气虽然不多，但长期积累就会引起电池严重失水。

2）正极板栅腐蚀的三个化学反应式如下。

$$Pb + H_2O \longrightarrow PbO + 2H^+ + 2e$$

$$PbO + H_2O \longrightarrow PbO_2 + 2H^+ + 2e$$
$$Pb + 2H_2O \longrightarrow PbO_2 + 4H^+ + 4e$$

可以看出，正极板栅腐蚀要消耗水。

3）自放电：蓄电池正极自放电析出的氧气可以在负极被吸收，但负极自放电析出的氢气却不能在正极被吸收，只能通过安全阀逸出，从而导致电池失水。当环境温度较高时，自放电加速，因此引起的失水会增多。

4）安全阀开阀压力过低：电池的开阀压力设计不合理，当开阀压力过低时，将使安全阀频繁开启，加速水的损失。

5）经常均衡充电：在均衡充电时，由于提高了充电电压，使析氧量增大，电池内部压力增大，一部分氧来不及复合就通过安全阀逸出。

6）电池密封不严：电池密封不严使电池内的水分和气体易逸出，导致电池失水。

7）浮充电压控制不严：通信用阀控式密封铅酸蓄电池的工作方式是全浮充运行，其浮充电压有一定的范围要求，而且必须进行温度补偿，其值的选择对电池寿命影响较大。浮充电压过高或浮充电压没有随温度的上升而相应调低，都会加速电池失水。

8）环境温度过高：环境温度过高就会引起水的蒸发，当水蒸气压力达到安全阀的开阀压力时，水就会通过安全阀逸出。所以阀控式密封铅酸蓄电池对工作环境温度要求较高，应将其控制在(20 ± 5)℃范围内为宜。

2. 失水的现象

阀控式密封铅酸蓄电池发生失水后，因为其密封和贫电解液结构，所以不能像防酸隔爆式铅酸蓄电池（容器是透明的）那样，能直接用肉眼观察到水的损失。

1）内阻的变化：当电池失水比较严重，造成电池容量损失达50%以上时，就会引起电池内阻的快速增加。

2）放电时的现象：蓄电池放电时的现象基本上与硫化现象相同，即容量和端电压都出现下降。这是因为失水后使部分极板不能与电解液有效地接触，也就失去了部分容量，放电电压也因此而下降。

3）充电时的现象：电池失水后因为失去了部分容量，充电的第一阶段较快结束，即表现为电池充不进电。

由此可见，电池发生失水后，表现出来的现象与硫化现象基本相同。事实上这两种故障之间有联系，即硫化会加快水的损失，而失水必然伴随有硫化的发生。在通常情况下，只要平时按照规程进行维护，出现硫化故障的可能就小，但长时间的正常运行也会使水分逐渐减少，因此，一旦出现容量下降，并充不进电，则基本上可以判断电池发生了失水故障。

3. 失水的处理

失水的处理流程为：打开电池盖→补加纯水→处理硫化故障→将电池密封。

（1）适当补加纯水

1）打开电池盖：因为阀控式密封铅酸蓄电池不是全密封电池，都留有排气通道，所以电池盖与电池槽之间通常只是部分粘接在一起，即留有缝隙用于排气。只要找到粘接位置，用适当的工具即可打开电池盖。

2）补加适量的纯水：补加纯水时要注意适量，因为阀控式密封铅酸蓄电池是贫液式电池，加水过多会堵塞气体通道，影响氧气的复合效率。不过氧复合效率低，会使过量的水被不断消耗，并最终使电池成为贫液状态。但是，如果加水量太多造成电解液呈流动状态，则会使侧立安置的电池发生漏液现象。

（2）处理硫化故障

由于失水电池都伴随有硫化故障，所以补加适量纯水后，必须按照处理硫化故障的方法消除极板硫化。电池容量恢复后，用黏合剂将电池密封好，密封时要注意在电池盖和电池槽之间留一定的排气缝隙。

4. 减少失水的措施

（1）正确选择和及时调整浮充电压

浮充电压过高，电解水反应加剧，析气速度加快，失水量必然增大；浮充电压过低，虽然可降低失水速度，但容易引起极板硫化。因而必须根据负荷电流大小、停电频次以及电池温度和电池组新旧程度及时调整浮充电压。

（2）保持合适的环境温度

尽可能使环境温度保持在(20 ± 5)°C，这样方可保持电池内部温度不超过 30°C。机房内环境温度不得超过 35°C。

（3）定期检测电池内阻（或电导）

虽然用电导仪测电池电导可以判断电池质量，但是当电池组的容量在额定容量的50%以上时，测得的电导值几乎没有变化，只是在容量低于额定容量的50%时，电池电导值才会迅速下降。因此当蓄电池组中各单体电池的容量均大于$80\%C_{额}$，就不能用电导（或内阻）来估算电池容量和预测电池的使用寿命。然而对同一电池而言，一旦发现内阻异常增大，则很可能是失水所致，其结果必然导致容量下降。

3.3.8.6 温度失控

温度失控，也称为热失控。热失控是指恒压充电时，浮充电流与温度发生一种积累性的相互增长作用，从而导致电池因温度过高而损坏的现象。

1. 热失控的原因

1）氧复合反应放热：正极产生的氧气在负极发生的氧复合反应是一个放热反应，该反应放出的热如果不能释放出去，就会使电池的温度升高。

2）电池结构不利于散热：阀控式密封铅酸蓄电池的结构特点是密封、贫电解液、紧装配和超细玻璃纤维隔膜（隔热材料），都不利于散热。即这种电池不像富液式电池那样，能通过排气、大量的电解液和极板间非紧密的排列来散发掉电池内产生的热量。

3）环境温度高：环境温度越高越不利于电池散热，而且温度增加会使浮充电流增大，而浮充电流与温度会发生相互增长的作用。所以充电设备应有温度补偿功能，即当温度升高时调低浮充电压。

4）浮充电压过高：浮充电压设置过高，会使浮充电流增大，导致电池温度升高。

2. 热失控的现象

热失控发生时主要表现为电池的温度过高，严重时造成电池变形并有臭鸡蛋味的气体排出，甚至有爆炸的可能。

3. 热失控的处理

发生热失控的电池通常伴有失水现象，所以可采用处理失水的方法进行处理。此外，还可以通过如下措施来预防热失控的发生：

1）充电设备应有温度补偿和限流功能。

2）严格控制安全阀质量和设计合理的开阀压力，以通过多余气体的排放来散热。

3）合理安装电池，在电池之间留有适当的空间。

4）将电池设置在通风良好的位置，并保持合适的室内温度。

3.3.8.7 负极汇流排腐蚀

一般情况下，负极板栅及汇流排不存在腐蚀问题，但在阀控式密封蓄电池中，当发生氧复合循环时，电池上部空间充满了氧气，当隔膜中电解液沿极耳上爬至汇流排时，汇流排的合金会被氧化形成硫酸铅。如果汇流排焊条合金选择不当或焊接质量不好，汇流排中会有杂质或缝隙，腐蚀会沿着这些缝隙加深，致使极耳与汇流排断开，从而导致阀控式密封蓄电池因负极汇流排腐蚀而失效。

综上所述，VRLA蓄电池不仅失效模式的种类较多，而且难于对其失效模式做出准确的诊断，这是因为：

1）VRLA蓄电池的各种失效模式都可能由多种因素引起，包括使用因素、结构因素，表3-22列出了引起硫化、失水、正极板栅腐蚀、热失控、短路五种常见失效模式的使用因素和结构因素。

表 3-22 引起 VRLAB 失效的使用因素和结构因素

失效模式	使用因素	结构因素
硫化	①充电不足；②未及时充电；③浮充电压过低；④长期处于放电状态；⑤环境温度高	贫液式
失水	①充电电流过大；②经常过充电；③浮充电压过高；④环境温度高	①贫液式；②密封式
正极板栅腐蚀		—
热失控		①贫液式；②密封式；③紧装配；④超细玻璃纤维隔膜
短路	①经常过量充电；②浮充电压偏高	超细玻璃纤维隔膜

2）VRLA蓄电池的密封结构，使其内部情况不易观察得到，加上其贫液结构，使失水这种简单故障都无法做出准确的诊断。

3）相同的使用因素会同时引起多种失效模式，如充电电流过大、经常过充电、浮充电压过高、环境温度高可能同时引起失水、热失控、正极板栅腐蚀等。

4）各种失效模式之间相互影响，即一种失效模式可能引起另一种失效模式，如图3-36表示出了五种常见失效模式之间的相互影响。

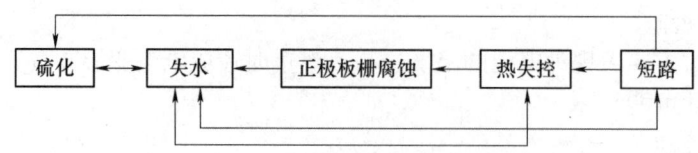

图 3-36 蓄电池各种失效模式之间的关系

3.3.9 阀控式铅酸蓄电池的使用和维护*

3.3.9.1 安装方法

新电池的安装质量会直接影响蓄电池日后的运行和维护工作，对蓄电池的使用性能和寿命都起着十分重要的作用，正确的安装涉及以下几个方面。

1）电池的选择：应选择同一厂家同型号、同批次的蓄电池，以保证各电池间各种性能的一致性；尽量选择单体电池，以方便在维护过程中能监测到每只电池的有关数据；禁止将不同厂家、不同型号、不同种类、不同容量、不同性能以及新旧程度不同的电池串、并联在一起使用，因为性能不一致的电池不便于维护，而且性能差的电池会影响整个电池组的寿命。

2）联接方式：最好只对电池进行串联，即选择合适容量电池，通过串联组成电池组。只有在条件受限时，才采用几个单体电池并联组成电池组。

3）安装位置：蓄电池应放置在通风、干燥、远离热源处和不易产生火花的地方，电池排列不能过于紧密，单体电池之间应至少保持10mm的间距。

4）环境温度：蓄电池应在适宜的环境温度下工作，允许工作温度范围为10～30℃。在条件允许的情况下，蓄电池室应安装空调设备并将温度控制在22～25℃之间。这不仅可延长蓄电池的寿命，而且可使蓄电池有最佳的容量。

5）电池放置方向：为了使VRLA蓄电池的电解液上下比较均匀地吸附在隔膜中，在安装时应根据极板的几何形状放置，长极板（高型）的宜卧放，短极板（矮型）的宜立放。

6）极柱的连接：蓄电池的极柱之间是用连接条相互连接在一起的，在紧固极柱时，力矩要适当。力量太大会使极柱内的铜套溢扣，力量太小又会造成连接条与极柱接触不良，因此安装中最好采用厂家提供的专用扳手，或按照厂家提供的参考公斤力。

7）注意安全：由于电池串联后电压较高，故在装卸导电汇流排时，应使用绝缘工具，戴好绝缘手套，以防因短路而引起设备损坏和人身伤害。

8）补充电与容量测试：安装完毕的蓄电池在启用前是否补充电依储存期限而定。通常出厂时间不长，可随时安装使用；若储存时间超过6个月，则应先进行补充电再使用；若储存时间超过一年，则经补充电后，需做容量测试并达到要求后再投入使用。

在补充电和容量测试过程中，应认真记录单体电池的电压、内阻和放电容量等数据，作为原始资料妥善保存。在蓄电池运行过程中，每半年需将运行数据与原始数据进行比较，如发现异常情况应及时进行处理。

3.3.9.2 充电管理

蓄电池是供电系统中不可缺少的设备，固定用VRLA蓄电池因具有不需要加水、逸气和酸雾极少等特点而被广泛使用。蓄电池是有一定使用寿命的，如果不了解其电特性，不注意充电管理，就会引起电池的容量损失而提前失效。一旦蓄电池容量下降而达不到预定的放电时间，就不能保证负载（如：通信设备）正常工作，甚至造成重大的责任事故，因此我们必须了解蓄电池的性能，并能对其进行正确的充电管理与维护。

1. 新电池的补充电

普通铅酸蓄电池在使用前必须加电解液并对其进行初充电，但VRLA蓄电池是带着电解液以荷电态出厂，所以在投入使用前不需要进行初充电。由于电池从生产、入库、包装、运输、安装到投入运行往往需要数月时间，因此，在投入正式使用前应进行补充电，否则电池浮充电压的波动要达到正常的范围将需要较长时间。补充电的方法有：

1）以 2.35V±0.02V/只的电压进行限流恒压充电，充电时间在 16～20h 左右。

2）先用 $U_{充}$ = 2.4V/只，充电 24h；然后转入浮充状态，用 $U_{浮}$ = 2.25～2.30V/只的电压浮充 3～7 天；当 $I_{浮}$ 非常小时，电池组即可进入正常运行。值得注意的是，串联电池数不同时，第二阶段的电压应取不同的值。

12～48V 的电池组：$U_{浮}$ = 2.25～2.27V/只。高电压（大于 48V）的电池组：$U_{浮}$ = 2.27～2.30V/只，这是因为当电池组的电压高（串联电池数多）时，较高的 $U_{浮}$ 可使所有电池的电压至少有 2.20V/只，能使电池组中所有电池都处于充电状态。

2. 正常充电

蓄电池在放电之后的充电称为正常充电。铅酸蓄电池必须在放电后的 24h 之内进行正常充电。VRLA 蓄电池的正常充电采用的是限流恒压法，初期电流限定在 0.2C 以下，恒定的电压为 2.25～2.35V/只（25℃）。

图 3-37 所示为限流恒压法（$0.1C_{10}$，2.25V/只）对 100%放电后的 VRLA 蓄电池进行充电时的充电特性曲线。由图可见，在充电前期（0～7.5h）的充电电流恒定在 $0.1C_{10}$，此时电池的端电压逐渐上升到 2.25V/只（25℃）；在充电的后期，电压恒定在 2.25V/只，而充电电流先呈指数规律迅速衰减（7.5～10h），然后缓慢减小（10～20h）；在电池充电结束阶段，电流保持在一个很小的值并基本保持不变。实际上，不同的电池厂家都对其生产的电池规定有相应的充电电压值，使用过程中要详细阅读使用说明书。

限流恒压法所需的充电时间与下列因素有关：

一是与电池充电前的放电深度有关，实验表明，放电深度越深，充电所需时间越长。

二是与恒定的电流和电压值有关，如图 3-38 所示。实验表明，提高电流和电压值，可使充电终止提前到达。

值得注意的是，过高的充电电压会降低氧复合效率，而且使负极有氢气析出，这将导致水的损失十分严重，所以不宜用过高电压充电。

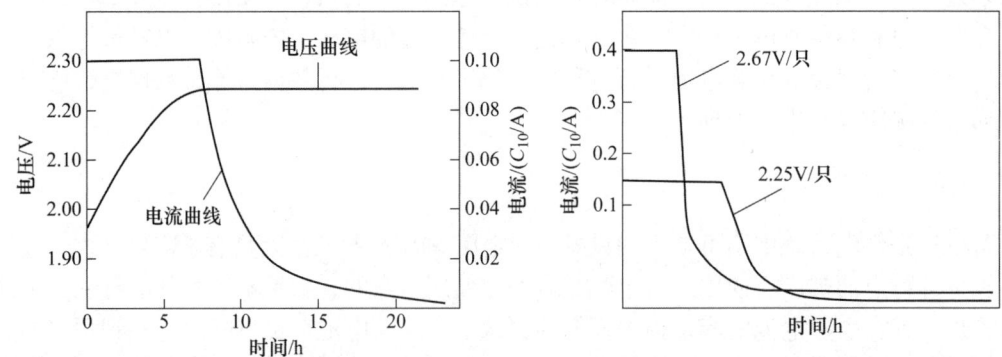

图 3-37　VRLA 蓄电池的充电特性曲线　　图 3-38　不同电压下的限流恒压充电曲线

限流恒压充电法的充电终止阶段的电流太小，有可能使电池充电不足。为了使电池在充电末期获得足够的充电电流，可以在充电快结束时，将电压适当增加，以提高充电终期的充电电流。假如前期的充电电压恒定在 2.25V/只（25℃）左右，后期则可恒定为 2.35V/只左右，如图 3-39 所示。

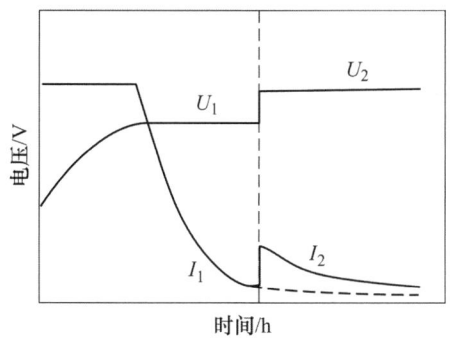

图 3-39　递增电压充电的充电曲线

3. 均衡充电

电池在浮充过程中，由于种种原因会出现容量和电压不均衡的现象，若不消除这种不均衡，就会使这种不均衡更加严重，并形成所谓的"落后电池"。所以，应该定期对电池组进行均衡充电。均衡充电就是当蓄电池组中各电池出现端电压不均衡的现象时，对全组电池进行的过量充电。均衡充电的目的就是防止电池发生硫化或消除电池已经出现的轻微硫化。VRLA 蓄电池遇到下列情况之一时，应进行均衡充电：

1）两只以上单体电池的浮充电压低于 2.18V（对于 48V，24 只电池而言）。
2）放电深度超过 20%。
3）闲置不用的时间超过 6 个月。
4）全浮充时间超过 3 个月。
5）温度变化而没有及时修正浮充电压。

按照国家行业标准 YD/T 799—2024《通信用阀控式铅酸蓄电池》标准规定，均衡充电应采用限流恒压的方式。具体方法是：当环境温度为 25℃时，均衡充电的电压应设置在 2.30～2.40V/只，充电电流应小于 $0.25C_{10}A$，充电时间一般为 8～12h。当环境温度每升高或降低 1℃，单体电池的均衡充电电压应下降或升高 3～7mV/只。为了延长蓄电池的使用寿命，当均衡充电的电流减小至连续 3h 不变时，必须立即转入浮充电状态，否则，将会造成电池过充电而影响其使用寿命。

4. 补充充电

补充充电是指单独对落后电池进行的过量充电。VRLA 蓄电池的补充充电可用专门的单体电池容量恢复仪进行充电。如补充充电后，电池的容量仍不能恢复，则说明电池已经出现故障，必须进行专门处理。

3.3.9.3　日常维护

传统的防酸隔爆铅酸蓄电池是 20 世纪 60 年代末就开始使用的，对它的维护已积累了十分丰富的经验，而 VRLA 蓄电池是 20 世纪 90 年代初才开始逐渐取代防酸隔爆式铅酸蓄电池进入通信电源领域，对它的维护经验相比前者而言要少，特别是厂家对这种电池的优点做了夸大宣传，让使用者忽略了对电池的日常维护，使电池寿命受到了严重的影响。实际上，VRLA

蓄电池的一些优点也是以牺牲电池的寿命为代价的，为此对它的维护要求更高。

为了更清楚地了解 VRLA 蓄电池（GMF）的维护工作的重要性，现将它与防酸隔爆式铅酸蓄电池（GF）的特点进行比较，见表 3-23。

表 3-23　GF 和 GMF 电池的特点比较

电池种类	防酸隔爆式铅酸蓄电池（GF）	阀控式密封铅酸蓄电池（GMF）
结构特点	富液式（$d_{15} = 1.20～1.22\text{g/cm}^3$） 排气式（防酸隔爆帽）	贫液式（$d_{15} = 1.28～1.30\text{g/cm}^3$） 密封式（安全阀）
散热性能	好	差
环境温度	范围宽，可不需空调	需空调控制在 20～25℃
$U_\text{浮}$ 的温度补偿	不需要	需要
纯水的补充	需要经常补加纯水	不需补加纯水
电池内部情况	可观察到	不能观察
电池室	需要（酸雾逸出对环境与设备有腐蚀）	不需要（无酸雾逸出）
自放电	严重	小
比能量	较小	较大
失效模式	少	多
使用寿命	长（15～20 年）	短（几年）
维护工作	简单、繁重	智能化、少

由表可见，阀控式密封铅酸蓄电池的优点主要表现在：①对环境和设备几乎无污染和腐蚀；②不需补加纯水，维护工作量少；③可不单设蓄电池室，电池可多层放置，占地面积少；④电池的比能量高；⑤自放电小。这些优点正好能满足通信设备对分散式供电的要求，也是阀控式密封铅酸蓄电池得到广泛应用的主要原因。

但是，阀控式密封铅酸蓄电池的缺点与它的优点一样十分突出，如：①不能观察到电池内部的工作情况；②不能补加纯水；③散热性能差；④失效模式多；⑤使用寿命短。这些缺点主要是由阀控式密封铅酸蓄电池的结构特点决定的，它对温度特别敏感，所以对它的维护要求更高，最好对其进行智能化的管理和维护。

由上讨论可见，为了保持阀控式密封铅酸蓄电池的性能和延长其使用寿命，必须做好以下几个方面的日常维护工作。

（1）保持清洁卫生

每周定期擦拭蓄电池和机架上的灰尘，保持蓄电池的清洁。灰尘积累太多，会使蓄电池组连接点接触不良，改变蓄电池充放电时的电压值，容易引起故障。擦拭蓄电池时切记要用干布或毛刷，最好使用吸尘器。

（2）每天巡视一次

每天要定时察看蓄电池，一要闻空气中是否有微酸气味，如果有微酸气味，则有可能是浮充电压设置过高，导致蓄电池排出酸雾，此时要及时调整浮充电压和进行通风处理；二要看蓄电池的外形有无变形、温度是否正常、蓄电池的接线端子和安全阀有无渗液、安全阀能否正常开启等，如果有异常则要及时查明原因并更换蓄电池。

如果有空调设备,应检查空调的温度控制情况,保证温度控制在25℃左右;如果没有空调设备,则应根据室内温度及时调整浮充电压。

(3)每周测试电压值

25℃时蓄电池的浮充电压值为2.25V/只。电压选择过低时个别电池会由于长期充电不足造成硫化而失效;电压过高,氧复合效率低,则气体逸出量增加,电池容易失水。

蓄电池的均充电压值为2.35V/只,不应超过2.40V/只,充电电压过高将引起充电电流过大,产生的热量会使电解液温度升高,温度升高又会导致充电电流增大,如此循环会使蓄电池发生热失控而变形、开裂。值得注意的是,在测试蓄电池的电压值时,一定要在电池组两端点上测量,如果在其他处测试,将会产生电压降,测试的结果不准确。

(4)每月测量单体蓄电池的电压值

蓄电池串联使用容易存在电压不均衡的现象,电压低者易成为落后电池。如果落后电池得不到及时的充电,则在以后的充放电或者浮充过程中,其落后程度会越来越深,最终致使落后电池失效。所以每月应测量每个单体蓄电池的电压值,对低于2.18V的蓄电池要进行均衡充电,使其恢复到完全充电状态,以避免个别落后电池失效。

(5)定期进行均衡充电

每季度对全组电池进行一次均衡充电,充电方法如前所述。

(6)每半年测量内阻和开路电压

电池的内阻或电导在电池的剩余容量大于50%时,几乎没有什么变化,但在剩余容量小于50%之后,内阻几乎呈线性上升。蓄电池内阻与容量的关系如图3-40所示。由图可见,当电池的内阻出现明显上升时,电池的容量已显著下降。所以,可通过测量蓄电池的内阻发现落后或失效电池。

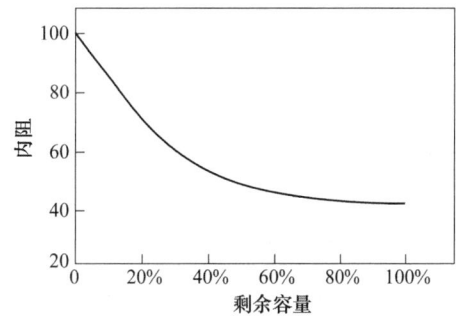

图3-40 电池内阻与剩余容量的关系

在有条件的情况下,即保证不会对通信造成中断的情况下,可让蓄电池脱离充电设备,大约静置2h后测量其内阻和开路电压。内阻大和开路电压低的蓄电池,应及时对其进行容量恢复处理,若不能恢复(容量达不到额定容量的80%以上),则对其进行更换。

(7)注意放电深度

阀控式密封铅酸蓄电池的寿命与放电深度密切有关,当蓄电池单独给负载供电时,尽量不要放电过多,否则在浮充时要提高充电电压来补足放掉的容量,而这意味着电池可能在此过程中会损失一些水分,时间一长就会使电池因失水而失效。所以,当市电停电或整流设备出现故障时,应及时启动发电机组对负载供电,以此减少蓄电池的放电时间。

如果蓄电池必须长时间放电,则应严格控制放电终止电压,防止电池过放电。因为在通信领域中,蓄电池的放电速率大都在$0.02C_{10}$~$0.05C_{10}$范围内,所以应将放电的终止电压设置在1.90V/只左右。如果过放电,就必须过量充电,这会加速水的损失,而不过量充电又会使电池充电不足。因此要严防过放电。

(8)检查连接部位

每半年应检查一次连接导线,螺栓是否松动或腐蚀污染,松动的螺栓必须按规定力矩及时拧紧，腐蚀污染的接头应及时清洁处理。电池组在充放电过程中，若连接条发热或压降大于10mV以上，应及时用砂纸等对连接条接触部位进行打磨处理。

（9）放电测试

每年核对性放电一次（实际负荷），记录各单体电池电压，检查是否存在落后电池，放电容量为额定容量的30%～40%；每三年进行一次容量试验，六年后每年做一次容量测试，放电容量为额定容量的80%。

（10）搁置蓄电池的维护

搁置不用的蓄电池应在干燥、通风的地方储存，储存温度不宜太高，最好在室温（25℃）左右，否则电池的自放电严重，易使电池发生失水和硫化。搁置的蓄电池应定期进行充电维护，否则会因为长期闲置而发生硫化，引起蓄电池过早失效。通常每半年充电一次，充电方法为限流恒压法，电压为2.35V/只（25℃），若环境温度不在25℃，则应对电池电压进行温度补偿，补偿系数为3～7mV/℃范围内。

3.3.10 磷酸铁锂电池的工作原理及特性

磷酸铁锂作为锂离子电池正极材料是J.B.Goodenough的研究小组于1997年首次发现的，其热稳定好，循环容量较高（理论容量为170mA·h/g）、能量密度高（550W·h/kg）、环境友好、矿藏丰富、成本低廉，被认为是最有发展前景的锂离子电池正极材料，在动力型锂离子电池领域有非常明显的优势。

1. 基本结构

$LiFePO_4$具有有序的橄榄石结构，属于正交晶系，其晶体结构如图3-41所示，在$LiFePO_4$结构中，氧原子近似于六方紧密堆积，磷原子在氧四面体的4c位，铁原子、锂原子分别在氧八面体的4c位和4a位，在b-c平面上，FeO_6八面体通过共点连接起来。一个FeO_6八面体与两个LiO_6八面体共棱。Li^+在4a位形成共棱的连接直线链，并平行于c轴，从而具有二维可移动性，使其在充放电过程中可以脱嵌和嵌入，其结构特点如下。

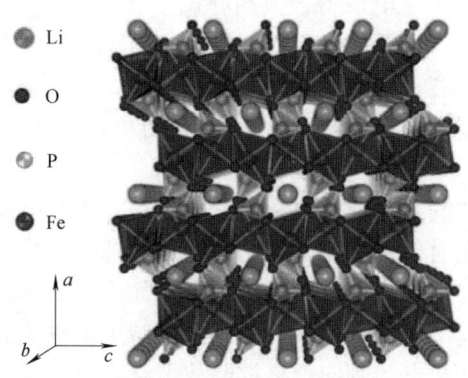

图3-41 以Li^+一维扩散通道为视角的$LiFePO_4$的晶体结构图

1）在橄榄石结构中，所有氧离子与P^{5+}通过强共价键结合形成牢固的$[PO_4]$四面体，即使是在全充态，O也很难脱出，材料的稳定性和安全性高。

2）由于$LiFePO_4$与其脱锂产物$FePO_4$的结构极为相似，体积接近，充放电过程中结构与体积变化小，所以有极佳的循环性能。

3）在全充态正极材料体积收缩 6.4%，刚好弥补了碳负极的体积膨胀，使整个电池内部材料的总体积变化很小。

2. 工作原理

$LiFePO_4$ 作为正极材料，在充放电过程中参与电化学反应的是两相：$LiFePO_4$ 和 $FePO_4$，充电时，锂离子在 $LiFePO_4$ 中发生脱嵌，同时橄榄石机构的 $LiFePO_4$ 变为异位结构的 $FePO_4$；放电时，锂离子在异位结构的 $FePO_4$ 表面嵌入（见图 3-42）。

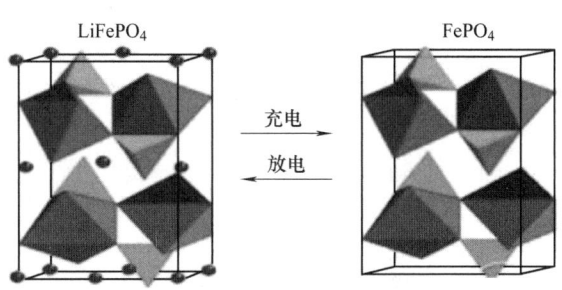

图 3-42　磷酸铁锂电池充放电过程

正极反应：$Li_{1-x}FePO_4 + xLi^+ + xe \rightleftharpoons LiFePO_4$

负极反应：$xLi^+ + xe^- + 6C \Longleftrightarrow Li_xC_6$

总反应式：$LiFePO_4 + 6xC \Longleftrightarrow Li1 - xFePO_4 + LixC_6$

3. 主要性能

磷酸铁锂-石墨体系电池电压平台一般为 3.15～3.45V，研究磷酸铁锂电池一般从充放电曲线、倍率特性、温度特性、开路电压特性、循环特性等不同角度来考虑，以下是相关的特性曲线。

（1）充放电曲线

从电池标准充放电曲线可以了解电池最基本的输入/输出电压、电量等特性，可以初步判断电池能否满足负载的需求。

对电池进行室温下的标准充放电，所得充放电曲线如图 3-43 所示。充电电压平台为 3.35～3.45V，放电电压平台为 3.16～3.26V。

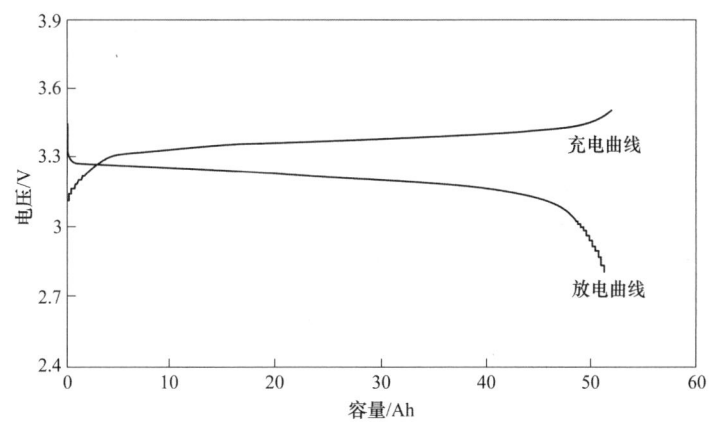

图 3-43　典型磷酸铁锂电池标准充放电曲线

（2）倍率特性

电池的倍率特性是指不同输入/输出电流下电池的电压、电量变化特征，主要用于判断电池能否满足负载功率需求，是首先要考察的电池特性。

将电池分别以 0.15C、0.4C、0.8C、1.0C 不同倍率进行充电，所得充电曲线如图 3-44 所示。随着充电倍率的增大，电池充电电压平台逐步升高，说明电池内阻导致了充电电压出现了极化。

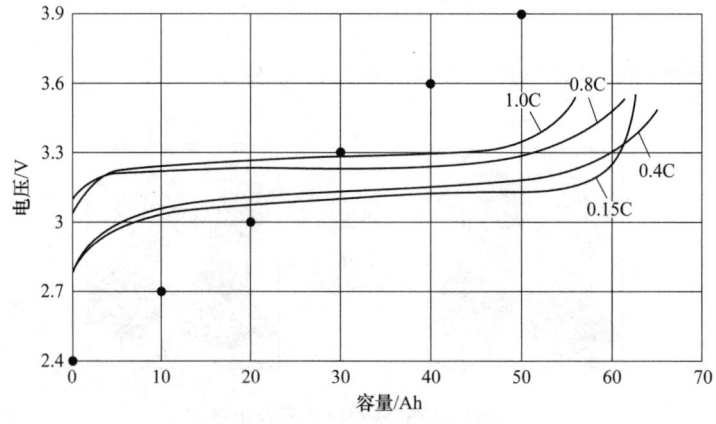

图 3-44　不同倍率充电曲线

不同倍率电池充电容量数据见表 3-24，只有充电倍率达到 1.0C 时，容量才略有下降，其他倍率下电池充电容量差别不明显，充电至 3.65V 前的恒流充电阶段充电容量高，与图 3-45 曲线特性一致。

表 3-24　电池倍率充电容量数据

充电倍率	0.15C	0.4C	0.8C	1.0C
总容量/Ah	53.8	55.5	54.2	52.8
充电至 3.65V 容量/Ah	53.5	55.5	53.5	51.8
恒流充电效率（以 0.15C 为基准，%）	103.7	100	103.7	93.3

电池分别以 0.15C、0.4C、0.8C、1.0C 不同倍率进行放电，所得放电曲线如图 3-45 所示。电池放电平台随放电倍率增大依次下降，与充电曲线趋势相反，也说明了电池内阻造成的电压极化特性。

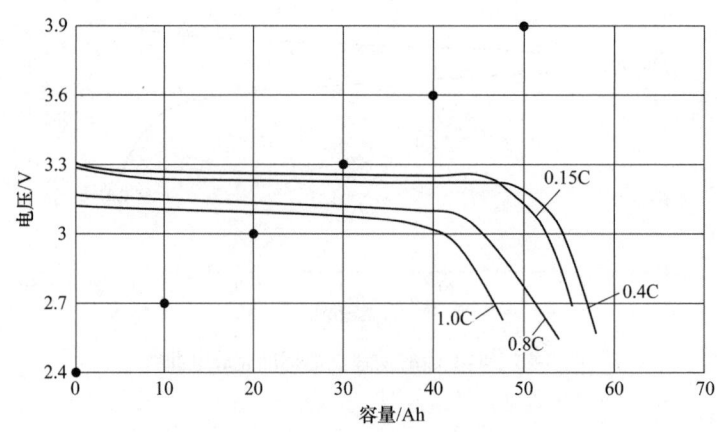

图 3-45　不同倍率放电曲线

不同倍率电池放电容量数据见表 3-25，放电容量遵循随着放电倍率增大逐渐减小的趋势，放电效率保持在 100%左右。

表 3-25 电池倍率放电容量数据

放电倍率	0.15C	0.4C	0.8C	1.0C
容量/Ah	54.1	55.9	54.3	51.9
放电效率（以 0.4C 为基准，%）	96.7	100	97.1	92.8

（3）温度特性

考查电池的温度特性是为了判定电池输入/输出是否满足不同工作环境下负载能量需求，根据常见储能环境，选取 15℃、25℃、35℃和 45℃四个温度点考察电池温度特性，充放电电流按照 0.5C 进行测试，其他遵循标准充放电条件。四种温度下的充电曲线如图 3-46 所示，充电数据见表 3-26。从图 3-46 可以看出，充电环境温度升高，充电电压平台下降，说明电池极化减小。表 3-26 的充电数据表明，电池在 15～45℃温度范围内充电容量差别较小，充电效率较高。

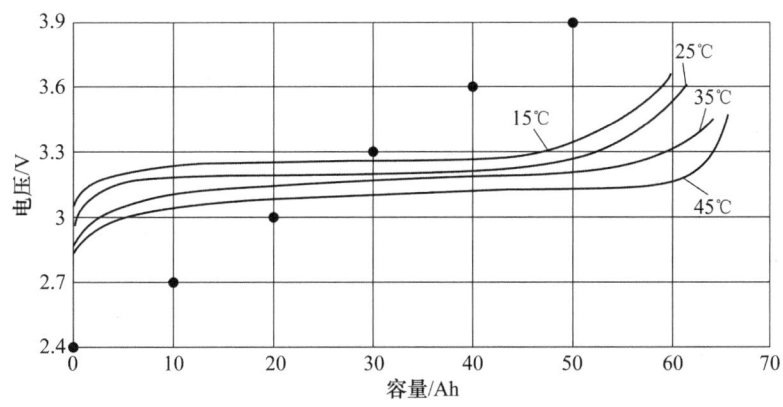

图 3-46 不同温度下电池充电曲线

表 3-26 不同温度下电池充电数据

温度	15℃	25℃	35℃	45℃
充电容量/Ah	54.4	55.5	55.6	55.5
充电效率（以 25℃为基准，%）	98.02	100.0	100.18	100.0

四个温度环境下电池的放电特性如图 3-47 所示，放电数据见表 3-27。从图 3-47 可以看出，环境温度升高，放电电压平台上升，说明电池极化减小。表 3-27 的放电数据说明，电池在 15～45℃温度范围内放电容量差别较小，容量保持率较高。

综合以上数据可得，环境温度能影响电池输入/输出能量，升高温度并不能显著增强电池能量输入/输出能力。

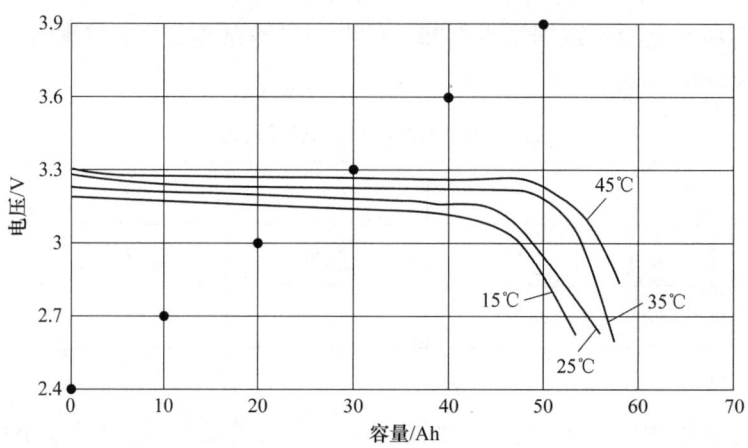

图 3-47　不同温度下电池放电曲线

表 3-27　不同温度下电池放电数据

温度	15℃	25℃	35℃	45℃
放电容量/Ah	54.4	55.4	55.4	55.4
容量保持率（以 25℃为基准，%）	98.19	100.00	100.00	100.00

（4）开路电压特性

电池开路电压与电池电动势强相关，因此与电池荷电状态（State of Charge，SOC）有密切关系。如图 3-48 所示，图中电池的充放电开路电压随 SOC 变化趋势中出现了明显的平台区，即 SOC 在 10%～90%范围内开路电压变化平缓，相同 SOC 下充电开路电压高于放电开路电压，在实际估算 SOC 时该曲线需要经过加权平均处理。

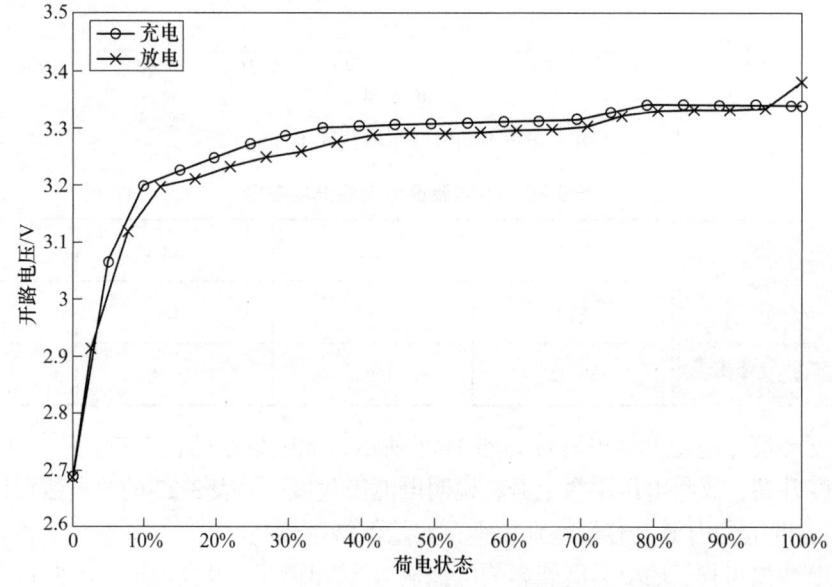

图 3-48　不同 SOC 下电池开路电压变化曲线

（5）循环特性

电池循环特性反映了电池寿命，它既是电池用户关心的问题，也是电池管理系统（BMS）重点研究的领域。电池寿命终结一般以电池额定容量衰减到 80% 为准，用电池健康状态（State of Health，SOH）作为电池老化程度的度量指标，可定义为当前状态下电池完全放电容量与电池初始容量的比值。从图 3-49（像锯齿波的是放电曲线）可见，测试电池初始容量从 58.9Ah 经过 2789 次循环衰减到 47.1Ah，SOH 达到 79.97%，电池寿命终结。磷酸铁锂电池作为应用广泛的能量储存电池，在 10%～90% 的 SOC 范围内具有约 3.2V 的电压平台，所测试电池在 1C 以内有较优的充放电倍率特性，温度范围在 15～45℃ 输入/输出能量稳定，常温 1C 循环至 2789 次寿命终结，容量衰减呈现出线性变化趋势。由此可见，磷酸铁锂电池整体性能稳定，可以作为良好的直流电源使用。

磷酸铁锂正极材料也有其缺点，这主要是由其低的电子电导率和离子电导率引起的。低的电子电导率导致了材料在充放电过程中电子不能及时随锂离子一起从电极中脱出或者嵌入，则锂离子与电子的分离将产生较大的容抗，随着电子的不断集聚，容抗不断增加从而导致充电电压不断升高和放电电压不断降低，使其充放电过程过早结束，实际容量下降。同时，低的电子电导率使得 $LiFePO_4$ 高倍率充放电性能较差。这会导致在相同的时间内，锂离子的有效迁移距离很短，也使得 $LiFePO_4$ 高倍率充放电性能较差。

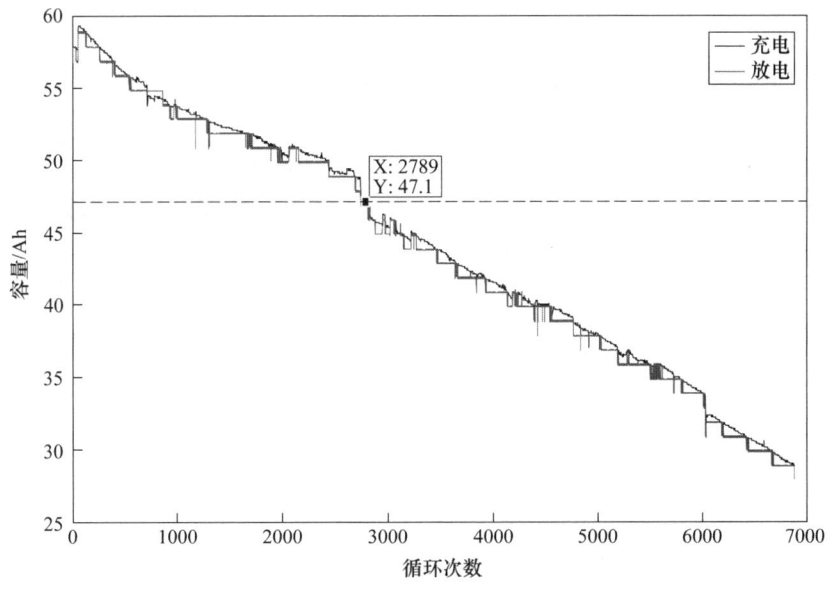

图 3-49 室温下电池 1C 倍率循环放电容量变化曲线

3.4 交流不间断电源（UPS）

所谓不间断电源（系统）是指当交流电网输入发生异常时，可继续向负载供电，并能保证供电质量，使负载供电不受影响的供电装置。不间断电源依据其向负载提供的是交流还是直流可分成两大类型，即交流不间断电源系统和直流不间断电源系统，但人们习惯上总是将交流不间断供电系统简称为 UPS。

3.4.1 UPS 的功能

理想的交流电源输出电压是纯粹的正弦波，即在正弦波上没有叠加任何谐波，且无任何瞬时的扰动。但实际电网因为许多内部原因和外部干扰，其波形并非标准的正弦波，而且因电路阻抗所限，其电压也并非稳定不变。造成干扰的原因很多，发电厂本身输出的交流电不是纯正的正弦波、电网中大电机的启动、开关电源的运用、各类开关的操作以及雷电、风雨等都可能对电网产生不良影响。

UPS 作为一种交流不间断供电设备，其作用有二：

一是在市电供电没有中断但供电质量不能满足负载要求时，应具有稳压、稳频等交流电的净化作用。

1）隔离干扰功能。在 UPS 中，交流输入电压经整流后，经逆变器对负载供电。这样可将电网瞬时间断、谐波、电压波动、频率波动以及噪声等电网干扰与负载隔离，既可以使负载不干扰电网，又使电网中的干扰不影响负载。

2）交流电压变换功能。通过 UPS，可以将输入电压变换成需要的电压。

3）交流频率变换功能。通过 UPS，可将输入电压的频率变换成需要的频率。

二是在市电供电中断时能继续为负载提供合乎要求的交流电能。

1）交流电源的后备功能。UPS 中的蓄电池，储存一定的能量，市电中断时蓄电池通过逆变器可继续供电。UPS 的后备时间依蓄电池组容量而定。

2）双路电源之间的无间断切换。两路电源可通过 UPS 实现无间断切换。

所谓净化作用是指：当市电电网提供给用户的交流电不是理想的正弦波，而是存在着频率、电压、波形等方面异常时，UPS 可将市电电网不符合负载要求的电能处理成完全符合负载要求的交流电。市电供电异常主要体现在以下几个方面（见图 3-50）。

① 电压尖峰（Spike）：指峰值达到 6000V、持续时间为 0.01～10ms 的尖峰电压。它主要由雷击、电弧放电、静电放电以及大型电气设备的开关操作而产生。

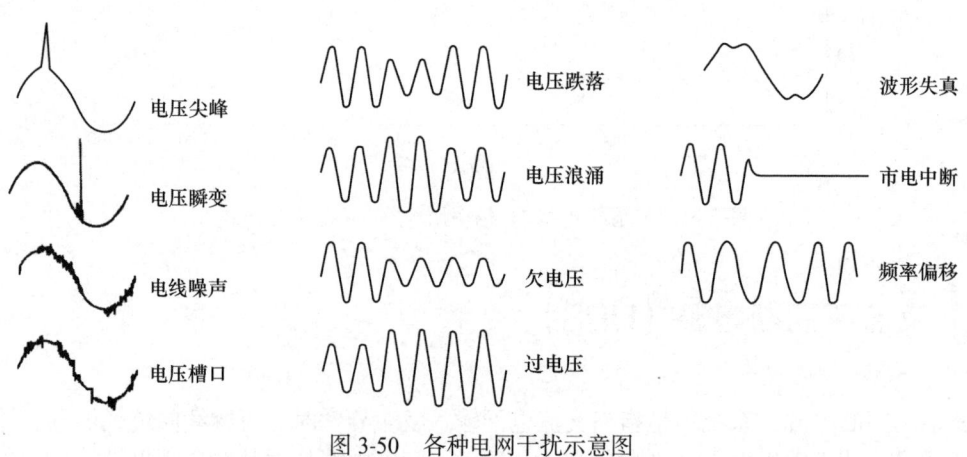

图 3-50　各种电网干扰示意图

② 电压瞬变（Transient）：指峰值电压高达 20kV、持续时间为 1～100μs 的脉冲电压。其

产生的主要原因及可能造成的破坏类似于电压尖峰，只是在量上有所区别。

③ 电线噪声（Electrical Line Noise）：指射频干扰（RFI）和电磁干扰（EMI）以及其他各种高频干扰。当电动机运行、继电器动作以及广播发射等都会引起电线噪声干扰。电网电线噪声会对负载控制线路产生影响。

④ 电压槽口（Notch）：指正常电压波形上的开关干扰（或其他干扰），持续时间小于半个周期，与正常极性相反，也包括半周期内的完全失电压。

⑤ 电压跌落（Sag or Brownout）：指市电电压有效值介于额定值的 80%～85% 之间，并且持续时间超过一个至数个周期。大型设备开机、大型电动机启动以及大型电力变压器接入电网都会造成电压跌落。

⑥ 电压浪涌（Surge）：指市电电压有效值超过额定值的 110%，且持续时间超过一个至数个周期。电压浪涌主要是因电网上多个大型电气设备关机，电网突然卸载而产生。

⑦ 欠电压（Under Voltage）：指低于额定电压一定百分比的稳定低电压。其产生原因包括大型设备启动及应用、主电力线切换、大型电动机启动以及线路过载等。

⑧ 过电压（Over Voltage）：指超过额定电压一定百分比的稳定高电压。一般是由接线错误、电厂或电站误调整以及附近重型设备关机引起。对单相电而言，可能是由于三相负载不平衡或中线接地不良等原因造成。

⑨ 波形失真（Harmonic Distortion）：指市电电压相对于线性正弦波电压的偏差，一般用总谐波畸变（Total Harmonic Distortion—THD）来表示。产生的原因一方面是发电设备输出电能本身不是纯正的正弦波，另一方面是电网中的非线性负载对电网的影响。

⑩ 市电中断（Power Fail）：指电网停止电能供应且至少持续两个周期到数小时。产生的原因主要有线路上的断路器跳闸、市电供应中断以及电网故障等。

⑪ 频率偏移（Frequency Variation）：指市电频率的偏移超过 2Hz（<48Hz 或 >52Hz）以上。这主要由于应急发电机的不稳定运行或由频率不稳定的电源供电所致。

以上污染或干扰对计算机及其他敏感仪器设备所造成的危害不尽相同。电源中断可能造成硬件损坏；电压跌落可能造成硬件提前老化、文件数据丢失；过电压、欠电压以及电压浪涌可能会损坏驱动器、存储器、逻辑电路，还可能产生不可预料的软件故障；电线噪声和瞬变电压可能会损坏逻辑电路和文件数据。

3.4.2 UPS 的分类及其工作原理

UPS 自问世以来，其发展速度非常快。初期的 UPS 是一种动态的不间断电源。在市电正常时，用市电驱动电动机，电动机带动发电机发出交流电。该交流电一方面向负载供电，同时带动巨大的飞轮使其高速旋转。当市电变化时，由于飞轮的巨大惯性对电压的瞬时变化没有反应，因此保证了输出电压的稳定。在市电停电时，依赖飞轮的惯性带动发电机继续向负载供电，同时启动与飞轮相连的备用发电机组。备用发电机组带动飞轮旋转并因此带动交流发电机向负载供电。如图 3-51a 所示。但在以上方案中，依靠动能储存的飞轮延长市电断电时的供电时间势必受到限制，为了进一步延长供电时间，后来采用如图 3-51b 所示的结构。市电经整流后一路给蓄电池充电，另一路为直流电动机供电，直流电动机又拖动交流发电机输出稳压稳频的交流电，一旦市电中断，依靠蓄电池组储存的能量维持交流发电机继续运行，达到负载供电不间断的目的。这种动态不间断电源设备存在噪声大、效率低、切换时间长、笨重等缺点,未被广泛采用。随着半导体技术的迅速发展,利用各种电力电子器件的静态 UPS 很快取代了早期的动态 UPS,静态 UPS 依靠蓄电池存储能量,通过静止逆变器变换电能维持负载电能供应的连续性。相对于动态 UPS,静态 UPS 体积小、重量轻、噪声低、操控方便、效率高、后备时间长。本书后续所述及的 UPS 均指静态 UPS。

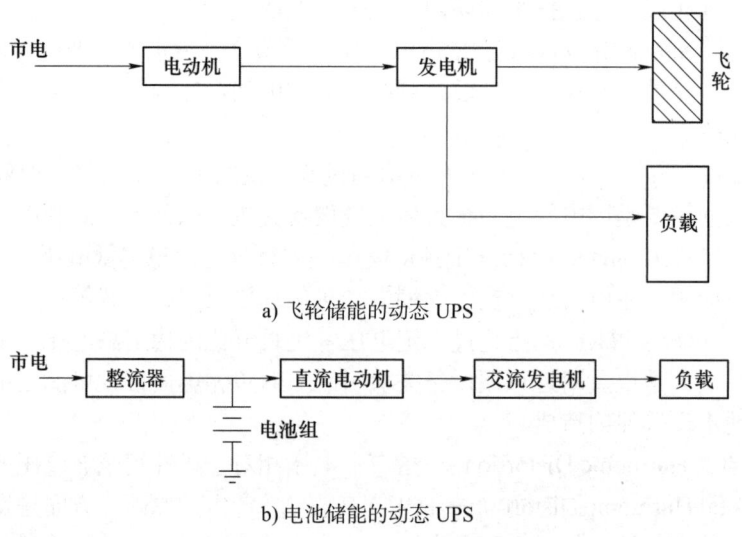

图 3-51 动态 UPS 结构框图

UPS 分类方法很多,按输出容量大小可分为:小容量(10kVA 以下)、中容量(10~100kVA)和大容量(100kVA 以上)UPS;按输入、输出电压相数不同可分为单进单出、三进三出和三进单出型 UPS;按输出波形不同可分为方波、梯形波和正弦波 UPS;但人们习惯上按 UPS 电路结构形式进行分类,可分为后备式、互动式和在线式 UPS。

3.4.2.1 后备式 UPS

后备式 UPS(Passive Stand-by UPS)交流输入正常时,通过稳压装置对负载供电;交流输入异常时,电池通过逆变器对负载供电。后备式 UPS 是静态 UPS 的最初形式,它是一种以市电供电为主的电源形式,主要由充电器、蓄电池、逆变器以及变压器抽头调压式稳压电源四部分组成,其工作原理框图如图 3-52 所示。

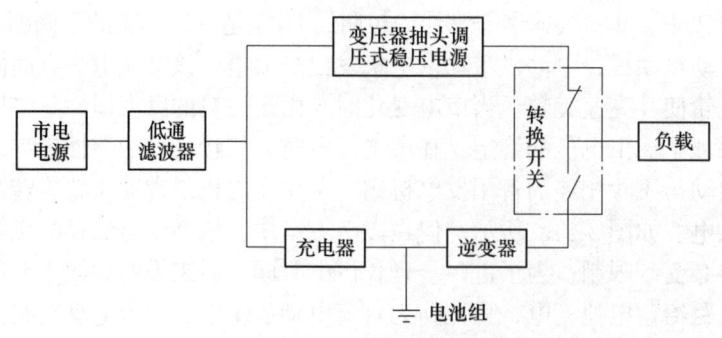

图 3-52 后备式 UPS 工作原理框图

(1)正常工作模式（Normal Mode of Operation）

当输入交流电压、频率在允许范围内时，首先经由低通滤波器对来自电网的高频干扰进行适当的衰减抑制后分两路去控制后级电路的正常运行。

1）经充电器对蓄电池组进行充电，以备市电中断时有能量继续支持UPS正常运行。

2）经位于交流旁路通道上的"变压器抽头调压式稳压电源"对起伏变动较大的市电电压进行稳压处理。然后，在UPS逻辑控制电路的作用下，经稳压处理的市电电源经转换开关向负载供电。

此时，逆变器仅处于空载运行状态，不向外输出能量，严格意义上讲逆变器不工作。

(2)逆变工作模式（Stored Energy Mode of Operation）

当输入交流电压或频率异常时，在UPS逻辑控制电路作用下，UPS将按下述方式运行。

1）充电器停止工作。

2）转换开关在切断交流旁路供电通道的同时，将负载与逆变器输出端连接起来，从而实现由市电供电向逆变器供电的转换。

3）逆变器吸收蓄电池中存储的直流电，变换为稳定的交流电（如：50Hz/220V）维持对负载的电能供应。根据负载的不同，逆变器输出电压可以是正弦波，也可以是方波。

根据后备式UPS的工作原理，可知其性能特点是：

1）电路简单，成本低，可靠性较高。

2）当市电正常时，逆变器仅处于空载运行状态，整机效率可达98%。

3）因大多数时间为市电供电，UPS输出能力强，对负载电流的波峰系数、浪涌系数、输出功率因数、过载等没有严格要求。

4）输出电压稳定精度较差，但能满足负载要求。

5）输出有转换开关，市电供电中断时输出电能有短时间的间断，并且受切换电流能力和动作时间的限制，增大输出容量有一定的困难。因此，后备式正弦波输出UPS容量通常在3kVA以下，而后备式方波输出UPS容量通常在1kVA以下。

3.4.2.2 （双变换）在线式UPS

在线式UPS（On line UPS）交流输入正常时，通过整流、逆变装置对负载供电；交流输入异常时，电池通过逆变器对负载供电。在线式UPS又称为双变换在线式或串联调整式UPS。目前大容量UPS大多采用此结构形式。该型UPS通常由整流器、充电器、蓄电池、逆变器等部分组成，它是一种以逆变器供电为主的电源形式。其工作原理如图3-53所示。

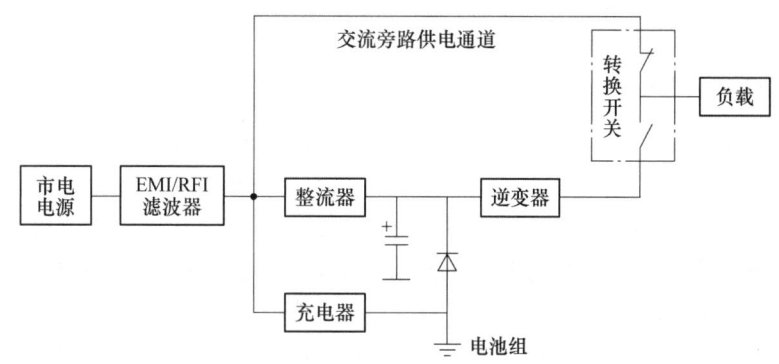

图3-53　在线式UPS工作原理框图

（1）正常工作模式（Normal Mode of Operation）

当输入交流电压、频率在允许范围内，首先经由 EMI/RFI 滤波器对来自电网的传导型电磁干扰和射频干扰进行适当的衰减抑制后分三路去控制后级电路的正常运行。

1）直接连接交流旁路供电通道，作为逆变器通道故障时的备用电源。

2）经充电器对位于 UPS 内的蓄电池组进行浮充电，以便市电中断时，蓄电池有足够的能量来维持 UPS 的正常运行。

3）经过整流器和大电容滤波变为较为稳定的直流电，再由逆变器将直流电变换为稳压稳频的交流电，通过转换开关输送给负载。

（2）逆变工作模式（Stored Energy Mode of Operation）

当输入交流电压或频率异常时，在逻辑控制电路作用下，UPS 将按下述方式运行：

1）关充电器，停止对蓄电池充电。

2）逆变器改为由蓄电池供电，将蓄电池中存储的直流电转化为负载所需的交流电，用来维持负载电能供应的连续性。

（3）旁路工作模式（Bypass Mode of Operation）

市电供电正常情况下，如果系统出现下列情况之一：①在 UPS 输出端出现输出过载或短路故障；②由于环境温度过高和冷却风扇故障造成位于逆变器或整流器中的功率开关管温度超过安全界限；③UPS 中的逆变器本身故障。那么，UPS 将在逻辑控制电路调控下转为市电旁路直接给负载供电。

（4）ECO 模式（ECO Mode of Operation）

交流输入正常情况下，UPS 通过静态旁路向负载供电；当交流输入异常时，UPS 切换至逆变器供电的工作模式。

根据在线式 UPS 的工作原理，可知其性能特点是：

1）不论市电正常与否，负载的全部功率均由逆变器给出。所以，在市电产生故障的瞬间，UPS 的输出不会产生任何间断。

2）输出电能质量高。UPS 逆变器采用高频正弦脉宽调制和输出波形反馈控制，可向负载提供电压稳定度高、波形畸变率小、频率稳定以及动态响应速度快的高质量电能。

3）全部负载功率都由逆变器提供，UPS 的容量裕量有限，输出能力不够理想。所以对负载的输出电流峰值系数、过载能力、输出功率因数等提出限制条件，输出有功功率小于标定的千伏安数，应付冲击负载的能力较差。

4）整流器和逆变器都承担全部负载功率，整机效率低。

3.4.2.3　互动式 UPS

互动式 UPS（Line Interactive UPS）：交流输入正常时，通过稳压装置对负载供电，变换器只对电池充电；交流输入异常时，电池通过变换器对负载供电。互动式 UPS 又称为在线互动式 UPS 或并联补偿式 UPS。与（双变换）在线式 UPS 相比，该 UPS 省去了整流器和充电器，而由一个可运行于整流状态和逆变状态的双向变换器配以蓄电池构成。当市电输入正常时，双向变换器处于反向工作（即整流工作状态）给电池组充电；当市电异常时，双向变换器立即转换为逆变工作状态，将电池电能转换为交流电输出。其工作原理如图 3-54 所示。

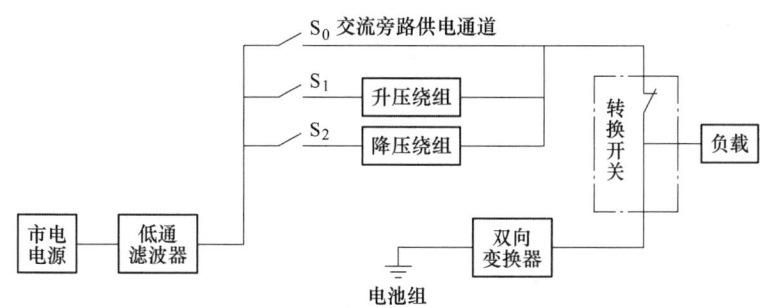

图 3-54 互动式 UPS 工作原理框图

（1）正常工作模式（Normal Mode of Operation）

当输入交流电压、频率在允许范围内（如市电电压在 150～276V 之间）时，市电电源经低通滤波器对从市电电网窜入的射频干扰及传导型电磁干扰进行适当衰减抑制后，将按如下调控通道去控制 UPS 的正常运行。

1）当市电电压处于 176～264V 之间时，在 UPS 逻辑控制电路作用下，将开关 S_0 置于闭合状态的同时，闭合位于 UPS 市电输出通道上的转换开关。这样，把一个不稳压的市电电源直接送到负载上。

2）当市电电压处于 150～176V 之间时，鉴于市电输入电压偏低，在 UPS 逻辑控制电路作用下，将开关 S_0 置于分断状态的同时，闭合升压绕组输入端的开关 S_1。使幅值偏低的市电电源经升压处理后，将一个幅值较高的电压经转换开关送到负载。

3）当市电电压处于 264～276V 之间时，为防止输出电压过高而损坏负载，在 UPS 逻辑控制电路作用下，将开关 S_0 置于分断状态的同时，闭合降压绕组输入端的开关 S_2。使幅值偏高的市电电源经降压处理后再经转换开关送到负载，达到用户负载安全运行的目的。

4）经过处理后的市电电源除了供给负载电能以外，同时作为双向逆变器的交流输入电源。双向逆变器运行于整流状态，从电网吸收能量存储在蓄电池组中，以便在市电不正常时提供足够的直流能量。

（2）逆变工作模式（Stored Energy Mode of Operation）

当输入交流电压或频率异常（如市电输入电压低于 150V 或高于 276V）时，在机内逻辑控制电路的作用下，UPS 的各关键部件将完成如下操作。

1）切断连接负载和市电旁路通道的转换开关。

2）双向变换器由原来的整流工作模式转化为逆变工作模式。也就是说，此时系统不再对蓄电池进行充电，而是吸收蓄电池存储的直流电能，经正弦波逆变转化为稳压、稳频的交流电能输出给负载。

根据互动式 UPS 的工作原理，可知其性能特点如下。

1）效率高，可达 98% 以上。

2）电路结构简单，成本低，可靠性高。

3）输入功率因数和输出电流谐波成分取决于负载电流，UPS 本身不产生附加的输入功率因数和谐波电流失真。

4）输出能力强，对负载电流峰值系数、浪涌系数、过载等无严格限制。

5）变换器直接接在输出端，并且处于热备份状态，对输出电压尖峰干扰有滤波作用。

6）大部分时间为市电供电，仅对电网电压稍加稳压处理，输出电能质量差。

7）市电供电中断时，因为交流旁路开关存在断开时间，导致 UPS 输出存在一定时间的电能中断，但比后备式 UPS 的转换时间短。

3.4.3 UPS 的串并联使用*

双变换与互动式 UPS 虽有较高的供电质量和可靠性，但毕竟是由大量电子元器件、功率器件、散热风机和其他一些电气装置组成的功率电子设备，当采用单台 UPS 供电时，由于其平均失效间隔时间（MTBF）是个有限值，一般为几万小时（YD/T 1051—2018 中规定，在使用寿命期间内，通信用 UPS 的 MTBF 应不小于 $2\times10^4 \sim 1\times10^5$h，所以还可能发生由于 UPS 本身的故障而中断供电的现象。采用冗余 UPS，可使供电的可靠性大大提高。

（1）双机串联热备份工作方式

UPS 双机供电有串联和并联两种工作方式。如图 3-55 所示为 UPS 双机串联热备份工作方式，将热备份的 UPS 输出电压连接到主机 UPS 的旁路输入端。UPS 主机正常工作时承担全部负载功率，当 UPS 主机发生故障时自动切换到旁路状态，UPS 备机通过 UPS 主机的旁路通道继续为负载供电。市电异常时，UPS 处于电池放电工作状态，由于 UPS 主机承担全部负载功率，所以其蓄电池先放电到终止电压，然后自动切换到旁路工作状态，由备用 UPS 继续为负载供电，直到备机的蓄电池放电终了。UPS 主机与备机、备机与市电应锁相同步。UPS 中的静态开关是影响供电系统可靠性的重要部件，静态开关一旦发生故障，则主、备用 UPS 均无法为负载供电。

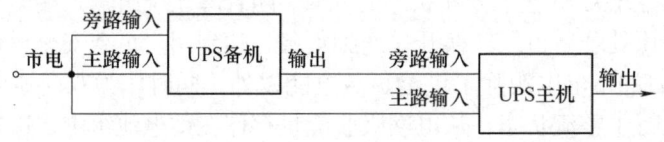

图 3-55 UPS 双机串联热备份工作方式

（2）双机并联冗余供电工作方式

图 3-56 所示为 UPS 双机并联冗余供电工作方式。用于双机并联的 UPS 必须具有并机功能，两台 UPS 中的并机控制电路通过并机信号线连接起来，使两台 UPS 输出电压的频率、相位和幅度保持一致，输出电流均衡。这种并联主要是为了提高 UPS 供电系统的可靠性，而不是用于供电系统扩容，所以负载的总容量不应超过其中一台 UPS 的额定输出容量。当其中一台 UPS 发生故障时，可由另一台 UPS 来承担全部负载电流。这种两台并联冗余供电的 UPS，由于其输出容量低于额定容量的 50%，所以它们经常在较低的效率下运行。

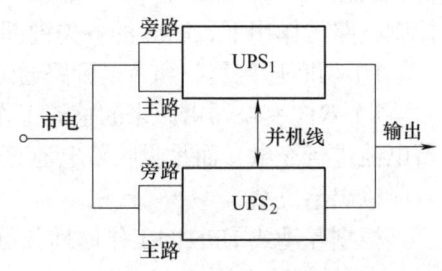

图 3-56 UPS 双机并联冗余供电

具有并机功能的 UPS，可允许 4～8 台同型号的 UPS 并联运用（不同机型可以并联的台数有区别）。多台 UPS 并联的"$N+1$"供电系统，其能量转换效率和设备利用率都高于两台

UPS 并联供电系统。例如，对一个 240kVA 的负载系统，可采用每台额定容量为 100kVA 的 4 台 UPS 并联供电。此时具有 "3 + 1" 的冗余度，即 3 台 UPS 可满足全部用电需要并有适当余量，4 台 UPS 中如有 1 台发生故障，不会影响对负载的正常供电；供电系统正常运行时每台 UPS 承担 60kVA 的负荷，设备利用率为 60%。这种 "3 + 1" 并联冗余度与 "1 + 1" 并联冗余度的供电系统相比，显然具有较高的运行经济性。在实际应用中，由于 "N + 1" 并联冗余系统在 N 值较大时故障率较高，因此并联的 UPS 单机台数不宜过多，一般以不超过 4 台（即 $N \leqslant 3$）为宜。

在并联冗余 UPS 中，当某个单机发生故障时，该单机的静态开关自动将该机退出系统，系统中并联的其余单机继续给负载供电；当出现系统过载时，负载通过集中的静态开关或各单机分散的静态开关被转换为由市电旁路供电。

（3）模块化 UPS

随着交流并联技术逐步成熟，在模块化 UPS 的可靠性达到要求时可用其组成冗余供电系统。模块化 UPS 由输入配电部分、输出配电部分、功率模块（包括整流和充电、功率因数校正、逆变以及相关控制电路）、监控模块、旁路模块（可集成到功率模块）等组成。模块间能协同工作，功率模块并联输出。功率模块、监控模块、旁路模块均可在线热插拔，任意单一模块的退出或接入不影响系统正常输出。

我国通信行业标准《通信用模块化交流不间断电源》(YD/T 2165—2017) 明确了对模块化 UPS 的要求。例如：规定功率模块容量包括 10、20、25、30、40、50、100kVA；系统容量范围为 40~500kVA；功率模块输出电流不均衡度应不大于 5%；系统应有至少 2 组可由功率模块共用的电池组接口，并具有电池组智能管理功能等。

（4）双母线 UPS 供电系统

在实际运行中，不仅要保证 UPS 输出端的电源可靠性，更重要的是保证负载输入端的电源可靠性。基于这种考虑，出现了分布冗余 UPS，即双母线 UPS 供电系统（又称双总线 UPS 供电系统），其目的是将电源系统的冗余扩展到每一个负载设备。

双母线 UPS 供电系统如图 3-57 所示。UPS_1、UPS_2 是两个独立的 UPS，每个系统既可以采用并联冗余 UPS，也可以采用单机 UPS。负载母线同步电路（又称负载同步控制器，Load Synchronization Controller，LBS）用来使两个独立的 UPS 在任何时间都保持同步。两个独立的 UPS（两个负载母线）都能为全部负载供电：正常时，分别承担一半负载电流；当其中一个 UPS 出现故障时，另一个 UPS 自动承担起全部负载电流。因此，故障 UPS 可以脱离负载进行维修。

UPS_1 和 UPS_2 经各自的输出配电屏为双电源负载和单电源负载供电。双电源负载设备有两路电源输入端，任何一路输入电源正

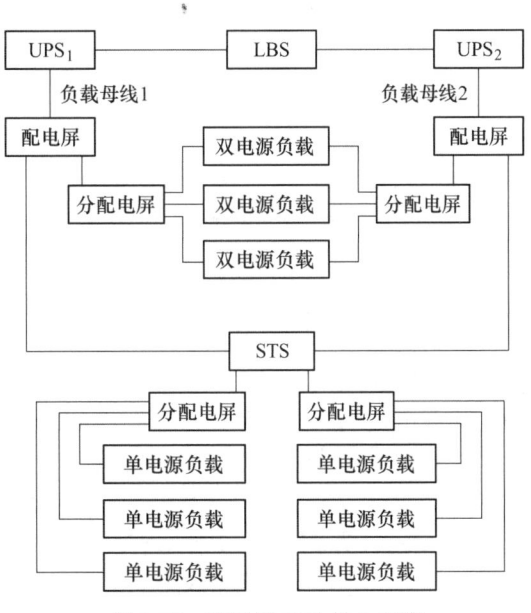

图 3-57 双母线 UPS 供电系统

常，负载设备就能正常工作。单电源负载设备则通过静态转换开关 STS 和分配电屏来保证输入电源不间断；每个分配电屏在正常情况下由一个 UPS 供电，当这个 UPS 出现故障或需要维修时，STS 将该分配电屏平滑地切换为由另一个 UPS 供电。

3.4.4　UPS 的性能指标

一般来说，UPS 生产厂家为了说明其产品的性能都在产品说明书中指出其产品已达到的某些标准或给出方便用户的指标性能说明，这些往往都在产品指标栏中给出。UPS 用户通过阅读产品说明书中的指标栏，就可以很快地了解产品概况，这对选用设备和使用维护都是非常必要的。因此下面对 UPS 的指标给予简要介绍。

3.4.4.1　输入指标

（1）输入电压范围

输入电压这项指标说明 UPS 产品适应什么样的供电制式。指标中除应说明输入交流电压是单相还是三相外，还应说明输入交流电压的数值，如 220V、380V、110V 等；同时还要给出 UPS 对电网电压变化的适应范围，如标明在额定电压基础上 ±10%、±15%、±20%、±35% 等。当然，在产品说明书中也可将相数和输入额定电压分开给出。UPS 输入电压的上下限表示市电电压超出此范围时，UPS 就断开市电而由蓄电池供电。后备式和互动式 UPS 的输入电压范围应不窄于 176～264V，在线式 UPS 的输入电压范围见表 3-28。

表 3-28　在线式 UPS 的输入电压范围

输入电压范围	技术要求		备注
	I 类	II 类	
	176～264V	187～242V	相电压；输入电压范围应根据使用电网环境进行选择
	304～456V	323～418V	线电压；输入电压范围应根据使用电网环境进行选择

（2）输入频率范围

输入频率范围指标说明 UPS 产品所适应的输入交流电频率及其允许的变化范围。在我国大陆地区，标准值为 50Hz，输入频率范围如 50Hz ± 1Hz、50Hz ± 2Hz、50Hz ± 3Hz 等，这表示 UPS 内部同步锁相电路的同步范围，即当市电频率在变化范围之内时，UPS 逆变器的输出与市电同步；当频率超出该范围时，逆变器的输出不再与市电同步，其输出频率由 UPS 内部 50Hz 正弦波发生器决定。通信用 UPS 的输入频率范围为 48～52Hz。

（3）输入功率因数及输入电流谐波成分

在电路原理中，线性电路的功率因数（Power Factor）习惯用 $\cos\varphi$ 表示，其中 φ 为正弦电压与正弦电流间的相差角。对非线性电路而言，尽管输入电压为正弦波，电流却可能是非正弦波，因此对非线性电路必须考虑电流畸变。一般定义为：

$$PF = P/S$$

式中，PF 表示功率因数，P 表示有功功率，S 表示视在功率。

在非线性电路中，若定义基波电流有效值与非正弦电流有效值之比为畸变因数，则电流畸变因数 d（Distortion）为：

$$d = \frac{I_1}{\sqrt{I_1^2 + I_2^2 + \Lambda + I_n^2 + \Lambda}}$$

式中，I_1，I_2，…，I_n 分别表示 1，2，…，n 次谐波电流有效值。若再假设基波电流与电压的相位差为 φ，则功率因数 PF 可表示为：

$$\mathrm{PF} = P/S = UI_1\cos\varphi / UI = d\cos\varphi$$

即非线性电路的功率因数为畸变因数与位移因数（$\cos\varphi$）之积。

输入功率因数是指 UPS 中整流充电器的输入功率因数和输入电流质量，表示电源从电网吸收有功功率的能力及对电网的干扰。输入功率因数越高，输入电流谐波成分含量越小，表征该电源对电网的污染越小。在线式 UPS 的输入功率因数应符合表 3-29 的要求，输入电流谐波成分应符合表 3-30 的要求。

表 3-29　在线式 UPS 的输入功率因数

		技术要求			备注
		I类	II类	III类	
输入功率因数	100%非线性负载	≥ 0.99	≥ 0.95	≥ 0.90	—
	50%阻性负载	≥ 0.97	≥ 0.93	≥ 0.88	—
	30%非线性负载	≥ 0.94	≥ 0.90	≥ 0.85	—

表 3-30　在线式 UPS 的输入电流谐波成分

		技术要求			备注
		I类	II类	III类	
输入电流谐波成分	100%非线性负载	< 5%	< 8%	< 15%	2～39 次谐波
	50%阻性负载	< 8%	< 15%	< 20%	2～39 次谐波
	30%非线性负载	< 11%	< 22%	< 25%	2～39 次谐波

3.4.4.2　输出指标

1. 输出电压

1）标称输出电压值：单相输入单相输出或三相输入单相输出 UPS 为 220V；三相输入三相输出 UPS 为 380V，采用三相三线制或三相四线制输出方式。用户可根据自己设备所需的电压等级和供电制式选取相应的 UPS 产品。

2）输出电压（精度/范围）：指 UPS 在稳态工作时受输入电压变化、负载改变以及温度影响造成输出电压变化的大小。对于后备式和互动式 UPS，输出电压（精度/范围）应在 198V～242V 范围内。对于在线式 UPS，输出电压精度应符合表 3-31 的要求。

表 3-31　在线式 UPS 的输出电压精度

	技术要求			备注
	I类	II类	III类	
输出稳压精度	$\|S\| \leq 1\%$	$\|S\| \leq 1.5\%$	$\|S\| \leq 2\%$	等级按照$\|S\|$的最大值划分

3)动态电压瞬变范围:指 UPS 在 100%突加减载时或执行市电旁路供电通道与逆变器供电通道的转换时,输出电压的波动值。UPS 动态电压瞬变范围≤5%。

4)电压瞬变恢复时间(Transient Recovery Time):指在输入电压为额定值,输出接阻性负载,输出电流由零至额定电流和额定电流至零突变时,输出电压恢复到(220±4.4)V 范围内所需要的时间。后备式和互动式 UPS 的电压瞬变恢复时间应≤60ms,在线式 UPS 电压瞬变恢复时间应符合表 3-32 的要求。

表 3-32 在线式 UPS 电压瞬变恢复时间

	技术要求			备注
	I类	II类	III类	
电压瞬变恢复时间	≤20ms	≤40ms	≤60ms	—

5)输出电压频率:指频率跟踪范围(Range of Frequency Synchro)交流供电时,UPS 输出频率跟踪输入频率变化的范围。UPS 的频率跟踪范围应满足 48~52Hz,且范围可调。频率跟踪速率(Rate of Frequency Synchro)UPS 输出频率与输入交流频率存在偏差时,输出频率跟踪输入频率变化的速度,用 Hz/s 表示。UPS 的频率跟踪速率应在 0.5~2Hz/s 范围内。当工作在逆变器输出状态时频率(稳定度)应不宽于(50±0.5)Hz。

6)输出(电压)波形及失真度:根据用途不同,输出电压不一定是正弦波,也可以是方波或梯形波。后备式 UPS 输出波形多为方波,在线式 UPS 输出波形一般为正弦波。波形失真度一般是对正弦波输出 UPS 来说的,指输出电压谐波有效值的二次方和的平方根与基波有效值的比值。UPS 输出波形失真度技术要求见表 3-33。

表 3-33 UPS 输出波形失真度技术要求

UPS 类型	负载类型	输出波形失真度技术要求			备注
后备式和互动式	100%阻性负载	≤5%			—
	100%非线性负载	≤8%			—
在线式	在线式 UPS 的类别	I类	II类	III类	—
	100%阻性负载	≤1%	≤2%	≤4%	
	100%非线性负载	≤3%	≤5%	≤7%	

7)输出电压不平衡度(Three Phase Unbalance)三相输出的 UPS 各相电压在幅值上不同,相位差不是 120°兼而有之的程度。互动式 UPS 输出电压幅值不平衡度≤3%,相位偏差≤2°。在线式 UPS 输出电压幅值不平衡度≤3%,相位偏差≤1°。

2. 输出容量

容量是 UPS 的首要指标,包括输入容量和输出容量,一般指标中所给出的容量是输出容量,是指输出电压的有效值与输出最大电流有效值的乘积,也称视在功率。容量的单位一般用伏安(VA)表示,这是因为 UPS 的负载性质因设备的不同而不同,因而只好用视在功率来表示容量。生产厂家均按 UPS 的不同容量等级将产品划分为多个类别,用户可根据实际需要对 UPS 进行选型,并留一定的裕量。

3. 输出过载能力

UPS 启动负载设备时，一般都有瞬时过载现象发生，输出过载能力表示 UPS 在工作过程中，可承受瞬时过载的能力与时间。超过 UPS 允许的过载量或允许过载时间容易导致 UPS 损坏。后备式和互动式 UPS 的过载能力应符合表 3-34 的要求，在线式 UPS 的过载能力应符合表 3-35 的要求。

表 3-34 后备式和互动式 UPS 的过载能力要求

性能	技术要求	备注
过载能力	≥ 1min	过载 125%，电池逆变模式
	≥ 10min	过载 125%，正常工作模式

表 3-35 在线式 UPS 的过载能力要求

性能	技术要求			备注
	I类	II类	III类	
过载能力	≥ 10min	≥ 1min	≥ 30s	125%额定阻性负载

4. 输出电流峰值系数（Current Peak Factor）

当 UPS 输出电流为周期性非正弦波电流时，周期性非正弦波电流的峰值与其有效值之比。UPS 输出电流峰值系数应 ≥ 3。

5. 并机负载电流不均衡度（Load Sharing of Parallel UPS）

当两台以上（含两台）具有并机功能的 UPS 输出端并联供电时，所并联各台中电流值与平均电流偏差最大的偏差电流值与平均电流值之比。UPS 并机负载电流不均衡度应 ≤ 5%。此值越小越好，说明并机系统中的每台 UPS 所输出的负载电流的均衡度越好。

3.4.4.3 电池指标

（1）蓄电池的额定电压

UPS 所配蓄电池组的额定电压一般随输出容量的不同而有所不同，大容量 UPS 所配蓄电池组的额定电压较小容量的 UPS 高些。小型后备式 UPS 多为 24V，通信用 UPS 的蓄电池电压为 48V，某些大中型 UPS 的蓄电池电压为 72V、168V 或 220V 等。给出该数值，一方面为外加电池延长备用时间提供依据，另一方面为今后电池的更替提供方便。

（2）蓄电池的备用时间

该项指标是指当 UPS 所配置的蓄电池组满荷电状态时，在市电断电时改由蓄电池组供电的状况下，UPS 还能继续向负载供电的时间。一般在 UPS 的说明书中给出该项指标时，均给出满载后备时间，有时还附加给出半载时的后备时间。用户在了解该项指标后，就可根据该指标合理安排 UPS 的工作时间，在 UPS 停机前做好文件的保存工作。用户要注意的是该指标随蓄电池的荷电状态及蓄电池的新旧程度而有所变化。

（3）蓄电池类型

UPS 说明书中给出的蓄电池类型是对 UPS 所使用的蓄电池类型给予说明。用户在使用或维修时以及扩展后备时间时可参考该项说明。

UPS 多采用阀控密封式铅酸蓄电池，这一方面是因为阀控密封式铅酸蓄电池的性能比以前有较大改善，另一方面则是因为阀控密封式铅酸蓄电池的价格比较便宜。目前，通信用 UPS

也有采用锂离子电池（磷酸铁锂电池）的。

（4）蓄电池充电电流限流范围

避免充电电流过大而损坏蓄电池，其典型值为10%～25%的标称输入电流。

3.4.4.4 其他指标

1. 效率与有功功率

效率是UPS的一个关键指标，尤其是大容量UPS。它是在不同负载情况下，输出有功功率与输入有功功率之比。一般来说，UPS的标称输出功率越大，其系统效率也越高。在线式UPS的效率应符合表3-36的要求；后备式和互动式UPS的效率应符合表3-37的要求。

表3-36 在线式UPS的效率要求

负载	各类技术要求下的效率			备注
	I类	II类	III类	
100%阻性负载	≥90%	≥86%	≥82%	额定输出容量≤10kVA
	≥94%	≥92%	≥90%	10kVA＜额定输出容量＜100kVA
	≥95%	≥93%	≥91%	额定输出容量≥100kVA
50%阻性负载	≥88%	≥84%	≥80%	额定输出容量≤10kVA
	≥92%	≥89%	≥87%	10kVA＜额定输出容量＜100kVA
	≥93%	≥90%	≥88%	额定输出容量≥100kVA
30%阻性负载	≥85%	≥80%	≥75%	额定输出容量≤10kVA
	≥90%	≥86%	≥83%	10kVA＜额定输出容量＜100kVA
	≥91%	≥87%	≥84%	额定输出容量≥100kVA

表3-37 后备式和互动式UPS的效率要求

效率	备注
≥80%	电池组电压≥48V
≥75%	电池组电压＜48V

后备式和互动式UPS输出有功功率≥额定容量×0.74kW/kVA；在线式UPS输出有功功率应符合表3-38的要求。

表3-38 在线式UPS输出有功功率的要求

各类技术要求下的输出有功功率			备注
I类	II类	III类	
≥额定容量×0.9kW/kVA	≥额定容量×0.8kW/kVA	≥额定容量×0.7kW/kVA	—

2. 不同运行状态之间的转换时间

（1）市电/电池转换时间

对于在线式UPS而言，其市电/电池转换时间应为0；对于后备式和互动式UPS而言，其市电/电池转换时间应≤10ms。

（2）旁路/逆变转换时间

对于在线式 UPS 而言，其旁路/逆变转换时间应符合表 3-39 的要求。

表 3-39　在线式 UPS 旁路/逆变转换时间

各类技术要求下的旁路逆变转换时间			备注
I类	II类	III类	
< 1ms	< 2ms	< 4ms	额定输出容量 > 10kVA
< 1ms	< 4ms	< 8ms	额定输出容量 ≤ 10kVA

（3）ECO 模式转换时间

当具有 ECO 模式时，ECO 模式与其他模式之间的转换时间应符合表 3-40 的要求。

表 3-40　ECO 模式转换时间

各类技术要求下的 ECO 模式转换时间			备注
I类	II类	III类	
< 1ms	< 2ms	< 4ms	—

3. 可靠性要求（平均无故障间隔时间 MTBF）

指用统计方法求出的 UPS 工作时两个连续故障之间的时间，它是衡量 UPS 工作可靠性的一个指标。在线式 UPS 在正常使用环境条件下，平均无故障间隔时间 MTBF 应不小于 100000h（不含蓄电池）。互动式与后备式 UPS 在正常使用环境条件下，平均无故障间隔时间 MTBF 应不小于 200000h（不含蓄电池）。

4. 振动与冲击

振动：振幅为 0.35mm，频率为 10～50Hz（正弦扫频），3 个方向各连续 5 个循环。

冲击：峰值加速度为 150m/s^2，持续时间为 11ms，3 个方向各连续冲击 3 次。容量 ≥ 20kVA 的 UPS，可应用运输试验进行替代。

5. 音频噪声

UPS 输出接额定阻性负载，在设备正前方 1m，高度为 1/2 处用声级计测量的噪声值，称为 UPS 的音频噪声。后备式和互动式 UPS 的音频噪声应小于 55dB（A），在线式 UPS 的音频噪声应符合表 3-41 的要求。

表 3-41　在线式 UPS 的音频噪声要求

各类技术要求下的音频噪声			备注
I类	II类	III类	
≤ 55dB（A）	≤ 65dB（A）	≤ 70dB（A）	400kVA 及以上除外

6. 遥控与遥信功能

（1）通信接口

UPS 应具备 RS485、RS232、RS422、以太网、USB 标准通信接口（至少具备其一），并提供与通信接口配套使用的通信线缆和各种告警信号输出端子。

（2）遥测

1）在线式与互动式 UPS：交流输入电压、直流输入电压、输出电压、输出电流、输出频率、输出功率因数（可选）、充电电流、蓄电池温度（可选）。

2）后备式 UPS：输出电压、输出电流、输出频率、蓄电池电压。

（3）遥信

1）在线式 UPS：同步/不同步、UPS 旁路供电、过载、蓄电池放电电压低、市电故障、整流器故障、逆变器故障、旁路故障和运行状态记录。

2）互动式与后备式 UPS：交流/电池逆变供电、过载、蓄电池放电电压低、逆变器或变换器故障。

（4）电池组智能管理功能（在线式 UPS）

容量大于 20kVA 的 UPS 应具有定期对电池组进行自动浮充、均充转换，电池组自动温度补偿及电池组放电记录功能。电池维护过程中不应影响系统输出。

7. 保护与告警功能

1）输出短路保护：负载短路时，UPS 应自动关断输出，同时发出声光告警。

2）输出过载保护：当输出负载超过 UPS 额定功率时，应发出声光告警。超过过载能力时，在线式 UPS 应转旁路供电；后备式和互动式 UPS 应自动关断输出。

3）过热（/温度）保护：UPS 机内运行温度过高时，发出声光告警。在线式 UPS 应转旁路供电；后备式和互动式 UPS 应自动关断输出。

4）电池电压低保护：当 UPS 在电池逆变工作方式时，电池电压降至保护点时，发出声光告警，停止供电。

5）输出过/欠电压保护：当 UPS 输出电压超过设定过电压阀值或低于设定欠电压阀值时，发出声光告警。在线式 UPS 应转旁路供电；后备式和互动式 UPS 应自动关断输出。

6）风扇故障告警风扇故障停止工作时，应发出声光告警。

7）防雷保护 UPS 应具备一定的防雷击和电压浪涌的能力。UPS 耐雷电流等级分类及技术要求应符合《通信电源设备的防雷技术要求和测试方法》（YD/T 944—2007）中第 4 章、第 5 章的要求。

8）维护旁路功能容量大于 20kVA 的 UPS 应具备维护旁路功能，当有对 UPS 的维护需求时，应能通过维护旁路开关直接给负载供电。

8. 电磁兼容限值

一方面指 UPS 对外产生的传导干扰和电磁辐射干扰应小于一定的限度，另一方面对 UPS 自身抗外界干扰的能力提出一定的要求。

1）传导骚扰限值在 150kHz～30MHz 频段内，系统交流输入电源线上的传导干扰电平应符合 YD/T 983—2018 中 8.1 的要求。

2）辐射骚扰限值在 30MHz～1000MHz 频段内，系统的电磁辐射干扰电压电平应符合《通信电源设备电磁兼容性要求及测量方法》（YD/T 983—2018）中 8.2 的要求。

3）要求针对系统外壳表面的抗扰性有：静电放电抗扰性以及辐射电磁场抗扰性，系统在进行以上各种抗扰性试验中或试验后应符合 YD/T 983—2018 中 9.1.1 的要求。针对系统交流端口的抗扰性有：电快速瞬变脉冲群抗扰性、射频场感应的传导骚扰抗扰性、电压暂降和电压短时中断抗扰性、浪涌（冲击）抗扰性，系统在进行以上各种抗扰性试验中或试验后应符合 YD/T 983—2018 中 9.1.4 的要求；针对系统直流端口的抗扰性有：电快速瞬变脉冲群抗扰性和射频场感应的传导骚扰抗扰性，系统在进行以上抗扰性试验中或试验后应符合 YD/T 983—2018 中 9.1.5 的要求。

9. 安全要求

1）外壳防护要求　UPS 保护接地装置与金属外壳的接地螺钉应具有可靠的电气连接，其连接电阻应不大于 0.1Ω。

2）绝缘电阻　UPS 的输入端、输出端对外壳施加 500V 直流电压，绝缘电阻应大于 2MΩ；UPS 的电池正、负接线端对外壳施加 500V 直流电压，绝缘电阻应大于 2MΩ。

3）绝缘强度　UPS 的输入端、输出端对地施加 50Hz、2000V 的交流电压 1min，应无击穿、无飞弧、漏电流小于 10mA；或 2820V 直流电压 1min，应无击穿、无飞弧、漏电流小于 1mA。

4）接触电流和保护导体电流　UPS 的保护地（PE）对输入的中性线（N）的接触电流应不大于 3.5mA；当接触电流大于 3.5mA 时，保护导体电流的有效值不应超过每相输入电流的 5%；如果负载不平衡，则应采用三个相电流的最大值来计算，在保护导体大电流通路上，保护导体的截面积不应小于 $1.0mm^2$；在靠近设备的一次电源连接端处，应设置标有警告语或类似词语的标牌，即"大接触电流，在接通电源之前必须先接地"。

10. 环境条件

要使 UPS 能够正常工作，就必须使 UPS 工作的环境条件符合规定要求，否则 UPS 的各项性能指标便得不到保证。通常不可能将影响 UPS 性能的环境条件一一列出，而只给出相应的环境温度和湿度要求，有时也对大气压力（海拔高度）提出要求。

（1）温度

温度包括：工作温度和储存温度。工作温度就是指 UPS 工作时应达到的环境温度条件，一般该项指标均给出一个温度范围，室内通信用 UPS 的运行温度一般为 5~40℃。工作温度过高不但使半导体器件、电解电容的漏电流增加，且还会导致半导体器件的老化加速、电解电容及蓄电池寿命缩短；工作温度过低则会导致半导体器件性能变差、蓄电池充放电困难且容量下降等一系列严重后果。通信用 UPS 储存温度为 −25~+55℃（不含电池）。

（2）相对湿度

湿度是指空气内所含水分的多少。说明空气中所含水分的数量可用绝对湿度（空气中所含水蒸气的压力强度）或相对湿度（空气中实际所含水蒸气与同温下饱和水蒸气压强的百分比）表示。UPS 说明书一般给出的是相对湿度，工作相对湿度：≤90%（40±2）℃，无凝露。储存相对湿度：≤95%RH，（40±2）℃，无凝露。

（3）海拔高度

UPS 说明书中所注明的海拔高度（大气压力）是保证 UPS 安全工作的重要条件。之所以强调海拔高度是因为 UPS 中有许多元器件采用密封封装。封装一般都是在一个大气压下进行的，封装后的器件内部是一个大气压。由于大气压随着海拔高度的增加而降低，海拔过高时会形成器件壳内向壳外的压力，严重时可使器件产生变形或爆裂而损坏。UPS 满载运行时海拔高度应不超过 1000m，若超过 1000m 时应按《半导体变流器通用要求和电网换相变流器　第 1-2 部分：应用导则》（GB/T 3859.2—2013）的规定降容使用。

11. 外观与结构

机箱镀层牢固，漆面匀称，无剥落、锈蚀及裂痕等现象。机箱表面平整，所有标牌、标记、文字符号应清晰、易见、正确、整齐。

3.4.5 UPS 的使用与维护*

1. UPS 安装注意事项

（1）按 UPS 说明书及相关规范的要求进行安装

安装前应仔细阅读 UPS 操作使用说明书，按其要求及相关规范进行安装。UPS 周围应有适当空间，使之通风良好，便于操作和维修。通信用 UPS 背面及侧面与墙之间的维护走道净宽不应小于 0.8m；正面与墙之间的主要走道净宽不应小于 1.5m，与其他设备的正面或背面之间的主要走道净宽不应小于 2m。

（2）适当选取电缆截面积

UPS 的输入、输出和电池电缆都应采用铜芯绝缘电缆（机房内应采用阻燃电缆或耐火电缆）。交流输入电缆的线心截面积，可按电缆允许温升来确定，即选取铜芯导线的电流密度为 $2\sim 5A/mm^2$。

交流输出电缆和旁路输入电缆的线芯截面积，应按输出额定电流时导线压降不大于额定输出电压的 3% 来确定；主机与蓄电池组连接电缆的线心截面积，应按最大放电电流时导线压降不大于蓄电池组电压的 7% 来确定。它们都可用下式计算：

$$A = \frac{IL}{\Delta U \gamma}$$

式中的 ΔU 值，按上述原则分别求出；式中的 I 值，在计算交流输出和旁路输入相线截面积时用 UPS 的额定输出电流代入，在计算电池电缆线心截面积时用下式的计算结果代入：

$$I = \frac{\lambda S}{\eta_n U}$$

式中，I 为蓄电池组最大放电电流（A）；λ 为负载功率因数，一般取 0.8；S 为 UPS 的额定输出视在功率（VA）；η_n 为 UPS 中逆变器的效率；U 为蓄电池组放电终止电压（V）。

对于三相输出的通信用 UI'S，由于非线性负载的 3 次谐波电流在中性线（零线）上的叠加，为使导线压降符合要求并减小零地电压，UPS 输出中性线和旁路输入的中性线截面积，宜为输出相线截面积的 1.5 倍左右。对于流过大电流的电缆，可以考虑采用多根较细的电缆并联，以方便安装。

（3）蓄电池组的安装

通信用 UPS 的蓄电池组，宜采用开放式电池架进行安装，以利于蓄电池的散热及维护。蓄电池和电池架之间应加装绝缘胶垫进行防护处理。高压蓄电池组的维护通道上应铺设绝缘胶垫。

（4）第一次开机前的检查

1）检查 UPS 金属外壳的保护接地，应连接牢靠。

2）检查 UPS 的输入相序和相线、零线位置，应无误；测量 UPS 的输入交流电压，应正常。

3）检查 UPS 的输入直流连接，应无误。

4）对于串联或并联系统，检查系统中各台 UPS 间的对应关系，应连接正确（如输入侧 UPS1 的 L_1、L_2、L_3 应分别对应 UPS 的 L_1、L_2、L_3 等）。

5）检查负载侧，应无短路。

（5）第一次开机

按照 UPS 使用说明书操作第一次开机至少检测 UPS 以下功能，均应正常。

1）开机启动、正常运行功能。

2）市电/电池切换功能。

3）与市电同步及自动旁路输出功能。

4）带载功能。

5）充电功能。

6）告警和保护功能。

7）关机功能。

2. UPS 维护的一般要求

1）UPS 主机现场应放置操作指南，以便指导现场操作。

2）UPS 的各项参数设置信息应全面记录、妥善保存并及时更新。

3）各种自动、告警和保护功能均应正常。

4）定期进行 UPS 各项功能测试，检查正常运行方式与储能供电运行方式的切换、逆变器供电与市电旁路供电的切换是否正常。

5）定期检查主机、蓄电池及配电部分引线和端子的接触情况，检查馈电母线、电缆及软连接头等各连接部位的连接是否可靠，并测量压降和温升。

6）经常检查设备的工作和故障指示是否正常。

7）定期查看 UPS 内部的元器件外观，发现异常及时处理。

8）保持机器清洁，定期清洁散热风口、风扇及滤网，风道应无阻塞；定期检查 UPS 各主要模块和风扇电动机的运行温度有无异常。

9）定期进行 UPS 电池组带载测试。

10）根据当地市电频率的变化情况，选择合适的跟踪速率。当输入频率波动频繁且波动超出 UPS 跟踪范围时，严禁进行逆变/旁路切换操作。当机组供电时，尤其要注意避免发生 UPS 由逆变器供电转旁路供电的情况。

11）UPS 的维护周期表应按各通信企业的维护规程执行。

3.5 高压直流供电系统

本节讲述三个方面的内容：UPS 供电的缺点、高压直流供电系统的电路组成及其工作原理、高压直流供电系统的优缺点，使读者对高压直流供电系统有一个初步了解。

3.5.1 UPS 供电的缺点

随着通信网络和业务需求的不断发展，通信设备对电源安全供电的要求也越来越高。长期以来，使用交流电源的通信设备均由 UPS 供电，但交流 UPS 电源系统存在着单点故障（Single Point of Failure，从英文字面上可以看到是单个点发生的故障，通常应用于通信及计算机系统与网络。实际指的是单个点发生故障时会波及整个系统或者网络,从而导致整个系统或者网络的瘫痪。这也是在设计通信及 IT 基础设施时应避免的)的问题始终没有得到很好的解决,因交流 UPS 电源系统故障而引发的通信事故时有发生,给通信维护部门带来了严峻的考验。目前交流 UPS 供电存在的主要问题有以下几个方面。

1. 交流 UPS 供电的缺点

因为交流电的电压方向、幅值每时每刻都在发生变化,当采用多台 UPS 并机输出时,就必须保证并机的每台 UPS 输出的相位、频率、幅值相同。在需要切旁路时,为了保障不间断供电,就必须保持对市电的相位、频率、幅值的跟踪和同步,当市电发生大范围变化时,其各种参数总会在一定范围内波动,因此 UPS 也在不断调整输出参数。这种设计在理论上没有问题,但在实际应用中,随着市电的不断变化,以及电子元器件的老化,尤其是采集模块的零点漂移,往往就会在切换时造成中断。这种中断在以往的案例中屡见不鲜,给数据中心的设备运行带来了巨大的影响。

2. 交流 UPS 电源资源的浪费

由于并机的复杂性,尽管众多厂家声称可多台并机,有的甚至可以达到 8 台。但在实际投产中,UPS 并机系统并机的台数都不会太多,一般为 1+1 或者 2+1,也就是 2～3 台。而为了保持系统的冗余,在一台机器出现故障时系统依然能够供电,这就要使得每台 UPS 平时的负荷率保持在较低的水平,如对于一套 UPS(1+1)系统为 50%,2+1 系统为 66%,如果再考虑到负荷的可能突变,同时减少设备的故障率,这时系统就必须要保持一定的裕度,按系统 80% 的容量计算,实际上每台 UPS 的负荷率只有 40%～55% 左右。而为了提高供电可靠性采用的双总线 UPS,实际每台的平时最大负荷率也只有 40%～50%,在有些双总线 UPS 中,为追求更高的可靠性,最大负荷率甚至只有 20%～25%。

3. 安全供电存在单点故障瓶颈

因为 UPS 电源输出的是交流电,而作为备用储能的(阀控铅酸)蓄电池组输出的是直流电,因此 UPS 电源系统的蓄电池不能直接供电给负载,必须通过逆变模块逆变成交流电输出。这样,供电的持续性就取决于 UPS 的稳定性,如果逆变模块损坏,即使蓄电池有充足的电量,也不能供电给负载。

由于交流 UPS 存在以上诸多问题,因此对能替代交流 UPS 对数据设备进行供电的系统的研究日益繁荣,业界内大力推荐的高压直流供电系统也渐渐形成规模。

3.5.2 高压直流供电系统的电路组成及其工作原理

高压直流供电系统能够替代目前的交流 UPS 供电系统而为数据服务器供电,主要是基于服务器电源的工作原理。

1. 服务器电源的基本原理

现在 IDC(Internet Data Center,互联网数据中心)机房的服务器内部一般使用可靠性较高的高频开关电源,把外部输入的交流电转化为内部电子电路所需要用的直流电。对于功能强、使用在重要场合的服务器或小型机,均配置两个及两个以上的模块并联运行。计算机设备的高频开关电源的基本工作原理如图 3-58 所示。

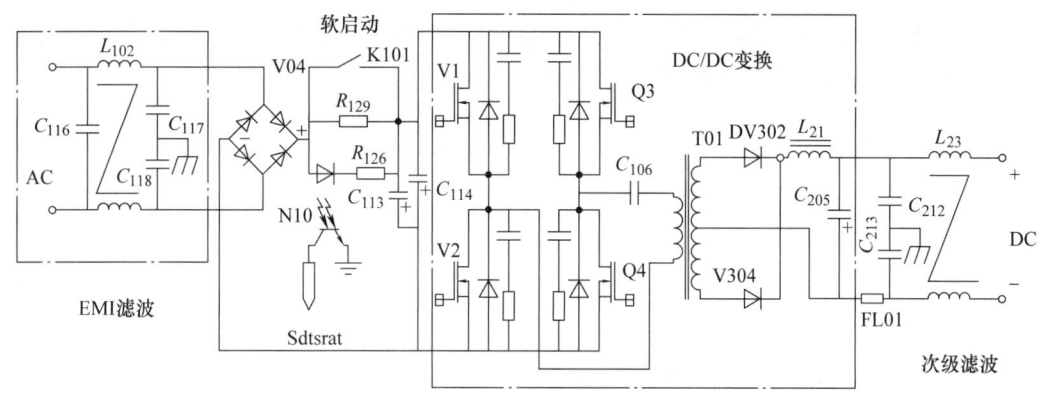

图 3-58 服务器电源基本工作原理图

图 3-58 可以简化为如图 3-59 所示的示意图。从图 3-59 可以看出，虽然服务器设备输入的是交流电源，但核心部分还是 DC/DC 变换电路，只要输入一个范围合适的直流电压给 DC/DC 变换电路，就同样能安全满足服务器设备工作。在图 3-59 中因为输入端没有工频变压器，所以输入直流不会产生短路阻抗，就没有必要非得交流输入，不用交流也就没有必要用 UPS，由此因 UPS 交流供电引起的一切不利因素也就自然而然地消失了。如果我们输入的直流合理地配上蓄电池，辅以远程监控，构成一个可靠的直流供电系统，就可取代交流 UPS 供电系统给服务器设备供电。

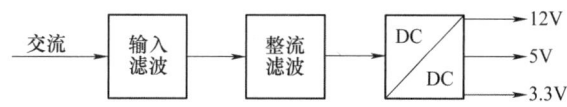

图 3-59 服务器电源模块工作原理示意图

2. 高压直流供电系统组成

高压直流供电系统的组成与传统的 −48V 直流供电系统的组成一样，只是整流器的输出电压等级较 −48V 高。系统组成由市电输入、高频开关整流器、配电屏、蓄电池组组成，如图 3-60 所示。相较于交流 UPS，可以看出高压直流供电系统组成非常简单。

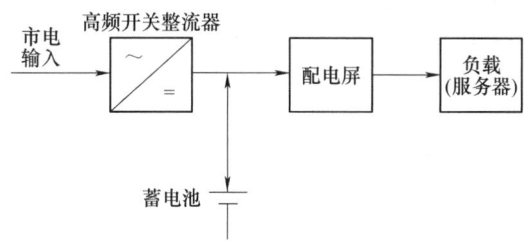

图 3-60 高压直流供电系统组成框图

3. 高压直流供电系统的关键问题

电压等级的选择成为高压直流供电系统组成的关键问题。根据服务器的特点，目前高压直流供电系统电压等级的选择主要有两个标准。

（1）240V 电压等级

目前大多数常用服务器的输入电源原理图如图 3-61 所示。在 DC/DC 的输入端电压范围为 100～373V DC，通过对服务器电源输入电压的分析以及在实际中对服务器进行测试的数据，以 240V 为一种标称电压的观点正在得到认同。

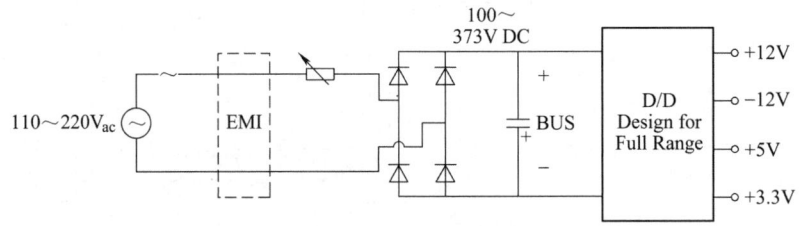

图 3-61　服务器输入电源原理图（一）

在标称电压为 240V 的直流电压供电模式下，电池组配备 120 只 2V 电池（也可采用 40 只 6V 电池或者 20 只 12V 电池）。平时电池处在浮充状态，供电电压为 270V。在电池供电时，最低电压为 216V。在目前进行的测试中，服务器在这个电压下均能正常工作。而针对此直流电压等级的相关行业标准也已出台。

（2）380V 电压等级

还有一种服务器的输入电源是带有 PFC 电路的，如图 3-62 所示。这类服务器电源在 DC/DC 的输入端电压范围为 380～400V DC，对应此类服务器电源则需要选择 380V 或以上的高压直流供电系统。

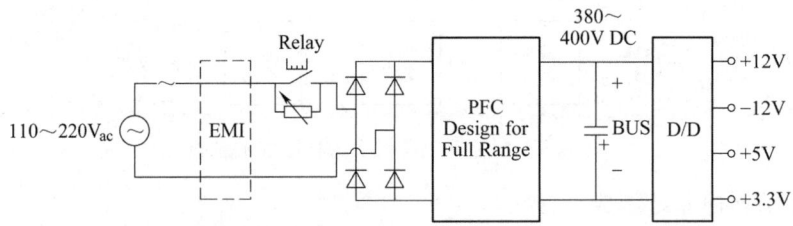

图 3-62　服务器输入电源原理图（二）

但是这种供电模式不适用国内现有的服务器设备，是对未来机房建设以及服务器设计的前瞻准备，因此要采用这种供电模式，需要服务器厂商的配合，也就是服务器电源要支持 380V 的高压直流供电模式。相较于 240V 电压等级供电模式，380V 电压模式供电情况下，会减少电缆耗铜量，线路损耗也会降低。

3.5.3　高压直流供电系统的优缺点

1. 高压直流供电的优点

（1）供电可靠性大大提高

采用直流供电的最大优点在于提高了供电的可靠性。这可以从三个方面体现：一是采用直流供电，蓄电池可以作为电源直接并联在负载端，当停电时，蓄电池的电能可以直接供给负载，确保供电的不间断。二是直流供电只有电压幅值一个参数，各个直流模块之间不存在相位、相序、频率需同步的问题，系统结构简单很多，可靠性大大提高。三是虽然交流 UPS 可以通过提高冗余度来提高安全系数，但是由于涉及同步的问题，每个模块之间必须相互通信来保持同步，所以还是存在并机板的单点故障问题。而直流模块没有这些问题，即使脱离控制模块，只要保持输出电压稳定，也能并联输出电能。

（2）工作效率提高

与交流 UPS 相比，直流供电省掉了逆变环节，一般逆变的损耗在 5%左右，因此电源的效率提高了。其次，由于服务器输入的是直流电，也就不存在功率因数及谐波问题，降低了线损。再次，由于并机技术简单了，可以采用大量的模块并联，使每个模块的使用率可达到 70%～80%，比交流 UPS 提高了很多。

（3）系统可维护性增强

现在的交流 UPS，涉及复杂的同步并机技术，整机的维护也只能依靠厂家。即使出现紧急情况时，我们的维护人员也只能等待厂家技术人员来解决，这些先天不足对安全供电存在较大的隐患。而采用直流供电，就如现在一直使用的 −48V 直流系统一样，系统由模块组成，虽然电压增高了，但只要做好安全防护措施，一般使用维护人员还是可以进行简单的故障检修，比如更换模块等。

（4）扩容便捷

由于采用模块化结构，现在一个模块的容量一般在 10kW 左右，只要预留好机架位置，扩容是非常方便的。同时在建设时，可以根据服务器的数量逐渐增加模块数，使每个模块的负载率能尽量提高。这对于节能也是非常有好处的。

（5）不存在"零地"电压等不明问题的干扰

因为系统是直流输入不存在零线，因此，也就不存在"零地"电压，减少了设备故障类型，维护部门也无须再费时费力去解决"零地"电压的问题。

（6）投资及空间的节省

以下有一个方案示例，大型局（站）用大容量的系统将高压直流供电系统与交流 UPS 做一比较，看看在相同大容量供电需求条件下，新建交流 UPS 并联系统与高压直流系统投资相差的情况，示例如下。

1）机房背景

机架数量：200 架。机架容量：2.5～3kVA/架。IT 设备容量：520kW。

2）交流 UPS 配置方案

主机 400kVA，输出功率因数 0.8，2 + 2 配置。电池：8 组 × 1200Ah（后备时间 1h，174 只/组，单只电池标称电压 2V）。主机尺寸 1600 × 995 × 1950（mm）。

3）高压直流方案

整流模块 265V/20A（折合功率 5.3kW，均充时最大功率 5.6kW）每套系统 560A，配置模块 28 个，系统总功率 P = 28 × 5.3kW = 148kW，采用 6 套系统。电池组：12 组 × 600Ah（后备 1h，120 只/组；单只电池标称电压 2V）。主机尺寸：1600 × 600 × 2000（mm）。

4）投资对比

① 交流 UPS 系统

a. 400kVA 主机单价 40 万，4 台主机总价 160 万元；电池 8 × 174 只，1200Ah 电池 2100 元/只，电池总价 292 万；设备直接成本合计 452 万元。

b. UPS 主机采用相控整流，油机与 UPS 功率配比至少需 1.5∶1，800kVA 系统至少需配 1200kVA 油机；UPS 轻载效率 83%，输出 520kW 时，自身损耗 107kW，需空调冷量约 100kW。

1200kVA 油机估价 200 万元，100kW 冷量空调（分体柜机）估价 5 万元；设备间接成本合计 205 万元。

c.假定维护设备所需空间为安装设备面积的 0.5 倍，400kVA 主机 4 台占用机房面积大约 $1.6×0.995×4×1.5m^2 = 9.6m^2$；假定机房楼面承重 1000kg/m²，1200Ah 电池每节重 82kg，则 1m² 可安装 12 节 1200Ah 电池（分两层立式安装），8 组 174 节电池需占机房面积（$174×8/12×1.5m^2 = 174m^2$）；主机加电池合计占用机房面积 183.6m²。

② 240V 高压直流系统

a.560A 系统单价 24 万，6 套系统总价 144 万元；电池 12×120 只，600Ah 电池 1050 元/只，电池总价 151 万；设备直接成本合计 395 万元。

b.高压直流系统采用高频技术，油机与 UPS 功率配比只需 1.1∶1，6 套 560A 系统总功率 888kW，需配 1100kVA 油机；高压直流系统 50% 以上负载时效率为 92%，输出功率为 520kW 时，自身损耗 45kW，需空调冷量约 40kW。1100kVA 油机估价 185 万元，40kW 冷量空调（分体柜机）估价 2 万元；设备间接成本合计 187 万元。

c.假定维护设备所需要空间为安装面积的 0.5 倍，6 套 560A 主机占用机房面积 $1.2×0.8×6×1.5 = 8.6m^2$；假定机房楼面承重 1000kg/m²，600Ah 电池每节重 41kg，则 1m² 可安装 24 节 600Ah 电池（分两层立式安装），12 组 120 节电池需占用机房面积 $120×12/24×1.5m^2 = 90m^2$；主机加电池合计占用机房面积 98.6m²。

高压直流系统与 UPS 投资比较见表 3-42。

表 3-42　高压直流系统与 UPS 投资比较

序号	项目		新建 UPS（双机并联冗余）	新建高压直流系统	对比结果
1	建设成本	主机	160 万元	144 万元	高压直流系统比 UPS 直接成本节约投资 34.79%
2		蓄电池配置（1h）	292 万元	151 万元	
3		—	—	—	高压直流系统比 UPS 间接成本节约投资 10% 以上
4		发电机功率占用	1200kVA	1100kVA	
5		空调冷量占用	100kW	40kW	
6		机房面积占用	高压直流系统比 UPS 减少 46%		
7	运营成本	能耗成本	高压直流系统比 UPS 平均节电 159%，高压直流系统效率比 UPS 提高 10%，同时空调耗电量也相应减少 10%，总计节电量达 15% 左右，按 0.85 元每度计算，每年节省电费约 70 万元		高压直流系统比 UPS 运营成本显著降低
8		运行安全性	高压直流系统比 UPS 可用性大幅提高		
9		主设备运行寿命	8～10 年	10～12 年	
10		投资阶段性	一次规划，一次投资	一次规划，分批投资	
11		维护方式	复杂	简单	

以上方案的比较虽然还不完全（如：不包含对线缆、配电方面的比较，这两方面在新建系统中所占比例较小），但从中至少可以看出，高压直流供电系统无论从节能效果、占地面积、投资等方面都有着比交流 UPS 显著的优越性。

2. 高压直流供电的缺点

（1）对配电开关灭弧性能要求高

对于交流电，电流在周期内会有过零点，当短路时过零点的存在使开关断开时产生的电弧容易灭弧。而如果是直流电，就不存在过零点，灭弧相对困难。因此配电所需的开关性能要求更高，会相应增加配电部分的建设成本。

（2）电缆线径的增加

按目前的配电结构，从 UPS 输出到楼层配电柜，是采用三相四线供电，如果采用高压直流供电，则是一相两线供电，在相同电压下输送同等功率，电缆的消耗量将会有所增加。如下式所示，如在相同的电缆数（4根），相同电流的情况下，输送的功率比是：

$$\frac{P_{交}}{P_{直}} = \frac{\sqrt{3} \times 380 \cdot I \cos \varphi}{2 \cdot U_{直} \cdot I} \approx \frac{296.2}{U_{直}}$$

其中 $\cos \varphi$ 为功率因数，取 0.9。

从上式可以看出，若直流供电电压高于 296.2V，电缆耗铜量是不会比交流供电多的。因此，对于 240V 高压直流供电模式，正常运行时供电电压保持在 270V 左右，而放电电压可能会低至 216V，因此耗铜量会增加 15% 左右；而对于 380V 高压直流供电模式，运行的电压比较高，耗铜量可以减少 20% 左右。

（3）其他问题

从理论上服务器电源使用直流电压输入是没有问题的，但还不能保证实际使用中不会发生一些意外，比如可能存在某些服务器电源的特别设计而不能使用直流电，或者长时间使用会不会增加服务器的故障率等，这都要经过实际使用的检验。另外，如果使用直流电源，当服务器设备损坏时，服务器厂家对该故障的认可，有可能会因我们使用直流电源供电不符合其设计要求而推卸责任。

历届考试真题

一、填空题

填空题 01（2012年真题）：

高频开关电源结构框图如图 3-63 所示，请补充其中空白处。

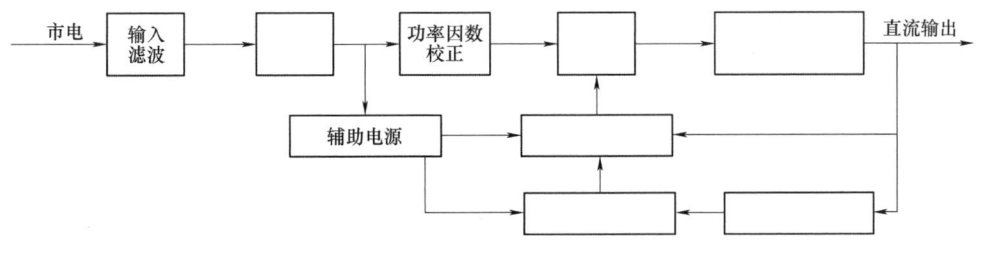

图 3-63　高频开关电源结构框图

填空题 02（2012 年真题）：

1. 开关电源在功率变换电路上利用谐振技术广泛采用了软开关技术，软开关技术主要包括（1）和（2）；功率因数校正电路主要用来提升开关电源的功率因数，常用的功率因数校正电路有（3）和（4）。检测电路中常用的分流器实质上是一个电阻器件，其原理是通过检测（5）来检测（6）。通信中常用的开关电源电压类型为 –48V 和 24V，其允许的回路全程压降分别为（7）V 和（8）V。由于通信电源系统容量的增加，需采用均流技术以满足多个模块共同工作的要求。常用的开关电源均流技术有（9）、（10）和（11）。

2. UPS 电源的主要电路包括输入整流电路、逆变电路、静态开关和锁相电路，其中锁相电路主要由（12）、（13）和（14）构成。锁相电路的主要作用是通过控制逆变器的输出电压的（15）和（16）以保证逆变器与交流电源的同步运行。当 UPS 从逆变回路向旁路切换时必须保证（17）、（18）、（19）均相同，才能保证输出不中断。

3. 在日常维护工作中需根据设备的不同环节有针对性地进行维护测量。UPS 中直流电容的老化会对设备运行带来较大的隐患，当其老化时，变化最显著的参数量是（20），应重点检测。

填空题 03（2012 年真题）：

1. 阀控式铅酸蓄电池的正极活性物质为（1），负极活性物质为（2）。

2. 蓄电池的实际容量与放电电流有直接的关系，放电电流越大，则放出的蓄电池容量越（3），在三小时率放电电流下，蓄电池能放出的容量为（4）倍的额定容量。

3. 通信用的阀控式铅酸蓄电池充电方式主要是浮充充电和均衡充电，请列举出三种需要对蓄电池组进行均衡充电的情况：a:（5）；b:（6）；c:（7）。

4. 在通信电源日常维护工作中，阀控铅酸蓄电池充电终止以如下三个条件为依据，即满足三个条件之一，则可认为充电终止。a:（8）；b:（9）；c:（10）。

填空题 04（2013 年真题）：

1. 开关电源的基本电路包括两部分：一是（1），指从交流电源输入到直流电源输出的全过程，主要完成功率转换任务。二是（2），其作用是一方面从输出端取样，改变其频率或脉宽，达到输出稳定；另一方面，提供控制电路对整机进行各种保护。

2. 在通信系统的供电系统中，对于感性负载电路，可以采用并联（3）来补偿无功功率，以提高功率因数（cosφ）。在高频整流模块中，其功率因数应大于等于（4）。

3. 高频整流中，如果对开关电源系统的模块进行扩容或替换，应该严格按照"先安装后通电，（5）"的顺序进行。如果对开关电源系统增加负载：电缆连接操作先从（6）端开始，连接次序为先接（7），后接负 48V 输出熔丝或断路器。

4. 阀控式密封铅酸蓄电池在实际使用中，阀控式电池会出现提前失效的现象，可以从三方面来判断蓄电池的寿命：内阻、工作温度和（8）。其中内阻是衡量电池性能的一个重要技术指标，蓄电池的内阻随放电量的增多而（9）。

5. 铅酸蓄电池的充电方式有浮充充电、（10）和快速充电等多种方式。对于防酸隔爆式电池，其液面过低时，应及时补加（11），并进行充电。

6. 柴油机发生故障时，通常会遇到下列几种现象：运转时（12）、运转异常、外观异常、温度异常和气味异常。柴油机在严冬季节如无保温措施，停机半小时后，应该（13），以防止设备冻坏。

7. UPS 的主要功能包括：双路电源之间的无间断切换、隔离干扰、交流电压变换、交流频率变换、(14)。从工作方式上看，UPS 可以分为在线式（On Line）、(15)和在线互动式（Line Interactive）三类。

填空题 05（2015 年/2016 年真题）：

1. 通信电源系统包括：交流供电系统、直流供电系统、(1)、防雷系统和监控系统等。
2. 高压熔断器主要用于保护配电线路和配电设备，防止网络发生过载或(2)引起的故障。
3. 在非线性负载电路中，功率因数校正电路可以提高设备的(3)。
4. 在基础电压范围内，数字通信设备供电系统（蓄电池）的工作电压包括：(4)、均衡电压和终止电压。
5. 直流供电系统包括整流设备、蓄电池组、DC/DC 变换器、逆变设备以及(5)等。

填空题 06（2015 年真题）：

1. 通信局（站）用直流基础电源电压一般为(1)V，也有部分使用 24V 电源。
2. 高压交流供电系统中，变压器的保护方式有：熔断器保护、(2)、(3)。
3. 交流供配电系统由高压配电设备、(4)、(5)、电容补偿器和自备交流电源（如柴油发电机组）组成。

填空题 07（2017 年真题）：

1. 电源系统的可靠性一般用(1)指标来衡量。它是指因电源系统故障引起的通信系统阻断的时间与阻断时间和正常供电时间之和的比。
2. 目前，通信电源系统比较典型的供电方式有集中供电、(2)和混合供电。
3. 直流供电系统的主要设备有整流设备、(3)和直流配电屏。
4. 由于通信电源系统容量的增加，需采用均流技术以满足多个模块共同工作的要求。常用的高频开关整流器的负载均分电路有简单负载均分电路、(4)电路和自动平均均流电路等方式。
5. 目前通信用高频开关型整流器一般做成模块的形式，其中整流模块单元部分的功能是将由交流配电单元提供的交流变成(5)V 直流电经直流配电单元输出。

填空题 08（2017 年真题）：

1. 阀控式密封铅酸蓄电池的极板通常是封闭式，分为板栅和(1)两部分。
2. 铅蓄电池以一定的放电率在 25℃环境下放电至能再反复充电使用的最低电压称为(2)。
3. 柴油机输油泵的作用是供给高压油泵（喷油泵）足够的(3)并保持一定的压力。
4. 对三相交流同步发电机来说，如果转子磁极为一对时，转子旋转一周，绕组中的(4)正好变化一次。
5. 柴油发电机有许多技术指标，其中(5)指从负载突变引起输出电压变化算起，到开始稳定所需的时间。

填空题 09（2020 年真题）：

1. 电力变压器在使用时可以采用不同的连接方式，其中将三相绕组的首端和末端相互连接成闭合回路，再从三个连接点引出三根线，接电源（原绕组）成负载（副绕组）的连接方式为（1）连接。

2. 在常用的低压电器中，利用电流、电压、时间、温度等信号的变化来接通或断开所控制的电路，以实现自动控制或完成保护任务的控制电器是（2）。

3. 通信局（站）的备用发电机组中的三相交流同步发电机，其内部对称放三组结构相同、空间位置互差（3）度角的线圈。

4. 在高频开关整流器的电路中，（4）电路是能够实现将高压直流电变为低压直流电的关键电路。

5. 通信局（站）常用的阀控式铅酸蓄电池的结构中，（5）能够为氧循环复合反应提供气体通道。

填空题 10（2022 年真题）：

1. 通信局（站）直流供电系统的基础电压为（1）V。

2. 高频开关整流器工作过程中，能提供各种用于仪表显示的数据，供值班人员观察、记录的电路是（2）。

3. 高频开关整流电源设备宜放置在有空调的机房，机房温度不宜超过（3）℃。

4. 固定型蓄电池的额定容量是指蓄电池在 25℃ 环境温度下，以 10 小时率电流放电，放电至终了电压（4）V 时所能放出的最低限度的电量。

5. UPS 设备实际使用时，要求单机负荷率不要超过（5）。

填空题 11（2023 年真题）：

1. −48V 直流供电系统中，直流输出电压允许变动范围为（1）。

2. 阀控式铅酸蓄电池负极板的活性物质为（2）。

3. 阀控式铅酸蓄电池的结构中，能够为氧循环复合反应提供气体通道的是（3）。

4. 蓄电池浮充运行过程中，如果工作温度升高，其浮充电压应该（4）。

5. 两台 80kVA 容量的 UPS 供电系统（UPS1 和 UPS2）以冗余并联方式运行，负载为 65kVA。当 UPS1 出现故障后，该 UPS 供电系统将发生的动作是（5）。

填空题 12（2023 年真题）：

如图 3-64 所示是在线式 UPS 的工作原理框图，请补充其中空白处。

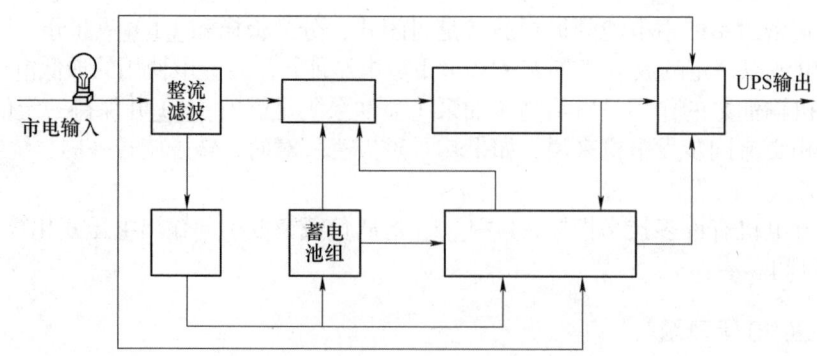

图 3-64　在线式 UPS 的工作原理框图

二、选择题

选择题 01（2016 年真题）：

1. 直流供电系统目前广泛使用（　　）供电方式。
   A. 串联浮充　　　　B. 并联浮充　　　　C. 混合浮充　　　　D. 半浮充
2. 变压器正常工作时，其初级电流是由变压器的（　　）决定的。
   A. 初级电压　　　　B. 次级电压　　　　C. 次级电流　　　　D. 次级阻抗
3. 交流熔断器的额定电流值规定如下：照明电路按实际负荷配置，其他回路不大于最大负荷电流的（　　）倍。
   A. 3　　　　　　　B. 2　　　　　　　C. 1.5　　　　　　D. 1
4. 实际工作过程中，距离 10～35kVA 导电部位（　　）以内工作时，应切断电源。
   A. 1000px　　　　 B. 1500px　　　　 C. 1m　　　　　　 D. 2m
5. 高压熔断器用于对输电线路和变压器进行（　　）
   A. 过电压保护　　　　　　　　　　　B. 过电流/过电压保护
   C. 过电流保护　　　　　　　　　　　D. 过电温保护

选择题 02（2017 年真题）：

1. （　　）是衡量交流系统电能质量的两个基本参数。
   A. 电压和电流　　B. 电压和功率　　C. 电流和功率　　D. 电压和频率
2. 通信设备用交流市电供电时，交流市电的频率允许变动范围为额定值的（　　）
   A. ±3%　　　　　B. ±4%　　　　　C. ±5%　　　　　D. ±10%
3. 直流供电的基础电压范围内的工作电压有浮充电压、均衡电压和（　　）。
   A. 终止电压　　　B. 起始电压　　　C. 对地电压　　　D. 跨步电压
4. 在蓄电池的充电过程中，随着铅酸蓄电池不断充电，电解液中的硫酸成分（　　）
   A. 不变　　　　　B. 减少　　　　　C. 增加　　　　　D. 随机变化
5. 全桥式功率变换电路中，当一组高压开关管导通时，截止晶体管上施加的电压为（　　）
   A. 输入电压 E　　　　　　　　　　B. 2 倍的输入电压 E
   C. 1/2 倍的输入电压 E　　　　　　 D. $\sqrt{3}$ 倍的输入电压 E

选择题 03（2018 年真题）：

1. 通信局（站）直流供电系统，当市电正常时，整流器一方面向负荷供电，另一方面给蓄电池充电以补充其自然放电的损失，此时整流器给蓄电池充电的电压称为（　　）。
   A. 均衡电压　　　B. 浮充电压　　　C. 放电电压　　　D. 终止电压
2. 高频开关整流器的主电路中，（　　）是核心电路，决定着整流器的体积、重量。
   A. 滤波电路　　　B. 检测电路　　　C. 逆变电路　　　D. 控制电路
3. 现在通信局（站）中常用的阀控式铅酸蓄电池的负极板的活性物质为（　　）。
   A. 海绵状铅　　　B. PbO_2　　　　C. $PbSO_4$　　　D. H_2SO_4

4. 交流不间断电源 UPS 在市电中断时，蓄电池通过（　　）给通信设备供电。
   A. 逆变器　　　　B. 整流器　　　　C. 静态开关　　　　D. 变送器

5. 当 UPS 的主备用电源产生切换时，两电源应保持同步，两电源的同步可通过（　　）来实现。
   A. 滤波电路　　　B. 逆变电路　　　C. 静态开关　　　　D. 锁相电路

选择题 04（2019 年真题）：

1. 某通信局（站）总的最大负载电流为 1500A，若采用额定电流为 100A 的整流模块并供电，根据整流设备的配置原则，应用（　　）台整流模块并联。
   A. 15　　　　　　B. 16　　　　　　C. 17　　　　　　　D. 18

2. 铅酸蓄电池放电的过程中，正负极上的活性物质变成了（　　）。
   A. $PbSO_4$　　　B. PbO_2　　　C. Pb　　　　　　　D. H_2

3. 对阀控式密封铅酸蓄电池应每年至少做一次核对性放电试验，试验时放出电量为蓄电池额定容量的（　　）。
   A. 50%以上　　　B. 40%～50%　　C. 30%～40%　　　D. 低于 30%

4. 只有当市电故障时，逆变器才工作的 UPS 是（　　）。
   A. 在线式 UPS　　B. 互动式 UPS　　C. 双变换 UPS　　　D. 后备式 UPS

5. 两台 80kVA 容量 UPS 供电系统以冗余并联方式运行，负载为 65kVA。当 UPS1 出现故障后，UPS 供电系统将发生下列哪种动作？（　　）。
   A. UPS1 转旁路带全部负载　　　　　B. 由两台 UPS 共同带载，并由电池供电
   C. USP1 退出，UPS2 带全部负载　　 D. UPS1 退出，UPS2 转由电池继续供电

选择题 05（2021 年真题）：

1. 直流供电系统的主要设备中，负责交流电源的接入和负荷分配的设备是（　　）。
   A. 交流配电屏　　B. 直流配电屏　　C. 蓄电池　　　　　D. 整流设备

2. 为了防止高频开关整流器产生过多的谐波电流而污染电网，或干扰其他用电设备，高频开关整流器的电路中需有（　　）。
   A. 检测电路　　　　　　　　　　　　B. 整流滤波电路
   C. 逆变电路　　　　　　　　　　　　D. 功率因数校正电路

3. 在对开关电源系统的整流模块进行替换时，以下操作顺序正确的是（　　）。
   A. 拆卸→安装　　　　　　　　　　　B. 断电→拆卸→通电→安装
   C. 断电→拆卸→安装→通电　　　　　D. 断电→安装→拆卸→通电

4. 在阀控式密封铅酸蓄电池的使用过程中，若发现蓄电池组中有两只以上单体电池的浮充电压低于 2.18V，则需对蓄电池组进行（　　）。
   A. 补充充电　　　B. 均衡充电　　　C. 容量实验　　　　D. 快速充电

5. 两台 100kVA 容量的 UPS 供电系统以冗余并联方式运行，若负载为 120kVA，当 UPS1 出现故障后，UPS 供电系统将发生下列哪种动作（　　）。
   A. UPS1 和 UPS2 都转旁路，由蓄电池继续供电
   B. UPS1 退出，UPS2 带全部负载

C. UPS1 和 UPS2 都转旁路，由市电继续供电
D. 停电检修

选择题 06（2022 年真题）：

1. 不间断电源系统中，可在市电故障而机组未启动供电前提供短时间的不间断供电的设备是（   ）。
    A. 高频开关整流器   B. 直流配电屏
    C. 电力变压器   D. 蓄电池组

2. 直流供电系统的基础电压范围内的 3 种工作电压之间的关系是（   ）。
    A. 浮充电压＞均衡电压＞终止电压   B. 浮充电压＞终止电压＞均衡电压
    C. 均衡电压＞浮充电压＞终止电压   D. 均衡电压＞终止电压＞浮充电压

3. 阀控式铅酸蓄电池充电至终了时，充电电流小于 $0.01C_{10}A$，此时充入电池的电流大部分用于（   ）。
    A. 电解水   B. 维持电池内氧循环
    C. 维持活性物质的恢复   D. 补偿电池的自放电损失

4. 在线式 UPS 的主要电路中，将市电整流所得的直流电压或蓄电池的电压变换成交流电压的电路是（   ）。
    A. 逆变电路   B. 保护电路
    C. 功率因数校正电路   D. 锁相电路

5. UPS 采用双机并联冗余供电的方式时，要求系统所带的负载（   ）。
    A. 不能超过单台 UPS 电源的容量
    B. 可大于单台 UPS 电源的容量
    C. 只要小于 2 台 UPS 电源的容量之和即可
    D. 可等于 2 台 UPS 电源容量之和

三、判断题

判断题 01（2013 年真题）：

1. 通信电源系统可采用集中供电方式、分散供电方式，其中集中供电方式通常设备集中，便于维护，且供电容量大。（   ）

2. 高压配电网的基本接线方式中的放射式配电方式，是指由总降压变电所引出的各路高压干线沿市区街道敷设，各中小型企业变电所都从干线上直接引入分支线供电。（   ）

3. 高阻配电方式的配电汇流排或馈线的电阻，相对于低阻配电方式较高，阻值可在 45MΩ 以上。（   ）

4. 在直流供电设备中，直流配电屏是直流供电系统的枢纽，它负责汇接直流电源与对应的直流负载，通过简单操作完成直流电能的分配，输出电压的调整及工作方式的转换等。（   ）

5. 直流供电系统的配电方式有低阻配电和高阻配电两种配电方式，其中直流高阻配电方式的优点是：直流供电回路压降很小，供电经济性高；缺点是：直流供电安全性较差。（   ）

判断题 02（2013 年真题）：

　　1. 在通信系统中，当出现个别整流模块损坏时，通常采用整流模块整机更换方式排除故障，在更换时，需要先切断对通信系统的供电再进行更换。（　　）
　　2. 安装阀控式铅酸蓄电池，机房应配有通风装置，温度不宜超过 28℃；安装的阀控式铅酸蓄电池组要远离热源和易产生火花的地方，应避免阳光对电池直射。（　　）
　　3. 高频开关型整流器中，衡量功率变换电路的性能主要考虑有：功率转换过程中效率是否高；功率变换电路的体积是否小。（　　）
　　4. 柴油机不宜在低速情况下长期运转，因此柴油发电机组启动成功后，应迅速调整到额定转速。（　　）
　　5. 蓄电池在使用过程中，有时会产生密度（比重）、端电压等不均衡情况，为防止这种不均衡扩展成为故障电池，所以要定期履行浮充充电。（　　）

判断题 03（2013 年真题）：

　　1. 不同厂家、不同型号、不同容量蓄电池可以并联使用。（　　）
　　2. 对于大型数据中心机房，提倡采用几个中等容量 UPS 分散供电代替单一大容量 UPS 集中供电。（　　）
　　3. 采用高频开关型整流器的局（站），应按 $n+1$ 冗余方式确定整流器配置，其中 n 只主用，$n \leq 10$ 时，1 只备用；$n > 10$ 时，每 10 只备用 1 只。（　　）
　　4. 电源馈线的规格应符合下列要求：通信用交流中性线可采用比相线截面面积稍小的导线；直流电源馈线按近期负荷确定；接地导线采用铝心导线。（　　）
　　5. 交流配电屏的主要作用在于：给开关电源系统的整流器提高交流电源，所以开关电源系统的交流屏往往使用厂家配套的产品。（　　）

判断题 04（2017 年真题）：

　　1. 蓄电池由正极、负极、电解质、隔离物和容器组成，其中正负极的活性物质是电解质起物理反应，对电池产生电路起着主要作用。（　　）
　　2. 隔板腐蚀是阀控式电池失效的重要原因。（　　）
　　3. 内燃机连杆的作用是将活塞承受的气体压力传给曲轴，使活塞的往复直线运动变为曲轴的旋转运动。（　　）
　　4. 旋转磁极式同步发电机在工作过程中，电枢是旋转的，磁极是固定的。（　　）
　　5. 柴油发电机组启动成功后，应先将其低速运转一段时间，然后再逐步调整到额定转速空载运转一段时间，最后按要求加负载。（　　）

判断题 05（2018 年真题）：

　　1. 直流电源屏位于整流器与通信负载之间，主要用于电源的接入与负荷的分配，即整流器、蓄电池组的接入和直流负荷分路的分配。（　　）
　　2. 在通信电源系统中，蓄电池仅起防止瞬间断电的作用。（　　）
　　3. 阀控式铅酸蓄电池的电解液是活性物质之一，必须有一定的密度（比重）才能保证电化学反应的需要，因此电解液的密度（比重）越高越好。（　　）

4. 无论市电正常与否，在线式 UPS 的逆变器始终处于工作状态，因此能实现对负载真正的不间断供电。（　　）

判断题 06（2020 年真题）：

1. 为了保证人身和设备安全，电压互感器在运行时其二次绕组、铁心和外壳都必须可靠接地。（　　）
2. 在不影响变压器绕组的绝缘和不减少变压器正常使用寿命的条件下，变压器允许在时间不长的情况下过负载使用。（　　）
3. 柴油发电机组启动后，可以立即进入全负荷运转。（　　）
4. 直流供电系统的均衡电压通常低于它的浮充电压。（　　）
5. 在开关电源系统的运行中，若需要增加负载，新增负载设备接入时必须带电操作。（　　）

判断题 07（2021 年真题）：

1. 高频开关整流器的主电路要完成从交流电源输入转换到低压直流电源的全过程。（　　）
2. 高频开关整流器的负载均分电路中，多个高频开关整流器模块以串联方式进行供电。（　　）
3. 蓄电池组处于全浮充运行方式时，在昼夜时间内都由整流设备和蓄电池组来给负载供电。（　　）
4. 同一蓄电池在不同的放电率下，放出的容量不同，放电率越高，放电电流越大，放出的容量越大。（　　）
5. 在后备式 UPS 中，只有当市电出现故障时，逆变器才启动进行工作。（　　）

判断题 08（2023 年真题）：

1. UPS 是一种电力变换系统，它以市电为交流输入电源，将交流输入电源进行适当变换后，为关键负载提供稳定可靠的直流电源。（　　）
2. 在直流供电系统中，交流配电屏用来进行交流电源的接入与负荷分配，同时具有过电压、欠电压等告警功能以及过电流、防雷等保护功能。（　　）
3. 高频开关整流器的负载均分电路中，多个高频开关整流器模块以并联方式向负载供电。（　　）
4. 在高压直流供电系统中，当出现个别整流模块损坏时，通常采取整流模块整机更换方式排除故障；在更换时，需要先切断对通信系统的供电再进行更换。（　　）
5. 阀控式密封铅酸蓄电池和防酸隔爆式铅酸蓄电池同为通信用后备蓄电池，可以在同一供电系统中使用。（　　）

四、问答题

1. 简述在线式 UPS 三种常见的供电模式（**2012 年真题**）。

2. 某交换局使用的直流耗电量为 500A/48V，要求配置的蓄电池组后备时间为 3h，请核算出所需的 100A 整流模块及电池组配置。（K：安全系数取 1.25，η：放电容量系数取 0.75，α：电池温度系数取 0.008，t：使用温度按 20℃计算，电池组有 100Ah、200Ah、500Ah、1000Ah 容量可选，充电限流值取 0.125，必须写出主要计算过程）（2012 年真题）。

3. 引发蓄电池失效的原因有板栅腐蚀及增长、电解液干涸、负极硫酸化、早期容量损失、热失控等，其中负极板硫酸化是较为普遍的一种失效模式，请简要描述什么是蓄电池的负极板硫酸化及其主要形成原因（2012 年真题）。

4. 采用直流系统为通信设备供电，其直流设备基础电压通常是多少？对供电质量有什么要求（2014 年真题）？

5. 简述 UPS 电源设备的基本维护要求（2014 年真题）。

6. 铅酸蓄电池电极以铅及其氧化物为材料，在通信系统中应用广泛。试简述铅酸蓄电池电动势产生的机理（2015 年真题）。

7. 简述影响铅蓄电池容量的因素（2017 年真题）。

8. 简述影响铅蓄电池寿命的主要因素（2018 年真题）。

9. 高频开关整流器是直流供电系统的主要设备之一，因其体积小、重量轻、功率因数和可靠性高等特点在通信局（站）中得到普遍应用。请简述高频开关整流器的工作过程（2019 年真题）。

10. 简述 UPS 的主要功能（2020 年真题）。

11. 简述造成阀控式密封铅酸蓄电池失效的因素（2021 年真题）。

12. 简述 UPS 电路中为何需要锁相电路（2021 年真题）。

13. 阀控式铅酸蓄电池组是通信局（站）不间断电源系统中不可缺少的重要设备，为保障电池组安全高效地运行，其安装要遵循一定的原则，在运行的过程中也要满足一定的环境要求。请简述阀控式蓄电池的安装原则及运行过程中对环境的要求（2022 年真题）。

14. 近年来，通信行业已开始使用高压直流供电系统，并制定了相应的行业标准。请简述高压直流供电系统的优点（2022 年真题）。

15. 请简述蓄电池在通信电源系统中可以起到哪些作用（2023 年真题）。

真题参考答案

一、填空题

填空题 01（2012 年真题）：

【答案】高频开关电源结构框图如图 3-65 所示。

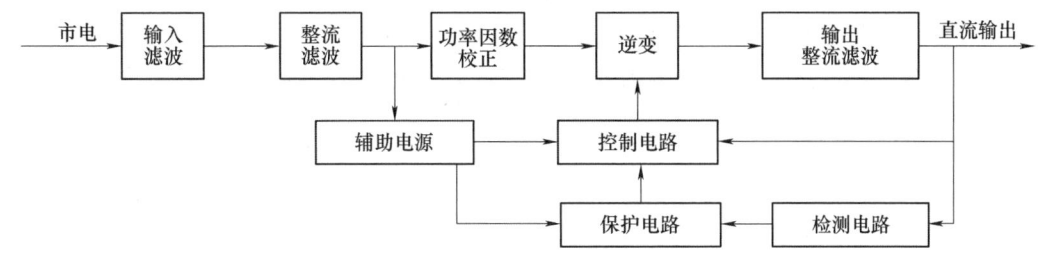

图 3-65 高频开关电源结构框图

试题分析：本问题考查高频开关电源的结构组成。

【试题解析】

开关电源的基本电路包括两部分：一是主电路，指从交流电源输入到直流电源输出的全过程，主要完成功率转换任务；主电路主要包括输入滤波电路、工频整流滤波电路、功率因数校正电路、逆变电路（DC/DC 变换器）以及输出滤波器等。二是检测控制电路（辅助电路），为主电路变换器提供激励信号，以控制主电路的工作，实现输出稳定或调整的目的。检测控制电路主要包括检测电路、保护电路、控制电路以及辅助电源等。

填空题 02（2012 年真题）：

【答案】1.（1）零电流关断；（2）零电压开通；（3）有源功率因数校正；（4）无源功率因数校正；（5）电压；（6）电流；（7）3.2；（8）2.6；（9）负载均分；（10）主从负载均分；（11）自动平均均流。

2.（12）鉴相器；（13）低通滤波器；（14）压控振荡器；（15）相位；（16）频率；（17）幅值；（18）相位；（19）频率。

3.（20）直流纹波电压。

试题分析：本试题考查对高频开关整流器和不间断电源（UPS）方面知识的识记。

【试题解析】

1. 本小题考查开关整流器主要电路方面的知识。开关电源在功率变换电路上利用谐振技术广泛采用了软开关技术，软开关技术主要包括零电流关断（Zero Current Switch，ZCS）和零电压开通（Zero Voltage Switch，ZVS）。功率因数校正电路主要用来提升开关电源的功率因数，常用的功率因数校正电路有：有源功率因数校正和无源功率因数校正。检测电路中常用的分流器实质上是一个电阻器件，其原理是通过检测电压来检测电流。通信中常用的开关电源电压类型为 −48V 和 24V，其允许的回路全程压降为 3.2V 和 2.6V。由于通信电源系统容量的增加，需采用均流技术以满足多个模块共同工作的要求。常用的开关电源均流技术有负载均分、主从负载均分和自动平均均流。

2. 本小题考查 UPS 电源的主要电路的相关知识。UPS 通常由以下几部分电路组成：输入整流滤波电路、功率因数校正电路、充电电路、逆变电路、静态开关与锁相电路、控制监测显示及保护电路等。其中锁相电路由三个基本部件组成，即鉴相器、低通滤波器和压控振荡器。锁相电路用于检测两个交流电源的相位差并将其变成一个电压信号去控制逆变的输出电压相位与频率，从而保持逆变器与交流电源的同步运行。当 UPS 从逆变回路向旁路切换时必须保证幅值、相位和频率均相同，才能保证输出不中断。

3. 本小题考查 UPS 电源设备维护方面的知识。UPS 中直流电容的老化会对设备运行带来较大的隐患，当其老化时，变化最显著的参数量是直流纹波电压，应重点检测。

填空题 03（2012 年真题）：

【答案】1.（1）PbO_2（二氧化铅）；（2）Pb（铅）。

2.（3）小；（4）0.75。

3.（5）（6）（7）蓄电池单独向负载供电 15min 以上；蓄电池组中有 2 只以上单体浮充电压低于 2.18V；蓄电池深放电后容量不足，或放电深度超过 20%；蓄电池组搁置不用时间超过 3 个月或全浮充运行达 6 个月（注：上述四个答案有其中三个即可）。

4.（8）充电量不小于放出电量的 1.2 倍；（9）充电后期，充电电流小于 $0.005C_{10}A$；充电后期，（10）充电电流连续 3 小时不变化。

试题分析：本问题考查对蓄电池基本知识的识记。

【试题解析】

1. 本小题考查阀控式铅酸蓄电池的正负极板的活性物质。正极为 PbO_2（二氧化铅），负极为 Pb（铅）。

2. 本小题考查铅酸蓄电池实际容量与放电电流的关系，放电电流越大，则放出的蓄电池容量越小，反之亦然。正常情况下（10h 率放电），当电压降到 1.80V（2V 电池）时就不可以再放电了，否则就会因过放电而损坏蓄电池。10h 率容量是指在 10h 内将电正常放（用）完，则放出的电量大约等于蓄电池的额定容量；3h 率容量是指在 3h 内将电正常放（用）完，则放出的电量大约等于蓄电池额定容量的 75%；1h 率容量是指在 1h 内将电正常放（用）完，则放出的电量大约等于蓄电池额定容量的 55%。例如额定容量为 60Ah 的蓄电池组用 10h 率放电，则其放电电流为 60Ah/10h = 6A，其放出的电量为 60Ah；3h 率放电，放电电流为 60Ah/3h = 20A，则放出的电量就大约等于 60Ah 的 75%，即只有 45Ah；用 1h 率放电，放电电流为 60h/1h = 60A，则放出的电量大约等于 60Ah 的 55%，即只有 33Ah。

3. 本小题考查阀控式铅酸蓄电池的充电方式。通信用的阀控式铅酸蓄电池充电方式主要是浮充充电和均衡充电。蓄电池在使用过程中，有时会产生密度、端电压等不均衡情况，为防止这种不均衡扩展成为故障电池，所以要定期履行均衡充电。合适的均充电压和均充频率是保证电池长寿命的基础，平时不建议均充，因为均充可能造成电池失水而早期失效。

在通信电源维护实践中，密封蓄电池应在以下情况进行均衡充电：①阀控式铅酸蓄电池组单独向通信负荷供电 15mim 以上。②阀控式铅酸蓄电池组中有两只以上单体电池的浮充电压低于 2.18V。③阀控式铅酸蓄电池组深放电后容量不足，或放电深度超过 20%。④阀控式铅酸蓄电池搁置不用时间超过 3 个月或全浮充运行达 6 个月。

4. 本小题考查阀控式铅酸蓄电池充电终止的判定。在通信电源系统维护实践中，密封蓄电池充电终止的判断依据如下。①充电量不小于放出电量的 1.2 倍。②充电后期，充电电流小于 $0.005C_{10}$（A）。③充电后期，充电电流连续 3 个小时不变化。如果达到上述三个条件之一，即可视为充电终止。

填空题 04（2013 年真题）：

【答案】1.（1）主电路；（2）控制与辅助电路（或检测控制电路）。

2. （3）电容器；（4）0.90（填写 0.90～0.99 均可）。
3. （5）先断电后拆卸；（6）负载端；（7）地线。
4. （8）工作电压；（9）变大（或增大）。
5. （10）均衡充电；（11）蒸馏水。
6. （12）声音异常；（13）将水放掉。
7. （14）交流电源后备；（15）后备式（Off Line，或离线式）。

试题分析：本题考查高频开关整流器、蓄电池、柴油发电机组和不间断电源系统相关知识的识记。

【试题解析】

1. 本小题考查开关电源的结构组成及其基本工作原理。开关电源的基本电路包括两部分：一是主电路，指从交流电源输入到直流电源输出的全过程，主要完成功率转换任务；二是控制与辅助电路（检测控制电路），为主电路变换器提供激励信号，以控制主电路的工作，实现输出稳定或调整的目的，包括控制电路、检测电路、保护电路以及辅助电源等。

2. 本小题考查功率因数补偿和功率因数指标。对于感性负载电路，采用并联电容器来补偿无功功率，便可提高功率因数（$\cos\varphi$；对于非线性负载电路，如整流设备等，则可通过功率因数校正电路来提高设备的总功率因数）。整流模块的功率因数应 $\geqslant 0.90$（采用先进的功率因数校正技术可以达到 0.99 以上）。

3. 本小题考查开关电源系统的扩容与增载。

（1）开关电源系统的模块扩容。当开关电源系统模块配置小于额定容量时，模块机架或机柜上的模块安装槽位是空闲的，为了不影响整机的美观，出厂时生产商会将模块空闲槽位用假面板装饰。当用户对系统进行扩容时，就需要拆除相应的假面板，以便插装新的整流模块。加装新模块时，将整流模块插入空槽位并固定。型号比较旧的机型拆装过程中要严格按照"先安装后通电，先断电后拆卸"的顺序进行。安装好新模块后，通常需要在监控模块中设置相应的模块参数。随着技术的发展，目前开关电源模块可在线更换（即具有热插拔功能），但在可能的情况下，最好还是按上述步骤"先安装后通电，先断电后拆卸"进行。

（2）开关电源系统的负载增加。电源设备在安装运行初期，往往负载没有全部投入运行，而通信负载运行后一般不允许断电，因此新增负载设备接入时必须带电操作。增加直流负载首先应做好施工设计，选定将使用的负载熔丝（熔断器）或断路器。电缆连接操作先从负载端开始，连接次序为先接地线，后接 −48V 输出熔丝或断路器。连接前，需用熔丝手柄拔下直流输出支路的熔丝，或将断路器置于断开位置，使用的操作工具须经过绝缘处理，并且要制定可能发生事故的处理对策。应根据具体的走线路径和负载容量，选择电缆的长度和线径。负载电缆正、负极应有明显的颜色区分，一般正极为黑色，负极为蓝色。若电缆只有一种颜色，应有线号标记或在电缆线两端用不同颜色的绝缘胶布进行标记。电源线缆应该整段裁剪，不得在中间接头，负载电缆、信号电缆及用户电缆尽可能分开，以免相互影响。一定容量的负载线应接在相应容量的熔丝或断路器上，以防止熔丝或断路器保险过大，负载短路时保险不起作用。一般熔丝容量或断路器容量选择为负载峰值的两倍左右。

4. 本小题考查影响蓄电池的寿命的因素。阀控式电池的循环寿命常依赖于电池每次循环过程中的放电深度。根据影响阀控式电池寿命的因素，我们可以从三方面来判断蓄电池的寿命：内阻、工作温度和工作电压。在电池寿命终了时内阻增加，内阻增加是由于活性材料损耗，导致容量减少。

5. 本小题考核蓄电池的充电方式。铅酸蓄电池的充电方式有浮充充电、均衡充电和快速充电等多种方式。通信用铅酸蓄电池的充电方式主要是浮充充电和均衡充电两种方式。防酸隔爆式电池的液面应高出极板上缘1～20mm，有液面上、下限刻度的应保持在上、下限之间，当低于上述要求时应及时补加蒸馏水（不是电解液，更不是浓硫酸），并进行充电。

6. 本小题考查柴油机运转的异常现象和柴油发电机组的停电操作。柴油机经长期运转后，发生了故障，通常会遇到下列几种现象：①声音异常。运转时发出不正常的敲击声、放炮声、吹嘘声、排气声、周期性的摩擦声等。②运转异常。柴油机不易启动、工作时出现剧烈震动，拖不动负载，转速不稳定等。③外观异常。排气管冒白烟、黑烟、蓝烟，出现漏油、漏水和漏气等现象。④温度异常。机油温度或冷却水温度过高，轴承过热等。⑤气味异常。运行时，发出臭味、焦味、烟味等气味。应注意：严冬季节发动机的冷却水箱应加注与环境温度相适应的防冻液。如果条件所限，无保温措施，停机半小时左右（不能立即放掉冷却水，以免缸体温度过高，翘曲变形。轻则产生漏气漏水，重则导致发动机损坏）待发动机冷却一会后应将水全部放掉，以免冻裂冷却水箱和气缸体，造成不必要的损失。

7. 本小题考查UPS的主要功能和分类。

（1）UPS的主要功能：①双路电源之间的无间断切换。两路电源可通过UPS实现无间断切换。②隔离干扰功能。在UPS中，交流输入电压经整流滤波后，加入逆变器，逆变器对负载供电。这样可将电网瞬时间断、谐波、电压波动、频率波动及噪声等电网干扰与负载隔离，既可以使负载不干扰电网，又可以使电网中的干扰不影响负载。③交流电压变换功能。UPS可以将（可能不稳定的）输入电压变换成需要的（稳定）电压。④交流频率变换功能。UPS可将（可能不稳定的）输入电压频率变换成需要的（稳定）频率。⑤交流电源后备功能。UPS中的蓄电池，储存一定的能量，市电间断时蓄电池通过逆变器可继续供电。其后备时间可以为5min、10min、15min、30min、90min，甚至更长。

（2）UPS分类：根据UPS的工作方式不同，UPS可分为后备式（Off Line，亦称其为离线式）、在线式（On Line）和在线互动式（Line Interactive）等形式。另外还有：三端口式和Delta变换式等。

填空题05（2015年/2016年真题）：

【答案】1.（1）接地系统。

2.（2）短路。

3.（3）功率因数（总功率因数）。

4.（4）浮充电压。

5.（5）直流配电屏。

试题分析：本试题考查对交直流供电系统相关知识的识记。

【试题解析】

1. 本小题考查通信电源系统的组成。通信电源系统由交流供电系统、直流供电系统、接地系统、防雷系统（在有的通信电源专业书籍里，将防雷系统和接地系统合写为防雷接地系统，在各种考试时视情况回答问题）和监控系统等组成。

2. 本小题考查常用高压熔断器的作用。高压熔断器在高压电路中是一种最简单的保护电器。在配电网络中常用来保护配电线路和配电设备。即当网络中发生过载或短路故障时，可以用熔断器自动地切断电路，从而达到保护电气设备的目的。

3. 本小题考查功率因数补偿的措施。为了降低无功功率消耗，提高自然功率因数，通常采用下列措施：①正确选择变压器容量，提高变压器的负荷率，一般变压器的负荷率在75%～80%比较合适。变压器负荷率越低，功率因数越差；②合理选择电动机等设备，使其接近满载运行。③对于线性负载，采用并联电容器来补偿无功功率，便可提高功率因数；对于非线性负载（如整流设备），则可通过功率因数校正电路来提高设备的（总）功率因数。

4. 本小题考查基础电压内，数字通信设备供电系统（蓄电池）工作电压的分类。基础电压范围内的工作电压有三种：浮充电压、均衡电压和终止电压。

5. 本小题考查直流供电系统的主要设备。直流供电系统主要由整流器、蓄电池组、DC/DC直流变换器、逆变器以及直流配电屏等组成。

填空题06（2015年真题）：

【答案】1.（1）–48。

2.（2）负荷开关带熔断器保护；（3）油断路器保护。

3.（4）变压器；（5）低压配电设备。

【试题解析】

试题分析：本试题考查对通信电源系统设计及配电工程相关知识的识记。

1. 本小题考查电源设计的需求分析。一般而言，通信局（站）用直流基础电源电压为–48V，现网中也有部分使用24V电源的情况。随着技术的发展，所谓的"高压"直流240V和336V系统在部分通信局（站）试点运行，这是今后的发展方向。

2. 本小题考查高压交流供电系统设计考虑因素之一，变压器保护方式的选择。①变压器采用熔断器保护。结构简单，维护方便，并节省投资，但熔断器作短路保护用，适合于320kVA以下变压器，此时操作变压器须规定操作顺序。②采用负荷开关带熔断器保护，在高压侧能切断带负荷变压器，无须规定先低压后高压的操作顺序。③变压器采用油断路器保护，具有比较完整的保护性能。变压器可装过电流及短路保护，630kVA以上变压器可装瓦斯保护。当变压器内部出现故障或低压侧短路时，变压器侧油断路器跳闸，故障变压器跳闸后，另一台变压器仍能正常工作。断路器的断流容量大，如SN-10型少油断路器，其断流容量在10kVA下为300～500MVA，在系统短路容量较大和选用变压器容量较大的情况下，采用少油断路器保护。在通信企业中，一般变压器初装容量在320kVA以上的均采用此方案。

3. 本小题考查交流供配电系统设备配置方面的知识。高低压交流供配电系统由高压配电设备、变压器、低压配电设备、电容补偿器和自备交流电源（如柴油发电机组）组成。

填空题07（2017年真题）：

【答案】1.（1）不可用度。2.（2）分散供电。3.（3）蓄电池（组）。4.（4）主从负载均分。5.（5）–48（–48或24）。

试题分析：本试题考查对通信电源系统基础知识和高频开关电源相关知识的识记。

【试题解析】

1. 通信设备或系统对电源系统的基本要求包括：供电可靠性、稳定性、经济性和灵活性，可靠性是指一般通信设备发生故障影响面较小时，是局部性的。如果电源系统发生直流供电中断故障，则影响几乎是灾难性的，往往会造成整个电信局、通信枢纽的通信中断。

电源系统的可靠性一般用不可用度指标来衡量。不可用度指标是指：因电源系统故障而引起的通信系统阻断的时间与阻断时间和正常供电时间之和的比。即：

为了确保可靠供电，由交流电源供电的通信设备都应当采用不间断电源（UPS），在直流供电系统中，应当采用整流器与电池并联浮充供电方式。现在较先进的开关整流器都采用多个整流模块并联工作的方法，这样当某一个模块发生故障时不会影响供电。

2. 根据通信行业标准《通信局（站）电源系统总技术要求》（YD/T 1051—2018），通信局（站）根据其重要性、规模大小分为以下几类。

一类局站：国家级枢纽、容灾备份中心、省会级枢纽通信楼、核心网局、互联网安全中心、省级的 IDC（Internet Data Center）数据机房、网管计费中心、国际关口局。

二类局站：地市级枢纽、国家级传输干线站、地市级的 IDC 数据机房、卫星地球站、客服大楼。

三类局站：县级综合楼、省级传输干线站。

四类局站：末端接入网站、移动通信基站、室内分布站等。

针对不同的局（站）类型，通信电源系统通常采用集中供电、分散供电和混合供电三种不同的供电方式。一般而言，系统供电方式应尽可能实行各机房分散供电，设备特别集中时才考虑采用专设电力室集中供电，对高层通信大楼可采用分层供电方式。

（1）集中供电方式电源系统

集中供电方式是指将电源设备集中安装在电力室和电池室，通信用电能经统一变换分配后集中向各通信设备供电的方式，如图 3-66 所示。

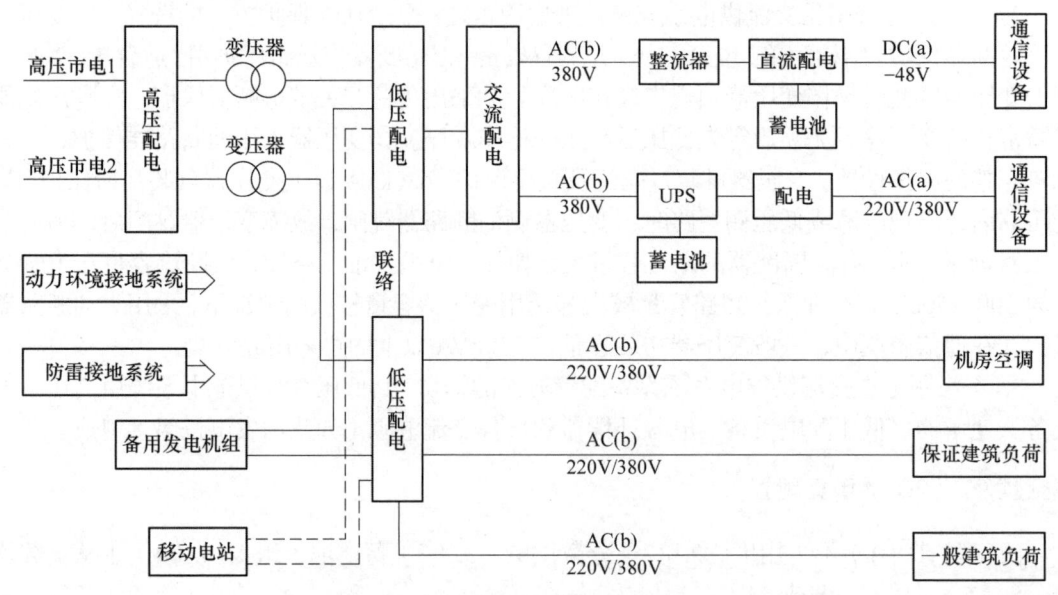

图 3-66　集中供电方式电源系统

注：图中（a）表示不间断；（b）表示可短时间中断

集中供电方式电源系统中电源设备布放的最大特点是集中，电力室配置的设备主要包括交流配电设备、整流器（高频开关电源系统）、直流配电设备、蓄电池组等，各专业机房从电力室直接获得所需工作电压等级的直流电能，其他设备、仪表所需使用的交流电能通常也从电力室直接获取。

但在集中供电方式中，由于电源设备远离通信负荷中心，直流输电线路长、损耗大，系统安装和运行费用较高，供电可靠性较差，系统扩容不便。随着通信技术的发展，通信设备对电源系统提出了更高的质量要求，集中供电方式存在的一些问题也愈发明显。

（2）分散供电方式电源系统

高频开关电源系统和阀控式密封铅酸蓄电池的出现使得通信电源系统采用分散式供电方式成为可能。分散供电方式电源系统组成框图如图3-67所示。采用分散供电方式时，交流部分仍采用集中供电方式，其组成与集中供电方式相同。但将直流供电系统的电源设备（整流器、蓄电池组、交直流配电屏）移至通信机房内，依据通信系统的具体情况有多种分设方法，可以分楼层设置，也可分机房设置，甚至可以根据通信设备分组设置。阀控式密封铅酸蓄电池组可设置单独的电池室，也可与通信设备放在同一机房内。显然，对于分散供电方式电源系统而言，电力室成为单纯交流配电的部分，直流部分的电源设备化整为零，在各个分设的直流供电系统中，每个系统配置的蓄电池组容量都较小。

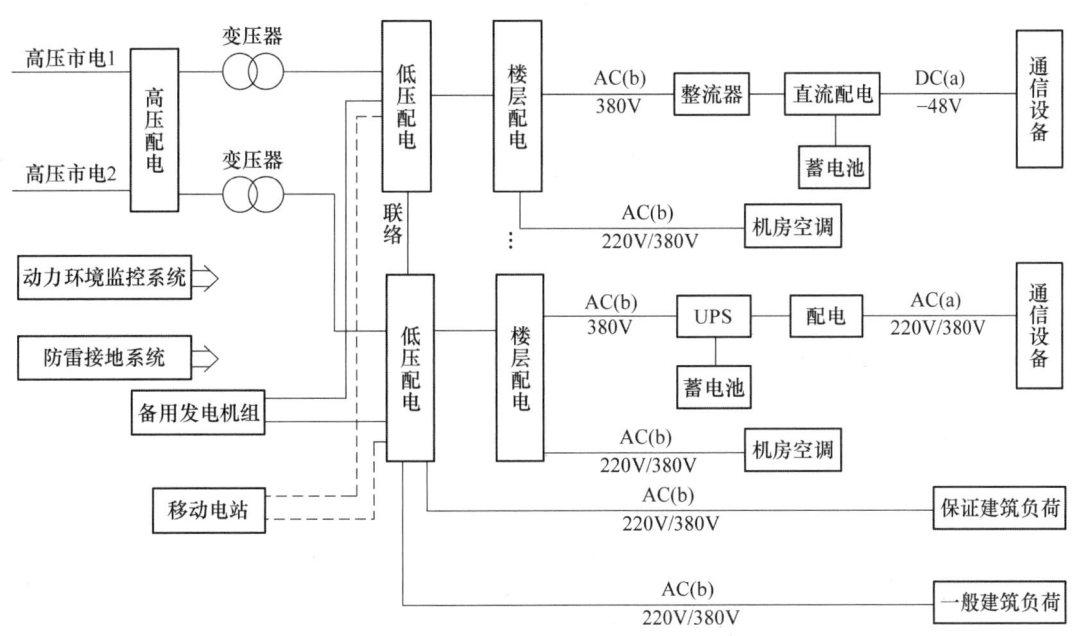

图 3-67　分散供电方式电源系统

注：图中（a）表示不间断；（b）表示可短时间中断。

分散供电方式将所保障通信系统中的设备分为几部分，每部分都由容量合适的电源设备供电，不仅能充分发挥电源设备的性能，而且还能大大减小因电源设备故障造成的不利影响。可靠性高，经济效益好，能合理配置电源设备。因此，在条件许可的情况下，新建或改造通信局（站）电源系统时应优先考虑采用分散供电方式的可行性。

（3）混合供电方式电源系统

对于地处偏远地区市电供电质量不高的通信局（站），如果有可资利用的自然能，通常可采用交流市电电源与太阳能光伏发电（或风力发电）组成的混合供电系统。采用混合供电方式的电源系统主要由太阳能光伏发电系统、风力发电系统、低压市电、蓄电池组、交流配电设备、整流器及移动电站等组成，如图 3-68 所示。

为了降低系统造价，对微波无人值守中继站、光缆无人值守中继站、通信基站等通信系统普遍采用市电与自动化柴油发电机组相结合的交流供电系统形式，市电供电中断后，柴油发电机组在规定的时间内自行启动，保证交流电源不中断或只有短时间中断。在交流电源中断期间，通信设备的供电由蓄电池组保证。

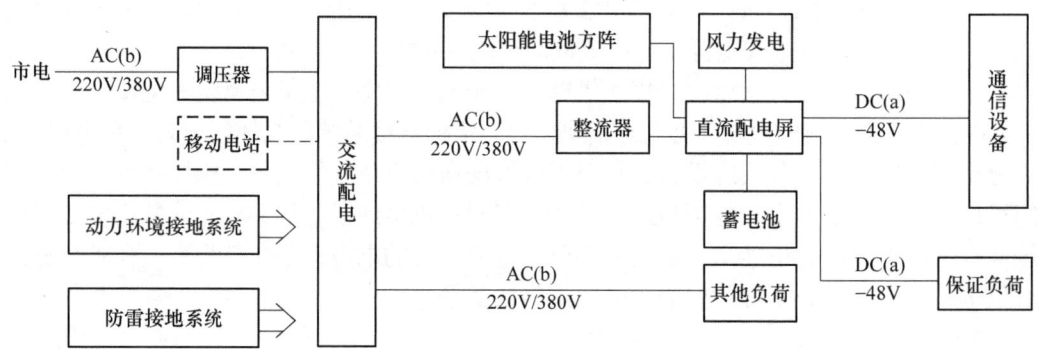

图 3-68　混合供电方式的电源系统

注：图中（a）表示不间断；（b）表示可短时间中断

3. 通信局（站）的直流供电系统主要由整流设备、蓄电池组以及直流配电屏等组成。直流供电系统向各种通信设备、直流变换（DC/DC）器和逆变器（DC/AC）等提供直流不间断电源。整流设备与蓄电池组通过与直流配电屏并联向负载供电，以实现不间断供电和稳定供电的目的。

整流设备：将低压交流电变成所需直流电。

蓄电池组：在通信电源中蓄电池作为备用能源使用。蓄电池正常工作情况下是与整流器并联工作的。在交流电停电时，自动向直流负载供电，保证供电连续不间断；当交流电正常供电时，它可以等效为一个充分大的电容器，滤掉整流器输出的各种杂音，保证直流电的纯度，蓄电池的容量越大，直流电的纯度越高。

直流配电屏：将整流器的输出端、蓄电池组和负载连接起来，构成全浮充工作方式的直流不间断电源供电系统。直流配电是直流供电系统的枢纽，它负责汇接直流电源与对应的直流负载，通过简单的操作完成直流电能的分配、输出电压的调整以及工作方式的转换等。

直流/直流变换器：是一种将直流基础电源转变为其他电压等级的直流变换装置。目前通信设备的直流基础电源电压规定为 −48V，由于在通信系统中仍存在 24V 通信设备及 ±12V 和 ±5V 集成电路的工作电源，因此有必要将 −48V 基础电源通过直流/直流变换器变换到相应电压种类的直流电源，以供各种设备使用。

4. 常用的高频开关整流器的负载均分电路有简单负载均分电路、主从负载均分电路和自动平均均流电路等均流方式。

（1）简单负载均分电路方式

当负载所需的电流不大，且并联的整流器数量较少时，可采取简单的限流并联方式来达到一定的均流效果。这种并联均流方式首先要把并联的各台整流器在同样的输出电流下，将输出电压尽可能调节到相互接近的电压值上，而且各台整流器输出端与负载之间的连线电阻应尽可能对称。因为这种简单的并联均流的效果主要决定上述条件。当电源合闸开机时，先启动和输出电压稍高一些的整流器会出现短暂的限流现象，当第一台整流器进入限流时，其输出电压稍有下降，下降到和第二台整流器输出电压相同时，第二台整流器便开始向负载供电，当负载电流大于两台整流器输出电流之和时，第二台整流器也进入限流，输出电压再下降到和第三台整流器输出电压相等，第三台整流器开始向负载供电，这样依此类推。当电源系统输出电流达到负载要求时，启动过程便结束，并联的各台整流器将按照初始时调节的状态均流工作。由此可以看出，参与并联供电的整流器必须具有限流保护功能。这种均流方法简单易行，但并联的整流器数量不宜过多，否则调节输出电压时较麻烦，而且要求并联均流器为相同型号，各台整流器的电压-电流外特性基本一致。同时对各台整流器的动态特性也要求基本一致，避免负载电流突然增加时，造成瞬时均流失调，使电源系统的输出电压大幅度下降。而且当电源系统的输出电流有较大变化时，原先所调节好的均流度可能会变差，而且在初始调节后经过一段时间的运行，由于各台整流器的参数略有变化，或由于温度的变化等，都会引起均流度的变化。所以还需要对各整流器的均流在原有的基础上再进行一次细调。用于这种并联均流方式工作的整流器单机输出电流不宜过大，否则由于某种原因引起系统均流失调时，单个整流器的输出负载将过大。

（2）主从负载均分电路方式

主从负载均分电路方式的工作原理如图 3-69 所示，整流器P_1为主电源，P_2、P_3等整流器的输出电流都以主电源P_1的输出电流在取样电阻R_M上的压降为电流基准，对各自的输出电流跟踪主电源P_1的输出电流进行调节，当负载电流增大时，主电源P_1的电流取样电阻R_M上的压降也随之增大。使从电源P_2和P_3等的电流误差放大器的输出去改变 PWM 控制器的驱动脉冲宽度，以达到输出电压的微小调节，直到其输出电流在取样电阻R_S上的压降与主电源P_1的取样电阻R_M上的压降相同，此时各台整流器的输出电流与主电源P_1相同。这种均流方式只要各台电源的电流取样电阻的阻值相同，并且每台电源输出端接到汇流排上的导线长度相等，汇流排的直流电阻足够小时，无论电源系统的输出电压或负载电流怎样变化，各台并联的整流器电源输出的电流都基本相同。这种主从负载均流方式的缺点是：当主电源P_1发生故障时，电源系统也同样会出现故障。

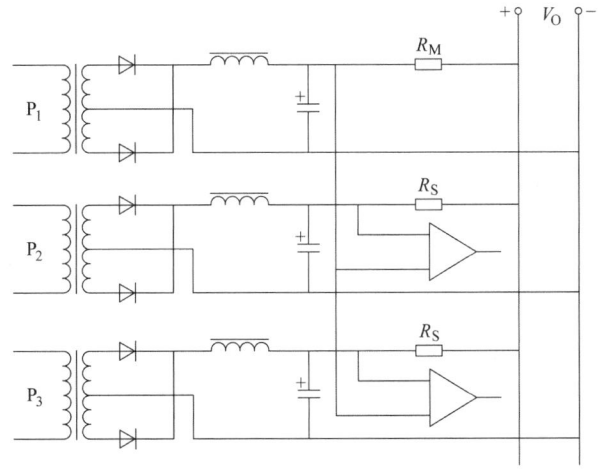

图 3-69　主从均流方式原理图

（3）自动平均均流电路方式

自动平均均流电路方式应用较为普遍，其工作原理是把参与并联工作的整流器内部的电流取样电压 R_S 通过各自的均流电阻 R_a 全部连到电源系统的均流总线上，由于各台整流器内部的电流取样电阻 R_S 和均流电阻 R_a 的阻值都相等，所以在均流总线上得到的电压值是各台整流器电流取样电压的平均值，如图 3-70 所示，P_1、P_2、P_3 为参与并联的各台整流器，电源系统输出电压为各台整流模块输出电压的并联值，V_a 为均流总线上的平均电流取样电压，此电压与各台整流模块内电流取样电阻 R_S 的比值，即为每台整流模块应输出的电流值。

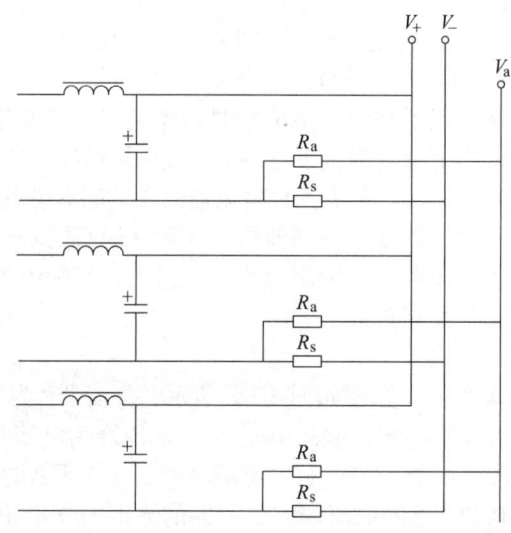

图 3-70　自动平均均流系统连接图

5. 一般而言，通信局（站）用直流基础电源电压为 −48V，现网中也有部分使用 24V 电源的情况。此填空题直接填 −48V 即可，当然填 −48V 或 24V 也没错。

填空题 08（2017 年真题）：

【答案】1.（1）活性物质。2.（2）放电终了电压。
3.（3）柴油。4.（4）感应电势。5.（5）电压稳定时间。

试题分析：本试题考查对蓄电池和发电机组相关知识的识记。

【试题解析】

1. 极板又称电极，有正、负极板之分，它们是由活性物质和板栅两部分构成。正、负极的活性物质分别是棕褐色的二氧化铅（PbO_2）和灰色的海绵状铅（Pb）。极板依其结构可分为涂膏式、管式和化成式。

2. 铅蓄电池以一定的放电率在 25℃ 环境下放电至能再反复充电使用的最低电压称为放电终了电压。

3. 柴油机燃油供给系统的功用是根据柴油机的工作要求，在一定的转速范围内，将一定数量的柴油，在一定的时间内，以一定的压力将雾化质量良好的柴油按一定的喷油规律喷入气缸，并使其与压缩空气迅速而良好地混合和燃烧。它的工作情况对柴油机的功率和经济性有重要影响。

4. 本题是对三相交流同步发电机工作原理的考查，当原动机拖动电机转子和励磁机旋转时，励磁机输出的直流电流流入转子绕组，产生旋转磁场，磁场切割三相绕组，产生三个频率相同、幅值相等、相位差为120°的电动势。对三相交流同步发电机来说，如果转子磁极为一对时，转子旋转一周，绕组中的感应电动势正好变化一次。电机具有两对磁极时，转子旋转一周，感应电动势变化两次。

5. 内燃发电机组作为供电设备，应该向用电设备提供符合要求的电能。其电气性能指标不仅是衡量机组供电质量的标准，也是正确使用和维修机组的主要依据。因此，对于使用和维修人员来说，必须熟悉机组的主要电气性能指标。内燃发电机组的主要电气性能指标包括稳态指标和动态指标两类。

（1）稳态指标

发电机组在一定负载下稳定运行时的电气性能指标称作稳态指标。

1）额定值。

对发电机组而言，额定值就是指机组铭牌上所标示的数据。

① 相数（Phase）：发电机组的输出电压有单相和三相两种。

② 额定频率（Rated Frequency）：内燃发电机组以额定转速运行时的电压频率叫作额定频率。在我国，一般用电设备要求的额定频率为50Hz，特殊用电设备要求的额定频率为400Hz或800Hz（中频），普通发电机组只能发出一种频率的交流电；特殊发电机组可同时产生两种不同频率的交流电。

③ 额定转速（Rated Speed）：目前，中小型内燃发电机组的额定转速一般为1500r/min或3000r/min。随着内燃机结构的改进和制造工艺水平的不断提高，机组的额定转速会逐步提高。但值得注意的是，在其他条件相同的情况下，发动机的转速越高，其工作时产生的噪声也越大，因此不能盲目地提高发动机的转速。

④ 额定电压（Rated Voltage）：内燃发电机组以额定转速运行时的空载电压称为其额定电压。通常，单相内燃发电机组的额定电压为空载230V（加载220V），三相内燃发电机组的额定电压为空载400V（加载380V）。

⑤ 额定电流（Rated Current）：发电机组输出额定电压和额定功率（或额定容量）时的输出电流称为额定电流，单位为安培（A）。

⑥ 额定容量/额定功率（Rated Capacity/Rated Output）：内燃发电机组的额定电压和额定电流之积称为机组的额定容量。单位为伏安（VA）或千伏安（kVA）。发电机组铭牌上通常标出的是额定功率，额定功率等于额定容量与额定功率因数之积，或者等于额定电压、额定电流和额定功率因数三者之积，单位是瓦（W）或千瓦（kW）。

⑦ 最大输出容量/最大输出功率（Max Capacity/Max Output）：允许发电机组短时间超载运行时的输出容量（输出功率），一般为额定输出容量（输出功率）的110%。

⑧ 额定功率因数（Rated Factor）：机组的额定输出功率（有功功率）与额定容量（视在功率）之比称为机组的额定功率因数。当机组容量一定时，其功率因数越高，则其输出的有功功率就越多，机组的利用率也越高。一般情况下，机组的功率因数不允许低于0.8。

2）空载电压调整范围u_z。

机组稳定运行时，其空载电压应能在一定范围内调整，这是由于机组与用电设备之间有一定的电缆电压降，机组应保证在一定的负载下，输出电缆末端仍具有正常的工作电压。一一般情况下，空载电压调整范围为额定电压的95%～105%。例如：一台机组的额定电压为400V时，其空载电压调整范围为380～420V。空载电压调整范围的计算公式为：

$$u_z = \frac{u_{\max}(u_{\min})}{u} \times 100\%$$

式中，u为额定电压（V）；$u_{\max}(u_{\min})$为电压整定装置确定的最高（最低）电压（V）。

3）电压热偏移。

当环境温度和发电机组本身的温度升高时，发电机铁心的磁导率下降，绕组的直流电阻增加，电路元件参数会发生变化，从而引起发电机组输出电压的变化，这种现象叫作电压热偏移。通常，用温度升高所引起的机组电压变化量占额定电压的百分数来表示机组的电压热偏移，一般不允许超过2%。

4）电压波形畸变率。

发电机组输出电压的理想波形应为正弦波，但其实际波形不是真正的正弦波，它既含有基波，又含有三次及三次以上的高次谐波，三次谐波励磁的发电机组尤为严重。各次谐波有效值的均方根值与基波有效值的百分比叫作电压波形畸变率。一般情况下，发电机组空载额定电压波形畸变率应小于10%。电压波形畸变率过大，会使发电机发热严重，温度升高而损坏发电机的绝缘，影响发电机组的正常工作性能。

5）稳态电压调整率δ_u。

稳态电压调整率是指机组在负载变化后的稳定电压相对机组在空载时额定电压的偏差程度，用百分比来表示。即：机组输出电压与额定电压之差与额定电压之比的百分数。其数学表达式如下：

$$\delta_u = \frac{u_1 - u}{u} \times 100\%$$

式中，u_1为发电机组在负载渐变后，稳定电压的最大值（最小值）（V）；u为发电机组的（空载）额定电压（V）。

稳态电压调整率是衡量发电机组端电压稳定性的重要指标，稳态电压调整率越小，说明负载的变化对机组端电压的影响越小，机组端电压的稳定性越高。

稳态电压调整率在不同负载情况下各不相同。在感性负载时，负载变化后的稳定电压低于空载额定电压；在容性负载时，负载变化后的稳定电压高于空载额定电压。而这种相对于空载额定电压的偏差大小取决于励磁调节器的调节能力，调节能力越强则其偏差值越小，稳态电压调整率也越小，机组的端电压越稳定。

6）稳态频率调整率δ_f。

稳态频率调整率是指负载变化前后，机组稳定频率的差值与额定频率之比的百分数，其数学表达式如下：

$$\delta_f = \frac{f_1 - f_2}{f} \times 100\%$$

式中，f_1为负载渐变后稳定频率的最大值（最小值）（Hz）；f_2为负载为额定值时的稳态频率（Hz）；f为额定频率（Hz）。

稳态频率调整率越小，说明负载变化时频率越稳定。稳态频率调整率与发动机的调速性能有关，调速器的调节能力越强，则负载变化时频率越稳定。

7)电压波动率δ_{uB}。

在负载不变时,由于发电机励磁系统不稳定和发动机转速的波动,使机组的输出电压也要产生波动。因此,相应地提高发电机励磁调节器和发动机调速器的调节性能,可以减小机组电压的波动。电压波动率计算公式:

$$\delta_{uB} = \frac{u_{Bmax} - u_{Bmin}}{u_{Bmax} + u_{Bmin}} \times 100\%$$

式中,u_{Bmax}和u_{Bmin}为同一次观测时间内,电压的最大值和最小值(V)。

8)频率波动率δ_{fB}。

在负载不变时,由于机组内部原因,机组的频率也要产生波动。机组频率的波动主要是由发动机调速器的不稳定和发动机曲轴的不均匀旋转造成。因此,相应提高发动机的性能及其调速器的调节性能,可以减小机组频率的波动。频率波动率计算公式:

$$\delta_{fB} = \frac{f_{Bmax} - f_{Bmin}}{f_{Bmax} + f_{Bmin}} \times 100\%$$

式中,f_{Bmax}和f_{Bmin}为同一次观测时间内,频率的最大值和最小值(Hz)。

9)三相负载不平衡度δ_{uL}。

三相不对称负载在机组运行中有可能会出现,特别是负载中有较多的单相负载时,由于接线不合理,也会造成三相负载不对称。不对称负载将导致发电机三相绕组所供给的电流不平衡,使发电机线电压间产生偏差,同时使发电机发热和振动,对用电设备也是不利的,例如对三相异步电动机,将产生对转子起制动作用的反向旋转磁场。因此规定机组在一定的三相对称负载下,在其中任一相上再加25%标定相功率的电阻性负载,但该相的总负载电流不超过额定值时,应能正常工作;线电压的最大(或最小)值与三相线电压平均值之差应不超过三相线电压平均值的5%。线电压不平衡度计算公式:

$$\delta_{uL} = \frac{u_L - u_{Lave}}{u_{Lave}} \times 100\%;$$

$$u_{Lave} = \frac{u_{AB} + u_{BC} + u_{CA}}{3}$$

式中,u_L为在不对称负载下,线电压中的最大值或最小值(V);u_{Lave}为在不对称负载下,三个线电压的平均值(V)。

(2)动态指标

1)电压和频率稳定时间。

机组负载突变时,其电压和频率会产生突然下降或升高的现象,从负载突变时起至电压或频率开始稳定所需要的时间为电压或频率稳定时间,以秒(s)为单位计算。电压和频率稳定时间通常用示波器测量。

电压的稳定时间与自动调压系统的性能有关。频率的稳定时间与发动机的调速器的调速性能有关,一般情况下,电压稳定时间应小于3s。频率稳定时间应小于7s。

2)瞬态电压调整率δ_{us}和瞬态频率调整率δ_{fs}。

机组在负载突变时,发动机端电压和频率都会出现瞬间变化。当突加或突减负载时,由于受内燃机输入功率的突增(减)及发电机电枢反应等因素的影响,发动机端电压和频率会产生突然下降或升高的现象。电压(频率)的瞬态变化值与负载突变前的数值之差与额定值的百分比,称为机组的瞬态电压(频率)调整率。瞬态电压调整率计算公式:

$$\delta_{us} = \frac{u_s - u_3}{u} \times 100\%$$

式中，u_s 为负载突变时瞬时电压的最大值或最小值（V）；u_3 为负载突变前的稳定电压（V）；u 为额定电压（V）。

瞬态频率调整率计算公式：

$$\delta_{fs} = \frac{f_s - f_3}{f} \times 100\%$$

式中，f_s 为负载突变时的瞬时频率的最大值或最小值（Hz）；f_3 为负载突变前的稳定频率（Hz）；f 为额定频率（Hz）。

3）直接启动空载异步电动机的能力。

机组直接启动异步电动机时，由于启动电流很大以及异步电动机低功率因数的影响，使机组输出电压显著下降，这时发电机的励磁系统必须进行强励磁，才能补偿机组输出电压的下降。异步电动机容量越大，强励程度就越高。同时，因为启动电流很大，有可能损伤绕组的绝缘。内燃发电机组因其特性上的差别，启动空载异步电动机的容量不得超过其额定容量的70%；而启动有载异步电动机时，异步电动机的容量不得超过其额定容量的35%，当异步电动机启动后，由机组输出的剩余功率还可供其他电气设备使用。

4）机组的并机性能。

具有并机功能的机组，型号规格相同和容量比不大于3∶1的机组在20%～100%额定功率范围内应能稳定地并联运行，且可平稳转移负载的有功功率和无功功率，其有功功率和无功功率的分配差度应不大于表3-43的规定；容量比大于3∶1的机组并联，各机组承担的有功功率和无功功率分配差度按产品技术条件的规定。

表3-43 有功功率和无功功率的分配差度

参数		单位	性能等级			
			G1	G2	G3	G4
有功功率分配ΔP	80%～100%标定定额之间	%	—	≤±5		按制造厂和用户之间的协议
	20%～80%标定定额之间					
无功功率分配ΔQ	20%～100%标定定额之间			≤±10		

注：当使用该容差时，并联运行发电机组的有功标定负载或无功标定负载的总额按容差值减小。

5）无线电干扰允许值。

根据YD/T 502—2020《通信用低压柴油发电机组》，用于通信电源的柴油发电机组对无线电干扰有要求时，机组应具有抑制无线电干扰的措施，其干扰允许值应不大于表3-44和表3-45中规定的限值。按照GB 4824—2019《工业、科学和医疗设备射频骚扰特性限值和测量方法》进行测量考核，特殊情况可提出更严格的要求。

表3-44 传导干扰限值

频率/MHz		0.15	0.25	0.35	0.6	0.8	1.0	1.5	2.5	3.5	5～30
端子电平允许值	μV	3000	1800	1400	920	830	770	680	550	420	400
	dB	69.5	65.1	62.9	59	58	58	56.7	54.8	54	52

表 3-45 辐射干扰限值

频段 f_d/MHz		$0.15 \leqslant f_d < 0.5$	$0.50 \leqslant f_d < 2.50$	$2.50 \leqslant f_d < 20.00$	$20.00 \leqslant f_d \leqslant 300.00$
干扰场强	μV/m	100	50	20	50
	dB	40	34	26	34

填空题 09（2020 年真题）：

【答案】1.（1）三角形；2.（2）继电器；3.（3）120；4.（4）逆变；5.（5）隔板/隔膜。

【试题解析】

1. Y 形接法：将 3 个绕组的末端接在一起，构成公共中性点，3 个首端则接通三相电源。三角形接法：将三相绕组的首端和末端相互连接成闭合回路，再从 3 个连接点引出三个线，接电源或负载。

2. 低压电器是指用于交流 50Hz（或 60Hz），额定电压 1000V、直流额定电压 1500V 以下，在电路中起通断、保护、控制或调节作用的电器。自动空气断路器：在电路发生短路、过载等故障时能自动分断故障电路，是一种控制兼保护电器。接触器：是一种接通或切断电动机或其他负载主电路的自动切换电器；适用于频繁操作、远距离控制强电电路，并具有低压释放的保护性能；具有欠电压和失电压保护功能。继电器：利用电流、电压、时间、温度等信号的变化来接通或断开所控制的电路；继电器的触头只能通过小电流，只能用于控制电路中。刀开关：用来接通和分断容量不太大的低压供电线路以及作为低压电源隔离开关使用。熔断器：实现短路保护及过载保护。自动转换开关（ATS）：主要用在紧急供电系统，将负载电路从一个电源自动转接至另一个（备用）电源的开关电器，以确保重要负载连续、可靠地运行。

4. 市电输入先经过输入滤波电路，再经过整流滤波电路整流，再经过功率因数校正电路以提高功率因数，然后将整流后的高压直流输入逆变电路以得到高频交流电，再经过降压电路后经整流滤波电路输出低压直流电。逆变电路是核心电路，决定着整流器的体积、重量。

5. 隔板的主要材料是超细玻璃纤维，作用是将正负极板隔开，防止正负极短路；吸附并保持电解液；为氧循环复合反应提供气体通道；保持对极板施加一定的压力。

填空题 10（2022 年真题）：

【答案】1.（1）–48；2.（2）检测电路；3.（3）28；4.（4）1.8；5.（5）90%。

【试题解析】

1. 通信局（站）直流供电系统的主要性能指标如表 3-46 所示：

表 3-46 通信局（站）直流供电系统的主要性能指标

主要技术指标	取值范围
基础电压	–48V
直流输出电压允许变动范围	–57～–40V
衡重杂音	≤2mV
直流供电回路全程最大允许压降	3.2V

2. 控制电路：对输出进行取样，与标准进行比较，再控制逆变电路。检测电路：提供保护电路所需的各种检测取样信号，还提供各种用于仪表显示的数据。辅助电源：提供开关整流器所有电路工作所需的各种不同要求的电源。

填空题 11（2023 年真题）：

【答案】1.（1）-40V～57V；2.（2）海绵状的铅 Pb；3.（3）隔板/隔膜；4.（4）降低；5.（5）由 UPS2 继续供电。

填空题 12（2023 年真题）：

【答案】UPS 工作原理框图如图 3-71 所示。

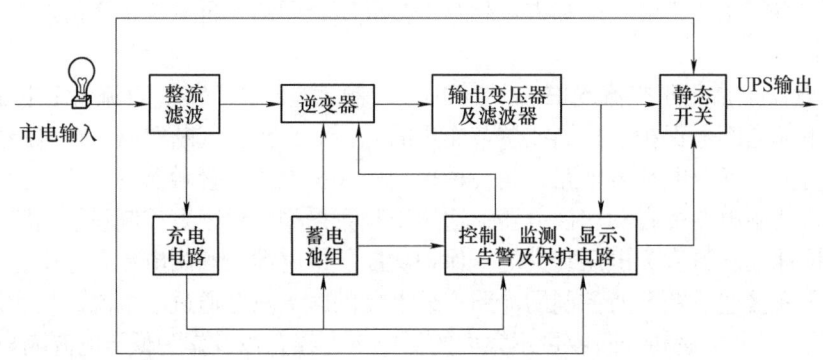

图 3-71　UPS 工作原理框图

二、选择题

选择题 01（2016 年真题）：

【答案】1. B；2. C；3. B；4. C；5. C。
【试题解析】
1. 直流系统是高频整流器与蓄电池并联接入直流配电屏为通信设备输出直流电的系统，其中蓄电池多采用并联浮充（全浮充）运行方式。
2. 变压器空载时，其次级电流为零，但是初级电流不为零，此时称为空载电流。变压器正常工作时，初级电流和次级电流基本上成比例，初级电流跟随次级负载电流变化。当变压器的次级电流增大到一定程度时，变压器铁心会进入饱和状态，此时初级电流会不成比例地异常增大。
3. 直流熔断器的额定电流值应不大于最大负载电流的 2 倍。各专业机房熔断器的额定电流值应不大于其最大负载电流的 1.5 倍。交流熔断器的额定电流值：照明回路按实际负荷配置，其他回流不大于最大负荷电流的 2 倍。
4. 在距离 10kV～35kV 导电部位 1m 以内或 10kV 以下 0.7m 工作时，应切断电源，并将变压器高低压两侧断开，凡有电容的器件（如电缆、电容器、变压器等）应先放电。
5. 高压熔断器主要用于高压输电线路、电压变压器、电压互感器等电气设备的过载和短路保护，达到保护电气设备的目的。

选择题 02（2017 年真题）：

【答案】1. D；2. B；3. A；4. C；5. A。
试题分析：本试题考查对交流电、蓄电池和功率变换电路相关知识的理解。
【试题解析】

1. 各种通信设备都要求电源电压稳定，不能超过允许变化范围。电源电压高，会损坏通信设备中的电子元件；电源电压过低，通信设备不能正常工作。电源系统的供电稳定性主要体现在交流电源质量和直流电源质量上。电压和频率是衡量交流系统电能质量的两个基本参数；直流电源质量核心指标是电压和杂音。选项 D 正确。

2. 本题是对于交流电源质量的考查。通信设备用交流市电供电时，交流市电的频率允许变动范围为额定值的 ±4%。选项 B 正确。

3. 直流供电的基础电压范围内的工作电压有三：浮充电压、均衡电压和终止电压。选项 A 正确。

浮充电压是指在通信电源系统中，将整流器（高频开关电源）和蓄电池组并接于馈电线上，当市电正常时，由整流器供电，同时也给蓄电池组微小的补充电流过程中整流器输出的电压，同时称这种供电方式称为浮充。换句话来说，浮充电压就是正常供电时整流器给蓄电池充电的电压。

均衡电压：是指为了蓄电池充够电量，而提升浮充电压后的电压，同时称这种供电方式为均衡充电。

蓄电池在使用过程中，有时会产生密度（比重）、端电压等不均衡的情况，为了防止这种不均衡继续扩大成为故障电池，所以要定期均衡充电。合适的均充电压和均充频率是保证电池长寿命的基础，对阀控铅酸蓄电池平时不建议均充，因为均充可能造成电池失水而导致其早期失效。在通信电源维护实践中，密封蓄电池组遇有下列情况之一时，应进行均衡充电（有特殊技术要求的，以其产品技术说明书为准）。

① 阀控式铅蓄电池组单独向通信负荷供电 15min 以上。② 阀控式铅蓄电池组中有两只以上单体电池的浮充电压低于 2.18V；③ 阀控式铅蓄电池组深放电后容量不足，或放电深度超过 20%；④ 阀控式铅蓄电池搁置不用时间超过三个月或全浮充运行达 6 个月。

4. 铅蓄电池在放电过程中，正负极板上的活性物质都变成了硫酸铅。电解液中的硫酸不断消耗，水分子不断生成，因此，电解液的密度逐渐降低。电解液密度可作为其放电终了的标志之一。端电压降到 1.8V（常温条件下），应立即停止放电，否则会导致极板硫化，缩短蓄电池的使用寿命。

铅蓄电池在充电过程中，正负极板上的硫酸铅分别变成二氧化铅和海绵状的铅，电解液中的水分子不断消耗，硫酸分子不断生成，电解液密度不断升高。因此，电解液密度可以作为其充电终了的标志之一。

综上所述，选项 C 正确。

5. 在推挽式功率变换电路中，当一只功率开关管导通，另一只功率开关管截止时，加在处于截止状态的功率开关管上的电压为两倍的电源电压 $2E$；当两只功率开关管均截止，各自承受的电压均为电源电压 E，即在推挽式功率变换电路中，功率开关管承受的最大电压为两倍电源电压 $2E$。

在全桥式功率变换电路中，当一组高压开关导通时，截止晶体管上施加的电压为输入电压；当四个开关管都截止关断时，每个管子只承受输入电源电压的一半即$E/2$。

在半桥式功率变换电路中，当一只功率开关管导通，另一只被截止时，加在处于截止状态的功率开关管上的电压为电源电压E；当两只功率开关管均截止时，它们的端电压均等于电源电压的一半$E/2$；半桥式电路的最大特点是抗不平衡能力强；同全桥式电路比，少用两只功率开关管，相应的驱动电路也较为简单。同全桥式及推挽式电路相比，获得相同的输出功率，流过功率开关管的电流要大一倍；反之，如果流过功率开关管的电流相同，则其输出功率比全桥式及推挽式电路少一半。

综上所述，选项A正确。

选择题03（2018年真题）：

【答案】1. B；2. C；3. A；4. A；5. D。

试题分析：本试题考查对高频开关电源、UPS和蓄电池相关知识的理解。

【试题解析】

1. 本小题是对基础电压范围内的工作电压的考查。通信局（站）的直流供电系统运行方式采用$-48V$全浮充供电方式，整流器与蓄电池并联对通信设备供电，以实现不间断供电。基础电压范围内的工作电压有3种：浮充电压、均衡电压和终止电压。浮充电压是指在通信电源供电系统中，将整流器和蓄电池并接于馈线上，当市电正常时，由整流器供电，同时也给蓄电池微小的补充电流过程中整流器输出的电压，同时称这种供电方式为浮充。换句话说，浮充电压就是正常供电时整流器给蓄电池充电的电压。均衡电压：是指为了蓄电池充够电量，而提升浮充电压后的电压。终止电压是指电池放电时，电压下降到电池不宜再继续放电的最低工作电压值，根据不同的电池类型及不同的放电条件，对电池的容量和寿命的要求也不同，因此规定的电池放电的终止电压也不相同。本小题选B。

2. 本小题是对高频开关整流器的组成和作用进行的考查。高频开关整流器的电路包括两部分：主电路、控制与辅助电路。主电路包括：输入滤波电路、整流滤波电路、功率因素校正电路、逆变电路、输出整流滤波电路；控制与辅助电路包括：辅助电源、控制电路、保护动作电路、监测电路。主电路：从交流电输入到直流电输出的全过程，主要完成功率转换；控制与辅助电路为主电路变换器提供激励信号，以控制主电路的工作，实现输出稳定或调整的目的。逆变电路是核心电路，开关管工作在高频状态，其工作频率越高，变压器的体积和重量就越小，在很大程度上决定着整流器的体积、重量。本小题选C。

3. 本小题是对铅酸蓄电池的构造进行的考查，铅酸蓄电池正极板上的活性物质是二氧化铅（PbO_2），负极板上的活性物质是海绵状铅。海绵状金属铅是由二阶铅正离子和电子组成的，稀硫酸在水中被电离为氢离子和硫酸根离子。负极板上浸入稀硫酸溶液后，二阶铅正离子浸入溶液，在极板上留下能够自由移动的电子，因而负极板带负电，即产生电极电位。同样，正极板上的二氧化铅也与稀硫酸作用，产生的四阶铅正离子留在极板上，使正极板带正电，也产生了电极电位。这样，在电池的正负极板上便产生了电动势。本小题选A。

4. 本小题是对UPS的工作原理进行的考查。在线式UPS三种常见的供电模式：①市电正常：UPS由市电输入给整流器，然后给逆变器供电；逆变器经过输出电路后供给负载稳定可靠的交流电，同时整流器经过充电电路给蓄电池充电；②市电故障：蓄电池放电给逆变器经过输出电路供给负载供电；③市电正常但逆变器故障：静态开关切换到旁路，由旁路市电直接给负载供电。本小题选 A。

5. 本小题是对 UPS 组成电路的基本功能进行的考查。UPS 主要由输入整流滤波电路、功率因数校正电路、充电电路、逆变电路、静态开关、保护电路和锁相电路等组成；UPS 的交流输入整流电路一般为桥式全波整流电路；双变换 UPS 当逆变器过载或发生故障时，在市电质量较好的情况下，应能平滑地切换为由市电旁路供电，并应避免切换时在静态开关中产生较大的环流。为此在市电频率比较稳定时，逆变器输出的正弦波电压应与输入市电同频率并且基本同相位，即逆变器应与市电锁相同步。锁相电路的主要作用是用于检测两个交流电源的相位差并将其变换为一个电压信号去控制逆变的输出电压相位与频率，从而保持逆变器与交流电源的同步运行。锁相电路主要由三个基本部件组成，即鉴相器、低通滤波器和压控振荡器。本小题选 D。

选择题 04（2019 年真题）：

【答案】1. C；2. A；3. C；4. D；5. C。
试题分析：本试题考查对开关电源、蓄电池和 UPS 相关知识的理解
【试题解析】

1. 本小题是对高频开关型整流器数量配置的考查。高频开关型整流器数量的配置，按 $n+1$ 冗余方式确定整流器配置，其中 n 只主用，$n \leqslant 10$ 时 1 只备用；$n > 10$ 时，每 10 只备用 1 只。主用整流器的总容量按负荷电流和电池的均充电流（10 小时率充电电流）之和确定，题干中最大负载电流为 1500A，采用 100A 的整流模块，则需要 1500/100 = 15，$n > 10$ 时，每 10 只备用 1 只，则需要配置 17 只。选项 C 正确。

2. 本小题是对蓄电池充放电原理进行考查。铅酸蓄电池的电化学反应原理是，充电时将电能转换为化学能，在电池内储存起来；放电时将化学能转化为电能供给负载。放电：是蓄电池将储存的化学能转变为电能向外电路输出的过程。此时正极板上的活性物质 PbO_2 和负极板上的活性物质 Pb 分别与电解质稀 H_2SO_4 发生还原反应和氧化反应，生成 $PbSO_4$ 和 H_2O。充电：利用外来直流电源（整流器，其输出的正、负端应分别与蓄电池的正、负极相连）向蓄电池输送电能，它是放电的逆过程，此时蓄电池将电能转化为化学能储存起来。在此过程中正、负极板上的 $PbSO_4$ 在电流作用下，在正极发生氧化反应，在负极发生还原反应，还原出极板上的活性物质 PbO_2 和 Pb。选项 A 正确。

3. 本小题是对蓄电池充放电测试的考查。对于核对性放电试验，放出其额定容量的 30%～40%。选项 C 正确。

4. 本小题是对后备式 UPS 工作原理的考查。输入交流市电正常时，转换开关自动接通"旁路"，市电经旁路通道向用电设备供电；充电器对蓄电池充电，此时逆变器停机。当市电异常时，蓄电池对逆变器供电，逆变器迅速开机，转换开关自动接通逆变器，由逆变器输出交流电压向用电设备供电。选项 D 正确。

5. 本小题是对 UPS 并联冗余工作原理的考查。UPS 热备份方式分为串联和并联两种方式，其工作原理见表 3-47。选项 C 正确。

表 3-47　UPS 串并联冗余工作原理

热备份方式	工作原理	说明
双机并联冗余供电	两台 UPS 中的并机控制电路通过并机信号线来调整输出电压的频率、相位及幅度，使其满足并联输出的要求	主要是为了提高供电系统的可靠性，而不是用于供电系统的扩容。所以这种并联使用方式必须保证供电系统具有 50%的冗余度，也就是负载的总容量不要超过其中一台 UPS 电源的额定输出容量，当其中一台 UPS 电源发生故障时，可由另一台 UPS 电源来承担所有负载的供电
双机串联热备份	将处于热备份的 UPS 输出电压连接到主机 UPS 电源的旁路输入端	UPS 主机正常工作时负担全部负载功率，当 UPS 主机发生故障时便自动切换到旁路状态。由 UPS 备机的输出电压通过 UPS 主机旁路输出继续为负载供电

选择题 05（2021 年真题）：

【答案】1. A；2. D；3. C；4. B；5. C。

【试题解析】

1. 直流供电系统主要由交流配电屏、整流器、蓄电池组、直流配电屏（有时也用到 DC/DC 变换器）等组成。交流配电屏主要作用为交流电源的接入与负荷的分配。直流配电屏位于整流器与通信负载之间，主要用于直流电源的接入与负荷的分配，即整流器、蓄电池组的接入和直流负荷分路的分配。整流设备在直流供电系统中的作用是将输入 220V/380V 的交流基础电源整流变换成 −48V 直流输出。

2. 整流器工作过程中存在许多问题，主要是谐波电流污染电网，干扰其他用电设备，造成测量仪表产生较大的误差，还会使电动机产生较大的噪声。故功率因数校正环节成为现代开关电源系统的必备环节。

3. 一般到现场排除紧急故障时，对于由个别整流模块故障引起的故障，通常采取整流模块整机更换方式来排除直流供电系统的故障，在更换整流器时，直流供电系统不得停止对通信设备的供电。单个模块在安装过程中按照"先安装后通电，先断电后拆卸"的顺序进行。

4. 在通信电源维护实践中，密封蓄电池组遇到下列情况之一时，应进行均衡充电：①阀控式铅蓄电池组中有两只以上单体电池的浮充电压低于 2.18V。②阀控式铅蓄电池搁置不用时间超过三个月或放电深度超过 20%。

5. 并联的概念是增容，而冗余的概念则是可靠性。当两台 100kVA 并联给 120kVA 负载供电时，这两台 UPS 实现了并联，但若其中一台因故障关机，则余下的另一台也会因过载而转入旁路市电供电。

选择题 06（2022 年真题）：

【答案】1. D；2. C；3. B；4. A；5. A。

【试题解析】

1. 在交流不间断电源系统中：当输入交流电源中断时，UPS 中的逆变器将蓄电池组提供的直流电逆变为交流电给负载供电，以保证交流电源的不间断供给。在直流不间断电源系统中：当输入电源中断时，蓄电池组提供直流电给负载供电，以保证直流电源的不间断供给。

2. 浮充电压：市电正常供电时整流器给蓄电池充电的电压。所谓均衡电压，就是均衡电池特性的充电，是指在电池使用过程中，因电池个体差异、温度差异等原因造成电池端电压不平衡，为了避免这种不平衡趋势的恶化，需要提高电池组的充电电压，对电池进行活化充电。均衡电压要比浮充电压高。终止电压：蓄电池放电允许的最低电压值。均衡电压＞浮充电压＞终止电压。

3. 充电至终了，充入电池的电流大部分用于维持电池内氧循环，仅极小的电流用于维持活性物质的恢复，因而电池电流稳定不变。

4. 逆变电路是 UPS 电源的重要组成部分，其直接影响到 UPS 整机的可靠性和输出电气指标的优劣。要求其逆变电路为正弦波逆变电路，即输出的为正弦波。

5. 并联冗余供电连接：该方式主要是为提高供电系统的可靠性，而不是用于供电系统的扩容。所以这种并联方式必须保证供电系统具有 50% 的冗余度，也就是负载的总容量不要超过其中一台 UPS 电源的额定输出容量。

三、判断题

判断题 01（2013 年真题）：

【答案】1. √；2. ×；3. √；4. √；5. ×。

试题分析：本试题考查对通信电源系统、交直流供电系统相关知识的辨识和理解。

【试题解析】

1. 本小题考查通信电源系统的供电方式。根据相关行业标准，通信电源系统的供电方式包括三种：集中供电、分散供电和混合供电。不同的局（站）采用不同的供电方式。其中集中供电的优点主要包括：①供电设备与通信设备分开，相互干扰小；②供电容量大，设备集中，便于专人维护。

2. 本小题考查交流高压配电方式。高压配电网的基本接线方式有三种：放射式、树干式及环状式。放射式配电系统从一个中心点放射式地向各负载供电，各负载与中心点之间用固定安装的电缆连接，沿线不接其他负荷，各配电变电所无联系。树干式配电方式是指由总降压变电所引出的各路高压干线沿市区街道敷设，各中小型企业变电所都从干线上直接引入分支线供电。环状式配电方式，总降压变电所分别引出两路高压干线，从左右两侧沿各中小企业变电所敷设，并构成环状供电方式。

3. 本小题考查直流供电系统的供电方式。根据直流配电屏与负载之间的配电线路阻值大小，直流供电系统的配电方式有低阻配电和高阻配电两种直流配电方式。传统的直流供电系统中，利用汇流排把基础电源直接馈送到通信机房的直流电源架或通信设备机架，因汇流排电阻很小，故称这种配电方式为低阻配电方式。直流高阻配电方式，即是配电汇流排或馈线的电阻，相对于低阻配电方式较高，阻值可在 45MΩ 以上。

4. 本小题考查直流配电屏的功能。直流配电屏是直流供电系统的枢纽，它负责汇接直流电源与对应的直流负载，通过简单的操作完成直流电能的分配，输出电压的调整以及工作方式的转换等。直流配电屏将整流器输出的直流和蓄电池组输出的直流汇接成不间断的直流输出母线，再分接至各种容量的负载供电支路。

5. 本小题考查直流供电系统配电方式的优缺点。根据直流配电屏与负载之间的配电线路阻值大小，直流供电系统的配电方式有低阻配电和高阻配电两种配电方式。直流低阻配电方式的优点：直流供电回路压降很小，供电经济性高；缺点：直流供电安全性差。直流高阻配电方式的优点：具有较高的供电安全性和可靠性；缺点：回路存在压降和电能消耗。

判断题 02（2013 年真题）：

【答案】1. ×；2. √；3. √；4. ×；5. ×。

试题分析：本试题考查高频开关电源整流器、蓄电池、柴油发电机组和不间断电源系统相关知识的辨识和理解。

【试题解析】

1. 本小题考查整流器的应急处理。一般到现场排除紧急故障时，对于由个别整流模块引起的故障，通常采用更换整流模块的方式来排除直流供电系统的故障。在更换整流器时，直流供电系统不得停止对通信设备的供电。

2. 本小题考查蓄电池的安装注意事项。安装阀控式铅酸蓄电池可不设专业电池室，但运行环境需要满足一定条件。安装阀控式铅酸蓄电池的机房应配有通风装置，温度不宜超过28℃，建议蓄电池的工作环境温度应保持在 10~25℃之间；安装的阀控式铅酸蓄电池组要远离热源和易产生火花的地方，应避免阳光对电池直射，朝阳的窗户应做遮阳处理。

3. 本小题考查如何衡量功率变换电路性能。功率变换电路是整个高频开关电源的核心部分。功率变换电路将大功率的高压直流转换成低压直流，这个过程显而易见是整流器最根本的任务。衡量功率变换电路的好坏，主要有两点：一是功率转换过程中效率是否高；二是功率变换电路的体积是否小，特别是大功率电路。

4. 本小题考查柴油发电机组的运行。机组启动成功后，应先低速运转一段时间（通常 2~3min），然后再逐步调整到额定转速。绝不允许刚启动就猛加油门，使转速突然升高。柴油机不宜在低速情况下长期运转。其原因是：柴油雾化质量的好坏，决定于喷油压力和凸轮轴转速。喷油压力越高及凸轮轴转速越快，柴油雾化质量越好，而凸轮轴的转速是随着曲轴的转速而变化的。当柴油机曲轴转速低于额定转速时，柴油的雾化质量不好，时间一久就会导致柴油机运转不正常。

5. 本小题是考查对蓄电池充电方式的辨识和理解。蓄电池在使用过程中，有时会产生密度（比重）、端电压等不均衡的情况，为了防止这种不均衡扩展成为故障电池，所以要定期履行均衡充电，而不是浮充充电。浮充充电是蓄电池正常运行方式。

判断题 03（2013 年真题）：

【答案】1. ×；2. √；3. √；4. ×；5. √。

试题分析：本问题考查通信电源系统设计及配电工程中的设备配置。

【试题解析】

1. 本小题考查蓄电池组的配置。蓄电池组主要根据市电状况、负荷大小配置。如果由于维护或其他方面的原因对蓄电池组的放电时间有特殊的要求，在配置过程中放电时间也应作为配置的依据。直流系统的蓄电池一般设置两组并联，总容量满足使用的需要，蓄电池最多的并联组数不宜超过四组，不同厂家、不同容量、不同型号的蓄电池组严禁并联使用。

2. 本小题考查 UPS 设备的配置。UPS 设备配置遵循的原则之一就是：对于大型数据中心机房，提倡采用几个中等容量 UPS 分散供电代替单一大容量 UPS 集中供电。

3. 本小题考查整流器设备的配置。整流器容量及数量，应按以下要求配置。①采用高频开关型整流器的局（站），应按 $n+1$ 冗余方式确定整流器配置，其中 n 只主用，$n \leq 10$ 时，1只备用；$n > 10$ 时，每 10 只备用 1 只。主用整流器的总容量应按负荷电流和蓄电池的均充电流（10 小时率的充电电流）之和确定。②对于采用太阳能电池等新能源混合供电系统供电的局（站），当蓄电池 10 小时率的充电电流远大于通信负荷电流时，主用整流器的容量应按负荷电流和 20 小时率的充电电流之和确定。

4. 本小题考查电力线选择的一般原则。采用电源馈线的规格，应符合下列要求：通信用交流中性线应采用与相线相等截面的导线。直流电源馈线应按远期负荷确定。当近期负荷与远期负荷相差悬殊时，可按分期敷设的方式确定，设计时应考虑将来扩装的条件。接地导线应采用铜芯导线；机房内的交流导线应采用阻燃型电缆。

5. 本小题考查交流配电屏的配置。交流配电屏的主要作用在于：给开关电源系统的整流器提高交流电源，所以开关电源系统的交流屏往往使用厂家配套的产品。

判断题 04（2017 年真题）：

【答案】1. ×；2. ×；3. √；4. ×；5. √。

试题分析：本试题考查对蓄电池和发电机组相关知识的辨识和理解。

【试题解析】

1. 从原理上讲所有的蓄电池都是由正极、负极、电解质、隔离物和容器组成的，其中正负两极的活性物质和电解质起电化反应，对电池产生电流起着主要作用。

2. 阀控式铅酸蓄电池负极汇流排的腐蚀及脱落是造成电池早期失效的一个重要原因，而隔板腐蚀不是阀控式电池失效的重要原因。

3. 连杆组的功用是连接活塞与曲轴，将活塞承受的燃气压力传给曲轴，并和连杆配合，把活塞的直线往复运动变为曲轴的旋转运动。

连杆在工作时，承受有三种作用力：活塞传来的气体压力；活塞组零件及连杆本身（小头）的惯性力；连杆本身绕活塞稍做变速摆动时的惯性力。这些力的大小和方向都是周期性的变化，因此连杆承受着压缩、拉伸和横向弯曲等交变应力。连杆或连杆螺栓一旦断裂，就可能造成整机破坏的重大事故。如果刚度不足，使大头孔变形失圆，大头轴承的润滑条件受到破坏，则轴承会发热而烧损。连杆杆身变形弯曲，则会造成气缸与活塞的偏磨，引起漏气和窜机油。所以要求连杆在尽可能轻的情况下，保证有足够的强度和刚度。

为保证连杆结构轻巧，且有足够的刚度和强度，一般常用优质中碳钢（如 45 号钢）模锻或滚压成形，并经调质处理。中小功率内燃机连杆有采用球墨铸铁制造的，其效果良好，且成本较低。强化程度高的内燃机采用高级合金钢（如 40Cr、40MnB、42CrMo 等）滚压制造而成。合金钢的特点是抗疲劳强度高，但对应力集中比较敏感，因此采用合金钢制造连杆时，对其外部形状、过度圆角和表面粗糙度等都有严格要求。近年来，硼钢、可锻铸铁及稀镁土球墨铸铁已广泛用于制造内燃机连杆，其抗疲劳强度接近于中碳钢，并且其切削性能很好，对应力集中不敏感，制造成本低。

4. 按发电机的结构特点进行区分，同步发电机可分为旋转电枢式（简称转枢式）和旋转磁极式（简称转磁式）两种型式。

5. 柴油发电机组启动成功后，应先将其低速运转一段时间，然后再逐步调整到额定转速空载运转一段时间，此过程称之为暖机。此过程通常需要 3～5min。在暖机过程中，要观察机组运转是否正常，有无异响，机油压力是否在规定的范围内，机油压力无论是过高还是过低，都应立即停机查明原因才能再行开机。最后按要求加负载：要分次添加加载，不要一次加至满载；对于三相机组，还要注意三相平衡问题。

判断题 05（2018 年真题）：

【答案】1. √；2. ×；3. ×；4. √。
试题分析：本试题考查对直流供电系统、蓄电池和 UPS 相关知识的辨识和理解。
【试题解析】
1. 本小题是对直流电源屏的作用进行考查。

直流配电是直流供电系统的枢纽，它负责汇接直流电源与对应的直流负载，通过简单的操作完成直流电能的分配，输出电压的调整以及工作方式的转换等。直流配电屏将整流器输出的直流和蓄电池组输出的直流汇接成不间断的直流输出母线，再分接至各种容量的负载供电支路。直流正馈线应接地，即形成 0V（正极、高电位）；直流负馈线则为负极、低电位（-48V），同时负极汇流排一般都应串入相应容量的熔断器或负荷开关后再馈送至负载。如图 3-72 所示为直流配电一次电路示意图。

直流配电的作用和功能的实现一般需要专用的直流配电屏（或配电单元）完成。对应小容量的供电系统，比如分散供电系统，通常由交流配电、整流、直流配电与监控等组成一个完整、独立的供电系统，集成安装在一个机柜内。大容量的直流供电系统，一般都有单独设置的直流配电屏，以满足各种负载供电的需要。

直流配电屏是连接和转换直流供电系统中整流器和蓄电池向负载供电的配电设备，屏内装有闸刀开关、自动空气断路器、接触器、低压熔断器及电工仪表、告警保护等元器件。直流配电屏按照配电方式不同，分为低阻和高阻两种。直流配电屏除了完成一次电路的直流汇接和分配的作用以外，通常还具有以下一些功能。

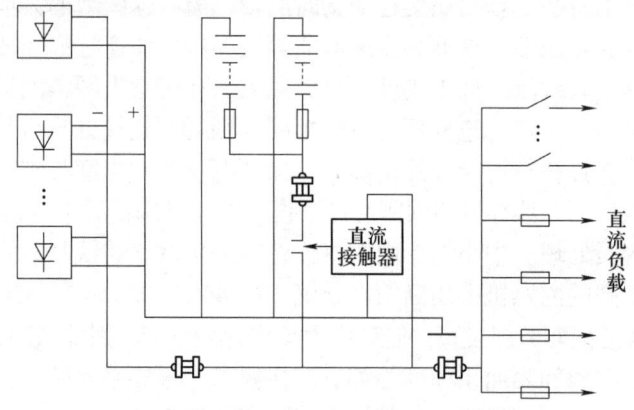

图 3-72　直流配电一次电路示意图

1）测量系统输出的总电压、总电流；各蓄电池组充（放）电电压、电流；各负载回路的用电电流。在现代成套直流供电系统中，由于设备智能化程度提高，往往通过直流配电屏可以了解整个直流系统的测量数据，如系统中整流器的输出电压、电流等。

2）告警提供系统输出电压过高、过低告警；蓄电池组充（放）电电压过高、过低告警；负载回路熔断器熔断告警等。

3）保护在蓄电池组的输出线路上，以及各负载输出回路上都接有相应的熔断器短路或过载保护装置。此外，在各蓄电池组线路上，还可以接有低压脱离保护装置等。

对于单独列架的直流配电屏，主要电流系列有：50A、100A、200A、400A、800A、1600A、2000A、2500A 等。其主要技术要求如下：①同一种电压同型号的直流配电屏应能并联使用。②可接入二组蓄电池。③负荷分路及容量根据系统要求确定。④在低阻配电系统中，直流屏带额定负荷时，屏内放电回路电压降≤500mV。⑤应有过电压、过电流保护，低电压、欠电压告警和输出端浪涌吸收装置。⑥400A 以下直流配电屏应具有低电压电池切断保护功能（干线及重要局站不应采用该功能）。

2. 本小题是对通信系统中蓄电池的作用进行的考查。在通信电源系统中，蓄电池与整流器并联浮充工作，作为交流（市电/发电机组）中断后提供直流电的备用电源。在此之中，蓄电池还起到平滑滤波，抑制噪声的作用；在 UPS 中作为备用电源，市电中断后，其提供的直流电需逆变成与市电同频/同相的交流电。作为便携式通信设备（如手机）的电源。作为柴油（汽油）发电机组的启动电源。

3. 本小题是对蓄电池的工作原理进行考查。阀控式铅酸蓄电池的电解液是活性物质之一，必须有一定的密度（比重）才能保证电化学反应的需要，但电解液的密度（比重）既不能过高，也不能过低，要按相关要求配制。

4. 本小题是对 UPS 的工作原理进行考查。无论市电正常与否，（双变换）在线式 UPS 的逆变器始终处于工作状态，因此能实现对负载真正的不间断供电。

判断题 06（2020 年真题）：

【答案】1.√；2.√；3.×；4.×；5.√。

【试题解析】

3. 柴油发电机组启动后，应先低速运转一段时间，然后再逐步调整到额定转速。不允许刚启动就猛加油门，使转速突然提高。

4. 通信局（站）的直流供电系统运行方式采用 −48V 全浮充供电方式，整流器与蓄电池并联对通信设备供电，以实现不间断供电。基础电压范围内的工作电压有 3 种：浮充电压、均衡电压和终止电压。浮充电压：在通信电源供电系统中，将整流器和蓄电池并接于馈电线上，当市电正常时，由整流器供电，同时也给蓄电池微小的补充电流过程中整流器输出的电压，同时称这种供电方式称为浮充。换句话来说，浮充电压就是正常供电时整流器给蓄电池充电的电压。所谓均衡电压，就是均衡电池特性的充电，是指在电池使用过程中，因电池的个体差异、温度差异等原因造成电池端电压不平衡，为了避免这种不平衡趋势的恶化，需要提高电池组充电电压，对电池进行活化充电。48V 通信电源蓄电池组由 24 节蓄电池串联而成。单节标称电压为 2V，单节蓄电池的浮充充电电压值一般为 2.23V，均衡充电电压一般为 2.35V，蓄电池组的浮充电压一般设置为 53.5V（2.23V×24），均充电压一般设置为 56.4V（2.35V×24）。终止电压：电池放电时，电压下降到电池不宜再继续放电的最低工作电压值。根据不同的电池类型及不同的放电条件，对电池的容量和寿命的要求也不同，因此规定的电池放电的终止电压也不相同。根据 3 种工作电压的描述，可以看出 3 种电压的大小是：均衡电压＞浮充电压＞终止电压。

判断题 07（2021 年真题）：

【答案】1.√；2.×；3.×；4.×；5.√。

【试题解析】

2. 目前单个开关整流模块的额定输出电流可达 100~200A，而很多大型通信局（站）的最大负载电流可达 2000A，如满足这样的负载要求，就需要多台开关整流模块并联工作，才能实现大功率电流系统供电；另外，通过多台整流模块的并联冗余，还可提高通信电源系统的可靠性。因此，通信局（站）所用的高频开关电源系统都是由若干个高频开关整流器模块安装在一个或几个机架上，以并联方式向负载供电，并要求每台整流器模块能够平均分担电源系统输出的总功率。

3. 市电正常时，则由市电经整流器向通信设备供电，同时整流器对蓄电池进行浮充，用于补偿蓄电池的自放电能量损失。蓄电池还起到平滑滤波、抑制噪声的作用。

4. 同一铅酸电池在不同放电率下，放出的容量不同。放电率越高，放电电流越大，蓄电池放出的容量越小；反之，则放出的容量就大。为避免蓄电池深度放电，放电率低于正常放电率时，要适当提高放电终止电压。

5. 对于后备式 UPS，当市电正常时，市电给负载供电，同时充电器给蓄电池充电。市电中断后，逆变器启动，将蓄电池的直流电压转换为交流电压并送给负载。转换时间一般要求在 10ms 以内。这种 UPS 的特点是线路简单、价格便宜，但由于存在切换时间，输出容易受电网波动的影响，供电质量不高，精密设备不宜采用。

判断题 08（2023 年真题）：

【答案】1. ×；2. √；3. √；4. ×；5. ×。

四、问答题

1. 简述在线式 UPS 三种常见的供电模式（**2012 年真题**）。

【答案】在线式 UPS 三种常见的供电模式：①在市电正常时，输入交流电先经输入滤波器滤掉电网中的污染，再经整流滤波后，给电池组充电，与此同时给逆变器供电。逆变器输出稳压稳频的交流电给负载；②市电不正常或中断时，逆变器将蓄电池提供的直流电压变换为交流电压供给负载，实现不间断供电；③在市电正常时，当逆变器输出过电压、过电流或 UPS 出现故障时，能够自动关闭，并通过静态开关不间断转换至市电供电。

2. 某交换局使用的直流耗电量为 500A/48V，要求配置的蓄电池组后备时间为 3h，请核算出所需的 100A 整流模块及电池组配置。（K：安全系数取 1.25，η：放电容量系数取 0.75，α：电池温度系数取 0.008，t：使用温度按 20℃计算，电池组有 100Ah、200Ah、500Ah、1000Ah 容量可选，充电限流值取 0.125，必须写出主要计算过程）（**2012 年真题**）。

【答案】

$$蓄电池容量 Q = \frac{KIT}{\{\eta[1+\alpha(t-25)]\}}$$

$$= 1.25 \times 500 \times \frac{3}{\{0.75[1+0.008(20-25)]\}}$$

$$= 1875/0.72$$

$$= 2604(\text{Ah})$$

根据上述计算结果，选取 3 组 1000Ah 蓄电池组，电池充电电流 $I = 1000 \times 3 \times 0.125 = $

375（A），系统总电流 $I = 500 + 375 = 875$（A），所以至少要使用 9 个 100A 整流模块才够负载和电池充电使用。另外，根据开关电源模块 $n + 1$ 并联冗余原则，该系统应选取 10 个 100A 整流模块进行使用。

试题分析：本试题考查通信电源系统设计中蓄电池组和整流器设备的配置。

【试题解析】

（1）蓄电池组的配置

首先根据以下公式计算所需蓄电池组的总容量，然后计算所需蓄电池组的数量。

$$Q \geqslant KIT/\{\eta[1 + \alpha(t - 25)]\}$$

式中，Q 为蓄电池容量（Ah）；K 为安全系数，取 1.25；I 为负荷电流（A）；T 为放电小时数（h）；η 为放电容量系数；α 为电池温度系数（1/℃），当放电小时率 ≥ 10 时，取 $\alpha = 0.006$；当 10 > 放电小时率 ≥ 1 时，取 $\alpha = 0.008$；当放电小时率 < 1 时，取 $\alpha = 0.01$。t 为实际电流所在地最低环境数值。

根据所给题意可知：$K = 1.25$，$I = 500\text{A}$，$T = 3\text{h}$，$\eta = 0.75$，$\alpha = 0.008$，$t = 20$，代入公式可得：

$$Q \geqslant \frac{KIT}{\{\eta[1 + \alpha(t - 25)]\}}$$
$$= 1.25 \times 500 \times 3/\{0.75[1 + 0.008(20 - 25)]\}$$
$$= 1875/0.72$$
$$= 2604(\text{Ah})$$

因为电池组有 100Ah、200Ah、500Ah、1000Ah 容量可选，所以选取 1000Ah 蓄电池 3 组。当然，理论上讲也可以选取 500Ah 蓄电池 6 组；200Ah 蓄电池 15 组等方案。但是，在实际工程设计中，尽量选取电池容量大、电池组数少的方案。

另外，3 组蓄电池组的 3 小时率放电电流 $I_3 = 1000 \times 3/3 = 1000$（A）> 500A 负载电流，满足蓄电池组后备时间为 3h 的要求。

（2）整流模块的配置

根据相关标准规定，采用高频开关型整流器的局（站），应按 $n + 1$ 并联冗余方式确定整流器个数的配置，其中 n 只主用，"1" 只并联冗余，此处的 "1" 是相对的。当 $n \leqslant 10$ 时，"1" 是真正的 1，即 1 只整流模块备用；$n > 10$ 时，每 10 只整流模块备用 1 只。但目前模块化高频开关电源系统整流模块通常在 20 个以下，即当 $20 \geqslant n > 10$ 时，2 个整流模块备用。另外，当负载电流和电池均充电流比较小时，需要的整流模块数可能较少，但系统中至少要有三个整流模块，以保证系统的可靠性。主用整流器的总容量应按负荷电流和电池的均充电流（10 小时率充电电流）之和确定。

根据题意，充电限流值取 0.125，故电池充电电流 $I_充 = 1000 \times 3 \times 0.125 = 375$（A）

系统总电流 $I_总 = I + I_充 = 500 + 375 = 875$（A）

负载电流和电池均充电流需要的整流模块个数：$875 \div 100 = 8.75 \approx 9$（个）100A 整流模块。

根据 $n + 1$ 冗余原则，系统需配置 10 个 100A 整流模块。

3. 引发蓄电池失效的原因有板栅腐蚀及增长、电解液干涸、负极硫酸化、早期容量损失、热失控等，其中负极板硫酸化是较为普遍的一种失效模式，请简要描述什么是蓄电池的负极板硫酸化及其主要形成原因（2012年真题）。

【答案】 正常工作的 VRLA 蓄电池，负极极板放电产物硫酸铅呈较小颗粒，充电时很容易恢复为绒状的铅。但是某些电池放电产物为难溶性大颗粒硫酸铅，并且在充电时不能还原为绒状铅，这种现象称为负极板硫酸盐化。其主要原因有：长期深度放电或搁置、长期充电不足、高温下储存、电解液浓度分层等。

试题分析：本问题考查蓄电池的负极板硫酸化的概念及其形成的主要原因。

造成阀控式密封铅酸蓄电池失效的主要因素有板栅的腐蚀与变形、电解液干涸、负极硫酸化、早期容量损失（PCL，Premature Capacity Loss）和热失控等。

负极的硫酸化也是阀控式密封铅酸蓄电池失效的主要原因之一，负极的硫酸化同时也导致了容量的损失。铅蓄电池在正常工作中，负极板上 $PbSO_4$ 颗粒小，充电时很容易恢复为绒状的铅，但有的电池生成了难以还原的大颗粒硫酸铅，称为硫酸盐化。

负极板硫酸盐化原因很多，主要原因包括：①铅蓄电池长期处于放电状态或放电后不及时充电而长期搁置。在此情况下，活性物质中没有受到电化学还原的硫酸铅晶体的量就会很多，这些硫酸铅晶体在重结晶时使颗粒变大，生成不可逆的硫酸铅。②铅蓄电池长期充电不足。表现为整组电池中的浮充电压长期偏低产生落后电池。③铅蓄电池经常被深度放电，电池电压放电至 1.75V 或更低。由于经常进行深度放电，使以后充电时没有还原的硫酸铅在活性物质中积累到相当的数量。④在较高的温度下储存铅蓄电池，加速了硫酸铅重结晶及自放电过程，促进了极板硫酸盐化。⑤电解液出现层化，导致负极板下部容易产生硫酸盐化。铅酸蓄电池在充放电过程中电解液的密度在不断变化，充电时密度增大，放电时密度降低。对固定式铅酸蓄电池来说，充电时密度较大的电解液向底部沉降，放电时密度较小的电解液浮向顶部。蓄电池在充放电过程中，电解液按密度分层的现象称之为层化。

4. 采用直流系统为通信设备供电，其直流设备基础电压通常是多少？对供电质量有什么要求（2014年真题）？

【答案】 目前，通信台局（站）直流供电系统的基础电压广泛采用的是 −48V，也有少数采用 −24V/+24V 的。由于现代数字通信设备主要是利用计算机控制的设备，数字电路的工作速度高，对瞬变和杂音电压十分敏感，因此对供电质量要求很高，主要包括：①电压波动、杂音电压及瞬变电压等指标应符合有关规定；②电源供给不允许中断，符合可靠性指标要求；③维护管理性能好，要具有智能监控与管理功能。

5. 简述 UPS 电源设备的基本维护要求（2014年真题）。

【答案】 UPS 基本维护要求：①UPS 主机现场应放置操作指南，指导现场操作；②检查各种自动、告警和保护功能均应正常；③定期查看 UPS 内部元件及外观，发现异常及时处理；④对于并联冗余系统宜在负荷均分并机的方式下运行；⑤应根据当地市电频率变化情况，选择合适的跟踪速率；⑥UPS 宜使用开放式电池架，以利于蓄电池的运行维护。

试题分析：本问题考查不间断供电系统（UPS）电源设备的维护要求。在通信电源系统的维护实践中，对 UPS 的维护要求主要包括以下几个方面。

1）UPS 主机现场应放置操作指南，指导现场操作。UPS 的各项参数设置信息应全面记录、妥善归档保存并及时更新。定期检查并记录 UPS 控制面板中的各项运行参数，便于及时发现 UPS 异常状态。其中电池自检参数宜每季记录一遍，如设备可提供详尽数据的，可作为核对性容量实验的参数，以此作为电池状态的定性参考依据。

2）检查各种自动、告警和保护功能均应正常。定期进行 UPS 各项功能测试，检查逆变器、整流器的启停、UPS 与市电的切换等是否正常。定期检查主机、电池及配电部分引线及端子的接触情况，检查馈电母线、电缆及软连接头等各连接部位的连接是否可靠，并测量压降和温升。经常检查设备的工作和故障指示是否正常，查看告警和历史信息，发现告警要分析原因并及时处理。

3）定期查看 UPS 内部元器件的外观，发现异常及时处理。定期检查 UPS 各主要模块和风扇电机的运行温度有无异常。保持机器清洁，定期清洁散热风口、风扇和滤网。

4）对于并联冗余系统宜在负荷均分并机的方式下运行。为了测试并机系统的运行稳定性和可靠性，对负荷均分系统，应定期进行部分机器满载运行测试，即停止部分 UPS 将其负载转移到其他 UPS 上；如工作在热备份方式的系统，应在做好各项应急措施的前提下进行备机带载试验。

5）应根据当地市电频率的变化情况，选择合适的跟踪速率。当输入频率波动频繁且速率较高，超出 UPS 跟踪范围时，严禁进行逆变/旁路切换的操作。在发电机组供电时，尤其应注意避免这种情况的发生。

6）UPS 宜使用开放式电池架，以利于蓄电池的运行及维护。对于 UPS 使用的蓄电池，应按照产品技术说明书以及蓄电池维护的要求，定期维护。

6. 铅酸蓄电池电极以铅及其氧化物为材料，在通信系统中应用广泛。试简述铅酸蓄电池电动势产生的机理（**2015 年真题**）。

【答案】铅酸蓄电池电动势产生的机理：铅蓄电池正极板上的活性物质是二氧化铅，负极板上的活性物质是海绵状的铅。在稀硫酸溶液中，由于电化学作用，正负极板与电解液之间分别产生了电极电位，正负两极间电位差就是蓄电池的电动势。

负极板上海绵状金属铅由二价铅离子（Pb^{2+}）和电子组成。稀硫酸在水中被电离为氢离子（H^+）和硫酸根离子（SO_4^{2-}）。负极板浸入稀硫酸溶液后，二价铅离子进入溶液，在极板上留下能够自由移动的电子，因而负极板带负电，即产生了电极电位。与此同时，正极板上二氧化铅也与稀硫酸作用，产生正四价铅离子（Pb^{4+}）留在极板上，使正极板带正电，也产生了电极电位。这样，在电池的正负两极上便产生了电动势。

7. 简述影响铅蓄电池容量的因素（**2017 年真题**）。

【答案】影响蓄电池容量的因素很多，主要取决于活性物质的量和活性物质的利用率。活性物质的利用率又与极板的结构形式（如涂膏式、管式、形成式等）、原材料及制造工艺、电解液的浓度以及放电制度（放电率、温度、终止电压）等因素有关。但对使用者而言，影响蓄电池容量的主要因素是电解液浓度（即电解液的密度，使用者在使用普通开口式铅蓄电池时要注意这一点，如果是阀控式铅蓄电池，电解液的浓度已经由制造厂商出厂时确定，使用者在使用过程中已经无法更改）和放电制度（放电率、温度、终止电压）。

8. 简述影响铅蓄电池寿命的主要因素（**2018 年真题**）。

【答案】阀控式密封铅酸蓄电池使用寿命，可用浮充寿命或充放电循环寿命表示。影响阀控式电池的使用寿命原因主要有：板栅的腐蚀、失水、使用温度和浮充电压等。蓄电池经历一次充电和放电，称为一次循环（一个周期）。在一定放电条件下。电池工作至某一容量规定值之前，电池所能持续的循环次数称为循环寿命。固定型铅酸电池使用寿命，还可以用浮充寿命来衡量。在环境温度不超过 30℃的情况下。其浮充运行寿命大于 10 年。

根据影响阀控式电池寿命的因素，可从三个方面来判断蓄电池的寿命：内阻、工作温度和工作电压。

在电池寿命终了时内阻增加。内阻增加是由于活性材料损耗，导致容量减少。因此，可通过测量内阻或电导来确定蓄电池的寿命。实践证明。在实际的通信电源维护过程中，当检测到阀控式电池的内阻有明显变化时，其寿命往往只剩下 1/3 左右。

当工作环境温度增加时，正极板栅腐蚀加速，可能会导致阀控式电池在短期内达到其寿命终点。根据阀控式电池在高的环境温度下浮充期间所获得的经验数据曲线，当阀控式电池工作在 25℃时，其寿命为 12 年左右。随着环境温度的提高，其寿命会急剧下降。在 20~50℃范围内，环境温度每上升 10℃，其寿命接近以 1/2 递减。

通过测量浮充期间的电池电压是最通常的诊断蓄电池的方法之一，可以检测出电池的异常状态，包括内部短路和密封破坏等。

9. 高频开关整流器是直流供电系统的主要设备之一，因其体积小、重量轻、功率因数和可靠性高等特点在通信局（站）中得到普遍应用。请简述高频开关整流器的工作过程（**2019 年真题**）。

【答案】高频开关整流器的电路包含两部分：主电路和控制与辅助电路。主电路，从交流电源输入到直流电源输出的全过程，主要完成功率变换。控制与辅助电路，为主电路变换器提供激励信号，以控制主电路的工作，实现输出稳定或调整的目的，包括控制电路、检测电路、保护动作电路以及辅助电源等。

10. 简述 UPS 的主要功能（**2020 年真题**）。

【答案】UPS 的主要功能：

一是在市电供电没有中断但供电质量不能满足负载要求时，应具有稳压、稳频等交流电的净化作用。

1）隔离干扰功能。在 UPS 中，交流输入电压经整流后，经逆变器对负载供电。这样可将电网瞬时间断、谐波、电压波动、频率波动以及噪声等电网干扰与负载隔离，既可以使负载不干扰电网，又使电网中的干扰不影响负载。

2）交流电压变换功能。通过 UPS，可以将输入电压变换成需要的电压。

3）交流频率变换功能。通过 UPS，可将输入电压的频率变换成需要的频率。

二是在市电供电中断时能继续为负载提供合乎要求的交流电能。

1）交流电源的后备功能。UPS 中的蓄电池，储存一定的能量，市电中断时蓄电池通过逆变器可继续供电。UPS 的后备时间依蓄电池组容量而定。

2）双路电源之间的无间断切换。两路电源可通过 UPS 实现无间断切换。

11. 简述造成阀控式密封铅酸蓄电池失效的因素（**2021 年真题**）。

【答案】造成蓄电池失效的主要原因有板栅的腐蚀与变形、电解液干涸、负极硫酸化、早期容量丢失、热失控和隔板失效。

12. 简述 UPS 电路中为何需要锁相电路（**2021 年真题**）。

【答案】当主备电源产生切换时，两电源应保持同步，若频率或相位存在差异，或两者电压大小不一样，则会造成负载波形异常；另外，由于主备用电源存在电压差，还将造成环流，严重时会损坏静态开关及主电路中的逆变器件。因此，在 UPS 中需具有锁相电路。

13. 阀控式铅酸蓄电池组是通信局（站）不间断电源系统中不可缺少的重要设备，为保障电池组安全高效地运行,其安装要遵循一定的原则,在运行的过程中也要满足一定的环境要求。请简述阀控式蓄电池的安装原则及运行过程中对环境的要求(**2022 年真题**)。

【答案】安装原则:

1)阀控式密封蓄电池和防酸隔爆蓄电池禁止混合使用在同一个供电系统中;

2)不同厂商、不同型号、不同容量的阀控式密封铅酸蓄电池严禁串、并联使用;

3)新旧程度不同的蓄电池不应在同一直流供电系统中混用。

环境要求:

1)安装密封蓄电池的机房应配有通风换气装置,温度不宜超过 28℃,建议环境温度为 10~25℃;

2)避免阳光对电池直射;

3)确保电池组之间预留维护空间;

4)UPS 高电压电池组的维护通道应铺设绝缘胶垫。

14. 近年来,通信行业已开始使用高压直流供电系统,并制定了相应的行业标准。请简述高压直流供电系统的优点(**2022 年真题**)。

【答案】高压直流供电系统的优点:①供电可靠性大大提高;②工作效率提高;③系统可维护性增强;④扩容便捷;⑤不存在"零地"电压等不明问题的干扰;⑥投资及空间的节省。

15. 请简述蓄电池在通信电源系统中可以起到哪些作用(**2023 年真题**)。

【答案】蓄电池在通信电源系统中主要起到以下作用:直流供电系统(高频开关电源系统):与整流设备组合直流浮充供电系统,起后备电源、平滑滤波、抑制噪声的作用;在 UPS 电源中作后备电源;在动力设备中【柴油(汽油)发电机组、交流配电控制等】作启动电源或驱动电源。

第 4 章

机房空调系统

空调系统具有调节室内空气的温度、湿度、流动速度、清洁度等功能,以满足设备生产工艺、工作环境或人们对环境舒适度的需求。近年来,随着空调技术的发展和人民生活水平的不断提高,各种型式的空调已大量进入机房、车间、办公室和普通百姓家庭,且功能越来越齐全,种类越来越丰富。无论是哪种空调产品,其基本工作原理和理解其工作原理所需基础知识是大致相同的。本章主要介绍与空调相关的基础知识、风冷式机房空调和水冷式机房空调及其工程安装与维护相关知识。

4.1 空调系统的基础知识

本节主要讲述空调系统的基础知识,包括机房环境需求、机房热负荷计算、几个基本物理概念和机房空调的分类,其中,机房热负荷计算是难点。

4.1.1 机房环境需求

1. 机房环境的一般要求

1)房间密封良好,气流组织合理,保持正压和足够的新风量。新风量应保持下列三项中的最大值:①室内总送风量的 5%;②按工作人员每人 $40m^3/h$;③维持室内正压所需的风量。

2)应满足按机房环境分类的温度和湿度要求。

3)机房无空调设施时,应安装有通风排气设施。

4)满足设备正常运行的条件下,为了节约能源,应科学合理地确定机房的温湿度范围。空调制冷时,应尽量靠近温湿度要求的上限;空调制热时,则应尽量靠近温湿度要求的下限。

机房环境的分类主要以机房内的温、湿度为表征,其分类和指标见表 4-1。

要求一般的机房包括电源机房、人员活动的机房,一些中央空调产品具有温度和湿度调节功能,能够满足要求,要根据冷热负荷和环境分类标准选择合适的空调产品。

表 4-1　机房环境的分类和指标

环境分类	主要局站类型	温度	湿度
一类环境	DC1、DC2 长途交换机、骨干高级/省内低级信令转接点、骨干/省内智能网 SCP、一二级干线传输枢纽、骨干/省内骨干数据设备的通信机房及动力机房、IMDS、IDC 设备机房	10～25℃	30%～70%
二类环境	汇接局、关口局、本地智能网 SCP、本地传输网骨干节点、本地数据骨干节点（含城域网核心层设备）、IDC 机房、拨号服务器的通信机房，5 万门以上市话通信机房及测量室，服务重要用户（要害部门）的交换设备、传输设备、数据通信设备机房，无线市话核心网络设备机房及所属的动力机房，长途干线上下话路站机房	10～28℃	20%～80%
三类环境	5 万门以下市话通信机房，城域网汇聚层数据机房及所属的动力机房，长途传输中继站	10～30℃	20%～85%
四类环境	模块局、用户接入网、城域网接入层设备（小区路由器、交换机）、DSLAM 设备的通信机房，其他通信机房	5～35℃	15%～85%

注：同一机房内安装的不同等级设备，按照高环境分类标准要求。

2.机房环境的特殊要求

一些特殊机房比如数据中心对环境的要求较高，在温度、湿度、洁净度及开机运转要求等方面有所不同，要求恒温恒湿、大风量小焓差，具备空气除尘功能，在性能方面要求 7×24h×365d 连续运行。

比如，2004 年美国采暖制冷空调学会 9.9 技术委员会（ASHRAE TC 9.9）对数据中心的温度和湿度进行了规范化，制定了一套通用的中立指导方针，得到了 IT 设备制造商的同意。数据中心按照温、湿度要求的严格程度分为 A1～A4 共 4 类等级。推荐的环境范围扩大为 18～27℃，并得到 IT 设备制造商保修承诺，见表 4-2。

表 4-2　数据中心环境等级规格

类别	设备环境规格				
	干球温度/℃	湿度范围，非冷凝	最大值露点/℃	最大值海拔/m	最大速率变化/℃/hr
	推荐的（适用于所有类别：个别数据中心可以根据本文档中描述的分析选择扩大此范围）				
A1～A4	18～27	5.5℃DP 到 60%RH 和 15℃DP			
	允许值				
A1	15～32	20%～80%RH	17	3050	5/20
A2	10～35	20%～80%RH	21	3050	5/20
A3	5～40	−12℃DP&；8%～85%RH	24	3050	5/20
A4	5～45	−12℃DP&；8%～90%RH	24	3050	5/20

A1 类：代表典型数据中心，推荐机柜进风温度范围为 18～27℃，允许机柜进风温度范围为 15～32℃，通常是严格控制环境参数（露点、温度和相对湿度）和运行核心业务，服务对象为企业的服务器和存储设备。其中，露点的缩写是 DP（Dew Point），相对湿度的缩写为 RH（Relative Humidity）。

A2～A4 类：通常是信息技术空间、办公室或实验室环境，主要控制环境参数（露点温度和相对湿度）要求不高；服务对象为服务器，存储产品、个人计算机、工作站等。

不同类型的数据中心对环境的要求有很大区别，即使同一个数据中心内，由于应用和业务的变化，差异也会很大。要满足不同的业务需求，机房需要采用更多的制冷方案、方法适应不同的气象条件，以便实现电源使用效率（Power Usage Effectiveness，PUE）最优。

我国在 2017 年颁布了《数据中心设计规范》（GB 50174—2017）对原标准的环境标准进行了调整具体见表 4-3。

表 4-3 GB 50174—2017 对数据机房的环境标准

项目	技术要求			备注
	A 级	B 级	C 级	
冷通道或机柜进风区域的温度	18～27℃			
冷通道或机柜进风区域的相对湿度和露点温度	露点温度 5.5～15℃，同时相对湿度不大于 60%			
主机房环境温度和相对湿度（停机时）	温度 5～45℃，相对湿度 8%～80%，同时露点温度不大于 27℃			不得结露
主机房和辅助区温度变化率	使用磁带驱动时，温度变化率 < 5℃/h 使用磁盘驱动时，温度变化率 < 20℃/h			
辅助区温度、相对湿度（开机时）	温度 18～28℃，相对湿度 35%～75%			
辅助区温度、相对湿度（停机时）	温度 5～35℃，相对湿度 20%～80%			
不间断电源系统电池室温度	20～30℃			
主机房空气粒子浓度	应少于 17600000 粒			每立方米空气中大于或等于 0.5μm 的悬浮粒子数

这类通信机房属高发热机房，几乎无潜热源，所以产湿量很小，而热湿比相当高。这就需要及时、大量地排出显热，而不是去湿。

单位容积发热量很大，随着科学技术的不断进步，各种精密电子设备越来越趋于小型化，各类电子元器件的紧密排布，对散热效果提出了越来越高的要求。为了保证电子元器件及时排出显热，要求整个机房的温度梯度变化 ≤ 1℃/10min，这就对机房的风量及换气循环次数提出了严格的要求。

通信设备全年不停地运作，考虑隔热、隔湿及洁净度要求，机房不开外窗，机房建筑围护结构的保温性能也很好，即使在冬季无采暖设备的情况下机房也需要供冷，因此要求空调设备能够保证全年连续可靠地运行。

相对湿度对机房的影响是一个不容忽视的问题。湿度过高或过低都会影响电器元件的绝缘性能以及设备的正常使用，低湿度时不同电位元件之间易产生静电，这种静电压可高达几万伏，足以使电器元件受到致命伤害。

通信机房及高精密电子设备对空气洁净度有特殊要求。机房内灰尘影响设备的正常工作，灰尘沉积在磁带和电子元件上会使磨损加速，且容易引起金属材料的化学腐蚀、电子元件性能参数的改变和绝缘性能下降等。如果灰尘过大，有可能使某些重要部件报废。为保证空气的洁净度，空调系统送入机房内的空气必须全部过滤。对于灰尘粒径 5μm 以上的粒子，空气过滤效率应达 95% 以上；对于粒径 1μm 的粒子，至少要去除 90% 才算合格。

对于这类机房，需要采用机房专用空调。

4.1.2 机房热负荷计算

1. 机房的热量

热量根据其性质的不同，分为显热和潜热。显热（Sensible Heat）是指当此热量加入或移去后，会导致物质温度的变化，而不发生相变，可分为对流热和辐射热两种成分。潜热是指当温度不变时，物质产生相变过程中所吸收或放出的热量。例如，气化过程中，1kg 液体气化成同一温度蒸气时所吸收的热量称为气体潜热。

机房显热量主要来源有设备散热量、照明散热量和通过围护结构传入室内的热量等。机房的发热量主要是显热（约占 90%）而且大部分热量是由电子设备本身耗电产生的。电子信息设备耗电量的约 97% 都转化为热量，热密度高，夏天冷负荷大，因此空调设计主要考虑夏季冷负荷，以设备实际用电量为依据。对主机房内的电子信息设备的用电量不能完全掌握时，可参考所选 UPS 电源的容量和冗余量来计算设备的散热量。

2. 机房发热量的计算

（1）机房设备散热量的计算

一个系统的总发热量等于它所有组件的发热量之和。整个系统应包括 IT 设备及其他项，如 UPS、配电系统、空调装置、照明设施和人员等。UPS 和配电系统的发热量由两部分组成：一部分是固定的损耗值，另一部分与负载功率成正比，对于不同品牌和型号的设备，暂估这两部分热量损耗是一致的。照明设施和人员所产生的热量也可以使用标准值进行估算。

（2）机房传入热量的计算

通过围护结构传入机房的热量可由地板面积（m^2）、房间高度来计算。通过机房屋顶、墙壁、隔断等围护结构进入机房的传导热是一个与季节、时间、地理位置和太阳的照射角度等有关的量。因此，要准确地求出这样的量是很复杂的问题。当室内外空气温度保持一定的稳定状态时，由平面形状墙壁传入机房的热量可按下式计算：

$$Q = KF(t_1 - t_2)$$

式中，K 为围护结构的导热系数 [W/($m^2 \cdot$K)]；F 为围护结构面积（m^2）；t_1 为机房内温度（℃）；t_2 为机房外的计算温度（℃）。

计算不与室外空气直接接触的围护结构（如隔断等）时，室内外温度差应乘以修正系数，其值通常取 0.4~0.7。

常用材料导热系数见表 4-4。

表 4-4 常用材料导热系数

建材	单位导热系数/[W/($m^2 \cdot$K)]
铜	380
水泥	1.5
实心砖	0.83
空心砖	0.17
软木塞	0.04
聚苯乙烯	0.031

4.1.3 几个基本物理概念

1. 温度

温度是物质冷热程度的量度，或者说是物质内部分子运动动能的标志，它实质上反映了物质分子热运动的剧烈程度。温标是人为规定的测量温度的标尺。常用的温标有：摄氏温标、热力学温标和华氏温标。

摄氏温标 t，又称为国际百度温标，单位为摄氏度（℃），规定：在 1 个标准大气压下，以水的冰点为 0 度，沸点为 100 度，把其间分为 100 等份，每等份定为 1 摄氏度，记作 1℃。摄氏温标为十进制，简单易算，相应的温度计称其为摄氏温度计。

热力学温标 T，又称为开氏温标或绝对温标，是国际制温标，单位为开尔文（K）。规定：在 1

个标准大气压下，以水的冰点为273度，沸点为373度，把其间分为100等份，每一个等份为开氏1度，记作1K。在热力学中规定，当物质内部分子的运动终止时，其绝对温度为0度，即$T=0K$。

华氏温标F，单位为°F，规定：在1个标准大气压下，水的冰点为32度，沸点为212度，把其间分为180等份，每个等份就是1华氏度，记为1°F。上述三种温标的相互比较如图4-1所示。

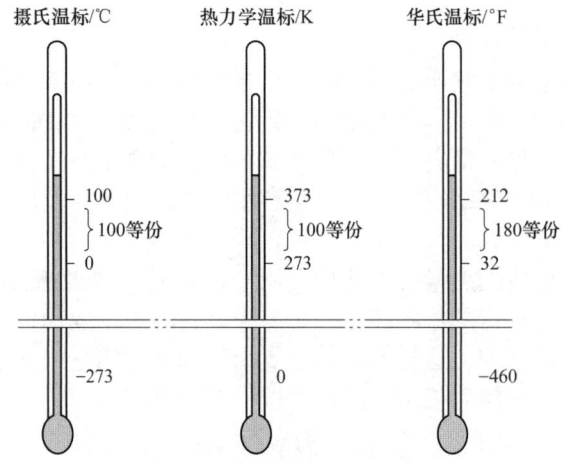

图 4-1　三种常见温标的比较

按国际规定，当温度在零度以上时，温度数值前面加"+"号（可省略）；当温度在零度以下时，温度数值前面加"−"号（不可省略）。摄氏温标、华氏温标和热力学温标之间的换算关系见表4-5。

表 4-5　各温标之间的换算关系

温度	摄氏温度t/℃	热力学温度T/K	华氏温度F/°F
t	t	$t+273$	$(9/5)\cdot t+32$
T	$T-273$	T	$9/5\cdot(T-273)+32$
F	$5/9\cdot(F-32)$	$5/9\cdot(F-32)+273$	F
冰点	0	273	32
水沸点	100	373	212

2. 湿度

湿度是表示空气中所含水蒸气多少的物理量，通常用绝对湿度、含湿量和相对湿度三种方法来表示。

（1）绝对湿度

通常将含有水蒸气的空气称为湿空气，不含水蒸气的空气称为干空气。

单位容积的湿空气中含有的水蒸气的质量称为绝对湿度。

$$z = m_q / V$$

式中，z为绝对湿度，单位为kg/m^3；m_q为水蒸气质量，单位为kg；V为空气容积，单位为m^3。

（2）含湿量

湿空气中水蒸气的质量与干空气质量的比值，称为含湿量。

$$d = m_q / m_g$$

式中，d为含湿量，单位为kg/kg；m_q为水蒸气质量，单位为kg；m_g为干空气质量，单位为kg。

（3）相对湿度

相对湿度的概念表示在湿空气中水蒸气含量接近饱和含量的程度。相对湿度为 0，表示干空气；相对湿度为 100%，表示饱和湿空气。

$$\varphi = \frac{p_q}{p_{qsat}} \times 100\%$$

式中，φ 为相对湿度；p_q 为湿空气中水蒸气的分压力，单位为 Pa；p_{qsat} 为相同温度下，饱和湿空气中的水蒸气分压力，单位为 Pa。

在工程计算中，常用下列公式代替计算相对湿度：

$$\varphi = \frac{d}{d_{sat}} \times 100\%$$

式中，d 为含湿量；d_{sat} 为饱和湿空气中的含湿量。

空气的温度与湿度也是相关联的，与湿空气相关联的几个常用参数有：干球温度、湿球温度、露点温度。

（1）干球温度 t

普通温度计指示的空气温度称为干球温度，干球温度计的球部（温包）直接与空气接触，它指示的是空气的真实温度。

（2）湿球温度 t_s

通过"湿球温度计"测出的空气温度称为湿球温度。如图 4-2 所示，为湿球温度计的使用示意图。将干球温度计的感温包用棉纱布包扎，棉纱布下部浸在水里。如果空气中所含水蒸气未达到饱和程度，由于水的蒸发要吸收一部分热量，因此湿球温度一般低于同环境下的干球温度。只有空气达到饱和状态时，$t_s = t$。干球温度和湿球温度的差值大小反映出了空气中相对湿度的大小。

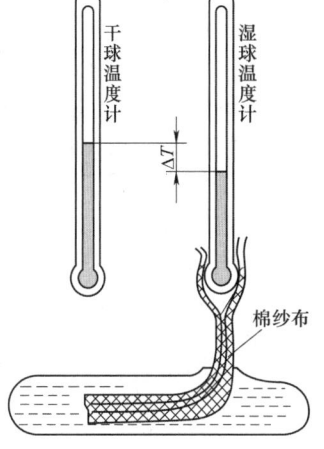

图 4-2 湿球温度计使用示意图

（3）露点温度

在空气含湿量不变的情况下，通过冷却降温而达到饱和状态的温度称为露点温度。此时，空气的相对湿度为 100%，干球温度、湿球温度、饱和温度及露点温度为同一温度值。在露点温度下，空气中的水蒸气在物体表面形成一层细小的水滴，称为结露或露水。

3. 热量和比热

（1）热量

热量是物质热能转移的量度，是表示某物质吸热或放热多少的物理量，用 Q 表示。在国际单位中，热量的单位为焦耳（J）和千焦耳（kJ）；在工程单位制中常用卡（cal）和千卡（kcal）。

（2）显热和潜热

物体在加热（或冷却）过程中，温度升高（降低）所需吸收（或放出）的热量，称为显热。在这一过程中物体的温度发生了变化，但状态没有发生变化。通常可以用温度计测量物体的温度变化。例如，将一杯 80℃ 的水放在空气中冷却至室温，其温度明显下降，但状态不变，仍然是水，其放出的热量称为显热。它能使人们有明显的冷热变化感觉。

当单位质量的物体在吸收或放出热量过程中，其状态发生变化，但温度不发生变化，这种热量成为潜热。例如，把一块 0℃ 的冰加热，它不断吸收热量而熔化，直至固体的冰完全融化成水之前，温度都不发生变化。其在熔化过程中所吸收的热量称为潜热。潜热不能通过触摸感觉到，也无法用温度计测出来。图 4-3 表明了 1kg 水在一个大气压力下的各类热值。

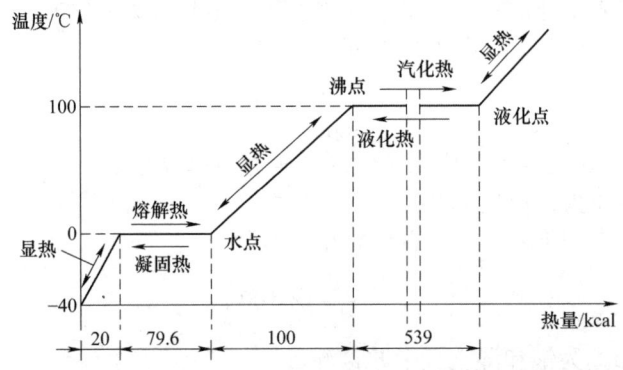

图 4-3 1kg 水在一个大气压力下的各类热值

（3）比热

物体的温度发生一定量的变化时，物质吸收或放出的热量，不仅与物质的质量有关，还与物质的性质有关。把单位质量的某种物质的温度升高或降低 1°C 所吸收或放出的热量，称为这种物质的质量比热，简称为比热，用 C 表示，单位为 kJ/（kg·°C）或 kJ/（kg·K）。

对于气体物质，压力不变时的比热称为定压比热，用 C_p 表示。容积不变时的比热称为定容比热，用 C_V 表示。

不同的物质，其比热不同；同类物质，若状态不同，其比热也不同。如瘦牛肉的比热为 3.21kJ/（kg·K），牛肉冻结以后的比热为 1.71kJ/（kg·K）；又如水的比热为 4.18kJ/（kg·K），而冰的比热为 2.09kJ/（kg·K）。

（4）物质温度变化时的热量计算

物质的温度变化伴随有热量的转移，即得到或失去热量。其计算式为

$$Q = Cm(t_2 - t_1)$$

式中，Q 为热量，单位为 kJ；C 为物质的比热，单位为 kJ/（kg·K）；m 为物质的质量，单位为 kg；t_1 为物质初始温度，单位为 K；t_2 为物体终止温度，单位为 K。

4. 空气的焓

在热力学中，焓象征系统中所有的总能量，是内能和压力位能之和，用符号 H 表示，单位是焦耳（J）。即

$$H = U + pV$$

单位质量物质的焓称为比焓，用 h 表示

$$h = u + pv$$

对气态工质而言，由于内能 u、压力 p、比体积 v 均为状态参数，因此比焓 h 也是一个状态参数。空气的焓值是指空气所含的总热量，通常以干空气的单位质量为标准。在空气调节中，空气的压力变化一般很小，可近似为定压过程，因此可直接用空气的焓变化来度量空气的热量变化。即

$$\Delta H = \Delta Q$$

湿空气的焓值随着温度和含湿量的变化而变化，当温度和含湿量升高时焓值增加；反之，焓值则降低。但是当温度升高，同时含湿量下降时，湿空气的焓值不一定会增加，而完全有可能出现焓值不高或焓值减少的现象。

5. 压力

在物理学上，把单位面积上所受的垂直作用力称为压强，而在工程上常把液体或气体的

压强称为压力。在制冷与空调技术领域中亦如此,即所说的压力数值实际上是压强的大小。本章出现的压力值也是指压强的大小,压力单位为帕斯卡(Pa)。

在制冷系统中,由于测量和计算需要,压强需要用绝对压力、相对压力及真空度等几种方法表示。绝对压力是指容器中气体对容器的实际压力,用P表示。相对压力表示比大气压高或低出的数值,是用压力表测出的,因此也称为表压力,用P表示。真空度是指设备内部压强远小于一个大气压的气态空间,真空度是用来表示真空程度的物理量。

在选择空调或风机时,常常会遇到静压、动压、全压这三个基本概念。根据流体力学的知识,流体作用在单位面积上的垂直力称为压力。当空气沿风管内壁流动时,其压力可分为静压、动压和全压,我国的法定单位是 Pa。静压(P_j)指由于空气分子不规则运动而撞击于管壁上产生的压力。计算时,以绝对真空为计算零点的静压称为绝对静压。以大气压力为零点的静压称为相对静压。空调中的空气静压均指相对静压。静压高于大气压时为正值,低于大气压时为负值。动压(P_b)指空气流动时产生的压力,只要风管内空气流动就具有一定的动压,其值永远是正的。全压(P_q)是静压和动压的代数和:$P_q = P_j + P_b$。若以大气压为计算的起点,它可以是正值,亦可以是负值。

4.1.4 机房空调的分类

随着空调技术的发展,空调系统的种类日益增多,演变也很迅速。目前常见的分类方法如下。

1. 按空气处理设备的集中程度分类

按空气处理设备的集中程度可分为:集中式空调系统、半集中式空调系统和分散式空调系统(局部式空调系统/空调机组)。

2. 按采用新风量的大小分类

1)直流式系统:空调器所处理的空气全部是新风。送风在空调房间内进行热湿交换后,全部由排风管排到室外,没有回风管道。这种系统卫生条件好,但是耗能大,适用于散发有害气体而不宜使用回风的空调场所。

2)闭式系统:空调器处理的全部是再循环空气,不补充新风,这种系统能耗小,但卫生条件差。适用于只有温湿度调节要求,而无新风要求或者无法使用新风的空调场所。

3)混合式系统:空调器处理的空气由新风和回风混合而成,新风量占总的送风量约10%~100%。这种系统兼有直流式系统和闭式系统的优点,应用较为普遍。

3. 按送风量是否变化分类

1)变风量空调系统:通过改变送风量来保持一定的送风温度,适应室内负荷的变化,达到调节所需要的室内参数。

2)定风量空调系统:通常的集中式空调系统,风机的风量保持一定,通过改变水量改变送风温度,来调节室内的温湿度。

4. 按照室外冷源的方式分类

1)风冷空调:靠室外空气循环进行冷热交换的制冷系统,由压缩机、冷凝器、膨胀阀、蒸发器、风机及管道和控制系统等组成;制冷剂作为唯一传热媒介通过气、液相态变化吸收气化潜热进行热交换;通过控制系统调节机房温、湿度。

2)水冷空调:靠冷却水蒸发为主,进行冷热交换的制冷系统,包括螺杆式或离心式冷水机、冷却塔、管道、换热器、循环水泵、室内机、阀门、控制系统等设施。

后续章节就按照这个分类，分别介绍风冷式机房空调系统和水冷式机房空调系统。

4.2 机房专用空调通用要求

机房专用空调也称为恒温恒湿空调，是为一定特殊目的和要求服务的局部式空调系统，是一种性能比较完善的空调设备，具有制冷、加热、加湿、除湿等功能，对所需环境进行精密温湿度控制的空调机，广泛使用于程控交换机房、计算机机房、实验室等场所。

4.2.1 机房专用空调的特点*

1）大风量、小焓差。与相同制冷量的舒适空调机相比，机房专用空调机的循环风量约大一倍，相应的焓差只有一半。

2）适应性强。通常机房的热负荷要在10%～20%之间变动，变化幅度较大。机房空调系统能够适应这种负荷的变化，以使元器件工作在所要求的环境条件之中，保证电路性能的可靠性。

3）送回风方式多样。由于需要与通信设备的冷却方式相适应，机房空调系统的送风回风方式是多种多样的，有上送风、下送风、上回风、下回风、侧回风等。

4）过滤。机房专用空调的空气过滤器一般采用粗、中效过滤，以满足设备对洁净度的要求，并且可以方便地通过更换过滤器或增加过滤器进行升级。在机房专用空调中装置有符合以上标准的空气过滤网，此过滤装置完全能够满足机房对于洁净度的要求。

5）机房专用空调的加湿系统、除湿系统均由分辨率极高的微处理控制器来控制，一般用户可自行选择电极式锅炉和红外线加湿器，这为精密控制机房的湿度提供了可靠的保证。

6）可靠性较高。机房专用空调一般采用双制冷回路，控制、保护、告警功能比舒适性空调要完善得多。

7）全年制冷运行。多数机房专用空调机在室外气温降至−15℃时仍能制冷运行，而采用乙二醇制冷机组，可在室外气温降至−45℃时仍能制冷运行。与此形成明显对比的舒适性空调机，在此种条件下，根本无法工作。

8）设计点对应运行点。由于机房专用空调把运行点作为设计点，因而机组始终处于最佳运行点，运行效率较高。

4.2.2 机房空调参数

1）制冷量：指在规定的制冷量试验条件下，空调机从所处理的空气中移除的显热和潜热之和，单位为瓦（W）。

2）显冷量：指在规定的制冷量试验条件下，空调机从所处理的空气中移除的显热量，单位为瓦（W）。

3）显热比：指在规定的制冷量试验条件下，显冷量和制冷量之比，用等于或小于1的数值表示。机房空调显热比不小于0.90，回风温度24℃（干球温度），相对湿度45%。

4）制冷消耗功率：指在规定的制冷量试验条件下，空调机所消耗的总电功率，单位为瓦（W）。

5）整机能效比：整机能效比（Energy Efficiency Ratio，EER）指的是在规定的制冷量试验条件下，整机的制冷量和制冷消耗功率之比。基本工况：室内 24℃（干球温度），相对湿度 45%，室外温度 35℃（干球温度），风冷式空调机的能效比不小于 3。室外温度 45℃环境下的工况比基本工况下，能效比下降应控制在 10%～15%范围内。

6）冷风比：指的是空调机制冷量（W）和送风量（mh）之比。空调机应有较大的送风量和较小的冷风比，且送风温度应高于机房露点温度。制冷量（W）/风量（m³/h）建议小于 4.5。

7）机外静压：指的是空调机出风口与回风口处的静压差。机外静压要求，所有类型空调设备标配机外静压应能在 20～200Pa 内可调，能提供机外静压在 200Pa 以上的选件。

4.2.3 机房空调的技术要求*

（1）基本工况

室内 24℃（干球温度），相对湿度 45%，室外温度 35℃（干球温度）。

（2）控制精度

当设定温度在 18～28℃范围时，温度控制精度为 ±1℃，控制精度应在 1～3℃可调。设定湿度在 30%～70% 范围时，湿度控制精度为 ±5%，控制精度应在 5%～10%可调。

（3）空气过滤能力

空调机应设不低于《空气过滤器》（GB/T 14295—2019）规定的粗效 2 类空气过滤器，按照其方法试验时，过滤器初始计数效率应为 80%。

（4）最大运行噪声

空调机的噪声值在额定电压和额定功率下按《制冷和空调设备噪声的测定》（JB/T 4330—1999）规定的方法测得。现场空调机噪声限值评估，按照表 4-6 所示的测定方法。

表 4-6 空调机噪声限值（声压级） [单位：dB（A）]

制冷量/W	室内侧/dB			室外侧/dB
	风帽送风	风管送风	下送风	
14000≤制冷量<28000	68	66	66	64
28000≤制冷量<50000	71	69	69	66
制冷量≥50000	74	72	72	68

（5）控制功能

有独立的制冷、加热、除湿、加湿、送风功能，对各项功能的控制应能保证在设定控制点和精度控制范围内。空调机应有来电自启动功能，交流供电恢复时，设备应保持停电前的运行状态。

（6）远程监控功能

系统应能提供 Internet 接口，通过网络实现设备远程监控。应具备 RS-232/485 通信接口，具有良好的电气隔离。具有设备运行参数的设置及智能判断功能，对于超常规的参数设置（错误命令）能自动拒绝。系统具有三遥（遥测、遥信、遥控）功能。

（7）告警功能

系统机组应具备下列告警，并具备相应的动作。

1）直接蒸发式制冷系统高压、低压告警。

2）气流故障告警。

3）温度、湿度超出范围（过高或过低）告警。

4）电加热高温保护。

5）加湿器告警。

6）滤网堵塞告警。

7）漏水报警。

8）电源故障告警。

舒适性空调机与机房专用空调机的区别见表4-7。当然机房专用空调价格一般比较昂贵，用户可根据机房类型、设备运行要求、冷热负荷等选用具备温湿度调节的普通中央空调或者专用精密空调。

表4-7 舒适性空调机与机房专用空调机的特点

序号	比较内容	舒适性空调机	专用空调机
1	冷风比（kcal/m³）	5	2.2～3
2	显热比［显冷量/总冷量%］	0.65～0.7	0.85～1.0
3	焓差（kcal/kg）	3～5	2～2.5
4	控制精度	3℃	±1℃、±3%RH
5	温度控制	通常没有	有加湿和去湿功能
6	空气过滤	一般性过滤	过滤0.2～0.5μm的粒子
7	蒸发温度（℃）	较低	>5～11
8	蒸发气排数	4、6、8	2～4
9	迎风面积（m²）	较小	1.3～2.7
10	迎风风速（m/s）	较大	≤2.7
11	备用	单制冷回路	双制冷回路或能够双机热备
12	运行时间（h）	8～10	24
13	全年运行可靠性	不设计冬季运行	全天候运行
14	控制	一般控制	微机控制
15	监控	无或非常简单	能进行本机或远程监视温湿度、空气处理状态和各种报警等

4.3 风冷式机房专用空调系统

风冷式机房专用空调系统是一种常见的空调系统，其特点是使用冷媒作为传热媒介，通过风冷式直接蒸发系统进行制冷。制冷剂在压缩机中被压缩成高温高压气体，然后送入冷凝器冷却，冷凝成液体后通过膨胀阀节流，变成低温低压液体，最后在蒸发器中蒸发吸热，达到降低机房内温度的目的。

4.3.1 压缩式空调制冷系统的工作原理

空调系统制冷循环包括压缩式制冷循环、吸收式制冷循环、吸附式制冷循环、蒸气喷射制冷循环及半导体制冷等。据不完全统计,目前世界上运行的制冷装置大约 75% 采用压缩式制冷循环,其核心原理是逆卡诺循环。空调系统通过蒸发器、压缩机、冷凝器、节流装置实现了这个循环,以达到制冷或供热的效果。其工作过程如图 4-4 所示。

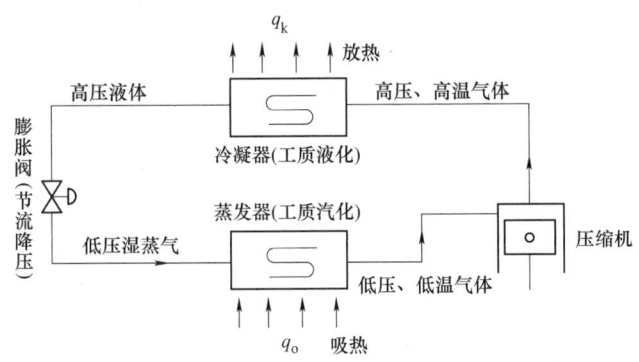

图 4-4 制冷循环的工作原理

制冷剂在蒸发器中沸腾,蒸发温度低于被冷却物体或流体的温度,把热量传递给冷却介质(通常为水或空气);低压、低温制冷剂蒸气被压缩机吸入和压缩为高压、高温的热蒸气后排至冷凝器;同时室外侧风扇吸入的室外空气流经冷凝器,使高压高温的制冷剂蒸气凝结为高压液体,带走制冷剂放出的热量;冷凝后的高温高压液体通过膨胀阀或其他节流元件进入蒸发器,制冷剂变成低温低压的状态,为在蒸发器中汽化吸热做准备。蒸发器内产生的过热蒸气又被压缩机吸入,进入下一个循环。这样周而复始继续下去,不断地将蒸发器周围介质的热量带走,从而获得低温,达到制冷的目的。

制冷循环的过程分别为压缩过程、冷凝过程、节流过程以及蒸发过程。在整个循环过程中,制冷剂经过压缩机压力被提高,而经过膨胀阀,压力降低,因此从压缩机出口到膨胀阀入口为制冷系统的高压侧。从膨胀阀出口到压缩机入口为制冷系统的低压侧。整个循环过程中压力最低处为压缩机入口处,压力最高处为压缩机出口处(见图 4-5)。

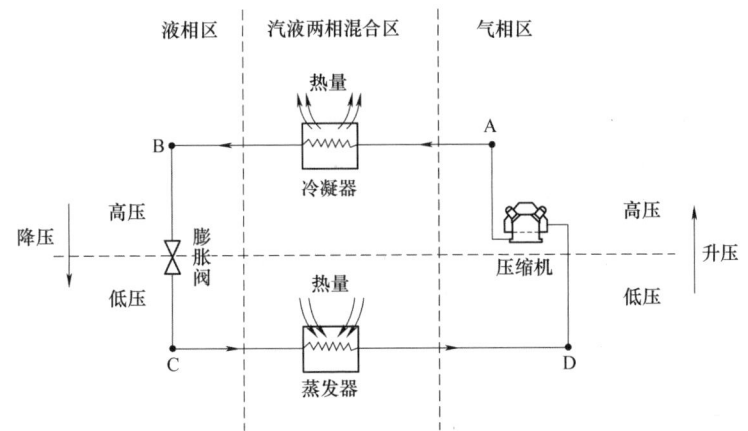

图 4-5 制冷循环中冷媒状态变化

需注意的是,制冷剂通过膨胀阀由高温高压变成低温低压,这个过程可以看成与外界隔绝,没有向外界传递能量,看似违反了热力学第一定律,能量不能守恒。其实,当制冷剂通过膨胀阀时，压力下降，会使得部分液体汽化，吸收大量的潜热，而只能从周围的液体吸收热量，剩余液体的温度下降。在经过膨胀阀之后，部分制冷剂有相变发生，并不违反能量守恒定律。离开膨胀阀出来的是气液混合物，混合物中的蒸气通常称为闪发蒸气。

对于空调的制冷循环来说，是将低温热源（房间）的热量传递到高温热源（室外环境介质）中，按照热力学第二定律，这个过程不能自发地实现。要实现这一过程必须要消耗一定的电能或其他形式的能量。这一过程消耗了电能，借助压缩机的压力，提升系统吸收了热量的制冷剂的压力，高压的制冷剂温度比室外温度高许多，通过室外机风扇的对流作用向空气散热。这种利用高压和低压形态使热量"逆势"从冷区（数据中心）流向热区（夏天户外）的循环过程，就是逆卡诺循环制冷循环。从整体上看，制冷循环从温度低的地方吸热，到温度高的地方放热，形同水泵从水位低的地方吸水到水位高的地方放水，这一过程也称为"热泵循环"。

空调制冷循环的基本原理，在各种空调单元中得到广泛运用，例如空调器、冷冻除湿机、空气能热水器、冷水机组等。

4.3.2 空调系统的主要组成部件*

压缩机、蒸发器、冷凝器、节流装置这四大部件，是空调系统的基本部件。

1. 制冷压缩机

压缩机在制冷系统中主要用来压缩和输送制冷剂蒸气，使制冷剂进行制冷循环，由于它在制冷系统中占有重要地位，而且结构比较复杂，因此通常称为制冷系统的主机。

制冷压缩机分类和结构示意图如图 4-6 所示。

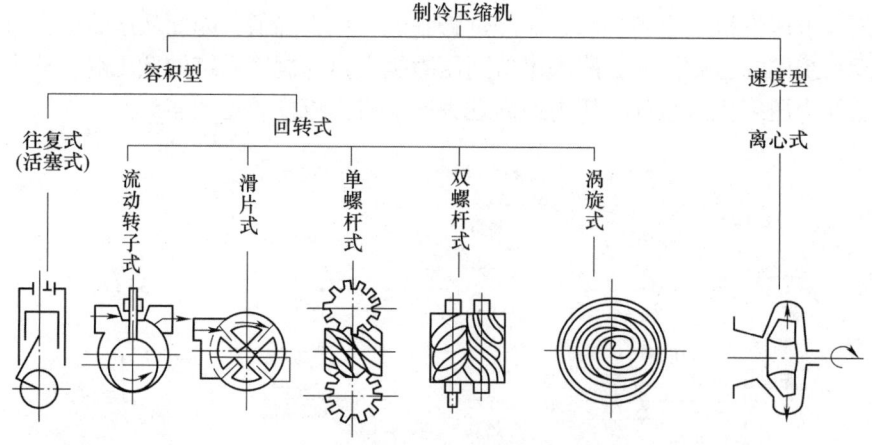

图 4-6　制冷压缩机分类和结构示意图

（1）分类

制冷压缩机根据工作原理可分为容积型和速度型两类。

1）容积型压缩机：在容积型压缩机中，一定容积的气体先被吸入气缸里，继而在气缸中被强制缩小，压力升高，当达到一定压力时气体便被强制地从气缸排出。可见，容积型压缩机的吸排气过程是间隙进行的，其流动并非连续稳定的。

容积型压缩机按其压缩部件的运动特点可分为两种形式：往复式（活塞式）和回转式。而后者又可根据压缩机的结构特点分为滚动活塞式（又称滚动转子式）、滑片式、螺杆式（包括双螺杆式、单螺杆式）和涡旋式等。在各类制冷设备中，滚动活塞式和涡旋式制冷压缩机应用最为广泛。

2）速度型压缩机：在速度型压缩机中，气体压力的增长由气体的速度转化而来的，即先使气体获得一定的高速，再将气体的动能转化为压力能。可见，速度型压缩机中的压缩流程可以连续地进行，其流动是稳定的。制冷装置中应用的速度型压缩机主要是离心式制冷压缩机。

（2）制冷压缩机的组成和原理

1）活塞式压缩机。

活塞式压缩机的主要部件：机壳、电动机、曲轴连杆、活塞、活塞环（包括气环和油环）、吸排气阀片、阀板等，其结构和工作过程类似于内燃机四冲程。

活塞压缩机工作过程：压缩、排气、膨胀、吸气。

活塞式压缩机的工作原理：曲轴转动带动活塞往复运动，当活塞向下运动时，来自蒸发器的低压制冷剂气体被吸进气缸；当活塞向上运动时，气缸内气体被压缩而使体积减小，气体压力随之增加，最后气体被送至冷凝器。

2）涡旋式压缩机。

涡旋式压缩机的独特设计，使其成为当今世界领先的节能压缩机。涡旋式压缩机主要运行件涡盘只有啮合没有磨损，因而寿命更长，被誉为免维修压缩机。涡旋式压缩机运行平稳、振动小、工作环境安静，又被誉为"超静压缩机"。涡旋式压缩机结构新颖、精密，具有体积小、噪声低、重量轻、振动小、能耗小、寿命长、输气连续平稳、运行可靠、气源清洁等优点，被誉为"新革命压缩机"，是风动机械理想动力源，广泛应用于通信、工业、医疗器械、食品等行业和其他需要压缩空气的场合。

涡旋式压缩机工作原理如图4-7所示，它由一个被偏心轴带动的动涡旋盘与一个固定不动的定涡旋盘相互配合，二者之间形成几对弯月形的工作容积。工作时定涡旋盘不动，偏心轴带动动涡旋盘进行回转的平面运动，使弯月形容积从外部逐渐向中心移动，且其容积逐渐缩小，分为初始过程、压缩过程、压缩/吸气过程、排气/吸气过程，如此周而复始。

图4-8展示了涡旋式压缩机的主要结构部件剖视图，其中定涡旋盘和动涡旋盘共同构成用于压缩气体的工作容积。工作时，气体从蒸发器出来被吸入压缩机的封闭壳体中，经吸气口进入工作容积。动涡旋盘依靠十字导向环的作用，由偏心轴带动做平面回转运动，从而对吸入气体进行压缩，经压缩后的气体，由静涡旋盘中心的排气口排出到全封闭壳体中的高压腔，并最终排出壳体。

图4-9为立式全封闭涡旋式压缩机总体结构图，在封闭壳体内，电动机安装在壳体的下部，壳体底部盛有润滑油，压缩泵体部分安装在壳体的上部。

润滑油从底部的过滤器进入压缩机偏心轴内的通道，依靠泵油片向上提升，并通过偏心轴上的油道，分别送入上、下轴承，再通过动涡旋盘的油路，流入动涡旋盘和定涡旋盘以及动涡旋盘与机身间的摩擦表面。

制冷换热器是制冷剂与水或空气等介质进行热交换的设备，在制冷系统中主要是蒸发器和冷凝器。其中，蒸发器使制冷剂向周围介质吸热，而负责向周围介质放热的是冷凝器。

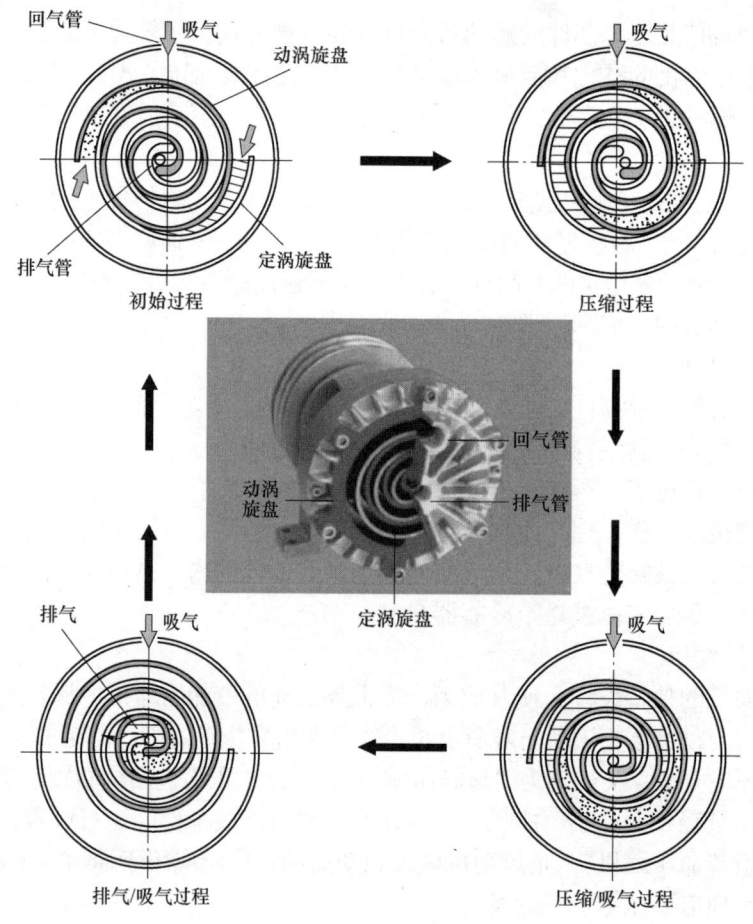

图 4-7 涡旋式压缩机的工作原理

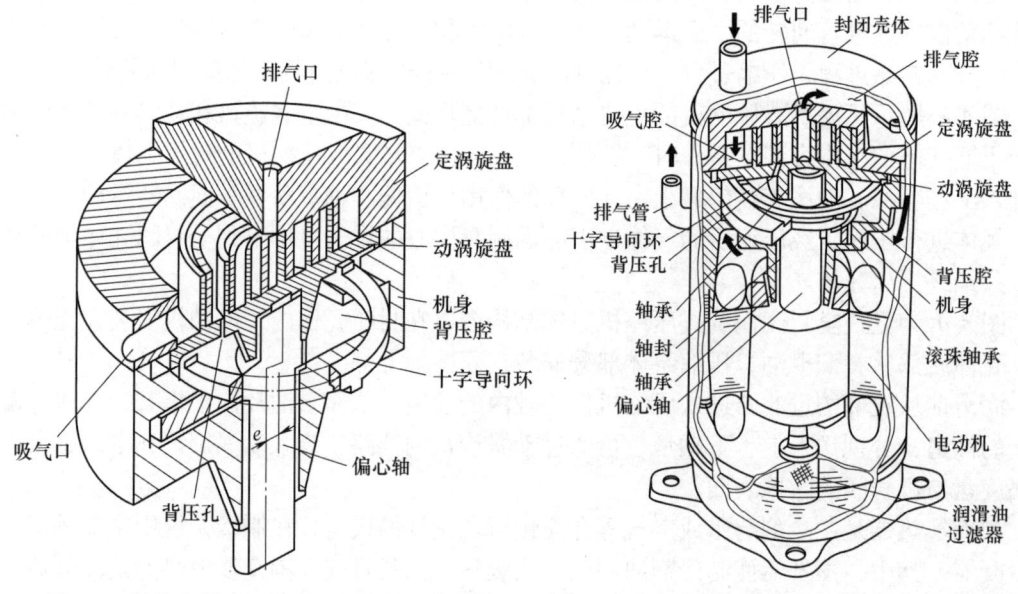

图 4-8 涡旋式压缩机的主要结构部件剖视图　　图 4-9 立式全封闭涡旋式压缩机总体结构图

2. 蒸发器

在制冷系统中冷却介质的效果反映在蒸发器上,因为液体制冷剂在蒸发器内沸腾汽化时,吸收与它接触的被冷却介质的热量,使其降温。如果被冷却的介质是空气,那么,蒸发器一方面降低空气的温度,另一方面如果蒸发器表面温度低于空气的露点温度,在含湿量不变的条件下,同样将空气中的水汽凝结出来,起到减湿作用,蒸发器的表面温度越低,减湿效果越大,因此,在冷气加除湿型的空调器就是用这个机理来降温除湿。

(1)蒸发器的类型和结构

蒸发器按冷却方式不同可分为两大类:一类是冷却液体的蒸发器;另一类是冷却空气的蒸发器。冷却液体的蒸发器在通信机房中很少使用,本小节不做介绍。仅对冷却空气的蒸发器予以说明。

1)机械吹拂式蒸发器。

图4-10所示为氟利昂制冷系统采用的机械吹拂式蒸发器,其结构与风冷式冷凝器相似。不同的是:液态制冷剂在换热管中进行蒸发(冷凝器则是气态制冷剂在其中冷凝液化),故在入口处装有分液器。分液器有一个或两个,用于将液态制冷剂均匀分配至各路换热管,充分利用蒸发器的传热面积。换热管一般采用ϕ10~12mm的紫铜管,管外壁穿套翅片。翅片采用厚度为0.2~0.4mm的铜(铝)薄板。换热管的组数为4、6、8、12等。

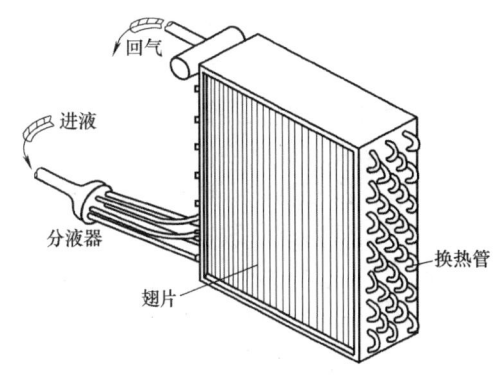

图4-10 机械吹拂式蒸发器

2)自然对流式蒸发器。

自然对流式蒸发器没有强制空气流动的电风扇,靠蒸发器的金属表面与自然流动的空气进行热交换。这种蒸发器在电冰箱上有着广泛应用。

(2)蒸发器中制冷剂的吸热过程

当制冷剂节流后,由冷凝压力减压到蒸发压力,在节流过程中,只有小部分液态制冷剂变为蒸气,而大部分液态制冷剂来不及蒸发,因此,当湿蒸气进入蒸发器时,其蒸气的含量占10%左右,其余都是液体。在相应压力下,大量沸腾,而温度并不改变。随着湿蒸气在蒸发器内流动与吸热,液态制冷剂逐渐蒸发为蒸气,蒸气含量越来越多,当蒸气流至蒸发器出口时,一般已变为干蒸气,由于蒸发温度总比室温低,存在传热温度差,干蒸气还会继续吸热。当蒸发器内全部蒸发为干蒸气时,在蒸发器末端的温度将继续上升,变成过热蒸气。因此,蒸发器的出口端总是处于过热蒸气区,但只占蒸发器很小一部分区域。

3. 冷凝器

冷凝器又称散热器,它也是制冷系统主要热交换设备之一,它的作用是将压缩机排出的高压过热蒸气,经散热面冷却后凝结成液体,所放出的热量被冷却介质(水或空气)吸收后排至周围环境中。

冷凝器按其冷却介质可分为空气式、水冷式和蒸发式三大类。

(1)空气式冷凝器

空气式冷凝器又称风冷式冷凝器,是以空气作为冷却介质的冷凝器。制冷剂在冷却管内流动,而空气则在管外掠过,吸收冷却管内制冷剂热量并散发于周围环境中。为加强空气传热性能，通常在管外加散热片，以增加空气侧的传热面积，同时采用通风机来加速空气流动，增强空气侧的传热效果。

风冷式冷凝器的冷凝效果差，但不用水，安装方便，多用于小型氟利昂制冷装置。风冷式冷凝器又分为强制对流式和自然对流式。

强制对流式冷凝器结构如图 4-11 所示，它是用铜管或铝管冲压出一定凸边的薄铜片或薄铝片，经过穿片、弯头焊接、胀管等工序制成。强制对流式冷凝器在机房空调机上应用最多。

（2）水冷式冷凝器

这类冷凝器是利用冷却水作为介质来吸取制冷剂蒸汽的热量，将高温高压气态制冷剂凝为液态制冷剂的换热器。冷却水可一次流过后排至下水道，也可经凉水塔冷却后循环使用，前者用水量大，不经济，后者被广泛采用。它的冷却效果好，但需要冷却水循环设备。它有立式壳管式、卧式壳管式、套管式、浸水式等型式。

（3）蒸发式冷凝器

蒸发式冷凝器以水和空气作冷却介质，以水的蒸发和空气的对流将热量散发。它的作用原理是：制冷系统中压缩机排出的过热高压制冷剂气体经过蒸发式冷凝器中的冷凝排管，使高温气态的制冷剂与排管外的喷淋水和空气进行热交换，温度升高的喷淋水蒸发变为气态，吸收潜热，再由空气的对流带走大量的热量。

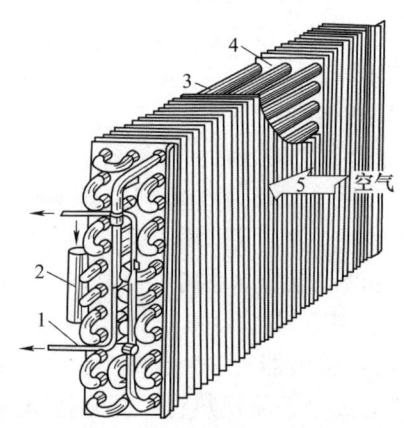

图 4-11　强制对流式冷凝器
1—液体制冷剂出口　2—制冷剂蒸气入口
3—冷却管　4—翅片　5—空气入口方向

4. 节流装置（膨胀阀或毛细管）

节流装置是制冷系统四大部件之一，常见的空调可以使用毛细管实现节流，而机房专用空调往往使用控制精度更高的膨胀阀。膨胀阀装于储液器（或冷凝器）和蒸发器之间，作用是将高压制冷剂液节流降压，使制冷剂液一出阀孔就沸腾膨胀为湿蒸气，同时还用它调节制冷剂液的循环量，以适应系统制冷量变化的需要。

如图 4-12 所示，热力膨胀阀的顶部由密封箱盖波纹薄膜感温包和毛细管组成一个密闭容器，里面灌注氟利昂，成为感应机构。感应机构里灌注的制冷剂相同，也可以不同，例如，制冷系统使用 F-22，感温包可灌注 F-12 或 F-22，感温包用来感受蒸发器出口的过热蒸汽温度。毛细管作为密封箱与感温包的连接管，传递压力作用在膜片上。受力后弹性形变性能很好，调节杆是用来调整膨胀阀门的开启过热度，在调试过程中用它来调节弹簧的弹力。传动膜片顶在阀针座与传动盘之间传递压力，阀针座上装有阀针，用来开大或关小阀孔。

热力膨胀阀的工作原理：膨胀阀通过感温包感受蒸发器出口端过热度的变化，导致感温系统内（感温系统是由感温包、毛细管、传动膜片和传动波纹管这几种互相连通的零件所构成的密闭系统）充注物质产生压力变化，并作用于传动膜片上，促使膜片形成上下位移，再通过传动片将此力传递给传动杆而推动阀针上下移动，使阀门关小或开大，起到降压节流作用，以及自动调节蒸发器的制冷剂供给量并保持蒸发器出口端具有一定过热度，得以保证蒸发器传热面积的充分利用，以及减少液击冲缸现象的发生。

第 4 章　机房空调系统

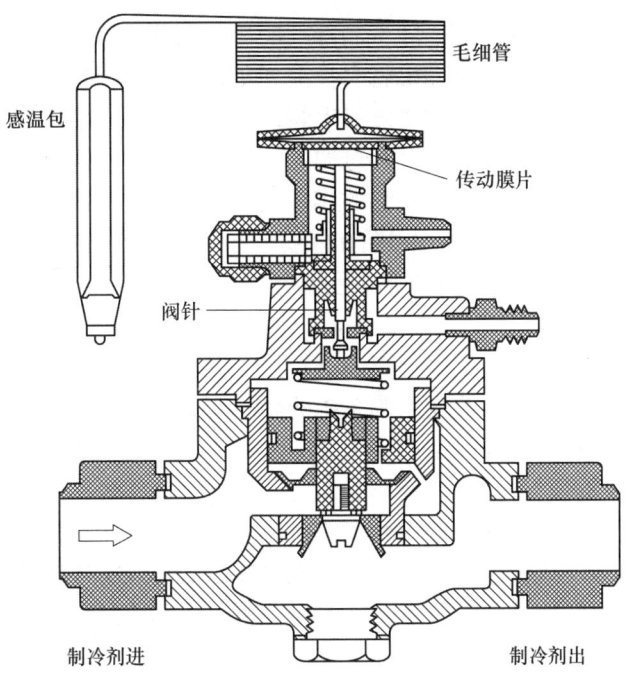

图 4-12　热力膨胀阀结构示意图

4.3.3　空调系统的辅助设备

制冷系统的辅助设备在系统中既控制和调节制冷剂的循环量，又调节冷却水的流量。辅助设备是用来改善制冷机的工作条件、延长制冷机的工作寿命，这些部件与设备在系统中都起着重要的作用。

1. 制冷电磁阀

制冷电磁阀是制冷系统中一种重要的自动控制制冷剂通过或截止的部件。它通常与压缩机同接一个启动开关，以配合压缩机的开停而自动接通或切断输液。

2. 截止阀

截止阀安装在制冷系统管路中，以手动控制阀芯的启闭以达到控制制冷剂通过或截止。

3. 油分离器

从压缩机排出的高温高压制冷剂蒸气总会夹带部分雾状润滑油，经排气管进入冷凝器和蒸发器。在制冷系统中，冷凝器和蒸发器是两个主要交换器。若系统中不安装油分离器，就会在热交换器的传热表面形成油垢，增加其热阻，降低冷凝和蒸发的效果，导致产冷量下降。因此，在压缩机与冷凝器间的管路上应装油分离器，以便将油从制冷剂蒸汽中分离。

4. 储液器

储液器是储存制冷剂液体的压力容器。它有两种用途：一是安装在制冷系统中以储存制冷循环中的制冷剂液体；二是作为备用储液器，供制冷设备填补制冷剂用。

5. 过滤器与干燥过滤器

制冷系统各部件出厂前虽经过严格清洗和干燥处理，但在安装管路时，管内会有一些焊渣和氧化皮黏结在接口周围；另外压缩机运行一段时间后也有部分金属皮粉被磨损下来，而其制冷剂本身也有一定数量的污泥，随着制冷剂的循环而遍及各系统。这种含杂质的制冷剂进入膨胀阀就会堵塞网孔；进入压缩机就会拉毛和刮伤气缸、吸排气阀等。因此，在制冷系统的储液器或冷凝器与膨胀阀之间的输液管上装设过滤器，用来清除制冷剂中的杂质。

在氟利昂制冷系统中往往将干燥器和过滤器合为一体称为干燥过滤器。干燥过滤器安装在冷凝器与热力膨胀阀之间的管道上。它的作用是除去进入热力膨胀阀、电磁阀等阀件的固体杂质及水分，以防阀件小孔堵塞和水分的冻结，同时可减少系统中钢制设备及管道的腐蚀。当进口出口温差达1℃以上时，意味着需要更换过滤器。

6. 四通换向阀

四通换向阀是一种用于控制制冷剂流向的器件，一般安装在空调的压缩机附近，可以通过改变压缩机送出制冷剂的流向改变空调系统的制冷和制热状态。

四通换向阀用在带热泵循环的空调器中，如图4-13所示为采用四通换向阀的典型循环系统。空调在进行制冷运行时，室内机换热器作为蒸发器，室外机换热器作为冷凝器。制冷剂由压缩机排出，先流经室外换热器，后经室内换热器，再返回压缩机。当空调器进行热泵供暖运转时，制冷剂由压缩机排出，先流经室内换热器，后流经室外换热器，再返回压缩机。换向阀起着由制冷运转转变到热泵供暖运转时，改变制冷剂流向的作用。

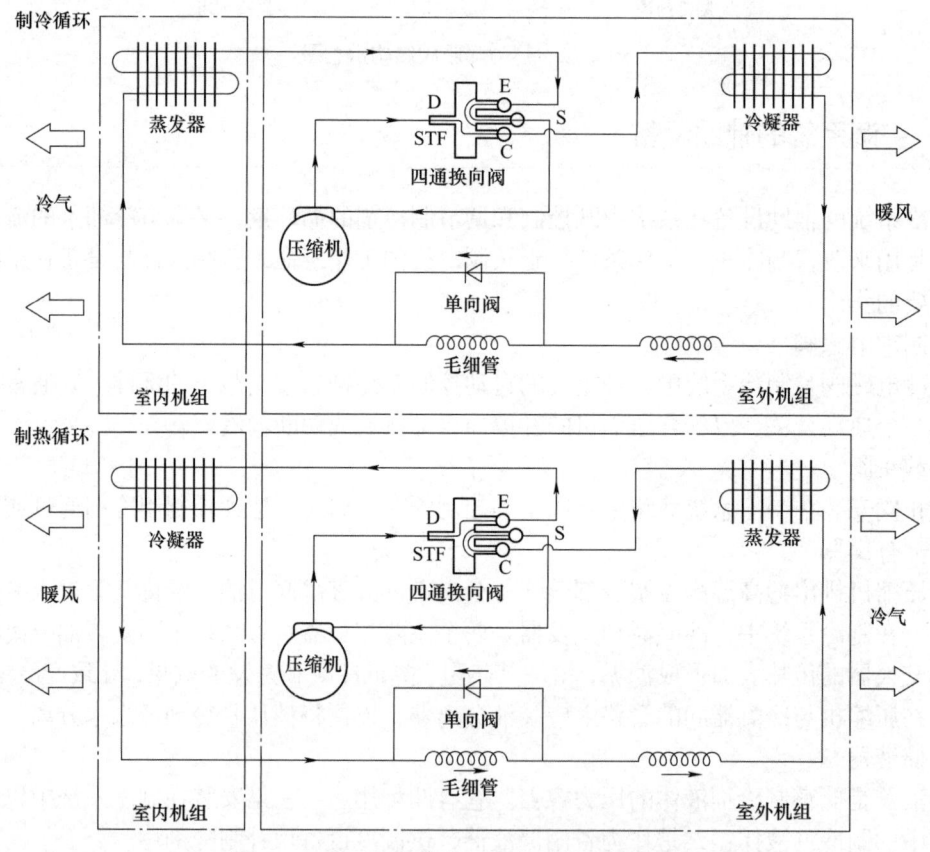

图4-13 采用四通换向阀的典型制冷制热系统

四通换向阀由三部分组成：先导滑阀、主滑阀和电磁线圈，电磁线圈可以拆卸，先导滑阀与主滑阀焊接成一体。

图 4-14a 表示空调器制冷运转时四通换向阀的状态，此时电磁线圈处于断电状态。先导滑阀在压缩弹簧驱动下左移，高压气体进入毛细管后再进入活塞腔。另外，活塞腔的气体排出，由于活塞两端存在压差，活塞及主滑阀左移，使 E、S 接管相通，D、C 接管相通，于是形成制冷循环。

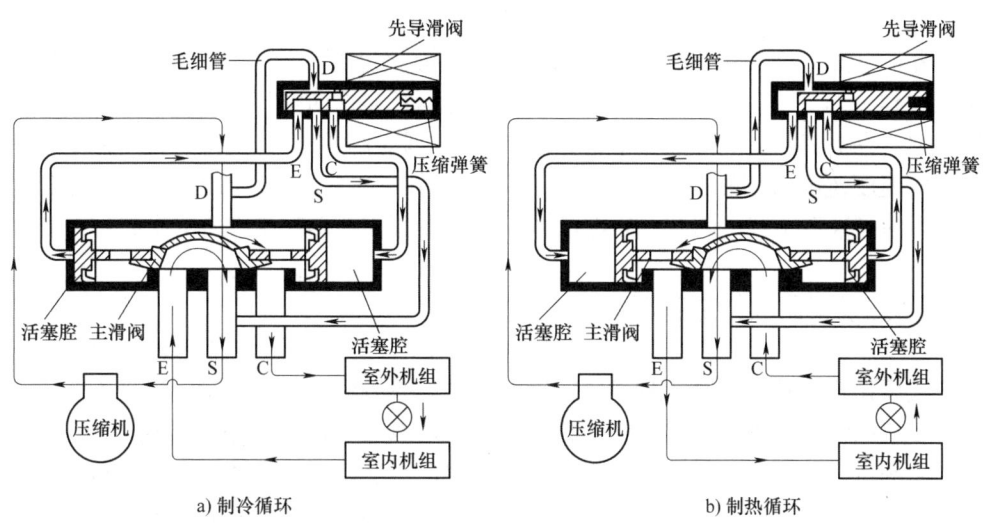

图 4-14 四通换向阀运行状态

图 4-14b 表示空调器在进行热泵运转时四通换向阀的状态，此时电磁线圈处于通电状态。先导滑阀在电磁线圈产生的磁力作用下克服压缩弹簧的张力而右移，高压气体进入毛细管后进入活塞腔，活塞腔的气体排出。由于活塞两端存在压差，活塞及主滑阀右移，使 S、C 接管相通，D、E 接管相通，于是形成制热循环。

4.3.4 空调系统的制冷剂

在制冷系统中，完成制冷循环的工作介质称为制冷剂或制冷工质。

1. 制冷剂的分类

目前，在压缩式制冷机中，广泛应用的制冷剂是氨（NH_3）、氟利昂和烃类。按照化学成分，制冷剂可以分为以下四类：①无机化合物，属于无机化合物的制冷剂有氨（R717）、水（R718）、空气（R719）、二氧化碳（R744）等；②烃类（碳氢化合物），属于烃类的制冷剂有饱和碳氢化合物（甲烷、乙烷、丙烷等）和非饱和碳氢化合物（乙烯、丙烯等）；③卤代烃（氟利昂族），氟利昂是饱和烃类（饱和碳氢化合物）的卤族衍生物的总称；④混合制冷剂，这类制冷剂包括共沸制冷剂和非共沸制冷剂两种。目前使用较多的共沸溶液是由两种以上氟利昂组成的混合物。

2. 氟利昂的性质

氟利昂是烷类的衍生物，在氟利昂中，氢、氟、氯原子数对其性质影响很大。它们大多数是无毒的，没有气味，在制冷技术的温度范围内不燃烧、不爆炸，而且稳定性好，凝固点低。不含水分时，对金属无腐蚀作用。其缺点是单位容积制冷量较小，比重大，节流损失也大，导热系数小，有明火时会分解成有毒的光气，易泄漏且不易发现，价格也较贵，目前只在中小型制冷装置中广泛采用。

R22是目前机房空调广泛使用的氟利昂，属于中温制冷剂。在一个大气压强下，沸点为−40.9℃，凝固点为 −160℃，常态时是无色无味的气体，而且不燃烧不爆炸，在有铁存在的情况下温度高达 550℃时才会分解出有毒的光气。因此，检修制冷机时应避免在明火情况下排放带有氟利昂的空气。水在R22液体中的溶解度很小，而且随着温度的降低溶解度减小，制冷剂中溶解有水，流经膨胀阀时，温度降低，水在其中溶解度降低，部分水就会析出而结成冰块，堵塞膨胀阀和管道。所以，必须要求制冷剂的含水量不得大于0.0025%（按质量计），故系统加入制冷剂之前，必须进行干燥，并在操作运行时严防空气漏入系统。R22与润滑油能部分溶解，在高温时，与油无限溶解，当低于某一临界温度时，溶液分层。R22 在制冷机正常工作的温度范围内，除含镁量大于2%的铝合金外，对所有金属均无腐蚀作用，但对有机物质，R22的腐蚀性很强，因此，它能使橡胶密封件膨胀，影响制冷机的密封性。

4.3.5 风冷式风循环中央空调

风冷式风循环中央空调是一种常见的空调系统。系统借助空气流动（风）作为冷却和循环传输介质从而实现温度调节。如图 4-15 所示，风冷式室外机借助空气流动（风）对制冷管路中的制冷剂进行降温或升温处理，将降温或升温后的制冷剂经管路送至室内机（风管机）中，由室内机（风管机）将制冷（或制热）后的空气送入风道，经风道中的送风口（散流器）将制冷或制热的空气送入各个房间或区域，从而改变室内温度，实现制冷或制热的效果。

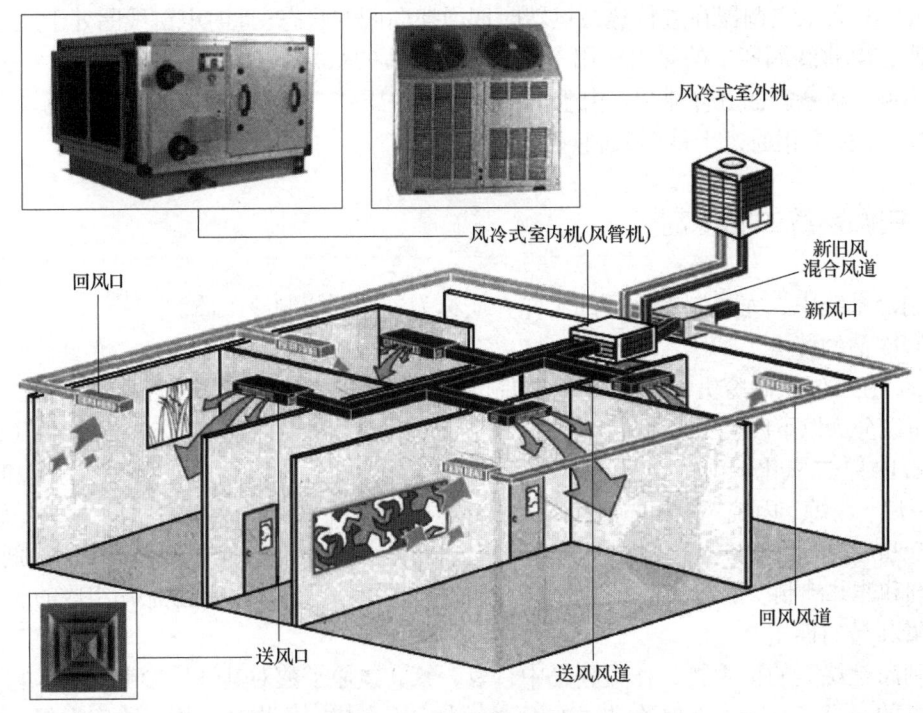

图 4-15　风冷式风循环中央空调系统的结构分布

1. 结构组成

为确保空气质量，许多风冷式风循环中央空调安装了新风口、回风口和回风风道。室内空气通过回风口进入风道，与新风口送入的室外新鲜空气混合后再送入室内，起到良好的空气调节作用。此类中央空调对空气需求量较大，要求风道截面积较大，占用建筑物空间也较大。此外，该中央空调的耗电量较大，有噪声，故多用在有较大空间建筑物中。如图4-16所示，其结构组成包括风冷式室外机、风冷式室内机、送风口（散流器）、室外风机、风道连接器、过滤器、新风口、回风口、风道以及风道中的风量调节阀等部件。

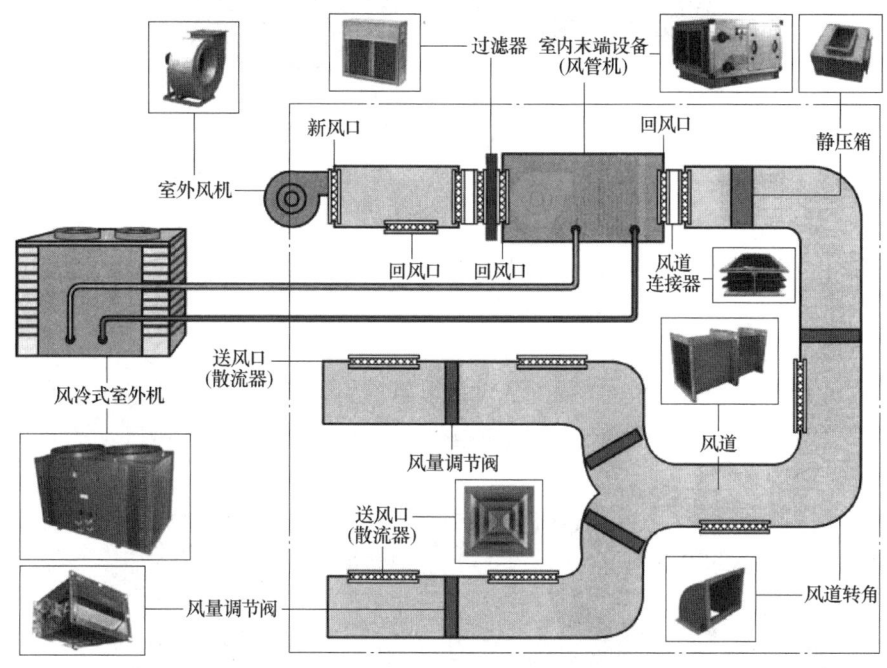

图4-16　风冷式风循环中央空调系统的结构组成

（1）风冷式室外机

如图4-17所示为风冷式室外机的实物外形。风冷式室外机采用空气循环散热方式对制冷剂降温，结构紧凑，可安装在楼顶及地面上。

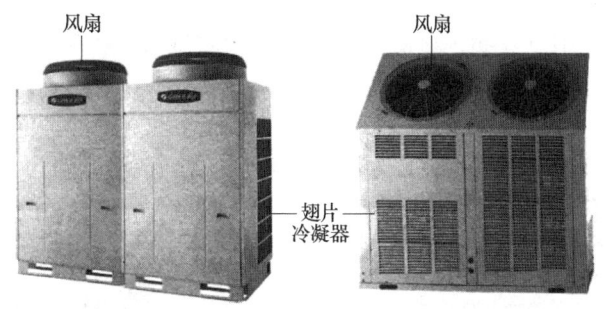

图4-17　风冷式室外机的实物外形

（2）风冷式室内机

如图4-18所示为风冷式室内机的实物外形。风冷式室内机（风管机）多采用风管式结构，主要由封闭的外壳将内部风机、蒸发器及空气加湿器等集成在一起，两端有回风口和送风口，由回风口将室内空气或由新旧风混合的空气送入风管机中，由风管机将空气通过蒸发器进行热交换，再由风管机中的加湿器对空气进行加湿处理，最后由送风口将处理后的空气送入风道中。

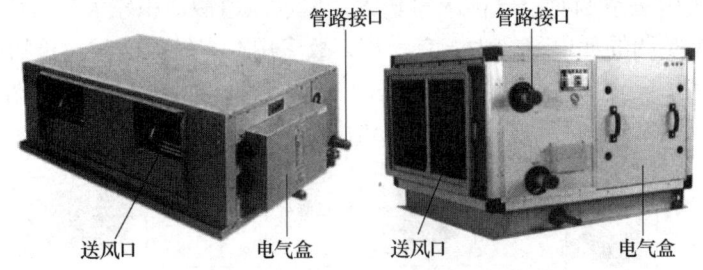

图 4-18 风冷式室内机的实物外形

（3）送风风道系统

风冷式中央空调系统由风冷式室内机将升温或降温后的空气经送风口送入风道中，在风道中经静压箱降压，再经风量调节阀对风量进行调节后，将热风或冷风经送风口（散流器）送入室内。

1）送风风道。

如图 4-19 所示为送风风道的实物外形。送风风道简称风管，一般由铁皮、夹芯板或聚氨酯板等材料制成。中央空调系统通过送风风道可有效地将风输送到出风口。

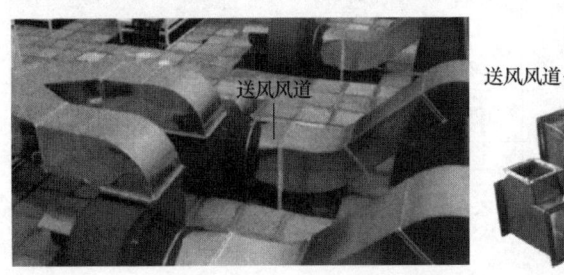 

图 4-19 送风风道的实物外形

2）风量调节阀。

如图 4-20 所示为风量调节阀的实物外形。风量调节阀简称调风门，是不可缺少的中央空调末端配件，一般用在中央空调送风风道系统中，用来调节支管的风量，主要有电动风量调节阀和手动风量调节阀两种类型。

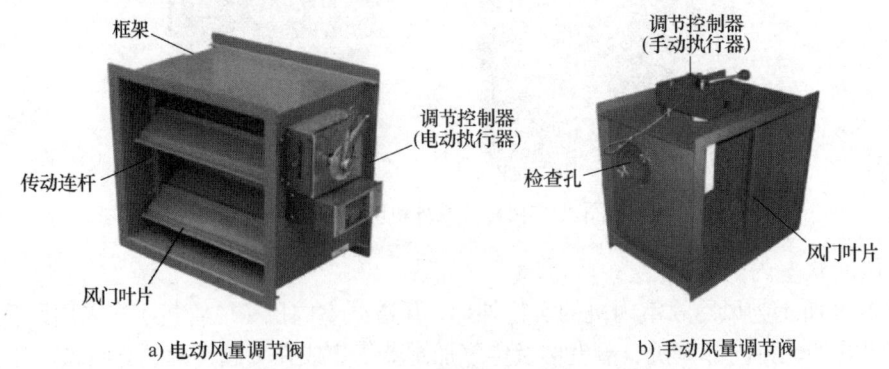

图 4-20 风量调节阀的实物外形

3）静压箱。

如图 4-21 所示为静压箱的实物外形。静压箱内部由吸音减振材料制成，可起到消除噪声、稳定气流的作用，使送风效果更加理想。

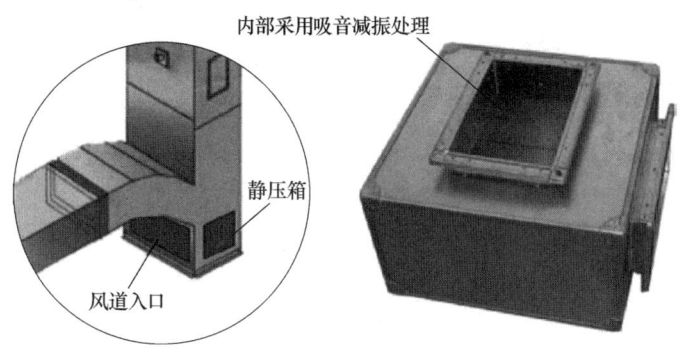

图 4-21　静压箱的实物外形

2. 风冷式风循环中央空调的工作原理

风冷式风循环中央空调采用空气作为热交换介质完成制冷/制热循环。图 4-22 和图 4-23 为风冷式风循环中央空调的制冷原理。

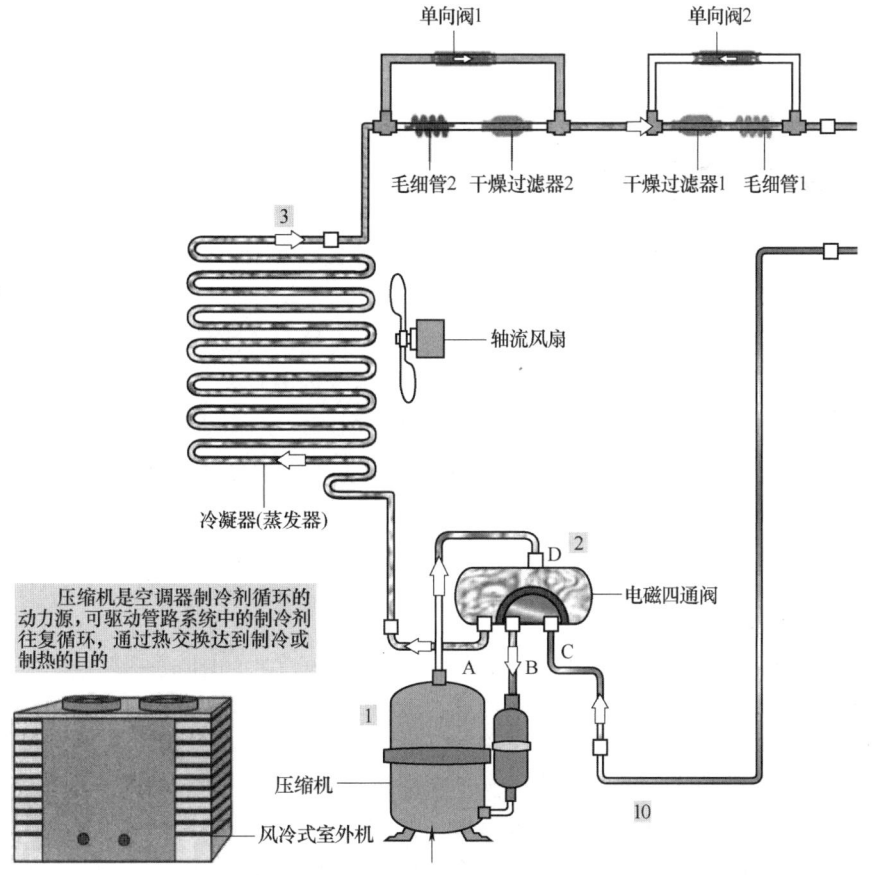

图 4-22　风冷式风循环中央空调的制冷原理（一）

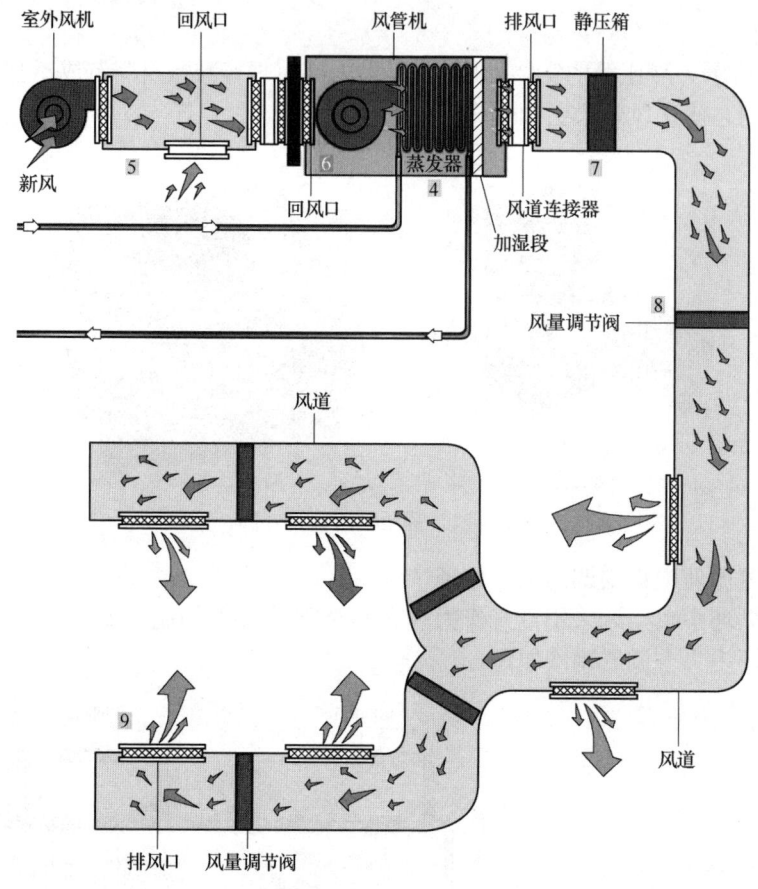

图 4-23　风冷式风循环中央空调的制冷原理（二）

1）当风冷式风循环商用中央空调开始制冷时，制冷剂在压缩机中被压缩，低温低压的制冷剂气体被压缩为高温高压的气体，由压缩机的排气口送入电磁四通阀中。

2）由电磁四通阀的 D 口进入，A 口送出，A 口直接与冷凝器管路连接，高温高压气态的制冷剂进入冷凝器中，由轴流风扇对冷凝器中的制冷剂散热。

3）制冷剂经降温后转变为低温高压的液态制冷剂，经单向阀 1 后送入干燥过滤器 1 中滤除水分和杂质，再经毛细管 1 进行节流降压，输出低温低压的液态制冷剂。

4）由毛细管 1 输出的低温低压液态制冷剂经管路送入室内风管机蒸发器中，为空气降温做好准备。

5）室外风机将室外新鲜空气由新风口送入，与室内回风口送入的空气在新旧风混合风道中混合。

6）混合空气经过滤器将杂质滤除后送至风管机的回风口处，由风管机吹动空气，使空气与蒸发器进行热交换处理后变为冷空气，再经风管机中的加湿段进行加湿处理后由出风口送出。

7）风管机出风口送出的冷空气经风道连接器进入风道中，由静压箱对冷空气进行静压处理。

8）经静压处理后的冷空气在风道中流动，由风道中的风量调节阀调节冷空气的风量。

9）调节后的冷空气经排风口后送入室内，使室内降温。

10）蒸发器中的低温低压液态制冷剂通过与空气进行热交换后变为低温低压气态制冷剂，经管路送入室外机中，由电磁四通阀的 C 口进入，由 B 口送入压缩机中，开始下一次的制冷循环。

风冷式风循环商用中央空调的制热原理与制冷原理相似,不同之处是室外机中的压缩机、冷凝器与室内机中的蒸发器由产生冷量变为产生热量,通过室外机中的电磁四通阀通过控制电路控制,使内部滑块由B、C口移动至A、B口即可,让压缩机出来的高温冷媒首先通过室内机,室内机的蒸发器就转为冷凝器对空气加热。

4.3.6 风冷式水循环中央空调

风冷式水循环中央空调是指室外机借助空气流动(风)对制冷管路中的制冷剂进行降温或升温处理,并将管路中的水降温(或升温)后送入室内末端设备(风机盘管)中与室内空气进行热交换,从而实现对空气的调节。

1. 风冷式水循环中央空调的结构组成

如图4-24所示,风冷式水循环中央空调系统的结构组成主要包含风冷机组(室外机)、室内末端设备(风机盘管)、膨胀水箱、冷冻水管路、冷冻水泵及闸阀组件及压力表等部件。

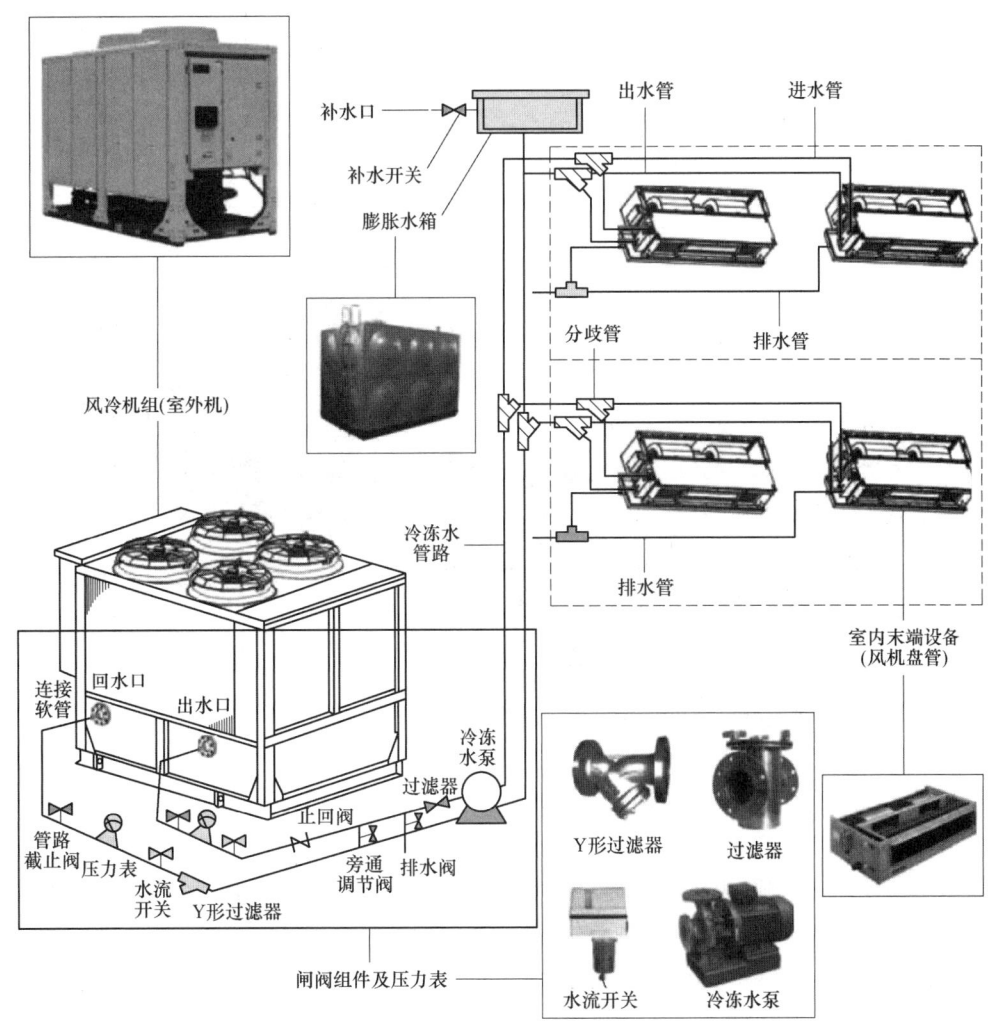

图4-24 风冷式水循环中央空调系统的结构组成

(1)风冷机组(室外机)

如图 4-25 所示为风冷机组的实物外形图片。风冷机组是以空气流动(风)作为冷(热)源,以水作为供冷(热)介质的中央空调机组。

图 4-25 风冷机组(室外机)的实物外形

(2)冷冻水泵

如图 4-26 所示为冷冻水泵的实物外形图片。冷冻水泵连接在风冷机组的末端,主要用于对风冷机组降温的冷冻水加压后送到冷冻水管路中。

图 4-26 冷冻水泵的实物外形

(3)闸阀组件及压力表

如图 4-27 所示为闸阀组件及压力表的实物外形。闸阀组件主要包括 Y 形过滤器、过滤器、水流开关、止回阀、旁通调节阀及排水阀等。

(4)室内末端设备(风机盘管)

风机盘管是风冷式水循环中央空调的室内末端设备,主要利用风扇的作用使空气与盘管中的冷水(热水)进行热交换,并将降温或升温后的空气送出。

图 4-27　闸阀组件及压力表的实物外形

如图 4-28 所示，风机盘管主要由出水口、进水口、排气阀、凝结水出口、积水盘、接线盒、回风箱、过滤网、风扇组件、电加热器（可选）、盘管、出风口等部分构成。两管制风机盘管是比较常见的中央空调末端设备，在夏季可以流通冷水，冬季可以流通热水；而四管制风机盘管可以同时流通热水和冷水，可以根据需要分别对不同的房间进行制冷和制热。

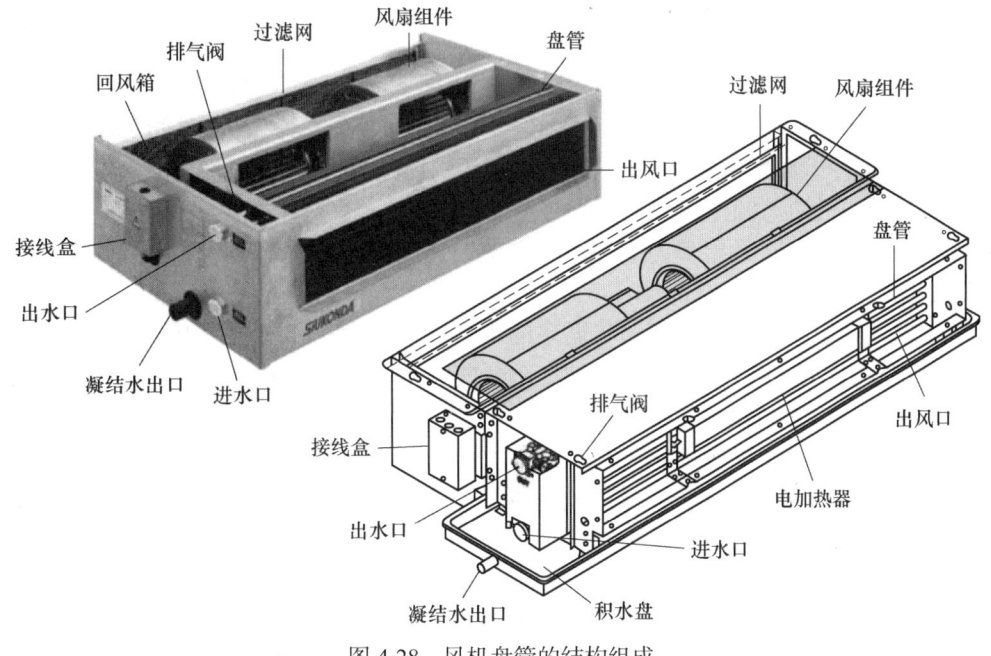

图 4-28　风机盘管的结构组成

（5）膨胀水箱

如图 4-29 所示为膨胀水箱的实物外形。膨胀水箱是风冷式水循环商用中央空调中非常重要的部件之一，主要用于平衡水循环管路中的水量及压力。

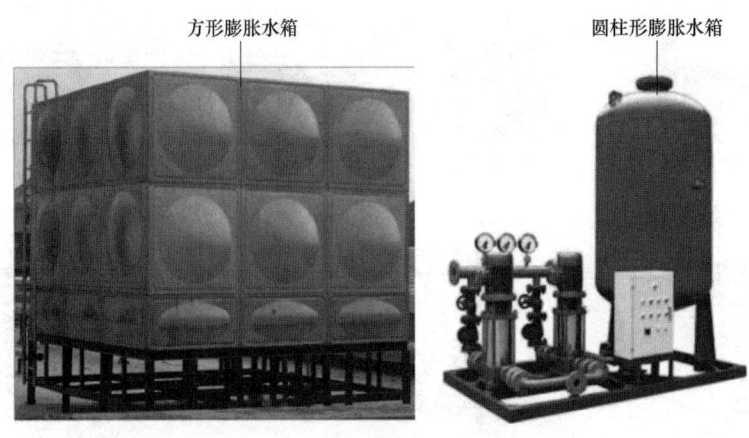

图 4-29 膨胀水箱的实物外形

2. 风冷式水循环中央空调的制冷原理

如图 4-30 所示,风冷式水循环中央空调的工作原理与风循环中央空调基本相类似,不过是采用冷凝风机(散热风扇)对冷凝器进行冷却,并由冷却水代替空气作为热交换介质完成制冷/制热循环,室内再由风机盘管完成对空气的降温。

1)风冷式水循环中央空调制冷时,由室外机中的压缩机对制冷剂进行压缩.将制冷剂压缩为高温高压的制冷剂气体。

2)高温高压的气态制冷剂经制冷管路送入翅片式冷凝器中,由冷凝风机(散热风扇)吹动空气,对翅片式冷凝器中的空气降温,制冷剂由气态变成低温高压液态。

3)低温高压的液态制冷剂由翅片式冷凝器流出进入制冷管路,电磁阀关闭,截止阀打开,制冷剂经制冷管路中的储液罐、截止阀、干燥过滤器后形成低温低压的液态制冷剂。

4)低温低压的液态制冷剂进入壳管式蒸发器中,与水进行热交换,由壳管式蒸发器送出低温低压的气态制冷剂、再经制冷管路进入电磁四通阀送出,进入气液分离器后送回压缩机,由压缩机再次对制冷剂进行制冷循环。

5)壳管式蒸发器中的制冷管路与循环的水进行热交换,经降温后由壳管式蒸发器的出水口送出,进入送水管路中经管路截止阀、压力表,水流开关、止回阀、过滤器及管路上的分歧管后,分别送入各个室内风机盘管中。

6)由室内风机盘管与室内空气进行热交换对室内降温,水经风管机进行热交换后,经过分歧管循环进入回水管路,经压力表冷冻水泵、Y 形过滤器、单向阀及管路截止阀后,经壳管式蒸发器的入水口送回壳管式蒸发器中,再次进行热交换循环。

7)送水管路连接膨胀水箱,可防止管路中的水由于热胀冷缩使管路破损,在膨胀水箱上设有补水口,当循环系统中的水量减少时,可以通过补水口补水。

8)室内机风机盘管中的制冷管路在进行热交换的过程中会形成冷凝水,由风机盘管上的冷凝水盘盛放,经排水管排出室外。

风冷式水循环中央空调的制热原理与制冷原理相似,不同之处是室外机的功能由制冷循环转变为制热循环。

风冷式水循环中央空调机组结构简单、故障少、维护工作量少、单机成本低;系统设计复杂、共用供水管路可能导致系统风险,在分期投入负载及设备时,需要提前做好系统预留设计,否则后期难以扩容,多采用在大型机房的情况。

第 4 章 机房空调系统

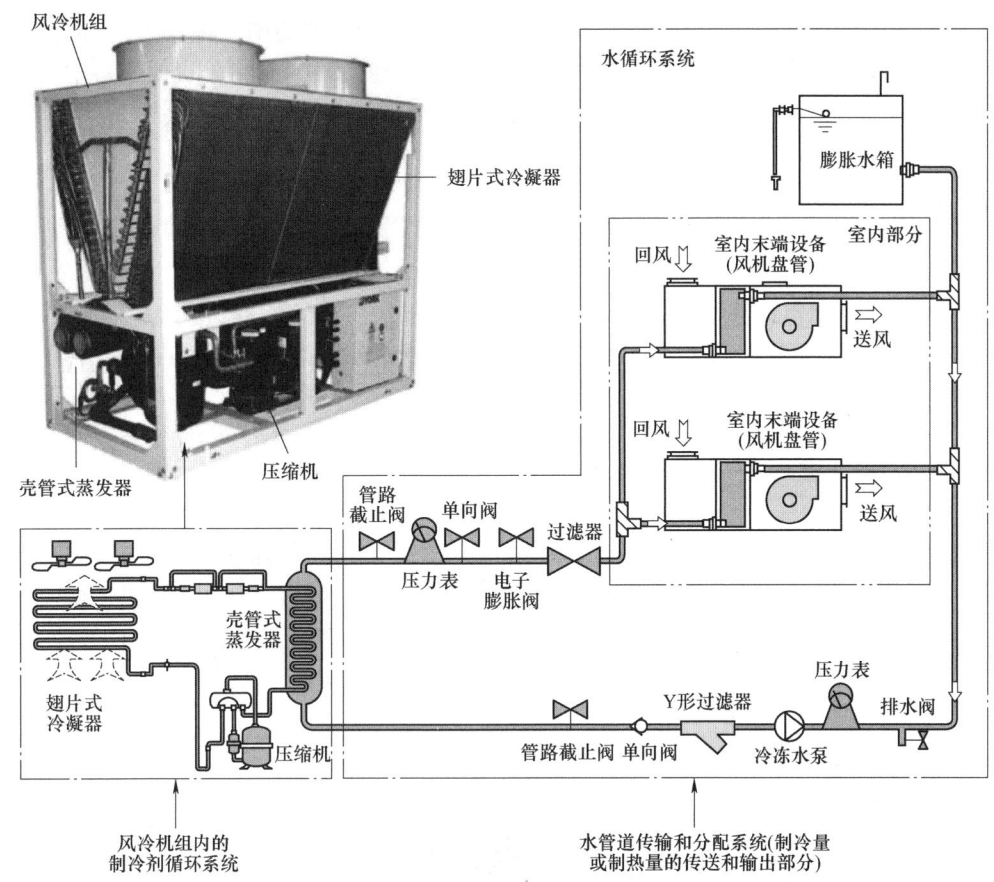

图 4-30 风冷式水循环中央空调的制冷原理

以上两种风冷式空调属于中央空调系统，适用于大型机房，还有一种小型局部式风冷型精密空调（见图 4-31）。它看起来与家用柜机这种局部式空调相似，工作原理与前面的空调循环类似，不再赘述。它分为内机和外机，外机是风冷型，与家用柜机不同的是，压缩机放置在室内主机里面，室内还设有加湿罐，它受机房空调的计算机板控制，当机房湿度低于设定湿度下限时，会自动启动加湿循环；当机房湿度高于设定湿度上限时，自动停止加湿，使机房温、湿度在正常范围内。

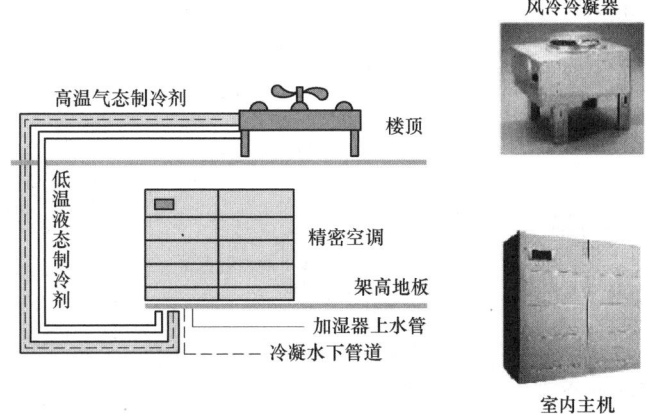

图 4-31 风冷型精密空调

这类风冷型机房空调，独立运行不属于中央空调，系统结构简单，占用机房空间少，扩容方便，但制冷剂管道不宜过长，适合室内机室外机接管长度＜60m、室外机低于室内机＜5m、室外机高于室内机＜20m 的安装条件，适用于中小型机房。

4.4 水冷式机房专用空调系统

水冷式机房专用空调系统是一种高效的机房冷却解决方案，它通过水循环来降低机房内的温度，保持设备的正常运行。该系统主要由制冷机组、水循环系统和室内机组组成，具有高效节能、低噪声、环保节能和高稳定性等优点。

4.4.1 水冷式机房专用空调系统的组成

水冷系统分为冷却水循环和冷冻水循环两部分（见图 4-32）。冷却水循环部分主要是由冷却水塔和冷却水泵等构成。冷冻水循环部分由冷冻水泵、膨胀水箱以及空调末端设备构成。冷水机组是二者的结合部分。制冷剂循环系统中的各种热交换过程都是通过水管路循环系统实现的。

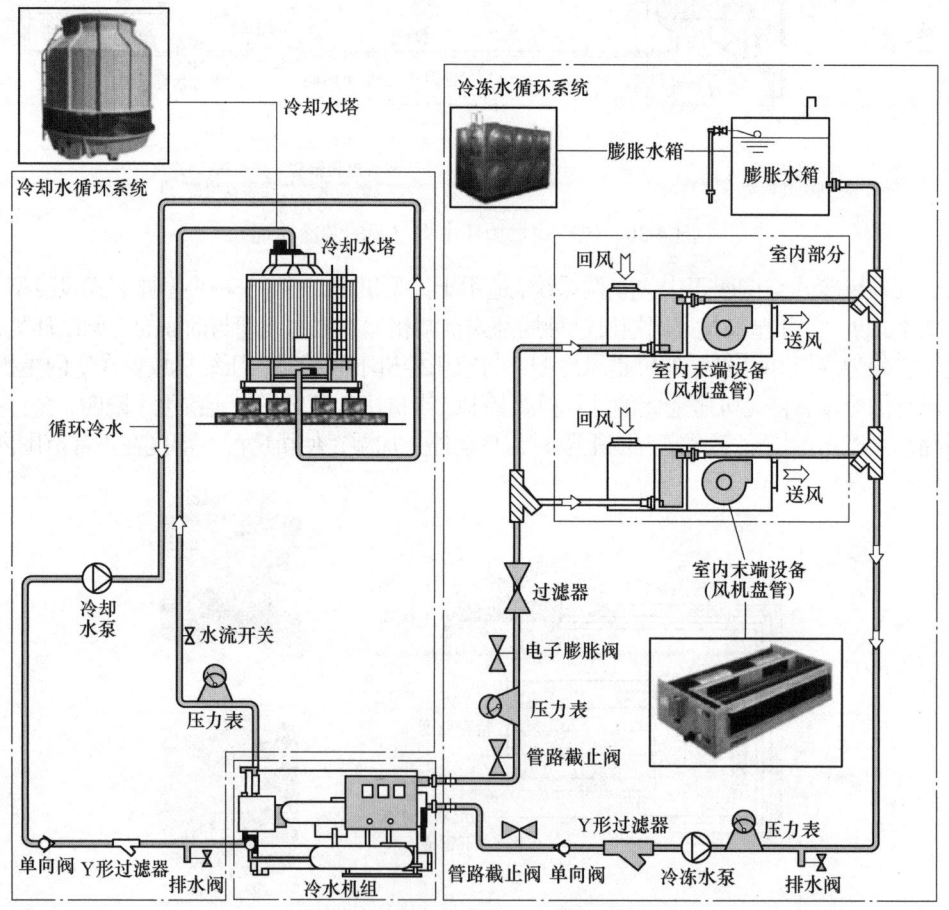

图 4-32 水冷式空调的结构组成

如果机房配备精密空调，其构成还有一个部件——蓄冷罐，其作用主要是当空调供电中断时，为精密空调提供冷源。蓄冷装置提供的冷量包括蓄冷罐和相关管道内的蓄冷量及主机房内的蓄冷量。

为保证供水连续性，避免单点故障，冷冻水供回水管路宜采用环形管网。当冷冻水系统采用双冷源时，冷冻水供回水管路可采用双供双回方式。

水冷式空调送风方式与之前的风冷压缩式系统相比变化不大，仅仅是末端内的冷却介质发生变化。由于大型数据中心的水冷空调系统的电力负荷很大，一般需要为水冷空调系统设计独立的配电室，随着能源的消耗，近年来大家逐渐对节能的问题重视起来，加之变频技术的成熟，变频一次泵系统和二次泵系统逐渐成为主流。

4.4.2 水冷式机房专用空调系统的各大部件的结构及作用*

1. 冷水机组

冷水机组是一种制造低温水（又称冷水、冷冻水或冷媒水）的制冷装置，其任务是为空调设备提供冷源，是水冷空调的核心。冷水机组是空调的"制冷源"，通往各个房间的循环水由冷水机组进行"内部热交换"降温为冷冻水。冷冻水可以通过冷水泵、管道及阀门送至中央空调系统的喷水室，表面式空冷器或风机盘管系统中，冷冻水吸收空气的热量后使空气得到降温降湿处理。

如图4-33所示，冷水机组是把制冷压缩机、冷凝器、蒸发器、膨胀阀、控制系统及开关箱等组装在一个公共机座或框架上的制冷装置，是制冷压缩机系统的核心。冷水机组的制冷原理与压缩式制冷系统的冷凝器工作原理相同，也是通过制冷剂在冷水机组各个部件的蒸发器间循环来实现制冷降温的目的。不同的是蒸发器、冷凝器和压缩机的结构形式不同。在一般情况下，水冷式中央空调的蒸发器和冷凝器均采用壳管式，压缩机多为离心式和螺杆式。

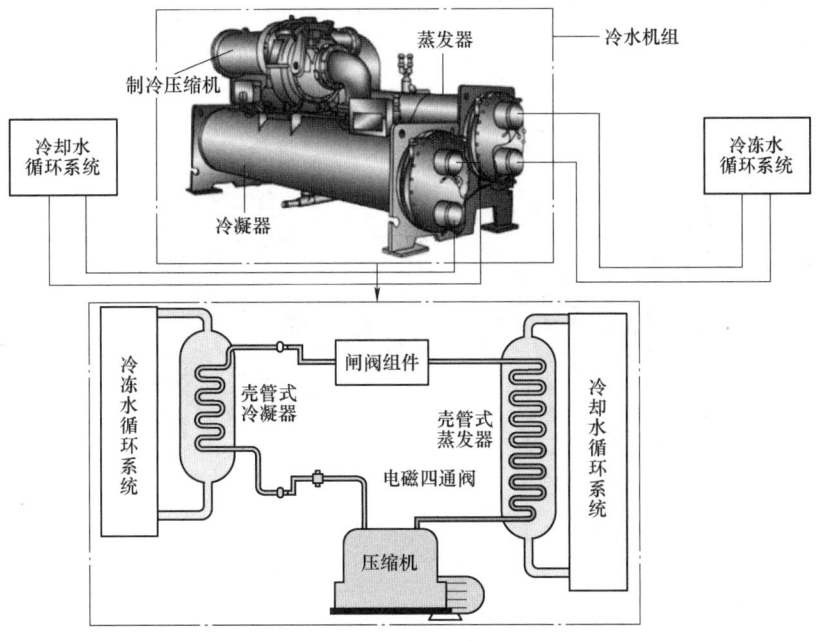

图4-33 冷水机组及其工作循环

2. 冷却水塔

冷却水塔是水冷式中央空调冷却水循环系统中的重要组成部分。冷却水塔是集合空气动力学、热力学、流体力学、化学、生物化学、材料学、静/动态结构力学及加工技术等多种学科为一体的综合产物。它是一种利用水与空气的接触对水进行冷却,并将冷却的水经连接管路送入冷水机组中的设备。冷却水塔主要由淋水装置、配水系统、通风设备及塔体等部件组成,如图4-34所示。

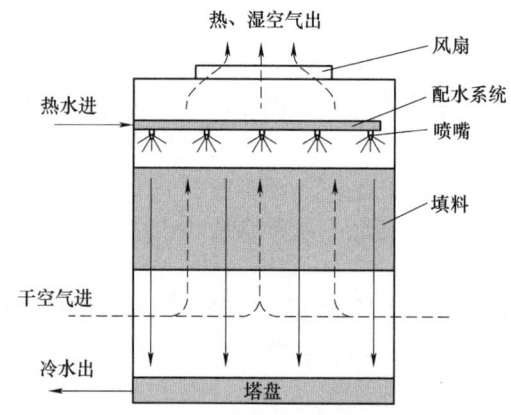

图4-34 冷却水塔结构示意图

(1) 工作过程

当干燥的空气经风机抽动后,经由进风窗进入冷却水塔内,蒸气压力大的高温分子向压力低的空气流动,热水由冷却水塔的入水口进入,经布水器后送至各布水管中,并向淋水填料中喷淋。当与空气接触后,空气与水直接进行传热形成水蒸气,水蒸气与新进入的空气之间存在压力差,在压力差的作用下水蒸气被蒸发,从而实现了蒸发散热,即可将水中的热量带走,达到降温的目的。

(2) 冷却水塔的分类

根据在塔体内冷却介质是否与外界空气接触可分为开式冷却水塔和闭式冷却水塔。

根据在填料部冷却介质与空气的流动方向可分为逆流式冷却水塔和横流式冷却水塔(见图4-35)。逆流式冷却水塔中的水自上而下进入淋水填料,空气为自下而上吸入,两者流向相反,具有配水系统不易堵塞、淋水填料可以保持清洁不易老化、湿气回流小、防冻冰措施设置便捷、安装简便、噪声小等特点。横流式冷却水塔中的水自上而下进入淋水填料,空气自塔外水平流向塔内,两者流向呈垂直正交,一般需要较多填料散热,具有填料易老化、布水孔易堵塞、防冻冰性能不良等特点,优点为节能效果好、水压低、风阻小、无滴水噪声和风动噪声。

a) 逆流式冷却水塔　　b) 横流式冷却水塔

图4-35 逆流式冷却水塔和横流式冷却水塔

(3) 冷却水塔选型

由于通信机房基本是常年稳定的冷负荷,按夏季工况选择的冷却水塔在冬季用作自然冷却时,要求其提供的冷却量要基本不变,因此采用冷却水塔供冷时,为了更好地节能,应尽量延长自然冷却时间,通常按冬季自然冷却工况选型,并对夏季极端湿球温度进行校核,以满足典型机房可靠性的要求。

3. 水泵

冷冻水和冷却水的循环都是通过水泵进行的。离心式水泵具有3个主要部件,即叶轮、泵壳和轴封装置。

水泵的主要性能参数包括扬程、流量、有效功率、轴功率和效率。

1)扬程(压力):是水泵加给每千克液体的能量称为扬程(或压头),即液体进泵前与出泵后的压力差,用符号H_e表示。其单位为m,代表被输送液体的液柱高度。

2)流量:是指泵在单位时间内排出液体的体积,通常用符号Q表示,其单位为 m^3/h 或 L/min 等。

3)有效功率:单位时间内液体由水泵实际得到的功,称为有效功率,用符号N_e表示,单位是kW。

4)轴功率:水泵从电动机得到的实际功率,其值应比液体实际得到的功率大,用符号N_m表示,单位为kW。

5)效率:有效功率与轴功率的比值,用η表示。离心泵η的取值范围为0.6~0.85。

在节能方面,水泵除采用变频装置外,还应采用多种手段,例如,使用较大直径的管道、尽量减少管道长度和弯头、采用大半径弯头、减少换热器的压降等。此外,设计安装时,将冷冻机房、水泵、冷却水塔、板式换热器和精密空调等设备尽量放在相近的高度以减少水泵扬程。

4.4.3 水冷式空调系统的水处理

1. 中央空调水系统中存在的问题

水冷式中央空调的循环水系统主要包括冷却水系统和冷冻水系统两部分。冷冻水系统一般封闭循环,而冷却水系统多为开放循环。如果不对水质做处理的话,在两个系统中均能引起系统结垢、腐蚀、微生物危害等问题,间接地影响空调系统的制冷效果及能效。

1)结垢:在水循环过程中产生的水垢容易滞留于管道内壁,不仅会阻碍水的流动,还会产生垢下腐蚀,降低热交换效率,增加空调能耗,影响制冷效果。

2)腐蚀:由于普通自来水中含有大量的溶解性气体,如氧气(O_2)、二氧化碳(CO_2)等,对金属都有一定的腐蚀作用。腐蚀会使管道穿孔及泄露。并且腐蚀点经常被水垢等附着物体覆盖,不易被发现,增加了维护和保养的困难。

3)微生物:在水循环过程中还容易吸附一些微生物,特别是在冷却水系统中,由于是开放式循环,水直接和空气接触,而水的温度又特别适合微生物的滋生。如果未能及时控制,微生物将不断滋生,分泌出大量黏液,将水中杂质黏在一起,附着在管道中形成污垢。同样也会造成热交换效率降低,增加空调能耗,严重时还可能导致管道堵塞。

2. 中央空调水处理方法

1)化学方法:通过添加化学药剂使水质达到一定的质量要求。药剂中通常含有缓蚀阻垢、杀菌灭藻等成分,能阻止微生物滋生、水垢形成,还能减缓对管道的腐蚀。同时,还要定期对系统进行清洗。

2)物理方法:通过一些电子水处理设备对水质进行改善。利用电子水处理器产生的高频交变电磁场，使水在经过水处理器时，物理性能发生改变，无法形成水垢，从而达到防垢、消菌灭菌的目的，并减少水系统管道的腐蚀和结垢。

4.5 机房气流组织

气流组织（Distribution of Air Flow）是指通过机房内设备合理布局，对气流流向和均匀度按一定要求进行组织，通过空气对流方式实现通信设备的散热，达到节能的目的。它涉及送风口和回风口的位置设计、风口形式的选用以及整个机房内部空气流动的合理布局。良好的气流组织不仅能节能，还能确保设备的安全稳定运行，形成均匀稳定的温度、湿度和洁净度，以满足通信机房生产工艺的要求。气流组织是通信机房环境保障的关键，也是机房空调设计和维护的难点。能够系统地解决气流组织问题，对于提高空调效率，为通信设备提供良好的运行环境起到重要作用。

4.5.1 机房气流组织基本原则*

1）气流组织：气流组织应合理，以减少气流输送能耗，提高效率。

2）气流源设备：气流源设备（包括空调、新风、其他替代空调的节能制冷末端设备等）应尽可能地接近发热设备或者设备的发热部分，以保证送风效果良好，并减少气流组织中间损耗。

3）气流组织形式：任何一种气流组织形式都不应影响机房通信设备的正常工作。

4）气流组织顺序：机房的气流组织应"先冷设备、后冷环境"。

5）气流组织措施：信息通信设备侧的气流组织，冷、热气流应采取分离措施，并保证送风及回风的气流顺畅，避免冷气流与热气流混合。标准机柜机房冷热通道分布示意图如图 4-36 所示。

6）机房内高功率密度机柜布放：机房内高功率密度机柜应进行专业设计，合理布放，避免出现局部过热现象。

7）制冷设备出风与回风避免短路循环：气流组织应避免出现制冷设备出风与回风短路循环，提高冷量利用效率。

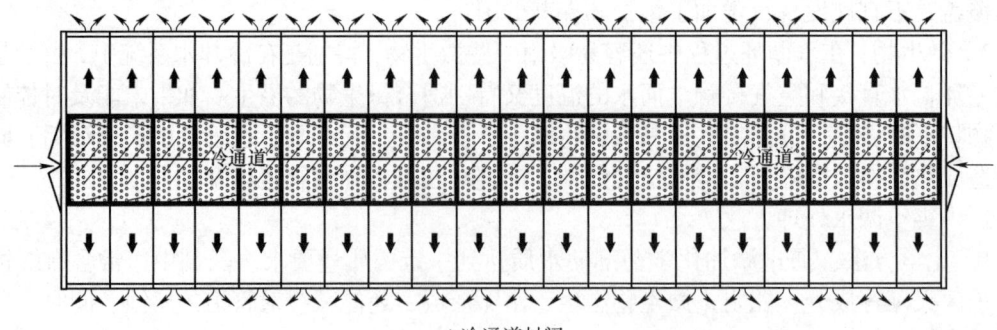

a) 冷通道封闭

图 4-36 机柜机房冷热通道分布示意图

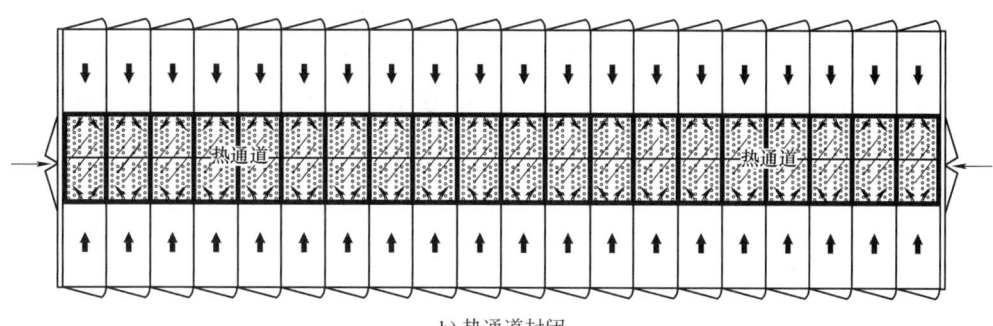

b）热通道封闭

图 4-36　机柜机房冷热通道分布示意图（续）

4.5.2　机房机柜功率密度分类

根据机房的单机柜功率密度大小的不同，将机房划分为超高密度机房、高密度机房、中密度机房及低密度机房四种，其单机柜功率密度指标见表 4-8。同一机房有不同功率密度的机柜时，应按照最大功率密度的机柜进行划分。

表 4-8　机房机柜功率密度分类

序号	机房类型	单机柜功率密度（ρ）
1	超高密度机房	$\rho > 10\text{kVA}/柜$
2	高密度机房	$5\text{kVA}/柜 < \rho \leqslant 10\text{kVA}/柜$
3	中密度机房	$2\text{kVA}/柜 < \rho \leqslant 5\text{kVA}/柜$
4	低密度机房	$\rho \leqslant 2\text{kVA}/柜$

4.5.3　机房气流组织的要求*

（1）气流组织的一般要求

1）气流组织形式：机房内气流组织形式应结合建筑条件、通信设备自身的冷却方式、通信设备布置方式、散热量，以及室内风速、防尘、噪声等要求进行选择。

2）气流分配：气流分配应遵从热量与风量匹配的原则。

3）气流通道：气流通道应畅通，通道截面积应满足要求。

4）空调系统：空调系统应采用大风量、小焓差、高显热比的空调系统末端。

5）空调送风温度：空调系统送风温度应高于机房露点温度。

（2）机房级气流组织形式

1）下送、上回风方式。

下送风通道应满足送风量要求；送风路径中有结露可能的部分，应做保温处理；地板下送风截面尺寸应满足静压箱要求，静压箱不得与任何洞孔相通。地板送风下单侧空调向前送风距离不宜超过 15m。下送风机柜机房冷热通道示意图如图 4-37 所示。

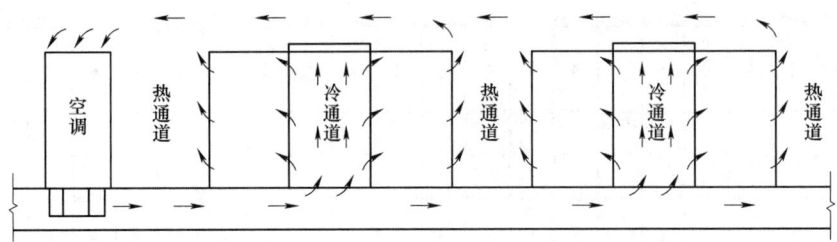

图 4-37 下送风机柜机房冷热通道示意图

2）上送、下回风方式。

高密度机房不宜采用上送、下回式送风方式；上送风风帽送风、自然回风的最大送风距离不宜超过 10m，上送风风道送风、自然回风的空调系统最大送风距离不宜超过 15m；应避免走线架/线槽等设施阻挡送风气流；上送风机柜机房冷热通道示意图如图 4-38 所示。

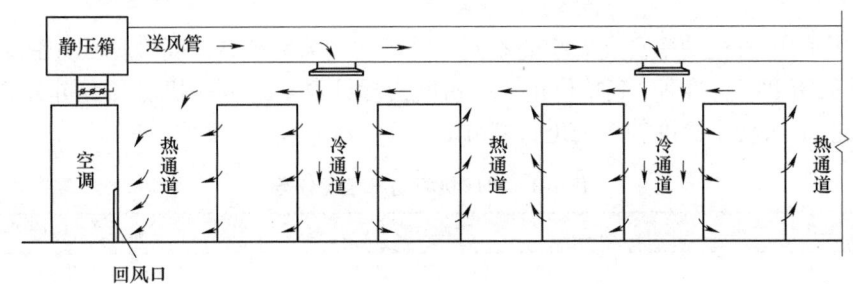

图 4-38 上送风机柜机房冷热通道示意图

（3）机柜排级送风方式

高热密度机房宜采用列间送风方式。列间空调室内机宜摆放在机柜间，向两侧或一侧送风，同时封闭冷通道或热通道。列间送风应采用冷热通道隔离方式。机房内机柜应按照面对面、背靠背方式排列，即相邻两列机柜的正面板相对或者背面板相对排列，使得相邻两列设备的进风口（正面）安装在冷通道上，排风口（背面）安装在热通道上，实现冷热通道分离。列间送风机柜排列如图 4-39 所示。机架间空隙和机柜内预留安装设备位置应安装盲板或挡板，防止冷热气流直接混合。

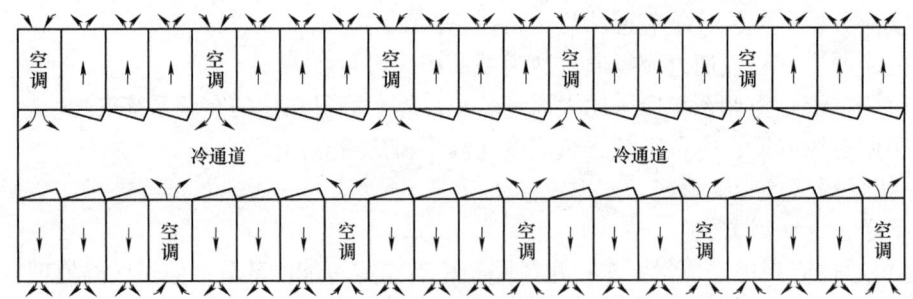

图 4-39 采用列间送风机柜机房冷热通道示意

（4）机柜送风方式

1）超高热密度机房机柜散热方式：宜采用架顶式空调直接向机柜内送风（见图 4-40），或机柜进风侧或出风侧采用背板制冷方式（见图 4-41）。

第 4 章 机房空调系统

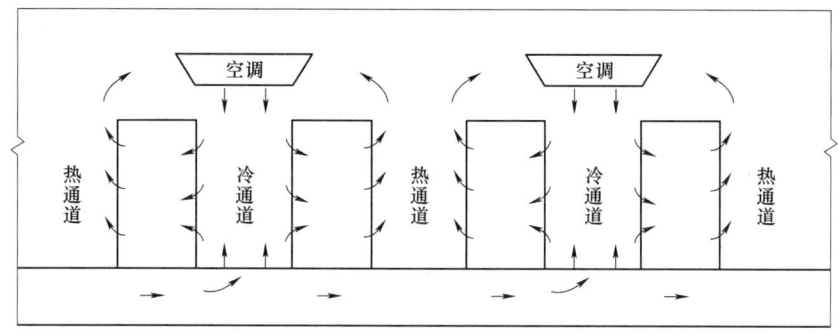

图 4-40 架顶式空调送风方式示意图

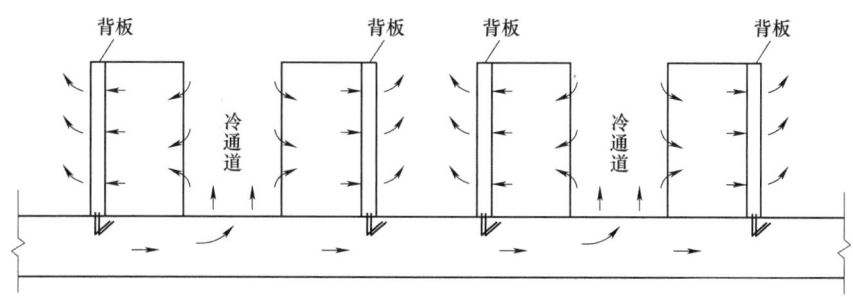

图 4-41 机柜背板制冷方式示意图

2）中、低密度机房机柜散热方式：宜采用地板下送风方式。

3）机柜内设备正面板平面：应配置必要的密封组件，使冷风全部进入设备正面进风口而不泄漏。密封组件主要包括安装立柱两侧和顶部或底部的密封挡板（视机柜进风方式而定），以及上下设备之间的密封面板（也称假面板或盲板）等。机柜进、出风方式示意图如图 4-42 所示。

4）机柜内部电源线和数据线：应避免阻碍气流流通。

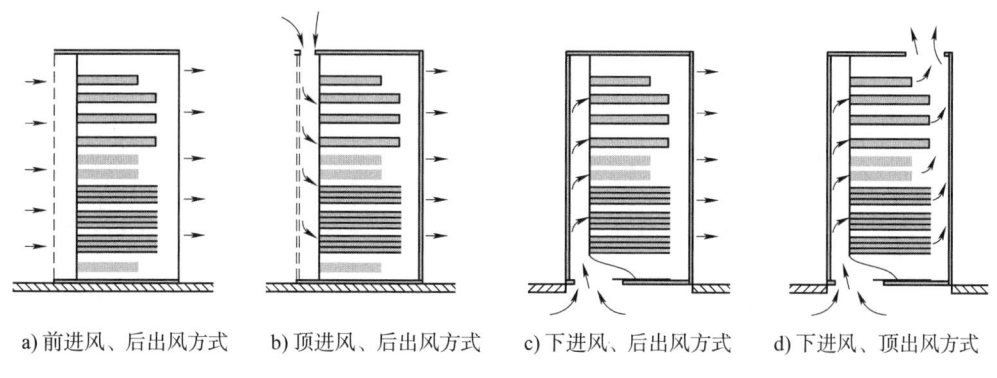

a) 前进风、后出风方式　b) 顶进风、后出风方式　c) 下进风、后出风方式　d) 下进风、顶出风方式

图 4-42 机柜进、出风方式示意图

4.6 工程安装注意事项

在进行机房空调系统的工程安装时，需要综合考虑安全性、功能性以及安装细节等多个方面，以确保空调系统的稳定运行和长久使用。本节按照通信工程师动力与环境专业考试大

纲要求，讲述三个方面的内容：机房专用空调安装注意事项、机房专用空调主机的操作以及水冷式专用空调的操作与运行。

4.6.1 机房专用空调安装注意事项

（1）机房位置的选择

机房位置的选择应考虑诸多因素，主要包括：机房要尽量靠近电子设备；应确保机房的安全；应将机房布置在建筑物的中心而不要布置在周边区；空调机组与室外的风冷式冷凝器、冷却塔或干式冷却器应尽量靠近；计算机房应设在建筑物中不受室外温度及相对湿度影响的区域内；若所选择的位置有一面外墙，则玻璃窗的面积应保持最小，并应安装双层或3层玻璃以防冬季结露。

（2）准备工作

当设计机房时，应考虑空调设备和电子设备本身的尺寸以及必要的操作维修间距。还应考虑开门所占的空间、电梯容量以及能支承所有设备的地板结构。也要考虑机房的配电及控制系统。

在初步规划时，要为机房的发展及空调系统的扩大留出足够的面积。机房应很好地隔热，并且必须具有密封的隔气层。吊顶设施的质量，若不理想，也不能很好地隔气，所以要注意将吊顶或吊顶静压室做成密封的。为了防潮，还应将橡胶或塑料底漆刷在砖墙或地板上。门的上下不要有缝隙，也不准安装通风的格栅。不密封的吊顶不能作为通风系统的一部分，所以安装在吊顶内，依靠室内排风进行冷却的灯具是不允许采用的。

室外的新风量不要过大，在满足卫生要求的条件下越少越好。因为新风太多会使空调系统的加热、冷却、加湿和减湿负荷相应增加。

（3）空调系统的安装

室内机组可安装在可调节的活动地板上。在机组下面必须加装支座，以保证承受机组的最大荷载。或者机组使用单独的地板支架，支架与活动地板的结构无关，可先于地板之前安装。使用地板支架可使空调机组的安装、接管、验收等工作先于地板的安装。这样可以使地板下的接管、接线工作更为容易，节省时间。地板支架与邻近的活动地板是隔振的，可不用在机组下面的地板上开专门的通风孔。

机组安装时要考虑到周围的预留空间。若条件允许，在机组的左侧、右侧及前方应留有约800~1000mm的操作空间。

所有的空调机均采用三相电源。空调机组的供电应与国家和当地的电力供应标准相一致。按照最小的允许电压降选购合适的导线尺寸，以保证在有可能发生低电压或用电高峰期间的可靠运转。按照规范应在机组2.5m范围内安装一个手动电气断路开关。

空调机有上送及下送式两种送风方式。机组具有一定的设计风量，因而在空气回路应避免不正常的阻力。采用地板下气流送风的方式时，在安装时要注意如下几点。

1）避免将机组安装在室内最低位置及长而窄的房间的端部，各机组不可靠得太近。

2）为减少空气循环的压力损失，应恰当地选定送风格栅以及开孔的活动地板。格栅上可调百叶风门伸至活动地板下时，不利于空气流动，所以要同时考虑地板高度和百叶风门高度以确定格栅的选型。

3）在确定送风所需穿孔板和格栅的总数之前，应检查一些购来的地板规格。格栅和穿孔板的规格应以通风面积为主，而不是穿孔板或格栅的数目。

4）穿孔板一般置于机房靠近硬件处。带有可调百叶风门的格栅用在主要考虑工作人员舒适的区域，诸如打印或其他工作区。允许工作人员为了舒适而调整风量，而不是为了设备的需要而调整。在高发热区，可使用带风门的格栅和穿孔板，但要特别小心，不要因为电缆乱堆、操作者感到不舒适或工作担心而关闭风门。

5）活动地板应安装稳固、紧密，地板下面不要有许多诸如电缆沟过长的电缆以及管道等障碍物。

（4）安装操作注意事项

1）风冷式空调机组

风冷式空调机组带有一个单独的风冷式冷凝器，制冷剂管道必须在现场进行连接。接好电源和水源（加湿器用水）即可运转。

风冷式冷凝器应放置在室外安全且易于维修的地方，注意避免放置在公共通道及有积雪或积水的地方，若冷凝器一定要放在建筑物内，则必须配用风机。

为保证足够的风量，冷凝器需安装在清洁空气区并远离可能堵塞盘管的污物区。冷凝器与墙、障碍物或邻近的机组之间的距离要大于 1m。冷凝器应水平安装，以保证制冷剂正常的流动与回油。

所有制冷管路均用铜管进行焊接，制冷剂管应采用隔振支座以防止振动传向建筑物。当垂直的立管高度超过 12m 时，应在每隔 12m 处的气管中设置一个存油弯。这些存油弯在停机时可将冷凝器的制冷剂和冷冻油汇集在一起，以保证运转时冷冻油的流动，在风冷式冷凝器的出入口的水平管段上应设置向上的反向弯，以防停机时制冷剂倒流。

安装在活动地板下的所有管道必须布置好，应采用对气流阻力最小的方案。要精心安排活动地板下面的管道以防止计算机房内任何地方气流的堵塞。在活动地板下安装管道时，要注意管道不能重叠。条件允许时，管道应与气流方向平行。

2）水冷式空调机组

水冷式空调机组是一台预先集装好的、完整的设备。空调机组中每个制冷循环回路均设一台水冷式冷凝器，将两个水冷式冷凝器的供水管和回水管分别连在一起，在安装时只需接上一个供水和回水管口。可在每台空调机的供水和回水管上安装手动的阀门，以保证机组的常规检修或是紧急断水。

若冷凝器的冷却水的水质不好，可在供水管路上加设净化过滤器。根据冷却塔或其他水源的最低供水温度考虑是否需要对冷凝器供、回水管进行保温。

为保证紧急排水以及地板下的溢流，地板排水管应装有存水弯或"自由水位"的探测器，液体探测警报器也应装在活动地板下面。与风冷式机组类似，所有冷凝水的排水管和机组的排水管均应设置存水弯及坡度水管。

4.6.2 机房专用空调主机的操作

在准备开机之前，一定要保证空调机的安装完全符合要求。以下空调主机的启动步骤仅供参考。

1）由于在运输中可能有接线松动等情况，应检查并紧固全部接线。

2）将一些线路中的熔丝断开，但不要断开风机和控制电压变压器的保险。

3）将温度传感器和湿度传感器安装在与之连接的插座上。

4）合上电源后，检查线路总开关上的电压，线路电压一定要在额定工作电压规定的允许范围之内。

5）合上线路总开关并检查变压器上的次级电压，电压须在规定范围：24±2.5V（不同机型可能不同）。

6）按下 ON 按钮，风机启动运转，ON 指示灯亮。

7）定好温度、湿度值及正负差、报警参数及其他控制功能。

8）关掉总开关及总闸刀，此时 ON 按钮的指示灯应熄灭。重新装上原来拆卸下来的保险；接通电源，将总开关置于 ON 位置，并按下 ON 按钮，启动空调机。

4.6.3 水冷式专用空调的操作与运行

1. 操作人员必备知识

为了保证空调冷水机组的安全运行，避免事故的发生，操作人员必须具有中央空调操作的基本知识，严格按照机组的特点和操作程序进行操作，并监视机组的运行情况，定期做好记录，当发生故障时应及时采取对策。因此，冷水机组的操作人员应经有关部门专门培训，并取得资格证书。

中央空调的操作人员必须熟悉并掌握以下基本知识。

1）制冷机组的制冷循环特点。

2）冷水和冷却水的作用与循环方式。

3）往复活塞和离心式制冷机结构及工作原理。

4）蒸发器、冷凝器和冷却塔的结构与用途。

5）密闭电动机和增速器的构造。

6）压缩机润滑系统作用与工作方式。

7）制冷量调节的特点及调节方法。

8）抽气回收装置和其他辅助设备的构造与作用。

9）安全保护装置的设定值及整定方法。

10）自控联锁装置的特点等。

中央空调的操作人员应通过认真阅读冷水机组的操作说明书，把理论知识与操作实践结合起来，对机组进行日常管理和维修。

2. 冷水机组运行前的检查准备工作

（1）机组每日开机前的检查与准备工作

冷水机组因每日作息制度的要求、临时维修或其他原因需要短时停机，在再次启动运行前，必须认真填写和阅读运行记录，对于记录中反映的问题要仔细分析，出现故障及时进行修理。排除故障后，只有将因修理或停机需要而关闭的阀门打开后，才能按动复位按钮使机组重新投入运行。机组在运行中，应不断将运行记录参数与新机组首次运行的设计工况下的原始记录参数做比较。如果这些参数偏差超过一定值，应寻找原因，采取对策。有的问题一时解决有困难，可以留待年度检修时处理。

（2）机组年度开机前的检查与准备工作

开机运行前的准备工作一般可与年度维修保养的工作合并进行。除对检查中发现的问题予以重点排除外，可参照首次开机运行前的检查和准备步骤进行操作。应该指出的是，向机组和系统中补充制冷剂的工作，是在机组运转的情况下完成的。制冷剂的补给量，以规定工况下制冷压缩机吸入压力表所指示的压力和电流（电功率）达到机组规定的数值为合适。此外，要注意润滑油过滤网每年最少清洗一次，润滑油应每年全部换新。冷凝器和蒸发器都要进行清洗和水质处理。

3. 冷水机组操作规范

空调用冷水机组，不论是活塞式还是离心式，运行操作总的原则是确保正常启动和安全运行。一般按如下程序操作：

1）接通机组总电源，使各控制部分及保护线路处于待工作状态。

2）启动冷水系统，其顺序为先启动空气处理系统的风机，后启动冷水泵。

3）启动冷却水系统，顺序为冷却水泵、冷却塔风机逐一启动。

4）最后进入主机启动阶段，顺序为先启动油泵，几分钟后才可启动压缩机。

机组运行操作人员在开机前，必须先查阅运行记录，了解上一班机组运行情况，发现问题及时向班组长报告情况，并提出具体的处理意见，以便及时集中力量对机组进行调整和修理，只有在机组完好无故障的情况下才能启动运行。

4. 冷水机组的停机操作

空调用冷水机组使用的季节性很强，表现为间歇式工作的特点。因此，机组的停机可以分为手动停机和自动停机两种情况。

冷水机组因季节关系或定期维修而停止其制冷运行，为正常停机。这种停机一般用手动操作。而因机组控制部分发生故障，引起保护装置动作而停机，则称作自动停机（或故障停机）。

4.7 维护注意事项

机房空调系统的维护包括：定期的清洁和检查、电气环境的要求、温湿度的控制、安全保障的要求、及时掌握技术数据以及专业技术人员的指导。通过这些措施，可以有效地保证机房空调系统的稳定运行，从而保障机房内设备的安全和正常运行。

4.7.1 空调维护的基本要求*

1）定期清洁各种空调设备表面，保持其表面无积尘、无油污；确保空调室（内）外机周围的预留空间不被挤占，保证（送）进、（回）排风畅通，以提高空调制冷（暖）效果和设备的正常运行；保持室内密封良好，气流组织合理和正压，必要时应具有送新风功能。

2）设备应有专用的供电线路，供电质量应符合相关要求。设备应有良好的保护接地。空调室外机电源线室外部分穿放的保护套管以及室外电源端子板、压力开关、温湿度传感器等的防水防晒措施应完好。

3）空调的进、出水管路布放路由应尽量远离机房通信设备；检查管路接头处安装的水浸告警传感器是否完好有效；管路和制冷管道均应畅通、无渗漏、堵塞现象。

4）使用的润滑油应符合要求，使用前应在室温下静置24h以上，加油器具应洁净，不同规格的润滑油不能混用。

5）保温层无破损；导线无老化现象。定期检查和拧紧所有接点螺钉，尤其是空调机室外机架的加固与防蚀处理情况。

6）空调系统应能按要求调节室内温、湿度，并能长期稳定工作；有可靠的报警和自动保护功能、来电自动启动功能。定期对空调系统进行工况检查，及时掌握系统各主要设备的性能、指标，并对空调系统设备进行有针对性的整修和调测，保证系统运行稳定可靠。

7）充注制冷剂、焊接制冷管路时应做好防护措施，戴好防护手套和防护眼镜。

4.7.2 机房专用空调的维护

1. 空气处理机的维护

1）风机转动部件无积尘、油污；皮带转动无异常摩擦、无异常噪声。

2）定期清洁过滤器和滤料器，检查其有无变形和损坏；检测干燥过滤器两端有无明显的温差。

3）蒸发器翅片应无阻塞、无污痕。

4）翅片水槽和冷凝水盘应干净无沉积物，冷凝水管应畅通。

5）送、回风道及静压箱无漏风现象。

6）检查空调机底部水浸情况。

7）清洁冷凝沉淀物。

8）必要时应测量出风口风速及温差。

2. 风冷冷凝器的维护

1）风扇支座紧固，基墩不松动，无风化现象；清洁电动机和风叶，扇叶转动正常、无抖动、无摩擦。

2）无异常摩擦、无异常噪声。

3）定期测试风机的工作电流，检查风扇的调速机构是否正常。

4）经常检查、清洁冷凝器的翅片，接线盒和风机内无进水。

5）电动机的轴承应为紧配合，发现扇叶摆动或转动异常时，应及时进行维修或更换。

3. 压缩机部分的维护

1）检测高低压保护装置。

2）检测压缩机表面温度有无异常现象。

3）定期观察液镜内制冷剂的流动情况。

4）检查制冷剂管道固定位置有无松动或振动情况。

5）检查制冷剂管道保温层。

6）定期检查压缩机吸、排气压力。

4. 加湿器部分的维修

1）保持加湿水盘和加湿罐的清洁，定期清除水垢。

2）检查电磁阀的动作、加湿负荷电流和控制器工作的情况。

3）检查给、排水路是否畅通。

4）检查加湿器电极、远红外管，保持其完好无损、无污垢。

5）检查加湿负荷电流和加湿控制运行情况。

5．水冷式冷却系统的维护

1）冷却循环管路畅通，无破漏现象发生，各阀门动作可靠；定期清除冷却水池杂物及冷凝器水垢。

2）冷却水泵运行正常，无锈蚀，水封严密。

3）冷却塔风机运行正常，水流畅通，播洒均匀。

4）冷却水池自动补水、水位显示及告警装置完好。

6．电气控制部分的维护

1）检查报警器声、光告警是否正常，接触器、熔断器有无松动或损坏现象，电缆连接有无松动或接触不良现象。

2）检查电加热器的螺钉有无松动、热管有无积尘。

3）用钳形电流表测试所有电动机的负载电流、压缩机电流、风机电流测量数据与原始记录是否相符。

4）检查所有电器触点和电子元器件有无损坏和变形。

5）测量回风温度和相对湿度，偏差不得超出标准。

6）校准仪表、仪器。

7）测试设备绝缘。

7．专用空调设备维护周期及维护项目

专用空调设备的维护项目见表4-9。

表4-9 专用空调设备的维护项目

序号	周期	项目
1	月	空气处理机：检查水浸情况、水浸告警系统是否正常
2		冷凝器：清洁设备表面；测试风机工作电流，检查风扇调速状况、风扇支座；检查电动机轴承；检查、清洁风扇；检查、清洁冷凝器翅片
3		压缩机部分：检查和测试吸、排气压
4		加湿器部分：保持加湿水盘和加湿罐的清洁，清除水垢；检查电磁阀和加湿器的工作情况；检查给、排水路是否畅通
5		电气控制部分：检查报警器声、光告警；接触器、熔断器是否正常
6	季	空气处理机：检查和清洁风机的转动、皮带和轴承；清洁或更换过滤器；检查及修补破漏现象；清除冷凝沉淀物
7		冷却系统：检查冷却环管路、清洁冷却水池
8		压缩机部分：检测压缩机表面温度有无过冷、热现象；通过视镜检查并确定制冷剂情况是否正常
9		加湿器部分：检查加湿器电极、远红外管是否正常
10		电气控制部分：测量电动机的负载电流、压缩机电流、风机电流是否正常
11	半年	空气处理机：检查和清洁蒸发器翅片
12		压缩机部分：测试高低压保护装置
13		加湿器部分：检查加湿负荷电流和加湿器控制运行情况
14		电气控制部分：检查所有电器触点和电气元件；测试回风温度、相对湿度并校正温度、湿度传感器

(续)

序号	周期	项目
15	年	空气处理机：必要时应测量出风口风速及温差
16		冷却系统：检查冷却水泵、除垢；检查冷却风机正常；检查冷却水自动补水系统及告警装置完好
17		压缩机部分：检查制冷剂管道固定情况；检查并修补制冷剂管道保温层
18		电气控制部分：检查电加热器可靠性；检查设备保护接地情况；检查设备绝缘状况。校正仪表、仪器；检查和处理所有接点螺钉、机架

4.7.3 水冷系统冷机的维护

1. 制冷机组的维护

1）制冷循环回路要保持足够量制冷剂，调节阀动作可靠，系统内无脏污、无结冰堵塞和渗漏现象。

2）压缩机与电动机的同心度要符合技术指标，密封漏油不准超出规定指标，运转正常。

3）能量调节部件灵活严密，指示准确。

4）润滑油泵运行正常，油路畅通，油量足，无泄漏，定期检测润滑油品质、润滑油压力；设备停用期间每半月应启动一次油泵，运转20~30min。

2. 制冷系统的维护

1）制冷剂循环回路流量充足，各支路分配均匀，压力和温度正常，自动补给装置完好；调节阀功能可靠，管路畅通无破漏现象。

2）制冷剂循环泵运行正常，无锈蚀、水封严密。

3）二次风除尘过滤装置要经常保持清洁，调节功能灵活可靠。

4）定期检查风机电动机的润滑情况及转动方向，保证足够的空气循环量。

5）保证送、回风通道畅通。

3. 冷却系统的维护

1）冷却循环管路畅通，无破漏现象，各阀门动作可靠；定期清除冷却水池杂物及冷凝器水垢。

2）冷却水泵运行正常，无锈蚀，水封严密。

3）冷却塔风机、播水器运行正常，水流畅通，播洒均匀。

4）冷却水池自动补水、水位显示及告警装置完好。

5）定期对冷却水质进行处理。

4. 电动机、配电及控制系统的维护

1）各电动机运行正常，轴承润滑良好，绝缘电阻在 $2M\Omega$ 以上；所有接线牢固，负荷电流及温升符合要求。

2）熔断器及开关的规格应符合要求，温升不应超过标准。

3）各种电器、控制元器件表面清洁，结构完整，动作准确，显示及告警功能完好。

5. 设备操作与运行

1）严格遵照设备说明书要求，按程序开、关机。

2）掌握设备出现故障时的紧急停机方法和操作要求。

第 4 章　机房空调系统

3）设备长时间停用时，要将制冷剂压入冷凝器或储罐内，系统要保持正压；排净供冷及冷却系统用水，防止冬天冻坏管路；切断主配电盘电源。

4）对于由压力开关控制的室外冷凝风机若需调整时，夏季可适当调低压力值，冬季可适当调高压力值。

5）设备运行时，维护人员应做如下工作。听：设备有无异常振动与噪声。嗅：有无异常气味。摸：电动机、高低压制冷管路、油路、电动控制元器件等温度是否正常，有无振荡现象。看：设备有无打火、冒烟、破漏等现象发生；查看冷却水池水位是否合理。巡视记录内容：高（低）压压力、油压、油温、能量调节装置数值、冷却水温、冷冻水温及系统负荷电流等有无异常情况。

6. 冷机维护周期及维护项目

冷机的维护项目见表 4-10。

表 4-10　冷机的维护项目

序号	周期	项目
1	月	清洁设备表面
2		清洁或更换新风、回风过滤器
3		检查风机皮带松紧度
4		疏通地漏
5		检查温控器工作状态（包括电动二通阀）
6		检查冷凝水接水盘排水是否畅通
7		检查水冷机组风机连接风管、水管是否有冷凝水
8		检查风机工作是否正常
9		清洁空调滤网
10		测量出风口风速及温度
11	季	清洁冷水塔
12		冷却水质处理
13		检测润滑油压力
14	半年	注油润滑风阀转轴
15		主电机轴承的维护

历届考试真题

一、填空题

填空题 01（2012 年真题）：

1. 热量有两种形式，即显热和潜热，通信机房内热量以显热为主，因此机房专用空调所应用的设计思想:"（1）、（2）"正好适合该种特殊要求。

2. 单极压缩式制冷空调系统主要由四大部件组成:（3）、压缩机、冷凝器及（4）。制冷剂在以上四大部件中循环，通过状态改变，实现对热量的传送。其中进入压缩机的制冷剂状态为（5）温（6）压气体。

3. 通信机房中除了要控制温度，还对湿度有较高的要求。在一类环境的机房内，要求湿度范围为（7）。因此机房专用空调还必须增加加湿器，加湿器按照加湿方式可以分为（8）加湿器和（9）加湿器。

4. 常用的集中式（中央）空调冷水机组的形式主要有（10）、（11）、（12）和（13）冷水机组。在日常维护中维护人员要做到以下工作："听"，即（14）；"嗅"，即（15）；"摸"，（16）；"看"，即（17），从而能够迅速发现设备运行存在的隐患。

5. 机房专业空调中视液镜的作用主要是观察（18）和观察制冷剂含水率。

填空题 02（2013 年/2014 年真题）：

1. 空调设备是使室内空气（1）、（2）、（3）和（4）（简称为"四度"）达到规定设定要求的设备。

2. 所有空调机均采用（5）相交流电源，空调机组的供电应与国家和当地的电力供应标准相一致。而且按照规范应在机组（6）m 范围内安装一个手动电气断路开关。

3. 中央空调设备运行时，维护人员应做到："听"：设备有无异常（7）；"嗅"：有无异常（8）；"摸"：电动机、高低压制冷管路、油路、电动控制元器件等（9）是否正常，有无振荡现象。"看"：设备有无（10）等现象发生；查看冷却水池的水位是否合理。

4. 空调系统安装系统的集成程度可分为：（11）、（12）和（13）。

填空题 03（2014 年真题）：

1. 通信电源系统的基本要求是：供电的可靠性、供电的稳定性、供电的经济性和（1）。
2. 交流高压配电方式有：放射性配电方式、（2）和环状式配电方式等。
3. 直流供电与交流供电相比，具有可靠性高、电压平稳和（3）等优点。
4. 高频开关型整流电路通常由（4）、（5）、功率因数校正电路、DC/DC 变换器、输出滤波器等部分组成。
5. 在使用铅酸蓄电池的过程中，影响蓄电池容量的主要因素包括：（6）、电解液的温度和浓度。
6. 空调机房所需要的制冷量主要根据空调机房的建筑围护（7）和机房内所产生的热量总和来确定。
7. 机房专用空调的特点包括：满足机房调节热量大的需求、满足机房送风次数高的需求、（8）、（9）以及满足机房高洁净度调节的要求。
8. 变压器的初级电流是由变压器的（10）决定。

填空题 04（2017 年真题）：

1. UPS 按工作方式来分，分为后备式、（1）、在线互动式。
2. UPS 的交流输入整流电路一般为（2）电路。

3. 柴油发电机组在使用过程中，卸载后，一般让机组空载运行（3）分钟再停机。

4. 压缩机在制冷系统中占有重要的地位，结构比较复杂。因此通常把压缩机称为制冷系统的（4）。

5. 空调的（5）指名义制冷量（制热量）与运行功率之比。

填空题 05（2019 年真题）：

1. 在规定的实验条件下，空调机从所处理的空气中移除的显热和潜热之和称为空调机的（1）。

2. 当设定温度在 18～28℃范围时，机房专用空调的温度控制精度为（2）。

3. 组成压缩式制冷系统的"四大件"用管道连接，形成一个封闭的循环系统，在系统中加入一定量的（3）来实现制冷降温的目的，其量通过"四大件"中的（4）来控制。

4. 数据中心和网络机房的设计应避免设备吸收热空气，可以通过在机柜前端加装（5），实现良好的气流组织。

5. 在空调系统的日常维护过程中，应定期检查空调的进、出水管路及制冷管道，确保管路和制冷管道均畅通，无（6）和（7）现象。

填空题 06（2023 年真题）：

1. 压缩式制冷系统工作过程中，制冷剂向周围介质释放热量的过程是（1）。

2. 压缩式空调制冷系统的主要组成部件中，将制冷剂节流降压的同时还可调节制冷利循环量的是（2）。

3. 压缩式空调系统的使用过程中，为了将压缩过程中混入制冷剂中的润滑油分离出来，在压缩机和冷凝器之间应安装（3）。

4. 通信机房气流组织的优化应遵循的基本原则是（4）。

5. 中央空调设备运行时，维护人员做"听""嗅""摸""看"的工作，其中"听"是检查设备有无异常（5）。

二、选择题

选择题 01（2015 年真题）：

1. 下列设备不属于通信系统供电设备的是（　　）。
   A. 高频开关整流器　　　　　　B. 蓄电池
   C. 不间断电源　　　　　　　　D. 空调设备

2. 高频开关整流模块的稳压精度要求≤（　　）。
   A. ±0.1%　　　B. ±0.3%　　　C. ±0.6%　　　D. ±0.8%

3. 有源功率因数校正电路的主要优点包括（　　）。
   A. 开关电源体积大　　　　　　B. 功率因数较高
   C. 低频电感大　　　　　　　　D. 滤波电容大

4. 蒸发器是制冷剂从系统外吸收热量的换热器。在机组正常工作时，（　　）进入蒸发器。
   A. 高温高压气态　B. 低温低压液态　C. 高温高压液态　D. 低温低压气态

5. 通常空调风量的调整可以通过（　　）的变化来实现。
　　A. 压缩机　　　　　　　　　　　B. 制冷剂用量
　　C. 节流器截面大小　　　　　　　D. 电动机转速

选择题 02（2017 年真题）：

1. 当市电出现故障（中断、电压过高或过低）时，UPS 工作在后备状态逆变器将蓄电池的电压转换成交流电压，并通过（　　）输出到负载。
　　A. 动态开关　　B. 静态开关　　C. 高频开关　　D. 低频开关
2. 大多数情况下，UPS 的逆变电路为（　　）逆变电路。
　　A. 三角波　　　B. 方波　　　　C. 正弦波　　　D. 余弦波
3. UPS 电源热备份方式分为（　　）两种方式。
　　A. 串联和反馈　B. 并联和反馈　C. 反馈和复合　D. 串联和并联
4. 按系统的集成程度分类，空调系统可以分为（　　）。
　　A. 集中式、局部式、混合式　　　B. 直流式、逆流式、混合式
　　C. 活塞式、离心式、螺杆式　　　D. 独立式、模块式、集成式
5. 当前空调用离心式冷水机组一般以（　　）为下限。
　　A. 1000kW　　B. 3000kW　　　C. 100kW　　　D. 300kW

选择题 03（2018 年真题）：

1. 空调机房所需的制冷量主要根据（　　）来确定。
　　A. 机房内所产生热量的总和
　　B. 空调机房的建筑围护冷损耗
　　C. 空调机房的建筑围护冷损耗和机房内所产生热量的总和
　　D. 机房内所产生热量的总和以及维护人员所产生热量的总和
2. 机房专用空调的主要特点是（　　）。
　　A. 送风焓差大，风量大　　　　　B. 送风焓差小，风量小
　　C. 送风焓差小，风量大　　　　　D. 送风焓差大，风量小
3. 风冷式空调制冷系统的主机是（　　），空调系统靠它实现制冷剂的压缩和输送。
　　A. 膨胀阀　　　B. 冷凝器　　　C. 蒸发器　　　D. 压缩机
4. 水冷式机房专用空调系统的组成部件中，（　　）是用于促进水循环的部件。
　　A. 冷水机组　　B. 水泵　　　　C. 蓄冷罐　　　D. 冷却塔
5. 水冷式机房专用空调通常利用冷却塔对冷却水降温，冷却塔主要由配水系统、淋水装置、通风设备以及塔体等部件组成，其中把水溅散成细小的水滴或形成水膜，以加快水温降低的是（　　）。
　　A. 配水系统　　B. 淋水装置　　C. 通风设备　　D. 挡水帘

选择题 04（2020 年真题）：

1. 在空调系统的参数中，空调系统产生的制冷（热）量与制冷（热）量所消耗的电功率的比值指的是空调系统的（　　）。

A. 显热比　　　　　B. 冷风比　　　　　C. 能效比　　　　　D. 功耗指数

2. 通信机房内热量以显热为主，为了及时、大量地排除显热，机房专用空调的设计思想是（　　）。

　　A. 大风量，大焓差　　　　　　　　B. 大风量，小焓差
　　C. 小风量，大焓差　　　　　　　　D. 小风量，小焓差

3. 在制冷系统中，为确保系统正常工作，需要用到控制器件。下述属于控制器件的是（　　）。

　　A. 电磁阀　　　　　B. 储液器　　　　　C. 油分离器　　　　　D. 干燥过滤

4. 水冷式机房专用空调系统中，为空调设备提供冷源的是（　　）。

　　A. 冷却塔　　　　　B. 水泵　　　　　C. 空调末端　　　　　D. 冷水机组

5. 关于机房气流组织设计规则，说法正确的是（　　）。

　　A. 大风低速，就近制冷　　　　　　B. 大风高速，就近制冷
　　C. 大风低速，尽可能加长送风距离　　D. 大风高速，尽可能加长送风距离

选择题 05（2022年真题）：

1. 压缩式制冷系统工作过程中，把低温低压气态制冷剂压缩成高温高压的气态制冷剂的过程是（　　）。

　　A. 压缩过程　　　　　B. 冷凝过程　　　　　C. 节流过程　　　　　D. 蒸发过程

2. 机房空调系统中、为减小空调制冷能耗，在气温较低的情况下可直接引入室外"冷量"对机房进行制冷的设备是（　　）。

　　A. 列间空调　　　　　　　　　　　B. 智能新风系统
　　C. 小型精密空调　　　　　　　　　D. 立式风冷室外机

3. 在规定的制冷量试验条件下，机房空调从所处理的空气中移除的显热和潜热之和称为机房空调的（　　）。

　　A. 显冷量　　　　　B. 能效比　　　　　C. 制冷量　　　　　D. 冷风比

4. 离心式水泵的主要性能参数中，泵单位时间内排出液体的体积称为泵的（　　）。

　　A. 扬程　　　　　B. 流量　　　　　C. 轴功率　　　　　D. 有效功率

5. 水冷式机房专用空调系统通常利用冷却塔对冷却水降温，为了提高冷却塔的冷却效果，把水均匀分配到冷却填料的整个淋水面积上的设备是冷却塔的（　　）。

　　A. 配水系统　　　　　B. 通风设备　　　　　C. 收水器　　　　　D. 集水池

三、判断题

判断题 01（2012年真题）：

1. 在一定大气压下，保持空气的含湿量不变，温度升高，会使空气的相对湿度减小。（　　）
2. 油分离器通常安装在蒸发器与压缩机之间。（　　）
3. 当空气在露点温度下，相对湿度达100%，此时干球温度、湿球温度、饱和温度和露点温度为同一温度。（　　）
4. 目前常用的制冷剂有水、氨、氟利昂以及部分碳氢化物。（　　）

5. 油污及水垢将造成冷凝器冷凝压力的升高。（　　）

6. 冷凝器中冷却水温度降低时，其制冷剂的冷凝压力增大。（　　）

判断题 02（2013年真题）：

1. 通信机房空调设备是保证通信畅通的必要设备，空调设备和系统安全可靠地工作，对保证通信设备正常运行具有重要作用。（　　）

2. 空调的进、出水管路布放路由应尽量靠近机房通信设备。（　　）

3. 机房内的灰尘会影响设备的正常工作，因此要求空调机空气过滤器的除尘效率必须达到100%。（　　）

4. 中央空调机组维修保养要求中规定：润滑油过滤网每年最少清洗一次，润滑油应每年全部换新，冷凝器和蒸发器每年都要进行清洗和水质处理。（　　）

5. 压缩式制冷工作过程可归纳为：压缩过程、冷凝过程、节流过程以及蒸发过程。（　　）

判断题 03（2014年真题）：

1. 空调冷水机组在向系统中补充制冷剂工作时，需要在机组运转情况下完成。（　　）

2. 空调机制冷效果很差的原因仅与制冷系统的制冷剂有关。（　　）

3. 空调冷水机组启动时应先启动冷水泵，然后再启动空气处理系统风机。（　　）

4. 空调设备在使用过程中，应定期清洁各种设备的表面，保持空调设备表面无积尘、无油污。（　　）

判断题 04（2015年真题）：

1. 机房空调低压指的是蒸发器到压缩机进气口这一段。（　　）

2. 空调制冷工程中可以通过水和制冷剂吸收制冷系统冷凝器排出的热量。（　　）

3. 在市电中断时，为了保证交流电源的不间断电源供给，逆变器将蓄电池的直流储能转换为交流电输出。（　　）

4. 在无源功率因数校正电路中，当交流输入电压高于滤波电容两端电压时，滤波电容才开始充电。（　　）

5. 在制冷系统中，油分离器的作用主要是改善冷凝器和蒸发器中的传热效果。（　　）

判断题 05（2018年真题）：

1. 通信机房空调系统应能提供Internet接口，通过网络实现设备远程监控。（　　）

2. 在空调系统使用过程中，压缩机与冷凝器之间的管路上应安装油分离器，以便将润滑油从制冷剂蒸汽中分离出来，提高制冷效果。（　　）

3. 冷水机组是把制冷压缩机、冷凝器、蒸发器、膨胀阀、控制系统及开关箱等组装在一个公共基座或框架上的制冷装置，是制冷系统的核心。（　　）

4. 通信机房的气流组织的优化应遵循"先冷环境、后冷设备"的原则。（　　）

5. 在空调系统运行过程中，应定期对空调系统进行工况检查，及时掌握系统各主要设备的性能指标，并对空调系统设备进行有针对性的整修和调测，保证系统运行稳定可靠。（　　）

第4章 机房空调系统

判断题06（2022年真题）：

1. 通信机房的制冷要求恒温恒湿、大风量小焓差，并且具有除尘功能。（　　）
2. 通信机房专用空调设定温度在18～28℃范围时，温度控制精度为±1℃，且送风温度应高于机房的露点温度。（　　）
3. 空调系统中的干燥过滤器不仅可以除去系统中的水分和杂质，还可以将润滑油从制冷剂中分离出来。（　　）
4. 在压缩式制冷系统的组成部件中，蒸发器的作用是将制冷剂放出的热量排至周围环境中。（　　）
5. 在进行机房气流组织设计时可遵循大风低速，就近制冷的规则，即合理设计风量，采用大风量送风，保证载冷量的同时，降低气流流速，减少动压损失。（　　）

判断题07（2023年真题）：

1. 通信机房的发热量主要是显热，其显热的主要来源有设备散热量、照明散热量和通过围护结构传入室内的热量。（　　）
2. 机房专用空调与普通舒适性空调相比，具有精密恒温、恒湿及空气过滤等特性。（　　）
3. 在规定的制冷量试验条件下，空调从所处理的空气中移除的显热量就是空调的制冷量。（　　）
4. 水冷式机房专用空调系统的冷冻水一般是封闭循环，不需要对水质进行处理。（　　）
5. 机房气流组织优化时，应尽可能加长送风距离，并确保回风直通顺畅，减少热风滞留，降低风机损耗。（　　）

四、问答题

1. 在空调系统中膨胀阀出口经常会发生冰堵现象，请简要分析其形成原因并提出相应的解决措施（**2012年真题**）。
2. 简述离心式冷水机组的主要组成部件及工作原理（**2015年真题**）。
3. 通信机房中通信设备往往布置密集，且全年不停地运行，设备排热量大，而设备的正常运行要求机房的温度、湿度、洁净度等都要维持在规定的范围内。要保障机房通信设备的正常运行，通信机房中通常要求安装机房专用空调，一般的舒适性空调不能满足需要。请简述与一般的舒适性空调相比，机房专用空调有哪些特点（**2019年真题**）？
4. 简述压缩式空调系统的主要组成部件及其作用（**2020年真题**）。
5. 简述水冷式专用空调系统中冷却塔的构成（**2021年真题**）。
6. 对通信机房的气流组织进行合理的设计，不仅直接提升房间空调的冷却效果，而且能减少空调系统的能耗量；若某通信局（站）机房的气流组织形式为地板下送风方式，冷通道封闭的形式，请简述这种气流组织形式的气流布置方式及特点（**2022年真题**）。
7. 按照室外冷源的方式。机房专用空调系统可分为风冷式和水冷式专用空调系统，不同种类的空调结构不同。请简述水冷式专用空调系统的组成结构（**2023年真题**）。

真题参考答案

一、填空题

填空题01（2012年真题）：

【答案】1.（1）大风量；（2）小焓差。

2.（3）蒸发器；（4）节流装置（或称膨胀阀）；（5）低；（6）低。

3.（7）40%～70%；（8）红外线；（9）电极锅炉（或电极式）。

4.（10）活塞式；（11）螺杆式；（12）离心式；（13）吸收式；（14）设备有无异常振动与噪声；（15）有无异常气味；（16）电动机、高低压管路、油路、电动控制元器件等温度是否正常，有无振荡现象；（17）有无打火、冒烟、破漏等现象发生，冷却水池水位是否合理。

5.（18）制冷剂是否足够。

【试题解析】

1. 本小题考查机房专用空调的相关知识。程控机房及电子计算机房均属高发热机房，在这类机房中几乎无潜热源，所以产湿量很小，而热湿比相当高。这就需要及时、大量地排出显热，机房专用空调大风量、小焓差的设计思想正好适合这种特殊要求。由于风量大、焓差小，所以机房专用空调的主要能量被用来制冷，排除显热，而不是去湿。

2. 本小题考查单极压缩式制冷空调系统的组成和工作过程。单级压缩制冷系统由蒸发器、压缩机、冷凝器和节流装置（或称膨胀阀）等主要部件组成，它们之间用管道连成一个封闭系统。单级压缩制冷系统的工作过程是：低温低压制冷凝液体（如氨或氟利昂），在蒸发器内蒸发为气体，吸收周围介质（如水或空气）的热量被压缩机吸入气缸内，气体在气缸中经压缩，其温度和压力都要升高，然后被排入冷凝器中。在冷凝器内高温、高压的制冷剂气体与冷却水或空气进行热交换，放出冷凝热，将热量传给冷却水或空气带走，而本身由气体凝结为液体。此高压液体经节流装置（或称膨胀阀）节流降压至蒸发压力，在节流过程中制冷剂温度将下降到蒸发温度，节流后的气液混合物进入蒸发器。在蒸发器内的低压制冷剂液体很不稳定，立即进行汽化再吸收汽化潜热，使蒸发器周围被冷介质降低温度，而蒸发器内的制冷剂气体又被压缩机吸走，完成一个制冷循环。这样周而复始继续下去，不断地将蒸发器周围介质的热量带走，从而获得低温，达到制冷的目的。

3. 本小题考查通信机房空调系统的加湿处理。在通信部门所有的交换机房、计算机机房、各模块局，对温度和湿度都有一定的要求范围。在一类环境的机房内，要求湿度范围为40%～70%。为了达到这一指标，在机房专用空调中安装了加湿装置，它受机房空调的电脑板控制，当机房湿度低于设定湿度下限时，自动启动加湿循环；当机房湿度高于设定湿度上限时，自动停止加湿，使机房温、湿度在正常范围内。加湿器按照加湿方式可分成两类：红外线加湿器和电极锅炉式（或电极式）加湿器。

4. 本小题考查常见形式的空调用冷水机组和集中式空调设备的维护。冷水机组是把制冷机、冷凝器、蒸发器、膨胀阀、控制系统及开关箱等组装在一个公共机座或框架上的制冷装置，其常见形式有活塞式、螺杆式、离心式和吸收式冷水机组。设备运行时，维护人员应做如下工作。"听"：设备有无异常振动与噪声。"嗅"：有无异常气味。"摸"：电动机、高低压制冷管路、油路、电动控制元器件等温度是否正常，有无振荡现象。"看"：设备有无打火、冒烟、破漏等现象发生，查看冷却水池水位是否合理。

5. 本小题考查机房专业空调中视液镜的作用。视液镜的作用是用来观察制冷剂是否足够，此外还可判断制冷剂的干燥程度（制冷剂含水率）。

填空题 02（2013 年/2014 年真题）：

【答案】1.（1）温度；（2）湿度；（3）清洁度；（4）气流速度。
2.（5）三；（6）2.5。
3.（7）振动与噪声；（8）气味；（9）温度；（10）打火、冒烟、破漏。
4.（11）集中式空调系统；（12）局部式空调系统；（13）混合式空调系统。
试题分析：本问题考查对空调设备相关知识的识记。
【试题解析】
1. 本小题考查空调设备的作用、"四度"的概念。空调设备是使室内空气温度、湿度、清洁度和气流速度（简称为"四度"）达到规定要求的设备。
2. 本小题考查空调系统的安装要求。所有的空调机均采用三相电源（在此专指通信机房专用空调，而不包含普通家用空调。普通家用空调功率等级在大 3P 及以下时，通常采用单相电 220V，功率等级在大 5P 及以上时，通常采用三相电 380V）。空调机组的供电应与国家和当地的电力供应标准相一致。按照最小的允许电压降选购合适的导线尺寸，以保证在有可能发生低压或用电高峰期间空调系统的可靠运转。按照相关规范要求，应在机组 2.5m 范围内安装一个手动电气断路开关。
3. 本小题考查中央空调设备的维护运行要求。中央空调设备运行时，维护人员应做如下工作。"听"：设备有无异常振动与噪声。"嗅"：有无异常气味。"摸"：电动机、高低压制冷管路、油路、电动控制元器件等温度是否正常，有无振荡现象。"看"：设备有无打火、冒烟、破漏等现象发生；查看冷却水池水位是否合理。
4. 本小题考查的是空调系统的分类。按系统的集成程度，空调系统可分为以下几类。①集中式空调系统。将空气集中处理，由风机把处理后的空气，输送到需要空调的房间。这种空调系统处理空气量大，并集中冷源和热源，同时需要专人操作，机房占地面积较大，但运行可靠，室内参数稳定。②局部式空调系统。将空调设备直接或就近安装在需要空调的房间。局部空调设备安装简单，使用广泛。尤其对于房间小，各房间相隔距离较远的场合更为合适。③混合式空调系统。既有局部处理，又有集中处理的空调系统称其为混合式空调系统，或称为半集中式空调系统。

填空题 03（2014 年真题）：

【答案】1.（1）供电的灵活性。
2.（2）树干式配电方式。

3.（3）容易实现不间断供电。
4.（4）输入滤波电路；（5）工频整流电路。
5.（6）放电电流。
6.（7）冷损耗。
7.（8）满足空调设备连续运行的要求；（9）满足机房对湿度调节的需求。
8.（10）次级电流。

试题分析：本试题考查通信电源系统基础知识的识记。

【试题解析】

1. 本小题考查通信电源系统的基本要求。通信设备或通信系统对电源系统的基本要求包括：供电可靠性、供电稳定性、供电经济性和供电灵活性等。其中电源系统的可靠性包括不允许电源系统故障停电和瞬间断电这两方面要求。

2. 本小题考查交流高压配电方式。交流高压配电方式有：放射性配电方式、树干式配电方式和环状式配电方式等。

3. 本小题考查直流供电的优点。目前，国内外绝大部分通信设备需要直流供电。直流供电与交流供电相比，具有可靠性高、电压平稳和实现不间断供电容易等优点。因此，直流供电是通信电源的重要组成部分和主要研究对象之一。

4. 本小题考查高频开关型整流电路的组成。高频开关型整流器通常由输入滤波电路、工频整流电路、功率因数校正电路、DC/DC 变换器、输出滤波器等部分组成。开关电源的基本电路包括两部分：一是主电路，指从交流电源输入到直流电源输出的全过程，主要完成功率转换任务；二是控制与辅助电路。为主电路变换器提供激励信号，以控制主电路的工作，实现输出稳定或调整的目的，包括控制电路、检测电路、保护电路以及辅助电源等。

5. 本小题考查影响蓄电池容量的主要因素。铅蓄电池容量主要由极板上能够参加化学反应的活性物质的数量决定。但对使用者而言，影响蓄电池容量的主要因素是放电电流、电解液的温度和浓度。

6. 本小题考查空调机房所需要的制冷量的确定。空调机房所需的制冷量主要根据空调机房的建筑围护冷损耗和机房内所产生热量的总和来确定。

7. 本小题考查机房专用空调的特点。机房专用空调的特点包括：满足机房调节热量大的需求、满足机房送风次数高的需求、满足空调设备连续运行的要求、满足机房对湿度调节的需求、满足机房高洁净度调节的要求。

8. 本小题考查变压器初级电流与次级电流之间的关系。变压器空载，次级电流为零，但是初级电流不为零，此时称为空载电流。变压器正常工作时，初级电流和次级电流基本上成比例，初级电流跟随次级负载电流变化。变压器次级电流增大到一定程度，变压器铁心会进入饱和状态，此时初级电流会不成比例地异常增大。

填空题 04（2017 年真题）：

【答案】1.（1）在线式。2.（2）桥式（全波不可控）整流电路。
3.（3）3～5。4.（4）心脏。5.（5）能耗比（能效比）。

试题分析：本试题考查对 UPS、发电机组和空调相关知识的识记。

【试题解析】

1. UPS 的分类方法很多，按输出容量大小可分为：小容量（10kVA 以下）、中容量（10～100kVA）和大容量（100kVA 以上）UPS；按输入、输出电压的相数可分为单进单出、三进三出和三进单出型 UPS；但人们习惯上按 UPS 的电路结构形式（工作方式）进行分类，可分为后备式、（双变换）在线式、在线互动式和 Delta 变换式 UPS。

双变换在线式（Online）UPS 又称为串联调整式 UPS。目前大容量 UPS 大多采用这种结构形式。该 UPS 一般来说由整流器、充电器、蓄电池、逆变器等几个部分组成，它是一种以逆变器供电为主的电源形式。当市电正常供电时，市电一方面经充电器给蓄电池充电，另一方面经整流器变成直流后送至逆变器，经逆变器变成交流后再送给负载。仅仅在逆变器出现故障时，才通过转换开关切换为市电旁路供电。

1）当市电供电正常时，首先经由 EMI/RFI 滤波器对来自电网的传导型电磁干扰和射频干扰进行适当的衰减抑制后分三路去控制后级电路的正常运行：

①直接连接交流旁路供电通道，作为逆变器通道故障时的备用电源。

②经充电器对位于 UPS 内的蓄电池组进行浮充电，以便市电中断时，蓄电池有足够的能量来维持 UPS 的正常运行。

③经过整流器和大电容滤波变为较为稳定的直流电，再由逆变器将直流电变换为稳压稳频的交流电，通过转换开关输送给负载。

2）当市电出现故障（供电中断、电压过高或过低），在逻辑控制电路的作用下，UPS 将按下述方式运行：

①关充电器，停止对蓄电池充电。

②逆变器改为由蓄电池供电，将蓄电池中存储的直流电转化为负载所需的交流电，用来维持负载电能供应的连续性。

3）市电供电正常的情况下，如果系统出现下列情况之一：①在 UPS 输出端出现输出过载或短路故障；②由于环境温度过高和冷却风扇故障造成位于逆变器或整流器中的功率开关管温度超过安全界限；③UPS 中的逆变器本身故障。那么，UPS 将在逻辑控制电路调控下转为市电旁路直接给负载供电。

根据双变换在线式 UPS 的工作原理，可知其性能特点是：

①不论市电正常与否，负载的全部功率均由逆变器给出。所以，在市电产生故障的瞬间，UPS 的输出不会产生任何间断。

②输出电能质量高。UPS 逆变器采用高频正弦脉宽调制和输出波形反馈控制，可向负载提供电压稳定度高、波形畸变率小、频率稳定以及动态响应速度快的高质量电能。

③全部负载功率都由逆变器提供，UPS 的容量裕量有限，输出能力不够理想。所以对负载的输出电流峰值系数（一般为 3∶1）、过载能力、输出功率因数（一般为 0.7）等提出限制条件，输出有功功率小于标定的千伏安数，应付冲击负载的能力较差。

④整流器和逆变器都承担全部负载功率，整机效率低。10kVA 以下的 UPS 为 80% 左右，50kVA 的可达 85%～90%，100kVA 以上可达 90%～92%。

2. 整流电路是一种将交流电能变换为直流电能的变换电路。其应用非常广泛，如通信系统的基础电源、同步发动机的励磁、电池充电机、电镀和电解电源等。整流电路的形式有很多种类。根据组成整流的器件，可分为不可控、半控和全控整流三种。不可控整流电路的整流器件全部由整流二极管组成,全控整流电路的整流器件全部由晶闸管或其他可控器件组成,半控整流电路的整流器件则由二极管和晶闸管混合组成。按输入电源的相数分,可分为单相和多相电路。按整流输出波形和输入波形的关系分,可分为半波和全波整流。

单相不可控整流电路是指输入为单相交流电,而输出直流电压大小不能控制的整流电路。单相不可控整流电路主要有单相半波、单相全波和单相(全波)桥式等几种形式,其中以单相半波不可控整流电路最为基本。

单相桥式不可控整流电路具有很多优点,但是输出功率较大时,就会造成三相电网不平衡。因此大功率整流设备通常采用三相整流电路。它包含三相半波整流电路、三相桥式(全波)整流电路和并联复式整流电路等。

目前,无论是高频开关电源还是 UPS 的交流输入整流电路,均采用单相(三相)桥式(全波不控)整流电路,开关电源输出整流电路通常采用单相全波不可控整流电路。

3. 机组的停机分为两种:正常停机和紧急停机。

1)正常停机前,先卸去负荷,然后调节调速器操纵手柄,逐步降低转速至中等转速,运转 3~5min 后再拨动停机手柄停机;尽可能不要在全负荷状态下很快将机组停下,以防出现发动机过热等事故。在寒冷地区运行后需停机时,应在停机后待发动机机温冷却至常温(25℃)左右时,打开机体侧面、淡水泵、机油冷却器(或冷却水管)及散热器等处的放水阀,放尽冷却水以防止冻裂。若用防冻冷却液时则不需打开放水阀。

2)紧急停机在紧急或特殊情况下,为避免机组发生严重事故可采取紧急停机。一般机组均设有紧急停机手柄,此时应按要求拨动紧急停车手柄,即可达到目的。在上述操作无效的情况下,应立即用手或其他器具完全堵住空气滤清器进口,达到立即停车的目的。

4. 压缩机在制冷系统中主要是用来压缩和输送制冷剂蒸汽。由于它在制冷系统中占有重要地位,且结构比较复杂,因此通常称为制冷系统的主机,其他部分称为制冷辅助装置。压缩机的能力和特征决定了制冷系统的能力和特征,通常将其比喻为制冷系统的心脏。

5. 空调的能耗比(包括制冷能效比能效比 EER 与制热能效比 COP)指名义制冷量(制热量)与运行功率(额定功耗)之比。但是,就我国绝大多数地域的空调使用习惯而言,空调制热只是冬季取暖的一种辅助手段,其主要功能仍然是夏季制冷,所以,我们一般所称的空调能效通常指的是制冷能效比 EER,国家的相关标准也以此为划定能效等级的依据。

通俗地说,空调能效就是消耗同样多的电所产生的冷气/暖气有多少,能效越高的空调越省电。所以,空调能效是衡量空调性能优劣的重要参数。

按照国家标准相关规定,将空调的能耗分为 1、2、3、4、5 五个级别。2.6~2.8 五级能耗;2.8~3.0 四级能耗;3.0~3.2 三级能耗;3.2~3.4 二级能耗;3.4 及以上一级能耗。1 级最节能,5 级能耗最低,低于 5 级的产品不允许上市销售。空调企业需要在产品上加贴能效标识标志,告知消费者其能耗水平等级。消费者可以直接通过能耗等级标贴清楚地知道哪种空调是省电节能的。

填空题 05(2019 年真题):

【答案】1.(1)制冷量。2.(2)±1℃。
3.(3)制冷剂。(4)膨胀阀。4.(5)盲板。5.(6)渗漏;(7)堵塞。

试题分析：本试题考查对机房空调系统基础知识的识记。

【试题解析】

1. 本小题是对空调参数及技术要求进行考查。在规定的制冷量试验条件下，空调机从所处理的空气中移除的显热和潜热之和称为制冷量。

2. 本小题是对机房空调使用的技术要求进行考查。在设定温度在18~28℃范围时，温度控制精度为±1℃。

3. 本小题是对压缩式制冷系统的组成和原理进行考查。压缩式制冷系统是一个完整的密封循环系统，系统的四大部件有：压缩机、冷凝器、膨胀阀和蒸发器，它们之间用管道连接起来，形成一个封闭的循环系统。在系统中加入一定量的制冷剂来实现制冷降温的目的。

4. 本小题是对机房气流组织方案进行考查。数据中心和网络机房的设计应避免设备吸收热空气，可以通过在机柜前端加装盲板，实现良好的气流组织。

5. 本小题是对机房维护进行考查。空调的进、出水管路布放路由应尽量远离机房通信设备；检查管路接头处安装的水浸告警传感器是否完好有效；管路和制冷管道均应畅通、无渗漏和堵塞现象。

填空题06（2023年真题）：

【答案】1.（1）冷凝过程。2.（2）膨胀阀。3.（3）油分离器。4.（4）先冷设备、后冷环境。5.（5）振动和噪声。

二、选择题

选择题01（2015年真题）：

【答案】1. D；2. C；3. B；4. B；5. D。

试题分析：本试题考查对高频开关整流器和空调设备相关知识的理解。

【试题解析】

1. 本小题考查对通信系统供电设备的理解。通信电源（供电）设备主要包括：高压配电设备、变压器、低压配电设备、（柴油）发电机组、不间断电源（UPS）、逆变器、整流设备（高频开关电源）、蓄电池（组）等，通常将整流设备（AC/DC）、逆变设备（DC/AC）和直流/直流变换设备（DC/DC）统称为换流设备。其中整流设备可将交流电变换为直流电；逆变设备则是将直流电变换为交流电；DC/DC变换设备可将一种电压等级的直流电变换成另一种或几种电压等级的直流电。空调设备（分散空调设备、集中空调设备）是为了保证通信系统正常工作的用电设备，而不是供电设备。选项D正确。

2. 本小题考查高频开关整流器的稳压精度要求。根据YD/T 731—2018《通信用48V整流器》的相关要求，开关整流模块的稳压精度≤±0.6%。高频开关型整流器的稳压精度要求也是针对电池的要求来确定的，因为稳压精度低，无异于浮充电压设置值得不准确。浮充电压的设置不当或温度补偿作用的削弱，都会对阀控式电池的漏电流有影响，甚至在极端情况下也可能造成电池的热失控，故稳压精度宜优于1%。选项C正确。

3. 本小题考查对功率因数校正方法的理解和辨识。在高频开关电源中，功率因数校正的基本方法有两种：无源功率因数校正和有源功率因数校正。采用无源功率因数校正法时，应在开关电源输入端加入电感量很大的低频电感,以便减小滤波电容充电电流的尖峰。这种校正方法比较简单,但是校正效果不是很理想。采用无源功率因数校正法时,功率因数校正电感的体积很大,增加了开关电源的体积。有源功率因数校正电路的主要优点是可得到较高的功率因数。选项 B 正确。

4. 本小题考查对压缩式制冷系统的工作原理的理解。单级压缩制冷系统的工作过程:低温低压制冷凝液体(如氨或氟利昂)在蒸发器内蒸发为气体,吸收周围介质(如水或空气)的热量被压缩机吸入气缸内,气体在气缸中经压缩,其温度和压力都要升高,然后被排入冷凝器中。在冷凝器内高温、高压的制冷剂气体与冷却水或空气进行热交换,放出冷凝热,将热量传给冷却水或空气带走,而本身由气体凝结为液体。此高压液体经节流装置节流降压至蒸发压力,在节流过程中制冷剂温度将下降到蒸发温度,节流后的气液混合物进入蒸发器中。在蒸发器内的低压制冷剂液体很不稳定,立即进行汽化再吸收汽化潜热,使蒸发器周围被冷介质温度降低,而蒸发器内的制冷剂气体又被压缩机吸走,完成一个制冷循环,这样周而复始继续下去,不断地将蒸发器周围介质的热量带走,从而获得低温,达到制冷的目的。选项 B 正确。

5. 本小题考查对空调器工作原理的理解。大多数空调风量的调整是通过电动机转速的变化来实现的。选项 D 正确。

选择题 02（2017 年真题）:

【答案】1. B;2. C;3. D;4. A;5. D。

试题分析:本试题考查对 UPS 和空调相关知识的理解。

【试题解析】

1. 当市电出现故障（中断、电压过高或过低）时,UPS 工作在后备状态逆变器将蓄电池的电压转换成交流电压,并通过静态开关输出到负载。市电正常但逆变器出现故障或输出过载时,UPS 工作在旁路状态。静态开关切换到市电端,市电直接给负载供电。如果静态开关的转换因逆变器故障引起,UPS 将发出报警信号;如果因过载引起静态开关转换,过载消失后,静态开关将重新切换到逆变器端。选项 B 正确。

2. 逆变电路输出波形有两种类型:方波和正弦波。小型后备式 UPS 逆变器输出方波的居多;在线式 UPS 逆变电路大多为正弦波逆变电路,因为用户都希望 UPS 输出 50Hz 的正弦交流电,与平时用市电的效果完全一样甚至更好。选项 C 正确。

3. UPS 热备份方式分为串联和并联两种方式。串联方式将处于热备份的 UPS 输出电压连接到主机 UPS 的旁路输入端。UPS 主机正常工作时负担全部负载功率,当 UPS 主机发生故障时便自动切换到旁路状态,由 UPS 备机的输出电压通过 UPS 主机旁路输出继续为负载供电。当市电中断时,备机与主机都处于电池工作状态,由于 UPS 主机承担全部负载,所以其备用电池先放电到终止电压,而后自动切换到旁路工作状态,由备用的 UPS 的电池为负载供电。双机并联中的 UPS 必须具有并机功能,两台 UPS 中的并机控制电路通过并机信号线来调整输出电压的频率、相位及幅值,使其满足并联输出的要求。这种并联方式主要是为了提高供电系统的可靠性,而不是用于供电系统的扩容。所以这种并联使用方式必须保证供电系统具有 50% 的冗余度,也就是负载的总容量不要超过其中一台 UPS 的额定输出容量,当其中一台 UPS 发生故障时,可由另一台 UPS 电源来承担所有负载的供电。选项 D 正确。

4. 空调系统按空气处理设备的集中程度可分为集中式空调系统、局部式空调系统及混合式空调系统。

1）集中式空调系统。将空气集中处理，由风机将处理后的空气输送到需要空调的房间。这种空调系统处理空气量大，并集中冷源和热源，同时需要专人操作，机房占地面积较大，但运行可靠，室内参数稳定。

2）局部式空调系统。将空调设备直接或就近安装在需要空调的房间。局部空调设备安装简单，使用广泛。尤其对于空调房间小，各房间相隔距离较远的场合更为合适。

3）混合式空调系统。既有局部处理，又有集中处理的空调系统称为混合式空调系统，或称半集中式空调系统。

综上所述，选项 A 正确。

5. 离心式冷水机组常用于大型空调系统，其单机容量可达 30000kW，但小型的单机容量也可做到 30kW。用于特殊场合，从机组的经济性考虑，当前空调用离心式冷水机组一般以 300kW 为下限。选项 D 正确。

选择题 03（2018 年真题）：

【答案】1. C；2. C；3. D；4. B；5. B。

试题分析：本试题考查对空调相关知识的理解。

【试题解析】

1. 本小题是对机房环境的需求的考查。热量根据性质不同，分为显热和潜热。机房显热量主要来源有设备散热量、照明散热量和通过围护结构传入室内的热量。数据中心的空调设计主要考虑夏季冷负荷，以设备实际用电量为依据。本小题选 C。

2. 本小题是对机房专用空调的特点进行考查。机房专用空调大风量、小焓差的设计思想主要为了满足机房环境以下特殊要求：机房调节热量大的需求；机房送风次数高的需求；空调设备连续运行的要求；机房对湿度调节的需求。为了满足机房高洁净度调节的要求，空调系统进入机房内的空气必须全部过滤。对于灰尘粒径在 5μm 的粒子，空气过滤效率应达 95% 以上；而对于粒径 1μm 的粒子，至少要去除 90% 才算合格。在机房专用空调中装置有符合以上标准的空气过滤网，这种过滤装置完全能满足机房对于洁净度的要求。本小题选 C。

3. 本小题是对风冷式空调制冷系统的组成进行考查。压缩式制冷系统是一个完整的密封循环系统，组成这个系统的四大部件包括：压缩机、冷凝器、膨胀阀和蒸发器，它们之间用管道连接起来，形成一个封闭的循环系统。在系统中加入一定量的制冷剂来实现制冷和降温的目的。制冷压缩机是制冷系统的核心，压缩机的能力和特征决定了制冷系统的能力和特征，在制冷系统中主要是用来压缩和输送制冷剂蒸汽。压缩机的吸气系数对制冷量的影响很大，吸气系数越高，产冷量就越大。本小题选 D。

4. 本小题是对水冷式机房专用空调的组成进行考查。冷水机组是一种制造低温水的制冷装置，其任务是为空调设备提供冷源。冷水机组是中央空调的"制冷源"；冷水机组是把制冷压缩机、冷凝器、蒸发器、膨胀阀、控制系统及开关箱等组装在一个公共机座或框架上的制冷装置，是制冷系统的核心。水泵适用于促进水循环的部件。本小题选 B。

5. 本小题是对水冷机房专用空调的主要组成部分进行考查。冷却塔主要由淋水装置、配备系统、通风设备及塔体等部件组成。淋水装置：进入冷却塔的水流进填料后，溅散成细小的水滴或形成水膜。以增加水和空气的接触面积或延长接触时间，使水与空气更充分地进行热湿交换，从而降低水温。配水系统：把水均匀地分配到淋水装置的整个淋水面积上的设备。使用它的目的是为了提高冷却塔的冷却效果。通风设备：主要用来加强水和空气的热湿交换。空气分配装置：是冷却塔从进风口到喷水装置的部分。收水器的作用是将空气或水分离，减少由冷却塔排出的湿空气带出的水滴，降低水的飘风损耗量。集水池的作用是收集从淋水装置落下来的水。本小题选 B。

选择题 04（2020 年真题）：

【答案】1. C；2. B；3. A；4. D；5. A。
【试题解析】
1. 制冷量：空调机从所处理的空气中移除的显热和潜热之和。显冷量：空调机从所处理的空气中移除显热量。显热比：显冷量和制冷量之比。制冷消耗功率：空调机所消耗的总电功率。能效比：整机的制冷量和制冷消耗功率之比。机外静压：空调机出风口与回风口处的静压差。冷风比：空调机制冷量和送风量之比。

2. 机房专用空调的特点包括：满足机房调节热量大的需求，满足机房送风次数高的需求，满足空调设备连续运行的要求，满足机房对湿度调节的需求，满足机房高纯净度调节的要求。也就意味着机房的制冷要求恒温恒湿，大风量小焓差，具备空气除尘功能，在性能方面要求 $7 \times 24h \times 365d$ 连续运行。

3. 制冷系统的辅助设备在系统中既控制和调节制冷剂的循环量，又应调节冷却水的流量。辅助设备是用来改善制冷机的工作条件、延长制冷机的工作寿命，这些部件与设备在系统中都起着重要的作用。①制冷电磁阀通常与压缩机同接一个启动开关，以配合压缩机的开停而自动接通或切断输液。②截止阀安装在制冷系统管路中，以手动控制阀芯的启闭实现控制制冷剂通过或截止。③油分离器在压缩机与冷凝器间的管路上应装油分离器，以便将油从制冷剂蒸汽中分离。④储液器是储存制冷剂液体的压力容器。它有两种用途：一是安装在制冷系统中以储存制冷循环中的制冷剂液体；二是作为备用储液器，供制冷设备填补制冷剂用。在制冷系统的储液器或冷凝器与膨胀阀之间的输液管上装设过滤器，用来清除制冷剂中的杂质。在氟利昂制冷系统中往往将干燥器和过滤器合为一体称为干燥过滤器。

4. 冷水机组是制造冷水的制冷装置，其任务是为空调设备提供冷源。

5. 机房气流组织设计规则：①送回分离，冷热隔绝。②大风低速，就近制冷。③尽可能缩短送风距离，确保回风通畅。④提升温度，控制温差。

选择题 05（2022 年真题）：

【答案】1. B；2. C；3. A；4. B；5. A。
【试题解析】
1. 压缩式制冷系统工作过程如图 4-43 所示。
2. 机房空调系统中，为减小空调制冷能耗，在气温较低的情况下可直接引入室外"冷量"对机房进行制冷的设备是智能新风系统。
3. 制冷量：从所处理的空气中移除的显热和潜热之和。显冷量：从所处理的空气中移除的显热量。显热比：显冷量和制冷量之比，且 ≤ 1。制冷消耗功率：空调机所消耗的总功率。

能效比：整机制冷量和制冷消耗功率之比。机外静压：空调机出风口与回风口的静压差。冷风比：制冷量与送风量之比。

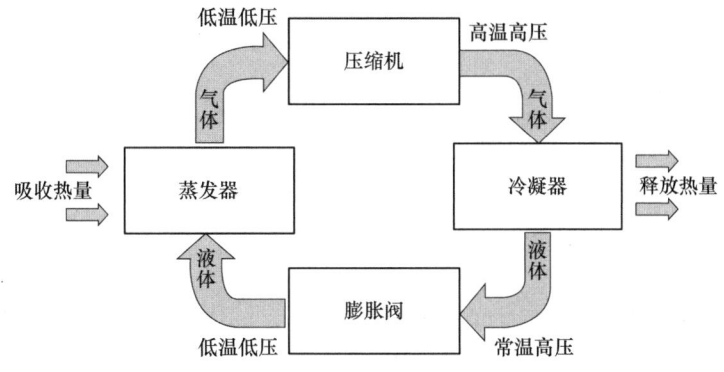

图 4-43　压缩式制冷系统工作过程

4. 离心式水泵的主要性能参数中，水泵单位时间内排出液体的体积称为水泵的流量。

5. 冷却塔的组成及作用：淋水装置用于增加水和空气的接触面积及延长接触时间；配水系统用于提高冷却塔的冷却效果；通风设备用于加强水和空气的热湿交换；空气分配装置是冷却塔从进风口到喷水装置的部分。收水器用于将空气和水分离；集水池及其他附属设施。

三、判断题

判断题 01（2012 年真题）：

【答案】1. √；2. ×；3. √；4. √；5. √；6. ×。

【试题解析】

1. 本小题考查温度和相对湿度之间的关系。在一定大气压下，保持空气的含湿量不变，温度升高，会使空气的相对湿度减小。

2. 本小题考查油分离器的安装位置。从压缩机排出的高温高压制冷剂蒸汽，总会夹带部分雾状润滑油，经排气管进入冷凝器和蒸发器中。在制冷系统中，冷凝器和蒸发器是两个主要交换器。如果在系统中不安装油分离器，就会在热交换器的传热表面形成油垢，增加其热阻，降低冷凝和蒸发的效果，导致产冷量下降。因此，在压缩机与冷凝器之间的管路上应装油分离器，以便将油从制冷剂蒸汽中分离出来。

3. 本小题考查干球温度、湿球温度、饱和温度及露点温度的含义。露点温度，指空气中饱和水汽凝结结露的温度，在 100% 的相对湿度时，此时干球温度、湿球温度、饱和温度及露点温度为同一温度值，周围环境的温度就是露点温度。

4. 本小题考查常用的制冷剂。当前能用作制冷剂的物质有 80 多种，最常用的是氨、氟利昂类、水和少数碳氢化合物等。

5. 本小题考查油污及水垢对冷凝器冷凝压力的影响。冷凝器表面油污及水垢将造成冷凝器冷凝压力的升高、制冷量下降。

6. 本小题考查冷凝器中冷却水温度与冷凝压力之间的关系。冷凝器中冷却水温度降低时，冷凝压力将下降。

判断题 02（2013年真题）：

【答案】1. √；2. ×；3. ×；4. √；5. √。
试题分析：本试题考查对空调设备相关知识的辨识和理解。
【试题解析】

1. 本小题考查空调设备的重要性。通信机房的空调设备是保证通信畅通的必要设备，空调设备和系统安全可靠地工作，对保证通信设备正常运行具有重要作用。

2. 本小题考查空调设备维护的基本要求。空调的进、出水管路布放路由应尽量远离机房通信设备；检查管路接头处安装的水浸告警传感器是否完好有效；管路和制冷管道均应畅通、无渗漏、堵塞现象。

3. 本小题考查机房专用空调的特点。满足机房高洁净度调节的要求：为保证空气的洁净度，空调系统进入机房内的空气必须过滤。对于灰尘粒径 5μm 及以上的粒子，空气过滤效率应达 95%；而对于粒径 1μm 及以上的粒子，至少要除去 90%。在机房专用空调中装置有符合以上标准的空气过滤网，这种过滤装置即能满足机房对于洁净度的要求。

4. 本小题考查中央空调机组维修保养要求。要注意润滑油过滤网每年最少清洗一次，润滑油应每年全部换新。冷凝器和蒸发器每年都要进行清洗和水质处理。中央空调水系统在运行过程中会有大量水垢、淤泥、铁锈等腐蚀产物和藻类生物黏泥产生，这些污垢沉积在换热器铜管表面，严重影响中央空调的制冷效果和使用寿命。因此，我们需要在中央空调冷却水系统和冷媒水系统定期投加各种水处理药剂，如缓蚀阻垢剂、分散剂、杀菌剂等，使水中的结垢性离子稳定在水中，防止结垢、微生物、藻类生成，并起到控制腐蚀、保护中央空调机组能够正常运行。

5. 本小题考查压缩式制冷工作过程。压缩式制冷工作过程可以归纳为：压缩过程、冷凝过程、节流过程以及蒸发过程。

判断题 03（2014年真题）：

【答案】1. √；2. ×；3. ×；4. √。
试题分析：本问题考查对空调相关知识的理解和辨识。
【试题解析】

1. 本小题考查空调冷水机组的年度开机前的检查与准备工作。开机运行前的准备工作一般可与年度维修保养的工作合并进行。维修保养人员除对检查中发现的问题予以重点排除外，可参照首次开机运行前的检查和准备步骤进行操作。应该指出的是，向机组和系统补充制冷剂的工作，是在机组运转的情况下完成的。制冷剂的补给量，以规定工况下制冷压缩机吸入压力表所指示的压力和电流（电功率）达到机组规定的数值为适合。

2. 本小题考查空调机制冷效果的影响因素。空调机制冷效果很差的原因很多，除了与制冷系统中的制冷剂有关，还与很多其他因素有关，包括制冷剂不足或太多、系统轻微堵塞、内风机网堵塞、外机散热效果差、温控电路有故障、内风机转速太慢、空调功率不够或房间太大或保温性能差、空调安装时排气不够、四通阀串气、电源电压不稳定等。

3. 本小题考查空调冷水机组的操作规范。空调用冷水机组，不论是活塞式还是离心式冷水机组，运行操作总的原则是确保启动和安全运行。一般按如下程序操作：首先接通机组总电源，使各控制部分及保护线路处于待工作状态；然后启动冷水系统，其顺序为先启动空气处理系统的风机，后启动冷水泵；接着启动冷却水系统，顺序为冷却水泵、冷却塔风机；最后进入主机启动阶段，顺序为先启动油泵，几分钟后才可启动压缩机。

4. 本小题考查空调设备维护的基本要求。根据要求，空调设备使用过程中，应定期清洁各种设备的表面，保持空调设备表面无积尘、无油污。

判断题 04（2015 年真题）：

【答案】1. ×；2. ×；3. √；4. √；5. √。

试题分析：本问题考查对蓄电池、空调设备和高频开关整流器相关知识的理解。

【试题解析】

1. 本小题考查对机房空调高压和低压的理解。机房空调的高压是压缩机的排气压力，是压缩机排气口到膨胀阀（毛细管）之间的压力，低压是压缩机的吸气压力，是膨胀阀（毛细管）到压缩机进气口的压力。

2. 本小题考查对水冷却设备的理解。在空调制冷工程中，通常用水来吸收制冷系统冷凝器排出的热量，而不是用制冷剂。

3. 本小题考查蓄电池在通信电源系统中的应用。蓄电池应用在不间断电源系统中，具有市电中断后的后备供电作用。在市电中断时，逆变器将蓄电池的直流储能通过逆变电路转变为交流电输出，以保证交流电源的不间断供给。另外，在"在线式"不间断电源系统中，当市电正常时，由整流器与蓄电池并联后作为不间断电源逆变器的输入电源，这样极大地提高了不间断电源系统交流输出的稳定性和供电质量。

4. 本小题考查具有无源功率因数校正电路的开关电源工作原理。在具有无源功率因数校正的开关电源中，交流输入电压经整流后，直接加到滤波电容器两端。只有交流输入电压高于滤波电容两端电压时，滤波电容才开始充电。

5. 本小题考查制冷系统辅助设备油分离器的作用。从压缩机排出的高温高压制冷剂蒸汽，总会夹带部分雾状润滑油，经排气管进入冷凝器和蒸发器中。在制冷系统中，冷凝器和蒸发器是两个主要交换器。如果在系统中不安装油分离器，就会在热交换器的传热表面形成油垢，增加其热阻，降低冷凝和蒸发的效果，导致产冷量下降。因此，在压缩机与冷凝器之间的管路上应装油分离器，以便将油从制冷剂蒸汽中分离出来。

判断题 05（2018 年真题）：

【答案】1. √；2. √；3. √；4. ×；5. √。

试题分析：本试题考查对机房空调相关知识的辨识和理解。

【试题解析】

1. 本小题是对机房空调远程监控功能进行考查。系统应能提供 Internet 接口，通过网络实现设备远程监控。应具备 RS232/485 通信接口，最有良好的电气隔离。具有设备运行参数的设置及智能判断功能，对于超常规的参数设置（比如错误命令）能自动拒绝。系统具有三遥（遥测、遥信、遥控）功能。

2. 本小题是对机房空调中油分离器的作用进行考查。从压缩机排出的高温高压的制冷剂蒸气，总会夹杂着部分雾状润滑油。经排气管进入冷凝器和蒸发器中。在制冷系统中，冷凝器和蒸发器是两个主要交换器。如果在系统中不安装油分离器，就会在热交换器的传热表面形成油垢，增加其热阻，降低冷凝和蒸发的效果，导致制冷量下降。因此在压缩机与冷凝器之间的管路上应安装油分离器，以便将油从制冷剂蒸气中分离出来。

3. 本小题是对机房空调中冷水机组的作用进行考查。

冷水机组是一种制造低水温（又称冷水、冷冻水或冷媒水）的制冷装置，其任务是为空调设备提供冷源。冷水机组是中央空调的"制冷源"，通往各个房间的循环水由冷水机组进行"内部热交换"降温为冷冻水。冷冻水可以通过冷水泵、管道及阀门送至中央空调系统的喷水室、表面式空调冷凝器或风机盘管道系统中，冷冻水吸收空气中的热量后，使空气得到降温、降湿处理。冷水机组制冷量大，随着数据中心的业务发展，被大量采用。

冷水机组是把制冷压缩机、冷凝器、蒸发器、膨胀阀、控制系统及开关箱等组装在一个公共底座或框架上的制冷装置。是制冷系统的核心。冷水机组的制冷原理与压缩式制冷系统的工作原理相同，也是通过制冷剂在冷水机组各个部件间循环来达到制冷降温的目的。

根据冷水机组的制冷压缩机种类的不同，冷水机组常见的形式有：活塞式、离心式、螺杆式。活塞式冷水机组是问世最早的一种机组，在冷水机组中占有主导地位，它以小型、轻量和适应性强而应用于空调系统中；离心式冷水机组的特点是单机制冷量大；螺杆式冷水机组的压缩机零部件少，没有易损件，因此其运转可靠、寿命长、操作维护简便，但其造价比较高。所以，应根据具体情况选择冷水机组制冷压缩机的种类。

4. 本小题是对典型的机房气流组织形式进行的考查。机房专用空调采用"先冷设备、后冷环境"的原则。机房采用冷、热通道设计，机柜按"面对面、背对背"排列，送、回风严格分离，并做好地板、冷池（热池）、机柜盲板等密封设计，避免冷热混风。从节能的角度出发，机柜间采用冷通道封闭的气流组织方式，可以提高空调利用率。

5. 本小题是对空调设备维护基本要求进行考查。在通信电源系统维护过程中，对空调设备维护的基本要求如下：①定期对空调系统进行工况检查，及时掌握系统各主要设备的性能指标，并对空调系统设备进行有针对性的整修和调测，保证系统运行稳定可靠；②定期清洁空调设备表面，保持空调设备表面无积尘、无油污，及时清洁、更换过滤网；③空调设备应有良好的保护接地；④确保空调室外（内）机周围的预留空间不被挤占，保证进（送）、排（回）风畅通，以提高空调制冷（暖）效果和设备的正常运行；⑤保温层无破损，导线无老化现象；⑥保持室内密封良好，气流组织合理和正压；⑦空调系统应能按要求调节室内温度，并能长期稳定工作，有可靠的报警和自动保护功能、来电自动启动功能；⑧定期检查和拧紧所有接点的螺钉，尤其是空调室外机架的加固点。

判断题 06（2022年真题）：

【答案】1. ✗；2. ✓；3. ✗；4. ✗；5. ✓。

【试题解析】

1. 机房的制冷需求：恒温恒湿、大风量小焓差，具备空气除尘功能，连续运行。题干描述错在不完整。

3. 干燥过滤器安装在冷凝器与热力膨胀阀之间的管道上。它的作用是除去进入热力膨胀阀、电磁阀等阀件的固体杂质及水分，以防阀件小孔堵塞和水分的冻结，同时可减少系统中钢制设备及管道的腐蚀。当进口出口温差达 1°C 以上时，意味着需要更换过滤器。

4. 在压缩式制冷系统的组成部件中：压缩机是制冷系统的核心，主要用来压缩和输送制冷剂蒸汽；换热器是制冷剂在其中吸收或放出热量的设备，也是制冷剂与其他介质交换热量的设备；节流装置将高压制冷剂液节流降压，控制阀门流量，调节制冷剂液的循环量。

判断题 07（2023 年真题）：

【答案】1. √；2. √；3. ×；4. ×；5. ×。

四、问答题

1. 在空调系统中膨胀阀出口经常会发生冰堵现象，请简要分析其形成原因并提出相应的解决措施（**2012 年真题**）。

【答案】在空调系统中膨胀阀出口经常会发生冰堵现象的原因是：管路中含有水分，水分不能溶解于其他制冷剂，它随制冷剂流动，经膨胀阀节流后，蒸发温度降至 0℃以下被析出的水分因温度降低，在阀孔处结成冰层。当冰层越积越厚时，阀孔则会被阻塞。

解决措施：在已设置的干燥过滤器内更换干燥剂，直到把全部水分吸出、热力膨胀阀不出现冰堵为止。

试题分析：本问题考查在空调系统中发生冰堵现象的原因及其解决措施。

【试题解析】

1）空调系统冰堵的原因：系统中含有过多的水分（湿气）。产生湿气的途径有：①在安装时系统抽真空时间不够，没能把管路内的湿气抽尽；②管路连接处焊接工艺不好，有漏气点；③在向系统充注制冷剂时，没有把连接软管内的空气吹出软管；④为系统补充润滑油时，进入空气。

2）冰堵发生的位置：冰堵塞一般发生在膨胀阀的节流孔处，因为这里是整个系统中温度最低，孔径最小的地方。由于系统不再制冷，系统整体温度回升，随着温度的提高，冰堵处会逐渐融化，而后系统又恢复制冷能力；随着系统整体温度的再次降低又会出现冰堵现象。故冰堵塞是一个反复的过程。

3）冰堵的排除方法：对于轻微冰堵，可用热毛巾敷在冰堵处，如果冰堵程度比较严重，已影响了系统的正常运行，则要换掉过滤干燥器，重新除去系统管路中的水分，抽真空，重新充注制冷剂。

2. 简述离心式冷水机组的主要组成部件及工作原理（**2015 年真题**）。

【答案】离心式冷水机组常用于大型空调系统，现代空调使用的离心式冷水机组，其组成部件主要有离心式制冷压缩机、蒸发器、冷凝器、节流机构、主电动机、抽气回收装置、润滑油系统、电气控制柜等。离心式冷水机组是利用电作为动力源，氟利昂制冷剂在蒸发器内蒸发吸收载冷剂水的热量进行制冷，蒸发吸热后的氟利昂湿蒸汽被压缩成高温高压气体，经水冷冷凝器冷凝后变成液体，经膨胀阀节流后进入蒸发器再循环，从而制取 7~12℃冷冻水供空调末端空气调节设备使用。

3. 通信机房中通信设备往往布置密集，且全年不停地运行，设备排热量大，而设备的正常运行要求机房的温度、湿度、洁净度等都要维持在规定的范围内。要保障机房通信设备的正常运行，通信机房中通常要求安装机房专用空调，一般的舒适性空调不能满足需要。请简述与一般的舒适性空调相比，机房专用空调有哪些特点（**2019 年真题**）？

【答案】机房专用空调的特点包括：满足机房调节热量大的需求，满足机房送风次数高的需求，满足空调设备连续运行的要求，满足机房对湿度调节的需求，满足机房高纯净度调节的要求。也就意味着机房的制冷要求恒温恒湿，大风量小晗差，具备空气除尘功能，在性能方面要求 7×24h×365d 连续运行。

4. 简述压缩式空调系统的主要组成部件及其作用（**2020 年真题**）。

【答案】压缩式空调系统的主要组成部件及其作用：①制冷压缩机是制冷系统的核心和心脏，压缩机的能力和特征决定了制冷系统的能力和特征。在制冷系统中主要是用来压缩和输送制冷剂蒸气。②换热器是制冷设备中不可缺少的重要装置，是使制冷剂在其中吸收热量或放出热量的设备，也是制冷剂与其他介质交换热量的设备。③膨胀阀是制冷系统四大部件之一。一般安装于冷凝器和蒸发器之间。膨胀阀使中温高压的液体制冷剂通过其节流成为低温低压的湿蒸气，然后制冷剂在蒸发器中吸收热量达到制冷效果。

5. 简述水冷式专用空调系统中冷却塔的构成（**2021 年真题**）。

【答案】冷却塔主要由淋水装置、配水系统、通风设备及塔体等部分构成。淋水装置：增加水和空气的接触面积及延长接触时间。配水系统：提高冷却塔的冷却效果。通风设备：加强水和空气的热湿交换。空气分配装置：冷却塔进风口到喷水装置的部分。收水器：将空气和水分离。集水池及其他附属设施。

6. 对通信机房的气流组织进行合理的设计，不仅直接提升房间空调的冷却效果，而且能减少空调系统的能耗量；若某通信局（站）机房的气流组织形式为地板下送风方式，冷通道封闭的形式，请简述这种气流组织形式的气流布置方式及特点（**2022 年真题**）。

【答案】冷空气送至机房的架空地板内，输送到冷通道上布置的地板送风口，通过地板的送风口进入机房内，带走工艺设备的散热，高温空气再从机房上部空间回到空调机组进行冷却。特点是：冷却效率较高，能有效解决机房局部过热问题，送风均匀。

7. 按照室外冷源的方式。机房专用空调系统可分为风冷式和水冷式专用空调系统，不同种类的空调结构不同。请简述水冷式专用空调系统的组成结构（**2023 年真题**）。

【答案】水冷式专用空调系统主要包括以下几个组成部分：冷水机组、水泵、冷却塔以及水处理设备。

第 5 章

集中监控管理系统

集中监控管理系统又称为动力环境集中监控管理系统（Power Supply Monitoring System，PSMS），是一个以通信电源监控为主，并集机房空调、机房环境、安全防范、消防等辅助监控功能为一体的通信局（站）综合监控系统。集中监控管理系统采用数据采集技术、计算机技术和网络技术来有效提高通信电源维护质量。

5.1 集中监控管理系统概述

通信电源集中监控管理系统适用于通信运营商、数据中心、大型企业等拥有大量通信电源设备的场景。通过减少人工巡检和维护成本，提高运维效率，确保通信设备的稳定运行和安全保障。该系统具有广泛的推广价值，能够显著提高运维水平，降低运营成本，提升通信设备运行的稳定性和安全性。

5.1.1 集中监控管理系统的作用

通信电源集中监控管理系统的作用是对监控范围内的电源系统、空调系统和系统内的各个设备及机房环境等进行遥测、遥信、遥控，实时监视系统和设备的运行状态，记录和处理监控数据，及时检测故障并通知维护人员处理。

通信电源集中监控管理系统的主要功能包括：实时监视功能、远程控制功能、故障诊断和告警功能、数据查询和报表功能。这些功能共同确保了通信局（站）的无人或少人值守，以及电源、空调的集中维护和优化管理，提高了供电系统的可靠性和通信设备的安全性。

5.1.2 集中监控管理系统的一般要求*

1. 可靠性

监控系统的采用，应不影响被监控设备的正常工作；系统局部故障时，应不影响整个监控系统的正常工作；监控系统应具有自诊断功能，对数据紊乱、通信干扰等可自动恢复，对通信中断、软硬件故障等应能诊断出故障并及时告警；监控系统应具有较强的容错能力，不能因用户误操作等引起程序运行出错；监控系统应具有处理多事件多点同时告警的能力；监控系统硬件的平均失效间隔时间（MTBF）应大于100000h，平均修复时间（MTTR）应小于0.5h；整个监控系统的平均失效间隔时间应大于20000h。

2. 可扩充性

监控系统的软、硬件应采用模块化结构，便于监控系统的扩充、升级和维护，以适应不同规模监控系统网络和不同数量监控对象的需要。

3. 实时性

组成集中监控管理系统的各监控级应能实时监视其监控对象的状态，发现故障并及时告警。从告警发生到有人值守的监控中心接收到告警信息的时间间隔不能超过10s。告警准确度的要求为100%。

4. 安全性

监控系统应具有较完善的安全防范措施，对所有操作人员按级别赋予他们不同的操作权限，同时应具有完善的密码管理功能，以保证系统及数据的安全。监控系统的底层管理软件或硬件设备应具有设置禁止远端遥控的功能。监控系统中的计算机系统应能发现并抵御外来病毒或非法用户的攻击。

5. 电磁兼容性

监控系统应具有良好的电磁兼容性。被监控的设备处于任何工作状态下，监控系统都应能正常工作；同时监控设备本身不应产生影响被监控设备正常工作的电磁干扰。

6. 硬件

监控系统的硬件设备应采用通用的高可靠性的计算机及配套设备；系统硬件应能适应安装现场的温度、湿度、海拔、干扰等要求，应有可靠的抗雷击和过电压保护装置；监测机房环境等使用的防盗、烟雾传感器等应经过公安、消防部门认可。

对监控系统的测量精度要求：直流电压应不大于0.5%，有功电度应不大于1%，其他电量应不大于2%；蓄电池电压测量误差应不大于±5mV（2V电池）、±10mV（6V电池）、±20mV（12V电池）；温度测量误差应不大于±1℃；湿度测量误差在环境温度为25℃、湿度范围为30%～80%RH时，应不大于5%RH，当湿度超出30%～80%RH时，应不大于10%RH；其他非电量的测量精度一般应优于5%。

7. 软件

监控系统的软件系统要求采用分层的模块化结构，便于系统的扩充、使用和维护等。计算机系统所采用的操作系统、数据库管理系统、网络通信协议和程序设计语言等应具备通用性，便于纳入本地网管系统，且系统软件应有合法使用证明。监控软件应包含以下功能模块：安全管理；配置管理（设备管理、人员管理、监控点管理）；通信管理；设备监控；告警管理；性能管理；数据管理；打印；帮助等。

8. 电源

监控系统应采用不间断电源供电。

9. 接地

监控系统应采用局（站）内的接地系统。

5.1.3 集中监控管理系统的通信协议

在监控系统中,监控主机与现场监控器、现场监控器与被控设备以及被控设备之间,通过 RS232、RS422、RS485 等接口实现通信。

5.1.3.1 接口工作方式

通信接口的工作方式可分为两种,即异步通信方式和同步通信方式。

1. 异步通信方式

异步通信(Asynchronous Communication)是指通信中两个字符的时间间隔不固定,而在同一个字符中两个相邻代码的时间间隔是固定的。异步通信的格式如图 5-1 所示。用起始位(低电平,数字"0"状态)表示字符的开始,用停止位(高电平,数字"1"状态)表示字符的结束,在起始位和停止位之间是一个字符(由 n 位代码组成)及奇偶校验位。这种由起始位表示字符的开始、停止位表示字符的结束所构成的一串数据,叫作帧。不传输字符时,传输线一直处于高电平状态。一旦接收端检测到传输线状态的变化——从高电平变为低电平(这意味着发送端已经开始发送字符),接收端立即利用这个电平的变化,启动定时机构,按发送的先后顺序接收字符。待发送字符结束,发送端又使传输线处于高电平状态,直至发送下一个字符开始。

图 5-1　异步通信的格式

从图 5-1 可看出,异步通信方式中,每个字符的含位数相同。传送每个字符所用的时间由字符的起始位和停止位之间的时间间隔决定,为一固定值。起始位起到了使字符内的各位同步的作用,由于各字符之间的间隔没有规定,可以任意长短,因此各字符间不同步。

异步通信方式实现简单,但传输效率低,因为每个字符都要补加专用的同步信息,即加上起始位和停止位,这样传输字符的辅助开销大。

以下是两个基本的概念。

1)字符的格式:即字符的编码形式,如奇偶校验位、起始位和停止位的规定等。例如用 ASCII 码时,有 7 位字符、1 位校验位、1 位起始位及 1 位停止位,共 10 位为 1 帧。

2)波特率(Baud Rate):即传送数据位的速率,用位/秒(bit/s)来表示。如设数据传送的速率为 120 字符/s,每个字符(帧)包括 10 个数据位,则传送的波特率为:

10 × 120bit/s = 1200bit/s = 1200Baud

则每一位传送的时间为:

T_d = 1/1200ms = 0.833ms

通常,异步通信的波特率在 50～9600Baud 之间,高速可达 19200Baud。异步通信允许发送端和接收端的时钟误差或波特率误差达 4%～5%。

2. 同步通信方式

由于异步通信是按帧进行数据传送,每传送一个字符都必须配上起始位、停止位,这就使异步通信的有效数据传送速率降低 1/4～1/5。为了提高速度，要求取消这些标志位，这就引出了另外一种通信方式——同步通信。

同步通信（Synchronous Communication）是指在数据块开始处设置 1 个（8bit）或 2 个（共 16bit）同步字符。在同步字符之后，可以连续地发送多个字符，每个字符不需任何附加位。因此，同步字符表示成组字符传送的开始，如图 5-2 所示。

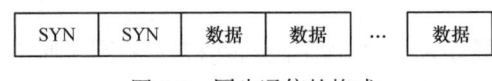

图 5-2　同步通信的格式

发送前，发送端和接收端应先约定同步字符的个数及每个字符的代码，以实现接收和发送的同步。同步的过程是：接收端检测发送端的同步字符，一旦检测到 SYN，说明接收端已找到了字符的边界，接收端向发送端发送确认信号，表示准备接收字符，发送端就开始逐个发送字符，直到同步字符再次出现即意味着一组字符传送结束。

在串行数据线上，始终保持连续的字符，即使没有字符时，也要发送专用的"空闲"字符或同步字符。

同步通信的速度高于异步通信，可工作在几十至几十万波特，多用于字符信息块的高速传送，一般在发送几千个数据信息之后需要再进行一下同步。

同步传送的缺点是发送端和接收端较异步传送方式复杂，即发送端要有发送同步字符的线路，接收端要有检测同步字符的线路。此外，还要求用精确的同步时钟来控制发送端和接收端之间的同步，因为发送端和接收端的一点小小的时钟差异，在长时间的通信时会产生累积误差，直至通信失败。并且同步传送时，任何字符间的间隔（停顿），都将使接收端在间隔以后接收的字符失去同步，产生错误。

3. 奇偶校验

在异步传输中，错误控制的最常见的格式是奇偶校验位的使用。

奇偶校验码是一种最简单的校验码。其编码规则是先将所要传送的数据码元分组，并且在每一组的数据后面附加一位校验位（冗余位），使得该组连冗余位在内的码字中"1"的个数为偶数（偶校验时）或奇数（奇校验时）。在接收端，则按相同的规律检查。如果发现与实际规律不符，就说明有错误发生。只有"1"的个数仍然符合原定的规律，才认为传输正确（其实也有可能发生了成双的错误）。

在实际的数据传输中通常使用垂直奇偶校验，又称为垂直冗余校验（Vertical Redundancy Check，VRC）或字符奇偶校验（Character Parity Check），它对应每个字符增加一个额外位使字符中"1"的总数为奇数或偶数，奇数或偶数依据使用的是奇校验还是偶校验而定。

当使用奇校验检查时，如果字符数据位中 1 的个数是偶数，奇偶校验位置 1；如果字符数据位中 1 的个数是奇数，奇偶校验位置 0。

当使用偶校验检查时，如果字符数据位中 1 的个数是偶数，奇偶校验位置 0；如果字符数据位中 1 的个数是奇数，奇偶校验位置 1。

常用于表示奇偶数校验设置的两个附加术语是传号（mark）和空号（space）。当奇偶校验位置为传号状态时，奇偶校验位总是 1；当为空号状态时，奇偶校验位总是为 0。

例如，ASCII 码字符"R"的位构成是 01010010。由于字符"R"中有三个"1"位，则使用奇校验检查时，奇偶校验位为 0；使用偶校验检查时，奇偶校验位为 1，如表 5-1 所示。

表 5-1 奇偶校验格式

数据位	奇偶校验位（1/0）	校验方法
01010010	1	偶校验检查
01010010	0	奇校验检查

5.1.3.2 RS232 接口

在数据通信领域中，计算机、终端和计算机端口等统称为数据终端设备（Data Terminal Equipment，DTE），调制解调器和其他通信设备统称为数据通信设备（Data Communication Equipment，DCE）。在 DTE 和 DCE 之间进行数据交换的物理、电子逻辑规则由端口标准指定。串行通信接口按电气标准及协议来分，包括 RS232、RS422、RS485 以及 USB 等。RS232、RS422 与 RS485 标准只对接口的电气特性做出规定，不涉及接插件、电缆或协议。USB 主要应用于高速数据传输领域。

1. 引脚定义

RS232 物理接口标准可分成 25 芯和 9 芯两种，均有针、孔之分。图 5-3 为 25 芯 D 型插座（DB25）的引脚定义图。常用的 DB9 接口外形及针脚序号见图 5-4 所示。DB9 及 DB25 两种串行接口的引脚信号定义见表 5-2。其中 TxD（发送数据）、RxD（接收数据）和 GND（信号地）是三条最基本的引线，可实现简单的全双工通信。DTR（数据终端就绪）、DSR（数据设备就绪）、RTS（请求发送）和 CTS（清除发送）是最常用的硬件联络信号。

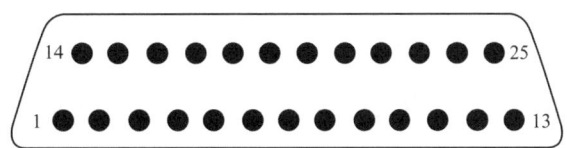

图 5-3 RS232（DB25）D 型插座

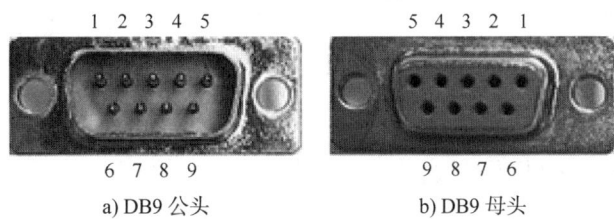

a) DB9 公头   b) DB9 母头

图 5-4 RS232（DB9）接口

表 5-2 RS232 接口中 DB9、DB25 引脚信号定义

9 芯	25 芯	信号名称	信号流向	简称	信号功能
3	2	发送数据（Transmit Data）	DTE→DCE	TxD	DTE 发送串行数据
2	3	接收数据（Receive Data）	DTE←DCE	RxD	DTE 接收串行数据
7	4	请求发送（Request To Send）	DTE→DCE	RTS	DTE 请求切换到发送方式
8	5	清除发送（Clear To Send）	DTE←DCE	CTS	DCE 已切换到准备接收
6	6	数据设备就绪（Data Set Ready）	DTE←DCE	DSR	DCE 准备就绪可以接收
5	7	信号地（Signal Ground）		GND	公共信号地
1	8	载波检测（Carrier Detect）	DTE←DCE	CD	DCE 已接收到远程载波

（续）

9芯	25芯	信号名称	信号流向	简称	信号功能
4	20	数据终端就绪（Data Terminal Ready）	DTE→DCE	DTR	DTE准备就绪可以接收
9	22	振铃指示（Ring Indicator）	DTE←DCE	RI	通知DTE，通信线路已接通

2. 技术特性

在 RS232-C 标准中，信号电平采用负逻辑，即将 –15～–5V 规定为逻辑状态"1"，而将 5～15V 规定为"0"，显然此信号电平与常用的 TTL 电平不兼容。而在计算机接口芯片或接口电路中，很多采用 CMOS 或 TTL 电平，所以用 RS232-C 总线进行串行通信时，一定要进行电平转换。

RS232 标准用于 0～20000bit/s 范围内 DTE 和 DCE 之间的串行数据传输。尽管标准限制 DTE 和 DCE 之间的电缆长度为 50 英尺（大约为 15m），但是由于数字数据的脉冲宽度与数据速率成反比，因此在低速率情况下通常可以超过 15m 的限制（宽脉冲比窄脉冲更不易失真）。当需要一条长于 15m 的电缆时，一般应使用低电容屏蔽式电缆，并且在入网前进行严格测试以确保传输信号质量。

3. 接线方式

RS232 有三种典型的接线方式。

三线方式：两端设备的串口只连接 TxD、RxD、GND 三根线。一般情况下三线方式即可满足要求，如监控主机与采集器及大部分智能设备之间相连。

简易接口方式：两端设备的串口除了连接 TxD、RxD、GND 三根线外，另外需要增加一对握手信号（一般是 DSR 和 DTR）。具体需要哪对握手信号，需查阅设备接口说明。

完全口线方式：两端设备串口的 9 根线（或 25 根线）全部连接。

此外，有些设备虽然需要握手信号，但并不需要真正的握手信号，可以采用自握手的方式，连接方法见图 5-5 所示。

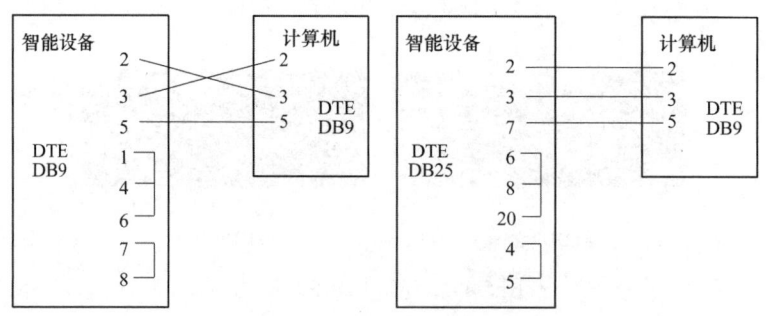

图 5-5　RS232 自握手的接线方式

5.1.3.3　RS422 接口

RS422 由 RS232 发展而来。为改进 RS232 通信距离短、速度低的缺点，RS422 定义了一种平衡通信接口，将传输速率提高到 10Mbit/s，并允许在一条平衡总线上最多连接 10 个接收器。RS422 是一种单机发送、多机接收的单向、平衡传输规范。

RS422 标准全称是平衡电压数字接口电路的电气特性，它定义了接口电路的特性。图 5-6 是典型的 RS422 四线接口，实际上还有一根信号地线，共 5 根线。由于接收器采用高输入阻抗和发送驱动器，具有比 RS232 更强的驱动能力，故允许在相同的传输线上连接多个接收节点，最多可接 10 个节点，即一个主设备（Master），其余为从设备（Salve），从设备之间不能通信，所以 RS422 支持点对多的双向通信。

RS422 的最大传输距离约为 1200m，最大传输速率为 10Mbit/s。其平衡双绞线的长度与传输速率成反比，在 100kbit/s 以下，才可能达到最大传输距离。只有在很短的距离下才能获得最高传输速率。一般 100m 长的双绞线上所能获得的最大传输速率仅为 1Mbit/s。

RS422 接口的定义很复杂，一般只使用四个端子，其引脚定义分别为 Tx+、Tx−、Rx+ 和 Rx−，其中 Tx+ 和 Tx− 为一对发送数据端子，Rx+ 和 Rx− 为一对接收数据端子，如图 5-7 所示。RS422 采用了平衡差分电路，差分电路可在受干扰的线路上拾取有效信号，由于差分接收器可以分辨 0.2V 以上的电位差，因此可大大减弱地线干扰和电磁干扰的影响，有利于抑制共模干扰，传输距离可达 1200m。

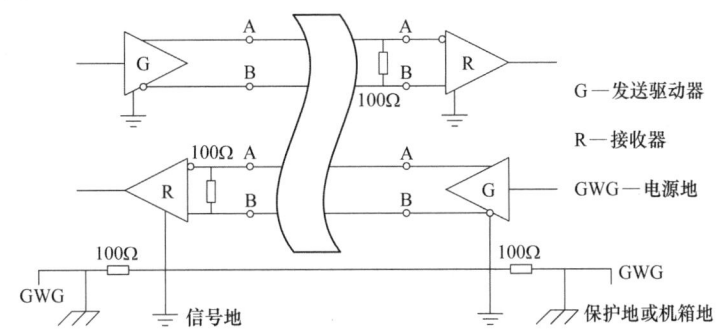

图 5-6　典型的 RS422 四线接口

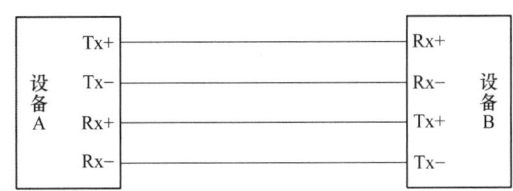

图 5-7　RS422 接口定义与接线

与 RS232 不同的是，RS422 总线上可以挂接多台设备组网，总线上连接设备的 RS422 串行接口同名端相接，与上位机收发交叉，可以实现点到多点的通信，如图 5-8 所示。而 RS232 只能实现点到点通信，不能组成串行总线。

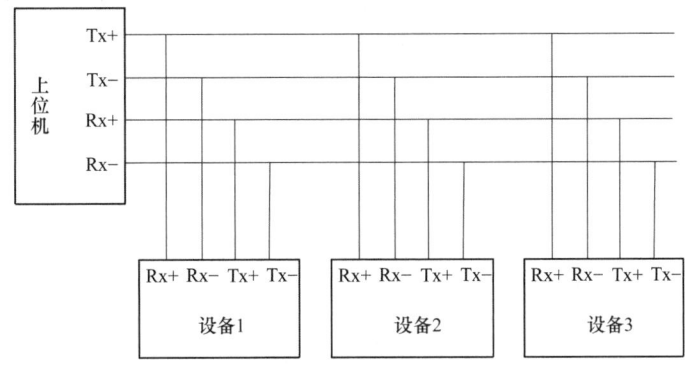

图 5-8　RS422 总线组网示意图

通过 RS422 总线与计算机某一串口通信时，要求各设备的通信协议相同。为了在总线上区分各设备，各设备需要设置不同的地址。所有设备都能接收到上位机发送的数据，但只有地址符合上位机要求的设备响应。

5.1.3.4　RS485 接口

为了扩展应用范围，美国电子工业协会（Electronic Industry Association，EIA）在 RS422 的基础上制定了 RS485 标准，增加了多点、双向通信能力。通常在要求通信距离为几十米至上千米时，广泛采用 RS485 收发器。

RS485 可与 RS232-C 兼容，但不同的是，RS485 采用双端线传送信号，传送的是电压信号而不是数字信号。

RS485 采用平衡驱动差分接收电路，其两条信号线绞合在一起，使串入两线的干扰信号几乎相等，可以互相抵消。又因发送端和接收端不共地，则无两地电压误差信号，所以 RS485 串行总线能允许更大的衰耗信号，有较强的抗噪声功能，有较高的数据传输速率，传输距离可达到 1200m，最大传输速率达 100kbit/s。

RS485 的电气规定大多与 RS422 相仿，如均采用平衡传输方式、均需在传输线上接终接电阻等。RS485 可采用二线与四线连接方式。采用二线连接方式可实现真正的多点双向通信。而采用四线连接时，与 RS422 一样只能实现点对多的通信，即只能有一个主设备，其余为从设备，但它比 RS422 有改进，无论采用四线还是二线连接方式，总线上可连接多达 32 个设备。

RS485 是 RS422 的子集，只需要 DATA+（D+）、DATA-（D-）两根线。RS485 与 RS422 的不同之处在于 RS422 为全双工结构，即可以在接收数据的同时发送数据，而 RS485 为半双工结构，即在同一时刻只能接收或发送数据，参见图 5-9。

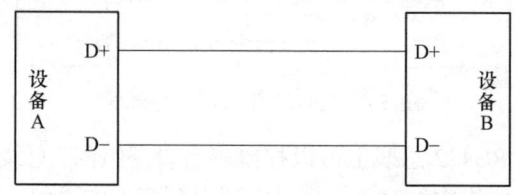

图 5-9　RS485 通信接口定义与接线

RS485 总线上也可以挂接多台设备，用于组网，实现点到多点及多点到多点的通信（多点到多点是指总线上所接的所有设备及上位机之间，任意两台设备均能通信），如图 5-10 所示。

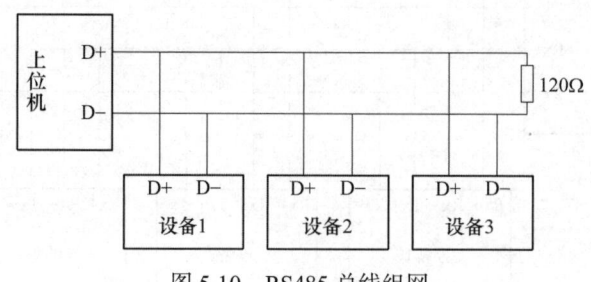

图 5-10　RS485 总线组网

连接在 RS485 总线上的设备也要求具有相同的通信协议，且地址不能相同。在不通信时，所有的设备处于接收状态，当需要发送数据时，串口才翻转为发送状态，以避免冲突。

为了抑制干扰，RS485 总线常在最后一台设备之后接入一个 120Ω 的电阻。

很多设备同时有 RS485 接口和 RS422 接口，常共用一个物理接口，如图 5-11 中 RS485 的 D+和 D−与 RS422 的 T+（R+）和 T−（R−）共用。

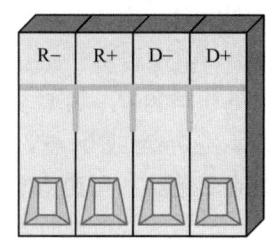

图 5-11　RS422/RS485 共用接口

5.2　集中监控对象及内容

通信电源集中监控管理系统主要监控的对象可以分为两大类：被监控设备和被监控信号。被监控设备包括**电源系统**和**环境系统**，被监控信号可分为电量信号和非电量信号。传感器将非电量信号变换成标准电量信号，以便于监控系统的处理和分析。

5.2.1　集中监控管理系统的监控对象*

1. 被监控设备

集中监控管理系统的监控对象包括通信局（站）所有的电源、空调设备以及环境量等。监控对象按用途可分为电源系统和环境系统两大类。电源系统是监控的主要对象，包括高压配电设备、变压器、低压配电设备、备用发电机组、不间断电源（UPS）、逆变器、整流配电设备、蓄电池组和直流—直流变换器等。环境系统包括空调、机房环境、安保系统等。

监控对象按被监控设备本身的特性，可分为智能设备和非智能设备。其中智能设备本身能采集和处理数据，并带有智能通信接口（RS232、RS422/RS485），可直接或通过协议转换的方式接入监控系统，如高频开关电源系统等，一般每台智能设备作为一个监控模块（SM）。而非智能设备本身不能采集和处理数据，没有智能通信接口，如一般的低压交流配电柜、蓄电池组等，需要通过数据采集控制设备（数据采集器）才能接入监控系统，每个数据采集控制设备作为一个监控模块。

2. 被监控信号

被监控信号可分为电量信号和非电量信号，也可分为模拟信号和数字信号。在监控系统中，对被监控信号的处理一般要经过传感、变送、转换等一系列过程，才能将其转换为计算机内的数字信号。

非智能设备和环境量不能直接接入数据采集器的采集通道进行测量，需要先通过传感器/变送器将这些电量信号或非电量信号变成标准电量信号，再接入数据采集器。

数据采集器一般可直接测量的模拟量信号范围：直流电压 4～10V，直流电流 0～20mA，交流电压 0～2.5V。可直接测量的开关量信号范围：直流电压 0～30V，交流电压 0～20V。

传感器的作用是将非电量信号变换成标准电量信号。监控现场遇到的非电量信号有温度、湿度、液位等。监控现场需要测量的开关量有红外感应、烟感、门磁、漏水等。这些非电量信号和开关量信号，需要通过相应的传感器（如温度传感器、湿度传感器、液位传感器、红外探测器、感烟探测器、门磁开关、水浸探测器等）转换成标准电量信号后，才能被数据采集器采集。

变送器的作用是将非标准的电量信号变换成标准电量信号。监控现场遇到的模拟电量数值较大、范围较宽，如交流电压220V、380V，交流电流0～200A，直流电压24V、48V，直流电流0～1000A，频率50Hz等，需要通过变送器将非标准电量信号变换成标准电量信号（如直流4～20mA或0～5V等），才能被数据采集器采集。常用的变送器有三相电压变送器、三相电流变送器、有功功率变送器、功率因数变送器、频率变送器、直流电压变送器等。不同厂家变送器的外特性有差别，应按照产品说明书来安装使用。

智能电量变送器集成了多个电压、电流隔离变换模块，采用了可编程增益放大器、高精度A/D转换器以及单片机技术，可以实时测量几乎所有的交流电量，取代所有三相变送器，并以远程通信接口输出数字测量信号。目前这种智能电量变送器已较广泛地运用于通信电源监控系统中。

在没有特意说明的情况下，常将传感器和变送器统称为传感器。

5.2.2 集中监控管理系统的监控内容

集中监控管理系统的监控内容是指对以上监控对象设置的监控项目，即监控点（Supervision Point，SP）。监控项目可按遥测、遥信、遥控来进行划分。

1）遥测：对连续变化的模拟信号（如电压、电流等）进行数据采集。

2）遥信：对离散状态的开关信号（如开关的接通/断开、设备的运行/停机、正常/故障等）进行数据采集。

3）遥控：由监控系统发出的离散的控制命令（如控制整流器均充/浮充、控制设备的开/关机等）。

此外，必要时还可进行遥调，即由监控系统发出调整运行参数的控制命令。

根据我国通信行业标准YD/T 1363.1—2023《通信局（站）电源、空调及环境集中监控管理系统 第1部分：系统技术要求》的规定，集中监控管理系统的监控内容见表5-3。

表5-3 通信电源集中监控管理系统的监控内容

序号	设备大类	设备子类	监控类型	监控内容
1	高压配电系统	进线柜	遥测	三相电压、三相电流、频率、功率因数、有功功率、无功功率、有功电量、无功电量、谐波含量
			遥信	开关状态、过电流跳闸告警、速断跳闸告警、失电压跳闸告警、接地跳闸告警、防雷器件故障
		出线柜	遥测	三相电压、三相电流、频率、功率因数、有功功率、无功功率、有功电量、无功电量、谐波含量
			遥信	开关状态、过电流跳闸告警、速断跳闸告警、接地跳闸告警、失电压跳闸告警、变压器过温告警、气体告警
		母联柜	遥信	开关状态、过电流跳闸告警、速断跳闸告警
		直流操作电源柜	遥测	输入电压、输入电流、贮能电压、控制电压
			遥信	工作状态（均充/浮充/放电）、开关状态、输入电压过高/过低、储能电压过高/过低、控制电压过高/过低、操作柜充电机故障告警
		变压器	遥测	三相输入电流、三相输入电压、三相输出电流、三相输出电压、变压器温度
			遥信	过温告警、超温跳闸

（续）

序号	设备大类	设备子类	监控类型	监控内容
2	低压配电系统	进线柜	遥测	三相输入电压、三相输入电流、频率、功率因数、有功功率、无功功率、有功电量、无功电量、谐波含量
			遥信	开关状态、断相、电压过高/过低告警、防雷器件故障
			遥控	开关分合闸
		配电柜	遥测	重要开关的三相电压、三相电流、频率、功率因数、有功功率、无功功率、有功电度、无功电度、谐波含量（可选）
			遥信	开关状态
			遥控	开关分合闸
		稳压器	遥测	三相输入电压、三相输入电流、三相输出电压、三相输出电流
			遥信	稳压器工作状态（正常/故障、工作/旁路）、输入电压过高、输入电压过低、输入断相、输入过电流
3	柴油发电机组		遥测	三相输出电压、三相输出电流、输出频率/转速、水温（水冷）、润滑油油压、润滑油油温、启动电池电压、输出功率、液（油）位
			遥信	工作状态（运行/停机）、工作方式（自动/手动）、主备用机组、自动转换开关（ATS）状态、三相电压过高/过低、过电流、频率/转速高、水温高（水冷）、带断裂（风冷）、润滑油油温高、润滑油油压低、启动失败、过载、启动电池电压过高/过低、紧急停车、市电故障、充电器故障
			遥控	开/关机、紧急停车、选择主备用机组
4	燃气轮发电机组		遥测	三相输出电压、三相输出电流、输出频率/转速、排气温度、进气温度、润滑油油压、润滑油油温、启动电池电压、控制电池电压、输出功率
			遥信	工作状态（运行/停机）、工作方式（自动/手动）、主备用机组、自动转换开关（ATS）状态、三相电压过高/过低、过电流、频率/转速高、排气温度高、润滑油油温高、润滑油油压低、燃油油位低、启动失败、过载、启动电池电压过高/过低、控制电池电压过高/过低、紧急停车、市电故障、充电器故障
			遥控	开/关机、紧急停车、选择主备用机组
5	不间断电源（UPS）		遥测	三相输入电压、直流输入电压、三相输出电压、三相输出电流、输出频率、标示蓄电池电压、标示蓄电池温度、负载率
			遥信	同步/不同步状态、UPS旁路供电、蓄电池放电电压低、市电故障、整流器故障、逆变器故障、旁路故障
6	逆变器		遥测	直流输入电压、交流输出电压、交流输出电流、输出频率
			遥信	直流输入电压过高/过低、输出电压过高/过低、输出过电流、输出频率过高/过低、旁路
7	整流配电系统（含高压直流系统）	交流屏（或交流配电单元）	遥测	三相输入电压、三相输入电流、输入频率
			遥信	三相输入电压过高/过低、断相、三相输出过电流、频率过高/过低、熔丝故障、开关状态、防雷器件故障
		整流器	遥测	整流器输出电压、每个整流模块输出电流
			遥信	每个整流模块工作状态（开/关机、均/浮充、测试、限流/不限流）、故障/正常
			遥控	开/关机、均/浮充、测试
		直流屏	遥测	直流输出电压、总负载电流、主要分路电流、蓄电池充/放电电流
			遥信	直流输出电压过高/过低、蓄电池熔丝状态、主要分路熔丝/开关故障、绝缘告警（高压直流供电）
8	太阳能供电设备		遥测	方阵输出电压、电流
			遥信	方阵工作状态（投入/撤出）、输出电压过高、过电流

（续）

序号	设备大类	设备子类	监控类型	监控内容
8	太阳能供电设备		遥控	方阵（投入/撤出）
9	直流—直流变换器		遥测	输入电压、输入电流、输出电压、输出电流
			遥信	输入电压过高/过低、输出电压过高/过低、输出过电流
10	风力发电设备		遥测	三相输出电压、三相输出电流
			遥信	风机开/关
			遥控	风机开/关
11	铅酸蓄电池组		遥测	蓄电池组总电压、每只蓄电池单体电压、蓄电池单体内阻、标示电池温度、每组充/放电电流、每组电池容量
			遥信	蓄电池组总电压过高/过低、每只蓄电池电压过高/过低、标示电池温度高、充电电流高、内阻过高
12	磷酸铁锂电池管理系统		遥测	电池组容量（SOC）、电池组总电压、电池单体电压、环境/标示电池温度、电池组充电/放电电流、电池组内阻、电池组健康状态 SOH
			遥信	电池组的充电/放电状态、电池组过充/过放告警、电池组放电欠电压告警、电池组放电过电流告警、电池充电过电压告警、电池放电欠电压告警、电池组极性反接告警、环境和电池高温告警、环境低温告警、电池组容量过低告警、电池温度/电压/电流传感器失效告警、电池失效告警、电池组失效告警
			遥控	充电/放电、告警声音关、智能间歇充电方式、限流充电方式
13	直流远供局端电源		遥测	输入电压、输入电流、输出电压、输出电流
			遥信	局端设备开关状态、过温告警、电力线搭接告警、线路通/断、线路漏电告警
14	精密及普通空调设备		遥测	空调主机工作电压、工作电流、送风温度、回风温度、送风湿度、回风湿度、压缩机吸气压力、压缩机排气压力
			遥信	开/关机、电压/电流过高/过低、回风温度过高/过低、回风湿度过高/过低、过滤器正常/堵塞、风机正常/故障、压缩机正常/故障
			遥控	空调开/关机、温度设定
15	集中空调设备	冷冻系统	遥测	冷冻水进/出温度、冷却水进/出温度、冷冻机工作电流、冷冻水泵工作电流、冷却水泵工作电流
			遥信	冷冻机、冷冻水泵、冷却水泵、冷却塔风机工作状态和故障告警、冷却水塔（水池）液位低告警
			遥控	开/关冷冻机、开/关冷冻水泵、开/关冷却水泵、开/关冷却塔风机
		空调系统	遥测	回风温度、回风湿度、送风温度、送风湿度
			遥信	风机工作状态、故障告警、过滤器堵塞告警
			遥控	开/关风机
		配电柜	遥测	电源电压、电流
			遥信	电源电压过高/过低告警、工作电流过高、防雷器件故障（可选）
16	新风设备		遥测	室内外温度、室内外湿度、工作电压/电流
			遥信	新风系统进/排风工作状态（开机/关机）、自清洁风机工作状态（开机/关机）、正常/故障（风机、控制器、自清洁机构等）
			遥控	进排风开关机控制、自清洁机构工作/停止、设定开关机温度/湿度
17	热交换设备		遥测	室内外温度、工作电压/电流
			遥信	热交换系统内/外风机工作状态（开机/关机）、正常/故障（风机、控制器等）
			遥控	开关机控制、设定开关机温度
18	蓄电池温控柜		遥测	柜内外温度、工作电压/电流

（续）

序号	设备大类	设备子类	监控类型	监控内容
18	蓄电池温控柜		遥信	温控柜工作状态（空调开机/关机、通风风机开/关机）、正常/故障（控制器、空调、风机等）
			遥控	开关机控制、设定开关机温度
19	防雷箱		遥测	雷击次数
			遥信	故障告警
20	环境		遥测	温度、湿度
			遥信	烟感、温度/湿度过高/过低、水浸、红外、玻璃破碎、门窗告警、门开/关、防盗告警状态（空调室外机、电池、接地排、告警器）
			遥控	门开/关、灯开/关
21	直流配电单元		遥测	输入总电度（可选）、输入分路电压/电流/电度（可选）、输出分路电压/电流/电度（可选）、蓄电池充放电电流（可选）、电池容量（可选）
			遥信	电压高/低告警、输出分路状态（电压、时间、遥控、联动、手动下电、可关断器件故障、正常供电、计量故障（可选）、控制器故障、输入熔丝/开关状态
			遥控	上电/下电控制、设定上电/下电电压、上电/下电时间参数

注：表中 SOC 全称 State of Charge，指电池的荷电状态，也叫剩余电量，即电池使用一段时间后的剩余容量与完全充电状态的容量的百分比；SOH 全称 State of Health，指电池的健康状态，即当前电池在完全充电状态下的实际容量与新电池额定容量的百分比。

5.3 集中监控管理系统的结构与功能

集中监控管理系统通常采用多层次的分布式结构，以确保系统的高效运行和管理。一个典型的省级监控管理系统包括以下几个层级：省级监控中心（PSC），负责整个监控网络的监管；地市级监控中心（SC），协助省级监控中心进行区域内的监控和管理；县市级监控中心（SS），执行本站范围内的运行维护任务；监控局站（SU），负责具体的站点监控和维护工作。

实施通信电源集中监控管理系统的目的，就是要将电源维护人员从烦琐的维护工作中解放出来，同时提高劳动生产率，降低设备运行和维护成本，提高设备运行的可靠性和经济性。

5.3.1 集中监控管理系统的功能结构*

按照 YD/T 1363.1—2023《通信局（站）电源、空调及环境集中监控管理系统 第 1 部分：系统技术要求》的规定，监控系统由各级别监控中心、监控单元和监控模块组成。监控中心包括县市级监控中心、地市级监控中心，根据维护的需要，还可建设更高级别的监控中心，如省级监控中心。当监控系统取消县市级监控中心或采用县市级监控中心反牵的建设模式时，系统结构分别如图 5-12a 和图 5-12b 所示；当采用具有县市级监控中心且逐级汇接的组网模式时，监控系统结构如图 5-12c 所示。在此基础上根据实际情况和维护管理要求，可以灵活地组织成各种类型的运行系统。

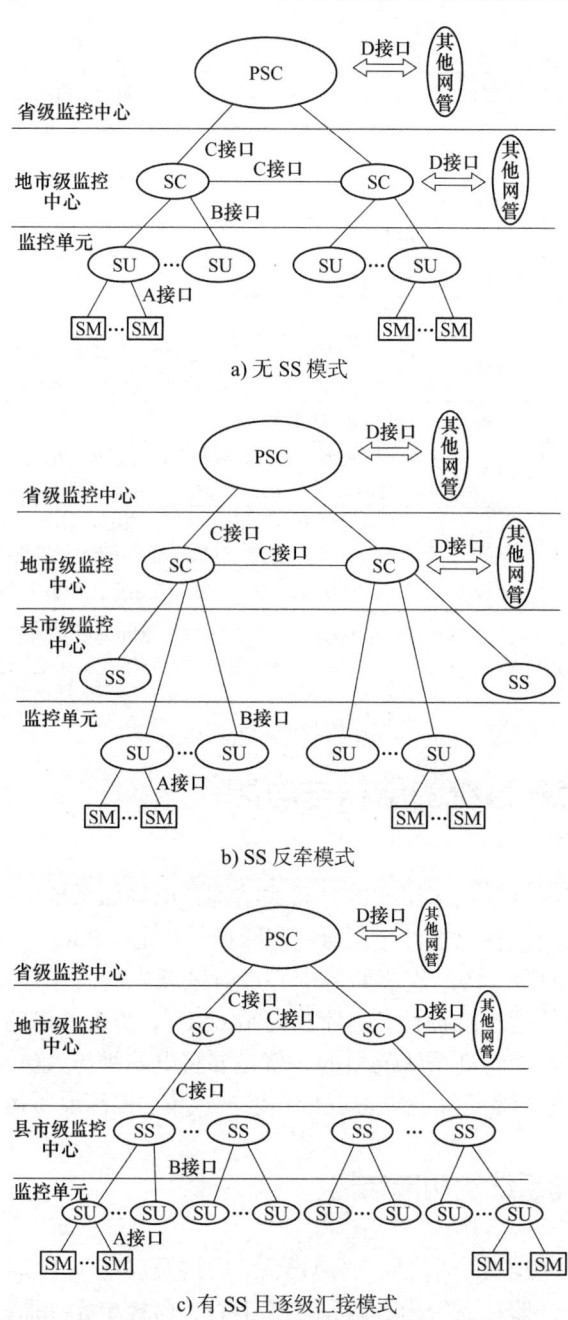

图 5-12 通信局（站）通信电源集中监控管理系统结构图

1）省级监控中心（Province Supervision Center，PSC）为满足省级管理而设立，通过开放的互联协议接入全省的地区监控中心。

2）地市级监控中心（Supervision Center，SC）为适应本地区集中监控、集中维护和集中管理的要求而设置，一般为市（州）级的监控管理中心。通信电源集中监控管理系统的建设可以相对独立，属于本地网管的一个组成部分。

3）县市级监控中心（Supervision Station，SS）又称监控站，是为满足本地县、区级的管理要求而设置的，负责辖区内各监控单元的管理。对于固定电话网，县市级监控中心的管辖范围为一个县/区；对于移动通信网，由于其组网方式不同于固话本地网，则相对弱化了这一级。

4）监控单元（Supervision Unit，SU）为监控系统的最小管理子系统，一般完成一个独立的通信局（站、端局）内所有监控模块的管理工作，个别情况可兼管其他小局（站）的设备。监控单元一般是一台计算机，又称前置机或监控主机。

5）监控模块（Supervision Module，SM）面向具体的监控对象，完成数据采集和必要的控制功能。不同的监控对象有不同的监控模块，在一个监控系统中通常有多个监控模块。

5.3.2　集中监控管理系统的主要功能*

通信电源集中监控管理系统的主要功能分为监控功能、交互功能、管理功能、智能分析功能以及帮助功能。

（1）监控功能

监控功能可以分为监视功能和遥控功能。

1）监视功能：监控系统能够对设备的实时运行状况和影响设备运行的环境条件实行不间断的监测，获取设备运行的原始数据和各种状态，以供系统分析处理。这个过程就是遥测和遥信。同时，监控系统还能够通过安装在机房里的摄像机，以图像的方式对设备、环境进行直接监视，并能通过现场的扩音器将声音传到监控中心，以帮助维护人员更加直观、准确地掌握设备的运行状况，查找告警原因，及时处理故障。这个过程也常被称为遥像。监视功能要求系统具有较好的实时性、准确性和精确性。

2）遥控功能：监控系统能够把维护人员在业务台上发出的控制命令转换成设备能够识别的指令，使设备执行预期的动作或进行参数调整。这个过程也就是遥控和遥调。监控系统遥控的对象包括各种被监控设备，也包括监控系统本身的设备，例如对云台和镜头进行遥控，使之能够获取满意的图像。遥控功能也同样要求系统具有较好的实时性和准确性。

（2）交互功能

交互功能是指监控系统与人之间相互对话的功能，也就是人机交互界面所实现的功能，主要包括以下几个方面。

1）图形界面：监控系统运用计算机图形学技术和图形化操作系统，为用户提供友好的图形操作界面，其内容包括地图、空间布局图、系统网络图、设备状态示意图和设备树等。采用图形界面，使得维护人员的操作变得简单、直观而有效，并且不易出错。

2）多样化的数据显示方式：监控系统给用户提供的数据显示方式不再是简单的文字和报表，而是文字与图形相结合、视觉与听觉相结合的多样化显示。

3）声像监控界面：声像监控无疑让监控系统与人之间的相互对话变得更加形象直观，使得维护人员能够较为准确地了解一些现场实时数据监测所不能反映的情况，增强了维护和故障处理的针对性。

（3）管理功能

管理功能是监控系统最重要和最核心的功能，它包括对实时数据、历史数据、告警、配置、人员以及档案资料的一系列管理和维护。

1）数据管理功能。监控系统中所谓的数据，包括了反映设备运行状况和环境状况的所有监测到的数值、状态和告警。大量的数据在显示之后就被丢弃，但也有许多数据（可能是未经显示的）对反映设备性能和长期运行状况以及指导以后的维护工作具有相当重要的意义，因此需要对其进行归档，将它们保存到数据库中。为了节省磁盘空间，提高处理速度，这些数据可能被压缩或转换成计算机所能识别的格式进行存储。

当数据被简单处理后，就以历史数据的形式被保存在磁盘中。系统为用户提供了高效的搜索引擎和逻辑运算服务，以帮助用户迅速查找到所需要的数据。

当某些数据存在了一段时间后，对维护工作已经显得不是那么重要，却又有一定的留档价值的时候，就需要将它们导出到备份存储设备中，如光盘、磁盘等。而当需要这些数据的时候，再将它们导入系统。这就是数据的备份和恢复。这项工作对系统的安全性也非常重要。经常将系统内的数据进行备份，可以在系统一旦因不可预见的原因而崩溃时，使损失减少到最低程度。

数据处理和统计，即运用数学原理，通过计算机强大的处理能力，对大量杂乱无章的原始数据进行归档、转换和统计，得出具有一定指导意义的统计数据，并从中找出一定的规律。常见的统计运算有平均值、最大值、最小值和均方差等。同时，系统还能够根据用户的需要，生成各种各样的报表和曲线，为维护工作提供科学的依据。

2）告警管理功能。告警也是一种数据，但它与其他数据不同，有着其内容和意义上的特殊性。对告警的管理，除了数据管理功能所提到的内容外，还包括以下内容。

①告警显示功能：告警具有多种不同的显示方式，同时必须能够根据其重要性和紧急性分等级显示。通常不同的告警等级以不同颜色的字体、指示灯或图标等在显示器或大屏幕上显示，同时还配以不同的语音信息或警报声。此外，有些系统还运用行式打印机对告警信息进行实时打印。在具有图像监视的系统中，当被监视对象发生告警时，系统能够自动控制相应的矩阵切换、云台转动和镜头调整，使监视画面调整到发生告警的场地或设备，以便进行远程监视，并控制录像机自动进行录像。这就是告警时的图像联动功能。

②告警屏蔽功能：系统所监视到的部分告警信息，可能对维护人员来说不具有实际意义，或是因某种特殊原因而不需要让其告警，这时便需要由监控系统对这些告警信息进行屏蔽，使它们不再作为告警反映给维护人员。

③告警过滤功能：监控系统的告警功能为及时发现并排除设备故障提供了良好的帮助。但有时过多相关的告警信息又反而会使维护人员难以判断直接的故障原因，给维护工作带来麻烦。例如，停电时，交流配电、直流配电和整流器等都会发出相应告警，可能同时会在监控界面上产生几十条告警信息。这就需要系统能够根据预先设定的逻辑关系，判断出最关键、最根本的告警，而将其余关联告警过滤掉。这也是监控系统智能化的一个最基本要求。

④告警确认功能：在很多情况下，告警即意味着"不正常"，意味着故障或是警告，及时处理各种故障和突发事件是每一个维护人员的职责。告警确认功能使得这项职责更加有据可依。当维护人员对一条告警进行确认时，系统会自动记录确认人、确认时间等信息，并根据需要打印维修派工单。

⑤告警呼叫功能：当维护人员离开机房时，系统能够在产生告警时发出呼叫，并能够将告警名称、发生地点、发生时间和告警等级等信息显示在维护人员的手机上，为及时处理故障争取宝贵的时间。

3）配置管理功能。配置管理是指通过对监控系统的设置以及参数、界面等特性进行编辑修改，保证系统正常运行，优化系统性能，增强系统的实用性。它主要包括参数配置功能、组态功能和校时功能三个方面。

①参数配置功能主要涉及系统参数。系统参数主要包括数据处理参数、告警设置参数、

通信与端口参数以及采集器补偿参数等。其中,数据处理参数主要包括数据采样周期、数据存储周期和数据存储阈值等;告警设置参数主要包括告警上/下限、告警屏蔽时间段、是否启动声音告警等;通信与端口参数主要包括通信速率、串行数据位数、端口与模块数量和地址等;采集器补偿参数主要包括采集点斜率补偿、相位补偿和函数补偿等。

②组态功能主要包括界面组态、报表组态和监控点组态等,是监控系统个性化的标志,体现了系统操作以人为中心的特点,提高了系统的适应性。

③校时功能包括自动校时和手动校时两种。监控系统是一个实时系统,对时间的要求很高。如果系统各部分的时钟不统一,将会给系统的记录和操作带来混乱。系统的校时功能能够有效地防止这种混乱的发生。

4) 安全管理功能。"安全"包含两层含义,一是监控系统的安全,二是设备和人员的安全。监控系统采取了一些必要的措施来保证它们的安全,这项功能称为安全管理功能。

为了保证监控系统的安全性,系统需要为每个登录系统的用户设置不同的用户账号、权限和口令。用户权限通常分为三种:一般用户、系统操作员和系统管理员。其中,一般用户只能进行一些简单的浏览、查看和检索操作;系统操作员则能够在一般用户的基础上,进行告警确认、设备遥控以及一些参数配置等维护操作;系统管理员具有最高权限,除具有系统操作员的权限外,还能够进行全面的参数配置、用户管理和系统维护等操作。每个用户以不同的账号来区分,并以口令进行保护。

系统的操作记录常常是查找故障、明确责任的重要依据。监控系统对维护人员所进行的所有的重要操作都进行了详细的记录,如登录、遥控、修改参数和增删监控点等。记录的内容包括操作的时间、对象、内容、结果和操作人等。

遥控操作是通过业务台直接向设备发出指令,要求其执行相应动作的过程。不当的遥控操作可能对设备造成损害,甚至造成人员伤亡。使用单位应针对监控系统制定详细的操作细则,以保证遥控操作的安全性。同时,监控系统也对遥控操作采取了一些相应的安全措施,如要求在对设备发出遥控命令时验证口令;在监控中心对设备进行遥控时,能够以声、光等信号提醒可能存在的现场人员等。

5) 自我管理功能。自我管理功能是监控系统对自身进行维护和管理的功能。按照要求,监控系统的可靠性必须高于被监控设备。自我管理功能是提高系统运行稳定性和可靠性的重要措施。监控系统自身必须保持"健康",一个带故障运行的系统是不能进行良好的监控管理的。系统的自诊断功能从系统自身的特点出发,对每个功能模块进行自我检查和测试,及时发现可能存在的故障,找出原因,提醒维护人员予以及时解决。系统日志是系统记录自身运行过程中各种事件的记录表,是系统进行自我维护的重要工具。建立完善的系统日志可以帮助维护人员发现监控系统中存在的异常,排除系统故障。

6) 档案管理功能。档案管理功能是监控系统的一项辅助管理功能,它将与监控系统相关的设备、人员和技术资料等内容作归纳整理,进行统一管理。

设备管理功能将下属局(站)的所有重要电源设备以及监控系统的重要硬件设备进行统一管理,记录其名称、型号、规格、生产厂家、购买日期、启用日期、故障和维修情况等信息,以备查询。设备管理功能对设备维护以及监控系统本身的维护都具有重要作用。

人员管理是指将监控中心及下属局(站)的相关电源维护管理人员登记造册,记录其姓名、职务和联系电话等与维护有关的内容,以方便管理维护工作的开展。

在建设监控系统的过程中,会形成大量的技术文档和资料,包括系统结构图、布局图、布线图、测点列表和器材特性等。这些资料对设备维护以及系统的维护、扩容和升级都具有相当重要的意义。利用计算机对这些资料进行集中管理，可以提高检索效率。

（4）智能分析功能

智能分析功能是采用专家系统、模糊控制和神经网络等人工智能技术模拟人的思维，在系统运行过程中对设备相关的知识和以往的处理方法进行学习，对设备的实时运行数据和历史数据进行分析、归纳，不断积累经验，以优化系统性能，提高维护质量，帮助维护人员提高决策水平的各项功能的总称。常见的智能分析功能包括以下几个方面。

1）告警分析功能。告警分析是指系统运用自身的专家知识库，对所产生的告警进行过滤、关联，分析告警原因，揭示导致问题出现的原因所在，并提出解决问题的方法和建议。

2）故障预测功能。故障预测即根据系统检测的数据，分析设备的运行情况，提前预测可能发生的故障，这项功能也被称为预告警功能。

3）运行优化功能。运行优化是指系统根据所监测的数据，自动进行设备性能分析、节能效果分析等，给维护人员提供节能建议和依据，或者直接对设备的某些参数进行调整。

智能分析功能的运用，使传统的监控理论向真正的智能化方向发展，拓宽了监控技术领域，具有划时代的意义。

（5）帮助功能

在监控系统中，帮助信息的方式是多种多样的。最常见的是系统帮助，它是一个集系统组成、结构、功能描述、操作方法、维护要点及疑难解答于一体的超文本，通常在系统菜单的"帮助"项中调用。系统帮助给用户提供了目录和索引等多种查询方式。

此外，有的系统还为初级用户提供演示和学习程序，还有的系统将一些复杂的操作设计成向导模式，指导用户进行正确的操作。随着多媒体技术在监控系统中的运用，还会出现语音、图像等方式的帮助信息，使维护人员能够更快、更好地使用监控系统。

5.4 集中监控管理系统的数据采集与传输

通信电源集中监控管理系统通过高效的数据采集与传输机制，实现对通信电源的实时监控和管理，确保通信局（站）的稳定供电。系统的低功耗设计和远程监控能力，进一步提升了通信局（站）运维效率并降低了其运营成本。

5.4.1 传感器基础知识

1. 传感器的概念及组成

传感器的概念来自"感觉（Sensor）"一词。为了研究自然现象，人们仅仅依靠自身的视觉、嗅觉、听觉、味觉和触觉来获取外界信息是远远不够的，于是发明了能代替或补充人五官功能的传感器，工程上也称传感器为变换器。

根据 GB/T 7665—2005《传感器通用术语》，传感器的定义为："能感受被测量并按照一定的规律转换成可用输出信号的器件或装置。"

传感器是集中监控管理系统前端测量中的重要器件，它负责将被测信号检出、测量并转换成前端计算机能够处理的数据信息。由于电信号易于被放大、反馈、滤波、微分、存储以及远距离传输等，另外目前计算机处理的是电信号，因此通常使用的传感器大多是将被测的非电量（物理的、化学的和生物的信息）转换为一定大小的电量输出。根据 GB/T 7665—2005《传感器通用术语》，传感器一般由敏感元件、转换元件、转换电路三部分组成，有时还需外加辅助电源提供转换能量。

敏感元件（Sensitive Element）是直接感受被测量（一般为非电量），并输出与被测量具有确定关系的某一物理量的元件。

转换元件（Transduction Element）是以敏感元件的输出为输入，并把输入转换成电路参数（电压、电流、电阻、电感、电容等）的元件。

转换电路（Transduction Circuit）把上述电路参数接入自身电路，并转换成电量输出。

在实际应用中，不是所有的传感器都有敏感、转换元件之分。有些传感器很简单，仅由一个敏感元件（兼作转换元件）组成，它感受被测量时直接输出电量，如热电偶；有些传感器由敏感元件和转换元件组成，没有转换电路；还有些新型的传感器将敏感元件、转换元件及转换电路集成为一个器件；而有些传感器，转换元件不止一个，要经过若干次转换。

2. 传感器的分类

传感器的种类繁多，往往同一种被测量可以用不同类型的传感器来测量，而同一原理的传感器又可测量多种物理量。因此，传感器有许多种分类方法，比较常见的有下列几种。

（1）按输入量（被测对象）分类

输入量即被测对象，按此方法分类，传感器可分为物理量传感器、化学量传感器和生物量传感器三大类。其中，物理量传感器又可分为温度传感器、压力传感器、位移传感器等。这种分类方法给使用者提供了方便，容易根据被测对象来选择所需要的传感器。

（2）按输出量分类

传感器按输出量不同可分为模拟式传感器和数字式传感器两类。模拟式传感器是指传感器的输出信号为模拟量。数字式传感器是指传感器的输出信号为数字量。

（3）按基本效应分类

根据传感技术所蕴含的基本效应，可以将传感器分为物理型、化学型、生物型。物理型是指依靠传感器敏感元件材料本身的物理特性变化来实现信号的变换，如水银温度计是利用水银的热胀冷缩特性把温度变化转变为汞柱的高低变化，从而实现对温度的测量。化学型是指依靠传感器敏感元件材料本身的电化学反应来实现信号的变换，如气敏传感器、湿度传感器。生物型是指利用生物活性物质选择性地识别来实现测量，即依靠传感器敏感元件材料本身的生物效应来实现信号的变换，如酶传感器、免疫传感器。

（4）按工作原理分类

传感器按其工作原理分类，可分为应变式传感器、电容式传感器、电感式传感器、压电式传感器、热电式传感器等。

（5）按能量变换关系分类

按能量变换关系，传感器可分为能量变换型传感器和能量控制型传感器。能量变换型传感器又称为有源型传感器，其输出端的能量是由被测对象自身能量转换而来的。这类传感器包括热电偶、光电池、压电式传感器、磁电感应式传感器、固体电解质气敏传感器等。能量控制型传感器又称为无源型传感器，这类传感器本身不能进行能量转换，其输出的电能量必须由外加电源供给。属于这种类型的传感器包括电阻式、电感式、电容式、霍尔式、谐振式和某些光电传感器等。

3. 常用传感器

（1）温度传感器

温度是表示物体冷热程度的物理量。温度传感器是通过某种因物体温度变化而改变的特性来间接测量的。常用的温度传感器有热敏电阻传感器、热电偶温度传感器及集成温度传感器等。热敏电阻传感器是利用物体在温度变化时本身电阻也随着发生变化的特性来测量温度的，其主要材料有铂、铜和镍。一般而言，热敏电阻传感器测量精度较高，但测量范围较小。热电偶温度传感器测量范围较宽，一般为 $-100 \sim 200℃$。热电偶温度传感器的基本工作原理来自物体的热电效应。集成温度传感器的线性好、灵敏度高、体积小、使用简便。

（2）湿度传感器

湿度敏感元件是基于所用材料性能与湿度有关的物理效应和化学反应制造的。通过对与湿度有关的电阻、电容等参数的测量，就可将相对湿度测量出来。例如，由阻抗型湿敏元件组成的湿度传感器，其湿敏材料主要是金属氧化物陶瓷材料，一般采用厚薄膜结构。湿度传感器的优点是有较宽的湿度测量范围，并且有较小的响应时间；缺点是阻抗的系数与相对湿度之间的线性度不够好。

（3）感烟探测器

火灾探测器可分为感烟探测器、感温探测器和火焰探测器三种。感烟探测器分为离子感烟型和光电感烟型；感温探测器分为定温感温型和差温感温型。工程上使用最多的是感烟探测器。离子感烟探测器利用放射性元素产生的射线，使空气电离产生微电流来实现检测。只有垂直烟才能使离子感烟探测器报警，因此应将该探测器装在房屋的最顶部。此外，灰尘会使感烟探头的灵敏度降低，因此应注意防尘。

（4）红外探测器

1）被动红外探测器。目前，安全防范领域普遍采用热释电传感器制造的被动红外探测器。热释电材料（如锆钛酸铅等），若其表面的温度上升或下降，则该表面会产生电荷，这种效应称为热释电效应。被动红外探测器主要由热释电敏感元件、菲涅尔透镜及相关电子处理电路组成。菲涅尔透镜实际上是一个透镜组，它上面的每一个单元透镜一般都只有一个较小的视场角。相邻两个单元透镜的视场既不连续，更不交叠，而是相隔一个盲区。这些透镜形成一个总的监视区域，当人体在这一监视区域中运动时，依次进入某一单元透镜的视场。随后又走出这一透镜的视场。此时，热释电传感器就能间隔地检测到运动的人体，并输出一串电脉冲信号，这些信号经相应的电路处理，输出告警信号。

2）微波/被动红外双鉴探测器。红外探测器是基于探测人体辐射的红外线进行工作的，对外界热源比较敏感，在有较强的发热源的环境中工作容易出现告警。微波探测器根据多普勒效应原理来探测移动物体。同时运用微波和红外原理制作的探测器能有效地降低误告警率。

（5）液位传感器

1）警戒液位传感器。常用的警戒液位传感器根据光在两种不同介质界面发生反射和折射的原理来测量液体的存在，常被用于测量是否漏水，俗称水浸探测器。

2）连续液位传感器。连续液位传感器利用测量压力（压降）或借助液面变化带动线性可变电阻变化的方式，并经过一定的换算来测出液位的高度，在监控系统中常用来测量柴油发电机组油箱的油位高度。

5.4.2 集中监控管理系统的数据采集*

在集中监控管理系统中，SU、SM 负责完成数据采集。SM 包括智能设备和数据采集器。SU 一般由端局计算机（前置机）承担，负责对 SM 进行监控管理，包括各种监控数据的收集、分析、处理、上报、存储和监控命令的下达等。对被监控设备数据的采集，通常采用串行通信数据采集方案。

一般情况下，在端局设置的前置机（监控主机）通过串口连接各监控模块，采用总线方式或多串口方式进行数据采集。

图 5-13 所示为总线方式的数据采集方案。图中所用的通信接口一般为 RS422/RS485。要求总线上每一个数据采集器或智能设备的接口方式和通信协议都相同，但地址完全不同。如果接口方式不同而通信协议相同，可以通过协议转换器接入总线；如果接口方式相同而通信协议不同，或接口方式和通信协议都不相同，则可以通过协议转换器接入总线。

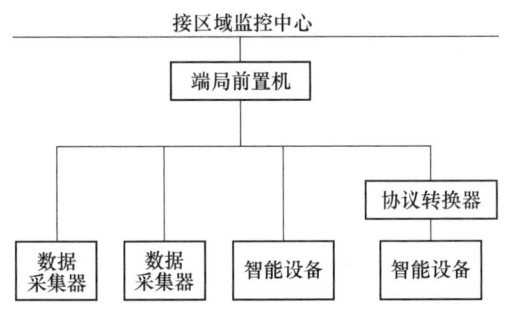

图 5-13 总线方式的数据采集方案

由于在一条 RS422/RS485 总线上并接了多台数据采集器和智能设备，需要对总线上每一个数据采集器和智能设备采用轮询的方式采集数据，因此，数据采集周期较长，工作速度较慢。这种方案适用于通信局（站）内设备种类较少、测点不多的小局或基站。

图 5-14 所示为多串口方式的数据采集方案。在该图中所用的通信接口一般为 RS232，对各个数据采集器和智能设备的通信协议和地址没有具体要求。端局前置机通过多串口卡与各个数据采集器和智能设备通信，可同时采集数据，因此数据采集周期短、速度快。这种方案适用于大而复杂、设备和测点数多的端局，如枢纽局、汇接局等大型通信局（站）。

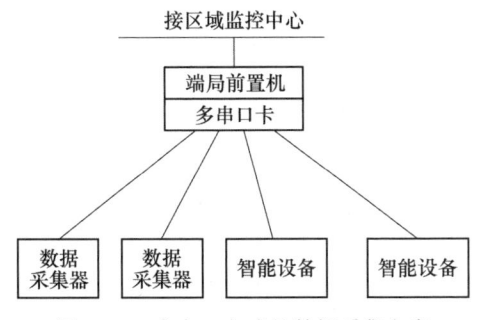

图 5-14 多串口方式的数据采集方案

当端局较小或被监控设备很少时，没有必要在端局放置一台前置机，此时可将前置机移到 SS 或某一个大的端局。各远端局的 SM 通过某种传输资源远程连接至该前置机的串口上。由于有多个端局的设备接入，因此该前置机称为多端局前置机。

5.4.3 集中监控管理系统的数据传输方式*

在图 5-12 中，PSC、SC 和 SS 内部一般是由多台计算机组成的局域网（LAN）；SU 以上部分是基于 TCP/IP 的广域网（WAN）。SU 与 SS 之间、SS 与 SC 之间和 SC 与 PSC 之间的部分组成数据传输网络。

（1）数据传输信道

集中监控管理系统可以采用多种数据传输信道传输数据，常用的有如下四种。

1）公用电话交换网（Public Switched Telephone Network，PSTN）。

公用电话交换网提供的传输资源主要有电话线（有拨号电话线和专用电话线两种信道）和 E1 中继（即 2M 中继）。

电话线传输的是模拟信号。当用电话线进行数字传输时，需要调制解调器（Modem）进行 A/D、D/A 转换。电话线提供的通信速率为 300bit/s～56kbit/s。

E1 中继是直接由数字传输设备提供的准同步数字系列（Plesiochronous Digital Hierarchy，PDH）基群速率数据传输通道，主要用来连接不同地点的交换设备，包括程控交换机、数字数据网节点机等。E1 中继有两种：一种为非信道化 E1，只提供 2.048Mbit/s 码流；另一种为信道化 E1（又称 CE1）。一般 E1 均指 CE1。信道化 E1 定义了帧的概念，按照时分复用的方法，把一个 2048kbit/s 的位流，分为 32 个相互独立的 64kbit/s 信道，每个信道称为 1 个时隙（Time Slot），编号为 TS_0～TS_{31}，其中时隙 0 用于传送同步信号，时隙 16 用于传送信令信号，其余 30 个时隙用来承载其他业务。在公用电话交换网中，每个时隙即为一个话路。监控系统可以利用从 E1 中抽取时隙的设备——数据服务单元（Data Service Unit，DSU）/通道服务单元（Channel Service Unit，CSU），将 2M 线路中的一个、几个或全部时隙提取出来用于数据传输。

当两个局间的 2M 线路直接通过传输设备连接时，如图 5-15a 所示，2M 线路 A 和 B 的每一个时隙均是对应的相同时隙，可在两端抽取同一个时隙用于传输监控数据。当 2M 线路通过交换机连接时，如图 5-15b 所示，2M 线路 Y 和 Z 之间不一定是对应的联系，可在交换机上进行数据设置，使 Y 中的某一个时隙（如 TS_1）和 Z 中的某一个时隙（如 TS_{31}）连接起来传输数据，这种时隙的连接称为半永久连接。同样地，2M 线路 X 中的某一个时隙可以交换到 Z 中的某一个时隙（如 TS_{30}）。这样，2M 线路 Z 中各时隙通过半永久连接，最多可以与 30 个端局的 2M 线路中的某一个时隙连接。

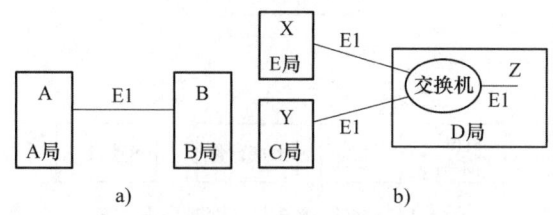

图 5-15 2M 传输及半永久连接示意图

通过 2M 线路抽取时隙传输数据，可以实现永远在线，避免了拨号连接可能因为网络繁忙而在关键时刻不能接通的问题。目前该方式在集中监控管理系统中大量使用，半永久连接较为常见。利用半永久连接进行数据传输时，需要在交换机上进行半永久连接的数据设置，并闭塞相应话路。

2M 中继的接口有两种形式，一种是平衡接口，采用两对 120Ω 的双绞线对，一对线收（Rx），一对线发（Tx）；另一种是非平衡接口，采用一对 75Ω 的同轴电缆，一根线收，一根线发。任意两台设备之间的 2M 线路连接均是 Rx 与对方的 Tx 相连，Tx 与对方的 Rx 相连，当设备接口方式不匹配时，需要使用 75~120Ω 的阻抗转换器。

2）数字数据网（Digital Data Network，DDN）。

DDN 是一种数据业务网，可以向用户提供端对端的透明数字串行专线。DDN 提供的透明串行专线可以分为同步串行专线和异步串行专线。同步串行专线提供的通信速率从 64kbit/s 到 $n \times 64$kbit/s，最高可达 2.048Mbit/s；异步串行专线提供的通信速率一般小于 64kbit/s，从 2400bit/s、9600bit/s 直到 38.4kbit/s。监控系统中用得较多的是 64kbit/s 同步专线传输和 19.2kbit/s 异步专线传输。在使用 DDN 传输时，需要 DDN 通信设备——数据传输单元（Data Transfer Unit，DTU），DTU 一般是一对一使用。

3）数据通信网（Data Communication Network，DCN）。

DCN 是通信企业内部的一个广域网，是由路由器和各种广域传输链路组成的网状网络。监控系统使用 DCN 很方便，只需将各级监控中心和监控端局的局域网用网线接入所在局的 DCN 交换机即可。

由于 DCN 网容量大、可靠性高、扩展性强，因此 YD/T 5027—2021《通信电源集中监控系统工程技术规范》中提出，SU 与 SS、SS 与 SC 之间宜优先利用 DCN 连接。

4）数字公务信道。

数字公务信道一般多用作基站的数据传输信道，它提供标准的 RS232 接口或 V.11 接口。V.11 接口的接线端子定义为 In+、In−、Out+、Out−，这 4 个端子分别与 RS422 接口的数据接收端子 Rx+、Rx−和数据发送端子 Tx+、Tx−相对应，可直接使用。V.11 接口的用法与 RS422 接口的用法一样。

（2）传输与组网设备

在通信电源集中监控管理系统中，两地之间的数据传输是通过传输网络系统完成的，而要组成传输网络，除了需要数据传输信道之外，还需要传输与组网设备。根据传输与组网设备在网络互联中所起的作用，可分为以下 3 种类型。

1）接入设备。

接入设备用于接入各个终端计算机，如多串口卡、远程访问服务器、数据上网器等。

◆ 多串口卡：在监控系统中，通信局（站）的所有数据采集器和智能设备都连接到端局计算机的串口上，而计算机提供的串口只有一个或两个，远远不能满足要求，因此需要安装多串口卡以扩充计算机的串口。多串口卡对外提供标准的 RS232 或 RS422/RS485 接口。

◆ 远程访问服务器：它是将多个终端接入网络的设备，能支持一定的网络互联协议。远程访问服务器可以直接和计算机通过串行电缆相连，也可以通过调制解调器等通信设备和远程的计算机相连。远程访问服务器与所连计算机之间的接口为异步串行接口，并同网络上的其他主机用该网络的标准协议（如 TCP/IP）通信。

◆ 数据上网器：简写为 DCU（Data Collection Unit），用于将多个远端局的监控数据打包接入 TCP/IP 网络，需要与数据通信模块（如 IDA-DCM 模块）配套使用。端局的数据由数据通信模块插入到 E1 线路中的某个时隙，再经过传输和交换机（必须支持半永久连接），收敛到一条 E1 线上，该 E1 的各时隙中包含了各监控端局的数据。数据上网器接入 E1，从 E1 线路的 30 个时隙（其中 TS_0、TS_{16} 不用）中提取数据，按 TCP/IP 进行打包，再传输到以太网上，然后与以太网上的前置机通信。

2）通信设备。

通信设备用于承担网络线路上的数据通信功能，如调制解调器（Modem）、数据传输单元（Data Transfer Unit，DTU）、数据服务单元/通道服务单元（Data Service Unit/Channel Service Unit，DSU/CSU）等。

◆ Modem：在监控系统中，当选用电话线为数据传输信道时，由于电话线上传输的信号是模拟信号，而计算机之间（或计算机与数据采集器、智能设备之间）的通信只能使用数字信号，为实现数字信号在模拟信道—电话线—计算机上传输的目的，需要用 Modem 来进行数字信号和远程传输的模拟信号之间的转换。

◆ DTU：它是 DDN 的专用设备，其作用是在接入 DDN 时实现信号的转换，使数据信号能在不同的传输介质中顺利传送。DTU 提供的串行接口一般有 RS232 和 V.35 两种。

◆ DSU/CSU：在监控系统中，当选用 E1 作为传输信道时，DSU/CSU 能从 2M 中继提取一个、几个或全部时隙作为监控系统的数据传输信道。

3）网络交换设备。

网络交换设备是用来实现网络互联的设备，用于提供数据交换服务，构建互联网络的主干，如路由器等。

在监控系统中，SS、SC 一般都是多台计算机组成的局域网。路由器的主要作用就是把两个局域网连接起来，为两个局域网提供数据交换服务，从而构成广域网。

5.5 集中监控管理系统的结构与组网

集中监控管理系统的三级结构和三级网络拓扑结构，使其能够有效地对大规模监控对象进行管理和控制。通过这种结构，可以实现对监控对象的实时监控和管理，及时发现并处理故障，保证系统的稳定运行。

5.5.1 集中监控管理系统的组网模式*

图 5-16～图 5-19 所示是几种常见的组网模式，供参考。

PSTN（Public Switched Telephone Network，公用电话交换网）：是一种以模拟技术为基础的电路交换网络，主要用于提供语音通信服务，也支持数据通信业务，如数据交换、传真和可视图文等。PSTN 由国际交换局、长途交换局、中心交换局、端交换局和用户等层次构成，主要由交换机、传输电路（用户线和局间中继电路）和用户终端设备（如电话机）组成。

DCN（Data Communication Network，数据通信网）：是指以网络为基础，通过网络连接的计算机系统，实现数据的传输、处理和存储的网络系统。

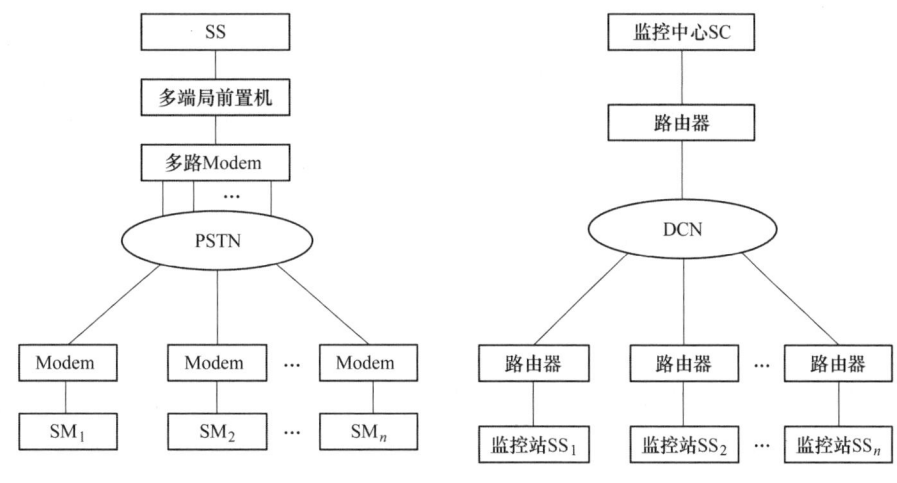

图 5-16　多端局前置机基于电话线的组网模式　　图 5-17　基于 DCN 的组网模式

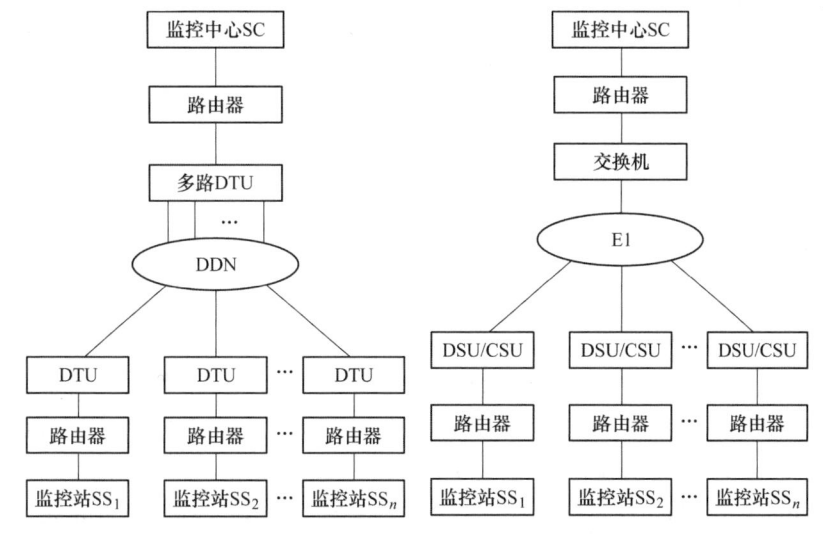

图 5-18　基于 DDN 的组网模式　　图 5-19　基于 E1 的组网模式

DDN（Digital Data Network，数字数据网）：是一种利用光纤、数字微波或卫星等数字传输通道和数字交叉复用设备组成的数字数据传输网。它可以为用户提供各种速率的高质量数字专用电路和其他新业务，以满足用户多媒体通信和组建中高速计算机通信网的需要。

DTU（Data Transfer Unit，数据传输单元）：是专门用于将串口数据转换为 IP 数据或将 IP 数据转换为串口数据，并通过无线通信网络进行传送的无线终端设备。

E1：E1 电信标准，采用同步时分复用技术将 30 个语音信道和 2 个控制信道复合在一条 2.048Mbit/s 的高速信道上。基于 E1 的组网模式主要应用于通信网络中，特别是在需要高精度时间同步的场合。

DSU/CSU 是用于连接终端和数字专线的设备，DSU/CSU 属于 DCE（Data Communication Equipment，数据通信设备）。目前 DSU/CSU 通常都被集成在路由器的同步串口上，统称为 DSU/CSU。

DSU（Data Service Unit，数据服务单元）：指的是一种用于数字传输的设备，它能够把 DTE

（Data Terminal Equipment，数据终端设备）上的物理层接口适配到 T1 或者 E1 等通信设施上。

CSU（Channel Service Unit，通道服务单元）：是把终端用户和本地数字电话环路相连的数字接口设备。CSU 接收和传送来往于 WAN（Wide Area Network，广域网）线路的信号，并提供对其两边线路干扰的屏蔽作用。

5.5.2　集中监控管理系统的接口*

所谓接口，是指两个系统（上下级系统或对等系统）之间具体的通信协议；对于硬件设备，则是指设备的物理端口。

根据实际情况，通信电源集中监控管理系统可以灵活地组成各种类型的网络结构。为便于互联互通，使集中监控管理系统的建设更加规范化、标准化，网络结构中不同级别之间进行了接口的定义。

1）SM 与 SU 之间的接口定义为"前端智能设备协议"——A 接口。SU 与 SM 的通信方式为主从方式，SU 为上位机，SM 为下位机。SU 呼叫 SM 并下发命令，SM 收到命令后返回响应信息。

2）SU 与上级管理单 SS 或 SC 之间的接口定义为"局数据接入协议"——B 接口。

3）SS 与 SC 之间，或不同监控系统间互联的接口定义为"系统互联协议"——C 接口。C 接口基于 TCP/IP（Transmission Control Protocol/Internet Protocol，传输控制协议/网际协议）方式工作，采用客户机/服务器的体系结构，其中 SC 作为客户，SS 提供服务。

4）监控中心与上级网管之间的接口定义为"告警协议"——D 接口。D 接口采用基于 TCP/IP 的字符流传输方式，在 SS 或 SC 上设置服务端，将综合网管中心作为客户端，服务端向客户端主动上报告警数据。

以上四类 A、B、C、D 接口都已经制定了详细的标准，相关内容见 YD/T 1363.2—2014《通信局（站）电源、空调及环境集中监控管理系统　第 2 部分：互联协议》、YD/T 1363.3—2023《通信局（站）电源、空调及环境集中监控管理系统　第 3 部分：前端智能设备协议》以及 YD/T 1363.7—2024《通信局（站）电源、空调及环境集中监控管理系统　第 7 部分：监控单元协议（B 接口）》。

5.5.3　集中监控管理系统的组网原则

集中监控管理系统的组网原则如下。

1）对于一套监控系统，在不同的监控管理级别应各设一个监控中心，即区域监控中心（SS）、地区监控中心（SC）、其他更高级别的监控中心如省监控中心（PSC）等；对于多套监控系统，可在不同的监控管理级别设置多个监控中心，也可根据需求将多个监控中心通过 C 接口接入一个监控中心。

2）PSC 一般可以下设多个 SC。

3）根据各地实际情况，在 SC 之下设置若干 SS，SS 的设立可以区或县为单位，也可以汇接局的模式建立；在 SS 之下设数个 SU，可以根据各通信运营企业维护体制和减少管理层次的要求，不设监控站，此时监控中心同时具有 SC、SS 的全部功能。

4）一般情况下，每一个通信局（站）配置一个 SU，大型通信枢纽楼、综合楼可根据被监控设备的情况设置多个 SU，SU 对下层各种 SM 进行监控管理。对于某些小局、基站等，可不设置 SU，其 SM 可通过一定的传输方式接入其他局（站）的 SU 或更高级别的监控中心。

5.6 集中监控管理系统的使用和维护

通信电源集中监控管理系统的使用和维护是一个复杂的过程，需要专业的技术人员进行操作。通过合理的使用和维护，可以大大提高通信电源设备的维护管理水平，提高供电系统的可靠性和通信设备的安全性。

5.6.1 集中监控管理系统的安装

1. 集中监控管理系统的安装要求

1）设备安装应遵循安全可靠、便于维护、整齐美观及不影响被监控设备正常运行、操作、维护和远期发展的原则。

2）各种传感器和变送器的安装位置应能真实地反映被测量，做到就近安装、隐蔽安装，对被监控设备尽量不改动或少做改动。

3）前端局（站）的采集器、网络传输接口设备应尽量利用机柜（架）集中安放，并要求布局合理。对于不适合集中安放的采集器，可在被监控设备附近以落地或壁挂箱体的方式就近安装。

4）地区监控中心、区域监控中心、监控单元的网络传输及接口设备应采用机柜（架）集中安放；计算机及其外围设备可采用专用工作台（桌）分散安装。

5）设备安装固定及接线要牢固可靠。对于放置计算机设备、网络传输及接口设备、采集器等设备的机柜（架）应采取抗震加固措施。

6）各种监控设备与机柜（架）应有良好的接地，消防设备和安防设备的安装应符合国家公安消防部门相关的法规和标准。

2. 集中监控管理系统的布线要求

1）集中监控管理系统的线缆布放必须符合相关规定，排列必须整齐美观。

2）集中监控管理系统应选用非延燃型的线缆，并根据现场环境条件选用适合要求的线缆；对于易受电磁干扰的信号线应采用屏蔽型线缆。屏蔽型线缆安装时，应注意屏蔽的正确及可靠接地。

3）信号线和电源线应分离布放，并尽量远离易产生电磁干扰的设备和线缆，不应与其他强信号线及高频线近距离平行布放。

4）布线应充分利用原有的桥架、地沟、槽道和管道，布设于顶棚及墙上的线缆应采用非延燃材料的槽（管）布放。

5.6.2 集中监控管理系统的使用

集中监控管理系统的使用包括两个方面：一是管理，二是告警。

（1）管理

各级监控中心应分析每天的各种数据报表和参数曲线，结合月、季的阶段汇总报表，了解设备运行情况，制定相应的电源、空调设备维护计划。

集中监控管理系统长期监控电源系统和空调设备的运行状况，存储了大量的运行信息，如电网的运行状况、设备的运行参数、设备的使用年限等。利用这些信息可提出对供电系统的优化方案，安排对电源和空调设备的提前维护，以保证设备能长时间处于良好运行状态。

例如，系统监测到某端局市电三相交流长期工作在高压（或低压）状态，但没有告警（没有超过告警点），表明变压器输出电压过高（或过低），此时可调整变压器的分接连接（即调整变比）来改善。系统还可以根据对蓄电池放电电压的记录和统计分析，查出落后电池；通过对机组机油压力和油位等指标的检测和分析，提前预告维护内容等。对所记录的历史故障信息进行统计、分析，可以发现带规律性的问题，并采取措施加以解决。

管理主要包括以下内容。

① 操作员进入系统，输入操作者编号和密码。
② 通过图形方式检索设备运行状况的操作。
③ 设定设备故障报警或撤销报警。
④ 设备报警信息和确认。当系统正常运行时，监控管理计算机屏幕显示系统总图；当发生设备故障报警或运行状态过限报警时，屏幕上立即弹出故障设备位置或设备运行图，操作员应在规定的时间内（如 30s）完成对该设备报警点的确认。
⑤ 设备手动方式的控制和调节。
⑥ 控制程序的手动方式执行。
⑦ 设备预防性维护提示。
⑧ 设备运行参数和统计报表的打印。
⑨ 操作员交班时，退出系统的操作。
⑩ 操作员填写和签署值班日志，其内容包括：报警地址编号、报警时间、确认时间、报警状态（故障或过限）、复核结论。

（2）告警

监控中心应实行 24h 值班制度，日常值班人员应对系统终端发出的各种声光告警，立即做出反应。

① 一般告警：可以记录下来，进一步观察，必要时做派修处理。
② 重要告警：应通知维护人员去处理。
③ 紧急告警：应立即通知维护人员抢修，并通知电源空调维护部门的负责人。

若发生多个告警，系统能够分析出主要告警信息，便于维护人员优先解决最重要的问题。

5.6.3 集中监控管理系统的维护

集中监控管理系统的维护要求对系统的硬件、软件、组网结构等均相当了解。在日常工作中，维护人员要保证监控系统的正常运行；当有故障时，能对故障进行分析处理。具体维护项目应按各通信运营企业的维护规程执行，下述维护项目供参考。

1）监控系统的设备包括：各级监控中心主机和配套设备、计算机监控网络、监控模块及前端采集设备。

2）监控中心主机和配套设备应安装在干燥、通风良好、无腐蚀性气体的房间，室内应有空调和防静电措施。

3）定期检查并确保监控中心主机和配套设备、监控模块及前端采集设备有良好的接地和必要的防雷设施。

4）经常保持监控中心主机和配套设备的整齐和清洁。

5）监控系统自身应有例行的常规巡检、维护操作和定期对系统功能与性能指标的测试。

6）经常检查监控中心内的设备，检查服务器、业务台、打印机、音箱和大型显示设备等运行是否正常；查看系统操作记录、操作系统和数据库日志，是否有违章操作和错误发生。

7）（每月）对监控系统做好巡检、记录：

① 监控中心局域网和整个传输网络工作是否稳定和正常；

② 前端采集设备的数据采集、处理以及上报是否正常、准确；

③ 采集点接线端子检查并紧固；

④ 蓄电池监控夹子紧固；

⑤ 设备标签、线缆连接检查并紧固。

8）监控系统的功能和性能指标每季度抽查一次，每半年检测一次。抽查、检测以不影响通信电源系统的正常工作为原则。

9）数据的管理与维护：

① 监控中心每季度将数据库内保存的历史数据转入外存后，做上标签妥善保管，三年后才可将其删除；

② 系统配置参数发生改变时，自身配置的数据要备份，在出现意外时用来恢复系统；

③ 系统操作记录数据，每季度备份一次，以作备查。

10）系统软件有正规授权，应用软件有自主版权，系统软件应有安装盘，在系统出现意外时可重新安装恢复。此外，系统应具备完善的安装手册、用户手册与技术手册，整套软件和文档由专人保管。每日、每月、每季度和每年打印出的报表或输出为只读形式电子报表，装订成册或刻在光盘上，妥善保管。

历届考试真题

一、填空题

填空题 01（2012 年/2015 年真题）：

1. 动力环境监控系统中提到的"三遥"功能分别指的是遥控、遥测和 (1) 。动力环境监控系统典型的三级网络结构为 (2) 、 (3) 和 (4) 。

2. 动力环境监控系统中常用的硬件包括 (5) 和 (6) 和协议转换器。动力环境监控系统目前常用串口作为数据传送的途径，常用的串行接口有 (7) 、RS422 和 RS485，其中 RS422 接口采用的是 (8) 通信方式，而 RS485 接口采用的是 (9) 通信方式。

3. 某开关电源要求传输数据格式为（9600，n，8，1），其中 9600 代表 (10) ，n 代表 (11) ，8 代表 (12) ，1 代表结束位。

填空题 02（2014 年真题）：

1. 集中监控管理系统的目标是对监控范围内的电源系统、空调系统和系统内的其他设备以及机房环境进行 (1) 、 (2) 和遥控，实时监控系统和设备的运行状态。

2. 智能监控系统的主要功能包括： (3) 、 (4) 、 (5) 、 (6) 和帮助功能。

3. 集中监控管理系统的监控对象有：高压配电设备、 (7) 、 (8) 、 (9) 、 (10) 、逆变器、整流设备（高频开关电源）、蓄电池（组）、分散空调设备、集中空调设备和环境变化参数等。

填空题 03（2019 年真题）：

1. 通信电源系统的集中监控就是把同一通信枢纽内的各种 (1) 、空调系统和外围系统的运行情况集中到一个监测中心，实行统一管理。

2. 在动力与环境集中监控管理系统的网络结构中，面向具体的监控对象，完成数据采集和必要的控制功能的是 (2) ，为适应本地区集中监控、集中维护和集中管理的要求而设置的监控中心称为 (3) 。

3. 集中监控管理系统中，前端测量中的重要器件是 (4) 。它负责将被测信号检出、测量并转换成前端计算机能够处理的数据信息。

4. 集中监控管理系统中采集的监控量包括数字量、模拟量和 (5) 。

5. 动力与环境的集中监控管理系统的管理功能包括配置管理、 (6) 、性能管理和 (7) 。

填空题 04（2021 年真题）：

1. 机房空调参数中，在规定的制冷量试验条件下，空调机从所处理的空气中移除的显热量称为机房空调的 (1) 。

2. 在压缩式制冷系统的"四大件"中，可以控制系统中制冷剂循环量的是 (2) 。

3. 为了去除进入制冷系统中的杂质和水分，在系统的冷凝器和膨胀阀之间应安装 (3) 。

4. 对高压配电系统中进线柜的跳闸告警监测是集中监控管理系统"三遥"功能中 (4) 的内容。

5. 集中监控管理系统采用 UPS 供电时，旁路逆变切换时间应不大于 (5) ms。

填空题 05（2022 年真题）：

1. 对 UPS 的同步/不同步状态、逆变器故障等进行数据采集并将其反映到监控中心，是集中监控管理系统"三遥"中的 (1) 。

2. 动力环境集中监控管理系统网络结构中的 SC 是 (2) 。

3. 当集中监控管理系统的可靠性要求很高时，监控单元以上各级网络的数据传输可采用 (3) 方式。

4.集中监控管理系统应能保证具有权限的用户才能对系统实施操作，因此系统应具有对用户的操作进行（4）的功能。

5.集中监控管理系统的软件应采用（5）结构，便于系统的升级、扩充。

填空题 06（2023 年真题）：

1.为了实现通信机房动力与环境的集中监控，监控网络采用（1）系统。

2.动力与环境集中监控管理系统的网络结构中，不同级别之间的接口定义不同。其中监控中心与其他网管之间的接口定义为"（2）"——D 接口。

3.低压进线柜的断相、电压过低/过高告警是集中监控管理系统"三遥"功能中的（3）的内容。

4.集中监控管理系统的管理功能中，提供保证运行中集中监控管理系统安全的一组功能为"（4）"。

5.集中监控管理系统的硬件设备应采用国际上通过的高可靠性的计算机及配套设备，应有可靠的抗雷击和（5）装置。

二、选择题

选择题 01（2016 年真题）：

1.从监控系统中发现一台经智能协议处理机接入系统的设备通信中断，最不可能造成该故障的情况是（　　）。
　　A. 设备地址配置错　　　　　　　　B. 通信接口物理损坏
　　C. 智能协议处理机掉电　　　　　　D. 前置机通信中断

2.动力监控系统中传感器的作用是（　　）。
　　A. 将电量的物理量变换成开关量　　B. 将电量的物理量变换成非电量
　　C. 将非电量的物理量变换成电量　　D. 将非电量的物理量变换成模拟量

3.动力环境集中监控管理系统中 SC 是指（　　）。
　　A. 监控中心　　B. 监控站　　C. 监控单元　　D. 监控模块

4.《通信电源集中监控管理系统工程验收规范》规定：系统应进行同时多点告警信号测试，选取告警信号数量应不少于总告警信号数量的（　　）。
　　A. 40%　　　　B. 30%　　　　C. 20%　　　　D. 10%

选择题 02（2018 年真题）：

1.在通信电压集中监控管理系统中，远距离对设备的开关操作，如：开启发电机组、开关空调等属于（　　）。
　　A. 遥测　　　　B. 遥信　　　　C. 遥调　　　　D. 遥控

2.动力环境集中监控管理系统网络结构中的 SS 是指（　　）。
　　A. 省监控中心　　B. 地区监控中心　　C. 区域监控中心　　D. 监控模块

3.下列内容不属于动力环境集中监控管理系统监控范围的是（　　）。
　　A. 市电输入电压　　　　　　　　　B. 机房烟雾告警

C. 程控交换机故障告警　　　　　　D. 机房空调故障告警

　　4. 集中监控管理系统的管理功能中,通过对监控系统各方面参数的设置来保证系统正常、稳定运行和实现系统优化的重要功能是指（　　）。

　　　A. 配置管理　　B. 故障管理　　C. 性能管理　　D. 安全管理

　　5. 在监控系统的告警级分类中,电源或空调系统中发生设备部件故障但不影响设备整体运行性能的告警是（　　）告警。

　　　A. 一级　　　　B. 二级　　　　C. 三级　　　　D. 四级

选择题 03（2020 年真题）:

　　1. 动力环境集中监控管理系统进行的"三遥"中,由集中监控管理系统发出命令对设备进行远距离操作的是（　　）。

　　　A. 遥信　　　　B. 遥测　　　　C. 遥调　　　　D. 遥控

　　2. 集中监控管理系统中,面向具体的监控对象,完成数据采集必要的控制功能的是（　　）。

　　　A. 监控模块　　B. 监控单元　　C. 省监控中心　　D. 地区监控中心

　　3. 下列选项中属于集中监控管理系统对柴油发电机遥信的是（　　）。

　　　A. 开关机　　　　　　　　　　　B. 进排气温度
　　　C. 三相输出电压　　　　　　　　D. 自动转换开关状态

　　4. 集中监控管理系统常用的串行接口中,RS422/485 比 RS232 的抗干扰能力强,主要原因是（　　）。

　　　A. 前者工作方式为全双工　　　　　B. 前者工作方式为半双工
　　　C. 前者采用了差分平衡电气接口　　D. 前者组网时能实现点到点的通信

　　5. 集中监控管理系统的使用包括两个方面:一是管理,二是（　　）。

　　　A. 维护　　　　B. 测试　　　　C. 告警　　　　D. 操作

选择题 04（2021 年真题）:

　　1. 压缩式空调系统正常工作时,进入冷凝器的制冷剂处于（　　）。

　　　A. 高温高压气态　　　　　　　　B. 常温高压液态
　　　C. 低温低压液态　　　　　　　　D. 低温低压气液混合态

　　2. 通信机房的气流组织的优化应遵循的原则是（　　）。

　　　A. 先冷环境,后冷设备　　　　　B. 保证环境冷却即可
　　　C. 保证设备冷却即可　　　　　　D. 先冷设备,后冷环境

　　3. 集中监控管理系统中,监控单元与上级管理单位之间的接口定义为（　　）。

　　　A. A 接口　　B. B 接口　　C. C 接口　　D. D 接口

　　4. 集中监控管理系统对监控量的采集中,对脉冲频率的采集属于（　　）。

　　　A. 开关量　　B. 模拟量　　C. 数字量　　D. 脉冲量

　　5. 集中监控管理系统的管理功能中,提供对监控对象的状态以及网络的有效性评估的一组功能为（　　）。

　　　A. 配置管理　　B. 故障管理　　C. 性能管理　　D. 安全管理

选择题 05（2022 年真题）：

1. 集中监控管理系统的组网模式中，三级网络结构与四级网络结构相比缺少（　　）。
   A. 省监控中心　　　B. 地区监控中心　　　C. 区域监控中心　　　D. 监控单元
2. 下列属于集中监控管理系统对环境进行遥控的内容是（　　）。
   A. 温度　　　　　　B. 湿度　　　　　　　C. 烟感　　　　　　　D. 门开/关
3. 集中监控管理系统常用的数据传输总线 RS422 和 RS485 的主要区别在于（　　）。
   A. 前者为全双工工作方式，RS485 为半双工工作方式
   B. 前者采用串行通信标准接口，RS485 采用差分平衡电气接口
   C. 前者只能实现点到点的通信，RS485 可实现点到多点的通信
   D. 前者的最大传输距离为 15m，RS485 的传输距离可达 1200m
4. 集中监控管理系统的功能结构中，能够把控制中心发出的控制命令转换成设备能够识别的指令，使设备执行预期的动作，或进行参数调整的功能是（　　）。
   A. 数据采集　　　　B. 设备控制　　　　　C. 运行和维护　　　　D. 管理
5. 对集中监控管理系统确认前已消除的告警，告警记录状态参数应设置为（　　）。
   A. 新产生　　　　　B. 已确认　　　　　　C. 未确认　　　　　　D. 已消除

三、判断题

判断题 01（2012 年真题）：

1. 动力环境监控系统中应具备的安全管理功能既包括监控系统的安全，又包括设备和人身的安全。（　　）
2. 热电偶相对热敏电阻而言，测量范围较窄。（　　）
3. 动力环境监控系统智能通信口与数据采集器间的防雷措施应每季度检查一次。（　　）
4. 目前安全防范领域普遍采用被动红外探测器。（　　）
5. 实时数据库现场分布，一般设置在 SC 上。（　　）

判断题 02（2016 年真题）：

1. 在通信监控系统中采用的是并行异步通信方式，速率设定为 2400～9600bit/s。（　　）
2. 动力环境集中监控管理系统的三级结构中 SC 和 SU 属于管理层。（　　）
3. 集中监控管理系统要求蓄电池单体电压测量误差应不大于 ±5mV。（　　）
4. 为了在通信设备环境中对通信电源实现集中监控，监控系统网络采用了分布式计算机控制系统结构。（　　）
5. 蒸发器中制冷剂的蒸发取决于温度，与被冷却物的压力大小无关。（　　）

判断题 03（2018 年真题）：

1. 动力环境集中监控管理系统的网络结构不同级别之间的接口定义不同，其中监控模块与监控单元之间的接口定义为 A 接口。（　　）
2. 从集中监控管理系统的监控内容来看，集中监控管理系统以监控电源设备的状态为主，环境参数的监控是可选项。（　　）

3. 各级监控系统的配置数据要保持一致，当下级被监控对象及其监控内容或操作人员发生改变时，上级系统要随之改变对应的数据。（   ）

4. 监控设备安装不影响被监控设备正常运行。（   ）

5. 实现集中监控管理后，对通信电源设备的维护，不需要技术精湛、经验丰富的电源专家，可以节约运维成本。（   ）

判断题 04（2019 年真题）：

1. 变压器的过温告警是集中监控管理系统的遥测的内容。（   ）

2. 集中监控管理系统的监控模块和监控单元之间的数据传输一般采用专用数据总线传输，其中 RS422 为半双工工作方式，RS485 为全双工工作方式。（   ）

3. 集中监控管理系统应具有对试图登录系统的用户进行鉴权的功能，只有名称和密码都正确的用户才允许登录到系统中，否则拒绝登录。（   ）

4. 动力环境集中监控管理系统的平均故障修复时间应小于 0.5h。（   ）

5. 集中监控管理系统的监控中心应实行 24h 值班，日常值班人员应对系统终端发出的所有声光告警做出反应，通知维修人员去处理。（   ）

判断题 05（2024 年真题）：

1. 集中监控管理系统的监控模块（SM）是面向具体的监控对象，完成数据采集和必要的控制功能。（   ）

2. 根据各运营商的维护体制和减少管理层次的要求，集中监控管理系统中可以不设区域监控中心，地区监控中心直接下设数个监控单元。（   ）

3. 数据总线 RS232 用于组网时，只能实现点到点的通信，工作方式为半双工方式。（   ）

4. 集中监控管理系统根据告警对象、告警类型、告警级别产生的时间对告警进行分析比较。（   ）

5. 集中监控管理系统的容错能力差，因此用户操作时要格外小心，以防因操作引起系统故障。（   ）

四、问答题

1. 在集中监控管理系统中，需要对各类高压配电设备进行哪些内容的遥测或遥信？请列举至少四种监控内容，并指明是针对何种配电设备（如：进线柜、出线柜、母联柜和直流操作电源柜等）(**2013 年真题**)。

2. 集中监控管理系统本身也需要进行安全管理和人员权限管理。①请列举三种以上安全机制。②请列举集中监控管理系统的维护人员主要可分为哪些角色，简要说明其职责（**2013 年真题**）。

3. ①常见的监控系统硬件包含哪些模块？简要说明其作用。②请列举两种以上监控系统中常见的传感器（**2013 年真题**）。

4. 集中监控管理系统不仅能提高系统维护的实时性，也减少了维护人员的数量。试简述集中监控管理系统应具有的功能（**2015 年/2016 年真题**）。

5. 简述集中监控管理系统的三级结构（**2016 年真题**）。

6. 简单说明监控系统的组网原则（**2017 年真题**）。

7. 简述集中监控管理系统的功能结构（**2020 年真题**）。

8. 简述集中监控管理系统网络结构中所包含的监控级别（**2021 年真题**）。

9. 集中监控管理系统应能够为用户提供方便实用的配置管理功能，请简述集中监控管理系统的配置管理功能所包含的内容（**2022 年真题**）。

真题参考答案

一、填空题

填空题 01（2012 年/2015 年真题）：

【答案】1.（1）遥信；（2）端局站设置监控单元（SU）；（3）县（区）或若干个端局站设置监控站（SS）；（4）地市以上城市设置监控中心（SC）。

2.（5）变送器；（6）传感器；（7）RS232；（8）全双工；（9）半双工。

3.（10）通信速率（或波特率）；（11）无奇偶校验；（12）数据位。

试题分析：本试题主要考查对集中监控管理系统知识的识记。

【试题解析】

1. 本小题考查动力环境系统的"三遥"功能和三级网络结构。"三遥"功能是指遥测、遥信、遥控。遥测：应用通信技术，传输被测变量的测量值。遥信：应用通信技术，完成对设备状态信息的监视，如告警状态或开关位置等。遥控：应用通信技术，完成改变运行设备状态的命令。现在，也有"四遥"之说，即除了遥测、遥信、遥控外，还包括遥调。遥调：应用通信技术，完成对具有两个以上状态的运行设备的控制。监控系统网络采用分布式计算机控制系统结构。管理结构、网络结构、数据采集结构和数据存储结构都应该符合通信电源设备维护管理的需要。我国典型的三级网络结构为：端局（站）设置监控单元（SU）、县（区）或若干个端局（站）设置监控站（SS）、地（市）级及以上城市设置监控中心（SC）。也有所谓的典型的四级网络结构之说，包括监控中心（Supervision Center，SC）、监控站（Supervision Station，SS）、监控单元（Supervision Unit，SU）和监控模块（Supervision Module，SM）。

2. 本小题主要考查动力环境监控系统的硬件和接口。动力环境监控系统常用的硬件包含传感器、变送器和协议转换器，其中传感器将非电量信号变换为电量输出；变送器将不同传感器输出的电量变换为标准的直流信号；而协议转换器将智能设备的通信协议转换成标准协议。动力环境监控系统采用串行异步通信方式，常用的串行接口有 RS232、RS422、RS485 接口。其中，RS422 为全双工结构，RS485 为半双工结构。

3. 本小题考查对串口通信数据格式基本参数的理解。根据串口通信的基本定义（通信速率、校验位、数据位、停止位），其中校验位：n 代表无奇偶校验；e 代表偶校验；o 代表奇校验。某开关电源要求传输数据格式为(9600,n,8,1)，则表示其通信速率或波特率为 9600bit/s，无奇偶校验，数据位 8 位，停止位或结束位 1 位。

填空题 02（2014 年真题）：

【答案】1.（1）遥信；（2）遥测。

2.（3）监控功能；（4）交互功能；（5）管理功能；（6）智能分析功能。

3.（7）变压器；（8）低压配电设备；（9）柴油发电机组；（10）不间断电源（UPS）。

试题分析：本试题考查集中监控管理系统的目标、功能和对象。

【试题解析】

1. 本小题考查集中监控管理系统的目标。通信电源集中监控管理系统是一个分布式计算机控制系统（即所谓的集中管理和分散控制），它通过对监控范围内的电源系统和系统内的各个设备（包括机房空调在内）及机房环境进行遥测、遥信和遥控，实时监视系统和设备的运行状态，记录和处理监控数据，及时监测故障并通知维护人员处理，从而达到少人或无人值守，实现系统的集中监控维护和管理，从而提高供电系统的可靠性和通信设备的安全性。

2. 本小题考查智能监控系统的主要功能。通信电源集中监控管理系统的功能分为：监控功能、交互功能、管理功能、智能分析功能以及帮助功能五个方面。

3. 本小题考查集中监控管理系统的监控对象。集中监控管理系统的监控对象主要包括：高压配电设备、变压器、低压配电设备、柴油发电机组、不间断电源（UPS）、逆变器、整流设备（高频开关电源）、蓄电池（组）、分散空调设备、集中空调设备和环境变化参数等。

填空题 03（2019 年真题）：

【答案】1.（1）电源设备。2.（2）监控模块。（3）地区监控中心。

3.（4）传感器。4.（5）开关量。5.（6）故障管理；（7）安全管理。

试题分析：本试题考查对通信电源集中监控管理系统基础知识的识记。

【试题解析】

1. 本小题是对通信电源集中监控管理系统概念的考查。通信电源集中监控管理系统的作用是，对监控范围内的电源系统、空调设备和系统内的各个设备及机房环境等进行"三遥"——遥测、遥信、遥控，实时监控系统和设备的运行状态，记录和处理监控数据，及时检测故障并通知维护人员处理，从而实现通信局（站）的少人或无人值守，以及电源、空调的集中维护和优化管理，提高供电系统的可靠性和通信设备的安全性。

2. 本小题是考查集中监控管理系统各监控中心的定义。为了实现通信机房动力与环境的集中监控，监控网络采用分布式计算机控制系统。按照规定，通信电源集中监控管理系统采用逐级汇接的结构，一般由地市级监控中心（Supervision Center，SC）、县市级监控中心（Supervision Station，SS）、监控单元（Supervision Unit，SU）和监控模块（Supervision Module，SM）组成。在此基础上根据实际情况和维护管理要求，可灵活组织成各种类型的运行系统。比如，根据维护需要，还可建设更高级别的监控中心，即省级监控中心（Province Supervision Center，PSC）。

在集中监控管理系统结构图中，各监控级别的定义如下。

1）省级监控中心 PSC：为满足省级管理而设立，通过开放的互联协议接入全省的地区监控中心。可以对全省的地区监控，实时监视各通信局（站）、空调与环境的工作状态和运行参数,接收故障告警信息。

2)地市级监控中心（SC）：为适应本地区集中监控、集中维护和集中管理的要求而设置。通信局（站）集中监控管理系统的建设应相对独立，属于本地网管的一个组成部分。

3)县市级监控中心（监控站）（SS）：为满足本地县、区级的管理要求而设置，负责辖区内各监控单元的管理。对于固定电话网，监控站的管辖范围为一个县/区；对于移动通信网，由于其组网方式不同于固定电话网，则相对弱化了这一级。

4)监控单元（SU）：一般完成一个物理位置相对独立的通信局（站）内所有的监控模块的管理工作，个别情况可兼管其他小局（站）的设备。监控单元为监控系统的最小子系统，一般是一台计算机。

5)监控模块（SM）：面向具体的监控对象，完成数据采集和必要的控制功能。一般按照监控对象的类型划分有不同的监控模块，在一个监控系统中一般有多个监控模块。

3. 本小题是对传感器的概念进行考查。传感器负责检测被测信号，并将被测信号转换为前端计算机的处理数据。传感器的组成按其定义一般由敏感元件、转换元件、转换电路三部分组成。

4. 本小题是对数据采集的考查。数据采集包括对各种监控数据的收集、分析、处理、上报、存储和监控命令的下达等。对被监控设备数据的采集，通常采用串行通信数据采集方式。一般情况下，在端局设置的前置机（监控主机）通过串口连接各监控模块，采用总线方式采集。对动力设备而言，监控量有数字量、模拟量和开关量。

5. 本小题是对集中监控管理系统的功能结构的考查。集中监控管理系统的功能结构分为数据采集和设备控制、运行和维护、管理功能三大模块。集中监控管理系统应实现配置管理、故障管理、性能管理和安全管理四组管理功能。

填空题 04（2021年真题）：

【答案】1.（1）显冷量。2.（2）节流装置。3.（3）干燥过滤器。4.（4）遥信。5.（5）2。

【试题解析】

1.（1）制冷量：在规定的制冷量试验条件下，空调机从所处理的空气中移除的显热和潜热之和，单位为瓦（W）。（2）显冷量：在规定的制冷量试验条件下，空调机从所处理的空气中移除的显热量，单位为瓦（W）。（3）显热比：显冷量和制冷量之比，用等于或小于1的数值表示。（4）制冷消耗功率：在规定的制冷量试验条件下，空调机所消耗的总电功率，单位为瓦（W）。（5）能效比（EER）：在规定的制冷量试验条件下，整机的制冷量和制冷消耗功率之比。（6）机外静压：空调机出风口与回风口处的静压差。（7）冷风比：空调机制冷量（W）和送风量（m^3/h）之比。

2. 节流装置通过感温包感受蒸发器出口端过热度的变化，以此控制阀门关小或开大，起到降压节流的作用，以及自动调节蒸发器的制冷剂供给量并保持蒸发器出口端具有一定过热度。

3. 干燥过滤器安装在冷凝器与膨胀阀之间的管道上，用来清除固体杂质及水分，以防阀件小孔堵塞和水分的冻结。

4.（1）遥信是指对离散状态的开关信号（如开关的接通/断开、设备的运行/停机、正常/故障等）进行数据采集，并将其反映到监控中心。（2）遥测是指对连续变化的模拟信号（如电压、电流等）进行数据采集，并根据所获得的资料，判断所发生的情况，或者不定期测试必要的技术数据，以便分析设备运行的状态。（3）遥控是指由集中监控管理系统发出的控制命令

(如控制整流器均充/浮充、控制设备的开/关机等)对设备进行远距离操作。

5. 集中监控管理系统应采用不间断电源(UPS)供电。当采用 UPS 供电时,旁路逆变切换时间应不大于 2ms。

填空题 05(2022 年真题):

【答案】1.(1)遥信。2.(2)地区监控中心。3.(3)双路由备份或环网。4.(4)鉴权。5.(5)分层的模块化。

填空题 06(2023 年真题):

【答案】1.(1)分布式计算机控制。2.(2)告警协议。3.(3)遥信。4.(4)安全管理。5.(5)过电压保护。

二、选择题

选择题 01(2016 年真题):

【答案】1. D;2. C;3. A;4. D。

试题分析:本试题考查对监控系统相关知识的辨识和理解。

【试题解析】

1. 前置机一般指供监控人员使用操作的计算机,处于监控系统的末端,所以前置机的中断不会导致一台经智能协议处理机接入系统的设备通信中断。

2. 传感器负责将被测出的信号检出、测量并转换成前端计算机能处理的数据信息。由于电信号易于被放大、反馈、滤波、微分、存储以及远距离传输等,另外目前电子计算机只能处理电信号,所以通常使用的传感器大多数将被测的非电量(物理的、化学的和生物的信息)转化为一定大小的电量输出。

3. 动力与环境集中监控管理系统典型的三级网络结构为:端局(站)设置监控单元(Supervision Unit, SU)、县(区)或若干个端局(站)设置监控站(Supervision Station, SS)、地(市)级及以上城市设置监控中心(Supervision Center, SC)。

4.《通信电源集中监控管理系统工程验收规范》规定:系统应进行同时多点遥测内容抽测,选取遥测数量应不少于总遥测数量的 10%,系统应工作正常。系统应进行同时多点告警信号测试,选取告警信号数量应不少于总告警信号数量的 10%,系统应工作正常。当采用专线通信时,从故障点到维护中心的相应时间应小于或等于 10s,键盘对三遥指令操作的系统响应时间应小于或等于 30s。

选择题 02(2018 年真题):

【答案】1. D;2. C;3. C;4. A;5. C。

试题分析:本试题考查对集中监控相关知识的理解。

【试题解析】

1. 本小题是对"三遥"基本概念的考查。所谓的"三遥"是指遥信、遥测和遥控。遥信是指对离散状态的开关信号(如开关的接通/断开、设备的运行/停机、正常/故障等)进行数据采集，并将其反映到监控中心。遥测是指对连续变化的模拟信号（如电压、电流等）进行数据采集，并根据所获得的资料，判断所发生的情况，或者不定期测试必要的技术数据，以便分析设备运行的状态。遥控是指由集中监控管理系统发出的控制命令（如控制整流器均充/浮充、控制设备的开/关机等）对设备进行远距离操作。

2. 本小题是对集中监控管理系统的组网模式的考查。为了实现通信机房动力与环境的集中监控，监控网络采用分布式计算机控制系统。集中监控管理系统从功能上可划分为各级别监控中心、监控单元（SU）和监控模块（SM）。监控中心包括县市级监控中心（SS）、地市级监控中心（SC）、省级监控中心（PSC）。省级监控中心（PSC）：为满足省级管理而设立，通过开放的互联协议接入全省的地区监控中心。地市级监控中心（SC）：为适应本地区集中监控、集中维护和集中管理的要求而设置。县市级监控中心（SS）：为满足本地县、区级的管理要求而设置，负责辖区内各监控单元的管理。监控单元（SU）：一般完成一个物理位置相对独立的通信局（站）内所有的监控模块的管理工作，个别情况可兼管其他小局站的设备。监控模块（SM）：面向具体的监控对象，完成数据采集和必要的控制功能。

3. 本小题是对动力环境集中监控的监控范围的考查。通信电源集中监控管理系统又称为动力环境集中监控管理系统，是一个以通信电源监控为主，并集机房空调、机房环境、安全防范、消防等辅助监控功能为一体的通信局（站）综合基础监控系统。监控对象包括：高压配电设备、变压器、低压配电设备、备用发电机组、不间断电源、逆变器、整流设备、蓄电池组、直流/直流变换器、太阳能供电设备、风力发电设备、空调设备、防雷器件以及通信机房和电源机房的防火、防盗、温湿度等环境参数。

4. 本小题是对集中监控管理系统的管理功能进行考查。配置管理通过对监控系统各个方面参数的设置来保证系统正常、稳定运行和实现系统优化。

5. 本小题是对告警级别的分类进行考查。一级告警：已经或即将危及电源、空调系统及通信安全，应立即处理的告警；二级告警：可能对电源或空调系统造成退服或运行性能下降，影响设备及通信安全，需要安排时间处理的告警；三级告警：电源或空调系统中发生的设备部件故障但不影响设备整体运行性能的告警；四级告警：电源或空调系统中设备发送的维护提示性告警。

选择题 03（2020 年真题）：

【答案】1. D；2. A；3. D；4. C；5. C。

【试题解析】

1. 所谓的"三遥"是指遥信、遥测和遥控。遥信是指对离散状态的开关信号（如开关的接通/断开、设备的运行/停机、正常/故障等）进行数据采集，并将其反映到监控中心。遥测是指对连续变化的模拟信号（如电压、电流等）进行数据采集，并根据所获得的资料，判断所发生的情况，或者不定期测试必要的技术数据，以便分析设备运行的状态。遥控是指由集中监控管理系统发出的控制命令（如控制整流器均充/浮充、控制设备的开/关机等）对设备进行远距离操作。

2.（1）省级监控中心（PSC）：是为满足省级管理而设置的，可以对全省的地区监控。实时监视各通信局（站）、空调与环境的工作状态和运行参数，接收故障告警信息。

（2）监控中心（SC）：是为适应集中监控、集中维护和集中管理的需求而设置的，一般为市级的监控管理中心。通信电源集中监控管理系统的建设可以相对独立，属于网管的一个组成部分。

（3）监控站（SS）：是为满足本地县、区级的管理要求而设置的，负责辖区内各监控单元的管理。对于固定电话网，监控站的管辖范围为一个县/区；对于移动通信网，由于其组网方式不同于固定电话网，则相对弱化了这一级。

（4）监控单元（SU）：为监控系统的最小子系统，一般完成一个独立的通信局（站）（端局）内所有监控模块的管理工作，个别情况可以兼管其他小局（站）的设备。监控单元一般是一台计算机。

（5）监控模块（SM）：面向具体的监控对象，完成数据采集和必要的控制功能。不同监控对象有不同的监控模块，在一个监控系统中通常有多个监控模块。

4. RS422接口定义比较复杂，采用差分平衡电气接口，抗噪声干扰性好，为全双工结构。组网时，可以实现点到多点的通信。

选择题04（2021年真题）：

【答案】1. A；2. D；3. B；4. C；5. C。
【试题解析】

1.（1）压缩过程：压缩机不断地抽吸蒸发器中产生的制冷剂（低温低压的过热蒸汽），并将它压缩为高温高压的气体，送往冷凝器。（2）冷凝过程：在冷凝器中，高温高压制冷剂气体被冷凝为高温高压的液体，制冷剂在冷凝的过程中放出热量，放出的热量传给外界。（3）节流过程：从冷凝器出来的高温高压液体，再经过膨胀阀或其他节流装置，制冷剂的温度和压力均降低，变为低温低压的气液混合物。（4）蒸发过程：制冷剂的低温低压气液混合物，进入蒸发器后，在蒸发器内蒸发，变为低温低压的过热蒸汽，制冷剂在蒸发的过程中吸收周围介质的热量，达到冷却降温的目的。

2. 风管上送风方式是目前普遍采用的送风方式，通过风管、冷通道等把冷风直接输送至机柜内部进风口处，提高了机房专用空调的运行效率，符合"先冷设备、后冷环境"的原则。风管上送风方式应设置连通风管，保证任一台空调出现故障后，机房内部不出现明显的送风不均匀情况。该方式有效解决了风帽上送风方式的送风距离过短及送风不均匀的问题。

3. 监控模块（SM）与监控单元（SU）之间的接口定义为"前端智能设备协议"——A接口。A接口处于整个集中监控管理系统的基层。监控单元（SU）与上级管理单位之间的接口定义为"局数据接入协议"——B接口。上级管理单位可以是区域监控中心（SS），也可以是地区监控中心（SC）。集中监控管理系统的网络结构允许监控单元（SU）直接与区域监控中心（SC）进行通信。B接口处于整个集中监控管理系统的中间层。不同厂家监控系统的监控中心之间互联的接口定义为"系统互联协议"——C接口。集中监控管理系统的监控中心与其他网管之间的接口定义为"告警协议"——D接口。

4.（1）数字量采集：对于数字量（如频率、周期、相位和计数）的采集，数字脉冲可直接作为计数输入、测试输入、I/O口输入或作中断源输入，进行事件计数、定时计数，实现脉冲的频率、周期、相位及计数测量。（2）模拟量采集：对于模拟量的采集，通过A/D变换后送入总线、I/O或扩展I/O。（3）开关量采集：一般通过I/O或扩展I/O进行采集，开关量信号通过信号转换电路，进入输入缓冲器，然后被送入计算机进行处理。

5. 管理功能：（1）配置管理用于收集、鉴别、控制来自下层数据和将数据提供给上级；（2）故障管理用于对监控对象运行情况异常进行检测、报告和校正；（3）性能管理用于对监控对象的状态以及网络的有效性评估和报告；（4）安全管理用于保证运行中的集中监控管理系统安全。

选择题 05（2022年真题）：

【答案】1. C；2. D；3. A；4. B；5. C。

【试题解析】

1. 三级网络可以不需要区域监控中心，直接由地市级监控中心对城市的局站进行直接管理，原因是有些城市规模小。

2. 遥测对应模拟信号，遥信对应数字信号，遥控对应控制信号。

3. 试题分析见表 5-4 所示。

表 5-4　数据传输总线 RS232、RS422 和 RS485 的主要区别

接口	特点	通信方式	工作方式	通信速率
RS232	直通线（同信号） 交叉线（不同信号）	点到点	全双工	15m（小于 20kbit/s）
RS422	差分平衡电气接口 （抑制共模干扰）	点到多点 （总线方式）	全双工	12m（10Mbit/s） 120m（1Mbit/s） 1200m（100kbit/s）
RS485	RS422 的子集	点到多点、多点到多点	半双工	同 RS422

4. 集中监控管理系统的功能结构中包括三级结构：（1）数据采集和设备控制；（2）运行和维护；（3）管理功能（配置管理，故障管理，性能管理，安全管理）。

5. 告警记录状态参数：新产生（未消除、未确认的告警）；已确认（未消除、已确认的告警）；未确认（确认前已消除的告警）；已消除（已确认并消除的告警）。

三、判断题

判断题 01（2012年真题）：

【答案】1. √；2. ×；3. ×；4. √；5. ×。

试题分析：本试题主要考查对集中监控管理系统知识的辨识和理解。

【试题解析】

1. 本小题考查对动力环境监控系统中安全管理功能的辨识和理解。要正确地理解动力环境监控系统中安全管理功能所包含的两层含义：监控系统的安全、设备和人员的安全。

2. 本小题考查对热电偶和热敏电阻的测温原理和应用的辨识和理解。热敏电阻是利用物体在温度变化时本身电阻也随之发生变化的特性来测量温度的，其主要材料有铂、铜和镍等。一般热敏电阻的测量精度高，但其测量范围比较小。热电偶基本工作原理来自物体的热电效应。热电偶测量范围较宽，一般可达 $-100 \sim 2000$℃。

3. 本小题考查动力环境监控系统的维护方面的知识。动力环境监控系统的年维护项目包括：①做阶段汇总年报表；②全面抽查监控系统的功能、性能指标；③整理过期数据便于以

后分析；④检查并确保监控中心服务器、监控主机和配套设备、监控模块及前端采集设备有良好的接地和必要的防雷设施；⑤检查智能通信口与数据采集器之间的电气隔离及防雷措施。根据年维护项目⑤，智能通信口与数据采集器之间的电气隔离及防雷措施应每年检查一次。

4. 本小题考查目前红外传感器在安全防范领域的应用。目前安全防范领域普遍采用热释电传感器制造的被动红外探测器。

5. 本小题考查动力环境监控系统中实时数据库的设置方式。实时数据库的设置方式：实时数据库现场分布，一般设置在有人值守的最低一级管理节点（如 SS 或有人值守的 SU）。这种方案的好处是，现场设备传来的数据，在这一节点得到一定过滤，只把一些重要的或上级管理节点需要的数据传送上去，避免大量不重要的数据在网上传送，增加网络负荷。另外，这种配置充分体现了分散控制、分散采集和集中管理的特点，符合现代计算机控制系统分布式控制的特点。

判断题 02（2016 年真题）：

【答案】1. ×；2. ×；3. ×；4. √；5. √。
试题分析：本试题考查对通信电源集中监控管理系统与空调相关知识的辨识和理解。
【试题解析】

1. 在监控系统中采用的是串行异步通信方式，速率一般设定为 2400～9600bit/s。串行通信是 CPU 与外部通信的基本方式之一，监控系统中常用的串行接口有 RS232、RS422 和 RS485。

2. 动力环境集中监控管理系统典型的三级网络结构为：端局（站）设置监控单元（SU）、县（区）或若干个端局（站）设置监控站（SS）、地（市）级及以上城市设置监控中心（SC）。在上述三级结构中，SC 和 SS 属于管理层。

3. 集中监控管理系统要求蓄电池单体电压测量误差应不大于 5mV。

4. 为了提高通信电源的工作效率，防止发生电力故障等情况，就必须加强对电源设备的监控。由于通信电源设备在应用中存在分散性，因此应当采用分布式的计算机控制系统。

5. 在空调系统中，制冷剂在蒸发器的蒸发温度是由蒸发压力决定的，与被冷却物的温度和压力大小无关。

判断题 03（2018 年真题）：

【答案】1. √；2. √；3. √；4. √；5. ×。
试题分析：本试题考查对集中监控相关知识的辨识和理解。
【试题解析】

1. 本小题是对集中监控管理系统的接口相关知识进行考查。动力环境集中监控管理系统可以灵活地组织成各种类型的网络结构，为便于系统各组成部分间的互联互通，使系统的建设更加规范化、标准化。目前，在网络结构不同级别之间共定义了四个接口：A 接口、B 接口、C 接口和 D 接口。

监控模块与监控单元之间的接口定义为"前端智能设备协议"——A 接口，处于整个集中监控管理系统的底层。该接口对系统数据采集层的协议进行了详细定义。前端智能设备协议不仅包含了通信局（站）为实现集中监控而使用的电源设备在设计、制造中应遵循的通信协议，同时规定了通信电源、空调及环境集中监控管理系统中监控模块与监控单元间的通信协议。

监控单元与监控模块的通信为主从方式，监控单元为上位机，监控模块为下位机。监控单元呼叫接口模块并下发命令。监控模块收到命令后返回响应信息。若 500ms 内监控单元接收不到监控模块的响应信息或响应信息错误，则认为本次通信过程失败。

监控模块通过调制解调器以拨号方式与监控中心相连，监控中心通过调制解调器依次拨号轮询各监控模块。在发生紧急告警时，监控模块应有主动拨号上报功能。

2. 本小题是对集中监控管理系统的内容进行考查。从集中监控管理系统的监控内容来看，集中监控管理系统以监控电源设备的状态为主，环境参数的监控为辅，是可选项。

3. 本小题是对集中监控管理系统的配置数据进行考查。各级集中监控管理系统的配置数据要保持一致。当下级被监控对象及其监控内容或操作人员发生改变时，上级系统要随之改变对应的数据，通过事件通知功能向上级系统报告配置改变的情况。

4. 本小题是对集中监控管理系统的安装注意事项进行考查。监控设备在安装过程中，应不影响被监控设备的正常运行。

5. 本小题是对集中监控维护的考查。集中监控的应用只是减少了人员投入，利用数据采集技术、计算机技术和网络技术来有效提高通信电源维护质量。通信电源设备的维护，仍需要技术精湛、经验丰富的电源专家。

判断题 04（2019 年真题）：

【答案】1. ×；2. ×；3. √；4. √；5. ×。

试题分析：本试题考查集中监控管理系统相关知识的辨识和理解。

【试题解析】

1. 本小题是对集中监控对象及内容的考查。变压器的监控内容包括：遥测——三相输入电流、三相输入电压、三相输出电流、三相输出电压和变压器温度；遥信——过温告警。由此可知，变压器中的过温告警是属于遥信的内容。

2. 本小题是对集中监控管理系统的数据采集进行考查。监控模块与监控单元都位于监控现场，距离较近，一般采用专用数据总线。在监控系统中采用的是串行异步通信方式，速率一般设定为 2400～9600bit/s。监控系统中常用的串行接口有 RS232、RS422 和 RS485。RS485 接口是 RS422 的子集，RS422 为全双工结构，RS485 为半双工结构。用于组网时，RS485 能够实现点到多点及多点到多点的通信，通信距离和传输速率与 RS422 基本相同。

3. 监控系统应该具有系统登录和操作控制功能。（1）监控系统登录控制功能的要求如下：系统应具有对试图登录系统的用户进行鉴权的功能，只有名称和密码都正确的用户才允许登录到系统中，否则拒绝登录。若一用户连续多次被拒绝登录，则系统应能锁定该用户。（2）监控系统操作控制功能的要求如下：系统应具有对用户实施的操作进行鉴权的功能，保证具有权限的用户才能实施相应的操作。

4. 动力环境集中监控管理系统的硬件设备应具有很高的可靠性，监控模块（SM）和监控单元（SU）的平均故障间隔时间（Mean Time Between Failures，MTBF）应不低于 100000h；整个系统的平均故障间隔时间应不低于 20000h。平均故障修复时间（Mean Time To Repair，MTTR）应小于 0.5h。

5. 本小题是对集中监控管理系统的日常使用与维护进行考查。监控中心应实行 24h 值班制度，日常值班人员应对系统终端发出的各种声光告警，立即做出反应，并应根据实情做出处理。一级告警：已经或即将危及电源、空调系统及通信安全，应立即处理的告警。二级告警：可能对电源或空调系统造成退服或运行性能下降，影响设备及通信安全，需要安排时间做出处理的告警。三级告警：电源或空调系统中发生的设备部件故障，但不影响设备整体运行性能的告警。四级告警：电源系统或空调系统中设备发送的维护提示性告警。

判断题 05（2024 年真题）：

【答案】1. √；2. √；3. ×；4. √；5. ×。

四、问答题

1. 在集中监控管理系统中，需要对各类高压配电设备进行哪些内容的遥测或遥信？请列举至少四种监控内容，并指明是针对何种配电设备（如：进线柜、出线柜、母联柜和直流操作电源柜等）（**2013 年真题**）。

【答案】①进线柜。遥测：三相电压、三相电流；遥信：开关状态、过电流跳闸告警、速断跳闸告警、接地跳闸告警、失压跳闸告警（可选）。

②出线柜。遥信：开关状态、过电流跳闸告警、速断跳闸告警、接地跳闸告警（可选）、失压跳闸告警（可选）、变压器过温告警、瓦斯告警（可选）。

③母联柜。遥信：开关状态、过电流跳闸告警、速断跳闸告警。

④直流操作电源柜。遥测：储能电压、控制电压；遥信：开关状态、储能电压过高/过低、控制电压过高/过低、操作柜充电机故障告警。

2. 集中监控管理系统本身也需要进行安全管理和人员权限管理。①请列举三种以上安全机制。②请列举集中监控管理系统的维护人员主要可分为哪些角色，简要说明其职责（**2013 年真题**）。

【答案】①可以采用的安全机制：双机热备份、系统自我诊断功能、专网专用、使用网络防病毒软件。

②一般需要采取权限管理，并划分如下角色。一般用户：登录后能够完成集中监控管理系统正常的例行业务，实现一般的查询和检索功能，定时打印报表，响应和处理一般告警。系统操作员：系统操作员除了具有一般用户可以使用的功能外，还可以实现对具体设备的遥控功能。管理员：管理员拥有网络和系统的一切操作权限，能够对系统参数、网络状态等进行更改和配置，拥有对一般用户和操作员的权限进行分配和管理取消等权利。

试题分析：本试题考查集中监控管理系统的安全机制和权限管理。

（1）安全机制

集中监控管理系统的安全机制包括以下四种。根据题目要求，可以任意列举其中三种或所有四种安全机制作答。①系统应从主机配置或网络配置上得到双机热备份或各主机之间互为备份的功能，使监控中心系统运行安全。②监控系统应有自诊断功能，随时了解系统内部各部分的运行情况，做到对故障的及时反应。非专线方式，即通过拨号进入监控主机的号码资源不对外公开。③集中监控管理系统应做到专网专用，严禁上网下载其他程序和游戏程序。④监控系统主机应安装防病毒软件，防病毒软件应随时更新，并定期查杀计算机病毒。

（2）权限管理

可以针对一般用户、系统操作员和系统管理员三种权限分别简要作答。①为保证监控系统的正常运行，在监控中心和监控站分别对维护人员按照对监控系统拥有的权限分为一般用户、系统操作员和系统管理员。②一般用户指完成正常例行业务的用户，能够登录系统，实现一般的查询和检索功能，定时打印所需报表，响应和处理一般告警；系统操作员除具有一般用户权限外，还能够通过自己的账号与口令登录系统，实现对具体设备的遥控功能；系统管理员除具有系统操作员的权限外，还具有配置系统参数、用户管理的职能。系统参数是保障系统正常运行的关键数据，必须由专人设置和管理。用户管理实现对一般用户和系统操作员的账号、口令和权限的分配与管理。③所有登录口令均作机密处理，维护人员之间不许相互打听；系统管理员必要时可更改某账号的口令。不同的操作人员应有不同的口令，所有系统登录和遥控操作数据必须保存在不可修改的数据库内定期打印，作为安全记录。④对于设备的遥控权，下级监控单位具有获得遥控的优先权。对关键设备进行遥控时，应该确认现场无人维修或调试设备；有人员在现场操作设备时，应该通知上级监控单位在监控主机上设置禁止远端遥控的功能，在人员撤离时，通知恢复。⑤系统所有技术手册、安装手册、应用软件等资料作为机密保管。⑥人员须按接班内容逐项核实，利用动力环境集中监控管理系统进行检查，查看当前告警、操作维护报表、交接班报表以及巡检设备运行的实时数据。严格执行操作规程，遵守人机命令管理规定，未经批准不做超越职责范围的操作。

3.①常见的监控系统硬件包含哪些模块？简要说明其作用。②请列举两种以上监控系统中常见的传感器（**2013年真题**）。

【答案】①监控系统硬件主要包括传感器、变送器和协议转换器。传感器是监控系统前端测量中的重要器件，它负责将被测信号检出、测量并转换成前端计算机能够处理的数据信息，即传感器将非电量信号变换为电量输出。变送器是能够将输入的被测电量（电压、电流等）按照一定的规律进行调制、变换，使之成为可以传送的标准直流输出信号（一般是电信号）的器件。协议转换器将智能设备的通信协议转换成标准协议。

②监控系统中常见的传感器包括温度传感器、湿度传感器、火灾探测器、红外传感器、液位传感器等（根据题意能够正确列举两种传感设备即可）。

4.集中监控管理系统不仅能提高系统维护的实时性，也减少了维护人员的数量。试简述集中监控管理系统应具有的功能（**2015年/2016年真题**）。

【答案】集中监控管理系统的主要功能包括：监控功能、交互功能、管理功能、智能分析功能和帮助功能。监控功能是监控系统最基本的功能，可分为监视功能和控制功能；交互功能是指监控系统与人之间相互对话的功能；管理功能包括数据管理、告警、配置、安全及档案资料的一系列维护与管理；智能分析功能包括告警分析、故障预测及运行优化等功能；帮助功能主要是指提供帮助信息。

5.简述集中监控管理系统的三级结构（**2016年真题**）。

【答案】动力环境集中监控管理系统典型的三级网络结构为：端局（站）设置监控单元（Supervision Unit，SU）、县（区）或若干个端局（站）设置监控站（Supervision Station，SS）、地（市）级及以上城市设置监控中心（Supervision Center，SC）。如图5-20所示。

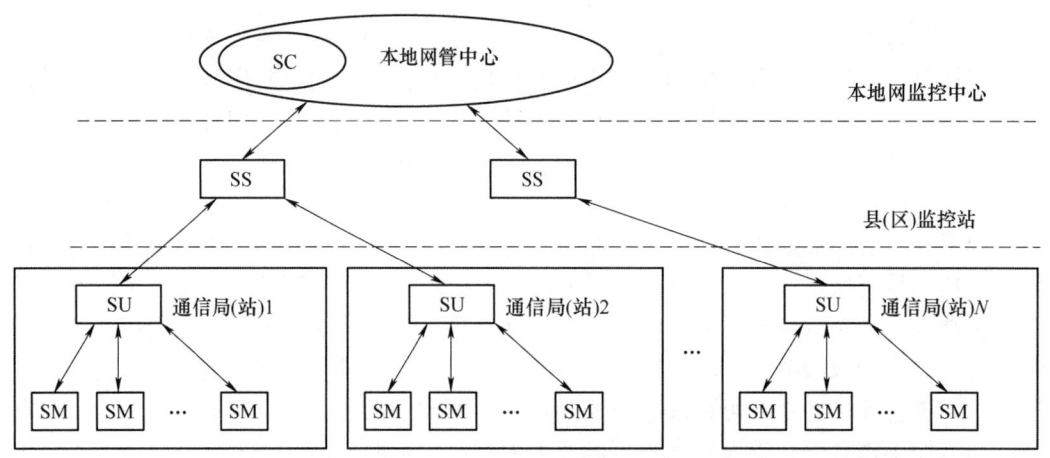

图 5-20 通信局（站）动力环境集中监控管理系统三级结构

整个监控系统的网络结构是按广域网进行连接的，即各监控级自上而下逐级汇接，每个监控中心均按辐射方式与若干下级监控节点连接，形成一点对多点的监控系统，最低的监控级与其所监控的设备相连接。

监控系统的数据采集结构根据不同的电源设备设置若干设备监控单元（监控模块），构成若干相对独立的数据采集系统。这些数据采集子系统包括：高压室、低压室、发电机组机房（油机室）、电力室和电池室等全部电源设备，以及空调设备和环境条件。

智能设备的监控模块本身自行构成数据采集子系统。监控系统数据存储结构也应符合管理结构的需要，三级都应保存一定的实时数据和历史数据，各级监控还应有对实时数据进行处理的能力，将实时数据进行处理后再向上级传送，可以减少传送的数据量，提高对有用信息的响应速度。实时数据库现场分布，一般设置在有人值守的最低一级管理节点（如 SS 或有人值守的 SU）。这种方案的好处是，现场设备传来的数据，在这一节点得到一定过滤，只把一些重要的或上级管理节点需要的数据传送上去，避免大量不重要的数据在网上传送，增加网络负荷。另外，这种配置充分体现了分散控制、分散采集和集中管理的特点，符合现代计算机控制系统分布式控制的特点。这种符合工业标准的实时数据库，可通过开放的数据链路接口与关联数据库进行通信。历史数据库多级备份，在现场计算机节点上保存历史文件。在二级管理中心、一级管理中心也可保存历史文件，实现历史数据的多级备份。

6. 简单说明监控系统的组网原则（**2017 年真题**）。

【答案】对于一套通信机房集中监控管理系统，在不同的监控管理级别上应设立一个监控中心，即区域监控中心、地区监控中心以及其他更高级监控中心（如省监控中心）等。

省监控中心一般可以下设一个或数个地区监控中心。

地区监控中心一般可以下设一个或数个区域监控中心。根据各运营商的维护体制和减少管理层次的要求，也可以不再设置区域监控中心，而直接下设数个监控单元。若设立区域监控中心，则其下可以设数个监控单元。

各通信端局（站）根据规模设置一个或多个监控单元，也可以根据需要在多个局（站）合设一个监控单元。

监控模块原则上接入本局（站）监控单元，也可根据需求接入其他局（站）监控单元或更高级别的监控中心。监控模块分为自备式智能监控模块和附加监控模块两种形式，其中附加监控模块可通过数字输入、数字输出或模拟输入、计数输入的接口分别与非智能设备的相应接口连接。

7. 简述集中监控管理系统的功能结构（**2020 年真题**）。

【答案】集中监控管理系统的功能结构：（1）数据采集和设备控制；（2）运行和维护；（3）管理功能（配置管理、故障管理、性能管理、安全管理）。

8. 简述集中监控管理系统网络结构中所包含的监控级别（**2021 年真题**）。

【答案】集中监控管理系统网络结构中所包含的监控级别有：省级监控中心、地市级监控中心、县市级监控中心、监控单元、监控模块。

省级监控中心（PSC）：是为省级管理而设置的，可以对全省的地区监控。实时监视各通信局（站）电源、空调与环境的工作状态和运行参数，接收故障告警信息。

地市级监控中心（SC）：是为适应地区集中监控、集中维护和集中管理的需求而设置的，一般为市级的监控管理中心，通信电源集中监控管理系统的建设可以相对独立，属于本地网管的一个组成部分。

县市级监控中心（SS）：是为本地县、区级的管理要求而设置的，负责辖区内各监控单元的管理。

监控单元（SU）：监控系统的最小子系统，一般完成一个独立的通信局（站）（端局）内所有监控模块的管理工作。

监控模块（SM）：面向具体的监控对象，完成数据采集和必要的控制功能。不同监控对象有不同的监控模块，在一个监控系统中通常有多个监控模块。

9. 集中监控管理系统应能够为用户提供方便实用的配置管理功能，请简述集中监控管理系统的配置管理功能所包含的内容（**2022 年真题**）。

【答案】配置管理包括：状态配置管理、设备配置管理、软件配置管理、配置数据同步、配置数据统计与打印。状态配置管理：管理、运行、告警；设备配置管理：对象、模块、单元、中心；软件配置管理：软件配置、软件版本；配置数据同步：各级数据一致；配置数据统计与打印：统计、打印。

第 6 章

环境与安全

通信局（站）防雷接地系统通过联合接地、等电位联结、金属屏蔽等多种措施的共同作用，为电源设备、空调设备以及各类网络通信设备的平稳、安全运行提供良好的环境，进而保护设备和维护人员的安全，同时保持通信质量。另外，为了防止发生电气设备损坏和人身触电事故，确保通信系统安全可靠地运行，维护人员还需掌握一定的安全用电知识。

6.1 通信电源接地系统

接地系统是通信局（站）电源系统的重要组成部分，通过接地装置将通信电源设备与大地相连，目的在于确保电气安全、稳定设备运行、防雷击等。接地系统可将雷电流或故障电流引入大地，从而避免对设备和人员造成危害，同时为设备提供稳定的参考电位。

6.1.1 接地系统的概念

（1）接地

为了工作和安全的需要，将通信电源系统及其电源设备的某些部分和大地进行良好的电气连接，称为接地。

接地中所指的"地"，和一般所指的大地的"地"是同一个概念，即一般的土壤。它有导电的特性，并具有"无限大"的电容量。无论输入多少电荷量，都难以改变它的电位，可以作为良好的参考零电位。

（2）接地系统

通信电源系统及其设备的接地所包含的所有电气连接和器件，称为接地系统。

6.1.2 接地系统的组成*

通信电源的接地系统一般由接地线、接地排、接地引入线和接地体等组成，如图 6-1 所示。

第 6 章　环境与安全

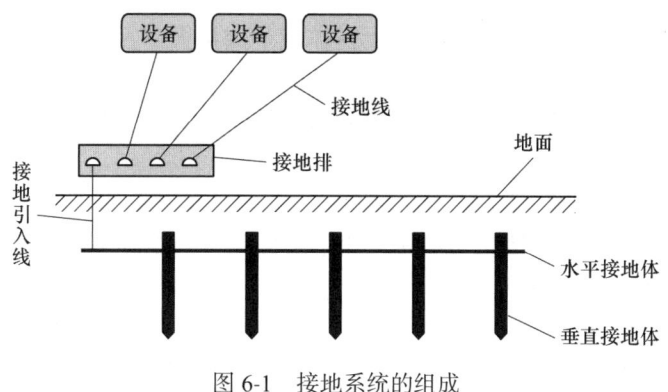

图 6-1　接地系统的组成

（1）接地线

接地线是等电位连接中使用的线缆，指将通信电源系统及其电源设备就近可靠连接到接地排上的线缆。

（2）接地排

接地排是汇集各类接地线的导体。

（3）接地引入线

接地引入线是接地体与接地排之间相连的导体。

（4）接地体

接地体是为达到与地连接的目的，是一根或一组与土壤（大地）密切接触并提供与土壤（大地）之间的电气连接的导体。接地体有水平接地体和垂直接地体之分。

接地引入线和接地体的总和称为接地装置。

6.1.3　接地系统的作用及分类*

在通信电源系统中，接地系统主要有以下三个作用。①为系统内的设备提供基准参考电位，确保各类设备协调工作。②系统发生短路故障时，防止设备（机架）带电引起人员触电伤亡。③雷电等异常电流进入系统时，需要通过接地系统分流入地。

接地系统主要分为以下三类。

1. 直流工作接地

直流工作接地也称为通信功能接地。

（1）直流工作接地的类型和作用

① 蓄电池组一极接地，其作用是为了取得一个公共的基准"零电位"，以减少电路间的耦合，降低干扰影响。在话音通信回路中，当电话线路对地绝缘不良时，蓄电池组一极接地还可以减少一部分通过大地回流至电池接地电极的泄漏话音电流，从而降低串话电平。通常，通信蓄电池组采用正极接地，能有效减轻电蚀对设备电气部件的危害。

② 各通信设备的金属机架、机壳和走线架，直流配电屏、直流变换设备和铃流发生器的金属机架、机壳，室内、外通信电缆和配线的金属屏蔽层等接地，其作用是减少电磁场的干扰影响和减少电路间的耦合。

③ 各通信设备的保安器、避雷器接地，其作用是保护人身及设备的安全，避免遭受雷电和高压电的危害。

④ 各种引入架、试验架、测量台及需要测试的接地点接地，其作用是为了减少外界电磁干扰，提高测试的准确性。

（2）蓄电池组一极接地对串话干扰的抑制

用户线路对地绝缘电阻的降低可能引起串话，因为一条线路上的部分话音电流可能通过其周围区域找到一条通路而流到另一条线路上去，如图 6-2 所示（图中 i 为电流环路方向）。

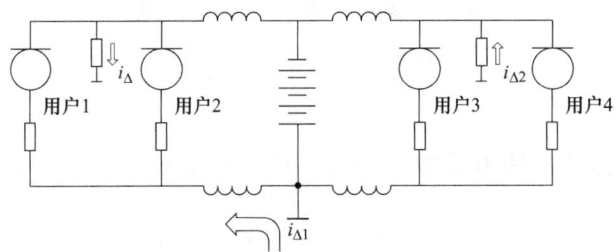

图 6-2　电话串话示意图

如果将电池的一个电极接地，则部分泄漏的语音电流将通过土壤回流到电池的接地极，相当于降低了串音电平，降低程度取决于电池组接地的效果以及周围土壤的电阻率。

有关资料表明，如果电池组一个电极的接地电阻低于 20Ω，就有可能使串音保持在适当的限值以内。当然这一限值并不是普遍允许的数值，它随着不同的通信系统而变化，而且还取决于线路的容量、绝缘标准等，也就是说可能存在着更严格的接地电阻要求。

（3）蓄电池组正极接地对电蚀作用的抑制

通信供电系统中 −48V 的蓄电池组多采用正极接地，其原因在于正极接地可以减弱由于继电器或电缆金属外皮绝缘不良而产生的电蚀作用对继电器线圈或电缆金属外皮的损坏。

由于通信电源设备的零部件，如继电器和变压器的铁心、电阻和电容等元器件的插板等，都是直接或经过绝缘封装后安装在金属板上，再固定在金属机架上的，因此这些器件的铜导线直径都很细。若空气中的潮气水雾等附在导线上，器件通电后就会产生电解现象。当工作电源的负极接地时，由于机架已接地，机架就成了负极，因此正极导线的铜离子就会移向负极的铁架，使铜线被慢慢地腐蚀，严重时将发生蚀断而引起故障。如果把电源的正极接地，铁架成了正极，正极的铁离子便会移向铜线，从而保住铜线不被腐蚀。此外，铁架体积质量都较大，对电蚀的反应不明显，因此不会在短期内引发可察觉的不良后果。同样的道理，蓄电池组的正极接地也可以使外线电缆的芯线在绝缘不良时免受电蚀作用的腐蚀。图 6-3 表示蓄电池组不同电极接地时电蚀电流的不同流向。

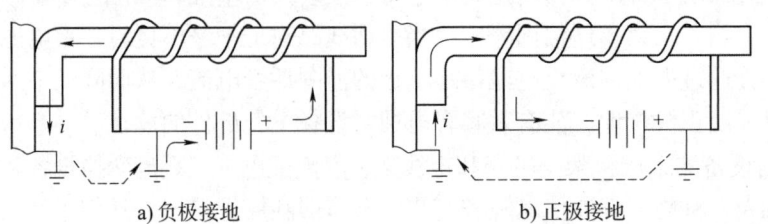

a）负极接地　　　　　　b）正极接地

图 6-3　蓄电池组不同电极接地方式电蚀电流的流向

2. 交流工作接地

为保证交流供电系统或交流电力设备达到正常工作要求而进行的接地（如中性点接地等）称为交流工作接地。

按照电力系统规程规定，10kV 级高压电力网应采用中性点非直接接地方式，故通信局（站）内装设的电力变压器高压侧中性点不需要接地；但在 220V/380V 低压系统中，因系统接地方式不同，变压器低压侧中性点有直接接地和非直接接地两大运行方式。

3. 保护接地

保护接地（Protective Earthing，PE）是指为了保障人身安全、防止间接触电，而将设备外露可导电部分进行接地。

保护接地的作用是防止人身和设备遭受危险电压的接触和破坏，以保护人身和设备的安全。保护接地有两种实现形式，一种是设备的外露可导电部分经各自的 PE 线分别接地；另一种是设备的外露可导电部分经公共的 PE 线或 PEN 线接地。

6.1.4 供电系统的接地*

在 GB 50054—2011《低压配电设计规范》中，按照载流导体的配置和接地方法的不同将低压配电系统划分成 TN、TT 和 IT 等系统类型，TN 系统又有 TN-C、TN-S、TN-C-S 三种形式。其中，第一个字母表示电源侧（配电变压器或发电机）接地方式：T 为法文 Terre 的首字母，表示直接接地；I 为法文 Isolant 的首字母，表示不接地或通过大阻抗接地。第二个字母表示电气设备外露导电部分接地方式：T 表示独立于电源接地点的直接接地；N 为法文 Neutre 的首字母，表示直接与电源系统接地点或该点引出的导体相连接。后续字母表示中性线与保护线的组合情况：C 是法文 Combinaison 的首字母，表示中性线与保护线合并为一根导体；S 是法文 Separateur 的首字母，表示中性线与保护线分开为两根相互独立的导体。

上述不同结构形式的低压配电系统在系统发生单相接地故障时具有不同的电气特性。所谓接地故障是指电气回路中的带电导体，即相线和中性线（L 线和 N 线）与大地、电气设备金属外壳以及各种接地的金属管道、结构之间的短路。它是单相对地短路，是电气系统最常见的一类故障，但其事故后果和防范措施与一般金属性短路故障不同。为便于区别，国际电工标准将它称作接地故障（Earth Fault）。

我们知道，金属性短路故障的短路电流大，系统通过常用的熔断器、断路器等过电流保护装置切断电源，从而防止火灾的发生。比较而言，接地故障不仅发生的概率大，而且一旦发生，它还往往以持续的电弧性短路形态存在。电弧性短路的短路电流小，过电流型保护器往往不能及时切断电源，而电弧、电火花的局部温度可达千摄氏度以上，很容易使附近的可燃物质起火，也就是说接地故障比一般短路更容易导致电气火灾。在实际工作中必须对系统的接地故障高度重视。

1. TN 系统

在中性点直接接地系统中，电气设备在正常情况下不带电的金属外壳通过保护线与中性线和系统中性点相连接，构成 TN 系统。

按照中性线与保护线的组合情况，TN 系统分为以下三种形式。

（1）TN-C 系统

整个系统中的中性线 N 与保护线 PE 是合二为一的（过去这种保护接地方式称为保护接

零），如图 6-4 所示的 PEN 线。在 TN-C 系统中，由于电气设备的外壳接到保护中性线 N 上，当一相绝缘损坏且与外壳相连时，则由该相线、设备外壳、保护中性线形成闭合回路。回路电流一般来说是比较大的，从而引起保护电器动作，使故障设备脱离电源。

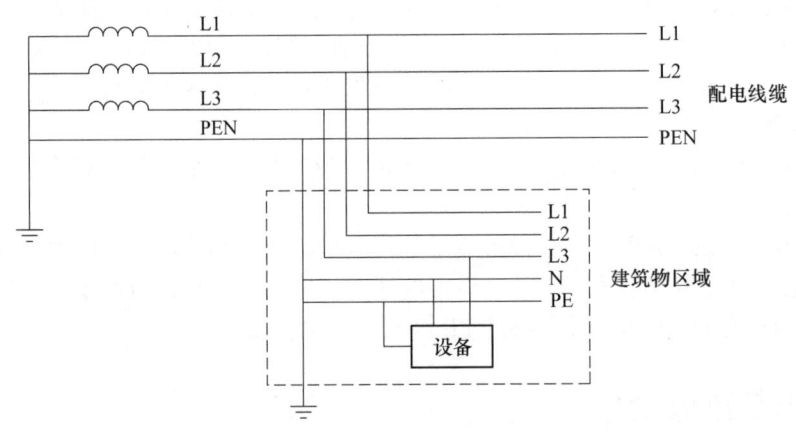

图 6-4　TN-C 系统

注：①为简化起见，图中仅画出了单相设备。大多数情况下，上述低压配电系统的类型划分也适合于三相设备；
②系统供电电源可以是变压器的次级绕组，也可以是发电机组线圈或不间断电源系统；
③上述两点说明也适用于后述低压配电系统介绍。

由于 TN-C 系统是将保护线与中性线合二为一，故系统的建设成本低。但如果三相负荷不平衡（在我国的电网中常有这种情形发生）或系统单相负荷容量较大时，在 PEN 线上就会流过较大的电流。为解决这类问题，通常要求从电源端到设备端，每隔 50m 将 PEN 线接地一次。如此一来，相应的安全措施比较复杂，如果实施不规范容易引发系统故障。因此，通信大楼内部低压交流部分一般不使用 TN-C 系统的供电方式。

（2）TN-S 系统

TN-S 系统中，中性线 N 与保护线 PE 是完全分开的，所有设备的外壳或其他外露可导电部分均与公共 PE 线相连，如图 6-5 所示。这种系统的优点在于，公共 PE 线在正常情况下没有电流通过，因此不会对接在 PE 线上的其他设备产生电磁干扰，所以这种系统特别适合于为数据通信系统供电。此外，由于 N 线与 PE 线分开，因此即使 N 线断开也不会影响接在 PE 线上的设备防间接触电的功能。

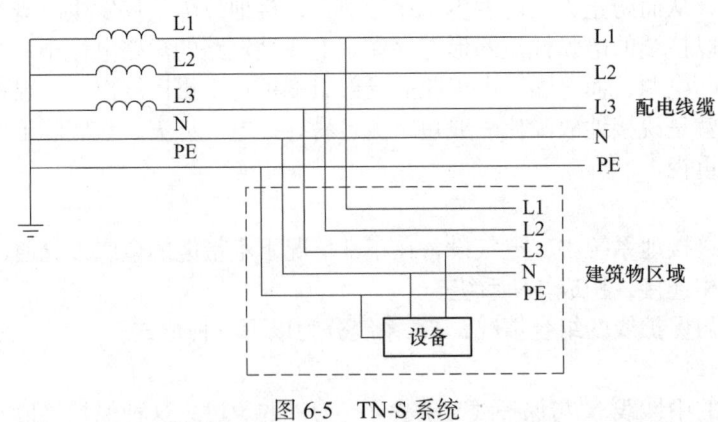

图 6-5　TN-S 系统

这种系统多用于供电环境条件较差、对供电安全可靠性要求较高、设备对电磁干扰要求较严的一些场所。通信局（站）的低压配电多采用 TN-S 系统接线形式。

（3）TN-C-S 系统

这种系统前一部分为 TN-C 系统，后一部分为 TN-S 系统，因此兼有 TN-C 系统和 TN-S 系统的特点，如图 6-6 所示。主要应用在用电量较小的建筑物或线路末端供电环境较差的场合。

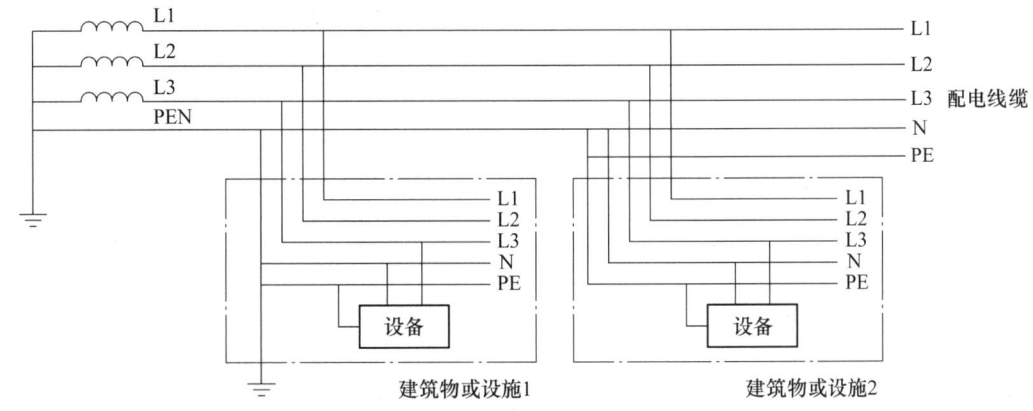

图 6-6　TN-C-S 系统

（4）TN 系统中的重复接地

在 TN 系统中，中性线断裂后对系统的安全运行影响很大，因此必须对中性线采用重复接地措施，以确保接地装置的可靠。

以 TN-C 系统为例，如图 6-7 所示。如果保护中性线断裂，则在断裂点后的某一电气设备发生碰壳短路故障时，所有连于中性线上断裂点后的电气设备外壳均承受接近于相电压 u_φ 的电压，而断裂点前的电气设备 a 的外壳电压为 $u_a \approx 0$。

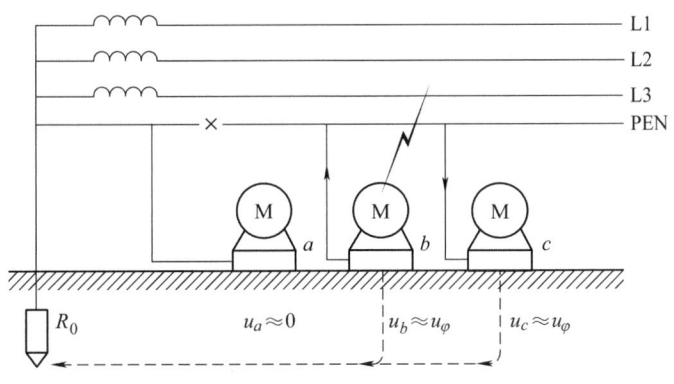

图 6-7　无重复接地时中性线断裂的情况

图 6-8 所示为有重复接地时中性线断裂的情况。如果发生 C 相碰壳，则断裂点前后的电压分别为：

$$u_a = \frac{u_\varphi}{R_0 + R_n} R_0;\ u_b = u_c = \frac{u_\varphi}{R_0 + R_n} R_n$$

式中，R_n 为重复接地装置的电阻。如果 $R_0 = R_n$，则 $u_a = u_b = u_c = u_\varphi/2$。

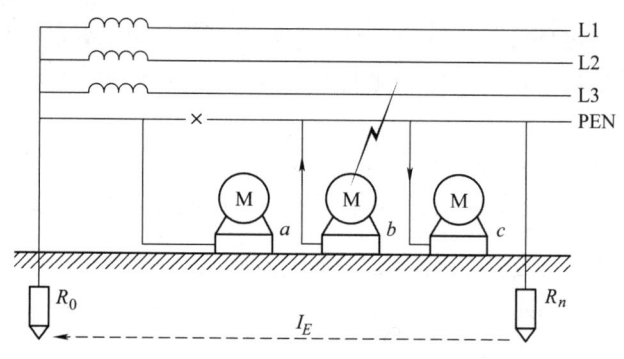

图 6-8 有重复接地时中性线断裂的情况

显然，中性线断裂故障的危害减轻了。事实上，即使在正常情况下中性线断裂，也会引起各相电压不均衡，即负载大的相电压偏低，负载小的相电压偏高，从而易造成用电设备的损坏。因此在直接接地系统中，为了防止室外电力电缆和架空线在引入室内时，因零线（中性线）发生断线或接触不良等故障对故障点后的用电设备或人身安全造成危害，在 GB 51348—2019《民用建筑电气设计标准》中规定："在中性点直接接地的低压电力网中，零线应在电源处接地。……电缆和架空线在引入车间或大型建筑物处零线应重复接地（但距接地点不超过 50m 者除外），或在屋内将零线与配电屏、控制屏的接地装置相连"。

按照以上规定，通信局（站）的变配电室和主楼距离如超过 50m 时，应增设重复接地，并与主楼内交流配电屏零线相连，但重复接地不应与直流工作接地线直接连接。重复接地电阻一般规定为 10Ω。

在图 6-8 所示故障的计算中，由于重复接地时的接地电阻 R_n 一般来说要大于系统接地电阻 R_0，所以 $u_b = u_c > u_a$，即大于 $u_\varphi/2$。相对于安全电压而言，PEN 线断裂点之后的设备外壳上的压降还是太高了。因此应当看到，重复接地只是起平衡电位的辅助作用，中性线的断裂还是应当尽量避免的，更不能在其上装设熔丝等开关类电器，在工程施工中必须精心组织，注意维护。

2. TT 系统

在中性点接地系统中，将电气设备外壳通过与系统接地无关的接地体直接接地，构成 TT 系统，如图 6-9 所示。

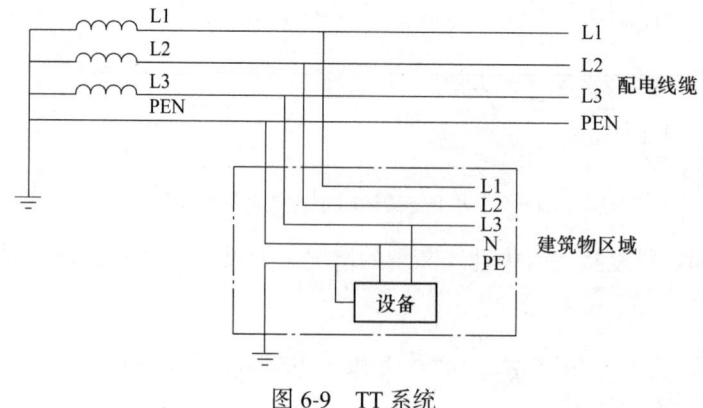

图 6-9 TT 系统

设备外露可导电部分直接接地后,当设备发生一相接地故障时,就可通过自身的保护接地装置形成单相接地短路电流,这一电流通常足以使故障设备电路中的过电流保护装置动作,迅速切除故障设备,从而大大减少了人体触电的危险。即使在故障未切除时人体触及故障设备的外露可导电部分,由于人体电阻远大于保护接地电阻,因此通过人体的电流也是比较小的,对人体的危害也相对较轻。

但如果 TT 系统中的设备只是因绝缘不良引起漏电时,则可能因漏电电流较小,电路中的过电流保护装置不动作,从而使漏电设备外露可导电部分长期带电,这就增加了人体触电的危险。

在图 6-10 所示的 TT 系统中,如果发生设备绝缘损坏,则设备外壳上的电压 $u_E = I_E R_E$。理论上只要限制接地装置中接地电阻 R_E 的大小,就能够保证设备外壳上的接地电压 u_E 在安全电压范围内。

如设定 $u_E = 50\text{V}$,则要求:

$$\frac{220}{R_0 + R_E} R_E \leq 50, \text{ 故}: \frac{R_0}{R_E} \geq \frac{220 - 50}{50} = 3.4$$

式中,R_0 为系统接地电阻;R_E 为电气设备外壳的直接接地体电阻。

若取 $R_0 = 4\Omega$,则必须 $R_E \leq 1.18\Omega$ 时才能满足保护接地装置上的压降要求。

显然,要实现这样小的接地电阻代价是比较昂贵的。事实上,在土壤电阻系数较高的地区这是根本无法实现的。而此时系统三相电压已严重不平衡,其他两相的对地电压为:

$$u'_\varphi = \sqrt{(220-50)^2 + 220^2 - 2 \times 220 \times (220-50) \times \cos 120°} \approx 128\text{V}$$

变压器低压侧中性点的对地电压为 $u_0 = 220 - 50 = 170\text{V}$,如果有人接触到与中性点连接的导线,显然也是不安全的。因此在中性点直接接地的低压供电系统中,一般较少采用 TT 系统。同时为了保障人身安全,TT 系统应考虑装设灵敏的触电保护装置,通常是加装漏电保护器(RCD),如图 6-11 所示。

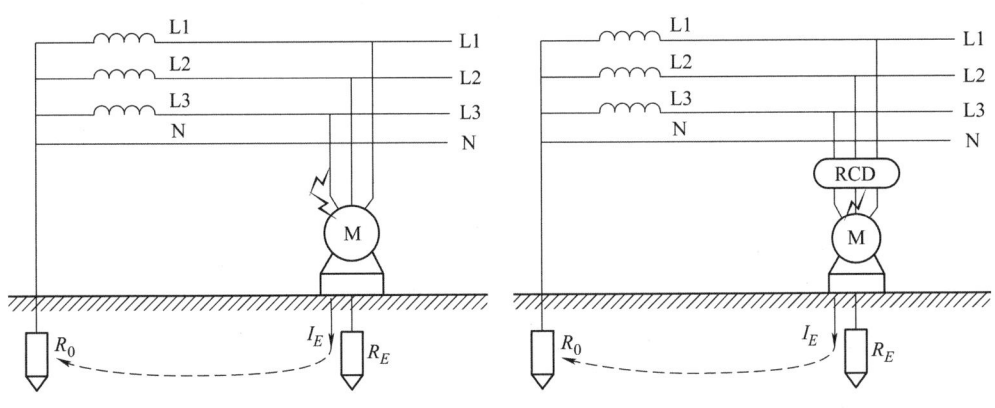

图 6-10 TT 系统接地装置中接地电阻的限制   图 6-11 TT 系统装设 RCD

TT 系统中电气设备金属外壳单独直接接地,正常工作时电位为零;发生故障时,对地故障电压影响面不会扩散,电磁干扰少。随着电子设备和数字处理系统的广泛应用,TT 制式的配电系统在这些场合将会越来越多地被采用。

需要注意的是,在中性点直接接地的低压电网中,同一台发电机、同一台变压器或同一段母线供电的线路，不应同时采取两种不同的保护接地方式。图 6-12 所示为某系统不合理的保护接地实现方式，图中电动机 a 通过公共保护线（PEN 线）实现接地，而电动机 b 则通过自己独立的保护线实现接地。如果电动机 b 的中相发生碰壳接地故障，则如前所述，凡是通过公共保护线实现接地的设备外壳（如没有任何故障的电动机 a）都可能带上危险的电压（约一半的系统相电压），这是比较危险的。

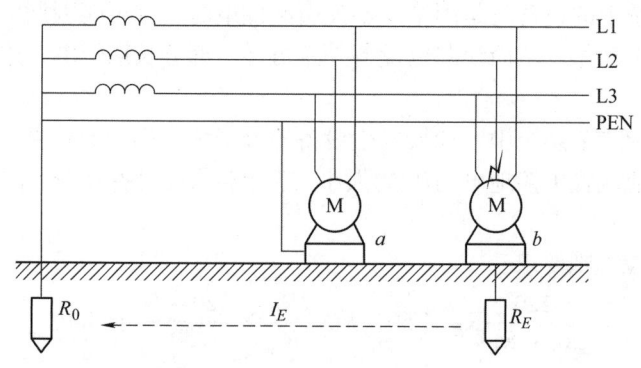

图 6-12　不合理的接地方式

3. IT 系统

IT 系统电源中性点通过阻抗或限压装置实现非直接接地，一般不引出中性线。电气设备在正常情况下不带电的金属部分通过独立的接地装置实现接地，如图 6-13 所示。

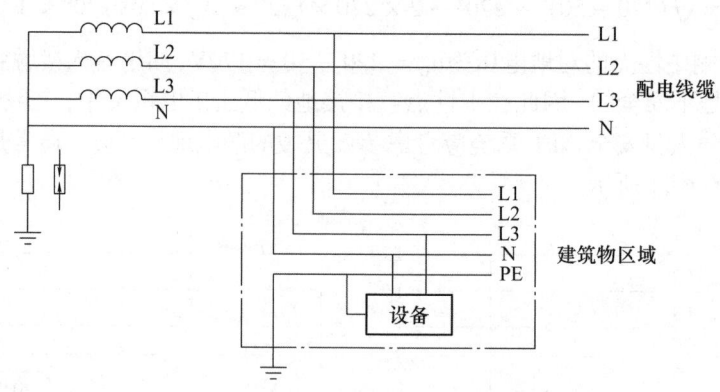

图 6-13　IT 系统

IT 系统发生单相接地故障时，短路电流很小（通常仅为线路的泄漏电流），过电流保护装置不会动作，供电系统还可以继续带故障运行一段时间。供电可靠性高是 IT 系统的一大优点，该系统适合于给连续工作的用电设备供电。但 IT 系统通常应装设绝缘监测装置或采取单相接地保护措施，以确保当系统发生单相接地故障时，不至于转化为两相对地短路故障，避免事故进一步扩大。

6.1.5　等电位的连接方式*

将不同的电气装置、导电物体等，用接地导体或防雷器（SPD）以某种方式连接起来，以减小雷电流在它们之间产生的电位差，称为等电位连接。

通信局（站）室内接地系统的等电位连接，有网状（M形）、星形（S形）和网状-星形混合型接地三种结构，如图6-14所示。其中，图6-14a为等电位连接的基本结构，图6-14b为等电位连接的组合方式。

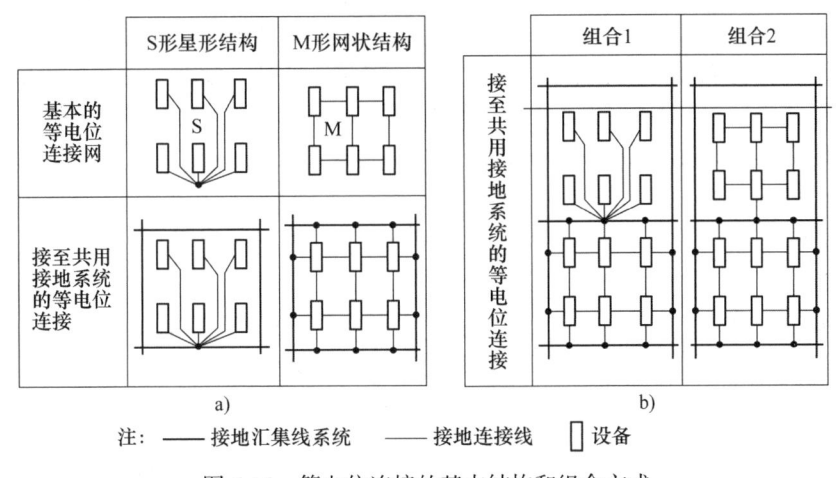

图6-14 等电位连接的基本结构和组合方式

1. 网状接地结构（M形结构）

网状接地结构为多点接地。网状接地的主要优点：一是各种设备可从不同的方位就近接地，设备之间等电位效果较好；二是在高频时可获得一个低阻抗网络，对外界电磁场有一定的衰减作用；三是建筑物内的金属构件、电缆支架、槽架无须专门做绝缘处理，因此在通信局（站）内实施通信设备的安装施工较为容易。其缺点是异常电流的方向和路径很难确定，个别情况下可能会引入低频干扰。网状接地结构一般适用于分布范围较大的系统，或设备之间、设备与外界之间的连接线较多且复杂的情况。

2. 星形接地结构（S形结构）

星形接地结构为单点接地。星形接地容易解决通信系统间的低频干扰问题（在高频下较易引入干扰），因为这种接地方式减少了环流的干扰，使得干扰电流不能形成回路。由星形接地衍生出的树枝形接地结构，要求从公共接地排只引出一根垂直的主干地线到各机房的分接地排，再由分接地排引至各列机架。当采用星形接地结构时，系统的所有金属组件除连接点外，应与公共连接网保持绝缘。星形接地结构的缺点是：当系统规模较大、设备间连接复杂时，等电位效果较差。

3. 网状-星形混合型接地结构

网状-星形混合型接地采用了上述两类结构的优点。其主体采用网状接地结构，减少了不同设备接地之间的电位差，方便就近接地。有些对低频干扰较为敏感的设备，则采用局部星形接地结构。这种等电位连接方法方便灵活、接线简便，安全性和可靠性较高。

通信系统的等电位连接采用何种接地结构，除考虑通信设备的分布和机房面积大小外，还应根据通信设备的抗扰度及设备内部的接地方式来选择。

6.1.6 通信局（站）接地系统的连接和工程设计

6.1.6.1 通信局（站）联合接地系统

通信局（站）各类通信设备的工作接地、保护接地以及建筑物防雷接地，合用一组接地体的接地方式称为联合接地方式，并构成联合接地系统，如图6-15所示。

联合接地系统由大地、接地体、接地引入线、接地汇流排、接地汇集线等组成，如图6-16所示。其接地体由建筑体基础混凝土内的钢筋和围绕建筑体四周敷设的环形接地电极相互焊接而成，接地汇集线、接地线以逐层辐射方式相连。

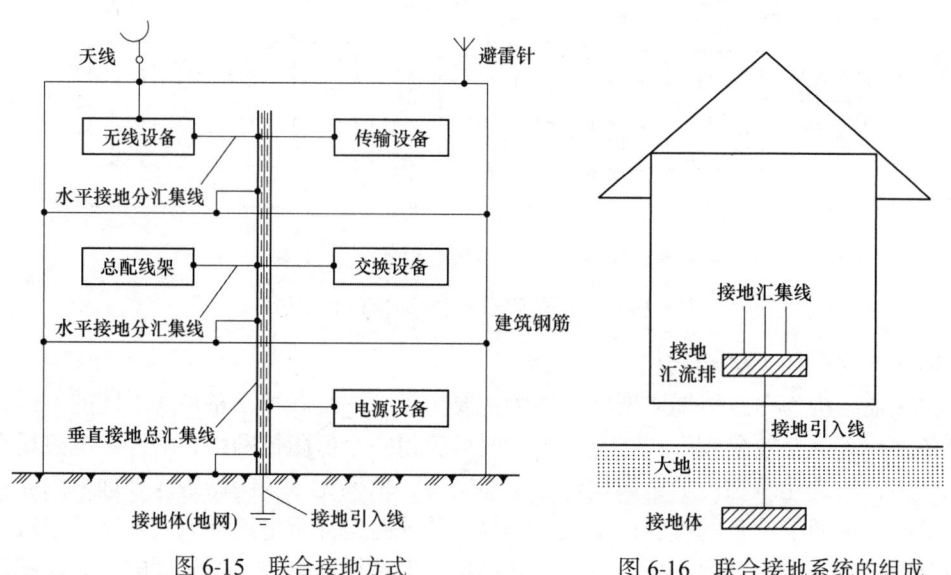

图6-15 联合接地方式　　　　图6-16 联合接地系统的组成

（1）大地

接地系统这里所指的地，是指真正意义上的大地，不过它有导电的特性，并具有无限大的电容量，可以用来作为良好的参考电位。

大地的导电特性用电阻或电阻率来表征，这主要取决于土壤的类型，但土壤的类型不容易明确界定。而且对同一种普通类型的土壤，当存在于各种不同的应用场所时，其导电特性也往往有所不同。

（2）接地体（或接地电极）

接地体是为各地线电流汇入大地扩散和为均衡电位而设置的，它与土地物理结合形成具有良好电气接触的金属构件。

接地体一般采用镀锌钢材，其通用规格要求如下。

- ◆ 钢管：壁厚应不小于3.5mm，长约2.5m；
- ◆ 角钢：几何尺寸应不小于50mm×50mm×5mm；
- ◆ 扁钢：几何尺寸应不小于40mm×4mm；
- ◆ 圆钢：直径应不小于8mm，长约2.5m。

接地体也可选用石墨电极、硅酸盐水泥（或其他低电阻率水泥）混凝土包封电极或其他新型材料。

接地体之间的所有焊接点（浇灌在混凝土中的除外）均应进行防腐处理。

接地体应尽量避免埋设在污水排放和土壤腐蚀性强的区段。当难以避开时，其接地截面应适当增大，并喷涂防腐镀层。

接地体埋深（指接地体上端距地面的距离）一般不小于0.7m。在高寒地区，接地体应埋设在冻土层以下。

对于大地土壤电阻率很高的地区，当按一般工艺施工的联合接地系统接地电阻值难以满足要求时，可以采用向外延伸接地体、改良土壤、深埋电极等方式降低系统接地电阻。

（3）接地引入线

把接地电极连接到接地汇流排（或地线汇流排）上的导线称为接地引入线。

在室外与大地接触的接地电极之间的连接导线构成接地电极的一部分，它们不可作为接地引入线。

接地引入线一般采用 40mm×4mm 或 50mm×5mm 镀锌扁钢布放，其出土部位应有防机械损伤的措施。

接地引入线应做绝缘防腐处理。

（4）接地汇集线

把必须接地的各部分连接到接地汇流排或地线汇流排上的导线称之为接地汇集线。根据通信机房布置的需要和大楼建筑情况，可在相应楼层或设备层内设置接地分汇集线。

接地汇集线的截面选择和施工应注意以下几点。

1）直流电源接地线的截面积，应根据直流供电回路允许的电压降确定。

2）各类设备保护接地线的截面积，应根据最大故障电流值确定，一般宜选用导线截面为 35~95mm² 的多股铜导线。

3）接地线两端的连接点应确保电气接触良好，并应做防腐处理。

4）严禁在接地线和交流中性线上加装开关类电器。

5）严禁利用其他设备作为接地线电气连通的组成部分。

6）由接地总汇集线引出的接地线应设置明显标志。

（5）接地汇流排（汇集环）

接地汇流排通常安装在地下室或建筑底层，距离墙面（柱面）50mm 左右，也可以根据需要安装在电力室内。不同金属材料互连时，应防止电化腐蚀，接地线不得使用铝材。采用接地汇集环的综合通信大楼，其汇集环与地网之间应按图 6-17 所示方式进行连接。

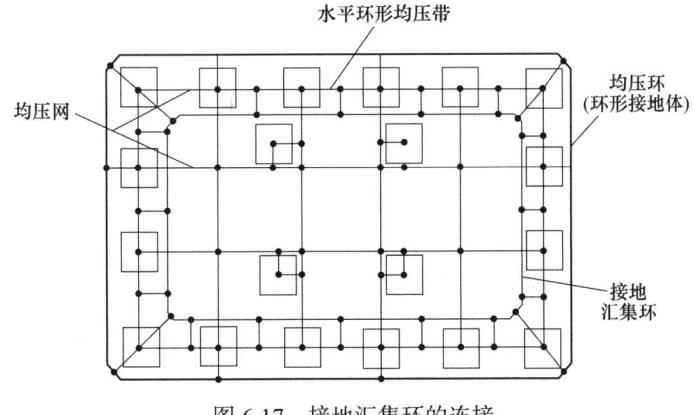

图 6-17　接地汇集环的连接

（6）接地网络

联合接地系统的接地网络主要有三种形式：星形连接、网状连接和网状-星形混合型接地结构，通信局（站）内大多采用网状-星形混合型接地结构。

6.1.6.2 接地系统的连接

（1）通信电源系统的接地

通信局（站）电源系统或设备与相应接地系统的连接应按下述原则实施。

1）电力室的直流电源接地线必须从接地总汇集线上引入，其他机房的直流电源接地线可从分汇集线上引入。

2）机房的直流电源接地垂直引入线长度超过30m时，从30m处开始，应每向上隔一层，与接地端连接一次。

3）电力变压器高、低压侧除应设防雷装置外，还应采用三相五线制引入电力室。该变压器机壳与低压侧中性点汇集后，就近接地，中性线上不允许安装开关类电器。

4）当专用变压器离电力室较远时，交流中性线应按规定在变压器与户外引入点最近处做重复接地，尤其采用三相四线制时必须做重复接地。此时应在联合接地网边缘5m以外单独设置接地线。

5）当专用变压器安装在通信大楼附近时，应将变压器接地体与通信大楼的接地网用两根接地导线连通，而交流供电系统中的保护地线应与大楼内的接地总汇集线连通，交流配电屏上的中性线（零线）汇集排应与机架正常情况下不带电的金属部分绝缘，严禁采用中性线（零线）充当交流保护地线。

6）引入大楼内的交流电力线宜采用地下电力电缆形式敷设，其电缆金属护套的两端均应做良好的接地。

7）大楼内所有交直流用电及配电设备均应采取接地保护措施，交流保护地线应从接地汇集线上专门引出。

（2）其他设备设施的接地

对通信局（站）其他设备设施接地系统的连接应按下述原则实施。

1）机房内通信设备及其供电设备正常情况下不带电的金属部分、进站电缆保安装置的接地端以及电缆的金属护套均应做保护接地。

2）模拟通信设备机架的保护接地，可直接与引入机房内的直流电源接地连通。

3）数字通信设备机架的保护接地，应该从接地总汇集线或机房内的分接地汇集线上引入，并应防止通过布线系统引入机架的随机干扰。

4）数字通信设备和模拟通信设备共存的机房，两设备的保护接地线应分开，并防止通过走线架或钢梁在电气上连通。

5）通信天线、馈线的上端和进入机房的入口处均应就近接地。

6）建筑楼顶的各种金属设施均应分别与建筑避雷接地线就近连通。

7）建筑各楼层的金属管道均应就近接地。

8）建筑各楼层内的金属竖井及金属槽道自身的节与节之间应确保电气接触良好，金属竖井上、下两端均应就近接地，金属槽道与机架或加固钢梁之间应保持良好的电气连接。

（3）接地导线的选择

1）通信直流接地导线。

室内接地导线用 40mm × 4mm 的扁钢，并缠以麻布条，再浸沥青或涂抹沥青两层以上；室外接地导线用 40mm × 4mm 的镀锌扁钢，换接电缆引入楼内时，电缆应采用铜芯，截面不小于 50mm²。在楼内换接时，可采用不小于 70mm² 的铝芯导线。不论采用哪一种材料，在连接时应采取防止连接脱落、接触不良等故障的有效措施。

2）设备接地线。

由接地汇流排或地线汇流排到下列设备的接地线，可采用不小于以下截面的铜导线。

- –24V、–48V、–60V 直流配电屏：95mm²；
- ±60V、±24V 直流配电屏：25mm²；
- 电力室直流配电屏到自动交换机室和微波室：95mm²；
- 电力室直流配电屏到测量台：25mm²；
- 电力室直流配电屏到总配线架：50mm²。

3）交流保护接地。

根据《低压电网系统接地形式的分类、基本技术要求和选用导则》，交流保护接地线的最小截面按如下原则选择：

- 相线截面 $S \leqslant 16$mm² 时，保护线截面 S_p 为 8mm²；
- 相线截面 $16 < S \leqslant 35$mm² 时，保护线截面 S_p 为 16mm²；
- 相线截面 $S > 35$mm² 时，保护线截面 S_p 为 $S/2$mm²。

6.1.6.3 通信局（站）接地系统工程设计

1. 一般规定

1）综合通信大楼应建立在联合接地的基础上，将建筑物基础和各类设备、装置的接地系统包含的所有电气连接与建筑物金属构件、低压配电接地线、防静电接地等连接在一起，并应将环形接地体与建筑物水平基础内钢筋焊接连通。

2）当综合通信大楼由多个建筑物组成时，应使用水平接地体将各建筑物的地网相互连通，并应形成封闭的环形结构。距离较远或相互连接有困难时，可作为相互独立的局站分别处理。

3）综合通信大楼内部的接地系统应通过总接地排、楼层接地排、局部接地排、预留在柱内的接地端子等构成一个完善的等电位连接系统，并应将各子接地系统用接地导体进行连接，构成不同的接地参考点。

4）综合通信大楼内部的接地系统亦可从底层接地汇集线引出一根或多根至高层的垂直主干接地线，各层分接地汇集线应由其就近引出，构成垂直主干接地线网。

5）变压器装在大楼内时，变压器的中性点与接地汇集线之间宜采用双线连接。

6）综合通信大楼联合接地系统可按图 6-18 设计。

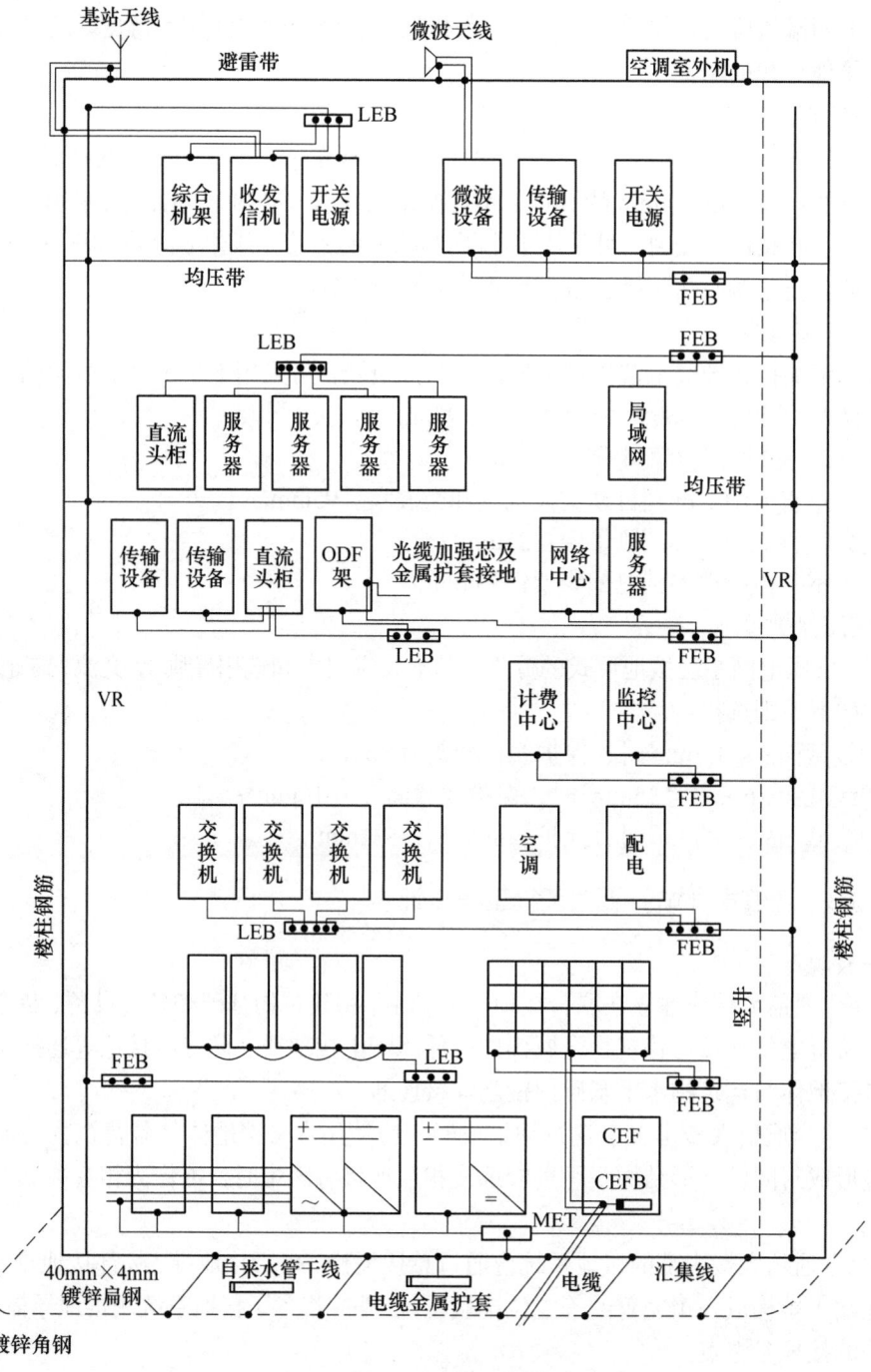

图 6-18 综合通信大楼联合接地系统连接方式

2. 接地连接方式

1）综合通信大楼接地连接方式可分为外设环形接地汇集线连接系统和垂直主干接地线连接系统。

2）外设环形接地汇集线连接系统可按图 6-19 设计。外设环形接地汇集线连接系统可用于高度较低且建筑面积较大或者为长方形建筑物的综合通信大楼,也可在高层综合通信大楼的某几层或某些机房使用,也可在电磁脉冲危险影响较大的局(站)采用。外设环形接地汇集线连接系统应符合下列要求。

① 在每层设施或相应楼层的机房沿建筑物的内部一周安装环形接地汇集线。环形接地汇集线应与建筑物柱内钢筋的预留接地端连接。环形接地汇集线的高度应依据机房情况选取。

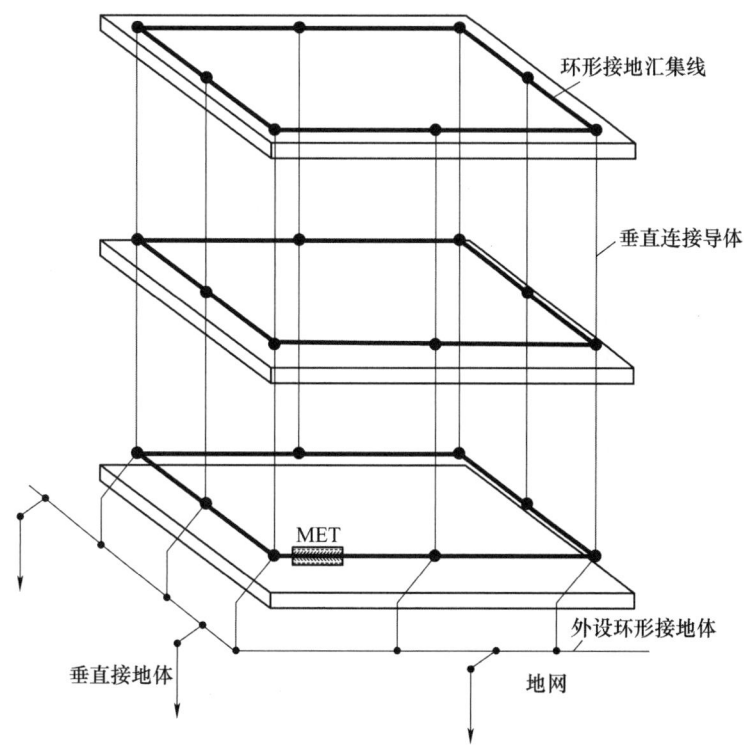

图 6-19 外设环形接地汇集线连接系统

② 垂直连接导体应与每一层或相应楼层机房的环形接地汇集线相连接,垂直连接导体的数量和间距应符合下列要求。

◆ 建筑物的每一个角落应至少有一根垂直连接导体;

◆ 当建筑物角落与中间导体的间距超过 30m 时,应增加额外的垂直连接导体。垂直连接导体的间距宜均匀布放。

③ 第一层环形接地汇集线应每间隔 5～10m 与外设环形接地体相连一次,且应将下列物体接到环形接地汇集线上:每一电缆入口设施内的接地排;电力电缆的屏蔽层和各类接地线的汇集点;建筑物内的各类管道系统;其他进入建筑物的金属导体。

④ 可在相应机房增加分环形接地汇集线,并应与环形接地汇集线相连。

⑤ 在大型通信建筑物内,接地系统的环形接地汇集线的范围可缩小到有通信设备机房的建筑物区域,其垂直连接导体的范围和数量宜根据实际情况设置。

⑥ 大型通信建筑物内应向上每隔一层设置一个均压网。

3)垂直主干接地线连接系统可按图 6-20 设计,并应符合下列要求。

① 总接地排宜设计在交流市电的引入点附近,并且应与下列设备连接:地网的接地引入

线；电缆入口设施的连接导体；交流市电屏蔽层和各类接地线的连接导体；建筑物内水管系统的连接导体；其他金属管道和埋地构筑物的连接导体；建筑物钢结构；一个或多个垂直主干接地线。

② 一个或多个垂直主干接地线从总接地排到建筑物的每一楼层，建筑物的钢筋在电气连通的条件下可作为垂直主干接地线。

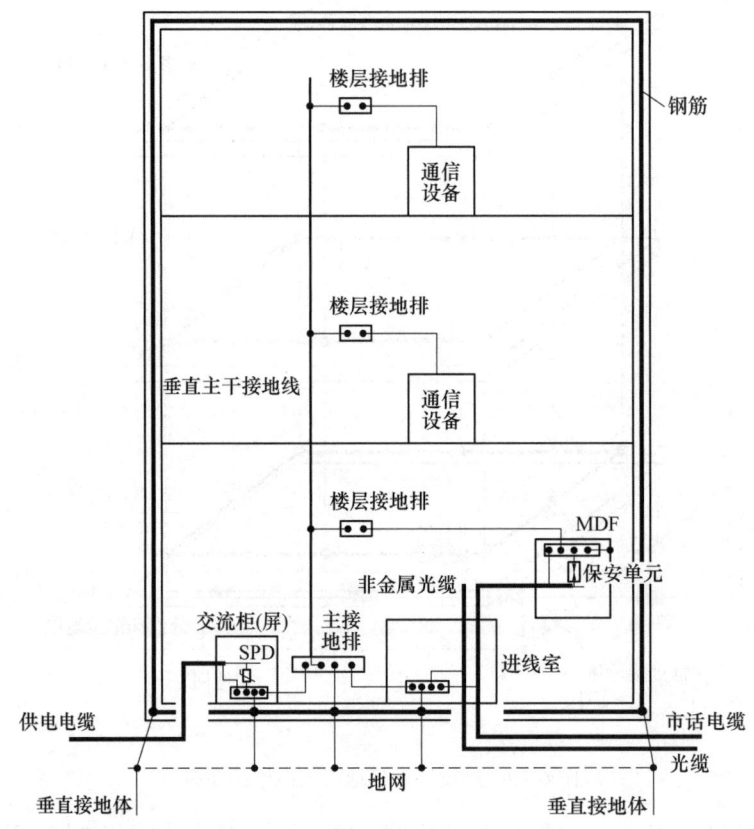

图 6-20　垂直主干接地线连接系统

（MDF：Main Distribution Frame，总配线架，主配线板；SPD：Surge Protective Device，电涌保护器）

③ 各垂直主干接地线应为以其为中心、长为 30m 的矩形区域内的通信设备提供服务，处于此区域外的设备应由另外的垂直主干接地线提供服务。

④ 垂直主干接地线间应每隔两层或三层进行互连。

⑤ 每一层应建立一个或多个楼层接地排，各楼层接地排应就近连接到附近的垂直主干接地线，且各楼层接地排应设置在各子通信系统需要提供通信设备接地连接的中央。

⑥ 各种设备连接网、直流电力装置及其他系统的地排应连接到所在楼层的楼层接地排。

4）对雷电较敏感的通信设备应远离总接地排、电缆入口设施、交流市电和接地系统间的连接导线。

3. 内部等电位接地连接方式

1）通信局（站）内应采用网状-星形混合型接地结构。

2）环形接地汇集线方式的混合型接地连接可按图 6-21 设计。

3）建筑物采取等电位连接措施后，各等电位连接网络均应与共用接地系统有直通大地的可靠连接。每个通信子系统的等电位连接系统，不宜再设单独的引下线接至总接地排，而宜将各个等电位连接系统用接地线引至本楼层接地排。

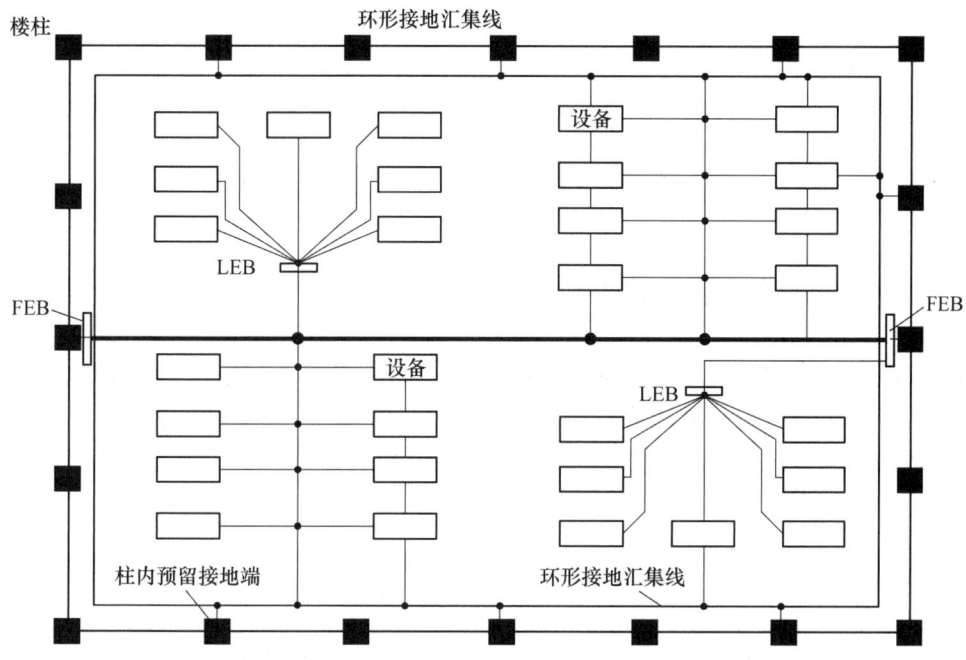

图 6-21　环形接地汇集线方式的混合型接地连接

（FEB：Floor equipotential Earthing terminal Board，楼层接地排；LEB：Local equipotential Earthing terminal Board，局部接地排）

4. 地网

综合通信大楼的地网可按图 6-22 设计，环形接地体与均压网间每隔 5～10m 应相互做一次连接。采用环形接地汇集线的综合通信大楼，其汇集线与地网间的连接可按图 6-23 设计。环形接地汇集线与环形接地体除在建筑物四角连接外，每相隔一个柱子应相互连接一次。

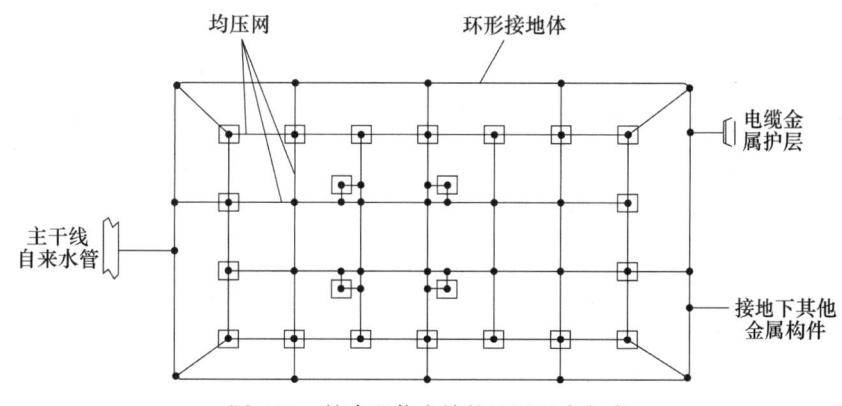

图 6-22　综合通信大楼的地网组成方式

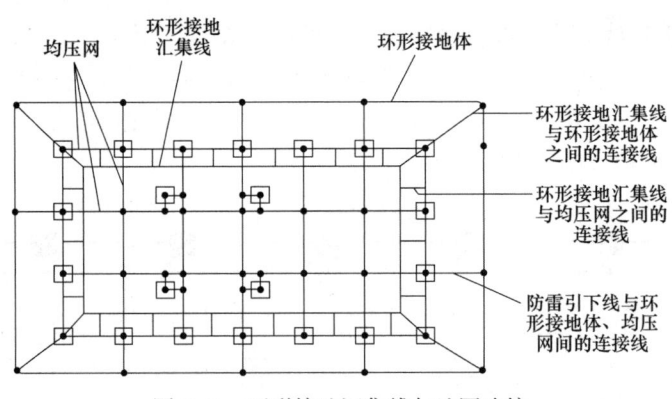

图 6-23 环形接地汇集线与地网连接

6.1.7 接地电阻的组成及影响因素*

在通信局（站）中，电源系统的接地系统及技术不仅涉及电源设备，而且与建筑防雷系统、各个专业的通信设备等也有紧密的联系。

接地系统能否有效发挥其作用，一个重要指标就是接地电阻的大小，各类通信局（站）联合接地装置的接地电阻值应符合表 6-1 的要求。

表 6-1 各类通信局（站）联合接地装置的接地电阻值

接地电阻值/Ω	适用范围
<1	综合通信楼、汇接局、万门以上程控交换局、2000 路以上长话局
<3	2000 门以上 1 万门以下的程控交换局、2000 路以下长话局
<5	2000 门以下程控交换局、光端站、载波增音站、卫星地球站、微波枢纽站、移动通信基站
<10	微波中继站、光缆中继站、小型地球站
<20	微波无源中继站（当土壤电阻率太高时，若接地电阻值难以达到20Ω，可放宽到 30Ω）
<10	电力电缆与架空电力线接口处防雷接地（适用于大地电阻率小于 100Ω·m）
<15	电力电缆与架空电力线接口处防雷接地（适合大地电阻率在 100～500Ω·m 之间）
<20	电力电缆与架空电力线接口处防雷接地（适合大地电阻率在 501～1000Ω·m 之间）

接地电流在通过接地体向接地装置周围土壤扩散的过程中，遇到的土壤电阻叫散流电阻。通常所说的接地电阻包括接地体和接地引下线的自身电阻、接地体和土壤间的接触电阻以及散流电阻等。由于散流电阻比其他两种电阻大得多，因此可以近似地认为接地电阻等于散流电阻。接地电阻定义为接地体的对地电压 U_0 与经接地体流入地中的接地电流 I_d 的比值

$$R_0 = U_0/I_d$$

式中，R_0 为工频接地电阻，其大小与土壤特性及接地体的几何尺寸等因素有关。

1. 接地电位的分布规律

接地电流通过接地体向地中做半球形扩散，靠近接地体处面积小，电阻大；距离接地体愈远，面积愈大，电阻也愈小。

测验证明，在距长为 2.5m 的单根接地体 20m 以外的地方，该处的电位为零，这种电位

为零的地方,称为电气上的"地"。电气设备从接地外壳、接地体到 20m 以外的零电位之间的电位差,称为接地时的对地电压。

单根接地体有电流流过时的电位分布如图 6-24 所示。

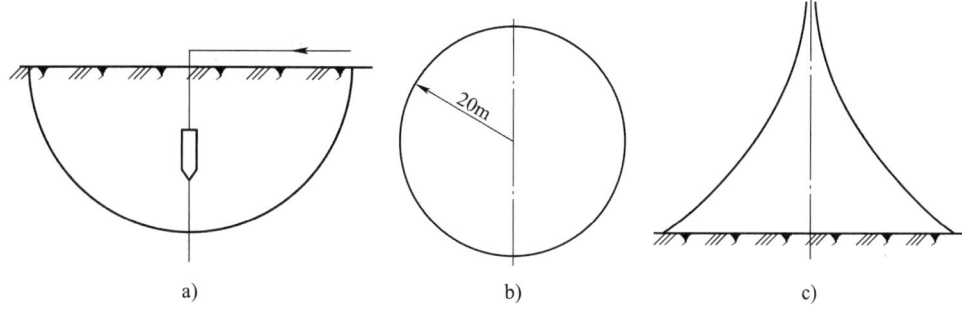

图 6-24 电位分布示意图

根据上述电位分布规律,如忽略接地导线的电阻,当电气设备的接地体设置在 20m 以外时,若发生绝缘损坏使设备外壳带电,人体此时接触带电外壳承受的电压最大。

同样,人站在发生接地故障的电气设备旁边,手触及设备的外露可导电部分,则人所接触的两点(如手与脚)之间所呈现的电位差称为接触电压 u_{tou}(Touch Voltage);人在接地故障点行走,则两脚间所呈现的电位差称为跨步电压 u_{step}(Step Voltage),如图 6-25 所示。

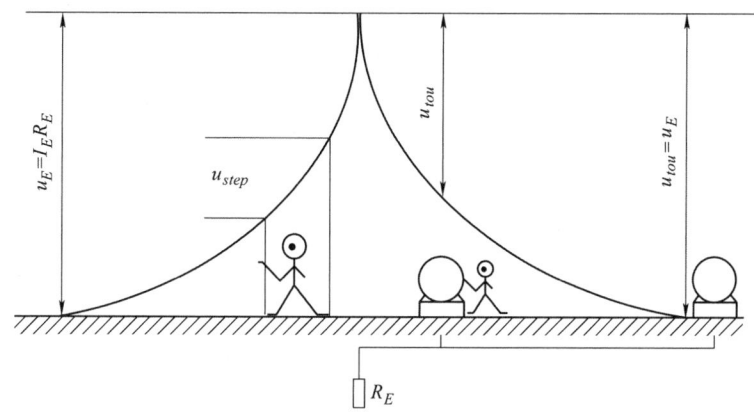

图 6-25 对地电压、接触电压、跨步电压示意

在计算跨步电压时,人的跨距通常取 0.8m,牛、马等畜类通常取为 1m。距故障接地体越近,跨步电压越大,当距接地体 20m 以上时,跨步电压为零。

由于单根接地体电位分布不均匀,人体仍有触电的可能性,并且人体距接地体愈远,受到的接触电压愈大。而且当单根接地干线断裂后,整个接地系统就失去作用,因此单根接地体既不可靠,也不安全。实际接地系统的一般做法是敷设环路接地体,如图 6-26 所示。环路接地体分布比较均匀,因而可以减小跨步电压及接触电压。对于经常有人出入的通道,应采用高绝缘路面(如沥青碎石路面),或在地下埋设帽檐式均压带。

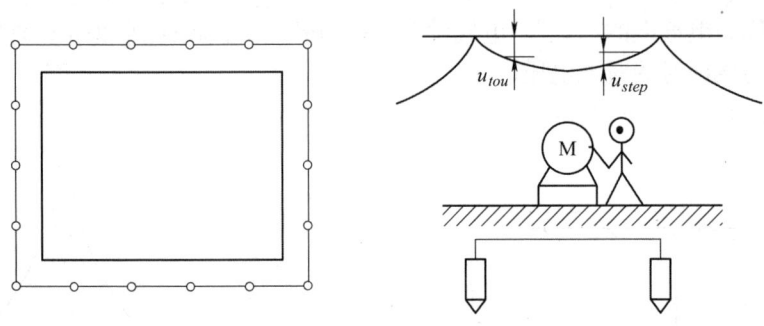

图 6-26　环路接地体及其电位

2. 接地系统的电阻

接地系统的电阻是以下几部分电阻的总和：

- 土壤电阻；
- 土壤电阻和接地体之间的接触电阻；
- 接地体本身的电阻；
- 接地引入线、地线排或接地汇流排，以及接地配线系统中采用的导线的电阻。

以上几部分中，起决定性作用的是接地体附近的土壤电阻。一方面是因为土壤的电阻率比金属大几百万倍，如土壤的平均电阻率为 $1 \times 10^4 \Omega \cdot m$，而铜在20℃时的电阻率为 $1.75 \times 10^{-8} \Omega \cdot m$，两者相差5700亿倍；而另一方面从图6-27所示曲线可以知道，接地体土壤电阻 R 的分布也主要集中在接地体周围区域。

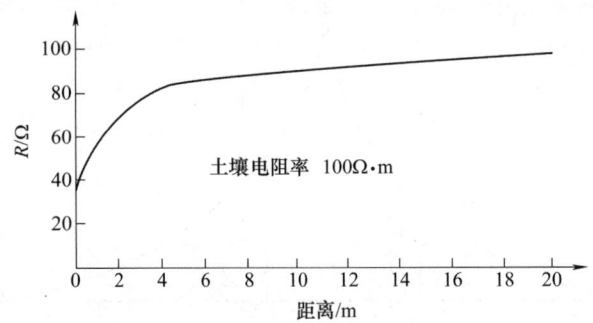

图 6-27　接地体周围土壤电阻的分布

在通信局（站）的接地系统里，其他各部分的电阻都比土壤电阻小得多，即使在接地体金属表面生锈时，它们之间的接触电阻也比较小。至于其他各部分则因都是用金属导体构成，而且连接又都十分可靠，所以它们的电阻更是可以忽略不计。

接地电极的土壤电阻取决于接地电极的线性延伸，而与接地电极的形状和表面面积没多大关系。

但需要注意的是，在快速放电现象的过程中，例如"过电压接地"的情况下，构成接地系统导体的电阻可能成为接地电阻的主要组成部分。

同时，如果接地电极与其周围的土壤接触得不紧密，则接触电阻可能占接地电阻总值的百分之几十，且这个电阻可能在波动冲击条件下由于飞弧作用而减小。

当冲击电流或雷电流通过接地体向大地散流时，通常用冲击接地电阻来度量冲击接地的作用。冲击接地电阻R_{ch}等于接地体对地冲击电压的幅值与冲击电流的幅值之比，冲击接地电阻R_{ch}与工频接地电阻R_0的关系是：

$$R_{ch} = \alpha \cdot R_0$$

式中，α为冲击系数，其大小与大地电阻率有关，它们的关系是：

当大地电阻率$\rho \leqslant 100\Omega \cdot m$时，$\alpha \approx 1$；

当大地电阻率$\rho \leqslant 500\Omega \cdot m$时，$\alpha \approx 0.667$；

当大地电阻率$\rho \leqslant 1000\Omega \cdot m$时，$\alpha \approx 0.5$；

当大地电阻率$\rho > 1000\Omega \cdot m$时，$\alpha \approx 0.333$。

3. 土壤的电阻率

衡量土壤电阻大小的物理量是土壤的电阻率，它表示电流从 $1m^3$ 土壤的这一面到另一面时所呈现的电阻值，代表符号为ρ，单位为 $\Omega \cdot m$。在实际测量中，往往只测量 $1cm^3$ 的土壤，所以ρ的单位也可采用 $\Omega \cdot cm$。即

$$100\Omega \cdot cm = 1\Omega \cdot m$$

土壤的电阻率主要由土壤中的含水量以及水本身的电阻率来决定。此外，影响电阻率的因素还有很多，如：

◆ 土壤的类型；

◆ 土壤中溶解的盐的浓度；

◆ 含水量；

◆ 温度（土壤中水的冰冻）；

◆ 土壤物质的颗粒大小以及颗粒大小的分布；

◆ 密集性和压力，电晕作用。

各种土壤电阻率的平均值见表 6-2 所示。

表 6-2 各种土壤的电阻率的平均值

序号	土壤名称	电阻率（$10\Omega \cdot m$）	序号	土壤名称	电阻率（$10\Omega \cdot m$）
1	泥浆	0.2	13	砂土	1.5～4
2	黑土	0.1～0.53	14	砂	4～7
3	黏土	0.08～0.7	15	赤铁矿	8
4	黏土（7～10m 以下为石层）	0.7	16	砂矿	10
5	黏土（1～3m 以下为石层）	5.3	17	石板	30
6	砂质黏土	0.4～1.5	18	石英	150
7	石炭	1.3	19	泥炭土	6
8	焦炭粉	0.03	20	粗粒的花岗石	11
9	黄土	2.5	21	整体的蔷薇辉石	325
10	河流沙土	2.36～3.7	22	有夹层的蔷薇辉石	23
11	沙质河床	1.8	23	深密细粒的石灰石	30
12	流沙冲击河床	2	24	多孔的石灰石	1.8

（续）

序号	土壤名称	电阻率 （10Ω·m）	序号	土壤名称	电阻率 （10Ω·m）
25	闪长岩	220	28	河水	10
26	蛇纹石	14.5	29	海水	0.002~0.01
27	叶纹石	550	30	捣碎的木炭	0.4

6.1.8 接地电阻的测量*

根据前面介绍的定义，接地电阻是接地电流经接地装置向无穷远处自由流散时，接地装置的接地电位U_0（以无限远处为参考点）与经接地装置流入地中的接地电流I_0的比值。

1. 测量接地电阻的基本原理

测量接地电阻的基本接线如图6-28所示。当然在接地电阻测量中，不可能把辅助电流极C和辅助电压极P放到无穷远处，而且接地电流也不是向四周的土壤自由流散，而是受到辅助电流极C位置的影响，这时地下电场的分布也会发生畸变，给测量带来误差。那把辅助电极P和C放到什么位置才能消除测量误差，从而得到接地电阻的真实值呢？

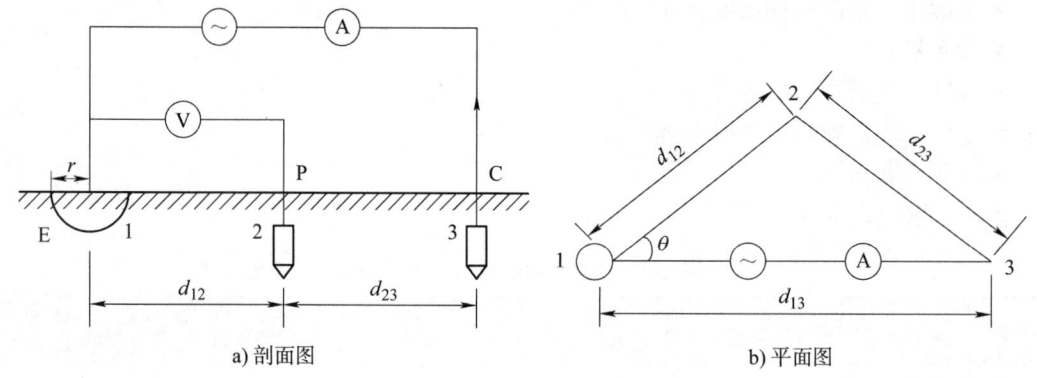

a) 剖面图   b) 平面图

图6-28 接地电阻测量原理图

理论计算表明，要使得测量结果符合实际值，即测量结果误差为零，有两种可能。一种是使d_{12}、d_{13}、d_{23}足够大，但这种情况的测量引线太长，实测不便，且引线自身的电阻对测量结果影响也较大，一般不采用。另一种就是对辅助电压极和辅助电流极的位置进行合理布置。

1）当辅助电压极P位于接地体E和辅助电流极C的直线上时，理论计算表明，当$d_{12} = 0.618d_{13}$时测量误差为零。不同d_{13}对应的R'/R与d_{12}/d_{13}理论关系曲线如图6-29所示，其中R'为实际测量的接地电阻值，R为接地装置的真实接地电阻值。

2）当电压极和电流极为三角形布置时，若取$d_{12} = d_{13}$，如图6-30所示，计算表明当电压极P与电流极C距离接地体相等，且夹角为29°时，测得的接地电阻数值为接地体实际接地电阻值。

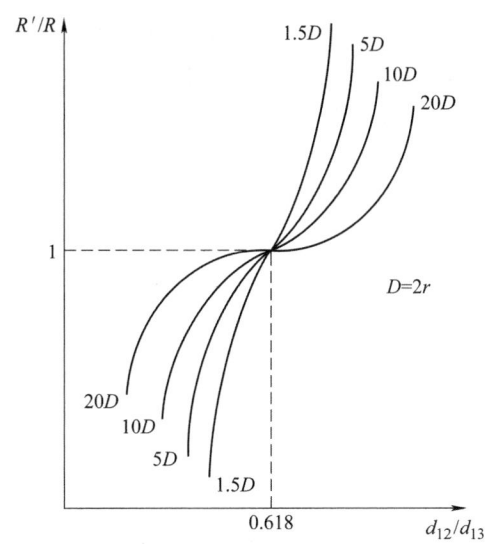

图 6-29 不同 d_{13} 对应的 R'/R 与 d_{12}/d_{13} 理论关系曲线

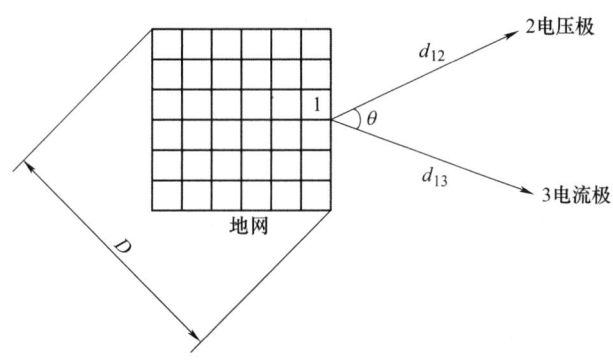

图 6-30 辅助电极三角形布置时的接地电阻测量接线

上述两种辅助测试电极的布置位置对接地电阻测量结果的影响分析表明，正是由于辅助测试电极的引入，理论分析中无穷远处的实际零点移到我们便于测试的点，这必然带来测量的误差。为了补偿因零位点靠近接地体而引起的误差，需要将辅助电压极 P 从 50%（60°）的零位点处移到 $0.618d_{13}$（$\theta = 60°$）处，通过增加一些电位值来修正测量结果。因此这种方法也称为补偿法，前者称为直线补偿法，后者称为角度补偿法。

但需要注意的是，上述理论分析的结论是当接地体 E 的半径 r 为无限小，即点源电极的条件下才成立，但实际接地电网的 r 比较大，因此必然会带来更大的误差。根据试验和理论分析，我国推荐采用 0.64 法或 25°法。

在通信工程测试中，我们常用的接地电阻测量仪表有 ZC-8、K-7，以及同类型的晶体管接地电阻测量仪等常规仪表。在设计这类仪表时，主要针对单一垂直接地体，配置的电流极及电压极的辅助引线分别为 40 米、20 米。也就是说在结构均匀的大地中，两个垂直的电极距离 ≥ 20 米时，可以忽略它们之间的屏蔽作用。但这仅仅是针对两个独立的垂直接地体而言。在这种情况下，我们在单一垂直接地体现场的任意方向布放辅助线，所测得的数值基本上完全一致。

然而，通信局（站）联合地网往往需要较小的接地电阻，对于这个标准，我国大部分地区用单一垂直接地体是不可能实现的，往往需要多根垂直接地体的延伸，并辅以水平接地装置才能实现。这种延伸通常在 10 米以上的数量级，若对这类接地系统仍然采用 40 米、20 米的辅助线，则会出现较大误差，特别是当电流极与电压极沿不同方向布放时，所测值更有较大差异。由于现在城市中建筑物的密度很大，地下管网很多，钢筋混凝土建筑物接地网接地电阻的测量实际上很难测准，其测量的结果总趋势是偏小，有时甚至成为负值。通过专家们的研究，现在大量采用 3～5 倍地网直径布线的方法测量，效果要强于普通布线测量。

2. 电压-电流法

利用电压-电流法测量接地电阻的原理与图 6-28 相同。这是一种常用的方法，施加电源后，若流经被测接地体与电流辅助接地体回路间的电流为 I，电压辅助接地体与被测接地体间的电压为 U，则被测接地体的接地电阻为：

$$R_0 = U/I$$

为了防止土壤发生极化现象，测量时必须采用交流电源。测量时可选用电压为 65V、36V 或 12V 的电焊变压器，其中性点或相线均不应接地，与市电网路绝缘，如图 6-31 所示。为了减少外来杂散电流对测量结果的影响，测量电流的数值也不能过小，最好有较大的电流（数十安培）。

选用电压表、电流表的准确度等级不应低于 1.0 级，电压表的输入阻抗要高（大于 100kΩ），最好选用分辨率不大于 1% 的数字电压表。

采用电压-电流法测接地电阻的优点在于，接地电阻值不受测量范围的限制，特别适用于小接地电阻值（如 0.1Ω 以下）的测量。

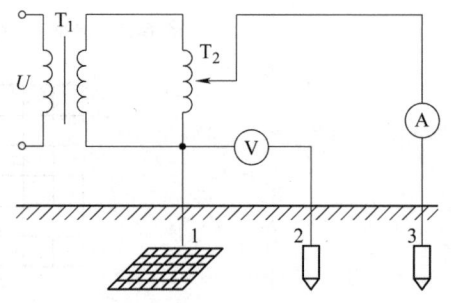

图 6-31 电压-电流法接地电阻测量接线原理图
T_1—隔离变压器　T_2—调压器

接地电阻值测量结果的准确性与地阻仪测量电极布置的位置有直接的关系，通常测量电极有如下几种不同的布置方式。

（1）直线布极

直线布极是指辅助电流极和电压极沿直线布置，如图 6-32 所示。一般取 $d_{13} = (4～5)D$，$d_{12} = (0.5～0.6)d_{13}$，D 为接地装置最大对角线长度。

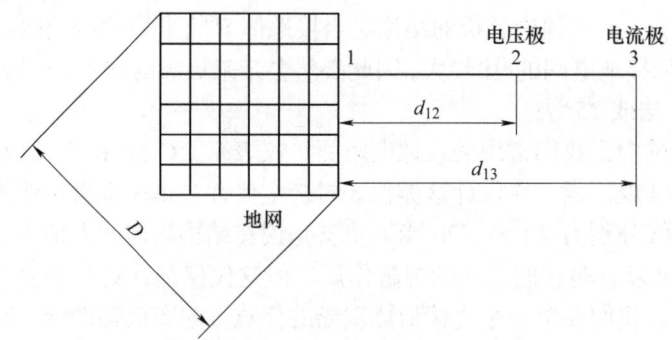

图 6-32 辅助电极直线布极

如前所述，条件允许时d_{13}越大越好。通常辅助接地体的布置应满足表 6-3 所示的要求，这样辅助电压极就可以认为处在实际的零电位区，测出的接地装置对地电压比较准确。测量时在沿地网和电流极的连线上，使电压极到接地网的距离在约为电流极到接地网距离的 50%～60%范围内移动 3 次，每次移动的距离为电流极到地网距离的 5%，三次测得的接地电阻值的差值小于接地阻值的 5%即可，然后取三个数的算术平均值作为接地装置的接地电阻。

表 6-3 被测接地体和辅助接地体的布置及相互间的距离

接地体构成形式		极间最小距离			三极布置方式
被测接地体	辅助接地体	d_{13}	d_{12}	d_{23}	
单根管状	单根管状	40	20	20	直线形
多根钢管组成	单根管状	80	80	20	三角形
多根钢管组成	几根钢管组成	80	80	40	三角形
复式接地体	单根管状	5D	5D	20	三角形
复式接地体	几根钢管组成	5D	5D	20	三角形

直线布极法测量地网接地电阻时，如果地网的中心位置不能确定，可根据情况假设一个中心，取电流极距它为$(2～3)D$，而将电压极设在距假设中心为 $0.5(2～3)D$、$0.6(2～3)D$、$0.7(2～3)D$的位置进行测试，三次测得的电阻为R_1、R_2、R_3，实际接地电阻R_0：

$$R_0 = 2.16R_1 - 1.9R_2 + 0.73R_3$$

如果d_{13}取$(4～5)D$有困难时，在土壤电阻率较为均匀的地区可取$d_{13} = 2D$、$d_{12} = 1.2D$；在土壤电阻率不均匀的地区可取$d_{13} = 3D$、$d_{12} = 1.7D$。

（2）三角形布极

三角形布极如图 6-33 所示。

一般取$d_{12} = d_{13} \geqslant 2D$，夹角$\theta \approx 30°$，此时测得的电阻误差接近于零。$\theta$越大，误差也越大，$\theta = 180°$时误差最大。

如果测试场地窄小，不能满足$d_{12} = d_{13} \geqslant 2D$的条件时，也可取$d_{12} = d_{13} \geqslant D$。

测量大型接地体的接地电阻时，宜用三角形布极，与直线布极相比，它有下述优点：

① 可以减少引线间互感的影响；

② 在不均匀土壤中，d_{13}等效的测试距离长；

③ 三角形布极中，电压极附近电位的变化随θ的变化较为缓慢。

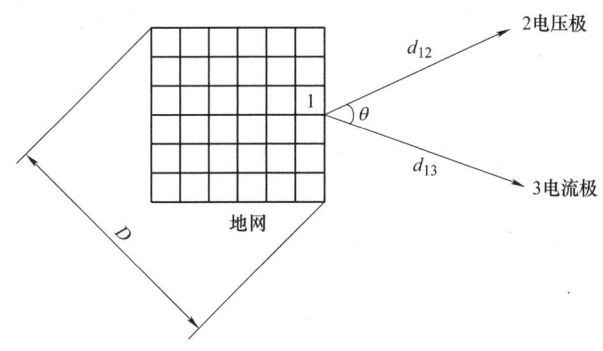

图 6-33 辅助电极三角形布极

（3）两侧布极

一般情况下不宜把地阻仪的电流极棒和电压极棒分别设在地网的两侧，但由于测量场地限制，可按图 6-34 所示的方法布置测试电极进行测量。

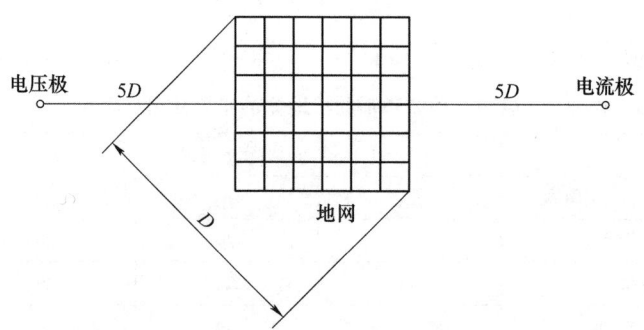

图 6-34　辅助电极两侧布极

图中电流极到地网的距离和电压极到地网的距离应相等，均不小于 5D，D 为地网对角线的长度。且电流极棒、电压极棒和地网中心应尽量在一条直线上。

（4）测量注意事项

① 测量前，应了解被测地网的结构形式、地网尺寸以及周围空中地下的环境情况，如有无架空线、地下金属管道、地下电缆等，在测量时尽量避开或采取相应措施，以便减小测量误差。

② 测试极棒应牢固可靠，防止松动或与土壤间有间隙。

③ 测量接地电阻的工作，不宜在雨天或雨后进行，以免因湿度使测量不准确。

④ 处于野外或山区的通信局（站），由于当地的土壤电阻率一般都比较高，测量地网接地电阻时，应使用两种不同测量信号频率的地阻仪分别测量，将两种地阻仪测量结果进行比较，以便确定接地电阻的大小。测量信号频率不恰当时，容易产生极化效应或大地的集肤效应，使测量结果不准确或出现异常现象。

⑤ 当测量现场不是平地，而是斜坡时，电流极棒和电压极棒距离地网的距离应是水平距离投影到斜坡上的距离。

⑥ 接地电阻直接受大地电阻率的影响，大地电阻率越低，接地电阻就越小。而大地电阻率受土壤所含水分、温度等因素的影响，这些因素随季节的变化而变化。因此，全年中各月份测得的土壤电阻率是不同的，因而接地电阻也不同。为了满足在全年中最大土壤电阻率的月份，接地装置的接地电阻仍能满足使用要求，因此需要考虑季节修正系数 K，即：

$$\rho = \rho' K$$

式中，K 为季节修正系数；ρ 为计算接地电阻时采用的土壤电阻率（$\Omega \cdot m$）；ρ' 为全年不同月份实际测到的土壤电阻率（$\Omega \cdot m$）。

我国地域广阔，不同地区、季节的修正系数也不同。表 6-4 根据气象条件，给出了各类地区的季节修正系数。

表 6-4　各类地区土壤电阻率的季节修正系数

	气象条件	第一类地区	第二类地区	第三类地区	第四类地区
气象指标	多年平均低温（1月份）/℃	−20~−15	−15~−10	−10~0	0~5
	多年平均高温（7月份）/℃	16~18	18~22	22~24	24~26
	平均降雨量/mm	400	500	500	300~500
	冰冻日期/天	190~170	150 以下	100 以下	0
修正系数	角钢型接地体长 1.5~2.5m，顶端埋深 0.5~0.8m	1.8~2.0	1.5~1.8	1.4~1.6	1.2~1.4
	带钢或线钢接地体埋深 0.8m	4.5~7.0	3.5~4.5	2.0~2.5	1.5~2.0
	带钢或线钢接地体埋深 0.4m	6.0~8.0	4.5~5.5	2.5~3.0	2.0

3. 补偿法

（1）工作原理

图 6-35 所示为补偿法测量接地电阻的原理电路图和电位分布图。它主要由手摇交流发电机、电流互感器、电位器以及检流计组成。其附件有两根接地探针（P′为电位探针，C′为电流探针）及三根导线（长 5m 的用于连接接地极，20m 的用于连接电位探针，40m 的用于连接电流探针）。被测接地电阻R_X位于接地体E′和P′之间，但不包括P′与C′之间的电阻R_C。

手摇交流发电机输出的电流I经电流互感器 TA 的一次侧→接地体E′→大地→电流探针C′→发电机，构成一个闭合回路。

当电流I流入大地后，经接地体E′向四周散开。电流I在流过接地电阻R_X时产生的压降为IR_X，在流经R_C时同样产生压降IR_C，其电位分布如图 6-35 所示。

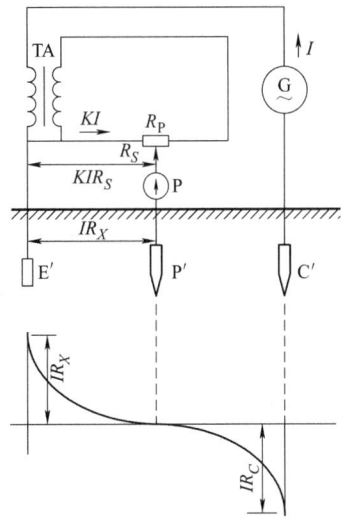

图 6-35　补偿法测量接地电阻的原理电路图和电位分布图

若电流互感器的变流比为K，则其二次侧电流为KI，它流过电位器R_P时产生的压降为KIR_S（R_S是R_P最左端与滑动触电之间的电阻）。调节R_P使检流计指针指零，则有：

$$IR_X = KIR_S，即：R_X = KR_S$$

可见被测接地电阻R_X的值，可由电流互感器的变流比K以及电位器的电阻R_S来确定，而与R_C无关。

（2）ZC-8 型接地电阻测量仪

ZC-8 型接地电阻测量仪的外形及内部电路如图 6-36 所示。由于在测量时需要摇动手摇发电机的手柄，因此习惯上又称其为接地摇表。

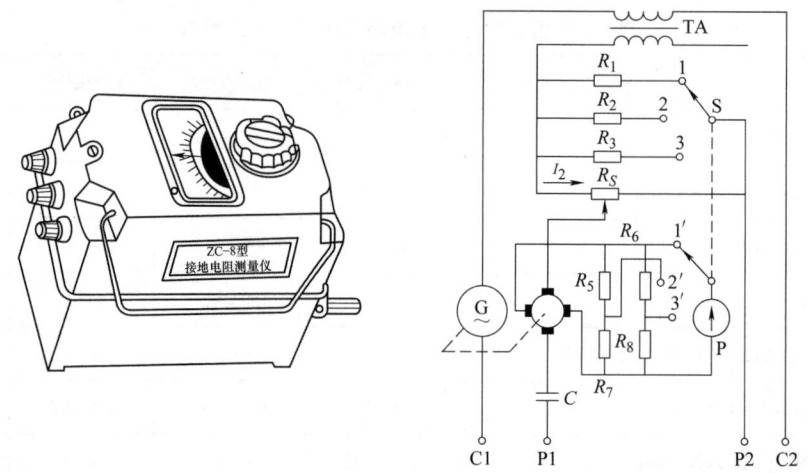

图 6-36　ZC-8 型接地电阻测量仪外形及内部电路图

图示电路中有四个端钮，其中 P2 和 C2 可短接后引出一个 E，将 E 与被测接地极 E′ 相接即可。端钮 C1 接电流探针，P1 接电位探针。

为了减小测量误差，根据被测接地电阻大小，仪表有 0～1Ω，0～10Ω，0～100Ω 三个量程，用联动开关 S 同时改变电流互感器二次侧的并联电阻 $R1$～$R3$，以及与检流计并联的电阻 $R5$～$R8$，就能改变仪表的量程。使用时调节仪表面板上电位器的旋钮使检流计指零，可在读数盘上读得 R_S 的值，则

$$R_X = KR_S$$

ZC-8 型接地电阻测量仪的使用方法：

① 使用前先将仪表放平，然后调零；

② 按如图 6-37 所示接线。将电位探针 P′ 插在被测接地极 E′ 和电流探针 C′ 之间，三者成一直线且彼此相距 20m。再用导线将 E′ 与仪表端钮 E 相接，P′ 与端钮 P 相接，C′ 与端钮 C 相接，如图 6-37a 所示。四端钮测量仪的接线如图 6-37b 所示。当被测接地电阻小于 1Ω 时，为了消除接线电阻和接触电阻的影响，应采用四端钮测量仪，接线如图 6-37c 所示；

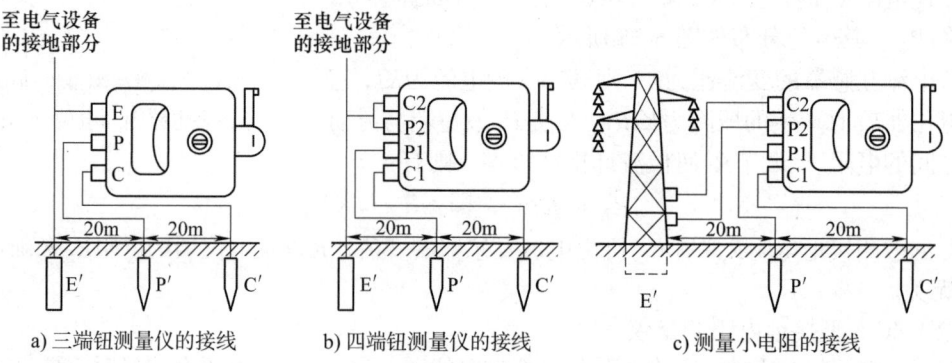

a) 三端钮测量仪的接线　　b) 四端钮测量仪的接线　　c) 测量小电阻的接线

图 6-37　接地电阻测量仪的接线

③ 将倍率开关置于最大倍数上，缓慢摇动发电机手柄，同时转动测量标度盘，使检流计指针处于中心红线位置上。当检流计接近平衡时，要加快摇动手柄，使发电机转速升至额定转速 120r/min，同时调节测量标度盘，使检流计指针稳定指在中心红线位置。此时即可读取

R_S 的数值，则：

$$接地电阻 = 倍率 \times 测量标度盘读数(R_S)$$

④ 如果测量标度盘的读数小于 1Ω，应将倍率开关置于较小的一挡，重新测量。

（3）测量注意事项

类似 ZC-8 型接地电阻测量仪这类地阻测量仪表，其辅助测试电极的布置如同电压-电流法的直线布极和三角形布极等，且相关的注意事项也几乎一致。

4. 非接触测量法

前述测量接地电阻的方法都要求在离被测接地体足够远的距离处设两根辅助接地极，实际测量时不太方便。而 CA6411 等钳形接地电阻测量仪在使用时却不需要单独装设辅助电极。非接触测量法的测量原理如图 6-38 所示。

钳形接地电阻测量仪中有两个独立线圈，其中 N_g 为发生器线圈，N_r 为接收线圈，两线圈之间具有良好的电磁屏蔽。

测量时钳口闭合，测量仪的发生器线圈产生一个不同于工频的高频交流电压 e，目的是为了提高仪表的抗干扰能力，该电压在测量回路中建立电势 E，其线路功用相当于一个变压器：

$$E = e/N_g$$

式中，e 为发生器产生的内部电压。

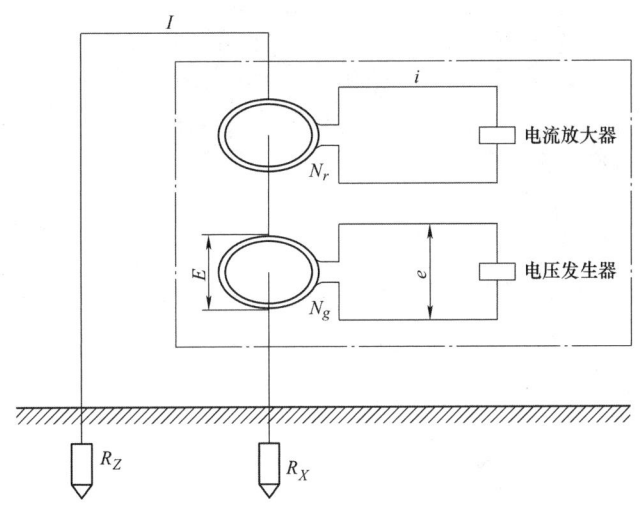

图 6-38 非接触测量法原理图

E 在电路中产生电流：

$$I = E/R$$

它被置于表内的接收线圈（CT 的二次线圈）所接收，相当于电流互感器：

$$i = I/N_r$$

测量部分测得电流 i，并根据下式即可求得回路电阻：

$$R = \frac{E}{I} = \frac{1}{N_g N_e} \cdot \frac{e}{i} = K\frac{e}{i}$$

从图 6-38 中可见，使用钳形接地电阻测量仪测量系统接地电阻时也需要有辅助接地极 R_Z，而且所测得的电阻值是包括被测接地电阻在内的整个测试回路的总电阻，因此只有当被测接地电阻比辅助电极的电阻大得多时，才能近似认为回路总电阻就是被测接地电阻，或者辅助电极接地电阻应为一已知数值时，才能求出被测电阻。

钳形接地电阻测量仪有单钳口和双钳口两种形式，图 6-39 所示为双钳口接地电阻测量仪的外形图。单钳口接地电阻测量仪在一个钳口中同时实现了原理图中两个钳口的功能，工作机理基本相同。图 6-40 为 CA 系列单钳口接地电阻测量仪的外形结构，该测量仪在测量时不必使用辅助接地棒，也不需中断待测设备的接地，只要钳口夹住接地线或棒，就能量测出相应的接地电阻值，其最小值可达 1Ω（CA6411/CA6413）或 0.1Ω（CA6412/CA6415）。其技术参数见表 6-5 所示。

利用钳形接地电阻测量仪可以方便地进行高低压架空避雷线路的接地电阻测量，测量时把被测量杆塔以外的杆塔接地体并联，使之形成电阻很小的辅助电极，所以可以认为测得的总电阻近似等于被测回路中的接地电阻值。

不过由于通信局（站）联合接地系统的接地电阻值本身已经很小，又很难找到另一个电阻更小的辅助电极，故在通信局（站）中执行维护中，使用钳形接地电阻测量仪来测量系统的接地电阻，在便捷的同时其测量结果的准确度还有待商榷。

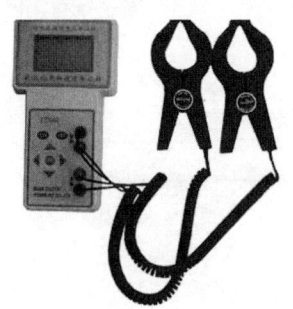 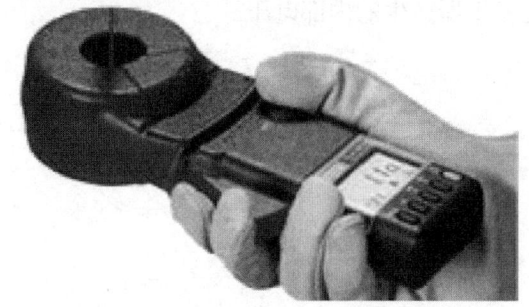

图 6-39　双钳口接地电阻测量仪　　图 6-40　CA 系列单钳口接地电阻测量仪

表 6-5　CA 系列钳形接地电阻测量仪主要技术参数

功能	档位	解析度	精确度
电阻测量	0.10～1.00Ω	0.01Ω	±(2%+0.01Ω)
	1.0～50.0Ω	0.1Ω	±(1.5%+0.1Ω)
	50.0～100.0Ω	0.5Ω	±(2%+0.5Ω)
	100～200Ω	1Ω	±(3%+1Ω)
	200～400Ω	5Ω	±(6%+5Ω)
	400～600Ω	10Ω	±(10%+10Ω)
	600～1200Ω	50Ω	
电流测量	1～300mA	1mA	±(2.5%+2mA)
	0.300～3.000A	0.001A	±(2.5%+2mA)
	3.00～30.00A	0.01A	±(2.5%+20mA)

6.1.9 降低接地电阻的方法

有些局（站）的土壤电阻率较高，或土壤电阻率虽不高，但受到场地限制，需要采用人工降低接地电阻的技术措施，以增加接地极的泄流面积、降低接地极的表面与其接触土壤之间的接触电阻、减少接地体数目。接地电阻改善的方法主要包括以下几种。

6.1.9.1 改进接地体的材料

不同行业、不同地域接地系统使用的接地材料不尽相同，目前使用率最高的接地材料还是金属材料，主要有铜板、角钢和扁钢等。但由于接地环境和具体要求的不同，在有些环境和情况下是不适合使用金属接地材料的。例如在高腐蚀性土壤中，金属接地材料在很短的时间内就可能因被腐蚀而丧失接地的功能，这种情况下就应考虑选用非金属材料的接地体。不同的接地材料有着不同的特点，在接地工程的设计施工中应根据其性能特点和使用环境合理选用。一些从传统金属接地装置中派生出的具有特殊结构和机理的接地材料或系统已经在接地工程中得到广泛应用。

1. 金属接地体

到目前为止，接地系统接地体的首选形态仍然是金属接地体，如角钢、铜棒、铜板、铜网等，这类接地体因其良好的导电性能和较好的经济性，在一般的接地工程中广泛应用。但由于金属材料存在腐蚀问题，且接地体寿命短、接地电阻上升较快、地网改造频繁、维护费用较高，是安全生产的一大隐患。一般而言，通信电源系统早期的地网每四年就得重新改造一次。

近年来金属价格的猛涨造成接地系统的成本增加，使得金属接地材料的缺点逐渐突显，其他形态的接地材料在工程实际中得到了越来越多的应用。

2. 非金属接地体

非金属接地体是一种新兴的金属接地体替换产品，由于其特有的抗腐蚀性能、良好的导电性以及较高的性价比而被广大用户所接受。

目前非金属接地产品主要是以石墨为主要材料，根据制作工艺不同主要有压制和烧制两种。

第一种普通压制产品，是由石墨粉与导电水泥按照一定比例混合后，经过压力压缩定型，再加少量水来达到整体固化得到的，其中导电水泥起到增加整体强度的作用。这种工艺一般采用金属通心的连接方式，即把金属直接贯穿到两端作为接地体的连接电极，同时也起到骨架的作用，这样主要是利用金属的高通流能力。如图6-41所示。

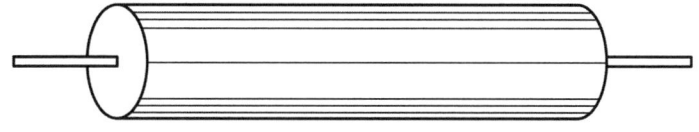

图 6-41　压制型石墨接地体

压制型石墨接地体的生产工艺简单，生产材料成本低廉，价格较低。但这类产品性能存在先天不足，第一是石墨体与金属电极的连接问题，由于压制后的石墨整体与金属材料之间的结合性不是很好，容易出现石墨整体与金属材料互相分离的现象，这对故障电流通过接地体扩散到土壤当中起着阻碍作用；第二，压制产品整体强度差，在运输施工过程中容易破碎；第三，压制石墨体与金属电极之间的电阻较大，一般都不低于 $3\sim5\Omega$。在通信局（站）接地系统改造施工中通常不建议选用压制型非金属接地体。

第二种烧制型非金属接地体,是采用纯度在 99%以上的鳞片石墨,经水洗、酸洗、烘干等数道工序后,经高温使其体积急剧膨胀,鳞片石墨层间裂解形成具有发达孔状结构的膨胀石墨蠕虫体,每个石墨蠕虫连接的表面积已是最大化,其表面及内部孔结构非常发达,表面积可达 $50\sim200m^2/g$。图 6-42 为烧制型石墨接地体外形结构。

图 6-42　烧制型石墨接地体

石墨经膨胀后,不仅保留了天然鳞片石墨材料固有的耐高/低温、耐酸碱、耐腐蚀、导热、导电、自润滑和抗辐射等诸多优点,而且其特殊的网络状孔结构,还赋予它良好的压缩性、回弹性、低应力、高松弛率、高吸水/吸油性,以及热、电导能力的高度异向性等许多独特的功能。其导电性也达到最大化,电阻率仅为 $16.465\times10^{-6}\Omega\cdot m$,产品每米长度的直流电阻为 $50M\Omega$(相当于铜的导电性)。

同时高温烧制使石墨体结合得更加牢固,其抗压强度不低于 5.8MPa,大大降低了产品在运输和施工过程中的难度。它特有的内部网状孔结构,使其具有很好的吸水和保湿性能,还有石墨本身良好的稳定性、抗腐蚀性、导电性、抗老化性、自身低电阻特性更是其他材料无法替代的。由于其本身对环境敏感度非常低,几乎不受外界因素的影响,因此接地电阻值能够在相当长的时间内保持不变,这是传统接地材料无法比拟的。此外,石墨的基本结构就是碳,它对环境没有任何污染,所以这种原料的产品属于环保型产品。

接地模块内置热镀锌扁钢,方便与其他接地金属材料有效连接。

3．离子接地系统

离子接地系统由传统的金属接地体改进而来,从工作原理到材料选用都有近乎质的变化。其结构形状各异,但多为管状结构;外部金属材料通常选用铜合金并经耐腐蚀处理;引入线与接地极采用相同的材质焊接,以提高接地极整体的抗腐蚀性能;内部为颗粒状高浓缩活性因子液溶填充剂,此填充剂可以通过接地极管壁上若干离子释放孔向外缓慢释放。离子接地系统的典型结构如图 6-43 所示。

（1）外填充剂

外填充剂的材料配比是活性离子接地系统的核心技术之一,其主要特性是能够渗透到周边土壤中,形成树根状结构,增大了地中的泄流面积,并能在接地体安装后大幅度膨胀。主要用途是使土壤、外填充剂和金属接地体间紧密接触,一方面改善了接地体周边土壤的导电率,进而降低了接地电阻,另一方面外填充剂和金属接地体间的紧密接触隔绝了空气,有效防止了接地体的腐蚀,大幅度地延长了接地体的使用寿命。此外,填充剂还具有吸水、保水的功能,使水分

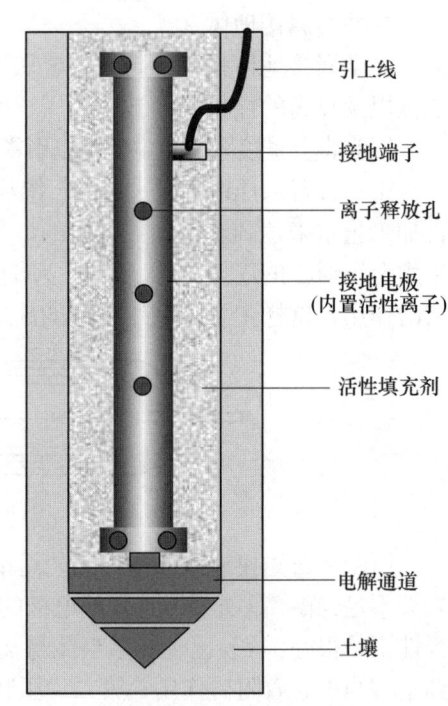

图 6-43　离子接地系统

第6章 环境与安全

含量长期、稳定地保持在一定的水平，接地电阻也长期、稳定地保持在低阻值状态。

（2）内部活性因子液溶填充剂

内部活性因子液溶填充剂的主要用途是补充外填充剂在长期使用过程中可能产生的活性离子的流失。外填充剂在长期使用过程中，所添加的用以降阻的离子成分有可能随时间增加和雨水流动等因素而流失，而内填充剂中的活性因子是高浓缩的降阻、渗透成分，可以通过金属接地极管壁上的离子释放孔自动补充外填充剂中有效成分的流失。为使填充剂有效成分的补充能够自动完成，内填充剂中的另一主要组成是液溶因子，它能够通过金属接地极管壁上的离子释放孔自动吸收接地体外部填充剂和周围土壤中的水分，并在吸水后液化，使内填充剂中的高浓度降阻、渗透成分溶解，缓慢释放到外填充剂中，实现自动补充功能。

导体内的填充剂埋设后，接地电阻会逐渐下降，半年至一年内达到稳定值，埋设缓释过程可以长达30年。

由于离子接地系统多为垂直方向伸展，所需接地面积很小，特别适用于施工地域严重受限的接地工程。离子接地系统和传统接地系统的特性比较如表6-6所示。离子接地系统在现代接地工程中得到了越来越广泛的应用。

表6-6 离子接地系统和传统接地系统的比较

比较项	离子接地系统	传统接地系统
工作机理	通过电极内部和外部填充材料的离子释放效应，改善电极与周边土壤的接触环境，达到降阻的目的	通过大量的金属材料的铺设，降低一定区域内的电阻，实施普通接地方法达到低接地电阻
接地稳定性	其中的外部填充材料具有良好的防腐、吸水、保湿功能，不受气候变化的影响，接地电阻在施工完成一周后进入持续稳定状态，不受土壤的干湿影响，不会随着时间而上升	干性接触，干燥与潮湿时，接地电阻起伏较大；另外由于腐蚀作用，接地电阻随着时间的推移上升较快
寿命周期	具有防腐效果，离子自动补充，因此有效寿命周期在30年以上	防腐较差，有效使用年限相对较短，阻值不稳定，每隔3至5年，需重新进行土壤改造，降低土壤电阻率，否则接地阻值将反弹
工程施工	占地面积小，施工简单，工程量小，降阻效果明显，综合费用较低	材料简单，便于购买，但占地面积和施工量都相对较大，技术水平较低，无工艺保障

6.1.9.2 减小土壤电阻率

1. 换土法

这种方法是采用电阻率较低的土壤（如黏土、黑土及砂质黏土等）替换原有电阻率较高的土壤，置换范围通常在接地体周围1～4m（1.5～2m效果较好）以内。必要时可使用焦炭和碎木炭，换土后接地电阻通常可减少到原来的2/5～2/3。这种方法的土壤电阻率受外界压力和温度的影响较大，在地下水位高、水分流散多的地区使用效果较好。

2. 层叠法

在每根接地体的周围挖一个坑，然后在里面交替铺上土壤（可混入焦炭、木炭等）及食盐6～8层，每层土壤厚约10cm，食盐厚约2～3cm，每层均浇水夯实。每公斤食盐可用水1～2L，每根管型接地体约用食盐30～40kg。这种方法用在砂质土壤中可以降低接地电阻到原来的1/8～1/6，如在沙砾土中可减小到原来的1/3～2/5左右。

采用价格低廉的食盐对改善土壤电阻率的效果较为明显，但由于盐融化后逐渐消失，不易持久，而且会加速接地体的锈蚀，减少接地体的使用年限，故一般不轻易采用加盐方法。

3. 深埋接地极

当地下深处有水或土壤的电阻率较低时,可采取深埋接地极来降低接地电阻值,这种方法对含砂土壤地带装设的接地装置最有效果。

4. 降阻剂法

降阻剂分为化学降阻剂和物理降阻剂。自从发现化学降阻剂有污染水源和腐蚀地网的缺陷以后,化学降阻剂基本上没有被使用了,现在被广泛接受的是物理降阻剂(也称为长效型降阻剂)。物理降阻剂是接地工程中广泛使用的材料,属于材料学中的不定性复合材料,可以根据使用环境形成不同形状的包裹体,所以使用范围广。它可以和接地环或接地体同时使用,包裹在接地环和接地体周围,起到降低接触电阻的作用。此外,降阻剂有可扩散成分,可以改善周边土壤的导电属性,特别适合于山区、岩石等高电阻率地区和土壤结构松动、有空隙的地方。

现在较先进的降阻剂都有一定的防腐能力,可以延长地网的使用寿命。其防腐原理一般来说有电化学防护,通过致密覆盖金属隔绝空气,以及加入能够改善界面腐蚀电位的外加剂成分等。物理降阻剂有超过二十年的工程应用历史,经过不断的实践和改进,现在无论是性能还是施工工艺都已相当成熟。

6.1.9.3 扩大地网面积

扩大地网面积是降低接地电阻的有效办法,但是现实条件中地网面积往往受到限制,因此改善土壤电导率成为降低接地电阻值的有效方法。

6.2 通信电源系统防雷保护

通信电源系统的防雷保护是一个复杂而重要的工程,需要综合考虑接地系统、等电位原理、分区保护、多级保护以及电涌保护器的应用,以确保通信设备的安全运行。

6.2.1 雷电的分类及危害

雷云对大地及地面物体的放电现象称为雷电(击)。雷电主要表现在以下三方面:直击雷、感应雷和雷电过电压侵入。

1. 直击雷

直击雷是直接击在建筑物或防雷装置上的闪电。大气中带电的雷云直接对没有防雷设施的建筑物或其他物体放电时,强大的雷电流通过这些物体入地,会产生破坏性很大的热效应和机械效应,可导致建筑物或其他物体损坏和人畜死亡。

通信局(站)建筑物遭受直击雷时,雷电流通过接闪器、雷电引下线和接地体入地泄放,导致地电位升高。如果没有良好的等电位连接等防护措施,可能产生地电位反击损坏设备的现象。

移动通信基站等宜尽量增大机房接地引入线与雷电引下线在地网上引接点的距离,就是为了减轻地电位反击对机房内设备的影响。

2. 感应雷

感应雷是雷云放电时对电气线路或设备产生静电感应或电磁感应所引起的感应雷电流与

过电压。

通信局（站）大部分的雷击为感应雷击。在导线中产生的感应雷电流比直击雷电流小很多，一般幅值在 20kA 以内。

3. 雷电过电压侵入

因特定的雷电放电，在系统中一定位置上出现的瞬态过电压，称为雷电过电压。

通信系统的外引线在距离通信局（站）稍远的地方遭到雷击，部分雷电过电压将沿这些外引线进入到机房设备中，形成雷电过电压侵入。

6.2.2 防雷的基本原则*

为了有效抑制雷害侵袭，通信局（站）电源系统的防雷保护应坚持如下基本原则。

1. 系统保护原则

将通信电源系统的防雷纳入通信局（站）的整体防雷系统，同时防护应该针对整体进行，而不应该只考虑局部情况。通信电源系统的防雷包括外部防雷系统和内部防雷系统两个部分，它们是一个有机的整体。外部防雷主要是指防直击雷，它由接闪器、引下线和接地装置组成。而内部防雷则包括防雷电感应、防反击、防雷电波侵入，它是指除了外部防雷系统外的所有附加措施。两者相辅相成，缺一不可，如图 6-44 所示。

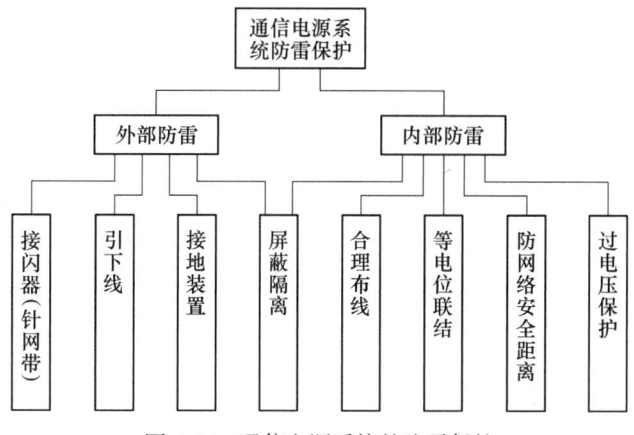

图 6-44 通信电源系统的防雷保护

2. 重视接地系统的建设和维护

做好通信局（站）防雷保护，首先要做好整个台站的接地系统。防雷接地是供电系统的重要组成部分，做好接地系统，才能让雷电流尽快泄入大地，避免危及人身和设备安全。

通信局（站）建筑物的屋顶，要设置避雷针和避雷带等接闪器。这些接闪器的接地引下线应与建筑物外墙上下钢筋和柱子钢筋等结构相连接，再接到建筑物地下钢筋混凝土基础上，组成一个接地网。接地网与建筑物外的接地装置，如变压器、发电机组、微波铁塔等接地装置相连接，组成通信设备的工作接地、保护接地、防雷接地合用的联合接地系统。

对已建成的通信局（站），应加强对联合接地系统的维护工作，定期检查焊接和螺钉紧固处是否完好，建筑物和铁塔的引下线是否受到锈蚀，以免影响防雷动作时的泄流作用。同时还应根据有关规定，定期对通信局（站）避雷线和接地电阻进行检查和测量。

3. 充分运用系统等电位原理

通信局（站）通常采用联合接地，把建筑物钢框架与内部钢筋互连，并与联合地线焊接成法拉第"鼠笼罩"状的封闭体，封闭导体表面电位的变化形成等位面（其内部场强为零）。这样在接地网泄放雷电流时，各层接地点电位同时进行升高或降低的变化，不会产生层间电位差，避免了内部电磁场强度的变化，工作人员和设备安全将得到较好的保障。法拉第"鼠笼罩"如图 6-45 所示。

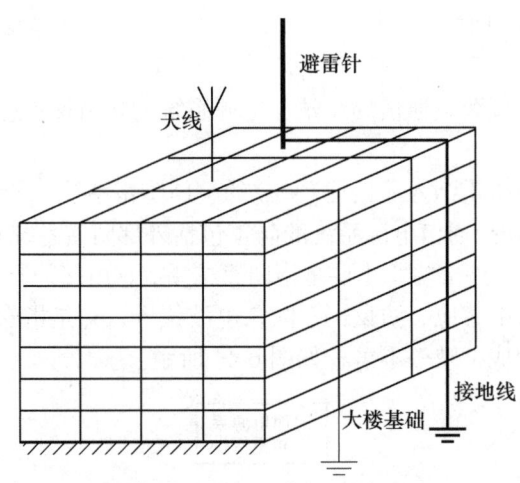

图 6-45　通信大楼的法拉第"鼠笼罩"

4. 采用分区保护

根据 GB 50343—2012《建筑物电子信息系统防雷技术规范》，应将需要保护的空间划分为不同的防雷区（LPZ），以确定各部分空间不同雷电电磁脉冲（LEMP）的严重程度和相应的防护对策。防雷区划分一般原则如图 6-46 所示。

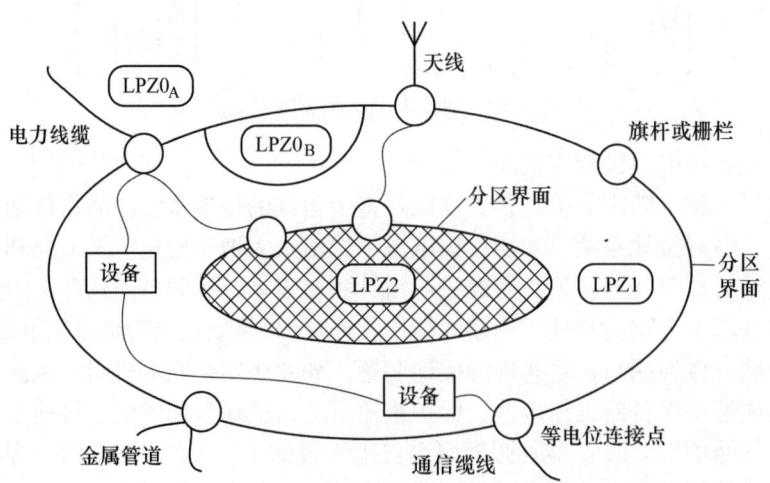

图 6-46　将一个需要保护的空间划分为不同的防雷区（LPZ）

各区以其交界处的电磁环境有明显改变作为划分不同防雷区的特征。

一个被保护的区域,从电磁兼容的观点来看,由外到内可分为不同级别的保护区域,最外层是0级,可能遭受直接雷击,危险性最高,越往里,则危险程度越低。雷电过电压主要是沿各类管线窜入的,保护区的交界面通过外部防雷系统、钢筋混凝土及金属罩等构成的屏蔽层而形成,电气通道以及金属管道等则会经过这些交界面。

将一建筑物划分为几个防雷区和做符合要求的等电位连接的示例如图6-47所示。我国通信行业标准YD/T 944—2007《通信电源设备的防雷技术要求和测试方法》中明确规定,与户外低压电力线相连接的电源设备入口处应符合冲击电流波(模拟冲击电流波形为8/20μs)幅值≥20kA的防雷要求。这实际上是给出了从防直接雷区$LPZ0_A$进入防间接雷区$LPZ0_B$时的要求。

5. 加装电涌保护器,采用多级保护

除分区原则外,防雷保护也要考虑多级保护。因为在雷击设备时,设备第一级保护元件动作之后,进入设备内部的过电压幅值仍相当高,只有采用多级保护,把外来的过电压抑制到电压很低的水平,才能确保设备内部集成电路等敏感组件的安全。如果设备的耐压水平较高,可使用两级保护。但当设备可靠性要求很高、电路组件又极为脆弱时,则应采用三级或四级保护。

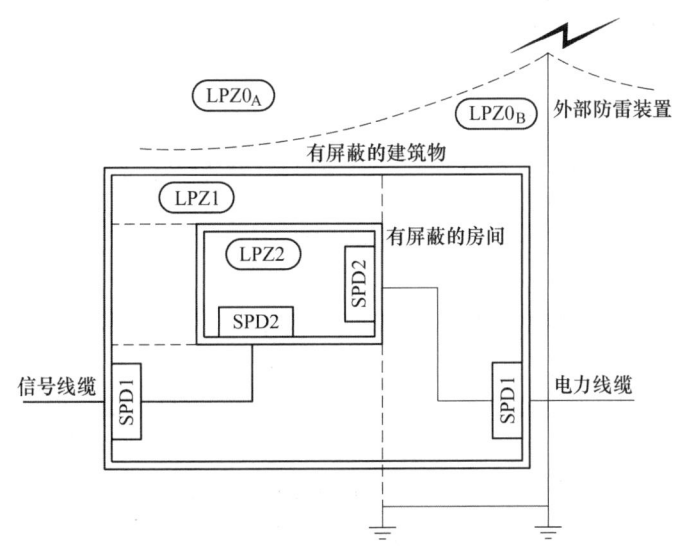

图6-47 某建筑保护分区划分和SPD安装位置

一般把限幅电压高、耐流能力大的保护元件,如放电管等避雷器件放在线路的外围,而把限幅电压低、耐流能力弱的保护元件,如半导体避雷器等放在内部电路的保护上。

根据GB/T 16935.1—2023《低压供电系统内设备的绝缘配合 第1部分:原理、要求和试验》,我国通信行业标准对变压器、220/380V供电线路、进出通信局(站)的金属体和通信局(站)机房等的雷害防护,分A、B、C、D等多级来实现,如图6-48所示。A级保护指变电站处的保护,B级保护指建筑物主配电盘处的保护,C级保护指建筑物内分配电盘处的保护,D级保护指末端的负载保护。若不按这些规定采取相应的A级和B级防雷措施,变压器高压侧避雷器的残压将直接加到后级电源防雷器上,这是非常危险的。

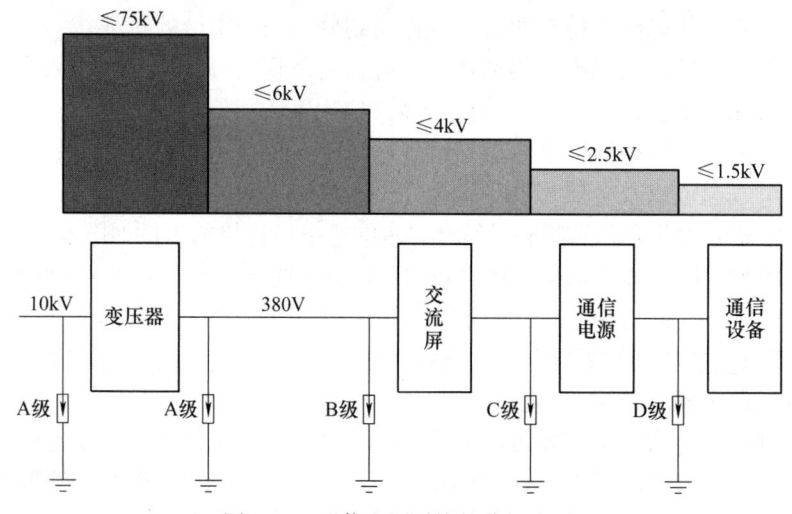

图 6-48　通信电源系统的分级防雷

注：耐受雷击指标的波形为 1.2/50μs，参照标准为 IEC 60664 和 GB 331.1

6.2.3　防雷保护的基本措施*

6.2.3.1　SPD 的分类

防雷器又称浪涌保护器或电涌保护器（Surge Protective Device，SPD），是通过抑制瞬态过电压以及旁路浪涌电流来保护设备的装置，它至少含有一个非线性元件。在通信局（站），SPD 用于各类通信系统对雷电和操作过电压的防护。

（1）开关型（间隙型）防雷器

开关型（间隙型）防雷器是无浪涌时呈高阻状态，对浪涌响应时突变为低阻的一种 SPD。常用器件有气体放电管、放电间隙等。

气体放电管的结构是在陶瓷或玻璃（多为陶瓷）管内安装电极，电极间充有惰性气体，如氩或氖。器件平时阻抗很高，当外加电压达到击穿电压时，气体放电，变为低阻。在弧光放电状态，管压降可低至 10～30V，浪涌电压消失后电弧熄灭。气体放电管的缺点：一是击穿电压值与浪涌电压的上升率有关；二是浪涌电压消失后，如果工作电压较大，可能存在后续电流。气体放电管常在低压三相交流电源防雷的"3 + 1"保护模式中用作零线（N）与保护地线（PE）间的 SPD。

（2）限压型防雷器

限压型防雷器是无浪涌时呈高阻状态，但随着浪涌的增大，其阻抗不断降低的 SPD。常用器件有氧化锌压敏电阻、瞬态抑制二极管等。

压敏电阻（MOV）是一种以氧化锌（ZnO）为主要成分的金属氧化物半导体过电压抑制器件，是典型的限压型防雷器。

压敏电阻的伏安特性正负对称，其图形符号与伏安特性曲线如图 6-49 所示。当压敏电阻两端的电压小于标称导通电压时，电流很小（微安数量级），呈现近似开路状态；当所加电压大于标称导通电压时，压敏电阻击穿导通，呈低阻状态，它能泄放大量的雷电流，对过电压起到抑制作用。过电压消失后，压敏电阻立即恢复到原来的高阻状态。

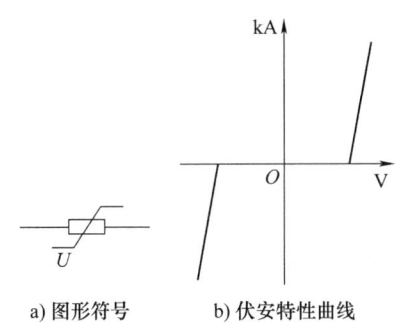

a) 图形符号　　b) 伏安特性曲线

图 6-49　压敏电阻的图形符号与伏安特性曲线

压敏电阻具有非线性特性好、通流容量大、常态泄漏电流小、残压水平低、动作响应快（一般为几十纳秒）和无后续电流等诸多优点。氧化锌压敏电阻目前已被广泛应用于电气电子设备的雷电防护，是通信电源设备中采用的主要防雷器件。其缺点是长期运行后会老化，使标称导通电压降低。

压敏电阻泄放雷电流时，虽然允许通过的电流脉冲幅值很大（千安级），但持续时间很短（数十至数百微秒）。在电源设备中，假如并未遭受雷电侵袭而压敏电阻烧坏，可能是电网电压太高或存在尖峰电压，或者压敏电阻劣化，使得交流电压每周期中都有部分时间的瞬时值超过压敏电阻的标称导通电压，导致压敏电阻长期有电流通过而发热损坏。

（3）混合型防雷器

混合型防雷器是由开关型和限压型器件混合组成的 SPD。

6.2.3.2　SPD 的参数

（1）标称导通电压 U_n

在施加恒定 1mA 直流电流情况下，氧化锌压敏电阻的启动电压，称为标称导通电压，又称为压敏电压，常用 U_n 或 U_{1mA} 来表示。用于低压交流供电系统的限压型 SPD，其标称导通电压 U_n 宜按下式选取：

$$U_n = 2.2U$$

式中，U 为最大运行工作电压有效值。

相线对地（或视具体情况对零线）也可采用标称导通电压为 600V 的限压型 SPD。

（2）标称放电电流 I_n

标称放电电流 I_n 是表明 SPD 通流能力的指标，对应于 8/20ρ 模拟雷电波的电流峰值。I_n 的优选值系列为：2kA、3kA、5kA、10kA、15kA、20kA、25kA、30kA、40kA、50kA、60kA、80kA。

（3）最大通流容量 I_{max}

最大通流容量（又称冲击通流容量）I_{max} 是 SPD 不发生实质性破坏，每线（或单模块）能通过规定次数、规定波形（8/20μs）模拟雷电波的最大电流峰值。最大通流容量一般大于标称放电电流的 2.5 倍。I_{max} 的优选值系列为：5kA、10kA、15kA、20kA、30kA、40kA、50kA、60kA、80kA、100kA、120kA、150kA、200kA。

选择较大通流容量的 SPD 可以获得较长的使用寿命。例如，压敏电阻元件在同样的 10kA 模拟雷电流（8/20μs）下测试，通流容量为 135kA 的元件，其寿命为 1000～2000 次；而通流容量为 40kA 的元件，寿命仅为 50 次左右。

根据我国相关通信行业标准，SPD 按冲击测试电流等级分类，分为 T 型（特高通流容量）、H 型（高通流容量）、M 型（中等通流容量）和 L 型（低通流容量）。限压型电源用 SPD 冲击测试电流等级分类见表 6-7。

表 6-7　限压型电源用 SPD 冲击测试电流等级分类

使用端口	冲击电流	SPD 类型				
		T 型（特高）	H 型（高）	M 型（中）		L 型（低）
交流 SPD	I_n（8/20μs）	≥60kA	≥40kA	≥25kA	≥15kA	≥5kA
	I_{max}（8/20μs）	≥150kA	≥100kA	≥60kA	≥40kA	≥15kA
直流 SPD	I_n（8/20μs）	—	≥5kA	—	—	≥2kA
	I_{max}（8/20μs）	—	≥15kA	—	—	≥5kA

（4）SPD 残压 U_{res}

残压 U_{res} 是雷电电流通过 SPD 时，其端子间呈现的电压峰值。

（5）限制电压

限制电压是施加规定波形、幅值和次数的冲击时，在 SPD 端子间测得的残压最大值。电源用限压型 SPD 的限制电压分别为：B 级防雷 SPD 宜不大于 2kV，C 级防雷 SPD 宜不大于 1.3kV，D 级防雷 SPD 宜不大于 1kV。虽然 SPD 的残压量值可观，但它加在设备上的时间很短，因此一般不会造成设备损坏。

（6）最大持续工作电压 U

最大持续工作电压（又称最大持续运行电压）U，是 SPD 在运行中能持久耐受的最大直流电压或工频电压有效值。U 的优选值系列为：45V、52V、75V、85V、150V、175V、275V、320V、385V、420V、460V、510V、600V。

6.2.3.3　SPD 的安装

行业防雷标准对通信局（站）电源防雷提出了具体要求，其中特别强调两条：一是电力电缆应有金属屏蔽层，且必须埋地进出通信局（站）；二是在电源线路上逐级加装避雷装置，实现多级防护。即在变压器的高压侧加装高压避雷器，低压侧加装低压避雷器，在交流配电屏和直流配电屏分别加装交、直流避雷器。多级布置的避雷器可有效减小因引线电感带来的额外残压，因为前级避雷器已将大部分雷电流泄放入地，在后级的避雷器只泄放少部分雷电流，所以雷电流的减小必然导致引线上的附加残压减小。当然，为了保证避雷器由前到后顺序泄放，避雷器的动作电压应是后级不低于前级。

IEC 标准推荐 TN-C-S 接地系统中 SPD 的安装方式如图 6-50 所示。由于 PEN 线在进线处已接到建筑物内总等电位连接的接地母线上，因此其后的 N 线不必安装 SPD，这样 TN-C-S 系统只需装设三个 SPD。

图 6-50 中，三只 SPD 的输入端分别接到三根相线上，输出端接到总接地端。在 SPD 和相线之间串接的熔断器或断路器，可以保证 SPD 被击穿短路时能迅速从系统中断开。如果 SPD 内部本身就具有可靠的短路保护装置，在外部就可以不加装保护装置 F。

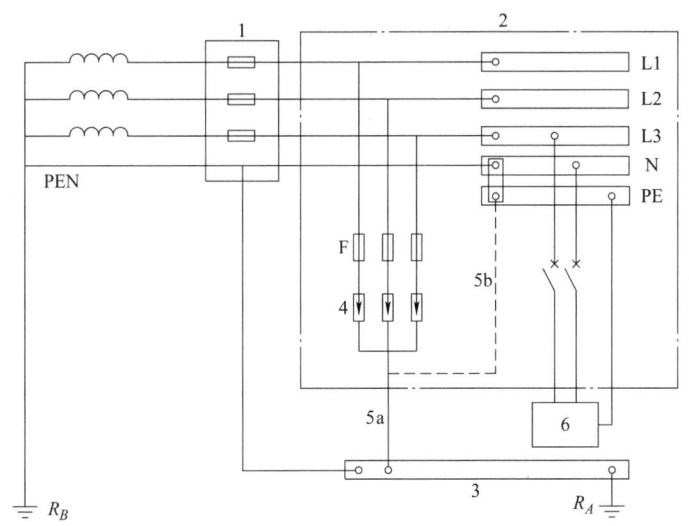

图 6-50　TN-C-S 系统中 SPD 的安装方式

1—装置的电源　2—配电盘　3—接地汇流排　4—SPD　5—SPD 接地连接线　6—被保护设备
F—熔断器、断路器或 RCD　R_A、R_B—装置、系统接地电阻

图 6-51 所示为 IEC 标准推荐的 TT 系统中 SPD 的安装方式示例之一，由于 N 线自系统中性点之后始终都是与地绝缘的，因此 N 线上也需装设 SPD，即三相四线制系统内需装设四个 SPD。

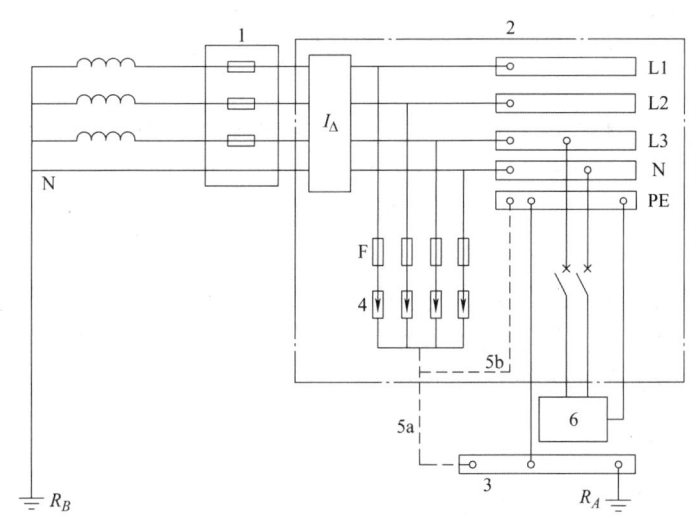

图 6-51　TT 系统中 SPD 的安装方式（一）

1—装置的电源　2—配电盘　3—接地汇流排　4—SPD　5—SPD 接地连接线　6—被保护设备
F—熔断器、断路器或 RCD　R_A、R_B—装置、系统接地电阻

图 6-52 所示为 TT 系统中 SPD 的安装方式示例之二，这是 GB/T 16895.22—2022《低压电气装置　第 5-53 部分：电气设备的选择和安装　用于安全防护、隔离、通断、控制和监测的电器》提出的另一种 TT 系统中 SPD 的安装方式。图中三个相线上的 SPD 先接至中性线母排上，再经一火花间隙接至 PE 母排上，构成所谓的"3+1"模式，即三根相线分别对中性线采用限压型器件保护，中性线对地使用放电管（间隙型 SPD）保护。此间隙的放电电

压约 3kV 左右，可以有效避免 SPD 在 10kV 级电网工频暂态过电压作用时的误动作（导通放电）。

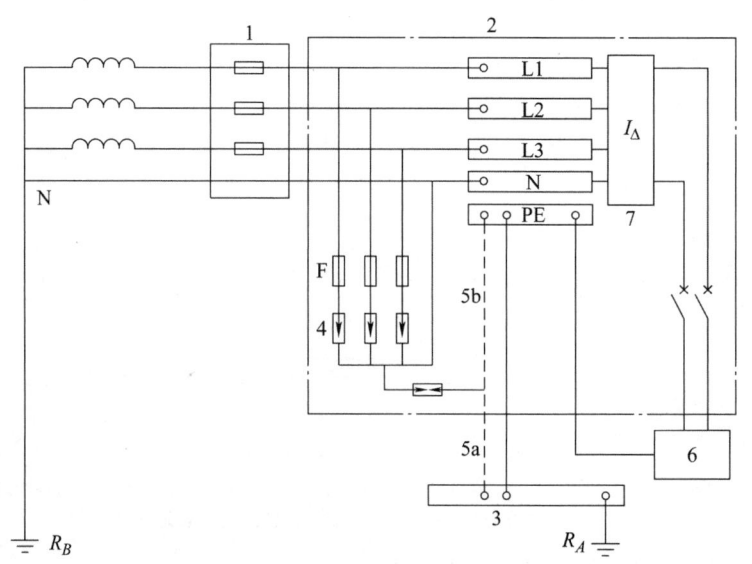

图 6-52　TT 系统中 SPD 的安装方式（二）

对于 TN-S 接地方式，宜采用"4＋0"模式，也可采用"3＋1"模式。所谓"4＋0"模式，即三根相线和中性线分别对地采用限压型器件保护，但在同一配电系统中，上下级间的保护模式应一致。

需要说明的是，上述各类 SPD 的连接方式都较好地实现了输电线路的"纵向保护"，即相-地过电压保护，使各相对地的冲击过电压值都限制在 SPD 的电压保护水平以内。而"横向保护"，即相-相过电压保护则取决于纵向冲击电压的差值。一般情况下，户外三相架空线路的某一相或两相遭受直击雷时，其横向过电压可大大超过纵向保护电平。因此对于特别重要的保护对象，最好同时采用纵向保护和横向保护。目前，性能完善的防雷装置已经在传统的 4 模基础上，在相-地之间、相-相之间也加装 SPD 器件，构成所谓的 7 模乃至 10 模防雷装置，并在实践中取得了很好的雷害抑制效果。

6.2.3.4　直击雷的防护

通信局（站）首先要防止直击雷的危害。到目前为止，世界上还没有一种方法或装置能阻止雷电的产生，采用金属材料接闪，引下雷电流并导入大地，是目前唯一有效的外部防雷方法。通信局（站）的天线、建筑物等都应在接闪器的保护范围之内。

1. 接闪器的保护范围

关于接闪器的保护范围，我国防雷规范已与国际接轨，采用 IEC 推荐的滚球法来确定。滚球法是以 h_r 为半径的一个假想球体，沿需要防直击雷的部位滚动，当球体只触及接闪器（包括被利用作为接闪器的金属物），或只触及接闪器和地面（包括与大地接触并能承受雷击的金属物），而不触及需要保护的部位时，则该部分就得到接闪器的保护。根据不同的防雷类别，滚球半径 h_r 分别为 30m、45m、60m。

以单支避雷针为例,其保护范围如图 6-53 所示,其中 h 为避雷针高度,h_r 为滚球半径,图中所示为 $h < h_r$ 的情形。当 $h \leq h_r$ 时,用滚球法确定单支避雷针保护范围的方法如下。

① 距地面 h_r 处做一平行于地面的平行线。

② 以避雷针尖为圆心,h_r 为半径,做弧线交于平行线的 A、B 两点。

③ 以 A、B 为圆心,h_r 为半径做弧线,该弧线与避雷针尖相交并与地面相切。从此弧线起到地面止的部分(即球面达不到的阴影部分)就是保护范围,它是一个对称的锥体。

单支避雷针在高度为 h_x 的 xx' 平面上的保护半径 r_x 用下式计算(单位为 m):

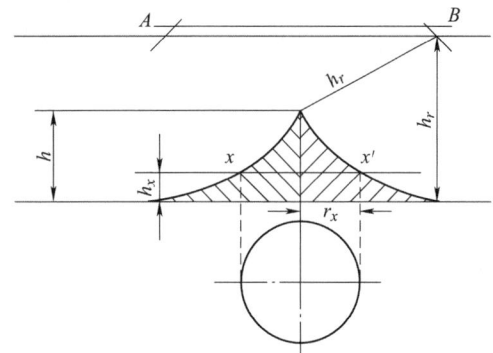

图 6-53 单支避雷针的保护范围

$$r_x = \sqrt{h(2h_r - h)} - \sqrt{h_x(2h_r - h_x)}$$

单支避雷针在地面上的保护半径为:

$$r_0 = \sqrt{h(2h_r - h)}$$

对于单支避雷针,当 $h > h_r$ 时,半径为 h_r 的球与避雷针和地面相切,绕避雷针滚动一周所形成的阴影区就是避雷针的保护范围。

2. 综合通信楼的建筑物防雷

综合通信楼的建筑物防雷,除应满足国家标准 GB 50057—2010《建筑物防雷设计规范》的规定外,还应符合以下要求:

1)建筑物防雷装置中的雷电流引下线宜利用大楼外围各房柱内的外侧主钢筋(不小于 2 根)。钢筋自身上、下连接点应采用搭接焊,其上端与楼顶避雷装置、下端与地网、中间与各楼层均压网焊接连通,形成法拉第笼式结构。楼顶设有塔楼或铁塔时,塔楼柱子和铁塔塔脚亦应按以上要求设雷电流引下线;

2)楼高超过 30m 时,楼顶宜设暗装避雷网,房顶女儿墙应装设避雷带,塔楼顶应设避雷针,且三者间应相互多点焊接连通;

3)楼高超过 30m 时,从 30m 处开始应向上每隔一层设置一次均压网;

4)暗装避雷网、各均压网(含基础底层)可利用该层梁或楼板内的两根主钢筋,按网格尺寸不大于 10m×10m 相互焊接成周边为封闭式的环形带。网格交叉点及钢筋自身连接处均应焊接牢靠。

3. 移动通信基站的直击雷防护

1)移动通信基站天线安装在建筑物房顶时,如天线在建筑物避雷针保护范围内,不宜另外架设独立的避雷针。

2)安装在建筑物房顶的基站天线,如不在建筑物避雷针保护范围内,应在抱杆(或增高架、铁塔)上安装避雷针,抱杆(或增高架、铁塔)应与楼顶避雷带或避雷网焊接连通。

3)移动通信铁塔的避雷针应将移动通信机房和塔上通信设备置于保护范围内,可使用塔身做接地导体。当塔身金属构件电气连续性不可靠时,应使用 40mm×4mm 的热镀锌扁钢设置专门的铁塔避雷针雷电引下线。

4）铁塔位于机房屋顶时，铁塔四脚应利用建筑物柱内的钢筋做雷电引下线，或与楼（房）顶避雷带就近不少于两处焊接连通。建筑物无钢筋结构做雷电引下线时，铁塔四脚应专设雷电引下线，并与环形接地体焊接连通。

5）移动通信基站建在办公楼或大型公用建筑上时，铁塔（或增高架、抱杆）应与楼顶避雷带、避雷网或楼顶预留的接地端多点连接。机房的接地引入线可以从机房楼柱钢筋、楼顶避雷带或邻近的预留接地端引接。

6）使用活动机房的移动通信基站，机房的金属框架必须就近做接地处理。

6.2.3.5 电源设备的防雷措施

1. 高压配电装置

通信局（站）有市电高压引入线路时，如采用架空线路，其进站端上方宜装设架空避雷线，长度为 300～500m，避雷线的保护角应不大于 25°，避雷线（除终端杆外）宜在每根电杆处做一次接地。条件许可时，市电高压引入线路宜采用地埋电力电缆进入，其电缆长度不宜小于 200m。图 6-54 所示是 6～10kV 高压配电装置对雷电波侵入的防护接线示意，在每路进线终端和母线上，都装设有阀式避雷器。如果进线是具有一段引入电缆的架空线路，则避雷器应装在架空线路终端的电缆头处，且和电缆的金属外壳共同接地。

采用电缆进线可有效防止高电位侵入通信局（站）。其工作机理可做如下阐释：高电位达到电缆首端，避雷器动作，电缆外皮与电缆芯线连通，由于集肤效应，浪涌电流被"排挤"到电缆外皮上。而芯线在互感作用下产生反电势，又进一步限制芯线上电流的通过。实践证明，如果进线电缆长度达到 50m，接地电阻不超过 10Ω，则侵入系统的高电位可降低到原来的 1%～2% 以下。

2. 电力变压器

电力变压器高低压侧都应装设防雷器件，高压侧一般采用阀式避雷器，而在低压侧通常采用压敏电阻避雷器。两者均作 Y 形联结，并要求避雷器应尽量靠近变压器安装，它们的汇集点与变压器外壳接地点一起共同就近接地，如图 6-55 所示，构成"三点共同接地"系统。

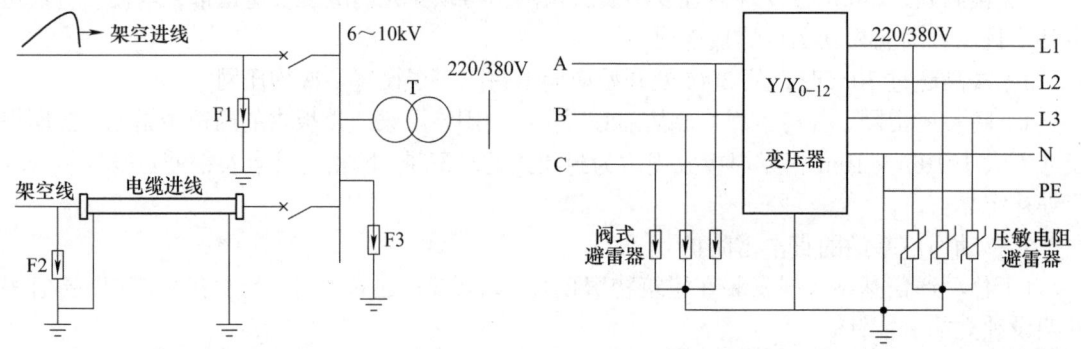

图 6-54　高压配电装置防护雷电波侵入　　图 6-55　电力变压器防雷保护的"三点共同接地"

3. 低压交流配电系统

为了消除直击雷浪涌电流与电网电压波动对交流配电系统的影响，应依据负荷的性质采用分级衰减雷击残压或能量的方法来抑制雷害。

按规定，进出通信局（站）的交流低压电力线路应采用地埋电力电缆，其金属护套应采用就近两端接地。低压电力电缆长度宜不小于 50m，两端芯线应加装避雷器。因此可将通信交流电源系统低压电缆进线作为第一级防雷，交流配电屏作为第二级防雷，整流器输入端口作为第三级防雷。相应防雷器件的安装位置，如图 6-56a 所示。

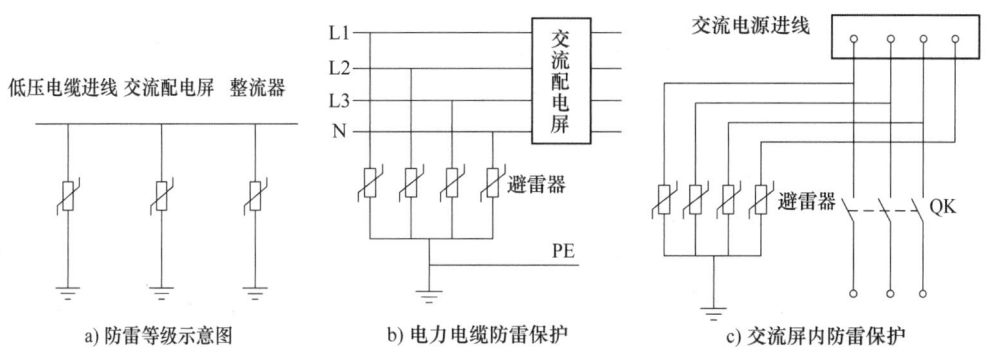

图 6-56　通信局（站）交流配电系统防雷措施

（1）电力电缆

在电力电缆馈电至交流屏之前约 10m 处，应设置避雷装置作为第一级保护。如图 6-56b 所示。每相对地之间分别装设一个避雷器，N 线至地之间也装设一个避雷器，避雷器公共点和 PE 线相连。在避雷器汇集点之前不能有电气接地点。

该级避雷器应具备每极 80kA 的通流量，以达到防直接雷击的电气要求。

（2）交流屏

由于前面已装设有一级防雷装置，故交流屏只考虑承受感应雷击 15kA 以下每极通流量，以及 1300～1500V 残压的侵入，这一级为第二级防雷保护，如图 6-56c 所示。

避雷器件接在主用开关电器之前，是为了防止主用开关遭受雷击的侵害。具体做法是在相线与地之间安装压敏电阻，同时在中性线与地之间也安装压敏电阻，以防雷击可能从中性线侵入。

（3）整流器

在整流器电源输入端设置的避雷器是交流配电系统的第三级防雷保护，通常装设在交流输入断路器之前，每极通流量小于 5kA，相线间只须能承受 500～600V 残压作用即可。有些整流器在输出滤波电路前还接有压敏电阻，或在直流输出端接有电压抑制二极管。它们除了作为第四级防雷保护外，还用于抑制直流输出端可能会出现的过电压。

6.2.3.6　电气布线的防雷措施

1. 电源线

埋地引入通信局（站）的电力电缆应选用金属铠装层电力电缆或穿钢管的护套电缆。埋地电力电缆的金属护套两端应就近接地。在架空电力线路与埋地电力电缆连接处应装设避雷器。避雷器、电力电缆金属护层、绝缘子、铁脚、金具等应连在一起就近接地。

自通信机房引出的电力线应采用有金属护套的电力电缆或将其穿钢管，在屋外埋入地中的长度应在 10 米以上。

通信局（站）建筑物上的航空障碍信号灯、彩灯及其他用电设备的电源线，应采用具有金属护套的电力电缆，或将电源线穿入金属管内布放，其电缆金属护套或金属管道应每隔 10 米就近接地一次，电源芯线在机房入口处应就近对地加装避雷器。

通信局（站）内的工频低压配电线，宜采用金属暗管穿线的布设方式。金属暗管两端及中间必须与通信局（站）地网焊接连通。

通信局(站)内交直流配电设备及电源自动倒换控制架，应选用机内有分级防雷措施的产品。

在市电油机转换屏（或交流稳压器）输入端、交流配电屏输入端三根相线及零线分别对地加装避雷器，在整流器输入端、不间断电源设备输入端、通信用空调输入端均应按上述要求增装避雷器。

太阳能电池的输出馈线应采用具有金属护层的电缆线，其金属护层在太阳能电池输出端和进入机房入口处应就近分别与房顶上的避雷器带焊接连通。芯线应在进入机房前入口处一一对地就近安装相应电压等级的避雷器。太阳能电池支架至少有两处用 40mm×4mm 的镀锌扁钢就近和避雷带焊接连通。

风力发电机的交流引下电线应从金属竖杆里面引下，并在进入机房前入口处安装避雷器，防止感应雷沿电源馈线侵入机房。

2. 信号线

本小节的信号线指 E1 线、网线等非用户线类的信号电缆。

（1）信号电缆在通信局（站）内不应架空布放

通信局（站）内的 E1 线、网线不应架空走线。这些在正常情况下建筑物内互连的信号线，如果在建筑物外架空走线，由于外部暴露空间对雷电电磁场没有衰减作用，这些信号线在雷击发生时引入的雷击过电压和过电流往往超过设备接口正常设计的防雷保护级别，很容易造成设备的损坏。较容易出现问题的是移动基站和传输设备之间连接的 E1 线，以及数据通信类设备接出的以太网线。

特别是移动基站到传输设备的 E1 线，往往是各通信运营商之间的架空走线。由于不同运营商机房多为分开建设，E1 线除在外部暴露空间受到雷电电磁场的严重感应之外，还可能导致不同机房之间的地电位反击问题，因此移动基站到传输设备的 E1 线架空对于设备防雷而言是极端不利的，要尽量加以避免。

（2）信号电缆出入通信局（站）的保护措施

① 信号电缆宜穿金属管从地下入局，金属管两端接地。

② 如果因条件限制，室外电缆无法从地下走线，信号电缆宜穿金属软管进行屏蔽，金属软管的两端应可靠接地，在机房内可连接到机房保护接地排。

③ 室外电缆若采用具有金属外护套的电缆，金属外护套的两端应可靠接地，在机房内可连接到机房保护接地排。

④ 电缆进入室内后在设备的对应接口处应加装信号防雷器，信号防雷器的保护接地线应尽量短。

⑤ 出入局（站）的信号电缆，其内的空线对在机房内宜做保护接地。例如，室外引入的 E1 总电缆内两对同轴线只用了一对，则另一对 E1 电缆的芯线和屏蔽层可在室内汇接到一块小金属板上，再由小金属板接出一根接地线到机房的保护接地排。

3. 光缆

进入通信局（站）的光缆，若光缆中含有金属加强筋，则加强筋在机房内应可靠地连接到机房的保护接地排。

光纤在外部暴露空间架空走线时，光纤内的金属加强筋可以感应非常高的雷击过电压。如果加强筋没有做接地处理，雷击时加强筋很可能对接地物体发生绝缘击穿，从而产生瞬间高温，严重时可以使光纤融化。这种事故在移动通信局（站）很常见。

6.2.4 防雷接地系统的维护

1）维护人员应通过集中监控管理系统，注意 SPD 的告警状态。对于 SPD 没有纳入到集中监控管理系统中的局（站），宜每月以及每次雷击之后对 SPD（包括设备本身配置的 SPD）状态进行一次巡视。当发现 SPD 已失效时，应及时更换，同时注意合上 SPD 的保护断路器。

2）每年雷雨季节前，应对室内外接地装置（包括接地线、接地汇集线、馈线接地排、接地引入线、专设雷电引下线、避雷针、避雷带等）以及其连接状况进行巡检，发现脱焊、松动、机械损伤、锈蚀等情况应进行修复性处理。当锈蚀部分超过截面积三分之一时，应及时更换。同时对防雷系统（包括 SPD、保护断路器或熔断器及相关连接线、接地线等）进行全面检查，发现异常及时进行修复、处理。

3）当接地体采用热镀锌钢材且使用年限达 15 年时，应挖开部分接地体进行抽检，宜在地网四周不同方向选取不少于 4 个抽检点，检查内容包括焊接点的防腐、接地体的锈蚀及连接的牢固程度，然后根据检查情况对地网的有效性进行评估。当锈蚀程度超过接地体截面积的三分之一时，应采取加固措施或重新敷设地网。

4）每年雷雨季节前，应对通信局（站）的工频接地电阻值进行测试，宜选择至少 2 个不同方向进行测试。对测试时的天气情况、使用仪表和有关测试状况应做详细记录。每次测试应选择相同的位置并使用相同的测试方法，当接地电阻值与初始测试值相比变化幅度超过 50%时，应查找原因并及时整治。

5）通信局（站）每一次遭受雷击造成设备和设施损坏的情况均应做详细记录，并对雷害原因进行分析，提出针对性整改措施并组织实施。严重的雷害事故应按规定上报。

6）根据我国通信行业标准 YD/T 1970.7—2015《通信局（站）电源系统维护技术要求 第 7 部分：防雷接地系统》，通信局（站）的防雷接地系统维护周期表如表 6-8 所示。

表 6-8 防雷接地系统维护周期表

序号	维护项目	维护周期
1	查看铁塔等易遭受雷击的设施有无挂接居民金属线缆	日常性维护
2	室外布放的设备接地线以及室外接地排可靠性检查	
3	检查防雷器及其串接断路器（或熔丝）是否工作正常	
4	接地电阻测试	周期性维护 1 次/年
5	直击雷防护装置连接可靠性检查	
6	接地引入线连接可靠性检查	

（续）

序号	维护项目	维护周期
7	接地体覆土有效性、保持性检查	周期性维护 1次/年
8	室内等电位连接可靠性检查	
9	防雷器直流参数测试（可选项）	

6.3 用电安全

随着电气化程度的不断提高，人们接触电的机会越来越多，触电事故时有发生。据有关统计资料分析，用电过程中触电的主要原因依次是：私拉乱接、缺乏用电常识、违章作业、设备失修、设备安装不合格等，而这些事故原因都直接或间接地与缺乏安全用电常识与电气知识有关。因此，宣传安全用电知识和普及安全用电技能是人们安全合理地使用电能，并避免用电事故发生的一大关键。

6.3.1 电气灾害的主要类型

电气灾害的主要类型见表6-9所示。其中触电事故最为常见。

表6-9 电气灾害的类型及其定义

电气灾害的类型	基本含义与举例
触电事故 （电流伤害事故）	人体触及带电导体，电流通过人体而导致的触电伤亡事故。在高压触电事故中，当人体与带电体接近到一定距离时，就开始击穿放电，造成触电伤亡事故
电磁场伤害事故	人在强电磁场的长期作用下，吸收辐射能量而受到的不同程度的伤害。高频电磁场对人体的主要伤害是引起中枢神经系统功能失调，表现为神经衰弱症候群的出现，如头痛、头晕、乏力、记忆力减退等。高频电磁场还对心血管系统的正常机能有一定影响。电磁场对人体的伤害主要是功能性改变，一般具有可变性特征
雷电事故	发生雷击时造成的建筑设施损坏、人畜伤亡，并可造成火灾和爆炸事故
静电事故	在生产过程中产生的有害静电酿成的事故。在有爆炸性混合物的场所，由于静电放电会引起爆炸，静电还可给人造成一定程度的电击及妨碍生产等危害
电气设备事故	在电力系统中，发电机组、变压器、高低压配电设备等电气设备发生故障而引起的设备损坏和人身伤亡事故。例如，电线短路可能引起火灾，断路器爆炸可能伴随有重大人身伤亡事故发生等

触电事故是现代社会发生频率最高、最常见的电气事故，也是造成人身事故最多的电气事故。所谓触电是指电流通过人体时对人体造成生理和病理伤害。触电时电流对人体的伤害是多方面的，主要有电击和电伤两种。

1. 电击

电击是电流通过人体内部，破坏人的心脏、神经系统、肺部等内部器官的正常工作并造成伤害。绝大部分触电死亡事故都是由电击造成的。

根据发生电击时电气设备的状态，电击可分为直接（接触）电击和间接（接触）电击两类。直接电击是指人体直接触及正常运行的带电体所发生的电击，如图 6-57 所示。间接电击是指电气设备发生故障后，人体触及意外带电体所发生的电击。

2. 电伤

电伤是由电流的热效应、化学效应、机械效应等对人体造成的局部伤害。电伤包括电灼伤、电烙印和皮肤金属化等不同形式的伤害。

（1）电灼伤

电灼伤有接触灼伤和电弧灼伤两种。接触灼伤发生在高压触电事故时，电流通过人体皮肤的进出口处造成的灼伤。一般进口处比出口处灼伤严重。接触灼伤面积虽较小，但深度可达三度（灼伤的分类及其症状后果详见表 6-10）。灼伤处皮肤呈黄褐色，可波及皮下组织、肌肉、神经和血管，甚至使骨骼炭化。由于伤及人体组织深层，伤口难以愈合，有的甚至需要几年才能结痂。

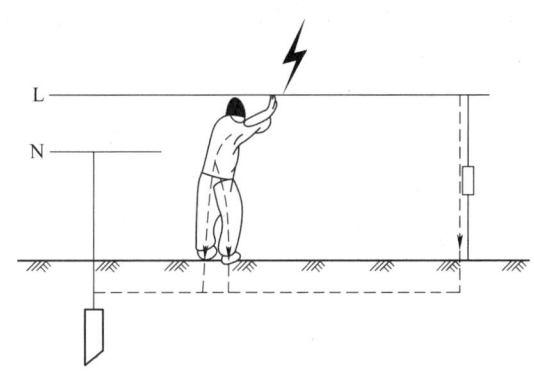

图 6-57 直接电击示意图

表 6-10 灼伤的分类及其症状后果

灼伤分类	灼伤涉及的层面	外观	质感	感觉	愈合时间	预计后果	病例图片
浅度灼伤/一度灼伤	表皮	发红、无水泡	干	疼痛	5～10 天	愈合良好；反复晒伤会增加以后患皮肤癌的风险	
浅表部分皮层灼伤/二度灼伤	延伸到浅表的（乳头层）真皮	发红并有清亮水泡。挤压会发烫	湿润	非常疼痛	2～3 周	局部感染/蜂窝织炎，但通常不留疤痕	
深层部分皮层灼伤/深二度灼伤	延伸到深层真皮（网状层）	呈黄色或白色，较少发烫，可能有水泡	相当干燥	有压迫感和不适感	3～8 周	留有疤痕、挛缩（可能需要切除和植皮）	
全层皮肤灼伤/三度灼伤	贯穿整个真皮层	僵硬并呈白色/棕色、不发烫	好似皮革坚韧	无疼痛感	时间长（常需几个月）且不能完全愈合	疤痕、挛缩、截肢（建议早期切痂）	
四度灼伤	穿透所有皮层，并进入皮下脂肪、肌肉和骨骼	黑色；烧焦并有焦痂	干	无疼痛感	需要切除	截肢，严重的功能损害，且在某些情况下会导致死亡	

电弧灼伤发生在误操作或人体过分接近高压带电体而产生电弧放电时，这时高温电弧将如火焰一样把皮肤烧伤。被烧伤的皮肤将发红、起泡、烧焦、组织坏死等。电弧有时还会使眼睛受到严重损害，导致电光性眼炎。

（2）电烙印（电斑痕）

电烙印发生在人体与带电体有良好接触的情况下，在皮肤表面将留下与被接触带电体形状相似的肿块痕迹。有时在触电后并不立即出现，而是相隔一段时间后才出现。电烙印一般不发炎或化脓，但往往会造成局部麻木和失去知觉。

（3）皮肤金属化（金属溅伤）

由于电弧的温度极高（其中心温度可高达 6000～10000℃），可使其周围的金属熔化、蒸发并飞溅到皮肤表层而使皮肤金属化。金属化后的皮肤表面变得粗糙坚硬，肤色与金属种类有关，或灰黄（铅），或绿（紫铜），或蓝绿（黄铜）。金属化后的皮肤经过一段时间会自行脱落，一般不会留下不良后果。

必须指出的是，人身触电事故往往伴随着高空坠落或摔跌等机械性创伤。这类创伤虽起因于触电，但不属于电流对人体的直接伤害，可谓之触电引起的二次事故。

6.3.2 触电方式及触电防护*

6.3.2.1 人体触电方式

人体触电的方式有多种，主要可分为直接（接触）触电和间接（接触）触电两种。此外，还有高压电场、高频电磁场、静电感应、雷击等对人体造成的触电伤害。

1. 直接触电

人体直接触及或过分靠近电气设备及线路的带电导体而发生的触电现象称为直接触电。单相触电、两相触电、电弧烧伤都属于直接触电。

（1）单相触电

当人体的某一部位碰到相线或绝缘性能不好的电气设备外壳时，电流由相线经人体入大地导致的触电现象称为单相触电（如图 6-58 所示）。其危险程度由电压的高低、绝缘情况、电网的中性点是否接地以及每相对地电容量的大小等因素决定。单相触电是最常见的一类人体触电方式。

（2）两相触电

当人体不同部位分别接触到同电源的两根不同电位的相线，电流由一根相线经人体流到另一根相线导致的触电现象称为两相触电，亦称为双相触电，如图 6-59 所示。当发生两相触电时，作用于人体上的电压为线电压，电流将从一相导线经人体流入另一相导线，这是很危险的。设电源的线电压为 380V，人体电阻按 1700Ω 考虑，则流过人体内部的电流将达 224mA，足以致人死亡。因此，两相触电要比单相触电严重得多。

（3）电弧烧伤

电弧是气体间隙被强电场击穿时的一种现象。人体过分接近高压带电体会引起电弧放电，带负荷拉、合刀闸会造成弧光短路。电弧不仅使人受电击，而且使人受电伤，对人体的危害往往是致命的。

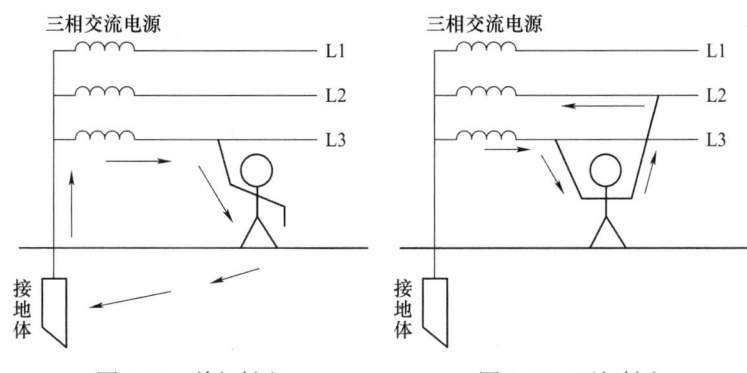

图 6-58　单相触电　　　　图 6-59　两相触电

总之,直接触电时,通过人体的电流较大,危险性也较大,往往导致死亡事故。因此,要想方设法防止直接触电。

2. 间接触电

电气设备在正常运行时,其金属外壳或结构是不允许带电的。但当电气设备的绝缘损坏而发生接地短路故障时(俗称"碰壳"或"漏电"),其金属外壳结构便带有一定电压,此时人体触及相关部位就会发生触电事故,这种触电方式即称为间接触电。跨步电压触电和接触电压触电都属于间接触电。

(1)跨步电压触电

当带电体接地有电流流入地下时,电流在接地点周围土壤中产生电压降。人在接地点周围,两脚之间出现的电位差即为跨步电压。由此造成的触电称为跨步电压触电。

在低电压 380V 的供电网中,如一根电线掉在水中或潮湿的地面,在此水中或潮湿的地面上就会产生跨步电压。在高压故障接地处同样会产生更加危险的跨步电压。因此,在检查高压设备接地故障时,室内不得接近故障点 4m 以内,室外(土地干燥的情况下)不得接近故障点 8m 以内。

跨步电压触电可用图 6-60 加以说明,图中坐标原点表示带电体接地点或载流导线落地点,横坐标表示位置,纵坐标负方向表示电位分布。其中,U_{K1} 为人两脚间的跨步电压,U_{K2} 为马两脚之间的跨步电压。

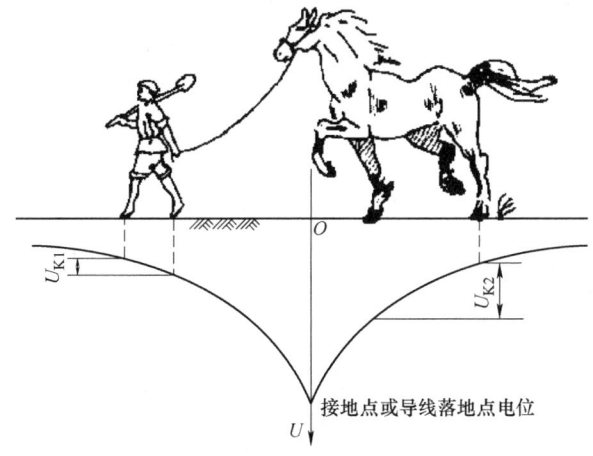

图 6-60　跨步电压触电示意图

另外，电气设备发生碰壳故障时，电流便经接地体向地中流散。在离接地点（电流入地点）20m以内的地面，也会存在跨步电压，如图6-61所示。

由于接近电流入地点的土层具有最小的流散截面，会呈现出较大的流散电阻值，于是接地电流将在流散途径的单位长度上产生较大的电压降，而远离电流入地点土层处电流流散的半球形截面随该处与电流入地点的距离增大而增大，相应的流散电阻也随之逐渐减小，致使接地电流在流散电阻上的压降也随之逐渐降低。于是，在电流入地点周围的土壤中和地面各点便具有不同的电位分布，如图6-62所示。

电位分布曲线表明，在电流入地点处电位最高，随着离此点的距离增大，地面电位呈先急后缓的趋势下降，在离电流入地点10m处，电位已降至电流入地点电位的8%。在离电流入地点20m以外的地面，流散半球的截面已经相当大，相应的流散电阻可以忽略不计，或者说地中电流不再在此处产生电压降，可以认为该处地面电位为零。

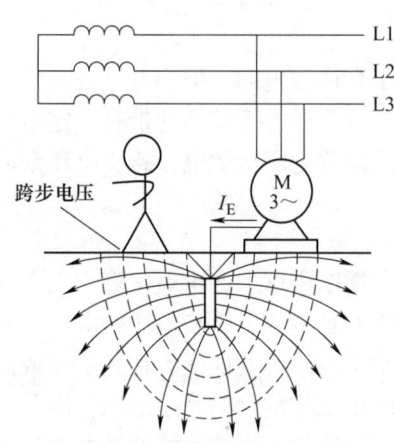
图6-61 电流在地中的流散电场

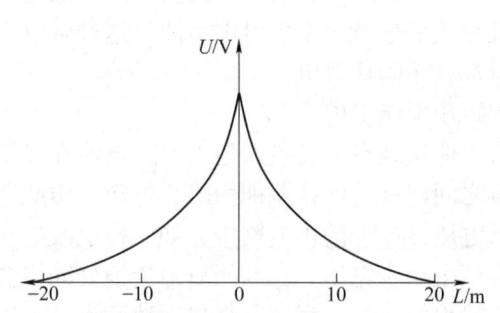
图6-62 电流入地点周围的地面电位分布曲线

（2）接触电压触电

电气设备由于绝缘损坏或其他原因造成接地故障时，如人体两个部分（手和脚）同时接触设备外壳和地面时，人体两部分会处于不同的电位，其电位差即为接触电压。由接触电压造成的触电事故称为接触电压触电。接触电压值的大小取决于人体站立点与接地点的距离。距离越远，则接触电压越大。当距离超过20m时，接触电压值最大，即等于漏电设备上的电压U_{Tm}；当人体站在接地点与漏电设备接触时，接触电压为零。

3. 其他触电方式

（1）高压电场

在超高压输电线路和配电装置周围，存在着强大的电场，处在电场内的物体会因静电感应作用而带有电压。当人触及这些带有感应电压的物体时，就会有感应电流通过人体入地，而可能导致人体受伤害。研究表明：人体对高压电场下静电感应电流的反应更加灵敏,当0.1～0.2mA的感应电流通过人体时，人便会有明显的刺痛感。在超高压线路下或设备附近站立或行走的人，往往会感到不舒服，如精神紧张、毛发耸立、皮肤有刺痛的感觉，甚至还会在其头与帽之间、脚与鞋之间产生火花。例如，国外曾有人触及500kV输电线路下方的铁栅栏而发生触电事故；我国某地在330kV线路跨越汽车站处曾发生过乘客上、下车时感到麻电的事例；有些地方的居民在高压线路附近用铁丝晾衣服，也发生过触电的现象。

避免高压静电场对人体伤害的措施是降低人体高度范围内的电场强度。如提高线路或电气设备安装高度；尽量不要在电气设备上方设置软导线，以利于人员检修设备；把控制箱、端子箱、放油阀等装设在低处或布置在场强较低处，以便运行和检修人员接近；在电场强度大于 10kV/m 且有人员经常活动的地方增设屏蔽线或屏蔽环；在设备周围装设接地围栏，围栏应高于人的平均高度，以便将高电场区域限制在人体高度以上；尽量减少同相母线交叉跨越等。

（2）高频电磁场

频率超过 0.1MHz 的电磁场称为高频电磁场。人体吸收高频电磁场辐射的能量后，器官组织及其功能将受到损伤。主要表现为神经系统功能失调，其次是出现较明显的心血管症状。电磁场对人体的伤害是逐渐积累的，当人体脱离接触后，症状会逐渐消失，但在高强度电磁场作用下长期工作，一些症状可能积累成疾病，甚至遗传给后代。

（3）静电感应

金属物体受到静电感应及绝缘体间的摩擦起电是产生静电的主要原因。例如，输油管道中油与金属管壁摩擦、皮带与皮带轮间的摩擦会产生静电；运行过的电缆或电容器绝缘物中会积聚静电。静电的特点是电压高，有时可高达数万伏，但能量不大。发生静电电击时，触电电流往往瞬间即逝，一般不至于有生命危险。但受静电瞬间电击会使触电者从高处坠落或摔倒，造成二次伤害。静电的主要危害是其放电火花或电弧引燃或引爆周围物质，引起火灾和爆炸事故。

（4）雷击

雷击是一种自然灾害。其特点是电压高、电流大，但作用时间短。雷击除了能毁坏建筑设施及引起人畜伤亡外，在易产生火灾和爆炸的场所，还可能引起火灾和爆炸事故。

6.3.2.2　触电事故的预防措施

1. 直接触电的防护措施

（1）使用安全电压

安全电压是指在各种不同环境条件下，人体接触到有一定电压的带电体后，其各部分组织（如皮肤、心脏、呼吸和神经系统等）不发生任何损害时的电压。相关工作环境的安全电压等级和选用举例如表 6-11 所示。

表 6-11　安全电压等级与选用举例

安全电压/V（交流有效值）		选用举例
额定值	空载上限值	
42	50	在有触电危险的场所使用的手持式电动工具等
36	43	在矿井、多导电粉尘等场所使用的行灯等
24	29	可供某些具有人体可能偶然触及的带电体设备选用
12	15	
6	8	

（2）绝缘措施

良好的绝缘是保证电气设备和线路正常运行的必要条件，是防止触电事故的重要措施。选用的绝缘材料必须与电气设备的工作电压、工作环境和运行条件相适应。不同的设备或电路对绝缘电阻的要求不同。

绝缘损坏的主要原因是：设备缺陷、机械损伤和热击穿。设备的绝缘优劣用绝缘电阻来衡量，其绝缘电阻的大小通常用摇表或接地电阻测量仪进行测量。新装和大修后的设备，绝缘电阻不应低于 0.5MΩ；三相四线制线路相间绝缘不低于 0.38MΩ，对地绝缘不低于 0.22MΩ；运行中的线路和设备，绝缘电阻要求每伏工作电压 1kΩ 以上；高压线路和设备的绝缘电阻不低于每伏 1000MΩ。

（3）屏护措施

采用屏护装置，如常用电器的绝缘外壳、金属网罩、金属外壳、变压器的遮栏、栅栏等将带电体与外界隔绝开来，以杜绝不安全因素。应当注意的是，凡是金属材料制作的屏护装置，均应妥善接地或接零。

屏护的作用：

① 防止工作人员意外接触或过分靠近带电体；
② 作为检修部位与带电体距离小于安全距离时的隔离措施；
③ 保护电气设备不受机械损伤。

（4）间距措施

为了防止人体、动物或其他物体触及或过分接近带电体，在带电体与地面之间、带电体与其他设备之间，应保持一定的安全间距。安全间距的大小取决于电压的高低、设备的类型、安装方式等因素。

（5）装设漏电保护器

漏电保护器是一种当人体发生单相触电或线路漏电时能自动切断电源的装置，能同时起到防止直接触电和间接触电的作用。目前应用广泛的是电流型漏电保护器。漏电保护器安装使用时应注意以下几点：

① 单级的漏保接线时，相线、零线必须接正确，否则起不到保护的作用；
② 漏保不能采用重复接地，否则送不上电；
③ 漏保后边的线路，零线不能借用，否则送不上电；
④ 三相四线制电源漏保后原有的保护接地或保护接零不能拆掉；
⑤ 漏保投入运行后要每月试验一次，检查保护功能时应使用试验按钮，不能采用直接接地的方法。

2. 间接触电的防护措施

（1）保护接地和保护接零

保护接地：变压器中性点（或一相）不直接接地的电网内，一切电气设备正常情况下不带电的金属外壳以及和它连接的金属部分与大地做可靠电气连接。原理是保护接地电阻很小，可以把漏电设备的对地电压控制在安全范围内，接地电流被接地保护电阻分流，因此流过人体的电流很小，保证了操作人员的人身安全。

保护接零：变压器中性点直接接地的系统中，一切电气设备正常情况下不带电的金属部分与电网零线可靠连接。原理是在变压器中性点接地的低压配电系统中，当某相出现事故碰壳时，相线和零线短路，短路电流能使保护装置动作，切断电源防止触电。

（2）使用安全用具与标识

电气安全用具分辅助绝缘安全用具和基本绝缘安全用具。

① 辅助绝缘安全用具是绝缘强度不足以抵抗电气设备运行电压的安全用具。常用的辅助绝缘安全用具有：绝缘手套、绝缘鞋和绝缘垫等。

② 基本绝缘安全用具是绝缘强度足以抵抗电气设备运行电压的安全用具。基本绝缘安全用具有：绝缘棒、绝缘夹钳和验电笔等。

安全标识提醒人员注意或按标识上注明的内容去执行，是保障人身和设备安全的重要措施。如："禁止合闸　有人工作""止步　高压危险"等。

3. 基本安全用电常识

以下是一些预防触电事故的具体措施。

① 各种家用电器的金属外壳，必须加装良好的保护接零。

② 随时检查电器内部电路与外壳间的绝缘电阻，凡是绝缘电阻不符合要求的，应立即停止使用。使用电器前要仔细察看电源线及插头。

③ 室内线路及临时线路的截面积应符合载流量的要求，使用的导线种类及敷设工艺应符合规范要求。

④ 各种电气设备的安装必须按照规定的高度和距离施工，相线与零线的接线位置要符合用电规范。

⑤ 刀开关的电源进线必须接静触头，保证拉闸后线路不带电。刀开关需垂直安装，并使静触头在上方，以免拉闸后自动闭合造成意外。

⑥ 低压电路应采取停电检修的安全工作方式，检修前在相线上装好临时接地线，或在拉闸处挂上警告牌，或拔去熔丝上盖并随身带走，防止他人误合闸。在操作时，应视同带电操作。

⑦ 带电维修时，必须严格执行带电操作安全规程，做好对地绝缘，进行单线操作。使用的工具必须具有良好的绝缘手柄。

⑧ 熔丝的更换不得擅自加级，更不能用铜线代替。

⑨ 当电气火灾发生时，应先切断电源，不要轻易用水去灭火。

⑩ 危险的带电设备应外加防护网，以防与人体接触。

⑪ 用电线路及电气设备的安装与维修必须由培训合格的专业电工进行，其他非电工人员不得擅自进行电气作业。

⑫ 经常接触和使用的配电箱、刀开关、插座、插销以及导线等，必须保持其完好、安全，不得有漏电、破损或将带电部分裸露。

⑬ 电气线路及设备应建立定期巡视检修制度，若不符合安全要求，应及时进行处理，不得带故障运行。

⑭ 电业人员进行电气作业时，必须严格遵守安全操作规程，不得违章冒险。

⑮ 在没有对线路验电之前，应一律视导体为带电体。

⑯ 移动式电具应通过开关或插座接取电源，禁止直接在线路上接取，或将导电线芯直接插入插座上使用。

⑰ 禁止带电移动电气设备。

⑱ 不能用湿手操作开关或插座。

⑲ 搬动较长金属物体时，不要碰到电线，尤其是裸导线。

⑳ 不要在高压线下钓鱼、放风筝。

㉑ 遇到高压线断裂落地时，不要进入 20m 以内范围。若已进入，则要单脚或双脚并拢跳出危险区，以防跨步电压触电。

㉒ 在带电设备周围严禁使用钢卷尺进行测量工作。

㉓ 已经拆开或断裂的裸露带电接头，必须及时用绝缘物将其包好并放置在人身不易碰到的地方。

㉔ 加强安全用电宣传和安全用电知识的普及。

6.3.3 现场急救的方法*

一旦发现有人触电，周围人员首先应迅速拉闸断电使其尽快脱离电源，然后对触电者进行现场急救。触电急救的要点是：抢救迅速与救护得法。即用最快的速度在现场采取相应措施，保护伤员的生命，减少其痛苦，并根据伤情需要，迅速联系医疗部门救治。即使触电者失去知觉、心脏停止，也不能轻率地认定触电死亡，而应看作是假死。每个从事电气工作的人员必须熟练掌握触电急救的方法。

6.3.3.1 脱离电源

触电急救的第一步是使触电者迅速脱离电源。电流对人体的作用时间愈长，对生命的威胁愈大。因此，触电急救的关键是首先要使触电者迅速脱离电源。可根据具体情况，选用下述几种方法使触电者脱离电源。

1. 脱离低压电源的方法

脱离低压电源的方法可用"拉""切""挑""拽"和"垫"五个字来概括，具体方法如表 6-12 所示。

表 6-12　使触电者脱离低压电源的几种方法

方法	示意图	说明
拉		指就近拉开电源开关、拔出插头或瓷插式熔断器（保险）。此时应注意拉线开关和扳把开关是单极的，只能断开一根导线。有时由于安装不符合规程要求，把开关安装在零线上，这时虽然断开了开关，但人身触及的导线可能仍然带电，这就不能认为已切断电源
切		指用带有绝缘柄的利器切断电源线。当电源开关、插座或瓷插式熔断器（保险）距离触电现场较远时，可用带有绝缘手柄的电工钳或有干燥木柄的斧头、铁锹等利器将电源线切断。切断时应防止带电导线落触及周围的人体。多芯绞合线应分相切断，以防短路伤人

（续）

方法	示意图	说明
挑		如果导线搭落在触电者身上或压在身下，这时可用干燥的木棒、竹竿等挑开导线或用干燥的绝缘绳套拉导线或触电者，使之脱离电源
拽		救护人员可以戴上手套或在手上包缠干燥的衣服、围巾、帽子等绝缘物品拖拽触电者，使之脱离电源。如果触电者的衣裤是干燥的，又没有紧缠在身上，救护人员可直接用一只手抓住触电者不贴身的衣裤，将其拉脱电源。但要注意拖拽时切勿触及触电者的体肤。救护人亦可站在干燥的木板、木桌椅或橡胶垫等绝缘物品上，用一只手把触电者拉脱电源
垫		如果触电者由于痉挛手指紧握导线或导线缠绕在身上，救护人员可先用干燥的木板塞进触电者身下使其与地绝缘来隔断电源，然后再采取其他办法把电源切断

2. 脱离高压电源的方法

由于装置的电压等级高，一般绝缘物品不能保证救护人的安全，而且高压电源开关距离现场较远，不便拉闸。因此，使触电者脱离高压电源的方法与脱离低压电源的方法有所不同，通常的做法如下。

① 立即电话通知有关供电部门拉闸停电。

② 如电源开关离触电现场不甚远，则可戴上绝缘手套，穿上绝缘靴，拉开高压断路器，或用绝缘棒拉开高压跌落保险以切断电源。

③ 往架空线路抛挂裸金属软导线，人为造成线路短路，迫使相关继电保护装置动作，从而使电源开关跳闸。抛挂前，将短路线的一端先固定在铁塔或接地引线上，另一端系重物。抛掷时，应注意防止电弧伤人或断线危及人员安全，也要防止重物砸伤人。

④ 如触电者触及断落在地上的带电高压导线，且尚未确证线路无电前，救护人尽量不要进入断线落地点 20m 的范围内，以防止跨步电压触电。进入该范围的救护人员应穿上绝缘靴或临时双脚并拢跳跃地接近触电者。触电者脱离带电导线后应迅速将其带至 20m 以外，然后立即开始触电急救。只有在确证线路无电后，才可对触电者就地急救。

3. 使触电者脱离电源的注意事项

① 救护人不得采用金属和其他潮湿的物品作为救护工具。

② 未采取绝缘措施前，救护人不得直接触及触电者的皮肤和潮湿的衣服。

③ 在拉拽触电者脱离电源的过程中，救护人应单手操作，这样比较安全。

④ 当触电者位于高位时，应采取措施预防触电者在脱离电源后坠地摔伤或摔死。

⑤ 夜间发生触电事故时，应考虑切断电源后的临时照明问题，以利救护。

触电者脱离电源后，应立即就地进行抢救。"立即"之意就是争分夺秒，不可贻误。"就地"之意就是不能消极地等待医生的到来，而应在现场实施正确救护方式的同时，拨打当地的 120 急救中心电话，以便专业医务人员尽快赶到现场，并做好将触电者送往医院的准备工作。所以触电急救的第二步是现场救护。

6.3.3.2 对症急救

当触电人脱离电源后，应立即依据触电者受伤害的轻重程度，迅速对症救治。

1. 触电者未失去知觉的救护措施

如果触电者所受的伤害不太严重，神志尚清醒，只是心悸、头晕、出冷汗、恶心、呕吐、四肢发麻、全身乏力，甚至一度昏迷，但未失去知觉，则应让触电者在通风暖和的处所静卧休息，并派人严密观察，同时请医生前来或送往医院诊治。

2. 触电者已失去知觉（心肺正常）的抢救措施

如果触电者已失去知觉，但呼吸和心跳尚正常，则应使其舒适地平卧着，解开衣服以利呼吸，四周不要围人，保持空气流通，冷天应注意保暖，同时立即请医生前来或送往医院诊察。若发现触电者呼吸困难或心跳失常，应立即施行人工呼吸或胸外心脏按压。

3. 对"假死"者的急救措施

人触电以后，会出现神经麻痹、呼吸困难、血压升高、昏迷、痉挛，甚至会出现呼吸中断、心脏停搏、瞳孔放大等现象，呈现昏迷不醒的状态。如果未见明显的致命外伤，就不能轻率地认定触电者已经死亡，而应该看作是"假死"，并立即对触电者施行急救。

"假死"（也称其为电休克）现象，可能有三种临床症状：一是心跳停止，但尚能呼吸；二是呼吸停止，但心跳尚存（脉搏很弱）；三是呼吸和心跳均已停止。"假死"症状的判定方法通常采用"看""听""试"三个步骤进行。"看"是观察触电者的胸部、腹部有无起伏动作、有无外伤、瞳孔是否放大（如图 6-63a 和图 6-63b 所示）；"听"是用耳贴近触电者的胸部聆听其心脏跳动情况（如图 6-63c 所示），或用耳贴近触电者的口鼻处聆听其有无呼气声音；"试"是用手或小纸条试测触电者口鼻有无呼吸的气流，再用两手指轻压一侧（左或右）喉结旁凹陷处的颈动脉感受有无搏动感觉（如图 6-63d 所示）。如"看""听""试"的结果，既无呼吸又无颈动脉搏动，则可判定触电者呼吸停止或心跳停止或呼吸心跳均停止。当判定触电者呼吸和心跳停止时，应立即按心肺复苏法就地抢救。

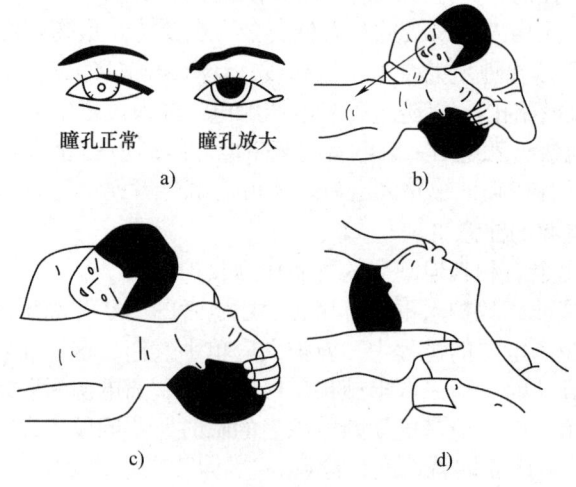

图 6-63 触电现场诊断方法

6.3.3.3 心肺复苏急救

心肺复苏法是指伤者因各种原因（如触电）造成心跳、呼吸突然停止后，他人采取措施使其恢复心跳、呼吸功能的一种系统的紧急救护法，主要包括畅通气道、口对口人工呼吸、胸外心脏按压及所出现的并发症的预防等。触电者一旦出现呼吸、心跳突然停止的症状时，必须立即对其施行心肺复苏急救。

1. 畅通气道

若触电者呼吸停止，要紧的是始终确保气道畅通，其操作要领如下。

（1）清除口中异物

凡是神志不清的触电者，由于舌根回缩和坠落，都可能造成其呼吸道入口处不同程度的堵塞，使空气难以或无法进入肺部，这时就应对其立即开放气道。如果触电者口中有异物，必须首先将其清除。具体步骤是：使触电者仰面躺在平硬的地方，迅速解开其领扣、围巾、紧身衣和裤带。如发现触电者口内有食物、假牙、血块等异物，可将其身体及头部同时侧转，迅速用一个手指或两个手指交叉从口角处插入，从中取出异物，操作中要注意防止将异物推到咽喉深处，如图 6-64a 所示。

（2）畅通气道

采用如图 6-64b 所示的仰头抬颌法畅通气道。操作时，救护人员用一只手放在触电者前额，另一只手的手指将其颊颌骨向上抬起，两手协同将头部推向后仰，舌根自然随之抬起，气道即可畅通。为使触电者头部后仰，可于其颈部下方垫适量厚度的物品，但严禁用枕头或其他物品垫在触电者头下，因为头部抬高前倾会阻塞气道，还会使施行胸外按压时流向脑部的血量减小，甚至完全消失。

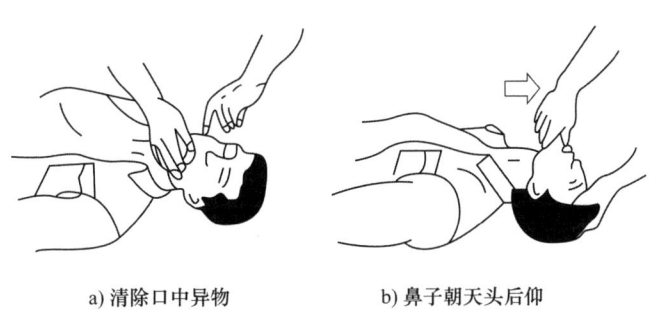

a) 清除口中异物　　　b) 鼻子朝天头后仰

图 6-64　畅通气道示意图

2. 口对口（鼻）人工呼吸

救护人在完成畅通气道的操作后，应立即对触电者施行口对口或口对鼻人工呼吸。口对鼻人工呼吸用于触电者嘴巴紧闭的情况。人工呼吸的操作要领如下。

① 触电者仰卧，肩下可以垫些东西使其头尽量后仰，鼻孔朝天。救护人员蹲跪在触电者的左侧或右侧；用放在触电者额上的手指捏住其鼻翼，另一只手的食指和中指轻轻托住其下巴；救护人员深吸气后，与触电者口对口贴紧（如图 6-65a 所示），在不漏气的情况下，先连续大口吹气两次，每次 1～1.5s；吹气时要使被救者胸部膨胀。然后用手指试测触电者颈动脉是否有搏动，如仍无搏动，可判断心跳已停止，在施行人工呼吸的同时应进行胸外按压。

② 正常口对口人工呼吸。大口吹气两次试测颈动脉搏动后，立即转入正常的口对口人工

呼吸阶段。正常的吹气频率是每分钟约 12 次（5s 一次，吹 2s，停 3s）。正常的口对口人工呼吸操作姿势如上所述。但吹气量不需过大，以免引起胃膨胀。如果触电者是儿童，吹气量宜小些，以免引起其肺泡破裂。救护人员换气时，应将触电者的鼻或口放松，使其凭借自己胸部的弹性自动吐气（如图 6-65b 所示）。吹气和放松时要注意触电者胸部有无起伏的呼吸动作。吹气时如果有较大的阻力，可能是触电者的头部后仰不够，应及时纠正，使其气道保持畅通。

a) 贴紧吹气　　　　　　　　　b) 放松换气

图 6-65　口对口吹气的人工呼吸法

注："⇨" 为气流方向。

③ 触电者如牙关紧闭，可改行口对鼻人工呼吸法。值得注意的是，吹气时要将触电者的嘴唇紧闭，防止漏气。

"口对口人工呼吸急救"口诀：张口捏鼻手抬颌，深吸缓吹口对紧；张口困难吹鼻孔，五秒一次坚持吹。

3. 胸外按压

胸外按压是借助人力使触电者恢复心脏跳动的急救方法。其有效性在于选择正确的按压位置和采取正确的按压姿势。

（1）确定正确的按压位置的步骤

① 右手的食指和中指沿触电者的右侧肋弓下缘向上滑至两侧肋弓交叉处（此处也称切迹），找到肋骨和胸骨接合处的中点。

② 右手食指和中指两手指并齐，中指放在切迹中点，食指平放在胸骨下部，另一只手的掌根紧挨食指上缘置于胸骨上，掌根处即为正确按压位置，如图 6-66 所示。

③ 正确的按压姿势为：使触电者仰面躺在平硬的地方并解开其衣服，仰卧姿势与口对口（鼻）人工呼吸法相同。救护人员立或跪在触电者一侧肩旁，两肩位于触电者胸骨正上方，两臂伸直，肘关节固定不屈，两手掌相叠，手指翘起，不接触触电者的胸壁。以髋关节为支点，利用上身的重力，垂直将正常成人胸骨压陷 3～4cm（儿童和瘦弱者酌减）。压至要求程度后，立即全部放松，但救护人员的掌根不得离开触电者的胸壁。按压姿势与用力方法如图 6-67 所示。按压有效的标志是在按压过程中可以触到触电者颈动脉搏动。

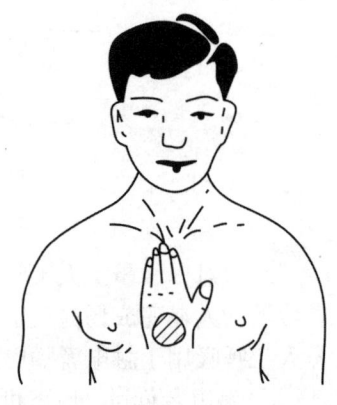

图 6-66　心脏按压的正确位置

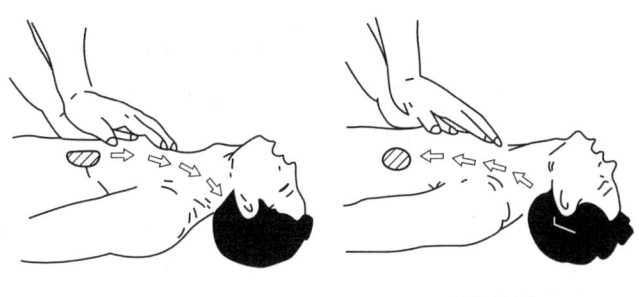

a) 向下按压　　　　　　　　b) 迅速放松

图 6-67　人工胸外按压心脏法

注：⇨为气流方向。

（2）恰当的按压频率

① 胸外按压要以均匀速度进行。操作频率以每分钟 60 次为宜，每次包括按压和放松一个循环，按压和放松的时间相等。

② 当胸外按压与口对口（鼻）人工呼吸同时进行时，操作的节奏为：单人救护时，每按压 15 次后吹气 2 次（15∶2），反复进行；双人救护时，每按压 15 次后由另一人吹气 1 次（15∶1），反复进行。

"胸外按压法"口诀：掌根下压不冲击，突然放松手不离；手腕略弯压一寸，一秒一次较适宜。

6.3.3.4　触电急救注意事项

在触电急救的几个关键环节中要注意以下事项。

1. 现场救护中的注意事项

抢救过程中应适时对触电者进行如下再判定。

① 按压吹气 1 分钟后（相当于单人抢救时做了 4 个 15∶2 循环），应采用"看、听、试"方法在 5~7s 内完成对触电者是否恢复自然呼吸和心跳的再判断。

② 若判定触电者已有颈动脉搏动，但仍无呼吸，则可暂停胸外按压，再进行 2 次口对口人工呼吸，接着每隔 5s 吹气一次（相当于每分钟 12 次）。如果脉搏和呼吸仍未能恢复，则继续坚持心肺复苏法抢救。

③ 在抢救过程中，要每隔数分钟用"看、听、试"方法再判定一次触电者的呼吸和脉搏情况，每次判定时间不得超过 5~7s。在医务人员未前来接替抢救前，现场救护人员不得放弃现场抢救。

2. 抢救过程中移送触电伤员时的注意事项

① 心肺复苏应在现场就地坚持进行，不要图方便而随意移动触电伤员，如确有需要移动时，抢救中断时间不应超过 30s。

② 移动触电者或将其送往医院，应使用担架并在其背部垫以木板，不可让触电者身体蜷曲着进行搬运。移送途中应继续抢救，在医务人员未接替救治前不可中断抢救。

③ 应创造条件，用装有冰屑的塑料袋做成帽状包绕在伤员头部，并露出伤员眼睛，使其脑部温度降低，争取触电者心、肺、脑能得以复苏。

3. 触电者好转后的处理

如触电者的心跳和呼吸经抢救后均已恢复，可暂停心肺复苏法操作。但心跳呼吸在恢复的早期仍有可能再次骤停，救护人应严密监护，不可麻痹，要随时准备再次抢救。触电者恢复之初，往往神志不清、精神恍惚或情绪躁动、不安，应设法使其安静下来。

4. 慎用药物和"土"办法

人工呼吸和胸外按压是对触电"假死"者的主要急救措施，任何药物都不可替代。无论是兴奋呼吸中枢的尼可刹米、洛贝林等药物，还是有使心脏复跳的肾上腺素等强心针剂等，都不能代替人工呼吸和胸外心脏按压这两种急救办法。必须强调指出的是，对触电者用药或注射针剂，应由有经验的医生诊断确定，需慎重使用。例如，肾上腺素有使心脏恢复跳动的作用，但也可使心脏由微弱跳动转为心室颤动，从而导致触电者心跳停止而死亡，这方面的教训是不少的。因此，在现场触电抢救过程中，对使用肾上腺素等药物应持慎重态度。如果没有必要的诊断设备条件和足够的把握，不得乱用此类药物。当在医院内抢救触电者时，则由医务人员根据医疗仪器设备诊断结果决定是否采用这类药物救治。此外，禁止采取冷水浇淋、猛烈摇晃、大声呼唤或架着触电者跑步等"土"办法刺激触电者的举措，因为人体触电后，心脏会发生颤动、脉搏微弱、血流混乱，如果在这种现象中用上述办法强烈刺激心脏，会使触电者因急性心力衰竭而死亡。

5. 触电者死亡的认定

对于触电后失去知觉、呼吸心跳停止的触电者，在未经心肺复苏急救前，只能视为"假死"。任何在事故现场的人员，一旦发现有人触电，都有责任及时和不间断地进行抢救。"及时"就是要争分夺秒，即医生到来之前不等待，送往医院的途中也不可中止抢救。"不间断"就是要有耐心坚持抢救，有抢救近 5 小时终使触电者复活的实例。因此，抢救时间应持续 6 小时以上，直到救活或医生做出触电者已临床死亡的认定为止。

只有医生才有权认定触电者已死亡，宣布抢救无效，否则就应本着人道主义坚持不懈地运用人工呼吸和胸外按压对触电者进行抢救。

6.3.3.5　触电外伤的处理

触电事故发生时，伴随触电者受电击或电伤常会出现各种外伤，如皮肤创伤、渗血与出血、摔伤、电灼伤等。外伤救护的一般做法如下。

① 对于一般性的外伤创伤面，可用无菌生理盐水或清洁的温开水冲洗后，再用消毒纱布与防腐绷带或干净的布包扎，然后将伤员送往医院。救护人员不得用手直接触摸伤口，也不准在伤口上随便用药。

② 如伤口大出血，要立即用清洁手指压迫出血点上方，也可用止血橡皮带使血流中断同时将出血肢体抬高或高举，以减小出血量，并火速送医院处理。如果伤口出血不严重，可用消毒纱布或干净的布料叠几层，盖在伤口处压紧止血。

③ 高压触电造成的电弧灼伤，往往深达骨骼，处理十分复杂。现场可先用无菌生理盐水，再用酒精涂擦，然后用消毒被单或干净的布片包好，速送医院处理。

④ 对于因触电摔跌而骨折的触电者，应先止血、包扎，然后用木板、竹竿或木棍等物品将骨折肢体临时固定，并速送医院处理。对于因触电摔跌而腰椎骨折的触电者，应将伤员平卧在平硬木板上，并将腰椎躯干及两侧下肢一并固定以防瘫痪，搬动时要数人合作，保持平

稳，不能扭曲。

⑤ 遇有颅脑外伤时，应使伤员平卧并保持其气道畅通。若出现呕吐，应扶好其头部和身体，使之同时侧转，以防止呕吐物造成窒息。当伤者的耳鼻有液体流出时，不要用棉花堵塞，只可轻轻拭去，以降低颅内压力。当发现伤者有颅脑外伤时，病情可能复杂多变，要禁止给予饮食并速送医院进行救治。

统计表明，从触电后 1 分钟开始救治者，90%有良好效果；从触电后 6 分钟开始救治者，10%有良好效果；而从触电后 12 分钟开始救治者，救活的可能性很小。由此可知，发现有人触电，现场人员必须当机立断，且不可惊慌失措，要用最快的速度，以正确的方法，使触电者脱离电源，然后根据触电者的具体情况，立即进行现场救护。实践证明，只要正确地坚持施行人工救治，触电假死的人被抢救复活的可能性非常大。

6.3.4 电气装置的防火、灭火与防爆

6.3.4.1 电气装置的防火

杜绝电气火灾，应做好预防措施。电气火灾应从电气线路、用电设备及防雷等各方面做好预防措施。

1. 电气线路的防火措施

电气线路在选择及敷设时应做到以下几点。

① 根据环境特点，正确选用导线，考虑防潮湿、防热、耐腐蚀等因素。

② 布线应规范，导线穿墙处应穿套管保护，以防导线绝缘层破损。

③ 导线连接要牢固，防止接头发生氧化。

④ 加强对临时用电线路的防火，严禁私拉乱接。

⑤ 做好低压配电线路的安全保护。

⑥ 常用的保护电器，如自动断路器和熔断器，对过负荷和短路都有一定保护功能，要根据负荷大小，正确选择脱扣器动作值和熔体规格，且应与线缆截面相匹配。

2. 用电设备的防火措施

（1）电动机的防火措施

正确选择电机型号规格，一般电动机的容量要大于所带机械功率的 10%左右。电机距可燃物应保持 1m 以上的距离，且不得安装在易燃体上。电动机及其电源设备外壳应保持良好的接地。

（2）照明灯具的防火措施

根据灯具的使用场所、环境的火灾危险性，选择不同的灯具，如室外选择防水型，有爆炸危险场所选择防爆灯。白炽灯、高压汞灯、卤钨灯与可燃物之间的距离不应小于 0.5m，卤钨灯管所用导线应采用以玻璃丝、石棉、瓷管等为绝缘的耐热线。严禁用纸、布或其他可燃物遮挡灯具。灯泡正下方不准堆放可燃物品，仓库内的灯泡应安装在走道上方，可燃物品库内一般宜用自然采光。镇流器安装时应注意通风散热，不准将镇流器直接固定在可燃物品上或天花板、柜台、展览橱窗内，镇流器与灯具必须配套。

（3）电热设备的防火措施

电热设备最好使用单独的供电线路，应采用耐火绝热的绝缘材料配线，并设熔断器等保护设备。在其使用场所，应配置必要的灭火器材，以便在火灾初期扑灭火灾。

（4）电焊设备的防火措施

电焊机和电源线的绝缘要可靠，焊接导线应使用紫铜导线，并应有足够的截面，保证在使用过程中不因过载而损坏绝缘，导线有破损时，应及时更换。电焊机与电焊导线、焊钳连接应用螺栓螺母拧紧，焊接时应避开可燃和易燃易爆物。焊接应采用专用地线，严禁利用建筑物内的金属构件管道、轨道或其他金属物作导线使用。

（5）电气开关的防火措施

常见的低压开关设备有自动开关、刀开关、接触器、控制继电器等。

自动开关应安装在干燥明亮、便于维修及保证施工安全、操作方便的地方，不应安装在易燃易爆、受震、潮湿、高温或多尘的场所。其操作机构、脱扣器的电流整定值和延时时限应定期检查，同时应定期清除灰尘和灭弧室内壁及栅片上的金属颗粒和积炭，使之保持良好的工作状态。

刀开关应根据实际使用情况合理选用，一般其触头额定电流为线路计算电流的 2.5 倍以上。刀开关应安装于无化学腐蚀、灰尘、潮湿场所的室外或专用配电室内的开关箱内，且按规定正确安装，合理使用。当发现触头松动、氧化严重、接触面积过小、熔体熔断等情况，应及时修理和更换。

接触器是常见的控制用电气设备。接触器的触头弹簧压力不能过小，其触头接触要良好，防止接触电阻过大、线圈过热或烧毁，还要保证灭弧装置完好无损。

3.防雷及防静电措施

防雷的一般原则是根据当地的雷电活动规律以及被保护物的特点和防雷分类等，确定是否需要设置防雷装置、防雷装置的形式及其布置，因地制宜地采取相应的防雷措施，做到安全可靠、技术先进、经济合理，设计符合国家现行有关标准和规范的规定。

要经常检查防雷装置，每年雷雨季节前进行一次检查，如发现防雷装置有熔化或断损情况，以及腐蚀和锈蚀超过 30%，应及时维修或更换，以防遭受雷击。

静电防护要根据形成静电危害的基本条件，控制和排除放电场所的可燃物质，控制和减少静电荷的产生，消除点火源，减少静电荷的积累，防止人体带电，抑制静电放电和控制放电能量，有效地避免产生静电事故。

6.3.4.2 电气火灾的扑救

发生电气火灾时，应保持冷静、沉着，迅速到火灾现场的总配电箱处切断电源。切断电源应按规程操作，防止电弧伤人和人体触电。在切断电源前，严禁用水灭火，防止救火人员触电。若无法切断电源，需要带电灭火时，应注意以下几点。

1. 正确使用灭火器

当因电气设备引起火灾时，只能用干砂覆盖灭火，或者用二氧化碳（CO_2）灭火器或四氯化碳（CCl_4）灭火器（如图 6-68 所示）来灭火，绝不能用水或一般酸性泡沫灭火器灭火，否则有可能导致救火者触电。

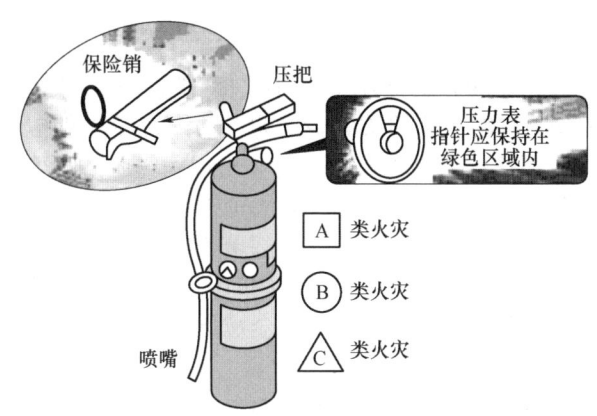

图 6-68 电气着火用二氧化碳或四氯化碳灭火器

但是在使用四氯化碳灭火器时,要防止中毒,因为四氯化碳受热时,与空气中的氧气作用,会生成有毒的光气($COCl_2$)和氯气(Cl_2)。因此在使用四氯化碳灭火器时,门窗应打开,有条件的最好戴上防毒面具。

在使用二氧化碳灭火器时,应先拔出保险销,再压合压把,将喷嘴对准火苗根部喷射。要防止冻伤和窒息,因为CO_2是液态的,灭火时它向外喷射,强烈扩散,大量吸热,形成温度很低(温度可达 $-78.5℃$)的雪花状干冰,通过降温灭火,并隔绝氧气。因此在使用二氧化碳灭火器时,要打开门窗,人要离火区 2~3m,小心喷射,勿使干冰沾着皮肤,以防冻伤。

二氧化碳灭火器适用于 A、B、C 类火灾。A 类火灾指固体物质火灾,如布料、纸张、橡胶、塑料等燃烧形成的火灾;B 类火灾指液体火灾和可熔化的固体物质火灾,如可燃易燃液体和沥青、石蜡等燃烧形成的火灾;C 类火灾指气体火灾,如煤气、天然气、甲烷、氢气等燃烧形成的火灾。

2. 保持安全距离

人和带电体之间应保持 2m 的安全距离。如遇带电导线断落地面时,要组织人员划出安全区,防止跨步电压伤人。用喷雾水枪灭火时,必须按要求采取特殊安全措施。

3. 及时报警

要及时通报有关部门并拨打 119 报警电话。

6.3.4.3 电气装置的防爆

爆炸危险场所(环境)中,应不设置或尽可能少设置电气设备,以减少因电气设备或电气线路发生故障而成为引燃源引起的爆炸事故。必须设置电气设备时,应选用适用于该危险区中的防爆电气装置。具体要求有以下几个方面。

1. 用外壳限制爆炸和隔离引燃源

(1) 用外壳限制爆炸

用外壳限制爆炸是传统的防爆方法。它是把设备的导电部分放在外壳内,外部可燃性气体通过外壳上各个部件的配合面间隙进入壳内,一旦被内部电气装置上的导电部分发生的故障电火花点燃,这些配合面将使由外壳内向外排出的火焰和爆炸生成物冷却到安全温度,从而不能点燃外壳外部周围的爆炸性混合物,亦即外壳阻止了爆炸向外传播的可能性,一般也称为间隙隔爆。这种防爆型式在国外一般称为隔爆外壳,在我国称为隔爆型电气设备。

（2）用外壳隔离引燃源

① 采用熔化、挤压或胶粘的方法将外壳密封起来，阻止外部可燃性气体进入壳内，从而与引燃源隔离，达到防爆的目的。这种防爆型式的设备称为气密型电气设备。

② 当电气设备只用于爆炸性混合物在某个时候出现的场所，则可利用设备内部出现爆炸性混合物所需的时间，作为保护因素。为此，采用密封性能良好的外壳来限制可燃性气体或蒸气进入，即相当于限制设备"呼吸"，使外壳内部聚积的可燃性气体或蒸气浓度达到下限值的时间比外部环境中可燃性气体或蒸气可能存在的时间要长。这样实际上就使进入壳内的可燃性气体和蒸气浓度达不到爆炸下限值，因而不会被点燃，达到防爆的目的。这种防爆型式称为限制呼吸外壳。

③ 采用密封性能达到规定要求的外壳使可燃性粉尘不能或难于进入外壳内，从而与引燃源隔离，达到防爆的目的。这种防爆型式设备称为粉尘防爆型电气设备。

2. 用介质隔离引燃源

其原理是把电气设备的导电部件放置在安全介质内，使引燃源与外面的爆炸性混合物隔离来达到防爆的目的。

（1）用气体介质隔离引燃源

当采用的介质是气体（一般是新鲜空气或惰性气体）时，应使设备内部的气体相对于外面大气有一定的正压，从而阻止外部大气进入，这种防爆型式的设备称为正压型电气设备（曾称其为通风充气型电气设备）。

（2）用液体介质隔离引燃源

当采用的介质是液体（一般是变压器油）时，这种防爆型式的设备称为充油型电气设备。

（3）用固体介质隔离引燃源

① 当采用的介质是颗粒状的固体（一般是石英砂）时，这种防爆型式的设备称为充砂型电气设备。

② 当采用的介质是固化物填料（一般是环氧树脂）时，把引燃源浇封在填料里面，从而与外面的爆炸性混合物隔离，这种防爆型式的设备称为浇封型电气设备。

3. 控制引燃源

这种控制方法适用于两种类型的电气设备：正常运行时不产生火花、电弧的电气设备和弱电设备。

（1）减少火花、电弧和高温

对于正常运行时不产生火花电弧和危险高温的电气设备，可以采取一些附加措施来提高设备的安全可靠性，如采用高质量绝缘材料、降低温升、增大电气间隙与爬电距离、提高导线连接质量等，从而大大减少火花、电弧和危险高温现象出现的可能性，使之可以用于危险场所。这种防爆型式的设备称为增安型电气设备（曾称其为安全型电气设备）。

还有一种与增安型防爆措施类似的防爆型式，按其定义，它是一种正常运行时不产生火花和危险高温，也不能产生引爆故障的电气设备。与增安型相比，这种设备只是没有再增加一些附加措施来提高设备的安全可靠性。所以其安全性比增安型要低，只能用于2区危险场所。这种防爆形式的设备称为无火花型电气设备。

（2）限制火花能量

对于弱电设备，如仪器仪表、通信、报警装置等设备，把它们处于爆炸危险场所中的那部分电路所释放的能量限制到一定的数值内,当电路发生故障,如断路、短路时产生的火花将不能引燃爆炸性混合物,从而达到防爆的目的。

历届考试真题

一、填空题

填空题 01（2013 年真题）：

　　1. 防雷的基本方法可以归纳为"抗"和"泄"。"抗"是指各种电气设备应具有一定的 (1) （填"导电"或"绝缘"）水平,以提高其抵抗雷电破坏的能力；"泄"指使用足够的 (2) 元器件,将雷电引向自身从而泄入大地,以削弱雷电的破坏力。

　　2. 按照性质和用途的不同,直流接地系统可分为 (3) 接地和 (4) 接地两种。其中 (5) 用于保护通信设备和直流通信电源设备能够正常工作,而 (6) 接地则用于保护人身和设备的安全。

填空题 02（2014 年/2015 年真题）：

　　1. 通信电源的接地应包括：(1)、(2)、(3) 以及机架保护接地和屏蔽接地等。
　　2. 低压电网系统接地保护方式可分为：(4)、(5) 和 (6)。
　　3. 常见的防雷元器件有：接闪器、(7) 和 (8) 三类。
　　4. 根据干扰的耦合通道性质,可以把屏蔽分为：电场屏蔽、(9) 与 (10)。
　　5. 通信电源接地系统通常采用联合接地的方式,联合接地系统由 (11)、(12)、接地汇集线和 (13) 组成。

填空题 03（2020 年真题）：

　　1. 某通信局（站）的接地系统采用的是 TN 系统,其在布线时没有单独敷设保护线,中性线同时起到保护线的作用,这种接地方式为 TN 系统中的 (1) 系统。
　　2. 接地电阻的组成中,电流由接地体向土壤四周扩散时所遇到的阻力称为 (2)。
　　3. 通信局（站）的电力变压器的高、低压侧均应安装防雷器件,两侧的防雷器均做 (3) 形连接,并尽量靠近变压器安装。
　　4. 触电对人体的伤害程度与电流流过人体的途径有关,其中以 (4) 的途径最为危险。
　　5. 进行触电急救时,如果触电伤员意识丧失,应在 10s 内用 (5) 的方法判断伤员的心跳和呼吸情况。

填空题 04（2022 年真题）：

　　1. 通信电源的接地系统中,将交流用电设备的金属部分（在正常情况下与带电部分绝缘）

与接地装置做良好的电气连接，称为（1）接地。

2. 通信局（站）接地体的接地电阻与埋设接地体的土壤性质有关。若土壤含有较多的酸、碱等化学物质时，接地电阻（2）。

3. 在防雷区的划分中，其中在（3）区内的各物体都在接闪器的保护范围内，不可能遭到直接雷击，但雷电产生的电磁场没有衰减。

4. 通信局（站）防雷系统中的防雷器是在雷电过电压、操作过电压等情况下，通过抑制瞬态过电压和旁路浪涌电流对通信系统实施（4）的器件。

5. 在触电方式分类中，由于绝缘损坏等原因，用电人员碰到电机外壳造成的触电现象称为（5）。

二、选择题

选择题 01（2014 年真题）：

1. 高压熔断器用于对输电线路和变压器进行（　　）。
   A. 过电压保护　　　　　　　　B. 过电流保护
   C. 欠电压保护　　　　　　　　D. 过电流/过电压保护
2. 柴油发电机组空载试机时间为（　　）。
   A. 3～5min　　B. 5～30min　　C. 30～60min　　D. 60min 以上
3. 内燃机冷却系统中，节温器的作用是（　　）。
   A. 调节水温　　　　　　　　　B. 控制水量
   C. 防止水溢出　　　　　　　　D. 调节水温和水循环
4. 电流通过人体的途径中，以（　　）通路为最危险的电流途径。
   A. 胸到左手　　B. 脚到脚　　C. 左手到右手　　D. 右手到左手
5. 具有强抗不平衡能力的功率变换电路为（　　）电路。
   A. 推挽式　　B. 半桥式　　C. 单端反激　　D. 全桥式
6. 阀控铅酸蓄电池组放出电量超过（　　）以上额定容量，应进行均衡充电。
   A. 80%　　B. 60%　　C. 40%　　D. 20%
7. 柴油机标定功率是柴油机在额定工况下，连续运转（　　）小时的最大有效功率。
   A. 2　　B. 36　　C. 12　　D. 48
8. 当负载发生短路时，UPS 应能立即自动关闭（　　），同时发出声光告警。
   A. 电压　　B. 电流　　C. 输入　　D. 输出
9. 制冷系统中相应的制冷能力单位一般为（　　）。
   A. 千瓦/小时　　B. 千瓦　　C. 千卡　　D. 千卡/小时
10. 在正常情况下，电气设备的接地部分对地电压是（　　）伏。
    A. 0　　B. 48　　C. 220　　D. 380
11. 电源设备监控单元的（　　）是一种将电压或者电流转换为可以传送的标准输出信号的器件。
    A. 传感器　　B. 变送器　　C. 逆变器　　D. 控制器
12. 低压进线柜的主要遥测内容为：三相输入电压、三相输入电流和（　　）。

A. 输入电压波形 B. 输入电流波形
C. 功率因数 D. 开关状态

13. 自备发电机组周围维护工作走道净宽不应小于（　　）。
    A. 2m　　　　B. 1.5m　　　　C. 1m　　　　D. 0.5m

14. 直流系统的蓄电池一般设置两组并联。为了总容量满足使用需求，蓄电池最多的并联组数不要超过（　　）组。
    A. 6　　　　B. 4　　　　C. 3　　　　D. 2

选择题 02（2016 年真题）：

1. 低压系统带电作业时，头部与带电线路要保持（　　）以上距离。
    A. 5cm　　　　B. 10cm　　　　C. 20cm　　　　D. 70cm

2. 电源设备的电压值通过（　　）转换为监控设备可以识别的标准输出信号。
    A. 控制器　　　　B. 传感器　　　　C. 变送器　　　　D. 逆变器

3. 在通信电源系统交流部分的三级防雷中，通常在（　　）处作为第一级防雷，交流配电屏内作第二级防雷，整流器等交流负载输入端口作为第三级防雷。
    A. 变压器　　　　B. 补偿屏　　　　C. 低压进线柜　　　　D. 发电机组

4. 开关电源系统扩容时，需要增加（　　）。
    A. 直流输出断路器 B. 整流模块
    C. 监控模块 D. 整流模块和监控模块

5. 在后备式 UPS 中，市电正常时逆变器（　　）。
    A. 工作
    B. 不工作
    C. 根据电池放电情况决定是否工作
    D. 根据通信设备工作情况决定是否工作

选择题 03（2017 年真题）：

1. 实验资料表明，距离接地体 20m 处，对地电压（该处与无穷远处大地的电位差）仅为最大对地电压的（　　）。
    A. 2%　　　　B. 3%　　　　C. 4%　　　　D. 5%

2. 电力变压器高低压侧都应装防雷器，两者均做（　　）接续，它们的汇集点与变压器外壳接地点组合在一起，就近接地。
    A. △形　　　　B. Y 形　　　　C. X 形　　　　D. 树形

3. 理想的联合接地系统是在外界干扰影响时仍然处于（　　）的状态，因此要求地网任意两点之间电位差小到近似为零。
    A. 零电位　　　　B. 无电位　　　　C. 等电位　　　　D. 负电位

4. 通信局（站）的接地应采用（　　）。
    A. 独立接地　　　　B. 混合接地　　　　C. 直接接地　　　　D. 联合接地

5. 下属选项中，（　　）功能不属于通信电源集中监控管理系统的智能分析功能。
    A. 告警分析　　　　B. 故障预测　　　　C. 数据显示　　　　D. 运行优化

选择题 04（2018 年真题）：

1. 在接地系统中，接地引入线是指（   ）。
   A. 埋在地下的导体 B. 接地体到接地排的连接线
   C. 设备连接到接地排的连接线 D. 设备连接到接地体的连接线

2. 接地装置的接地电阻，一般是由接地引入电阻、接地体本身电阻、接地体与土壤的接触电阻以及接地体周围呈现电流区域内的（   ）四部分组成。
   A. 环流电阻 B. 散流电阻 C. 旋流电阻 D. 回路电阻

3. 当发生触电事故时，如人体触电伤害严重，有呼吸，无心跳，应采用（   ）抢救。
   A. 就地躺平，严密观察
   B. 人工呼吸
   C. 胸外心脏按压法
   D. 胸外心脏按压法和人工呼吸交替进行

4. 维护 10～35kV 高压供电设备时，在距导电部位小于（   ）时，在没有断电和放电的情况下，禁止操作。
   A. 0.7m B. 1m C. 1.5m D. 3.0m

选择题 05（2019 年真题）：

1. 接地系统中，（   ）的作用是将三相交流负荷不平衡引起的中性线上的不平衡电流灌放于地，保证各相设备正常运行。
   A. 交流工作接地 B. 交流保护接地
   C. 直流工作接地 D. 直流保护接地

2. 在低压供电系统的接地方式中，（   ）中的中性线和保护线是完全分开的，将整个系统的中性线与保护线完全隔离。
   A. TN-C 系统 B. TN-S 系统
   C. TN-C-S 系统 D. TT 系统

3. 通信局（站）内部接地系统的等电位连接方式应采用（   ）接地结构。
   A. 星形 B. 网状
   C. 网状-星形混合型 D. Y 形

4. 对通信电源系统进行多级防雷保护时，应把（   ）的防雷器安装在靠近交流供电线路的进线处。
   A. 限幅电压较低、耐流能力较强 B. 限幅电压较低、耐流能力较弱
   C. 限幅电压较高、耐流能力较弱 D. 限幅电压较高、耐流能力较强

5. 在电气伤害的类型中，（   ）是指在强电磁场的作用下，因吸收辐射能量而受到的不同程度的伤害。
   A. 电流伤害事故 B. 电磁场伤害事故
   C. 雷电事故 D. 静电事故

第6章 环境与安全

选择题 06（2021年真题）：

1. 通信局（站）的联合接地系统中，接地网与总接地汇流排之间相连的导体称为（　　）。
   A. 接地汇流排　　　　　　　　　B. 接地汇集线
   C. 接地引入线　　　　　　　　　D. 接地体

2. 在接地电阻的组成中，由于接地体与土壤的接触而产生的电阻称为（　　）。
   A. 接地体电阻　　　　　　　　　B. 散流电阻
   C. 接地引线电阻　　　　　　　　D. 接触电阻

3. 在防雷器 SPD 的基本参数中，雷电放电电流通过 SPD 时，其端子间呈现的电压为（　　）。
   A. SPD 残压　　　　　　　　　　B. 标称导通电压
   C. 额定电压　　　　　　　　　　D. 最大持续运行电压

4. 低压交流配电系统的多级防雷装置中，第一级防雷装置可设置在电力电缆至交流屏之前约（　　）。
   A. 2m 处　　　　B. 5m 处　　　　C. 10m 处　　　　D. 15m 处

5. 现场触电的处理方法中，若触电者脱离电源后意识丧失，呼吸停止，但心跳尚存，则应（　　）。
   A. 安静休息
   B. 施行人工呼吸抢救
   C. 施行胸外心脏按压抢救
   D. 同时施行人工呼吸和胸外心脏按压抢救

选择题 07（2023年真题）：

1. 在接地系统中，汇集各类接地线的导体是（　　）。
   A. 接地线　　　　B. 接地排　　　　C. 接地引入线　　　　D. 接地体

2. 对于防雷区的划分，其中区内的各物体都在建筑物内、不可能遭到直接雷击、雷电产生的电磁场已衰减的区域是（　　）。
   A. 第一级防雷区　　　　　　　　B. 第二级防雷区
   C. 第三级防雷区　　　　　　　　D. 第四级防雷区

3. 对通信电源系统进行多级防雷保护时，靠近交流供电线路的进线处安装的防雷器具有（　　）的特点。
   A. 限幅电压较低、耐流能力较弱
   B. 限幅电压较低、耐流能力较强
   C. 限幅电压较高、耐流能力较弱
   D. 限幅电压较高、耐流能力较强

4. 在电气灾害的类型中，人体触及带电体，电流通过人体而导致的触电伤亡事件是（　　）。
   A. 电流伤害事故　　B. 电磁场伤害事故　　C. 雷电事故　　D. 电气设备事故

5. 现场触电急救的处理方法中，若触电者脱属电源后意识丧失，呼吸、心跳均停止，则需施行抢救的方法应是（　　）。
    A. 就地躺平，严密观察
    B. 人工呼吸法
    C. 胸外心脏按压法
    D. 胸外心脏按压法和人工呼吸法交替进行

三、判断题

判断题 01（2012 年真题）：

　　1. 通信电源系统的交流部分常用的接地形式为 TN-C。（　　）
　　2. 在高压检修时，信号元件和指示表计不能代替验电操作。（　　）
　　3. 接地装置的接地电阻，一般是由接地引线电阻、接地体本身电阻、接地体与土壤的接触电阻以及接地体周围呈现电流区域内的散流电阻四部分组成，其中影响最大的是散流电阻和接触电阻。（　　）
　　4. 一般情况下，当电缆根数较少，且敷设距离较长时，宜采用电缆隧道敷设。（　　）
　　5. 当电气设备发生对大地漏电时，人距离电气设备越近，接触电压越高，跨步电压越低。（　　）

判断题 02（2013 年真题）：

　　1. 通信电源的接地包括交流工作接地和直流工作接地两部分。（　　）
　　2. 联合接地系统由接地体、接地引入线、接地汇集线和接地汇流排组成。（　　）
　　3. 人离接地体越近，接触电压越大；离接地体越远，则接触电压越小；在距离接地体处 20m 以外时，接触电压几乎为 0。（　　）
　　4. 直流接地须连接的有：蓄电池组的一极、通信设备的机架或总配线的铁架、通信电缆金属隔离层或通信线路保安器、通信机房防静电地面等。（　　）
　　5. 根据国家标准《低压电网系统接地形式分类、基本技术要求和选用导则》的规定，低压电网系统接地的保护方式可分为：接零系统（TN 系统）、接地系统（TT 系统）和不接地系统（IT 系统）。（　　）

判断题 03（2014 年真题）：

　　1. 直流熔断器的额定电流值应不大于最大负载电流的 1.5 倍，各专业机房熔断器的额定电流值应不大于最大负载电流的 2 倍。（　　）
　　2. 双机并联热备份工作的 UPS 电源系统，由于其输出容量只是额定容量的 50%，因此两台 UPS 电源始终在低效率下运行。（　　）
　　3. 基站增设接地体施工如挖出房屋原有接地网，无须将接地体与房屋地网焊接。（　　）
　　4. 相控电源工作在 50Hz 工频下，由相位控制调整输出电压，一般需要 1+1 备份；开关电源的功率调整管工作在高频开关状态，通常按 n+1 备份，组成系统的可靠性高。（　　）
　　5. 触电伤员神志不清时，施救者应将其就地仰面平躺，并摇动伤员头部呼叫伤员，让其尽快清醒。（　　）

第 6 章 环境与安全

判断题 04（2014 年真题）：

1. 安全距离是指带电体与地面之间、带电体与带电体之间、带电体与其他物体之间、工作人员与带电体之间应保持一定的间隔和距离。（　　）
2. 铅酸蓄电池维护规程中规定，如果电池容量小于额定容量的 80% 时，该电池可以申请报废。（　　）
3. 制冷系统充入高压氮气后严禁启动压缩机，否则会发生爆炸危险。（　　）
4. 柴油机不宜在低速情况下长期运转，因此柴油发电机组起动成功后，应迅速调整到额定转速。（　　）
5. UPS 的过载能力主要取决于其逆变器的功率设计余量。（　　）

判断题 05（2014 年真题）：

1. 在实际工作中，可以在土壤中掺入食盐以降低土壤电阻率。（　　）
2. 接地装置和避雷针维护的主要要求是避雷针和接地装置不要与其他杂物相接触。（　　）
3. 雷击分为感应雷与直击雷。感应雷的峰值电流可达 75kA，直击雷峰值较小，所以感应雷的破坏性更大。（　　）
4. 抑制或衰减雷电浪涌的耦合途径的主要措施是加粗避雷针的直径。（　　）

判断题 06（2015 年真题）：

1. 通信系统通常不需采取防雷措施。（　　）
2. 工作接地的主要作用：利用大地作为良好的参考零电位，保证在各通信设备间甚至各局间的参考电位没有差异，从而保证通信设备的正常工作。（　　）
3. 对地电压的定义：在电场作用范围内，人体如双脚分开站立，施加于两脚的电位不同导致两脚间存在的电位差。（　　）
4. 联合接地方式优点是地电位均衡，保证同层各地线系统电位大体相等，消除危及设备的电位差。（　　）

判断题 07（2016 年真题）：

1. 采用分散供电方式时，交流供电系统仍采用集中供电方式。（　　）
2. 接地汇集线是指通信局（站）建筑物内分布设备可与各通信机房接地线相连的一组接地干线的总称。（　　）
3. 接地线可以使用裸导线布放。（　　）
4. 接地引入线应涂沥青，一般用镀锌扁钢作引入线。（　　）
5. 土壤的湿度越高，接触越紧，接触面积越大，则接触电阻就越大。反之，接触电阻就越小。（　　）

判断题 08（2017 年真题）：

1. 通信局（站）中接地装置或接地系统中所指的"地"即一般的土壤，它有导电的特性，

469

并具有无限大的电容量，可以作为良好的参考零电位。（　　）

2. 通信局（站）防雷保护的第一级保护装置，通常设置在电力电缆馈电至交流配电屏之前约 10m 处。（　　）

3. 集中监控的工作过程是单向的。（　　）

4. 通信电源监控系统网络采用集中式计算机控制系统结构。（　　）

5. SC 属于区域管理维护单位，监控站是为满足县、区级的管理要求而设置的，负责辖区内各监控单元的管理。（　　）

判断题 09（2017 年真题）：

1. 对于大型数据中心机房，提倡采用几个中等容量的 UPS 系统分散供电代替单一大容量 UPS 系统集中供电。（　　）

2. 环形接地体应与各种入户金属管道、电缆金属外皮等焊接相连，作为通信建筑的联合接地体，并采用不小于 40mm×40mm 镀锌扁钢与其他地网多点焊接相连。（　　）

3. 电力竖井的位置应在考虑楼层平面位置时确定，竖井位置应有利于进出线方便，使馈线距离短，尽量减少交叉，电力竖井必须与通信线分开。（　　）

4. 当电气设备采用超过 24V 的安全电压等级时，一定要采取防止直接接触带电体的防护措施。（　　）

5. 信号元件和指示表计可以代替验电操作。（　　）

判断题 10（2019 年真题）：

1. 当专用变压器离通信大楼较远时，交流中性线应按规定在变压器与户外引入最近处做重复接地，尤其采用三相四线制时必须做重复接地。此时，应离开联合接地网边缘 5m 以外单独设置接地线。（　　）

2. 在埋设接地体处的土壤内加入食盐可以降低接地电阻的值。（　　）

3. 直击雷能量巨大，破坏性很大，在通信局（站）的雷击破坏中是主要危险。（　　）

4. 因为电流作用的时间越长，伤害越严重，因此当有人触电时，应迅速将其脱离电源，越快越好。（　　）

5. 当触电者脱离电源后，若触电伤员神志不清，应就地仰面平躺，确保其气道通畅，并用 5s 时间呼叫伤员，必要时可摇动其头部呼叫伤员。（　　）

判断题 11（2022 年真题）：

1. 通信局（站）联合接地系统中的接地网是由埋在地中的互相连接的裸导体构成的一组接地体，为电气设备或金属结构提供共同的地。（　　）

2. 通信局（站）的内部等电位连接方式采用网状-星形混合型接地结构，其中主体采用的是星形接地结构，对低频干扰较为敏感的个别设备采用局部网状接地结构。（　　）

3. 通信局（站）内接地线两端的连接点应确保电气接触良好，接地线中严禁加装开关或熔断器。（　　）

4. 通信局（站）防雷保护的分区保护原则是指先将需要保护的空间划分为不同的防雷区，针对不同防雷区的雷电电磁脉冲的严重程度制定针对性的防护对策。（　　）

5.防雷器的安装模式与供电方式无关,对于通信局(站)采用的TN-S、TN-C-S和TT供电系统中,安装防雷器的保护模式都是相同的。( )

判断题12(2023年真题):

1.通信电源直流供电系统的保护接地是为了保护通信设备的正常运行,保障通信质量而设置的电源正极接地。( )

2.通信局(站)的联合接地系统中,各层需要进行接地的设备与接地汇集线之间的连接线缆称为接地引入线。( )

3.综合通信大楼接地连接方式可分为外设环形接地汇集线连接系统和垂直主干接地线连接系统。( )

4.土壤的湿度越高,接地电阻越小,因此测量接地电阻值应在土壤潮湿的雷雨季节进行。( )

5.通信局(站)防雷保护措施中的整体保护原则是指要做好全局接地系统的建设,让雷电流尽快入地,避免危及人身和设备安全。( )

四、问答题

1.通信电源接地系统通常采用联合地线接地方式,请简述联合接地的优点(**2013年真题**)。

2.什么是联合接地系统?联合接地系统由哪几部分组成(**2018年真题**)?

3.简述通信局(站)防雷保护的基本原则(**2020年真题**)。

4.简述通信电源交流接地系统分类及作用(**2021年真题**)。

5.简述通信局(站)防止发生人身触电事故的措施(**2021年真题**)。

6.简述通信电源接地系统的概念及作用(**2022年真题**)。

7.简述通信局(站)低压交流配电系统的防雷措施(**2022年真题**)。

8.在低压供电系统的接地方式中,TN-S系统工作可靠性高,抗干扰能力强,安全保护性好,应用范围广,通信局(站)多采用TN-S系统。请简述TN-S系统的接线方式并画出接线图(**2023年真题**)。

真题参考答案

一、填空题

填空题01(2013年真题):

【答案】1.(1)绝缘;(2)避雷。

2.(3)工作;(4)保护;(5)工作;(6)保护。

试题分析:本题考查与通信接地以及防雷相关知识的识记。

【试题解析】

1. 本小题考查防雷的基本方法。防雷的基本方法可归纳为"抗"和"泄"。"抗"指各种电气设备应具有一定的绝缘水平，以提高其抵抗雷电破坏的能力；"泄"指使用足够的避雷元器件，将雷电引向自身从而泄入大地，以削弱雷电的破坏力。实际的防雷往往是上述两者有机结合，有效地减小雷电造成的危害。

2. 本小题考查直流接地系统的分类和作用。按照性质和用途的不同，直流接地系统可分为工作接地和保护接地两种。工作接地用于保护通信设备和直流通信电源设备能够正常工作，而保护接地则用于保护人身和设备的安全。

填空题02（2014年/2015年真题）：

【答案】1.（1）交流工作接地；（2）直流工作接地；（3）防雷接地。
2.（4）TN系统（接零系统）；（5）TT系统（接地系统）；（6）IT系统（不接地系统）。
3.（7）消雷器；（8）避雷器。
4.（9）磁场屏蔽；（10）电磁场屏蔽。
5.（11）接地体；（12）接地引入线；（13）接地汇流排。
试题分析：本题考查对通信接地与防雷方面知识的识记。

【试题解析】

1. 本小题考查通信电源系统的接地。通信电源系统的接地包括：交流工作接地、直流工作接地、防雷接地以及机架保护接地和屏蔽接地等。

2. 本小题考查低压电网系统接地保护方式。根据相关规定，低压电网系统接地保护方式分为：TN系统（接零系统）、TT系统（接地系统）、IT系统（不接地系统）三类。

3. 本小题考查常见防雷元器件。通信电源系统常见防雷元器件有接闪器、消雷器和避雷器三类。接闪器是专门用来接收直击雷的金属物体。消雷器是一种新型的主动抗雷设备。避雷器用来防护由于雷电过电压沿线路入侵损害被保护设备。

4. 本小题考查屏蔽的分类。根据干扰的耦合通道性质，可以把屏蔽分为电场屏蔽、磁场屏蔽和电磁场屏蔽三大类。

5. 本小题考查通信电源常用的联合接地系统的相关概念。YD/T 1051—2018《通信局（站）电源系统总技术要求》中明确规定了采用联合接地的技术要求。联合接地系统由接地体、接地引入线、接地汇集线和接地汇流排等所组成。

填空题03（2020年真题）：

【答案】1.（1）TN-C。2.（2）散流电阻/流散电阻。3.（3）Y。4.（4）左手到胸。5.（5）看、听、试。

【试题解析】

1. TN-C：中性线与保护线二合一称为保护中性线。TN-S：中性线和保护线是完全分开的，采用了与电源接地直接相连的专用交流保护线。TN-C-S：有一部分中性线和保护线是合一的系统。TT：将电气设备的金属外壳直接接地的保护系统。

2. 接地电阻一般是由四部分组成，分别是接地体引线电阻、接地体本身电阻、接触电阻和散流电阻。接触电阻：接地体与土壤接触时呈现的电阻。散流电阻：电流由接地体向土壤四周扩散时所呈现的电阻。

3. 电力变压器高、低压侧都应装设防雷器件,高压侧一般采用阀式避雷器,而在低压侧通常采用压敏电阻型避雷器,两者均做 Y 形连接,并要求避雷器应尽量靠近变压器安装,它们的汇集点与变压器外壳接地点一起共同就近接地。

4. 通常情况下,电流通过人体最危险的路径是从左手到胸。因为电流会流经心脏,可能导致心室颤动或其他严重的心脏问题,甚至危及生命。

5. 判定呼吸、心跳的情况:触电伤员如意识丧失,应在 10s 内用看、听、试的方法,判定伤员的呼吸、心跳情况。看伤员的胸部、上腹部有无呼吸起伏动作;用耳贴近伤员口鼻处,听有无呼气声音;用颜面部的感觉测试口鼻部有无呼气气流。

填空题 04(2022 年真题):

【答案】1.(1)交流保护。2.(2)较小。3.(3)第二级防雷。4.(4)保护。5.(5)间接接触触电。

【试题解析】

1. 通信电源系统中各种接地的定义与作用见表 6-13。

表 6-13 通信电源系统中各种接地的定义与作用

接地的种类	定义	作用
交流工作接地	三相电源中性点接地	减小中性点电位的偏移
交流保护接地	导电但不带电部分接地	防止设备因绝缘损坏而遭受触电危险
直流工作接地	电池的一极接地 (通信电源系统通常是正极接地)	保证设备能正常工作,减少用户线路串音
直流保护接地	导电但不带电部分接地	减小电磁感应和杂音干扰,防止静电的产生

2. 酸、碱化合物属于电解质,会增加土壤中的离子含量,也就是利于导电。

3. 各级防雷区的划分表见表 6-14。

表 6-14 各级防雷区的划分

分类	特点
第一级	直击雷区,雷浪涌电流将经过雷击物体流向大地,形成很强的电磁场
第二级	间接感应雷区,流经感应雷浪涌电流,电流小于直击浪涌电流,仍然存在强电磁场
第三级	流经的感应电流比第二级防雷区小,环境中磁场已很弱
第四级	当需要进一步减小雷电流和电磁场时,应引入后续防雷区

二、选择题

选择题 01(2014 年真题):

【答案】1. D;2. B;3. D;4. A;5. B;6. D;7. C;8. D;9. D;10. A;11. B;12. C;13. C;14. B。

试题分析:本试题考查对通信电源系统的基础知识的辨识和理解。

【试题解析】

1. 本小题考查对高压熔断器作用的理解。高压熔断器在高压电路中是一种最简单的保护电器。在配电网络中常用来保护配电线路和配电设备。当网络中发生过载或短路故障时，可以用熔断器自动地切断电路，从而达到保护电气设备的目的。选项 A、B 和 D 都正确，但选项 D 更全面。

2. 本小题考查对柴油发电机组空载试机时间的识记。机组空载试机持续时间不宜太长，应以产品技术说明书为准。以 5～30 分钟为宜。选项 B 正确。注意：此处的试机是指柴油发电机组在维护过程中，每月必须进行一次的试机，而不是发电机组正常使用前的空载运转时间，柴油发电机组加载前的空载运转时间以 3～5 分钟为宜。

3. 本小题考查冷却系统中节温器的作用。在冷却系统中，节温器有两个作用，一是调节水温，二是调节水循环。选项 A、D 都正确，但选项 D 更全面。

4. 本小题考查与触电伤害程度有关的因素。电流通过人体的途径中，电流通过心脏会引起心室颤动，较大的电流还会使心脏停止跳动，血液循环中断导致死亡；电流通过中枢神经或有关部位，会引起中枢神经系统强烈失调而导致死亡；电流通过头部会使人昏迷，若电流较大，会对脑产生严重损害，甚至死亡；电流通过脊髓，会使人截瘫。电流通过人体的途径中以胸到左手的通路为最危险，从脚到脚是危险性较小的电流途径。选项 A 正确。

5. 本小题考查抗不平衡能力的功率变换电路。半桥式电路的最大特点是具有抗不平衡能力。由于半桥式电路的工作原理决定了其具有抗不平衡能力的特点，所以半桥式功率变换电路得到了较为广泛的应用。选项 B 正确。

6. 本小题考查均衡充电。根据应进行均衡充电的情形之一，即阀控式铅酸蓄电池组深放电后容量不足，或放电深度超过 20%。选项 D 正确。

7. 本小题考查柴油机的标定功率。柴油机标定功率是柴油机在额定工况下，连续运转 12 小时的最大有效功率。选项 C 正确。

8. 本小题考查 UPS 的功能。根据 UPS 的输出短路保护功能，输出负载短路时，UPS 应立即自动关闭输出，同时发出声光告警。选项 D 正确。

9. 本小题考查制冷能力单位。制冷系统中相应的制冷能力单位一般为千卡/小时（kcal/h）。选项 D 正确。

10. 本小题考查接地的对地电压。电气设备的接地部分，如接地外壳、接地线或接地体等与大地之间的电位差，称为接地部分的对地电压，这里的大地指零电位点。正常情况下，电气设备的接地部分是不带电的，所以其对地电压是 0V。选项 A 正确。

11. 本小题考查变送器的作用。在电源设备的监控单元中，变送器是能够将输入的被测电量（电压、电流等）按照一定的规律进行调制、变换，使之成为可以传送的标准输出信号（一般为电信号）的器件。选项 B 正确。

12. 本小题考查低压进线柜的主要遥测内容。低压进线柜遥测：三相输入电压、三相输入电流、功率因数、频率；遥信：开关状态、断相、过电压、欠电压告警；遥控：开关分合闸（可选）。选项 C 正确。

13. 本小题考查对发电机组室内设备布置的要求。自备发电机组周围的维护工作走道净宽不应小于 1m，操作面与墙之间的净宽不应小于 1.5m。选项 C 正确。

14. 本小题考查蓄电池配置。蓄电池主要根据市电状况、负荷大小配置。如果维护或其他方面原因对蓄电池组的放电时间有特殊要求，在配置过程中也应作为其配置的依据。直流系统的蓄电池一般设置两组并联，总容量满足使用的需要，蓄电池最多的并联组数不要超过4组，不同厂家、不同容量、不同型号的蓄电池组严禁并联使用。选项B正确。

选择题02（2016年真题）：

【答案】1. B；2. C；3. C；4. B；5. B。

试题分析：本试题考查对低压系统带电作业安全措施、防雷、开关电源、UPS和集中监控相关知识的理解。

【试题解析】

1. 本小题考查低压系统带电作业安全措施。根据低压系统带电作业安全要求，低压系统带电作业时，头部与带电线路要保持10cm以上距离。选项B正确。

2. 变送器是能将输入的被测的电量（电流、电压等）按照一定的规律进行调制、变换，使之成为可以传送的标准输出信号的器件。监控系统通过变送器将输入转换为监控设备可以识别的标准输出信号。选项C正确。

3. 在通信电源系统交流部分的三级防雷中，通常在低压进线柜处作为第一级防雷，交流配电屏内作第二级防雷，整流器等交流负载输入端口作为第三级防雷。选项C正确。

4. 开关电源系统的核心组件是高频开关整流器，扩容开关电源系统主要是扩整流器，即增大输出电流，提高其带载能力。选项B正确。

5. 后备式UPS是静态UPS的最初形式，它是一种以市电供电为主的电源形式，主要由充电器、蓄电池、逆变器以及变压器抽头调压式稳压电源四部分组成。当电网电压正常时，UPS把市电经简单稳压处理后直接供给负载；当电网故障或供电中断时，系统才通过转换开关切换为逆变器供电。

1）当市电供电正常（市电电压处于175~264V之间）时，首先由低通滤波器对来自电网的高频干扰进行适当的衰减抑制后，分两路去控制后级电路的正常运行。

① 经充电器对位于UPS内部的蓄电池组进行充电，以备市电中断时有能量继续支持UPS的正常运行。

② 经位于交流旁路通道上的"变压器抽头调压式稳压电源"对起伏变动较大的市电电压进行稳压处理，使电压稳定度达到（$1\pm(4\sim10)\%$）220V。然后，在UPS逻辑控制电路的作用下，经稳压处理的市电电源经转换开关向负载供电（转换开关一般由小型快速继电器或接触器构成，转换时间为2~4ms）。

③ 逆变器处于启动空载运行状态，不向外输出能量（不工作）。

2）当市电供电不正常（市电电压低于175V或高于264V）时，在UPS逻辑控制电路的作用下，UPS将按下述方式运行。

① 充电器停止工作。

② 转换开关在切断交流旁路供电通道的同时，将负载与逆变器输出端连接起来，从而实现由市电供电向逆变器供电的转换。

③ 逆变器吸收蓄电池中存储的备用直流电，变换为50Hz/220V电压维持对负载的电能供应。根据负载的不同，逆变器输出电压可以是正弦波，也可以是方波。

根据后备式UPS的工作原理，可知其性能特点如下。

◆ 电路简单、成本低、可靠性高。
◆ 当市电正常时，逆变器仅处于空载运行状态，整机效率可达 98%。
◆ 因大多数时间为市电供电，UPS 输出能力强，对负载电流的波峰系数、浪涌系数、输出功率因数、过载等没有严格要求。
◆ 输出电压稳定精度较差，但能满足负载要求。
◆ 输出有转换开关，市电供电中断时输出电能有短时间的间断，并且受切换电流能力和动作时间的限制，增大输出容量有一定的困难。因此，后备式正弦波输出 UPS 容量通常在 2kVA 以下，而后备式方波输出 UPS 容量通常在 1kVA 以下。

综上所述，选项 B 正确。

选择题 03（2017 年真题）：

【答案】1. A；2. B；3. C；4. D；5. C。
试题分析：本试题考查对防雷接地系统和集中监控管理系统相关知识的理解。
【试题解析】

1. 对地电压是指电气设备的接地部分，如接地外壳、接地线或接地体等与大地之间的电位差。通常电气设备接地部分不带电，其对地电压为 0V。较强电流通过接地体注入大地时，电流通过接地体向周围土壤作半球形扩散，并在接地体周围产生一个相当大的电场，其电场强度随着距离的增加而迅速下降。实验资料表明，距离接地体 20m 处，对地电压（该处与无穷远处大地的电位差）仅为最大对地电压的 2%。选项 A 正确。

2. 电力变压器的防雷措施必须采用"三位一体"的接地形式，即避雷器引下线、变压器次级中性点以及变压器外壳在安装时要求将它们用导线连接在一起，用接地引下线接地。电力变压器高、低压侧都应装设防雷器件。在高压侧一般采用阀式避雷器，而在低压侧通常采用压敏电阻避雷器，两者均作 Y 形联结，并要求避雷器应尽量靠近变压器安装，其汇集点与变压器外壳接地点一起就近接地。选项 B 正确。

3. 理想的联合接地系统是在外界干扰影响时仍然处于等电位的状态，因此要求地网任意两点之间电位差小到近似为零。选项 C 正确。

4. 通信系统和设备受到雷击的机会较多，根据防雷保护的要求，需要在受到雷击时使各种设备的外壳和管路形成一个等电位体，而且在设备结构上都把直流工作接地和天线防雷接地相连，进而把通信局（站）机房的工作接地、保护接地和防雷接地合并设置在一个系统上，形成一个合设的接地系统，即联合接地系统，如图 6-69 所示。

在联合接地系统中，为了防止交流三相四线制供电网路中不平衡电流的干扰，通常在通信机房及有关布线系统中采用三相五线制布线，即将电源设备的中性线与保护接零互相分开，自地线盘或接地汇流排上分别引线直接连到中性点端子和接零保护端子。

同时为了在同层机房内形成一个等电位面，一般要求从每层楼的钢筋上引出一根接地扁钢作为预留的接地极，必要时供有关设备外壳相连接。

通过对大量通信局（站）的实测数据的分析表明：
①所有设备的电源装置使用共用的接地装置，对电话电路中的干扰并无影响；
②当一个网路的中线接到共用的接地装置时，干扰并不增加；相反在有些情况下由于接地电阻的改善，干扰反而减小了；

③由于联合接地系统，公共接地系统的电阻值可以达到较低的水平，由于直流通信接地和交流保护接地相连，导致地线电位升高而增加的通信杂音影响是可以减小的。

综上所述，选项 D 正确。

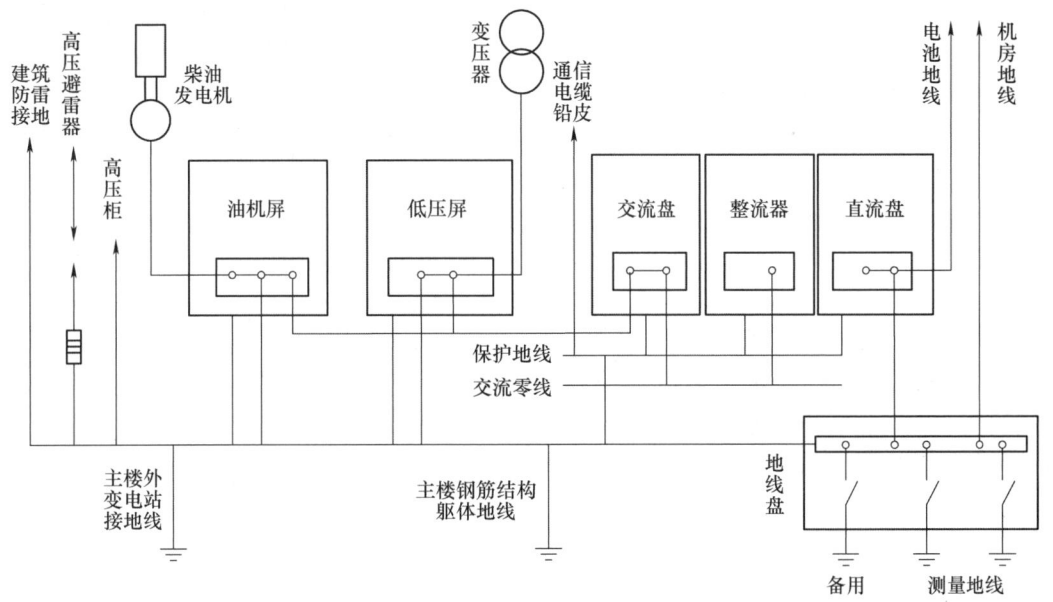

图 6-69　联合接地系统

5. 通信电源集中监控管理系统的功能可以分为监控功能、交互功能、管理功能、智能分析功能以及一些其他的辅助功能。常见的智能分析功能包括以下三个方面：①告警分析功能；②故障预测功能；③运行优化功能。选项 C 正确。

选择题 04（2018 年真题）：

【答案】1. B；2. B；3. C；4. B。
试题分析：本试题考查对环境与安全相关知识的理解
【试题解析】
1. 本小题是对接地系统的组成进行考查。接地中所指的"地"，与一般所指的大地的"地"是同一概念，即一般的土壤，它有导电的特性，并具有无限大的电容量，无论输入多少电荷量，都难以改变其电位，可作为良好的参考零电位。通信电源的接地系统一般由接地线、接地排、接地引入线和接地体等组成。

通信电源设备的接地线是等电位连接中使用的线缆，指通信电源系统及其电源设备就近可靠连接到接地排上之间的线缆；接地排是汇集各类接地线的导体；接地引入线是接地体与接地排之间相连的导体；接地体是为达到与地连接的目的，一根或一组与土壤（大地）密切接触并提供与土壤（大地）之间的电气连接的导体。选项 B 正确。

2. 本小题是对接地电阻的组成及影响因素进行考查。接地电阻是指接地体对地电阻和接地引线电阻的总和。接地电阻越小越好。接地电阻一般由四部分组成，分别是接地体引线电阻、接地体本身电阻、接触电阻和散流电阻。接地电阻影响因素应主要考虑接触电阻和散流电阻。接地体与土壤的接触电阻取决于土壤的湿度、松紧程度及接触面积的大小。土壤的湿度越高,接触越紧,接触面积越大,则接触电阻越小,反之,接触电阻就越大。散流电阻的大小受土壤性质、温度、湿度和密度的影响。选项 B 正确。

3. 本小题是对现场急救方法的考查。脱离低电压的方法可以用拉、切、挑、拽、垫来概括。脱离高压电源应立即电话通知有关部门拉闸停电。触电伤员呼吸和心跳均停止时,应立即采取心肺复苏方法正确进行就地抢救。心肺复苏措施主要有以下三种:畅通气道、人工呼吸和胸外按压。触电伤员神志不清者,应就地仰面躺下,确保其气道畅通,并用 5s 时间呼叫伤员或轻拍其肩部,以判定伤员是否丧失意识,禁止摇动伤员头部呼叫伤员。触电者呼吸停止,但心跳尚存,应实施人工呼吸;如心跳停止,呼吸尚存,应采取胸外心脏按压法;如呼吸、心跳均停止,则须同时采用人工呼吸和胸外心脏按压法进行抢救。选项 C 正确。

4. 本小题考查高压系统作业安全注意事项。不停电时人与带电体(不同电压等级的高压线/设备)的安全距离分别是:10kV 及以下,0.70m;20~35kV,1.0m;66~110kV,1.5m;220kV,3.0m;330kV,4.0m;500kV,5.0m。如确实要进行相关工作时,应切断电源,并将变压器高低压两侧断开,凡是有电容性的器件(如电缆、电容器、变压器等)应先放电,然后再进行相关操作。选项 B 正确。

选择题 05(2019 年真题):

【答案】1. A;2. B;3. C;4. D;5. B。
试题分析:本试题考查对防雷接地系统、环境与安全相关知识的理解
【试题解析】

1. 本小题是对接地系统的作用进行考查。接地系统有交流工作接地、直流工作接地、保护接地和防雷接地等,通信局(站)现一般采用将这四者联合接地的方式。其中,交流工作接地、交流保护接地、直流工作接地、直流保护接地的定义与作用见表 6-15 所示。选项 A 正确。

表 6-15 工作接地与保护接地的定义与作用

接地分类	定义	作用
交流工作接地	在低压交流电网中,将三相电源中的中性点直接接地	将三相交流负荷不平衡引起的在中性线上的不平衡电流泄放于地,以及减小中性点电位的偏移,保证各相设备的正常运行
交流保护接地	将受电设备在正常情况下与带电部分绝缘的金属外壳部分与接地装置做良好的电气连接	防止设备因绝缘损坏而遭受触电危险(人身伤亡、设备击穿损坏)
直流工作接地	在通信电源的直流供电系统中,为了保护通信设备的正常运行、保障通信质量而设置的电池一极接地	保护通信设备和直流通信电源设备的正常运行,减少用户线路对地绝缘不良时引起的通信回路上的串音
直流保护接地	在通信系统中,将直流设备的金属外壳和电缆金属护套等部分接地	保护人身和设备的安全,减小设备和线路中的电磁感应,保持一个稳定的电位,达到屏蔽的目的,减小杂音的干扰,以及防止静电的产生

2. 本小题是对低压供电系统的接地方式进行考查。低压供电系统接地方式分为:接地系统(TT 系统)、接零系统(TN 系统)和不接地系统(IT 系统),其中 TN 系统中又有 TN-C 系统、TN-S 系统和 TN-C-S 系统。在 TN-S 系统中,中性线和保护线是完全分开的,采用了

与电源接地点直接相连的专用交流保护线,设备的外漏导电部分均与 PE 线并接。选项 B 正确。

3. 本小题是对等电位的连接方式的考查。按照 GB 50689—2011《通信局(站)防雷与接地工程设计规范》中规定,等电位连接一般可采用网状(M 形结构)、星形(S 形结构)或网状-星形混合型接地结构。选项 C 正确。

4. 对通信电源系统进行多级防雷保护时,应把限幅电压较高、耐流能力较强的防雷器安装在靠近交流供电线路的进线处。而把限幅电压较低、耐流能力较弱的保护元件,放在内部电路的保护上。选项 D 正确。

5. 本小题是对电气伤害的类型的考查。从劳动保护的角度出发,电气事故可分为电流伤害事故、电磁场伤害事故、雷电事故、静电事故和电气设备事故。选项 B 正确。

选择题 06(2021 年真题):

【答案】1. C;2. D;3. A;4. C;5. B。
【试题解析】
1. 联合接地系统由接地汇流排、接地汇集线、接地引入线、接地体(网)组成。①接地汇流排:是各层需要进行接地的设备与接地汇集线之间的连接线缆。②接地汇集线:是指作为接地导体的条状铜牌或扁钢等,在通信局(站)内通常作为接地系统的主干线。按照敷设方式可以分为水平接地汇集线、垂直接地汇集线、环形接地汇集线和条形接地汇集线。各接地汇集线与总接地汇流排相连。③接地引入线:接地网与总接地汇流排之间相连的导体。④接地网:由埋在地中的互相连接的裸导体构成的一组接地体,用来为电气设备或金属结构提供共同的地。选项 C 正确。

2. 接地体对地电阻和接地引线电阻的总和,称为接地装置的接地电阻。接地电阻在数值上等于接地装置对地电压与通过接地装置流入大地电流的比值。接地电阻 = 接地引线电阻 + 接地体电阻 + 接触电阻 + 散流电阻。①接地引线电阻:接地引线一般是有相应截面的导体,故其电阻值是很小的。②接地体电阻:绝大部分的接地体采用钢管、角钢、扁钢或钢筋等金属材料,其电阻值也是很小的。③接触电阻:指接地体与土壤接触时所呈现的电阻。④散流电阻:是指电流由接地体向土壤四周扩散时,所遇到的阻力。接地电阻主要由接触电阻和散流电阻构成。选项 D 正确。

3. 防雷器的基本参数:①SPD 残压(雷电放电电流通过 SPD 时,其端子间呈现的电压);②标称导通电压;③标称放电电流;④冲击通流容量(一般是大于标称放电电流的 2.5 倍);⑤最大持续运行电压(是 SPD 运行中能持久耐受的最大直流电压或工频电压有效值)。选项 A 正确。

4. 在电力电缆馈电至交流屏之前约 10m 处,应设置防雷装置作为第一级保护。选项 C 正确。

5. 触电者如呼吸停止,但心跳尚存,应施行人工呼吸;如心跳停止,呼吸尚存,应采取胸外心脏按压法;如呼吸、心跳均停止,则须同时采用人工呼吸法和胸外心脏按压法进行抢救。选项 B 正确。

选择题 07（2023年真题）：

【答案】1. B；2. A；3. C；4. A；5. D。

三、判断题

判断题 01（2012年真题）：

【答案】1. ×；2. √；3. √；4. ×；5. ×。

试题分析：本试题考查内容涉及交直流供电系统、安全用电、通信接地与防雷、通信电源系统设计及配电工程以及高频开关整流器方面的相关知识。

【试题解析】

1. 本小题考查通信电源系统中交流接地系统保护方式的知识。三相交流低压配电系统基本供电方式已由国际电工委员会（International Electrotechnical Commission，IEC）做了统一规定，按照保护接地的形式不同将其分为三类：IT系统、TT系统和TN系统，其中TN系统又分为TN-C、TN-S和TN-C-S系统。

2. 本小题考查停电作业的安全技术措施中验电应注意的事项。通过验电可以明显地验证停电设备是否确实无电压，以防发生带电装设接地线或接地刀闸等恶性事故。由于信号和表计等通常可能因失灵而错误指示，因此表示设备断开和允许进入间隔的信号和经常接入的电压表等，不得作为设备无电压的依据。信号元件和指示表计不能代替验电操作。

3. 本小题考查接地电阻的概念和构成。接地体对地电阻和接地引线电阻的总和，称为接地装置的接地电阻。接地装置的接地电阻一般是由接地引线电阻、接地体本身电阻、接地体与土壤的接触电阻以及接地体周围呈现电流区域内的散流电阻四部分组成。接地电阻主要由接触电阻和散流电阻构成。

4. 本小题考查电力电缆的敷设方式。电源站常采用的电缆敷设方式有直接埋地、利用电缆沟和电缆隧道敷设等几种。电缆直埋地敷设一般用于电缆根数不多、地面与地下情况不甚复杂的高、低压配电线路；电缆沿沟道敷设适用于电缆较多的地段；电缆隧道敷设适用于地下水位低、配电电缆较集中的电力主干线。

5. 本小题考查对接地系统中接触电压和跨步电压的辨识和理解。在接地电阻回路上，一个人同时触及的两点间所呈现的电位差，称为接触电压。人所在的位置离接地体处越近，接触电压越小；离接地体越远，则接触电压越大。在电场作用范围内，人体如双脚分开站立，则因施加于两脚的电位不同而导致两脚间存在电位差，此电位差称为跨步电压。距离接地体或碰地处越近，跨步电压越大，反之则小。因此，当电气设备发生对大地漏电时，人距离电气设备越近，接触电压越低，跨步电压越高。

判断题 02（2013年真题）：

【答案】1. ×；2. √；3. ×；4. √；5. √。

试题分析：本试题考查对通信接地与防雷知识的辨识和理解。

【试题解析】

1. 本小题考查通信电源接地系统的内容。通信电源系统的接地包括：交流工作接地、直流工作接地、机架保护接地和屏蔽接地、防雷接地等。通信电源的接地系统通常采用联合接地的方式。

2. 本小题考查联合接地系统的组成。通信电源的接地系统通常采用联合接地的方式。联合接地系统由接地体、接地引入线、接地汇集线和接地汇流排所组成。

3. 本小题考查接地系统中接触电压的概念。在接地电阻的回路上，一个人同时触及的两点间所呈现的电位差，称为接触电压。人所在的位置离接地体处越近，接触电压越小；离接地体越远，则接触电压越大，在距离接地体处20m以外的地方，接触电压最大。这也是一般要求设备就近接地的原因。

4. 本小题考查直流接地系统中直流接地的连接对象。直流接地须连接的有：蓄电池组的一极、通信设备的机架或总配线的铁架、通信电缆金属隔离层或通信线路保安器、通信机房防静电地面等。

5. 本小题考查低压电网系统接地的保护方式。根据《低压电网系统接地形式分类、基本技术要求和选用导则》的规定，低压电网系统接地的保护方式可分为：接零系统（TN系统）、接地系统（TT系统）和不接地系统（IT系统）。

判断题03（2014年真题）：

【答案】1. ×；2. √；3. ×；4. √；5. ×。

试题分析：本试题考查对通信电源系统基础知识的辨识和理解。

【试题解析】

1. 本小题考查直流熔断器的额定电流值。直流熔断器的额定电流值应不大于最大负载电流的2倍。各专业机房熔断器的额定电流值应不大于最大负载电流的1.5倍。交流熔断器的额定电流值：照明回路按实际负荷配置，其他回路不大于最大负载电流的2倍。

2. 本小题是对UPS的工作方式进行考查。双机并联热备份工作的UPS，由于其输出容量是额定容量的50%，因此两台UPS始终在低效率下运行。

3. 本小题考查接地网安装。基站增设接地体施工如挖出房屋原有接地网，应将接地体与房屋地网焊接连通。

4. 本小题考查相控电源的备份方式。相控电源工作在50Hz工频下，由相位控制调整输出电压，一般需要1+1冗余备份；开关电源的功率调整管工作在高频开关状态，通常按$n+1$备份，组成系统的可靠性高。随着电力电子器件的不断发展，在通信电源系统中，相控电源已很难觅其踪迹，已被高频开关电源所代替。

5. 本小题考查触电急救时伤员脱离电源后的急救处理。触电伤员如神志清醒，应就地平躺，施救者严密观察，暂时不要让其站立或走动。当触电伤员神志不清时，施救者应使其就地仰面平躺，确保其气道通畅，并用5s时间呼叫伤员或轻拍其肩部，以判定伤员是否丧失意识。禁止采用摇动伤员头部的方式呼叫伤员。需要施救者抢救的伤员，应立即就地坚持正确抢救，并设法联系医疗部门及时接替救治。

判断题04（2014年真题）：

【答案】1. √；2. √；3. √；4. ×；5. ×。

试题分析：本试题考查安全用电、蓄电池、空调设备和发电机组相关的知识。

【试题解析】

1. 本小题考查安全用电知识。安全距离是指为了防止发生触电事故或短路故障而规定的带电体之间、带电体与地面及其他设施之间、工作人员与带电体之间所必须保持的最小距离或最小空气间隙。

2. 本小题考查电池维护规程。电池维护规程中规定，如果电池容量小于额定容量的80%时，该电池可以申请报废。

3. 本小题考查制冷系统操作规程。制冷系统充入高压氮气后严禁启动压缩机，否则会发生爆炸危险。

4. 本小题考查柴油发电机组的运行要求。柴油机不宜在低速情况下长期运转。柴油发电机组起动成功后，应先低速运转一段时间，然后再逐步调整到额定转速。绝不允许刚起动后就猛加油门，使转速突然升高。

5. 本小题考查 UPS 的基本性能指标。衡量 UPS 的过载能力由逆变器在一定的过载容量下连续运行且不转旁路的最长时间来确定。

判断题 05（2014 年真题）：

【答案】1. √；2. ×；3. ×；4. ×。

试题分析：本试题考查对通信接地与防雷方面知识的辨识和理解。

【试题解析】

1. 本小题考查接地电阻的影响因素。土壤中含有酸、碱、盐等化学成分时，其电阻率就会明显减小。在实际工作中，我们可以用在土壤中掺入食盐的方法降低土壤电阻率，也可以用其他的化学降阻剂来达到降低土壤电阻率的目的。

2. 本小题考查接地装置和避雷针维护的要求。接地装置和避雷针的维护主要要求是维持焊接质量稳定可靠、连接牢固有效、能承受大电流冲击。

3. 本小题考查雷击分类及其危害。雷击分为两种形式：感应雷与直击雷。感应雷是指附近发生雷击时，设备或线路产生静电感应或电磁感应所产生的雷击；直击雷是雷电直接击中电气设备或线路，造成强大的雷电流通过击中的物体泄放入地。直击雷峰值电流可达 75kA 以上，所以破坏性很大。大部分雷击为感应雷，其峰值电流较小，一般在 15kA 以内。

4. 本小题考查抑制或者衰减雷电浪涌的耦合途径。抑制或衰减雷电浪涌的耦合途径的主要措施包括屏蔽、合理布线、等电位连接和接地等。

判断题 06（2015 年真题）：

【答案】1. ×；2. √；3. ×；4. √。

试题分析：本试题考查对通信接地与防雷相关知识的辨识和理解。

【试题解析】

1. 本小题考查通信系统的防雷保护知识。根据雷电对通信环境和设施的危害，通信系统必须采用有效地防雷保护措施。

2. 本小题考查对工作接地主要作用的理解。工作接地的主要作用：一方面利用大地作为良好的参考零电位，保证在各通信设备间甚至各局（站）间的参考电位没有差异，从而保证通信设备正常工作；另一方面减少用户线路对地绝缘不良时引起的通信回路上的串音。

3. 本小题考查对接地系统中的几个电压概念的辨识和理解。电气设备的接地部分，如接地外壳、接地线或接地体等与大地之间的电位差，称为接地的对地电压。在接地电阻的回路上，一个人同时触及的两点间所呈现的电位差，称为接触电压。在电场作用范围内（以接地点为圆心，20m 为半径的圆周），人体如双脚分开站立，则因施加于两脚的电位不同而导致两脚间存在电位差，此电位差称为跨步电压。

4. 本小题考查对联合接地方式优点的理解。采用联合接地方式，在技术上使整个大楼内的所有接地系统联合组成低接地电阻值的均压网，具有下列优点。①电位均衡。同层各地线系统电位大体相等，消除危及设备的电位差。②公共接地母线为全局建立了基准的零电位点。全局按一点接地原理共用一个接地系统，当发生地电位上升时，各处的地电位同时上升，在任何时候，基本上不存在电位差。③消除了地线系统的干扰。通常依据各种不同电特性设计出的多种地线系统，彼此间存在相互影响，而采用一个接地系统之后，使地线系统做到了无干扰。④电磁兼容性能变好。由于强电及弱电、高频及低频电都是等电位，又采用分层屏蔽设备及分支地线等方法，因此提高了电磁兼容性。

判断题 07（2016 年真题）：

【答案】1. √；2. √；3. ×；4. √；5. ×。

试题分析： 本试题考查对通信电源系统供电方式以及接地相关知识的辨识和理解。

【试题解析】

1. 采用分散供电时，同一通信局（站）原则上设置一个总的交流供电系统，并由此分别向各直流供电系统提供低压交流电。各直流供电系统可分楼层设置，也可按各通信设备系统设置。设置地点可为单独的电池室，也可与通信设备使用同一机房。集中供电是将整流设备、蓄电池组和交直流配电屏均集中放置在电力室，然后将低压直流电送入各通信机房。分散供电的思想是：电力室只要保证交流供电，即将交流电源直接送入各通信楼层或通信机房；而直流电源则由分散设置在通信楼层或通信机房的整流设备、蓄电池组、直流配电屏组成的供电系统就近供电给各通信设备，大大缩短了低压直流传输的距离，减少了能耗。

2. 通信电源接地系统通常采用联合接地，联合接地系统由接地体、接地引入线、接地汇集线和接地汇流排组成。接地汇集线又分垂直接地总汇集线和水平接地分汇集线，前者是垂直贯穿与建筑物各层楼的接地用主干线，后者是各层通信设备的接地与就近先水平接地进行分汇集的互连线。

3. 设备的工作地线和保护接地线，必须采用绝缘铜导线，严禁使用裸导线布放，其截面积应符合工程设计要求。

4. 接地体和各部件连接应采用焊接。接地体连接线与接地体焊接牢固，焊缝处必须做防腐处理。接地体连接线如用镀锌扁钢，在接头处的搭焊长度应大于其宽度的 2 倍，如用圆钢，应为其直径的 10 倍以上。

5. 接地电阻主要由接触电阻和散流电阻构成，所以分析影响接地电阻的因素应主要考虑影响接触电阻和散流电阻的因素。接触电阻指接地体与土壤接触时所呈现的电阻。散流电阻是指电流由接地体向土壤四周扩散时，所遇到的阻力。土壤的湿度越高，接触越紧，接触面积越小，则接触电阻就越小。

判断题 08（2017 年真题）：

【答案】1. √；2. √；3. ×；4. ×；5. ×。
试题分析：本试题考查对防雷接地系统和集中监控管理系统相关知识的辨识和理解。
【试题解析】

1. 通信局（站）中接地装置或接地系统中所指的"地"，和一般所指的大地的"地"是同一概念，即一般的土壤，它有导电的特性，并具有无限大的电容量，可以作为良好的参考零电位。"接地"以工作或保护为目的，将电气设备或通信设备中的接地端子，通过接地装置与大地进行良好的电气连接，并将该部位的电荷注入大地，达到降低危险电压和防止电磁干扰的目的。

2. 本小题是考查交流配电系统防雷系统方面的知识。为了消除直接雷浪涌电流与电网电压大波动对交流配电系统的影响，应依据负荷的性质采用分级衰减雷击残压或能量的方法来抑制雷害。进出通信局（站）的交流低压电力线路应采用地埋电力电缆，其金属护套应采用就近两端接地。低压电力电缆长度宜不小于 50m，两端芯线应加装避雷器。因此，可将通信交流电源系统低压电缆进线作为第一级防雷、交流配电屏（柜）作为第二级防雷、整流器（高频开关电源）输入端口作为第三级防雷。

3. 如图 6-70 所示为监控系统工作过程示意图。由图中可知，集中监控的工作过程是双向的。一方面，被监控的动力（电源设备）与环境需经过采集和转换后成为便于传输和计算机识别的数据形式，再经过网络传输到远端的监控计算机进行处理和维护，最后可通过人机交互界面与维护人员交流；另一方面，维护人员可通过交互界面发出控制命令，经过计算机处理后，传输至现场经控制命令执行机构使动力（电源设备）与环境完成相应动作。

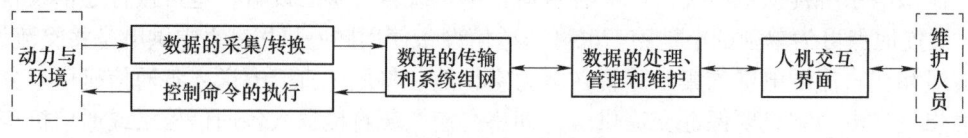

图 6-70　监控系统工作过程示意图

4. 通信电源集中监控管理系统是一个分布式计算机控制系统（即所谓的集中管理与分散控制），它是一个集中并融合了传感器技术、现代计算机技术、通信技术、网络技术和人机系统技术的最新成果而构成的计算机集成系统。它通过对监控范围内的通信电源系统和系统内的各个设备（包括机房空调在内）及机房环境进行遥测、遥信和遥控，实时监视系统和设备的运行状态，记录和处理监控数据，及时监测故障并通知维护人员处理，从而达到少人或无人值守。实现通信电源系统的集中监控维护和管理，提高供电系统的可靠性与安全性。

5. SC——本地网或者同等管理级别的网络管理中心。监控中心为适应集中监控、集中维护和集中管理的要求而设置。SS——区域管理维护单位。监控站为满足县、区级的管理要求而设置，负责辖区内各监控单元的管理。SU——监控系统中最基本的通信局（站）。监控单元一般完成一个物理位置相对独立的通信局（站）内所有的监控模块的管理工作，个别情况可兼管其他小局站的设备。SM——完成特定设备管理功能，并提供相应监控信息的设备。监控模块面向具体的被监控对象，完成数据采集和必要的控制功能。一般按照被监控系统的类型有不同的监控模块，在一个监控系统中往往有多个监控模块。

判断题 09（2017 年真题）：

【答案】1. √；2. ×；3. √；4. √；5. ×。

试题分析：本试题考查对 UPS、防雷接地系统和电气安全相关知识的辨识和理解。

【试题解析】

1. 对于大型数据中心机房，提倡采用几个中等容量的 UPS 系统分散供电代替单一大容量 UPS 系统集中供电。

2. 环形接地体应与各种入户金属管道、电缆金属外皮等焊接相连，作为通信建筑的联合接地体，并采用不小于 40mm×4mm 镀锌扁钢与其他地网多点焊接相连。

3. 电力竖井的位置应在考虑楼层平面位置时确定，竖井位置应有利于进出线方便，使馈线距离短，尽量减少交叉，电力竖井必须与通信线分开。

4. 安全电压指不戴任何防护设备，接触时对人体部位不造成任何损害的电压。我国在实际工程应用过程中，安全电压值的等级有 42V、36V、24V、12V、6V 五种。同时还规定当电气设备采用了超过 24V 的安全电压值等级时，必须采取防止直接接触带电体的防护措施。

5. 验电时应注意：①必须使用电压等级合适而且合格的验电器。验电前，应先在有电设备上进行试验，确定验电器良好。验电时，应在检修设备进出线两侧各相分别验电。如果在木杆、木梯或木架上验电时，不接地线验电器不能指示，可在验电器上加接接地线，但必须经值班负责人许可。②使用高压验电器必须戴绝缘手套，35kV 及以上的电气设备在没有专用验电器的特殊情况下，可以用绝缘棒代替验电器，根据绝缘棒端有无火花和放电噼啪声来判断有无电压。③信号元件和指示表计不能代替验电操作。

判断题 10（2019 年真题）：

【答案】1. √；2. √；3. ×；4. √；5. ×。

试题分析：本试题考查防雷接地系统、电气安全相关知识的辨识和理解。

【试题解析】

1. 本小题是对通信电源的接地进行考查。①集中供电的综合通信大楼电力室的直流电源接地线应从接地汇集线上引入；分散供电的高层综合通信大楼直流电源接地线应从分接地汇集线上引入。②机房的直流电源接地垂直引入线长度超过 30m 时，从 30m 处开始，每向上隔一层与接地端连接一次。③在电力变压器高、低侧，除应设保安防雷装置外，宜采用三相五线制引入电力室。该变压器机壳与低压侧中性点汇集后，就近接地，中性线不准安装熔断器。④当专用变压器离通信大楼较远时，交流中性线应按规定在变压器与户外引入最近处做重复接地，尤其采用三相四线制时必须做重复接地。此时，应离开联合接地网边缘 5m 以外单独设置接地线。当专用变压器安装在通信大楼附近（即在同一院内）时，应将变压器接地体与通信大楼的接地网用两根接地导线连通，而交流供电线中的保护地线应与大楼内的接地总汇集线连通。交流配电屏上的中性线（零线）汇集排与机架的正常不带电金属部分绝缘，严禁采用中性线（零线）作交流保护。⑤引入大楼的交流电力线宜采用地下电力电缆，其金属护套的两端均应做良好接地。⑥大楼内所有交直流用电设备均应采取接地保护。交流保护地线应从接地汇流线上引入，严禁采用中性线作为交流保护地线。

2. 本小题是对降低接地电阻措施的考查。当土壤电阻率偏高，例如土壤电阻率 $\rho \geq 300\Omega\cdot m$

时，为降低接地装置的接地电阻，可采取以下措施：①采用多支线外引接地装置，其外引线长度不应大于$2\sqrt{\rho}$，这里的ρ为埋设引线处的土壤电阻率，单位为$\Omega\cdot m$；②如地下较深处土壤ρ较低时，可采用深埋式接地体；③局部地进行土壤置换处理，换以ρ较低的黏土或黑土，或者进行土壤化学处理，填充炉渣、木炭、石灰、食盐及废电池等降阻剂。

3. 本小题是对雷电的分类及危害的考查。当不同电荷的积云靠近时，或带电积云对大地的静电感应而产生异性电荷时，宇宙间将发生巨大的电脉冲放电，这种现象称为雷电。雷击分为两种形式，感应雷与直击雷。感应雷是指附近发生雷击时设备或线路产生静电感应或电磁感应所产生的雷击。直击雷是雷电直接击中电气设备或线路，造成强大的雷电流通过击中的物体泄放入地。通信局（站）大部分的雷击为感应雷击。在导线中产生的感应雷电流比直击雷电流小很多，一般小于15kA，破坏性小，但发生范围广。

4. 本小题是对电流对人体的作用进行考查。触电电流通过人体的持续时间越长，对人体的伤害越严重。电流持续的时间越长，人体电阻因出汗等原因将会变得越小，导致通过人体的电流增加，触电的危险亦随之增加。此外，心脏每收缩、扩张一次，中间约有0.1s的间歇，这0.1s称之为心室肌易损期，对电流最敏感。如果电流在此时流过心脏，即使电流很小也会引起心室颤动。如图6-71所示为室颤电流-时间曲线。由图可知，室颤电流-时间曲线与心脏搏动周期密切相关，当电流持续时间小于一个心脏搏动周期时，电流超过500mA才能够引发室颤；当电流持续时间大于一个心脏搏动周期时，很小的电流，如50mA就很可能引发室颤。电流持续时间对人体作用的影响如表6-16所示。

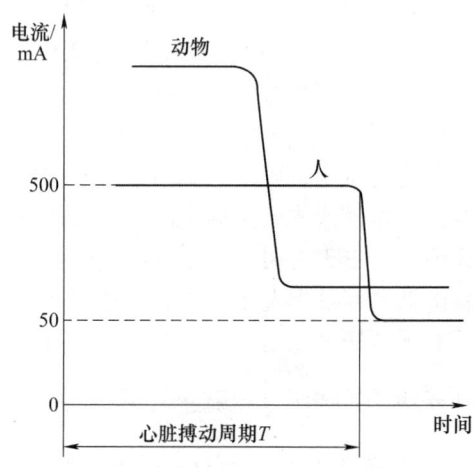

图6-71 室颤电流-时间曲线

表6-16 电流持续时间对人体作用的影响

电流/mA	电流持续时间	生理效应
0~0.5	连续通电	没有感觉
0.5~5	连续通电	开始有感觉，手指、手腕等处有麻感，没有痉挛，可以摆脱带电体
5~30	数分钟以内	痉挛，不能摆脱带电体，呼吸困难，血压升高，是可以忍受的极限
30~50	数秒至数分钟	心脏跳动不规则，昏迷，血压升高，强烈痉挛，时间过长即引起心室颤动
50~数百	低于脉搏周期	受强烈刺激，但未发生心室颤动
	超过脉搏周期	昏迷，心室颤动，接触部位留有电流通过的痕迹
超过数百	低于脉搏周期	在心脏搏动周期特定相位电击时，发生心室颤动，昏迷，接触部位留有电流通过的痕迹
	超过脉搏周期	心脏停止跳动，昏迷，可能有致命的电灼伤

5. 本小题是对现场触电急救措施的考查。触电伤员神志不清者，应就地仰面平躺，确保其气道通畅，并用5s时间呼叫伤员或轻拍其肩部，以判定伤员是否丧失意识。但禁止摇动伤

员头部呼叫伤员。

判断题 11（2022 年真题）：

【答案】1. √；2. ×；3. √；4. √；5. ×。

【试题解析】

2. 星形接地结构容易解决通信系统间的低频干扰问题，因为减少了环流电流的干扰，使得干扰电流不能形成回路。

5. 防雷器的安装模式与供电方式有关，对于通信局（站）采用的 TN-S、TN-C-S 和 TT 供电系统中，安装防雷器的保护模式都是不同的。

判断题 12（2023 年真题）：

【答案】1. ×；2. ×；3. ×；4. ×；5. √。

四、问答题

1. 通信电源接地系统通常采用联合地线接地方式，请简述联合接地的优点（**2013 年真题**）。

【答案】采用联合接地在技术上使整个大楼内的所有接地系统联合组成低接地电阻值的均压网，具有以下优点。①地电位均衡。同层各地线系统电位大体相等，消除危及设备的电位差。②公共接地母线为全局建立了基准零电位点。全局按一点接地原理共用一个接地系统，当发生地电位上升时，各处的地电位同时上升，在任何时候，基本上都不存在电位差。③消除了地线系统的干扰。通常依据各种不同电特性设计出的多种地线系统，彼此间存在相互影响，而采用一个接地系统之后，使地线系统做到了无干扰。④电磁兼容性能变好。由于强电及弱电、高频及低频电都是等电位，又采用分层屏蔽设备及分支地线等方法，因此提高了电磁兼容性。

2. 什么是联合接地系统？联合接地系统由哪几部分组成（**2018 年真题**）？

【答案】联合接地系统：使局站内各建筑物的基础接地体和其他专设接地体相互连通形成一个共用地网，并将电子设备的工作接地、保护接地、测量接地以及防雷接地等共用一组接地系统的接地方式。主要是由接地汇流排、接地汇集线、接地引入线、接地体和大地组成。

3. 简述通信局（站）防雷保护的基本原则（**2020 年真题**）。

【答案】通信局（站）防雷保护的基本原则如下。①整体保护原则：重视接地系统的建设和维护，做好全局接地系统，防雷接地是全局接地的一部分。②充分运用系统等电位原理。③分区保护和多级保护原则：根据电磁脉冲严重程度分为不同防雷区，根据雷电对不同耐压等级的设备的影响进行分级保护。④加装电涌保护器。

4. 简述通信电源交流接地系统分类及作用（**2021 年真题**）。

【答案】交流接地系统分为交流工作接地和交流保护接地。交流工作接地的作用是将三极交流负荷不平衡引起的在中性线上的不平衡电流泄放于地，以及减小中性点电位的偏移，保证各项设备的正常运行。交流保护接地的作用是防止设备因绝缘损坏而遭受触电危险。

5. 简述通信局（站）防止发生人身触电事故的措施（**2021 年真题**）。

【答案】通信局（站）防止发生人身触电事故的措施主要有以下几点。①保持电气设备的绝缘完好，定期测试绝缘电阻值，若不符合国家规定，应停用维修。②电气设备的接线必须正确无误。③设备的金属外壳必须有良好的保护接地措施。④电气工作人员必须认真学习并严格执行《电业安全工作规程》和有关制度。⑤在低压配电网络中装设漏电保护装置。

6. 简述通信电源接地系统的概念及作用（**2022 年真题**）。

【答案】通信电源接地系统的概念：为了工作和安全的需要，将通信电源系统及其电源设备中的接地端子，通过接地装置与大地做良好的电气连接。通信电源接地系统的作用：①为系统内的设备提供基准参考电位，确保各类设备协调工作；②防止发生短路故障时，设备（机架）带电引起人员触电伤亡；③雷电等异常电流进入系统时，需要通过接地系统分流入地。

7. 简述通信局（站）低压交流配电系统的防雷措施（**2022 年真题**）。

【答案】通信局（站）低压交流配电系统的防雷措施：①低压电力线路应采用地埋电力电缆；②线路金属护套应采用就近两端接地；③电缆两端芯线应加装避雷器。

8. 在低压供电系统的接地方式中，TN-S 系统工作可靠性高，抗干扰能力强，安全保护性好，应用范围广，通信局（站）多采用 TN-S 系统。请简述 TN-S 系统的接线方式并画出接线图（**2023 年真题**）。

【答案】在 TN-S 系统中，中性线和保护线是完全分开的，采用了与电源接地点直接相连的专用交流保护线（PE 线），设备的外漏电部分均与 PE 线并接，从而将整个系统的工作线与保护线完全隔离。其接线图如图 6-5 所示。

第 7 章

节能减排与新技术

节能减排是积极稳妥推进碳达峰碳中和、全面推进美丽中国建设、促进经济社会发展全面绿色转型的重要举措。为加大节能减排工作推进力度，必须采取务实管用措施，采用相关新技术，尽最大努力完成国家节能减排约束性指标。

7.1 节能减排概述

节能减排包括广义和狭义两种定义：广义上，节能减排是指节约物质资源和能量资源，减少废弃物和环境有害物（包括三废和噪声等）排放；狭义上，节能减排则是指节约能源和减少环境有害物排放。

节能减排是建设资源节约型、环境友好型社会的必然选择。它有助于推进国家经济结构调整，转变经济增长方式，维护国家长远利益。此外，节能减排也是应对全球气候变化的迫切需要，因为温室气体排放引起全球气候变暖备受国际社会关注。

7.1.1 我国节能减排的形势和政策

节能减排低碳环保是我国的国家政策之一，主要体现在《中华人民共和国环境保护法》中。该法明确规定了保护环境是国家的基本国策，并强调国家应采取有利于节约和循环利用资源、保护和改善环境、促进人与自然和谐的经济、技术政策和措施。

1. 环保政策的基本原则

坚持稳中求进工作总基调，完整、准确、全面贯彻新发展理念，一以贯之坚持节约优先方针，完善能源消耗总量和强度调控，重点控制化石能源消费，强化碳排放强度管理，分领域分行业实施节能降碳专项行动，更高水平更高质量做好节能降碳工作，更好发挥节能降碳的经济效益、社会效益和生态效益，为实现碳达峰碳中和目标奠定坚实基础。《中华人民共和国环境保护法》第四条明确指出，保护环境是国家的基本国策。这意味着，环保工作在国家层面得到了高度的重视，各项政策的制定和实施都将环保作为重要的考量因素。

2. 节能减排的具体措施

1）节约资源：国家鼓励节约和循环利用资源，这体现在生产、生活的各个方面。例如，推广节能产品，提高资源利用效率，减少不必要的浪费。

2）减少污染：国家采取措施减少污染物的排放，包括工业污染、农业污染和生活污染。这包括严格控制污染源的排放，推广清洁能源，减少化石能源的使用等。

3）低碳生活：国家倡导低碳生活方式，鼓励公众在日常生活中减少碳排放。例如，提倡公共交通，减少私家车的使用；推广绿色建筑，降低建筑能耗等。

3. 环保政策的实施与监督

为了确保环保政策的有效实施，国家设立了专门的环境保护主管部门，对全国环境保护工作实施统一监督管理。同时，各级人民政府也加强了对环境保护的宣传和普及工作，提高公众的环保意识。此外，国家还鼓励社会组织和公众参与环境保护，对环境污染和生态破坏行为进行监督和举报。

2024年，单位国内生产总值能源消耗和二氧化碳排放分别降低2.5%左右、3.9%左右，规模以上工业单位增加值能源消耗降低3.5%左右，非化石能源消费占比达到18.9%左右，重点领域和行业节能降碳改造形成节能量约5000万吨标准煤、减排二氧化碳约1.3亿吨。

节能减排低碳环保是我国的国家政策之一，通过制定和实施一系列的法律、法规和政策措施，推动社会的可持续发展。

7.1.2 通信行业节能减排的现状

2022年8月22日，工业和信息化部、国家发展改革委、财政部、生态环境部、住房和城乡建设部、国务院国资委、国家能源局等七部门联合发布《信息通信行业绿色低碳发展行动计划（2022—2025年）》（工信部联通信〔2022〕103号）。

"十四五"时期，发展数字经济已成为世界主要国家抢抓新一轮科技革命和产业变革新机遇的共同选择，我国数字经济将转向深化应用、规范发展和普惠共享的新阶段，迈向全面扩展期。信息通信行业是数字经济时代的战略性、基础性、先导性行业，5G基站、数据中心等信息基础设施作为数字经济发展的数字底座，建设规模将会较快增长，按照《"十四五"信息通信行业发展规划》的有关部署，到2025年每万人拥有5G基站数将从2020年的5个增加至26个，数据中心算力规模将从90EFLOPS（EFLOPS，衡量每秒进行百亿亿次浮点运算的能力）增长至300EFLOPS，这必然导致行业用能需求保持刚性增长势头。面对新形势新要求，亟须尽早从政策层面加以统筹引导，解决企业在绿色发展中遇到的现实难点和问题，引导企业发挥绿色赋能作用助力社会数字化、绿色化转型，营造促进行业绿色低碳发展的良好环境，推动行业实现绿色高质量发展。

《信息通信行业绿色低碳发展行动计划（2022—2025年）》提出到2025年，我国信息通信行业绿色低碳发展管理机制基本完善，节能减排取得重点突破，行业整体资源利用效率明显提升，助力经济社会绿色转型能力明显增强，单位信息流量综合能耗比"十三五"期末下降20%，单位电信业务总量综合能耗比"十三五"期末下降15%，遴选推广30个信息通信行业赋能全社会降碳的典型应用场景。

7.2 能耗评价指标与节能潜力分析

能耗评价指标和节能潜力分析是节能工作的两个重要方面。通过建立科学合理的能耗评价指标体系，我们可以更好地了解能源使用情况，识别节能机会，并通过制定和实施节能措施来实现节能目标。

7.2.1 能源的种类和能耗的计算

1. 能源的种类

《能源百科全书》中将能源定义为：能源是可以直接或经转换提供人类所需的光、热、动力等任一形式能量的载能体资源。可见，能源是一种呈多种形式的，且可相互转换的能量源泉。确切而简单地说，能源是自然界中能为人类提供某种形式能量的物质资源。

能源种类繁多，而且经过人类不断的开发与研究，更多新型能源已经开始能够满足人类需求。根据不同的划分方式，能源也可分为不同的类型。按其产生途径不同可分为一次能源和二次能源。前者即天然能源，指在自然界现成存在的能源，如煤炭、石油、天然气、水能等。后者指由一次能源加工转换而成的能源产品，如电力、煤气、蒸汽以及各种石油制品等。一次能源又分为可再生能源（水能、风能及生物质能等）和不可再生能源（煤炭、石油、天然气等），其中煤炭、石油和天然气三种能源是一次能源的核心，也是全球能源的基础。

2. 能耗的计算

能耗的计算方法有多种，以下是几种常见的计算方法。

① 按产值能耗计算：万元工业总产值综合能耗 =（上年度万元工业总产值综合能耗 − 本年度万元工业总产值综合能耗）× 本年度工业总产值。

② 按工业增加值能耗计算：万元增加值综合能耗 =（上年度万元增加值综合能耗 − 本年度万元增加值综合能耗）× 本年度工业增加值。

③ 按产品单耗计算：吨产品综合能耗 =（上年度吨产品综合能耗 − 本年度吨产品综合能耗）× 本年度产品产量。

④ 按用电量计算：用电量 Q（千瓦·时或度）= 设备的电功率 W（千瓦）× 通电运行时间 H（小时）。或者用电量 Q = 设备的运行电流 I × 电源电压 V × 通电运行时间 H。

请注意，具体的计算方法应根据所需的能耗指标和可用的数据来选择。

7.2.2 能耗的评价指标*

能耗评价指标是一系列用来衡量能源使用效率和节能效果的量化标准。这些指标可以帮助企业和组织了解其能源消耗情况，并据此制定相应的节能措施。以下是一些常见的能耗评价指标。

① 能源消耗总量：这是最基本的能耗评价指标，指的是在一定时间内，某个系统或设备所消耗的能源总量。这个指标通常用于衡量一个组织或企业总体的能源使用情况。

② 单位产品能耗：这个指标是指生产每单位产品所消耗的能源量。它是通过将总的能源消耗量除以产品的总产量来计算的。这个指标主要用于评估生产过程的能源效率。

③ 能源强度：能源强度是指在一定时间内，每单位经济活动（如GDP）所消耗的能源量。它是通过将总的能源消耗量除以经济活动的总量来计算的。这个指标通常用于衡量一个国家或地区的能源效率。

④ 节能率：节能率是指通过实施节能措施后，能源消耗减少的百分比。它是通过将实施节能措施后的能源消耗量与实施前的能源消耗量进行比较来计算的。这个指标主要用于评估节能措施的效果。

⑤ 可再生能源利用率：可再生能源利用率是指在总的能源消耗中，可再生能源所占的比例。它是通过将可再生能源的消耗量除以总的能源消耗量来计算的。这个指标通常用于衡量一个组织或企业在使用可再生能源方面的表现。

可以根据不同的应用场景和需求对以上指标进行选择和组合，以全面评估一个组织或企业的能源使用情况和节能效果。

7.2.3 通信行业能耗结构及节能分析

1. 通信行业能耗结构

通信行业的能耗结构主要包括以下几个方面。

① 基站能耗：基站是通信网络中能耗的主要部分，大约占通信网络总能耗的80%。基站的能耗主要来自功率放大器（Power Amplifier，PA）、射频（Radio Frequency，RF）单元、基带处理单元（Building Baseband Unit，BBU）等部件的电力消耗。5G/6G基站的能耗相对较高，主要是因为其引入了更高的频率和更大的带宽。

② 数据中心能耗：随着云计算和大数据应用的普及，数据中心能耗的占比逐渐增加。数据中心包括IT设备、制冷系统、供配电系统等，其能耗也占据重要地位。

③ 发电、配电、变换、负载、温控和维护管理：从网络供电与环境保障的全流程来看，可以分为发电、配电、变换、负载、温控和维护管理六个部分。发电环节包括备用发电机组、电池、风能与太阳能系统等；配电环节包括变压器、配电柜、电缆等；变换环节包括高频开关电源、UPS、逆变器等；负载环节包括主设备、传输、网管等；温控环节包括空调、通风、热交换等；维护管理环节包括动力环境监控系统、机房照明等。

通信局（站）中能源主要消耗在通信设备和空调设备上。人们通常把通信设备能耗视作真正"有价值"的能耗，而空调、电源以及其他基础设施上的能耗均是"无价值"的，从而把通信局（站）的总能耗与通信设备能耗（主设备能耗）的比值称为这个通信局（站）的电能利用有效度（Power Usage Effectiveness，PUE），即

$$PUE = 通信局（站）总电量/主设备电量$$

通常，PUE为大于1的小数，反映了通信局（站）基础设施节能的程度。数值越小，该通信局（站）越节能。需要注意的是，PUE仅能反映基础设施的节能效果，而不能反映主设备的节能效果。当主设备采取节能措施后，通信局（站）的总能耗下降了，但PUE有可能不变，甚至增大。

2. 通信行业节能分析

从能耗结构上看，占比越高的成分，采取节能措施后产生的节能量也可能越大。例如，

对通信运营商来说，电能消耗、网络运营能耗、无线基站和数据中心能耗，以及机房空调能耗均是节能的重点方向。从 PUE 上看，数值越高，其基础设施节能的潜力也就越大。同时也可以看出，主设备才是节能的源头。往往当主设备能耗水平下降后，基础设施的能耗也会跟着下降。当然，这并不是说非重点方向就可以不关注了。例如，办公能耗在通信运营商总能耗中占比不大，但若全面推广节能型灯具后，其中的照明用电节约量还是相当可观的。

7.2.4 节能减排的思路和方法*

1. 节能减排的思路

要实现节能，通常在"节流"和"开源"两方面下功夫。"节流"就是通过一定的节能措施来降低能源消耗或提高能源利用率。例如，提高开关电源的效率、优化空调的气流组织等。"开源"就是通过廉价或免费的能源，甚至是另一生产过程产生的废物（如废热），来减少高价能源的消耗。例如，利用峰谷电差价进行空调蓄冷或蓄电池储能、通过引入室外冷源减少机房空调能耗（新风系统）、机房废热回收技术，以及太阳能、风能等清洁能源利用。如何综合考虑"节流"和"开源"，是节能减排思路的关键点。

在"节流"方面：

① 优化电源设备制造工艺、提升设备变换效率。在实现同样功能的情况下，降低自身运行能耗，如高效整流模块、非晶合金变压器等；或降低对外部环境标准的要求，如机房升温、去空调化等。

② 运用滤波、补偿等技术对电路中的谐波成分进行抑制。

③ 调整设备工作状态，指根据管理需求或负荷、环境等因素变化，适时调整设备、部件工作参数（速率、电流、温度等）或工作状态（起停、切换等），减少能源消耗。前者如空调电子换向（Electrical Commutation，EC）风机、机房升温等；后者如开关电源模块休眠、交流 UPS 经济运行模式、蓄电池充放电削峰填谷等。

④ 优化电源系统工程设计，减少设备转换、连接环节，缩短供电距离，降低热损耗。

⑤ 辅助管理，指通过一定的技术或管理手段，提升生产管理人员参与能源管控的便利性和效率，从而达到节能的目的。如能耗监测管理系统、机房插卡取电装置等。

在"开源"方面：

① 运用蓄电池的储能特性和峰谷电价差异，在低谷电价时对电池充电，在高峰电价时放电，降低综合能耗成本。

② 设备能耗再利用，指通过一定手段将设备耗能后产生的废热、废水等加以利用，从而节约后续生产流程的能源消耗，如空调冷凝热回收、冷热电三联供、电梯电能回馈、通过电能回馈装置将蓄电池离线容量测试耗电回馈电网等。

③ 能源替代，指通过利用更廉价或免费的外部能源及环境，降低电、燃油等付费能源的消耗量，如采用风能、太阳能等可再生洁净能源供电。

2. 节能减排的方法

根据以上节能减排的思路分析，可以对通信局（站）节能方法进行初步的梳理、归集，列举如表 7-1 所示。

表 7-1 通信局（站）节能方法列举

实施对象	通信局（站）节能方法列举
通信设备（源头）	优化通信设备自身工艺设计，提高集成度和处理能力，降低单位功耗，提高能效等级
	运用休眠技术，使基站设备、宽带接入设备等根据话务量或用户接入情况，自动开启或关闭部分功能模块
	选用高效电源模块，提升主设备电源效率，提高功率因数，降低谐波；同时，根据自身负荷变化动态调整风扇
	通过虚拟技术、云计算技术等，提高服务器集群或其他主设备的利用率，释放空闲资源
	优化网络组织形式，减少调度转发层级，减少网元及站点数量，降低总能耗
电源系统	优化电源设备制造工艺，提升设备变换效率
	运用滤波、补偿等技术对电路中的谐波成分进行抑制，对低功率因数进行补偿，改善电源品质，降低谐波和无功损耗
	运用休眠技术，使开关电源等设备在低负荷时自动关闭部分模块，降低损耗
	优化电源系统工程设计，减少设备转换、连接环节，缩短供电距离，降低热损耗
	运用蓄电池的储能特性和峰谷电价差异，在低谷电价时对电池充电，在高峰电价时放电，降低综合能耗成本
	通过电能回馈装置将蓄电池离线容量测试耗电回馈电网
	采用风能、太阳能等可再生洁净能源供电
空调系统	改进空调设备工艺，运用 EC 风机、磁悬浮压缩机等节能部件，提升设备能效比和显热比
	运用氟泵、热管、乙二醇盘管、板式换热器等制冷技术及部件，充分利用室内外温差，减少压缩机工作时间
	改善空调室外机散热，提升效率，降低能耗，如水预冷技术、室外机翅片水喷雾技术等
	运用群控系统，提高多设备运行协调性，根据负荷大小及环境状况动态调节设备运行状态和制冷量
	加强运行维护管理，合理设置温湿度，及时清洁室外机散热翅片，优化空调设备运行工况
	优化空调系统工程设计，选用适合的制冷形式、设备及换热介质，优化机房及机柜等辅助设施气流组织，提高制冷和热交换效率，减少热损失
	对空调冷凝废热进行收集再利用，如生产热水或提供办公区采暖等
	利用峰谷电价差，采用冰（水）蓄冷技术，在谷电时制冰（冷水）进行蓄冷，在峰电时化冰（提取冷水）提供制冷
	通过气流组织等工艺优化，在确保设备安全运行前提下，提高机房环境温度设置，减少空调能耗
	建造绿色建筑，优化围护结构（如外遮阳、外墙保温、机房不设窗等），减少夏季外界传热，降低空调负荷
	采用自然冷风、冷水、太阳能等可再生洁净能源，如地源热泵空调、新风系统等
建筑电气及综合设备	选用节能型灯具、电梯、锅炉等设备
	采用感应式、插卡式、定时式灯控器、空调控制器
	建筑设计充分利用自然光照明
	智能调光灯控设备；营业厅自动扶梯节能模式；多部电梯的智能调度、单双层停靠设置等
	电梯电能回馈（电梯制动能量回馈电网，同时减少散热）
	运用能耗监测管理系统进行精准监测、管理分析、查漏补缺、挖潜提升

7.3 通信电源节能技术

通信电源设备是为网络通信设备提供电能源的装置，在输送和转换电能源过程中总会有能量损失。如何减少能量损失、提高效率是通信电源节能减排的核心问题。本节所介绍的几种节能技术中，非晶合金变压器通过改进材料工艺来降低电磁损耗，谐波治理技术通过抑制谐波电流来减少不必要的能量损失，削峰填谷技术则从平衡电网负荷角度降低了全网的能量损失，而风光互补技术则是利用可再生能源减少对共用电源的需求。

7.3.1 非晶合金变压器

非晶合金的主要优点包括其优异的磁性能、高电阻率、加工片材薄和优良的节能效果。非晶合金作为一种各向同性的软磁材料，具有磁化功率小、温度稳定性好、磁滞损耗低等一系列优点。由于其无取向材料的特性，因此加工片材薄，制造铁心的工艺相对简单。此外，非晶合金的电阻率高，大约为取向硅钢片的 3 倍左右，这使得其涡流损耗大大降低，单位损耗仅为取向硅钢片的 20%～30%。

在变压器中的应用和节能效果显著。非晶合金变压器（Amorphous Metal Transformer/Amorphous Alloy Transformer）采用非晶合金作为铁心材料，能够显著降低空载损耗，相比普通变压器，其空载损耗可下降 70%～80%，空载电流下降 50% 以上，节能效果突出。这种变压器适用于配电利用率较低以及易燃、易爆和防火要求比较高的场所，如农村电网、高层建筑、商业中心、地铁、机场、车站、工矿企业和发电厂。

非晶合金的缺点包括价格较高和材质较脆。由于采用了新型材料，非晶合金变压器的价格通常比普通变压器高出 1.5 倍以上。此外，非晶合金材质相对较脆，如果工艺不成熟，铁心容易损坏，维护也较为麻烦。然而，随着技术的进步和工艺的改进，这些问题有望得到解决，未来非晶合金变压器的普及率会进一步提高。

7.3.2 谐波治理技术*

1. 谐波的基本概念

从严格的意义来讲，谐波是指电流中所含有的频率为基波的整数倍的电量，一般是指对周期性的非正弦电量进行傅里叶级数分解，其余大于基波频率的电流产生的电量。

2. 电网谐波的成因

电网谐波来自以下三个方面。

一是发电机质量不高产生谐波。由于发电机三相绕组在制作上很难做到绝对对称，铁心也很难做到绝对均匀，因此发电机多少会产生一些谐波。

二是输配电系统产生谐波。输配电系统中主要是电力变压器产生谐波。由于变压器铁心的饱和、磁化曲线的非线性，加上设计变压器时考虑经济性，其工作磁密选择在磁化曲线的近饱和段上，这样就使得磁化电流呈尖顶波形，因而含有奇次谐波。谐波电流大小与磁路的结构形式、铁心的饱和程度有关。铁心的饱和程度越高，变压器工作点偏离线性越远，谐波电流也就越大，其中三次谐波电流可达额定电流的0.5%。

三是用电设备产生谐波，如晶闸管整流设备。由于晶闸管整流在电力机车、铝电解槽、充电装置等许多方面得到了越来越广泛的应用，给电网造成了大量的谐波。我们知道，晶闸管整流装置采用移相控制，从电网吸收的是缺角的正弦波，从而给电网留下的也是另一部分缺角的正弦波，因此在留下部分中含有大量的谐波。如果整流装置为单相整流电路，在接感性负载时则含有奇次谐波电流，其中三次谐波的含量可达基波的30%；在接容性负载时则含有奇次谐波电压，其谐波含量随电容值的增大而增大。如果整流装置为三相全控桥的6脉冲整流器，变压器一次侧及供电线路含有五次及以上奇次谐波电流；如果是12脉冲整流器，则还有十一次及以上奇次谐波电流。经统计表明：由整流装置产生的谐波约占所有谐波的40%，这是电网中最大的谐波源。

3. 谐波对电网的影响

谐波对电网的影响包括：①使公用电网中的元件产生附加的谐波损耗，降低发电、输电及用电设备的效率，大量的三次谐波电流流过中线会使中线线路过热，甚至会引发火灾；②影响各种电气设备的正常工作，谐波对电机的影响除引起附加损耗外，还会使电机产生机械振动、噪声和过电压，使变压器局部过热；③谐波使电容、电缆等设备过热、绝缘老化、寿命缩短，以致损坏；④引起公用电网中局部的并联谐振和串联谐振，从而使谐波放大，增加谐波的危害，甚至引发严重事故；⑤谐波会导致仪器设备和电脑系统故障、变压器烧毁、断路器误动作、继电保护和自动装置的误动作，并使电气测量仪表计量不准确；⑥谐波会对邻近的通信系统产生干扰，轻者发生噪音，降低通信质量；严重导致信息丢失，使通信系统无法正常工作。

4. 谐波治理的方法

谐波治理是通过抑制谐波电流来减少不必要的能量损失。过高的谐波成分会导致交流波形发生严重畸变，造成变压器等设备和电缆发热，降低设备的利用率，还会引起某些继电器、接触器、断路器误动作，既浪费电能，又会带来安全隐患。谐波治理的基本方法有：①改善谐波源，即从源头抓起，设法减少谐波的产生，这是治理谐波最根本的方法；②减少传播途径中谐波量的产生，如在电源输入端串接电抗器或采用无源滤波和有源滤波的技术。以上方法可以相互配合、统一协调，并作为一个整体来研究。减小谐波的主要措施如表7-2所列。实际措施的选择要根据谐波达标的水平、效果、经济性和技术成熟度等综合比较后确定。

表 7-2 减小谐波的主要措施

序号	名称	内容	评价
1	增加换流装置的脉动数	改造换流装置或利用相互间有一定移相角的换流变压器	1. 可有效地减少谐波含量 2. 换流装置容量应相等 3. 使装置复杂化
2	加装交流滤波装置	在谐波源附近安装若干单调谐滤波器或高通滤波支路，以吸收谐波电流	1. 可有效地减少谐波含量 2. 应同时考虑无功补偿和电压调整效应 3. 运行维护简单，但需专门设计
3	改变谐波源的配置或工作方式	具有谐波互补性的设备应集中布置，否则应分散或交错使用，适当限制谐波量大的工作方式	1. 可以减小谐波的影响 2. 对装置的配置或工作方式有一定要求

（续）

序号	名称	内容	评价
4	加装串联电抗器	在用户进线处加装串联电抗器,以增大与系统的电气距离,减小谐波对地区电网的影响	1. 可减小与系统的谐波相互影响 2. 同时考虑功率因数补偿和电压调整效应 3. 装置运行维护简单,但需专门设计
5	改善三相不平衡度	从电源电压、线路阻抗、负荷特性等找出三相不平衡的原因,加以消除	1. 可有效地减少三次谐波的产生 2. 有利于设备的正常用电,减小损耗 3. 有时需要用平衡装置
6	加装静止无功补偿装置(或称动态无功补偿装置)	采用TCR(晶闸管控制电抗器)、TCT(晶闸管控制高漏抗变压器)或SR(自饱和电抗器)型静补装置时,其容性部分设计成滤波器	1. 可有效地减少波动谐波源的谐波含量 2. 有抑制电压波动、闪变、三相不对称的作用,具有无功补偿的功能 3. 一次性投资较大,需专门设计
7	增加系统承受谐波能力	将谐波源改由较大容量的供电点或由高一级电压的电网供电	1. 可以减小谐波源的影响 2. 在规划和设计阶段考虑
8	避免电力电容器组对谐波的放大	改变电容器组串联电抗器的参数,或将电容器组的某些支路改为滤波器,或限制电容器组的投入容量	1. 可有效地减小电容器组对谐波的放大并保证电容器组安全运行 2. 需专门设计
9	提高设备或装置抗谐波干扰能力,改善抗谐波保护的性能	改进设备或装置性能,对谐波敏感设备或装置采用灵敏的保护装置	1. 适用于对谐波(特别是暂态过程中的谐波)较敏感的设备或装置 2. 需专门研究
10	采用有源滤波器、无源滤波器等新型抑制谐波的措施	逐步推广应用	目前主要用于较小容量谐波源的补偿,造价较高

7.3.3 削峰填谷技术*

1. 削峰填谷技术的基本原理

削峰填谷技术是一种基于电力系统峰谷负荷差异性的调度方法,通过在能源生产和消费中对电网负荷进行调整以达到平衡供需。

随着能源需求的持续攀升及能源结构的不断转型,储能技术在电力体系中的作用愈发凸显。其中,削峰填谷作为储能技术的核心应用场景之一,对于增强电力系统的稳定性、提升其可靠性以及优化经济成本方面,展现出了非凡的价值与重要性。

削峰填谷作为一种电力调控手段,其核心目的在于平衡电力的供应与需求,从而提升电力系统的整体运行效率。具体而言,该策略包括两个关键动作:一是在电力需求处于高峰时段时,通过适当减少用电负荷来"削峰";二是在电力需求较低的低谷时段,通过增加电力消耗或采取储能措施来"填谷"。这样,既能有效缓解高峰时段的供电压力,又能充分利用低谷时段的富余电力,实现电力资源的优化配置。

在白天某些时段(如正午12点左右、下午6点左右),由于用户用电量大,电力负荷会急剧增加,形成负荷高峰时段,即"峰"。而午夜时分,用电需求则显著减少,进入负荷低谷时段,即"谷"。此时,利用储能系统在夜间将多余的电能储存起来,并在白天电力需求高峰时释放这些电能,这一过程便实现了削峰填谷的目标(如图7-1所示)。

2. 削峰填谷技术的实现

对通信局（站）电源系统来说，实现削峰填谷运行的关键设备，是蓄电池组和开关电源系统。此外，合理的充放电控制策略是系统稳定、高效运行的另一关键要素。

① 蓄电池组。储能蓄电池组是削峰填谷技术的核心，其储能和充放电特性为削峰填谷的实现提供了可能。相对于常规的浮充制后备蓄电池组来说，储能蓄电池要求具有充电快放电能力强、充放电循环寿命长等特性。为了适应无线基站等环境条件较差的场合，还要求储能蓄电池具有耐高低温的性能，工作环境温度范围不超出 $-10\sim45°C$。在电力系统中，大规模的电池储能系统通常采用锂离子电池、全钒氧化还原液流电池、钠硫电池等产品。在通信局（站）则通常采用磷酸铁锂电池、铅碳电池等产品，其深度循环放电次数应在 4000 次以上，按每天一个充放电循环计，其设计寿命应达 10 年以上。

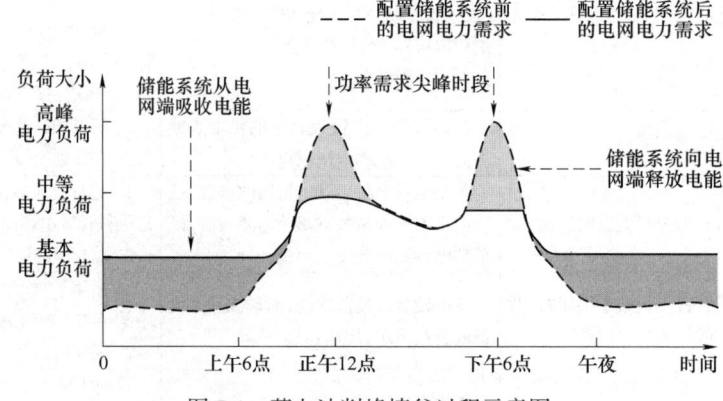

图 7-1 蓄电池削峰填谷过程示意图

② 开关电源。开关电源系统在整个削峰填谷系统中起到开关控制的作用。当处在低谷时段时，市电通过开关电源直接给负载供电，同时给蓄电池组充电；当处在高峰时段时，市电仅通过开关电源给负载供电，蓄电池组处于备电状态，不充电也不放电；当处在尖峰时段时，开关电源停止供电，由蓄电池组向负载提供全部电能。要实现这样的功能，需要通过专门的能效管理控制系统对开关电源和蓄电池组进行监控。也可采用定制化的削峰填谷专用电源，集成上述功能。

③ 充放电控制策略。为充分发挥储能蓄电池特性，利用峰谷电价差，最大程度提升用电经济性，需要制定合理的充放电控制策略。例如，某中型通信局（站）10kV 一般工商业用电分时电价下的削峰填谷供电策略如下：在尖峰时段 10:00～14:00 和 18:00～22:00 关闭开关电源输出，由储能蓄电池组向负载供电；在夜间低谷时段 22:00～次日 8:00 由开关电源向负载供电，并对蓄电池充电；其余时段由开关电源向负载供电，但不对蓄电池充电。

3. 削峰填谷的好处

（1）提高电力系统稳定性

当电力系统中的峰谷差异过大时，会引发电压和频率的波动，这不仅会降低系统的供电质量，还可能对电力设备的安全运行构成威胁。削峰填谷策略的应用能够有效平缓负荷特性曲线，从而减少这种波动，显著增强电力系统的稳定性。

（2）促进可再生能源消纳

可再生能源，如太阳能和风能，因其间歇性和波动性，其发电高峰可能与用电负荷不完全匹配,导致部分能源无法得到有效利用而浪费。削峰填谷策略为解决这一问题提供了有效方案:它能够在可再生能源发电过剩时,将这些多余的能源储存起来,并在后续需要的时刻释放,从而显著提高了可再生能源的利用效率。

(3)提升经济效益

储能系统是实现电力价值最大化的直接途径之一,其核心策略在于利用峰谷电价差异进行套利。当电网处于负荷低谷时段,储能系统会利用相对低廉的谷电价对电池进行充电;而当电网进入负荷尖峰时段,储能系统则向电网送电或向用户供电,以此实现峰值负荷的有效转移。通过这种方式,能从峰谷电价差异中直接获取经济收益,为储能系统的投资运营带来可观的回报。

7.3.4 风光互补技术

风光互补技术是利用可再生能源来减少对共用电源的需求。太阳能和风能是地球上取之不尽、用之不竭的自然能源,具有可再生、无污染的特点。太阳能(光伏)发电系统是通过太阳能电池,将太阳能转换为电能向外供电的系统;风力发电系统是通过风力发电机,将风能转换为电能向外供电的系统。风光(风-光-柴)互补发电技术是将太阳能、风能、柴油发电机组发电技术进行组合,综合运用两种自然能源,为负载提供电力来源,以节约市电。

1. 风光互补发电系统的工作原理

风光(风-光-柴-市电)互补发电系统主要由风力发电机组、太阳能光伏电池阵列(+柴油发电机组+市电)、电力转换装置(控制器、整流器、蓄电池、逆变器)以及交直流负载等组成,其系统结构分别如图7-2和图7-3所示。风光(风-光-柴-市电)互补发电系统是集太阳能、风能、柴油发电机组和市电发电等多能源发电技术及系统智能控制技术为一体的混合发电系统。

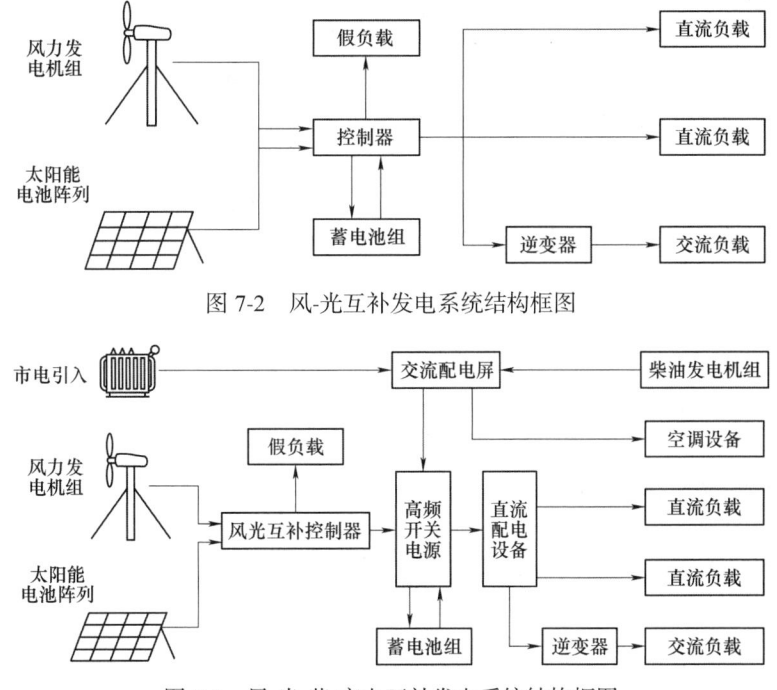

图 7-2 风-光互补发电系统结构框图

图 7-3 风-光-柴-市电互补发电系统结构框图

（1）太阳能电池阵列

太阳能电池阵列是将太阳能转化为电能的发电装置。当太阳照射到太阳能电池上时，电池吸收光能，产生光生电子-空穴对。在电池的内建电场作用下，光生电子和空穴分离，光电池的两端出现异号电荷的积累，即产生"光生电压"，这就是"光生伏打效应"。若在内建电场的两侧引出电极并接上负载，则负载中就有"光生电流"流过，从而获得功率输出。这样，太阳光能就直接变成了可付诸实用的电能。

太阳能电池阵列将太阳辐射能直接转化为电能，按要求它应有足够的输出功率和输出电压。单体太阳能电池是将太阳辐射能直接转换成电能的最小单元，一般不能单独作为电源使用。作电源用时，应按用户使用要求和单体电池的电性能将几片或几十片单体电池串、并联连接，经封装，组成一个可以单独作为电源使用的最小单元，即太阳能电池组件。太阳能电池阵列产生的电能，一方面经控制器可直接向直流负载供电，另一方面经控制器向蓄电池组充电。从蓄电池组输出的直流电，一方面通过DC/DC变换供给直流负载，另一方面通过逆变器后变成了220V（380V）的交流电供给交流负载。

太阳能电池阵列的功率，需根据使用现场的太阳总辐射量、太阳能电池组件的光电转换效率以及所使用电气装置的耗电情况来确定。

（2）风力发电机组

风力发电机组是将风能转化为电能的机械装置。从能量转换角度看，风力发电机组由两大部分组成：一是风力机，它将风能转化为机械能；二是发电机，它将机械能转化为电能。小型风力发电机组一般由风轮、发电机、尾舵和电气控制部分等构成。常规的小型风力发电机组多由感应发电机或永磁发电机加AC/DC变换器、蓄电池组、逆变器等组成。在风的吹动下，风轮转动起来，使空气动力能转变成机械能。风轮的转动带动了发电机轴的旋转，从而使永磁三相发电机发出三相交流电。风速不断变化、忽大忽小，导致发电机发出的电流和电压也随之变化。发出的电经过控制器整流，由交流电变成具有一定电压的直流电，并向蓄电池组进行充电。从蓄电池组输出的直流电，一方面通过DC/DC变换供给直流负载，另一方面通过逆变器后变成220V（380V）的交流电供给交流负载。

如图7-4所示为风力机输出功率曲线。其中，v_C为起动风速；v_R为额定风速，此时风机输出额定功率；v_P为截止风速。

当风速小于起动风速时，风力机不能转动。当风速达到起动风速后，风力机开始转动，带动发电机发电。发电机输出电能供给负载以及给蓄电池组充电。当蓄电池组端电压达到设定的最高值时，电压检测信号通过控制电路进行开关切换，使系统进入稳压闭环控制，既保持对蓄电池组充电，又不致使蓄电池组过充。当风速超过截止风速时，机械限速机构使风力机在一定转速下限速运行或停止运行，以保证风力机不致损坏。

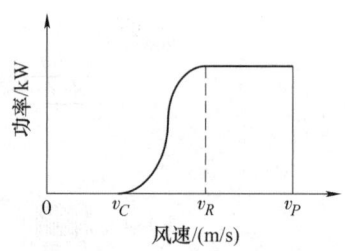

图7-4 风力机的输出功率特性

（3）电力转换装置

由于风能的不稳定性，风力发电机组所发出电能的电压和频率是不断变化的，同时太阳能也是不稳定的，所发出的电压也随时变化，而且蓄电池组只能存储直流电能，无法为交流负载直接供电。因此，为了给负载提供稳定、可靠的电能，需要在负载和发电机之间加入电力转换装置，这种电力转换装置主要由整流器、逆变器、蓄电池组和控制器等组成。

① 整流器（高频开关电源）。

整流器的主要功能是对风力发电机组和柴油发电机组输出的三相交流电进行整流，整流后的直流电经控制器再对蓄电池组进行充电，整流器一般采用三相桥式整流电路。在风电支路中的整流器的另外一个重要作用是，在外界风速过小或者基本没风的情况下，风力发电机组的输出功率较小，由于三相整流桥中电力二极管的导通方向只能是由风力发电机组的输出端到蓄电池组端，因此可有效防止蓄电池组对风力发电机组的反向供电。

② 逆变器。

逆变器是在电力变换过程中经常使用到的一种电力电子装置，其主要作用是将蓄电池组存储的或由整流桥输出的直流电转变为负载所能使用的交流电。风-光互补型发电系统中所使用的逆变器要求具有较高的效率，特别是轻载时的效率要高，这是因为这类系统经常工作在轻载状态。另外，由于输入的蓄电池组电压随充、放电状态改变而产生较大变动，这就要求逆变器能在较大的直流电压变化范围内正常工作，而且能保证输出电压稳定。

③ 蓄电池组。

小型风光互补发电系统的储能装置大多使用阀控式铅酸蓄电池组，蓄电池组通常在浮充状态下长期工作，其电能量比用电负载所需的电能量大得多，多数时间处于浅放电状态。蓄电池组的主要作用是能量调节和平衡负载：当太阳能充足、风力较强时，可以将一部太阳能或风能储存于蓄电池组中，此时蓄电池组处于充电状态；当太阳能不足、风力较弱时，储存于蓄电池组中的电能向负载供电，以弥补太阳能电池阵列、风力发电机组所发电能的不足，达到向负载持续稳定供电的目的。

④ 控制器。

控制器根据日照强度、风力大小及负载变化情况，不断对蓄电池组的工作状态进行切换和调节：一方面把调整后的电能直接送往直流或交流负载；另一方面把多余的电能送往蓄电池组存储。当太阳能和风力发电量不能满足负载需要时，控制器把蓄电池组存储的电能送往负载，以保证整个系统工作的连续性和稳定性。

（4）备用柴油发电机组

当连续多天没有太阳、无风时，可起动柴油发电机组对负载供电并对蓄电池组补充电，以防止蓄电池组长时间处于缺电状态。一般柴油发电机组只提供保护性的充电电流，其直流充电电流值不宜过高。对于小型的风光互补发电系统，有时可不配柴油发电机组。

2. 风光互补发电系统的种类*

风光互补发电系统的具体形式是多种多样的，通常可以从以下角度进行分类。

1）根据系统与公共电网的关系，可以分为离网型（独立型）和并网型发电系统。离网型系统所发出的电能只供给本地负载，哪怕电能过剩，也只能在本地存储或消耗掉。并网型系统则是在政府相关政策和法规要求下，通过逆变系统与公共电网相连，当发电不足时通过电网向本地负载补充电力；而当发电有多余时则可直接回馈电网，获取电力收入，或在用电电价上获得优惠。并网型系统将公共电网作为自己的"储能部件"，从而省去了蓄电池组的配置，可大幅降低系统造价。

2）根据系统利用能源的种类，可以分为单一能源系统与混合能源系统。单独的太阳能光伏发电系统、风能发电系统都属于单一能源系统；风光互补发电系统则是一种混合能源系统。

此外，风-光-柴互补发电系统、风-光-柴-市电互补发电系统等综合组成的发电系统也属于混合能源系统。

3）根据系统配置及能源利用的主辅关系，可以分为多种类型，如"风-光"互补系统（风力发电为主、光伏发电为辅，适用于风能资源非常丰富的地区），"光-风"互补系统（光伏发电为主、风力发电为辅，适用于太阳能资源非常丰富地区），"风-光-柴"互补系统（风力发电为主、光伏发电为辅、柴油发电机组作为补充供电，适用于风能资源比较丰富，但与太阳能之间互补性欠佳，个别时段均无法满足负载要求的地区），"光-风-柴"互补系统（光伏发电为主、风力发电为辅、柴油发电机组作为补充供电，适用于太阳能资源比较丰富，但与风能之间互补性欠佳，个别时段均无法满足负载要求的地区）。

与单独的光伏发电或风力发电相比，风光（风-光-柴-市电）互补发电系统具有以下优点：

① 利用太阳能、风能的互补性，可以获得比较稳定的输出，发电系统具有更高的稳定性和可靠性；

② 在保证同样供电的情况下，可大大减少储能蓄电池的容量；

③ 通过合理的设计和匹配，基本上由风光互补发电系统供电，很少或基本不用起动备用电源，如柴油发电机组等，可获得较好的社会效益和经济效益。

3. 风光互补发电系统的应用及节能效果

（1）应用领域

偏远地区供电：在中国，约有5%的偏远地区人口尚未用上电，这些无电网供电的地方，往往位于风能和太阳能资源丰富的地区。利用风光互补发电系统可以解决这些地区的用电问题，促进当地经济的发展。此外，这种系统还可以为边远地区的人口提供最适宜且最便宜的电力服务，促进地区的可持续发展。

通信基站：风光互补独立发电系统在远离电网的海岛和山区的通信基站中应用广泛，由于市电引入非常困难，而风光互补发电系统可以有效解决这一问题。这种系统不仅在投资方面与引入市电的成本相当甚至略低，每年还能节省大量电费开支，并减少二氧化碳的排放。由于基站有维护人员，系统可配置柴油发电机组，以备太阳能与风能发电不足时使用。这样可以减少系统中太阳电池阵列与风力机的容量，从而降低系统成本，同时增加系统的可靠性。

室外照明：太阳能和风能以互补形式通过控制器向蓄电池组智能化充电，到晚间根据光线强弱程度自动开启和关闭各类LED室外灯具。智能化控制器具有无线传感网络通信功能，可以与后台的计算机实现三遥（遥测、遥信、遥控）管理。室外道路照明工程主要包括：车行道路照明工程（快速道/主干道/次干道/支路）、小区道路照明工程（小区路灯/庭院灯/草坪灯/地埋灯/壁灯）等。

航标：在航标应用中，风光互补发电系统具有季节性和气候性的特点。在太阳能配置满足夏秋季能源供应的情况下，不启动风光互补发电系统；在冬春季或连续多天天气不良的状况下，起动以风力发电为主、光伏发电为辅的风光互补发电系统。这种系统具有环保、无污染、免维护、安装使用方便等一系列特点，符合航标能源应用要求。

监控摄像机：对于点多线长的监控设备（如高速公路监控系统），风光互补发电系统能够提供24小时不间断的电力供应，减少线缆的铺设和维护成本。然而，我国有的地区会出现恶劣的天气情况，如连续灰霾天气、日照少，风力达不到起风风力，会出现不能连续供电的现象。在这种情况下，可以利用原有的市电线路，在太阳能和风能不足时，自动对蓄电池组充电，确保系统可以正常运行。

抽水蓄能电站：风光互补抽水蓄能电站是利用风能和太阳能发电，不经蓄电池组而直接带动抽水机实现抽水蓄能，然后利用储存的水能实现稳定的发电与供电。这种能源开发方式将传统的水能、风能、太阳能等新能源开发相结合，利用三种能源在时空分布上的差异实现互补开发，适用于电网难以覆盖的边远区域，并有利于能源开发中的生态环境保护。

（2）节能效果

风光互补发电系统通过结合风能和太阳能，有效解决了单一能源发电不连续的问题，保证了供电的稳定性和可靠性。与传统的柴油发电机组相比，风光互补系统具有提高能源利用效率、减小运行成本、延长设备使用寿命、降低碳排放等一系列节能效果。

7.4 机房空调节能技术

从通信主设备的角度来说，空调设备是不产生任何"直接效益"的。如何提高空调系统制冷和热交换效率，最大程度利用外界冷源以及降低主设备的空调依赖程度，是机房空调节能技术的主要发力方向。本节所介绍的几种节能减排技术中，机房新风系统通过充分利用外界冷源来减少空调设备的运行时间；热管空调系统利用室内外温差自动循环，以减少压缩机的能耗；室外机辅助水冷技术通过改善散热环境和介质来提高热交换效率；机房群控系统则通过智能化自适应控制来优化多台机房空调设备之间的协同工作性能，提高运行效率；与此同时，在第4章介绍的机房气流组织优化措施也是为了提升空调冷风利用率的必要手段。

7.4.1 机房新风系统

当室外气温较低时，可充分利用室外的"冷量"，通过直接引入室外冷风，经过滤、加湿等处理，送入机房对通信设备进行冷却，减轻空调系统负荷，甚至完全取代空调。这类设备或设施统称为机房新风节能系统，简称新风系统。

1. 机房新风系统的基本原理*

机房新风系统的基本原理是通过物理原理，在密闭的室内，在一侧用专用设备向室内送新风，再从另一侧由专用设备将室内空气向室外排出，从而在室内形成"新风流动场"，满足室内新风换气的需要。具体来说，新风系统通过进风口将室外新鲜空气吸入，经过过滤、净化、热交换处理后送入室内，同时又将室内受污染的有害气体经过过滤、净化、热交换处理后排出室外。

2. 机房新风系统的组成*

新风系统是开放性的循环系统，其组成部分主要包括：风机、进风口、排风口、各种管道和接头以及热交换器等。

① 风机：通过管道与一系列的排风口相连，起动风机后，室内形成负压，室内受污染的空气通过排风口及风机排往室外，室外新鲜空气通过进风口进入室内。

②进风口：通常安装在室外，引入新鲜空气。进风口会配备过滤装置，过滤掉尘埃、花粉和细菌等有害物质，保证进入室内的空气清洁。

③排风口：设置在排风管道或卫生间墙壁上，排除室内污浊空气和异味。

④管道和接头：用于连接风机和排风口，确保空气流通顺畅。

⑤热交换器：部分新风系统配备热交换器，通过回收排出的污浊空气中的热量，减少能量损失，提高系统的能效。

机房新风系统的节能机制主要包括自适应和热交换两种方式。其主要采用的核心技术为：优化逻辑控制技术连续采集昼夜、季节、室外、室内区域环境温湿度值的变化，准确计算机房内各"区域"平面与外部环境温湿度值之间的关系。此外，热交换器在夏季运行时，新风从空调回风中获得冷量，使温度降低，达到节能效果。

3. 机房新风系统的应用

机房新风系统在机房环境管理中的应用主要体现在以下几个方面。

1) 保持良好的空气质量：机房新风系统通过送风和换气的方式，将新鲜空气引入机房内，同时将室内污浊空气排出，有效降低空气中的有害气体和颗粒物浓度，提高机房的空气质量。机房新风系统可以维持机房与室外的正压差，避免灰尘进入，保证机房有更好的洁净度。这有助于减少灰尘积累，防止静电放电问题，保护机房内的精密设备。

2) 控制温度和湿度：机房新风系统可以通过送风和调节温湿度的方式，保持机房内的温度和湿度处于良好状态，确保机房内部设备的正常运行。合适的温湿度可以保证机房内设备的散热性能，防止设备因过热或过冷出现故障。新风系统通过热交换处理，可以在引入新鲜空气的同时，减少对空调系统的额外负担，从而节约能源。

3) 过滤净化空气：机房新风系统可以对外部空气进行过滤净化处理，确保输送到机房内部的空气洁净新鲜，不带有任何杂质，有效解决机房内部因杂质引起的静电问题，保证机房的清洁度。

4) 安全防护：新风系统通常配备防火阀，能与消防系统联动，一旦发生火灾，自动关闭新风进风，防止火势蔓延。机房四周围护结构采取密封措施，特别是在活动地板下和吊顶内，以防止漏风，确保新风系统的有效性。

机房新风系统不仅能保持良好的空气质量，还能有效控制温度和湿度，过滤净化空气，确保设备正常运行。此外，新风系统还具备安全防护功能，能够在紧急情况下迅速响应，保护机房安全。因此，安装机房新风系统对于现代数据中心和计算机机房来说非常必要。

7.4.2 热管空调系统

1. 热管原理

热管是一种特殊结构的自动热力循环系统，它是一根两端封闭的金属管，内部装有制冷剂。它利用管两端外界的温度差，使底部制冷剂吸收外界热量后蒸发上升到顶部，再透过管壁将热量散发到外部，制冷剂冷凝后在重力作用下又流回底部，开始新的吸热、蒸发循环，从而在无须动力的情况下源源不断地将下段的热量输送到上段，形成动态的热力平衡（如图 7-5 所示）。由于制冷剂的回流依靠其重力作用完成，因此热管又被称为重力热管。

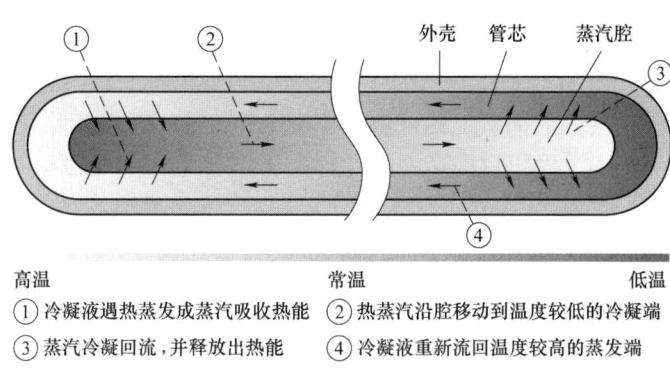

图 7-5 热管工作原理示意图

2. 热管空调系统的结构特点*

热管空调系统就是运用热管循环原理，利用制冷剂的相变（气/液转换）和重力差实现自动循环。与上述重力热管原理不同的是，热管式空调将制冷剂气体（或气液混合物）上升与液体下流的通道分开，与蒸发器、冷凝器共同形成一个封闭回路，提高了换热制冷的容量和效率，也更便于工程安装。这种方式又称为分离/布式热管技术，相对应的空调系统也被称为分离/布式热管空调系统。

3. 分布式热管空调系统*

分布式热管空调系统是一种用于调节环境温度的高效系统，在数据中心等对温度控制要求较高的场所有着广泛的应用。

（1）系统组成

热管背板：这是系统中的关键部件，在机柜中发挥着重要作用。例如，在机房的服务器机柜内，热管背板通过自身的结构和特性，对机柜内的热量进行处理。它依靠热管芯体内部工作液体的相变来实现传热，且工作液体的回流依靠重力，不需要其他动力源。其内部的液体制冷剂会利用蒸发吸热原理吸收机柜内服务器散发的热量，从而降低机柜内的温度。

连接管路：连接热管背板与其他部件，如将机柜内的热管背板与室外的热管中间换热器等部件连接起来，为制冷剂的流动提供通道，使得热量能够在系统内部进行传递。

室外热管中间换热器：位于室外，与室内的热管背板等部件共同构成一个完整的热力循环系统。当来自室内热管背板的制冷剂蒸汽到达这里时，会被来自自然冷源冷水系统的冷水冷却，由气态冷凝为液态，从而释放热量。

（2）工作原理

热量吸收与汽化：机柜内IT设备运行时会散发大量热量，这些热量使室内末端的热管换热器（热管背板）内的制冷剂吸热汽化。这一过程基于热管背板内的液体制冷剂与机柜内热空气之间的热量交换，利用制冷剂的蒸发吸热特性，从而降低机柜内的温度，确保IT设备在适宜的温度环境下运行。

气体传输与冷凝：汽化后的制冷剂依靠压差经连接管路流向室外热管中间换热器。在室外热管中间换热器中，制冷剂蒸汽与来自自然冷源冷水系统的冷水进行热交换。由于冷水的温度较低，制冷剂蒸汽在这里被冷却，由气态冷凝为液态。这一步骤实现了热量从室内到室外的传递，通过室外冷源将室内的热量带走。

液态回流：液态制冷剂借助重力回流至室内末端的热管换热器（热管背板）中，完成一个完整的冷量输送热力循环。这种依靠重力回流的方式，不需要额外的动力设备，使得系统更加节能、可靠。

（3）特点与优势

高可靠性：分布式热管空调系统具有较高的可靠性，能够长时间稳定运行。这是因为热管内循环工质的相变传热过程相对稳定，而且各个部件之间的协同工作经过了精心设计。例如，在数据中心，即使部分服务器的发热量发生波动，分布式热管空调系统也能够及时调整，确保整个机房的温度保持在合适的范围内，从而保障服务器等 IT 设备的正常运行。

高显热比：显热比是指空调的显冷量与总冷量的比值。分布式热管空调系统的高显热比特性，使得它在处理数据中心等场所的热量时，能够更有效地去除设备散发的显热（即不涉及物质相变的热量，如设备运行产生的热量），而不是处理潜热（与物质相变相关的热量，如空气中水汽凝结或蒸发的热量）。这对于数据中心等主要以电子设备散热为主的环境非常重要，因为电子设备散热主要是显热。

大风量：能够提供较大的风量，确保机房等空间内的空气能够快速循环并进行热量交换。大风量有助于将机柜内服务器产生的热量及时带走，提高整个系统的散热效率。

近端制冷：紧靠热源，实现近端制冷。这种特性在中高密度数据中心中尤为重要，因为中高密度数据中心的服务器等设备发热量较大，近端制冷能够在热量产生的源头附近进行冷却，减少热量在传递过程中的积累和损耗，提高制冷效率，降低能耗。

节能：由于其工作液体的回流依靠重力，无须其他动力，并且能够有效地利用自然冷源（如室外的冷空气等），减少对额外动力设备（如压缩机等）的依赖，从而降低了能耗，实现了节能的目的。

（4）应用场景

数据中心：数据中心内有大量的服务器等 IT 设备，这些设备在运行过程中会产生大量的热量。分布式热管空调系统能够有效地对数据中心的服务器机柜进行冷却，确保服务器在适宜的温度和湿度环境下运行，从而保障数据中心的正常运转。例如，在一些大型互联网企业的数据中心，分布式热管空调系统被广泛应用，以应对高密度服务器集群的散热需求。

通信机房：通信机房内放置着各种通信设备，这些设备同样会散发大量热量。分布式热管空调系统可以与专门的通信机柜相结合，形成方便维护、可靠的多功能集成产品，为通信机房提供稳定的温度和湿度环境，保障通信设备的正常工作。

7.4.3 室外机辅助水冷技术

1. 风冷式机房空调面临的困难

风冷式机房空调在实际应用中可能面临以下几方面困难。

散热效率问题：风冷式机房空调依赖空气流动进行散热，但在高温环境下，尤其是夏季或热带地区，外界空气温度较高，散热效率会显著下降，导致制冷效果不佳，难以维持机房内适宜的温度和湿度条件。

振动与噪音问题：风冷式机房空调通常需要较大的风扇来促进空气流通，风机在运行时会产生振动和噪音。如果风机的安装精度差或者风机架构设计不合理，振动可能会加剧，不仅影响空调自身的稳定性和使用寿命，还可能对机房内其他设备造成干扰，影响其正常运行。同时，噪音也会对机房工作人员的工作环境产生不良影响。

维护工作量大：风冷式机房空调的室外机需要定期进行清洗和维护，以保证散热效果。例如，室外机的散热器表面容易积累灰尘、杂物等,影响散热效率,需要定期清理;风机的叶片也需要定期检查和维护,防止出现松动、变形等问题。这些维护工作需要耗费一定的人力和时间成本。

能效比低:相比水冷式机房空调,风冷式机房空调的能效比通常较低,这意味着在相同制冷量的情况下,风冷式机房空调可能会消耗更多的电能,增加运营成本。

环境适应性差:风冷式机房空调对环境条件要求较高。例如,在空气污染严重的地区,冷凝器更容易被污染,影响散热效果;在湿度较高的地区,可能会出现结露问题。

安装位置受限:风冷式机房空调需要安装在通风良好的地方,以确保良好的散热效果,这可能会限制其安装位置的选择。

2. 室外机辅助水冷方案设计*

室外机辅助水冷技术:由于水的比热容远大于空气,其换热效率高,载热能力强,因此可以考虑在室外机管路上串接水冷式冷凝器(通常采用壳管式换热器或板式换热器),以降低风冷室外机的负荷,改善工况。

根据水冷式冷凝器安装的位置是在空调室外机的制冷剂入口端还是出口端,又可以进一步将其分为"水预冷"和"水后冷"两种不同的方式。两种方式都有一定的应用。

水预冷方式(如图7-6a所示)以水冷式冷凝器为主用、风冷式冷凝器为备用。高温高压制冷剂气体先进入水冷式冷凝器进行冷却,降温降压变为气液混合物后,再送入风冷式冷凝器盘管进一步冷却至理想的冷凝温度后,返回机房空调。在这种方式下,水冷式冷凝器几乎始终满负荷运行,发挥最大效用,而室外机风冷盘管负荷显著降低,风机转速减缓,在冬季甚至可能停转,完全靠水冷却,因此具有明显的节能效果,同时降低了室外机故障率和噪声。

水后冷方式(如图7-6b所示)则以风冷式冷凝器为主用、水冷式冷凝器为备用。高温高压制冷剂气体先进入室外机风冷盘管散热降温,然后再通过水冷式冷凝器进一步降至较低的冷凝温度,解决了空调在夏季高温天气下高压告警的问题。由于这种方式的空调室外风机几乎始终全速运转,因此室外机并没有体现出节能效益。然而水冷式冷凝器的优势在于"液-液"热交换,经过水冷式冷凝器的制冷剂往往能够具有较大的"过冷度",对于压缩机的制冷量和效率的提升具有很大好处,整个系统节能效益反而更加显著,系统运行稳定性也得到加强。同时由于缩短了压缩机运行时间,设备损耗和故障率也明显减少,延长了使用寿命。

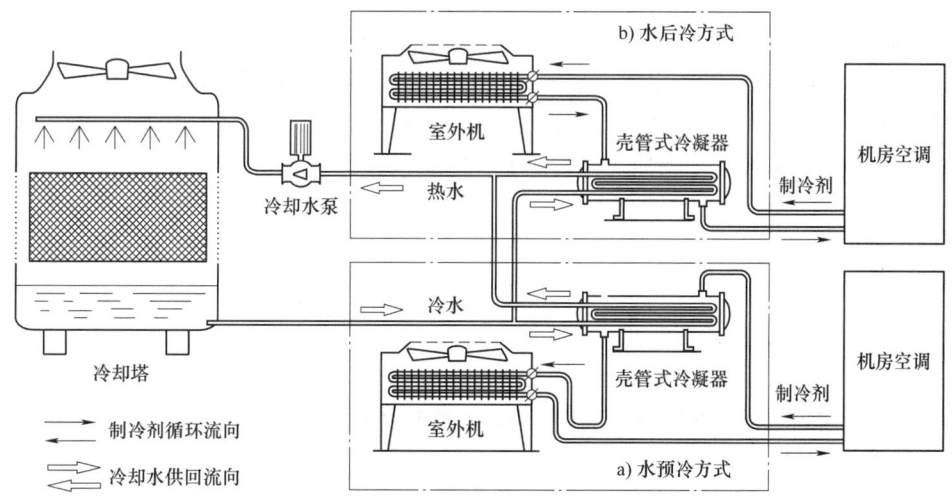

图7-6 风冷型空调室外机辅助水冷方案

3. 辅助水冷方案的节能分析和效果评估

（1）节能分析

制冷系统优化。制冷系统是辅助水冷方案中的核心部分，其能效直接影响整个系统的节能效果。通过采用高效的制冷技术和设备，如变频压缩机、蒸发式冷凝器等，可以降低能耗。此外，优化制冷系统还包括合理配置冷凝器和蒸发器、提高换热效率，以及通过降低制冷温度差，减少制冷过程中的能量损失。

能源回收技术。能源回收技术是辅助水冷方案节能分析中另一个重要的方面。通过采用余热回收技术，将冷凝器余热回收用于加热、热水等用途，可以提高能源利用效率。这种技术不仅能够减少能源浪费，还能带来额外的经济效益。

智能化控制技术。智能化控制技术的应用可以实现对制冷机组的自动调节，根据数据中心机房内的温度和湿度等参数自动调节制冷机组的工作状态。这不仅可以提高管理效率，还能避免能耗的浪费。通过远程监控系统，实时监测数据中心机房的运行状态，及时发现并处理异常情况，也是节能分析中不可忽视的一部分。

（2）效果评估

节能效果：水冷系统相比于传统风冷系统具有更显著的节能效果。水冷系统的能耗约为传统风冷系统的 1/25～1/10，显著降低了电力消耗。冷水机组、冷却塔、冷却水泵和冷冻水泵的能耗估算显示，水冷系统的整体能耗较低。

制冷效率：水冷系统的制冷效果不受天气炎热的影响，天气越热制冷效果越好。其冷媒流量大、蒸发器换热面积大，从高温降到舒适温度的过程比一般空调更快。此外，水冷系统的出风温度接近进水温度，能够在同等水温条件下比一般水温空调降低 4～5℃。

环境友好：水冷系统不使用氟利昂等化学制冷剂，没有废气、废热排放，是环境友好的产品。同时，采用气水分离技术，节约水资源，不浪费、不污染地下水源。

维修费用低：虽然水冷系统的初始投资较高，但其维护成本较低。由于水冷系统运行稳定、故障率低，可以减少维修次数和费用。

适用范围广：水冷系统适用于各种气候条件，尤其在高温环境下表现出色。其适用范围广泛，特别适合需要高效制冷的大型数据中心和通信机房。

综上所述，通过制冷系统优化、能源回收技术和智能化控制技术的应用，可以显著提高节能效果、提升制冷效率、提升环境友好性、降低维修费用、扩大适用范围。这些优势使得辅助水冷方案成为数据中心机房值得推荐的节能解决方案。

7.4.4 机房群控系统

1. 机房（空调）群控系统的定义

机房（空调）群控系统：根据负荷需求变化，对通信局（站）/建筑物内及机房内各种/多台空调设备进行集中监测和联合控制，自动调节优化各设备的运行工况，使之达到安全、节能、高效和可靠的目的。

一个通信局（站）或一幢建筑物内的空调系统是由许多台设备共同组成的，如冷冻机组、冷却塔、冷冻水泵、冷却水泵等；一个机房内的空调设备（末端）也是由许多台专用空调共同协作完成制冷的。对于群控对象为冷水机组、冷却塔、水泵等中央空调及其外围设备,称之为中央空调群控系统;对于群控对象为某个机房内的各类空调末端及分体式专用空调设备,称之为机房(专用)空调群控系统。

机房群控系统通常由控制器、服务器、网络系统和软件等组成,可以实现对中央空调的远程控制和监控,具有安全性高、操作简单、成本低等优点。机房群控系统可以实现节能管理和多空调的统一控制,降低空调运行成本,减少能源消耗,实现节能减排;可以实现节能控制和对空调室内外温度的实时监测,根据室内外温度变化调节空调的运行,减少不必要的能耗;可以实现节能报警和对空调故障的实时监测,及时报警,降低空调维修成本,提高空调使用效率。

2. 中央空调群控系统的控制范围、控制内容及节能控制原理*

(1) 控制范围

中央空调群控系统是可以对多个中央空调单元进行集中控制和管理的系统。它通过先进的计算机技术、传感器技术和网络通信技术,将分散的空调设备连接起来,实现集中监控、智能控制和优化调度。该系统可以控制房间、楼层、建筑甚至工业园区的所有空调设备,实现统一控制开启或关闭、统一设置温度和湿度及运行模式。具体来说,它能够实现对以下设备和系统的控制。

冷水机组:监控其运行状态和故障情况,远程控制起停,以及设定冷冻水出水温度和运转电流限制。

冷冻水泵及冷却水泵:监控其运行状态、手动/自动状态和故障状况,控制其起停。

冷却塔风机:监控其运行状态和故障状况,控制其起停。

电动蝶阀、压差旁通阀:监控系统内部参数,如温度、压力差等。

(2) 控制内容

中央空调群控系统的控制内容主要包括以下几个方面。

① 设备运行状态的监测和控制。实时监测冷水机组、冷冻水泵、冷却水泵和冷却塔的运行状态、手动/自动状态和故障状况。根据能效和设备性能提供最优的设备运行组合并优化每台冷水机负荷分配。

② 节能控制策略的实施。利用变频设备控制盘管风机、冷冻泵、冷却泵、冷却塔风机按空调负荷能量运行,实现能量在各分系统中的平衡传递,最大限度降低运行能耗。实施 PID 或更高级的智能控制算法,根据负载需求实现节能运行,合理控制冷水机组运行台数,实现最低负荷运行。

③ 系统集成和通信能力。扩充上位机和手机物联网平台,实现远程监控和操作。提供开放式通信接口,支持 BACnet 通信接口,实现群控系统与 BAS 系统的无缝连接。

(3) 节能控制原理

① 数据采集与智能分析。通过各种传感器采集空调各部分的运行数据,包括环境温湿度、室内温湿度、冷冻水和冷却水的进/出水温度等。将这些数据传输给 PLC 和工控计算机进行综合运算,分析空调负荷参数,制定节能控制策略。

② 动态调节与负荷平衡。根据实时监测到的数据和空调负荷的变化,动态调整冷水机组、冷冻水泵、冷却水泵和冷却塔的运行状态和频率。通过变频变容量调节技术,快速、准确地调整压缩机频率,使其始终处于最佳运行状态,减少不必要的能耗。

③系统优化与协同工作。整合闭环控制技术、PID运算、模糊技术和人机融合技术，对中央空调系统的各个组成部分进行全面优化调节。实现冷冻水循环、冷却水循环、冷却塔及新风处理等系统的协同工作，提高整个系统的运行效率和节能效果。

3. 机房空调群控系统的技术特点及基本功能*

（1）机房空调群控系统的基本内涵

机房空调群控系统是指运用自适应技术，将同一机房内所有的空调设备联网，通过实时监测机房区域的温湿度值，综合分析负荷分布特性，精确调控相应位置空调设备的运行工况参数，提高整个机房空调系统的工作效率和效果，从而达到节能的目的。

（2）机房空调群控系统的技术特点

①不确定性。由于各机房所处的实际气候环境、建筑结构、设备布局、机柜负荷特点等均不同，因此机房空调群控系统必须对实际机房环境进行详细查勘分析，确定运行策略，才能实现真正的节能。

②动态特性。机房内设备的功耗在一日内、一周内、一月内乃至一年四季都会发生波动，设备的数量也可能会随着业务的发展而扩增或减少，同时外部气象、气候情况也处在不断变化之中。机房空调群控系统必须能够自动跟踪设备负荷与围护结构负荷的变化，动态做出相应调整，方能确保空调系统长期运行于节能工况下。

③关联特性。在一个机房空间内，任何一点的状态变化都不是孤立发生的，也不能够"独善其身"，必然会引起周围环境的变化。同样，任何一台空调设备的工况调节，都可能会引发大范围甚至全局的反应，因此在群控模型设计和分析控制过程中必须充分考虑相互之间的各种关联因素，既要避免不必要的关联干扰，又要能够充分利用这种关联关系来实现更为均衡稳定的调控，达到最佳的节能效果。

（3）机房空调群控系统的基本功能

①自动分工功能。自动分工功能是机房空调群控系统最基本的功能，通过分工编程的方式，根据当前机房的实际情况，计算出需要运行的空调机组的数量，并在此基础上对机组开关进行控制，实现精密空调的自动分工，使各个空调机组风机、压缩机等的运行时间相对平衡，实现节能目标。

②顺序加载功能。顺序加载功能包括两方面的内容，即在同一台空调中顺序加载各个零部件和在多台空调之间顺序加载有关部件。该功能的实现可以有效避免因机组零部件同时起动而造成电网电流过大的问题，保证机房电力系统的稳定、安全运行。

③数据同步功能。数据同步功能是实现及时调整空调运行状态的重要保障。在机房空调群控系统中，各台空调机组的运行参数是同步的，如警报状态等，管理人员在一台主控机组上就可查询和修改整个精密空调所有机组的参数。同时，修改的参数会被同步复制到所有机组的控制软件中。

④备用控制功能。机房空调群控系统具有备用控制功能，当主控机组停机后，其他备用的具有主控功能的机组会及时接管管理系统，完成相应的管理控制任务。系统的备用控制功能可以保证精密空调所有机组运行的持续性，避免因主控机组的故障影响到其他机组，并将停机时间、系统故障等的影响降至最低，实现节能目标。

⑤平均值控制功能。在通信局（站）机房中，不同区域的温湿度有所差异。在调整精密空调机组时，需要以整个机房所有机组监测到的温湿度平均值为标准，从而使机房环境的温

湿度处于相对稳定的状态。

⑥ 控制级数扩展功能。这一功能的主要目标是提高整个机组的控制精度，并通过联网编程技术对各机组控制级数进行扩展。一般情况下，温湿度控制级数能够扩展到 8 级，其控制精度的大幅度提升有助于更加合理地匹配空调能量、减少部件开关次数、延长使用寿命。

7.5 合同能源管理

合同能源管理作为一种有效的节能机制，不仅可以为企业带来实实在在的经济效益，也为推动全球节能减排进程做出了重要贡献。

7.5.1 合同能源管理概述

1. 合同能源管理的概念

根据 GB/T 24915—2020《合同能源管理技术通则》的解释，合同能源管理是指节能服务公司与用能单位以契约形式约定节能项目的节能目标，节能服务公司为实现节能目标向用能单位提供必要的服务，用能单位以节能效益、节能服务费或能源托管费支付节能服务公司的投入及其合理利润的节能服务机制。

合同能源管理（Energy Performance Contracting，EPC）是一种新型的市场化节能机制。节能服务公司（Energy Service Company，ESCo）与用能单位签订能源服务合同，为用能单位提供节能项目的一系列服务，包括融资、用能状况诊断、节能方案设计与施工、原材料与设备采购、安装调试与运维、人员培训以及节能量的检测和验证等，并保证达到一定的节能量或节能率。节能服务公司的收益来自于用能单位节能改造后获得的节能效益，即用能单位按照合同约定的比例支付节能效益给节能服务公司，形成了一个互利共赢的能源效率改进服务机制。合同期满后，用能单位将享有全部节能收益以及节能设备的所有权。

合同能源管理的实质是以减少的能源费用来支付节能项目的全部成本，这种方式允许用户使用未来的节能收益为工厂和设备升级，从而降低运行成本。

合同能源管理机制在国内外都有广泛应用。在国外，这种机制也被称为 ESCo；在国内，则被称为能源管理机制（Energy Management Contracting，EMC）。这种机制在欧美等发达国家已经发展成为一种新兴的节能产业。

2. 合同能源管理在我国的发展

20 世纪 70 年代的能源危机为节能服务产业的诞生提供了契机。最初在美国应运而生的合同能源管理模式，在得到法律法规和政策的支持下逐渐发展壮大。经过数十年的演变，该模式在欧美等发达国家已渐趋成熟。自 20 世纪 90 年代初，这一模式被引入中国，自此开启了中国合同能源管理行业的发展历程，大致经历了引进、示范、全面推广以及快速发展四个阶段。

引进与示范（20 世纪 90 年代）：中国政府联手世界银行和全球环境基金，共同组织实施合作项目，将合同能源管理模式首次引入中国。这一阶段的重点是对合同能源管理模式的探索和示范，为后续的推广和发展奠定了基础。

全面推广（2003年）：2003年12月，中国节能协会节能服务产业委员会经国家民政部批准成立，标志着合同能源管理在中国进入全面推广阶段。该委员会的成立有助于推广合同能源管理的市场化机制，为行业的进一步发展提供了政策和组织支持。

快速发展（2010年以后）：2010年4月，国家发展改革委、财政部、人民银行、税务总局联合发布《关于加快推行合同能源管理促进节能服务产业发展的意见》，为合同能源管理在中国的快速发展提供了明确的政策指导。在随后的各种政策支持下，我国的合同能源管理行业迅速发展，吸引了更多的资本和企业参与，同时也推动了相关法律法规的完善。2010年8月，国家标准 GB/T 24915—2010《合同能源管理技术通则》正式发布。2020年3月，国家相关部门对该标准的相关条款进行了修订。2020年10月，国家标准《合同能源管理技术通则》（GB/T 24915—2020）正式颁布并实施，全面替代旧标准。这一标准的更新发布也意味着，国家将继续支持和帮助节能服务公司在政策指引下更有方向性地探索合同能源管理的创新商业模式，并在新形势下更好地开展合同能源管理项目。

近年来，合同能源管理行业在中国迎来了前所未有的发展机遇。根据中国节能协会节能服务产业委员会（EMCA）的不完全统计，截至2022年底，全国的节能服务企业数量已达到11835家，从业人员总数为88.6万人，行业总产值高达5110亿元。仅2022年，合同能源管理项目的新增投资就达到了1654.1亿元，带来的年节能能力为4647万吨标准煤，相当于减排了11432万吨二氧化碳。

值得注意的是，合同能源管理行业的发展呈现出明显的时间段差异性。以企业成立时间为划分，2005年及以前成立的节能服务公司数量为759家，占总数的6%；而在2021年和2022年，新成立的公司数量高达5020家，占总数的43%。这不仅反映了政策的推动效应，也显示了市场对节能服务的热切需求。

在注册资本方面，大部分节能服务公司的注册资本在500万元以下，这类公司数量占总数的44%，而注册资本在1亿元以上的公司数量为479家，占总数的4%。这显示出行业中大量的中小型企业十分活跃，同时也有一些资本雄厚的大企业在市场中占据一席之地。

在地域分布方面，节能服务公司主要集中在经济较为发达的地区。江苏、山东、广东、北京和浙江成为节能服务公司数量最多的五个省/直辖市。特别是在2022年，新注册的3469家节能服务公司主要分布在广东、江苏、浙江、山东等地，持续显示出在京津冀、长三角、珠三角城市群的聚集特点。

3. 合同能源管理的运作模式

为了满足不同的节能需求和合作模式，合同能源管理分为多种类型，主要包括节能效益分享型合同、节能量保证型合同、能源费用托管型合同、融资租赁型合同以及混合型合同。

① 节能效益分享型（Shared Savings）合同：在项目期内用户和节能服务公司双方分享节能效益的合同类型。节能改造工程的投入按照节能服务公司与用户的约定执行（通常由节能服务公司单独承担）。项目建设施工完成后，经双方共同确认节能量，再按合同约定比例分享节能效益。合同结束期后，节能设备所有权无偿移交给用户，以后产生的节能收益全部归用户所有。节能效益分享型是我国政府大力支持的模式类型（为降低支付风险，用户可向节能服务公司提供多方面的节能效益支付保证）。

② 节能量保证型（Guaranteed Savings）合同：通常是由用户投资，节能服务公司向用户提供节能服务并承诺保证项目节能效益的合同类型。项目实施完毕，经双方确认达到承诺的节能效益，用户一次性或分次向节能服务公司支付服务费，如达不到承诺的节能效益，差额

部分由节能服务公司承担（节能量保证型合同适用于实施周期短，能够快速支付节能效益的节能项目，合同中一般会约定固定的节能量价格）。

③ 能源费用托管型（Chauffage）合同：是指用户委托节能服务公司出资进行能源系统的节能改造和运行管理，并按照双方约定将该能源系统的能源费用交节能服务公司管理，系统节约的能源费用归节能服务公司的合同类型。项目合同结束后，节能公司改造的节能设备无偿移交给用户使用，以后所产生的节能收益全部归用户所有。此模式更适用于诚信度较低、缺乏节能意识的企业，但通常不为企业所采用。

④ 融资租赁型合同：融资公司投资购买节能服务公司的节能设备和服务，并租赁给用户使用，根据协议定期向用户收取租赁费用。节能服务公司负责对用户的能源系统进行改造，并在合同期内对节能量进行测量验证，担保节能效果。项目合同结束后，节能设备由融资公司无偿移交给用户使用，以后所产生的节能收益全部归用户所有。

⑤ 混合型合同：综合了以上几种合同模式的特点，为双方提供了更为灵活和多元化的合作选择。通过不同合同类型的组合，混合型合同能够满足更为复杂和多样化的节能需求，同时也为节能服务公司和用能单位之间的合作提供了更多可能性。

合同能源管理的商业模式选择关系到项目的风险与收益分配，是实现节能目标的重要保障。在实际操作过程中，企业和节能服务公司需要根据自身的风险承受能力、资金状况和市场环境，选择最适合的商业模式，以实现双方的共赢和持续的节能效益。与此同时，政府和行业协会也需要为合同能源管理的健康发展提供良好的政策和市场环境，推动节能服务行业的持续创新与跨越式发展。

4. 合同能源管理的业务特点

① 开放性。合同能源管理项目对节能技术、设备的选择是全开放的，只要有益于用能单位节能的，都可以纳入项目运作范围。项目可以采用单一技术，也可以综合采用多项技术；可以是纯技术手段，也可以是"技术＋管理"的形式。

② 集成性。节能服务公司为用能单位提供的不仅仅是单纯的节能技术服务，同时也提供了实现该技本所需的设备、装置，以及工程实施。此外，更重要的是大多数节能服务公司还承担了项目实施所需担负的风险。节能服务公司是集成了节能技术、装备制造、工程实施、资金融通和风险防范等多种资源的综合性平台。

③ 市场性。合同能源管理的本质是一种市场化的节能项目运作模式，节能服务公司所提供的设备和技术服务就是其市场交易过程中的产品，其价值则体现在项目运作所产生的节能效果上，其最终目的是要实现合作双方共赢。

④ 多赢性。介入合同能源管理项目的各方，包括节能服务公司、用能单位、技术提供商、设备制造商、银行等，均能从项目中分享到相应的收益，同时对国家、社会来说也直接促进了节能减排，形成多方共赢的局面。

⑤ 风险性。合同能源管理项目是有一定风险的，包括技术风险、效益风险、资金风险等。由于节能服务公司负责提供技术、装备，并且要向用能单位承诺一定的节能效果，因此往往也就承担了大部分的风险。而对用能单位来说，其风险主要在于项目实施过程中的安全性、稳定性（不能对正常的生产运营产生不利影响），以及对节能量的准确监测评估。风险评估和管控是合同能源管理项目运作的核心之一，也是合同约定的重点内容。

7.5.2 合同能源管理项目的操作流程*

（1）与用能单位接触

节能服务公司与用能单位进行初步接触，了解用能单位的经营现状和用能系统的运行情况。向用能单位介绍本公司的基本情况、节能技术解决方案、业务运作模式及可给用能单位带来的效益等。向用能单位指出系统具有节能潜力，解释合同能源管理模式的有关问题，初步确定改造意向。

（2）节能诊断

针对用户具体情况，对各种耗能设备和环节进行能耗评价，测定企业当前能耗水平。此阶段是 ESCo 为用户提供服务的起点，由公司的专业人员对用户的能源状况进行测算，对所提出的节能改造措施进行评估，并将结果与客户进行沟通。

（3）改造方案设计

在节能诊断的基础上，由公司向用户提供节能改造方案设计。这种方案不同于单个设备的置换、节能产品和技术的推销，其中包括项目实施方案和改造后节能效益的分析及预测，使用户做到"心中有数"，以充分了解节能改造的效果。

（4）谈判与签署

在节能诊断和改造方案设计的基础上，ESCo 与客户进行节能服务合同的谈判。在合同期（一般为 3~10 年左右），ESCo 分享项目一定比例的经济效益，剩下部分的经济效益留给用户。待合同期满，ESCo 不再和用户分享经济效益，所有经济效益全部归用户所有。

（5）项目投资

合同签署后，进入节能改造项目的实际实施阶段。由于接受的是合同能源管理的节能服务新机制，用户在改造项目的实施过程中，大多数情况下不需要任何投资，项目原材料和设备的采购，其费用均由 ESCo 支付。

（6）全过程服务

合同签署后，ESCo 提供项目设计、项目融资、原材料和设备采购、施工安装和调试、运行保养和维护、节能量测量与验证、人员培训、节能效果保证等全过程服务。

（7）培训

在完成设备安装和调试后，即进入试运行阶段，ESCo 还将负责培训用户的相关人员，以确保能够正确操作及保养、维护改造中所提供的先进的节能设备和系统。在合同期内，设备或系统的维修由 ESCo 负责，并承担有关的费用。

（8）能耗基准、节能量监测

改造工程完工前后，ESCo 与用户共同按照合同约定的测试、验证方案对项目能耗基准和节能量、节能率等相关指标进行实际监测，必要时可委托第三方机构完成节能量确认。节能量作为双方效益分享的主要依据。

（9）效益分享

由于对项目的全部投入（包括节能诊断、设计、原材料和设备的采购、土建、设备的安装与调试、培训和系统维护运行等）均由 ESCo 提供，因此在项目合同期内，ESCo 对整个项目拥有所有权。用户将节能效益中应由 ESCo 分享的部分按月、季、年支付给 ESCo。待合同所规定的费用全部支付完毕以后，ESCo 把项目交给用户，用户即拥有项目的所有权。

7.5.3 通信行业合同能源管理项目要点*

1. 项目前期规划要点

① 项目稳定性：项目在被托管前应稳定运行不少于 2 年，这有助于确保项目的可预测性，为后续能源管理工作提供可靠基础。托管期限应不低于 3 年，一般为 5～10 年。足够的托管期限能够保证托管方有充足的时间评估和管理项目，从而更好地实现项目的长期效益管理。

② 能源消耗分析：全面了解通信企业的能源消耗构成。例如，在通信基站中，设备用电约占 40%，空调用电约占 50%，照明用电约占 10%，这一数据表明空调和设备用电是节能的重点关注领域。此外，还应全面分析通信设备运行特点、数量、工作时长等因素对能耗的影响，以及不同环境下基站等设施能耗的差异。

③ 节能潜力评估：基于能源消耗分析，寻找具有节能潜力的环节。例如，针对基站空调，可通过节能添加剂等技术提升能效，通过载频关断技术在业务量低时降低设备功率等手段挖掘节能潜力。参考同类型通信企业或通信设施已实施的节能项目，预估可能实现的节能量。

2. 对托管方的要求

① 技术能力与经验：托管方需具备一定技术能力和经验。例如，在通信基站节能项目中，要能够整合像空调节能添加剂、IMS 基站精细化用电和能耗管理平台、载频关断技术、蓄电池温控节能技术等多种节能手段，提供专业的能源管理服务，保障项目节能效率。

② 资金实力：托管方应具备足够的资金实力。例如，某通信基站节能项目预计投资约为 2800 万元，这要求托管方有能力承担项目的投资成本，包括设备采购、技术研发、安装调试等方面的费用。

③ 项目管理能力：能有效管理和运营项目，包括制定项目计划、组织项目实施、协调各方资源、控制项目进度和质量等，确保项目按预期目标顺利推进。

3. 合同相关要点

① 明确双方权利义务：合同应明确托管方的服务范围，例如在基站节能项目中涵盖从供电到通信设备到运行环境再到空调系统的全方位服务；同时明确业主方的配合事项，如提供必要的项目信息、协助进行设备改造等。

② 能源效率目标与收益分配：根据节能潜力的评估结果设定可量化的节能目标，例如承诺基站整体节电率一般不低于 20%；在合同中明确收益分配方式与比例，例如在通信基站节能项目中，可按合同期约定的比例（8∶2）分成，明确节能服务公司和通信企业在节能效益中的分配比例；明确收益计算的依据，例如以每个基站平均日用电度数、电费单价等数据为基础计算节能效益，确保双方在项目中的利益得到合理的界定。

③ 风险承担与违约责任：识别并应对技术风险，例如节能技术可能达不到合同预期效果，可通过前期技术测试、采用成熟技术等方式降低风险；应对商务风险，例如合同条款争议、能源价格波动等，在合同谈判时明确各方权利义务，采用灵活的价格调整机制等；防范运营风险，如设备运行故障、维护成本增加等，可通过制定完善的运维方案、设备供应商质保等措施应对，如节能收益未达到预期时，由节能服务公司承担责任等；事先规定违约责任，以避免可能出现的纠纷和问题，保障项目顺利实施。

4. 技术方案要点

① 空调节能：采用如空调节能添加剂技术，这种添加剂以环烷油为基础，含有多种先进添加成分，具有润滑性能强、与制冷剂兼容等特点，能大幅提高压缩机润滑性能，防止组件氧化，可使设备起动电流降低幅度最高达 31%，节电约为 8%～25%，还具有提高润滑能力、提高抗氧化能力、降低摩擦损耗、降低噪音和振动、环保等多重功效。

② 能源管理平台：IMS 基站精细化用电和能耗管理平台，能对电表实施远程数据采集、抄收、监测，提高运维管理水平，大幅减少运营费用，且可根据相关通信公司基站用电精细化管理原则和要求定制，具有自主知识产权，还可在此基础上实现个性化定制和扩容。

③ 基站设备节能：应用载频关断技术，在网络业务量降低时，将不处理业务的功能单元进行断电或休眠以降低设备功率消耗。该技术通过硬件配置和软件控制实现闲时载频关断、时隙关断，即在话务量少的时候调整用户时隙，闲时关闭无信号时隙，在业务量提高时再开启。此外，该技术带有故障自动旁路功能，不会增加现网的故障点。

④ 蓄电池温控节能技术：由于基站蓄电池对环境温度要求严格（20～25℃），该技术可降低整体环境能耗 60% 以上，有助于延长蓄电池寿命。因为环境温度每升高 10℃，蓄电池寿命缩减一半。

5. 项目实施要点

① 项目设计：根据节能诊断的结果，结合通信企业能源系统的现状，设计节能改造方案。如在基站节能项目中，要综合考虑供电系统、网络设备、内部环境和日常管理等多方面因素，设计一体化节能和精细化管理方案。

② 项目融资：节能服务公司需规划好资金来源，如来源于自有资金、股东借款、银行贷款、融资租赁、信托计划、债权基金、节能服务公司合作等多种方式，以满足项目资金需求。因为节能服务公司要向拟实施的节能项目提供全部或部分资金或提供融资服务。

③ 设备采购：在采购原材料和设备时，要根据设备的性能、用途等要求认真分析、研究和比较。例如，在选择空调节能添加剂、节能设备等时，要确保质量高、性能优良、价格合理、服务好。在与设备供应商签订的合同中，要明确设备的性能、质量、安装、维修、供货日期、寿命、节能量等条款，让供货商在一定期限内负责设备的安装、维修和正常运行，分担部分风险。

④ 施工与安装调试：节能服务公司要严格按照合同规定组织项目的施工、安装和调试，并且加强施工过程中的质量监督，确保项目顺利进行和达到预期效果。

6. 项目监测与评估要点

① 节能量监测：在项目实施前，对要改造的耗能设备进行必要监测，建立能耗"基准线"。例如，对基站设备改造前的能耗进行准确测量和记录。在项目实施过程中和结束后，准确监测节能量，可以采用实际测量数据计算，也可根据双方约定采用"协商确定节能量"的方式简化监测和确认工作。

② 项目评估：从技术、经济、环境等多方面对项目进行评估。在技术方面，评估节能技术是否达到预期效果；在经济方面，评估是否实现预期的投资回报率、成本节约等；在环境方面，评估节能减排的效果等。

第 7 章 节能减排与新技术

历届考试真题

一、填空题

填空题 01（2020 年真题）：

1. 通信局（站）中能源主要消耗在通信设备和空调设备上，通信站的总能耗与通信设备能耗的比值称为通信局（站）的 (1)。
2. 通信局（站）谐波治理技术是通过 (2) 来减少不必要的能量损失，达到节能的目的。
3. 蓄电池的削峰填谷技术是利用 (3)，在保障供应的前提下，为用电单位节约开支，同时为整个电网节约能源。
4. 热管空调系统的工作原理是利用制冷剂的相变（气液转接）和 (4) 实现制冷剂的自动循环，达到降温的目的。
5. 室外给水预冷技术是在室外机管路上串接 (5)，利用水的换热效率高、载热能力强的特点，降低风冷室外机的负荷，带来明显的节能效果。

填空题 02（2022 年真题）：

1. 通常可把通信局（站）中的能量消耗分为"有价值"的能耗和"无价值"的能耗，其中"有价值"的能耗是指 (1) 的能耗。
2. 相比于传统的硅钢片铁心，采用非晶合金作变压器的铁芯的最主要优势是 (2)。
3. 通信局（站）的滤除谐波的技术中，利用 LC 电路实现谐波的吸收和滤除的方法是 (3)。
4. 热管空调系统运用了 (4) 的原理，利用制冷剂的相变和重力差实现制冷剂的自动循环，达到降温的目的。
5. 根据负荷需求及其变化，对通信局（站）（建筑物）内以及机房内多台空调设备进行集中监测和联合控制，自动调节优化各设备运行工况，使之达到安全、节能、高效的目的，这称为 (5)。

填空题 03（2023 年真题）：

1. 要求各类电源、空调设备自身需具有良好的安全保护设计，不因输入、负载或其他外界的异常影响而导致设备本身的损坏，这是通信动力与环境安全要求中的 (1)。
2. 电源系统正常供电时间与故障时间和正常供电时间之和的比值，指的是电源系统的可靠性评价指标中的 (2)。
3. 对企业来说，综合能耗就是企业在生产活动过程中实际消耗的各种一次能源、二次能源以及 (3) 的总和。
4. 通信局（站）的电能利用有效度（PUE）是指通信局（站）的总能耗与 (4) 的比值。
5. 室外给水预冷技术利用水的换热效率高、载热能力强的特点，用于降低风冷室外机的负荷，带来明显的节能效果。该技术的实现方式是在室外机管路上串接（5）。

二、选择题

选择题 01（2019 年真题）：

  1. 通信局（站）的动力与环境中，（　　）的功能是统计能源消耗情况，分析能源利用效率，提升能源效益。
    A. 通信电源系统   B. 机房空调系统
    C. 集中监控管理系统   D. 能耗监测管理系统
  2. 在通信局（站）（机房、负荷）的分类中，（　　）通信局（站）（机房、负荷）的故障将可能造成全网性通信业务中断及用户感知度显著下降，或造成全省性通信业务中断，产生很大的经济损失和社会影响。
    A. 一类（或 A 级）   B. 二类（或 B 级）
    C. 三类（或 C 级）   D. 四类（或 D 级）
  3. 以下通信电源系统的设备中，（　　）属于交流供电系统。
    A. 开关电源 B. 电力变压器 C. PDU D. 蓄电池组
  4. 节能减排思路的关键点是开源和节流，下列措施中，（　　）是节流。
    A. 机房废热回收技术   B. 空调系统引入室外冷源
    C. 提高开关电源的效率   D. 利用风能
  5. 在通信局（站）谐波治理的基本方法中，（　　）是最根本的方法。
    A. 改善谐波源 B. 抑制谐波量 C. 无源滤波 D. 有源滤波

选择题 02（2021 年真题）：

  1. 以下能源中，属于一次能源的是（　　）。
    A. 柴油 B. 太阳能 C. 电力 D. 焦炭
  2. 下列通信局（站）的节能减排方法中，属于"开源"的是（　　）。
    A. 提高开关电源的效率   B. 改进空调设备工艺
    C. 引入机房废热回收技术   D. 加强运行维护管理
  3. 通信电源节能技术中，通过利用可再生资源来减少对共用电源需求的技术是（　　）。
    A. 非晶合金变压器   B. 蓄电池削峰填谷技术
    C. 谐波治理技术   D. 风光互补技术
  4. 机房空调节能技术中，通过改善热环境和介质来提高热交换效率的技术是（　　）。
    A. 机房新风节能系统   B. 热管循环系统
    C. 室外机辅助水冷技术   D. 机房空调群控系统
  5. 在通信局（站）谐波治理的基本方法中，最根本的方法是（　　）。
    A. 改善谐波源   B. 抑制谐波量
    C. 无缘滤波器滤除谐波法   D. 有源滤波器滤除谐波法

选择题 03（2023 年真题）：

  1. 通信局（站）动力与环境的组成中，具有统计能源消耗情况、分析能源利用效率、提升能源效益的功能是（　　）。

  A. 通信电源系统　　　　　　　　　　B. 集中监控管理系统

  C. 能耗检测管理系统　　　　　　　　D. 接地与防雷系统

  2. 网络通信设备对动力与环境的质量要求中，要求电源供应不能间断，空调供应不能长时间中断，这是对动力与环境的（　　）要求。

  A. 持续　　　　　B. 稳定　　　　　C. 安全　　　　　D. 高效

  3. 交流供电系统中，为了能够确保在市电出现长时间故障和中断的情况下能继续为通信局（站）提供持续的电力，需配置（　　）。

  A. 变压器　　　　　　　　　　　　　B. 后备发电机组

  C. 高压配电设施　　　　　　　　　　D. 蓄电池组

  4. 通信设备对供电的电压、电流、频率等指标的要求是通信电源系统质量要求中的（　　）。

  A. 杂损要求　　　B. 安全要求　　　C. 附加要求　　　D. 定额要求

  5. 通信局（站）要实现节能，通常在"节流"和"开源"两方面下功夫，下列措施中属于"开源"的是（　　）。

  A. 建筑设计充分利用自然光照明　　　B. 建造绿色建筑，优化维护结构

  C. 选用节能型灯具、锅炉等设备　　　D. 空调系统采用水预冷技术

三、判断题

判断题01（2019年真题）：

  1. 机房空调系统中的智能新风系统是为了节约空调制冷消耗，在气温较低的情况下直接引入室外"冷量"对机房进行制冷而设计的。（　　）

  2. 通信动力与环境的人身安全是指各类电源、空调设备自身必须具有良好的安全保护设计，不因输入、负载及其他外界的异常影响而导致设备本身的损坏。（　　）

  3. 通信局（站）的电能利用有效度（PUE）为大于1的数，反映了通信局（站）基础设施节能的程度。PUE数值越大，该局站越节能。（　　）

  4. 能耗评价指标包括总量指标和单位指标，不论是总量指标下降还是单位指标下降，都是节能效果的一种体现。（　　）

  5. 通信电源节能技术中，削峰填谷技术是从平衡电网负荷角度降低了全网的能量损失。（　　）

判断题02（2021年真题）：

  1. 通信直流电源采用正极接地可以减少绝缘不良对电器的电蚀作用。（　　）

  2. 在低压供电系统的接地方式中，TN-S系统中的中性线和保护线合二为一，系统没有专设保护地线。（　　）

  3. 通信局（站）等电位联结的星形接地结构可以减少环流电流的干扰，使得干扰电流不能形成回路，因此容易解决通信系统间的低频干扰问题。（　　）

  4. 雷电可分为感应雷与直击雷，其中直击雷的能量巨大，破坏性也很大。（　　）

5. 触电伤害中的电击是指电流通过人体时所造成的内伤，破坏了人体的心脏、肺部以及神经系统，甚至危及人的生命。（   ）

判断题 03（2022 年真题）：

1. 风力、太阳能、潮汐能等能源是直接取于自然界，未经加工转换，并且可以在自然界循环再生，因此这些能源称为一次能源，也称为可再生能源。（   ）
2. 通信局（站）能耗评价的总量指标不仅能反映一定范围、一定时期内的总能耗大小及其变化情况，也能反映能耗的利用率、效益等信息。（   ）
3. 某数据中心的 PUE 为 1.85，某无线基站的 PUE 为 2.18，则由 PUE 的定义可判断，无线基站比数据中心更节能。（   ）
4. 通信局（站）的节能减排通常在"节流"和"开源"两方面下功夫，其中优化电源系统工程设计，缩短供电距离，降低热损耗的思路属于"节流"。（   ）
5. 室外机辅助水冷技术是通过改善热环境和介质来提高热交换效率，达到节能目的，该方案是针对水冷式空调的节能改进方案。（   ）

四、问答题

1. 通信用电力系统中由于存在开关电源、UPS 等较多的电力电子设备，容易产生较多的谐波，请简要分析谐波会对电网系统造成的影响以及消除方法（**2012 年真题**）。
2. 非晶合金变压器、谐波治理技术、削峰填谷技术和风光互补技术等节能减排技术，从中选择一项介绍其节能原理（**2018 年/2021 年真题**）。
3. 从通信局（站）的能耗结构中可以看出，其能源主要消耗在通信设备和空调设备上，而通信设备能耗是真正"有价值"的消耗。从通信主设备的角度来说，空调设备是不产生任何"直接效益"的，其能耗是"无价值"的。因此通信局（站）的节能减排技术中，针对机房空调系统的节能技术尤为重要，其中机房空调的群控技术可以提高空调系统的运行效率，达到节能减排的目的。请简述机房专用空调群控系统节能原理及优点（**2019 年真题**）。
4. 通信行业属于高耗能的行业，应积极采取节能减排措施，提高经济效益。针对具体通信设备的节能方案，可以从哪些方面进行探寻和设计（**2020 年/2023 年真题**）？

真题参考答案

一、填空题

填空题 01（2020 年真题）：

【答案】1.（1）电能利用有效度（PUE）。2.（2）消除不必要的谐波成分。3.（3）峰谷电价差。4.（4）重力差。5.（5）水冷式冷凝器。

第 7 章 节能减排与新技术

【试题解析】

1. 通信局（站）的电能利用有效度（Power Usage Effectiveness，PUE）定义为通信局（站）的总能耗与通信设备能耗（主设备能耗）的比值。通常 PUE 为大于 1 的小数，反映了通信局（站）基础设施节能的程度。数值越小，该通信局（站）越节能。

3. 利用峰谷电价差，在峰值时利用蓄电池放电提供负载能量，减少电网电能消耗；在谷值时则采用电网供电，并对蓄电池进行充电。

4. 热管空调系统的工作原理是利用制冷剂的相变（气液转接）和重力差实现制冷剂的自动循环，达到降温的目的。将制冷剂气体上升与液体流下的通道分开，与蒸发器、冷凝器共同形成一个封闭回路，提高了换热制冷的容量和效率，更便于工程安装。

5. 水预冷方式以水冷式冷凝器为主用、风冷式冷凝器为备用。高温高压制冷剂气体先进入水冷式冷凝器进行冷却，降温降压变为气液混合物后，再送入风冷式冷凝器盘管进一步冷却至理想的冷凝温度，返回机房空调。

填空题 02（2022 年真题）：

【答案】1.（1）通信设备。2.（2）电磁损耗小（磁滞损耗和涡流损耗小）。3.（3）无源滤波法。4.（4）热管循环。5.（5）空调群控系统。

【试题解析】

1. 通信局（站）中能源主要消耗在通信设备和空调设备上。人们通常把通信设备能耗视作真正"有价值"的能耗，而空调、电源和其他基础设施能耗均是"无价值"的能耗。

2. 非晶合金主要优势：①保磁能力低，磁滞损耗小；②加工片材薄，涡流损耗小；③电阻系数高，涡流损耗小。这几点总结起来就是电磁损耗小。

3. 通信局（站）谐波治理原则：限制谐波源向公用电网注入谐波电流，将谐波电压限制在允许的范围内。基本方法：改善谐波源（最根本）、抑制谐波量、滤除谐波法（有源与无源）。无源滤波：针对特定次数的谐波电流设计 LC 滤波器，由于 LC 电路对与其谐振频率相同的电流阻抗很小，使得该频率谐波电流直接流过滤波回路，从而实现对谐波的吸收和滤除。有源滤波：在动态跟踪分析和预测谐波电流成分的基础上，向电网注入相同幅度的反向谐波电流达到消除谐波电流的目的。

4. 热管原理：热管是一种特殊结构的自动热力循环系统，是一根两端封闭的金属管，其内部装有制冷剂。利用管两端外界的温度差，使其底部制冷剂吸收外界热量后蒸发上升到顶部，再透过管壁将热量散发到外部，制冷剂冷凝后，在重力作用下又流回底部，开始新的吸热、蒸发循环，从而在无须动力的情况下源源不断地将下段的热量输送到上段，形成动态的热力平衡。

5. 空调群控的原理：所谓空调群控，就是根据负荷需求及其变化，对通信局（站）（建筑物）内以及机房内多台空调设备进行集中监测和联合控制，自动调节优化各设备的运行工况，使之达到安全、节能和高效的目的。

填空题 03（2023 年真题）：

【答案】1.（1）设备安全。2.（2）电源系统可用度。3.（3）耗能工质。4.（4）通信设备能耗。5.（5）水冷式冷凝器。

二、选择题

选择题 01（2019 年真题）：

【答案】1. D；2. A；3. B；4. C；5. A。

试题分析：本试题考查对通信电源系统、节能减排与新技术相关知识的理解。

【试题解析】

1. 本小题是对通信机房动力与环境系统组成及功能的考查。通信系统的动力与环境主要由通信电源系统、机房空调系统、防雷与接地系统、能耗监测管理系统以及动力与环境集中监控管理系统等组成。各系统的功能见表 7-3 所示，选项 D 正确。

表 7-3　动力与环境各系统的功能与作用

动力与环境系统各要素	功能及作用
通信电源系统	负责电力能源转换、输送和分配的设备和设施
机房空调系统	负责为网络通信设备运行提供适合的温度、湿度和洁净度的设备和设施
接地与防雷系统	为了工作和安全的需要，通过接地体、接地线等将通信电源系统内各设备、设施，以及各类用电设备的部分外壳、导体、导线、部件等与大地做良好的电气连接，形成的电气互联系统
能耗监测管理系统	通过对各类机房、设备运行能耗进行监测和记录，统计能量消耗情况，分析能源利用效率
动力与环境 集中监控管理系统	负责对各种电源设备、空调设备以及温湿度等机房环境参数进行实时监控和记录，分析设备运行状况，及时侦测故障并通知人员处理，以实现通信局（站）的少人或无人值守，提高动力与环境运行质量和管理效率

2. 本小题是对动力与环境可靠性保证等级的考查。自用类通信局（站）（机房、负荷），通常按网元重要等级、故障风险及影响后果大小进行划分，具体见表 7-4 所示。选项 A 正确。

表 7-4　动力与环境可靠性保证等级及其划分原则

可靠性保证等级	划分原则
一类（或 A 级）	指故障将可能造成全网性通信业务中断及用户感知度显著下降，或造成全省性通信业务中断，产生很大的经济损失和社会影响
二类（或 B 级）	故障将可能造成全省性客户感知度显著下降，或造成区域性通信业务中断，产生较大的经济损失和社会影响
三类（或 C 级）	故障将可能造成区域性客户感知度显著下降，或造成小范围通信业务中断，产生一定的经济损失和社会影响
四类（或 D 级）	不属于上述三类通信局（站）（机房、负荷）

3. 本小题是对通信电源系统的组成和结构进行考查。根据功能特点、保障级别及安装地点等不同，将通信电源系统分为三级：交流供电系统、不间断电源系统以及终端配电系统（如表 7-5 所示）。选项 B 正确。

表 7-5 通信电源各子系统的功能及作用

通信电源各子系统	包含的模块	功能及作用
交流供电系统	市电引入、高压配电设备、变压器、低压配电设备、后备发电机组，以及根据需要设置的楼层（二级）配电设备等	为通信局（站）提供最基础的动力来源、能源配送和能力保障，但不能保证不间断
不间断电源系统	开关电源设备（整流设备）、交流 UPS 设备、蓄电池组等	为通信设备提供符合规定的48V直流、240/336V直流、220/380V 交流等不同制式的电源供应，并通过蓄电池组储能来保障不间断可靠供电
终端配电系统	电源总柜、电源列柜、机柜配电单元（Power Distribution Unit, PDU）等直接服务于通信设备的末级配电设施	负责通信电源系统"最后一步"的输送和配给，负责与通信设备的"无缝衔接"

4. 本小题是对节能减排思路和方法的考查。要实现节能，通常在"节流"和"开源"两方面下功夫。"节流"是指通过一定的节能措施来降低能源消耗或提高能源利用率；而"开源"是通过廉价或免费的能源，甚至是另一生产过程产生的废物（如废热），来减少高价能源的消耗。选项 A、B、D 属于"开源"措施。选项 C 正确。

5. 本小题是对谐波治理原理的考查。谐波对电网的影响主要有以下几方面。谐波对旋转设备和变压器的主要危害是引起附加损耗和发热的增加，此外还会引起振动并发出噪声，长时间的振动会造成金属疲劳和机械损坏。谐波对线路的主要危害是引起附加损耗。谐波可引起系统的电感、电容发生谐振，使谐波放大。当谐波引起系统谐振时，谐波电压升高，谐波电流增大，引起继电保护及安全自动装置误动，损坏系统设备（如电力电容器、电缆、电动机等），引发系统事故，威胁电力系统的安全运行。谐波可干扰通信设备，增加电力系统的功率损耗（如线损），使无功补偿设备不能正常运行等，给系统和用户带来危害。限制电网谐波的主要措施有：改善谐波源（如增加换流装置的脉动数）、抑制谐波量（如加装交流滤波器）以及滤除谐波法（如无源滤波的 LC 滤波器、有源滤波的有源电力滤波器）等。其中，改善谐波源是治理谐波最根本的方法。选项 A 正确。

选择题 02（2021 年真题）：

【答案】1. B；2. C；3. D；4. C；5. A。

【试题解析】

1. 一次能源是指直接取自自然界，未经过加工转换的各种能量和资源，包括原煤、原油、天然气、水力、风力、太阳能、潮汐能、地热能、生物质能等；二次能源是由一次能源直接或间接加工转换后得到的，又称为"人工能源"，包括洗精煤、其他洗煤、型煤、焦炭、焦炉煤气、其他煤气、汽油、煤油、柴油、燃料油、液化石油气、炼厂干气、其他石油制品、其他焦化制品、热力等。一次能源在向二次能源转换的过程中必然存在一定程度的损耗，但二次能源的利用往往更加便利、高效，应用更为广泛。

2. 综合考虑"开源"和"节流"，是节能减排思路的关键点。"开源"就是通过廉价或免费的能源，甚至是另一生产过程产生的废物（如废热），来减少高价能源的消耗。"节流"是通过一定的节能措施来降低能源消耗或提高能源利用率。

3. 通信电源常采用的节能技术有：①非晶合金变压器；②谐波治理技术；③蓄电池削峰

填谷技术；④风光互补技术。

4. 机房空调节能技术主要有以下几种。

① 机房新风节能系统：当室外气温较低时，可充分利用室外的"冷量"，通过直接引入室外冷风，经过滤、加湿等处理，送入机房对通信设备进行冷却，减轻空调系统负荷，甚至完全取代空调。这类设备或设施统称为机房新风节能系统，简称新风系统。

② 热管循环系统：就是运用热管循环原理，利用制冷剂的相变（气/液转换）和重力差实现自动循环。与重力热管不同的是，热管式空调将制冷剂气体（或气液混合物）上升与液体下流的通道分开，与蒸发器、冷凝器共同形成一个封闭回路，提高了换热制冷的容量和效率，更便于工程安装。这种方式又称为分离式热管技术，相应空调系统也被称为分离式热管空调系统。

③ 室外机辅助水冷技术：由于水的比热容远大于空气，换热效率高、载热能力强，因此可以考虑在室外机管路上串接水冷式冷凝器（通常采用壳管式换热器或板式换热器），以降低风冷室外机的负荷，改善工况。

④ 机房空调群控系统：就是根据负荷需求变化，对通信局（站）（建筑物）内及机房内多台空调设备进行集中监测和联合控制，自动调节优化各设备运行工况，使之达到安全、节能、高效的目的。

5. 谐波治理技术：是通过抑制谐波电流来减少不必要的能量损失，过高的谐波成分会导致交流波形发生严重畸变，造成变压器等设备和电缆发热，降低设备利用率，还会引起某些继电器、接触器、断路器误动作，既浪费电能，又带来安全隐患。谐波治理的基本方法主要有：①改善谐波源，从源头抓起，设法减少谐波的产生，这是治理谐波最根本的方法；②在电源输入端串接电抗器来抑制谐波量；③采用无源滤波和有源滤波的技术来减少谐波量。

选择题 03（2023 年真题）：

【答案】1. C；2. A；3. B；4. D；5. A。

三、判断题

判断题 01（2019 年真题）：

【答案】1. √；2. ×；3. ×；4. √；5. √。

试题分析：本试题考查对环境与安全、节能减排与新技术相关知识的辨识和理解。

【试题解析】

1. 本小题是对空调智能新风系统的作用进行考查。智能新风节能系统的主体部分是由主控制箱、新风执行系统、网管中心三部分构成。此系统是根据通信基站、机房室内外的环境条件温差引入室外清洁的冷空气对通信基站、机房内进行自然降温，同时排出基站、机房内的热空气，从而达到在常年大多数条件下替代空调制冷的效果，避免了空调长时间运行所造成的电能浪费，有效降低通信机房空调的运行时间，达到降低通信机房电能消耗的目的。

2. 本小题是对动力与环境安全的种类及其基本概念的考查。动力与环境作为通信网络的基础保障，安全性主要体现在系统安全、设备安全和人身安全三个层面（见表 7-6）。

表 7-6 动力与环境安全的种类及其基本概念

安全的种类	基本概念
系统安全	整个电源系统或空调系统要具有一定的抗故障、抗风险能力，不能因个别设备或部件的故障而导致其他设备或部件发生故障；不能因局部故障而影响到全局的供电或制冷；不能因持续的故障而导致持续的供电或制冷障碍
设备安全	各类电源、空调设备自身须具有良好的安全保护设计，不因输入、负载或其他外界的异常影响而导致设备本身的损坏
人身安全	各类电源和空调设备及系统应具有良好的人身防护设计，不应对接近或正常接触设备的人员造成机械、电击等损伤

3. 本小题是对通信局（站）的电能利用有效度进行考查。通信局（站）的电能利用有效度（Power Usage Effectiveness，PUE）定义为：通信局（站）的总能耗与通信设备能耗（主设备能耗）的比值。通常 PUE 为大于 1 的数，反映了通信局（站）基础设施节能的程度。该数值越小，则表明该通信局（站）越节能。

4. 本小题是考查能耗评价指标。能耗评价指标包括总量指标和单位指标两大类。总量指标是指某企业或局站机房在一定时期内总的能源消耗量或某类能源消耗量，以及其推导指标。总量指标反映了一定范围、一定时期内的总能耗大小及其变化情况，但不能反映能耗的利用率、效益等价值信息。单位指标包括单位产值指标、单位产量指标、单位规模指标、单位能力指标等，是指能耗总量指标与其他非能耗类的相关指标（产值、产量、规模、能力等）进行对比运算所推导出的分析指标。单位指标在一定程度上反映了能耗的消费水平、利润率及其生产效益等。笼统地讲，不论是总量指标的下降还是单位指标的下降，对一个企业来讲都是有利的，都是节能效果的一种具体体现。

5. 本小题是对通信电源节能技术进行考查。电源设备是为网络通信设备提供能源，并将能源进行输送和转换的。在输送和转换的过程中，总有部分能量损失。如何减少这种能量损失、提高效率，是通信电源节能减排的核心问题。在通信电源常用的几种节能技术中，非晶合金变压器是通过改进材料工艺来降低电磁损耗；谐波治理技术通过抑制谐波电流来减小不必要的能量损失；削峰填谷技术则从平衡电网负荷角度，降低全网的能量损失；风光互补技术则是利用可再生能源，减少对共用电源的需求。

判断题 02（2021 年真题）：

【答案】1. √；2. ×；3. √；4. √；5. √。

【试题解析】

1. 直流接地系统可分为工作接地和保护接地两种。直流工作接地的作用是利用大地作良好的参考零电位，保证在各通信设备间甚至各局（站）间的参考电位没有差异，从而保证通信设备的正常工作。直流保护接地通常采用正极接地的原因，主要是大规模集成电路所组成的通信设备的元器件的要求，同时也为了减小由于绝缘不良对电器的电蚀作用。

2. TN-C 系统为三相电源中性线直接接地的系统，其中性线与保护线二合一称为保护中性线。TN-S 系统中中性线和保护线是完全分开的，采用了与电源接地直接相连的专用交流保护线（PE 线），设备的外露导电部分均与 PE 线并接，从而将整个系统的工作线与保护线完全隔离。TN-C-S 系统是 TN-C 和 TN-S 组合而成，整个系统中有一部分中性线和保护线是合一的系统。

3. 等电位联结一般可采用网状（M型结构）、星形（S型结构）或网状-星形混合型接地结构。①网状（M型结构）接地可以减少各类设备因接地点不同引起的电位差，通信系统可以从不同的方位就近接地。在高频时可获得一个低的阻抗网络，对外界电磁场有一定衰减作用。网状结构一般适用于分布范围较大的系统或设备间、设备与外界的连接线较多，而且复杂的情况。②星形（S型结构）接地容易解决通信系统间的低频干扰问题。因为这种接地方式减少了环流电流的干扰，使得干扰电流不能形成回路。

4. 雷电是一种自然现象，根据其破坏性可分为两种形式：直击雷与感应雷。①直击雷：指雷电直接击中电气设备或线路，造成强大的雷电流通过击中的物体泄放入地。直击雷雷电流在放电瞬间，浪涌电流高达1~100kA，其能量巨大，破坏性很大，可损坏建筑物、中断通信，危害人身安全。②感应雷：指附近发生雷击时，设备或线路产生静电感应或电磁感应所产生的雷击。感应雷峰值电流一般在15kA以内。感应雷虽然没有直击雷猛烈，但其发生的概率比直击雷高得多。

5. ①电击是指电流通过人体时所造成的内伤，破坏了人体的心脏、肺部以及神经系统的正常工作，甚至危及人的生命。②电伤也称电灼，它是指由电流的热效应、化学效应或机械效应对人体造成的伤害。

判断题03（2022年真题）：

【答案】1. √；2. ×；3. ×；4. √；5. ×。

【试题解析】

2. 通信局（站）能耗评价的总量指标能反映一定范围、一定时期内的总能耗大小及其变化情况，而单位指标则是用来反映能耗的利用率、效益等信息。

3. PUE数值越小越节能。

通信局（站）的总能耗与通信设备能耗（主设备能耗）的比值称为通信局（站）的电能利用有效度（Power Usage Effectiveness，PUE），即

$$PUE = 通信局（站）总电量/主设备电量$$

通常PUE为大于1的小数，反映了通信局（站）基础设施节能的程度。数值越小，该通信局（站）越节能。

5. 室外机辅助水冷技术是通过改善热环境和介质来提高热交换效率，达到节能目的，该方案是针对风冷式空调的节能改进方案。

四、问答题

1. 通信用电力系统中由于存在开关电源、UPS等较多的电力电子设备，容易产生较多的谐波，请简要分析谐波会对电网系统造成的影响以及消除方法（**2012年真题**）。

【答案】谐波对电网的影响主要有以下几方面。谐波对旋转设备和变压器的主要危害是引起附加损耗和发热增加，此外还会引起振动并发出噪声，长时间的振动会造成金属疲劳和机械损坏。谐波对线路的主要危害是引起附加损耗。谐波可引起系统的电感、电容发生谐振，使谐波放大。当谐波引起系统谐振时，谐波电压升高，谐波电流增大，引起继电保护及安全自动装置误动，损坏系统设备（如电力电容器、电缆、电动机等）引发系统事故，威胁电力

系统的安全运行。谐波可干扰通信设备，增加电力系统的功率损耗（如线损），使无功补偿设备不能正常运行等，给系统和用户带来危害。限制电网谐波的主要措施有：增加换流装置的脉动数；加装交流滤波器、有源电力滤波器。

2. 非晶合金变压器、谐波治理技术、削峰填谷技术和风光互补技术等节能减排技术，从中选择一项介绍其节能原理（**2018年/2021年真题**）。

【答案】非晶合金变压器：通过改进材料工艺来降低电磁损耗。谐波治理技术：要限制谐波源向共用电网注入谐波电流，将谐波电压限制在允许范围内。削峰填谷技术：利用峰谷电价差，在峰时利用蓄电池放电提供负载能量，减少电网电能消耗；在谷时则采用电网供电，并对蓄电池进行充电。通过反复循环充放电，既保证了负载持续供电的需要，又大大降低了平均电价，为企业带来了显著的效益。风光互补技术：利用可再生能源减少对共用电网的需求。（在考试过程中，若遇到此类题型，应选其中之一，详细作答。）

3. 从通信局（站）的能耗结构中可以看出，其能源主要消耗在通信设备和空调设备上，而通信设备能耗是真正"有价值"的消耗。从通信主设备的角度来说，空调设备是不产生任何"直接效益"的，其能耗是"无价值"的。因此通信局（站）的节能减排技术中，针对机房空调系统的节能技术尤为重要，其中机房空调的群控技术可以提高空调系统的运行效率，达到节能减排的目的。请简述机房专用空调群控系统节能原理及优点（**2019年真题**）。

【答案】所谓空调群控，就是根据负荷需求及其变化，对通信局（站）（建筑物）内以及机房内多台空调设备进行集中监测和联合控制，自动调节优化各设备的运行工况，使之达到安全、节能、高效的目的。中央空调群控系统对冷机的加减机及相关参数的调节设定，使其协同运行工况达到最优，群控系统对水泵、冷却塔等设备进行相应调控。优点：空调运行效率大大提升；空调运行可靠性、控制精度提高；空调运行和维护实现集中化。

4. 通信行业属于高耗能的行业，应积极采取节能减排措施，提高经济效益。针对具体通信设备的节能方案，可以从哪些方面进行探寻和设计（**2020年/2023年真题**）？

【答案】要实现节能，通常在"节流"和"开源"两方面下功夫。

"节流"就是通过一定的节能措施来降低能源消耗或提高能源利用率。

在"节流"方面：

① 优化电源设备制造工艺、提升设备变换效率；

② 运用滤波、补偿等技术对电路中的谐波成分进行抑制；

③ 运用休眠技术，使开关电源等设备在低负荷时自动关闭部分模块、降低损耗；

④ 优化电源系统工程设计，减少设备转换、连接环节，缩短供电距离，降低热损耗。

"开源"就是通过廉价或免费的能源，甚至是另一生产过程产生的废热，来减少高价能源的消耗。

在"开源"方面：

① 运用蓄电池的储能特性和峰谷电价差异，在低谷电价时对电池充电，在高峰电价时放电，降低综合能耗成本；

② 通过电能回馈装置将蓄电池离线容量测试耗电回馈电网；

③ 采用风能、太阳能等可再生清洁能源供电。

参 考 文 献

[1] 杨贵恒, 徐嘉锋, 刘鹏, 等. 噪声与振动控制技术及其应用[M]. 2 版. 北京: 化学工业出版社, 2024.
[2] 杨贵恒, 张黎, 聂金铜, 等. 太阳能光伏发电系统及其应用[M]. 3 版. 北京: 化学工业出版社, 2024.
[3] 王璐, 杨贵恒, 强生泽, 等. 现代通信电源技术[M]. 北京: 化学工业出版社, 2023.
[4] 杨贵恒, 李锐, 曹均灿, 等. 化学电源技术及其应用[M]. 2 版. 北京: 化学工业出版社, 2023.
[5] 杨贵恒, 常思浩, 金丽萍, 等. 电气工程师手册: 供配电专业篇[M]. 2 版. 北京: 化学工业出版社, 2022.
[6] 杨贵恒, 阮喻, 刘小丽, 等. 柴油发电机组实用技术技能[M]. 2 版. 北京: 化学工业出版社, 2022.
[7] 杨贵恒, 强生泽, 严健, 等. 通信电源系统考试通关宝典[M]. 北京: 化学工业出版社, 2021.
[8] 薛竞翔, 郭彦申, 杨贵恒, 等. UPS 电源技术及应用[M]. 北京: 化学工业出版社, 2021.
[9] 张颖超, 杨贵恒, 李龙, 等. 高频开关电源技术及应用[M]. 北京: 化学工业出版社, 2020.
[10] 杨贵恒, 秦陆洋, 常思浩, 等. 电子工程师手册: 基础卷[M]. 北京: 化学工业出版社, 2020.
[11] 杨贵恒, 强生泽, 张颖超, 等. 电子工程师手册: 提高卷[M]. 北京: 化学工业出版社, 2020.
[12] 杨贵恒, 甘剑锋, 文武松, 等. 电子工程师手册: 设计卷[M]. 北京: 化学工业出版社, 2020.
[13] 杨贵恒, 陈绍荣, 龚利红, 等. 电气工程师手册: 专业基础篇[M]. 北京: 化学工业出版社, 2019.
[14] 严健, 杨贵恒, 邓志明, 等. 内燃机构造与维修[M]. 北京: 化学工业出版社, 2019.
[15] 强生泽, 阮喻, 杨贵恒, 等. 电工技术基础与技能[M]. 北京: 化学工业出版社, 2019.
[16] 杨贵恒, 龙江涛, 王裕文, 等. 发电机组维修技术[M]. 2 版. 北京: 化学工业出版社, 2018.
[17] 强生泽, 杨贵恒, 常思浩, 等. 通信电源系统与勤务[M]. 北京: 中国电力出版社, 2018.
[18] 杨贵恒, 张颖超, 曹均灿, 等. 电力电子电源技术及应用[M]. 北京: 机械工业出版社, 2017.
[19] 杨贵恒, 卢明伦, 李龙, 等. 通信电源设备使用与维护[M]. 北京: 中国电力出版社, 2016.
[20] 杨贵恒, 向成宣, 龙江涛, 等. 内燃发电机组技术手册[M]. 北京: 化学工业出版社, 2015.
[21] 漆逢吉. 通信电源[M]. 5 版. 北京: 北京邮电大学出版社, 2020.
[22] 杨丽华, 孙燕莲. 通信专业实务: 动力与环境[M]. 北京: 人民邮电出版社, 2018.
[23] 金续曾. 中小型同步发电机使用与维修[M]. 北京: 中国电力出版社, 2003.
[24] 贾继伟, 蔡仁治, 杜珉, 等. 通信电源的科学管理与集中监控[M]. 北京: 人民邮电出版社, 2004.
[25] 刘宝庆, 孔力, 范俊谱, 等. 现代通信电源技术及应用[M]. 北京: 人民邮电出版社, 2012.
[26] 裴云庆, 杨旭, 王兆安. 开关稳压电源的设计和应用[M]. 2 版. 北京: 机械工业出版社, 2020.
[27] 许绮川, 樊啟洲. 汽车拖拉机学: 发动机原理与构造(第一册)[M]. 北京: 中国农业出版社, 2009.
[28] 李基成. 现代同步发电机励磁系统设计及应用[M]. 2 版. 北京: 中国电力出版社, 2009.
[29] 赵新房, 孟庆利, 许友, 等. 教你检修柴油发电机组[M]. 北京: 电子工业出版社, 2007.
[30] 赵文钦, 黄启松, 林辉, 等. 新编柴油汽油发电机组实用维修技术[M]. 福州: 福建科学技术出版社, 2007.
[31] 许乃强, 蔡行荣, 庄衍平. 柴油发电机组新技术及应用[M]. 北京: 机械工业出版社, 2018.
[32] 苏石川, 刘炳霞. 现代柴油发电机组的应用与管理[M]. 2 版. 北京: 化学工业出版社, 2010.
[33] 龙虎. 电感应用分析精粹: 从磁能管理到开关电源设计(基础篇)[M]. 北京: 机械工业出版社, 2024.